Instructor's Guide for
PRECALCULUS: A GRAPHING APPROACH
Larson/Hostetler/Edwards

D. C. Heath and Company
Lexington, Massachusetts   Toronto

Address editorial correspondence to:
D. C. Heath and Company
125 Spring Street
Lexington, MA 02173

Copyright © 1993 by D. C. Heath and Company.

All rights reserved. Any materials in this instructor's guide may be reproduced or duplicated specifically to assist the teacher's efforts in conducting classes, including discussions and examinations. Reproducing these materials for commercial purposes is strictly prohibited.

Published simultaneously in Canada.

Printed in the United States of America.

International Standard Book Number: 0-669-33232-1

10 9 8 7 6 5 4 3 2 1

PREFACE

This *Instructor's Guide* is a supplement to the textbook *Precalculus: A Graphing Approach* by Roland E. Larson, Robert P. Hostetler, and Bruce H. Edwards.

The first part of this guide consists of chapter summaries. Each summary lists the topics covered in that section, along with chapter comments based on our years of teaching experience.

The second portion of the guide consists of the solutions to the even-numbered exercises in the book, as well as solutions to the cumulative tests. Finally, we have included answers to the discussion problems.

This *Instructor's Guide* is the result of the efforts of Richard Bambauer, Lisa Bickel, Linda Bollinger, Patti Jo Campbell, Linda Donico, Darin Johnson, Linda Kifer, Deanna Larson, Jill Larson, Timothy Larson, Amy Marshall, John Musser, Steve Nichols, Scott O'Neil, Louis Rieger, Laurie Sontheimer, Evelyn Wedzikowski, and Nancy Zawadzki. Thanks to Lisa Edwards for her help in preparing this project, and to Edward Schlindwein.

If you have any corrections or suggestions for improving this *Instructor's Guide*, we would appreciate hearing from you.

CONTENTS

Part 1   CHAPTER SUMMARIES 1

Part 2   SOLUTIONS TO EVEN-NUMBERED EXERCISES 14

Part 3   ANSWERS TO DISCUSSION PROBLEMS 447

Part 1   CHAPTER SUMMARIES

Chapter P	Prerequisites: Review of Basic Algebra	2
Chapter 1	Functions and Graphs	3
Chapter 2	Solving Equations and Inequalities	4
Chapter 3	Polynomial Functions: Graphs and Zeros	5
Chapter 4	Rational Functions and Conic Sections	6
Chapter 5	Exponential and Logarithmic Functions	7
Chapter 6	Trigonometry	8
Chapter 7	Analytic Trigonometry	9
Chapter 8	Additional Topics in Trigonometry	10
Chapter 9	Linear Models and Systems of Equations	11
Chapter 10	Sequences, Mathematical Induction, and Probability	12
Chapter 11	Parametric Equations and Polar Coordinates	13

Pedagogical Suggestions

Encourage students to work together, both in and out of class, to learn how to use a graphics calculator or computer graphing utility as well as to communicate about the mathematics. In class, consider having students work some problems in teams or pairs as you circulate around the room (if feasible), providing guidance as needed. Discussion problems can be one source of problems. Anticipate a higher noise level than usual.

In presenting the material, you may want to include the following approaches to problem solving:
- Solving a problem algebraically and then verifying the work with a graphical approach.
- Solving a problem graphically, then verifying the result algebraically or numerically.
- Include cases during the instruction where a graphical or numerical approach is advantageous and cases where an algebraic approach is more efficient.
- Convey to students that each approach—graphical, numerical, or algebraic—can be equally valid by discussing the advantages and disadvantages of the methods used.
- In class, encourage active participation. Ask open-ended questions and give adequate time for students to respond. Once a student responds, ask another student if they agree with the comment and why. If graphics calculators are used, have your students work through a problem with you.
- Encourage students to try the Discovery features before class and before attempting the exercises. This will provide additional experience investigating the behaviors of functions and give an intuitive basis for learning the concepts.
- If your students will be using computer graphing utilities, they may prefer a program that can easily print results. Review with your class the basics of using the computer and its print capabilities. (BestGrapher is available through D.C. Heath as an option for both site license and individual purchase for either IBM-PC or Macintosh computers.)
- Be aware of the resources available to students. In the text, there is an introduction to calculators and problem solving in the preface and a summary section on graphing utilities in the appendix. In addition, a *Graphing Technology Guide* and a *Study and Solutions Guide* are available as supplements.
- You may want to consider using more than in-class tests for assessment. Take-home tests and graded homework assignments can be useful as they allow for plenty of time for completion.

CHAPTER P
Prerequisites: Review of Basic Algebra

Section Topics

P.1 **The Real Number System**—the real number system; the real number line; ordering the real numbers; the absolute value of a real number; the distance between two real numbers

P.2 **Properties of Real Numbers and the Basic Rules of Algebra**—algebraic expressions; basic rules of algebra; equations; exponents; scientific notation

P.3 **Radicals and Rational Exponents**—radicals and and properties of radicals; simplifying radicals; rationalizing denominators and numerators; rational exponents; radicals and calculators

P.4 **Polynomials and Special Products**—polynomials; operations with polynomials; special products

P.5 **Factoring**—introduction; factoring special polynomial forms; trinomials with binomial factors; factoring by grouping

P.6 **Fractional Expressions**—domain of algebraic expression; simplifying rational expressions; operations with rational expressions; compound fractions

P.7 **The Cartesian Plane**—the Cartesian plane; the distance between two points in the plane; the midpoint formula; the equation of a circle

Chapter Comments

This prerequisites chapter is designed as a review chapter. For well-prepared students, a quick review of each section is all that should be needed. For students not as well-prepared, caution should still be taken not to get bogged down. Expect difficulty with radicals, rational expressions, and fractional expressions. You may want to quiz students on those sections before going on. The special factorization formulas can be reinforced by referencing their use in later chapters.

Section P.7, The Cartesian Plane, provides insight into some of the ways the rectangular coordinate system helps students to visualize relationships between variables x and y, and reviews some geometric concepts.

Since this is a review chapter, move through it as quickly as possible so that you have adequate time to cover new topics. Alternatively, the content could be covered as needed later in the course.

CHAPTER ONE
Functions and Graphs

Section Topics

1.1 **Graphs and Graphing Utilities**—the graph of an equation; using a graphing utility; determining a viewing rectangle; applications

1.2 **Lines in the Plane**—the slope of a line; the point-slope form of the equation of a line; sketching graphs of lines; changing the viewing rectangle; parallel and perpendicular lines

1.3 **Functions**—introduction to functions; function notation; the domain of a function; function keys on a graphing utility; applications

1.4 **Graphs of Functions**—the graph of a function; increasing and decreasing functions; relative minimum and maximum values; step functions; even and odd functions

1.5 **Shifting, Reflecting, and Stretching Graphs**—summary of graphs of common functions; vertical and horizontal shifts; reflections; nonrigid transformations

1.6 **Combinations of Functions**—arithmetic combinations of functions; compositions of functions; applications

1.7 **Inverse Functions**—the inverse of a function; the graph of the inverse of a function; the existence of an inverse function; finding the inverse of a function

CHAPTER 2 Solving Equations and Inequalities

Chapter Comments

Chapter 1 deals with the basics of functions and an introduction to graphing functions. This is an excellent place for students to establish good graphing habits with and without a graphing utility. Students should learn the basic skills that are transferable to both graphs of algebraic and transcendental functions. An overhead projector or similar teaching aid is helpful in this chapter.

In Section 1.2 be sure to carefully explain each form of the equation of a line and to identify which form is more efficient for a given style of problem. For instance, the point-slope equation is more efficient in problems in which two points are given. Knowing and recognizing the equations for vertical and horizontal lines sets the stage for finding vertical and horizontal asymptotes in Chapter 4. A good way to remember slopes of perpendicular lines is to verbally note that "the slopes are negative reciprocals of each other." Don't let students get so tangled up with the mechanics of $m_1 = -1/m_2$ that they miss the intuitive relationship of the slopes. Have students explore and investigate this concept with a graphing utility.

In Sections 1.4, 1.5, and 1.6, give special attention to concepts and terms such as function, domain, range, minimum, maximum, increasing or decreasing functions, and inverse functions. Take time to relate the concepts of domain and range to a viewing rectangle. It is useful to discuss an example where the domain is restricted due to the context of an application. These suggestions and concepts, along with the decomposition of composite functions, are all important to students planning to take calculus.

Be ready to answer questions about functions defined by two equations like Example 4 in Section 1.3. They tend initially to be confusing to students.

Sections 1.3, 1.5, and 1.7 contain programs. These can be treated as optional and will not affect the continuity of the course.

CHAPTER TWO
Solving Equations and Inequalities

Section Topics

2.1 **Linear Equations**—equations and solutions of equations; linear equations in one variable; equations involving fractional expressions; applications

2.2 **Linear Equations and Modeling**—introduction to problem solving; using mathematical models to solve problems; common formulas

2.3 **Solving Equations Graphically**—intercepts, zeros, and solutions; finding solutions graphically; viewing rectangles, scale, and accuracy; points of intersection of two graphs

2.4 **Quadratic Equations**—solving quadratic equations by factoring; solving quadratic equations by extracting square roots; solving quadratic equations by completing the square; applications

2.5 **The Quadratic Formula**—development of the quadratic formula; the discriminant; solving a quadratic equation by the quadratic formula; applications

2.6 **Other Types of Equations**—solving polynomial equations; solving equations involving radicals; solving equations involving fractions or absolute values; applications

2.7 **Linear Inequalities and Graphing Utilities**—inequalities and intervals on the real number line; properties of inequalities; solving a linear inequality; inequalities involving absolute value; applications

2.8 **Other Types of Inequalities and Graphing Utilities**—polynomial inequalities; rational inequalities; applications

Chapter Comments

Chapter 2 covers methods for solving equations and inequalities. An understanding and knowledge of how to generate equivalent equations is important (add the same quantity to both sides, etc.). This should then be carried over in solving inequalities.

Students should be urged to organize the solutions of equations in a vertical manner. This also applies to solving inequalities. Discuss the Discovery feature on page 131, which encourages verifying solutions with a graphical approach.

Be sure your students understand the differences between the techniques used to *combine fractional expressions* (Prerequisites Section 6), *solve fractional equations* (Section 2.1), and *solve fractional inequalities* (Section 2.7). By the time you reach Section 2.7 students often have combined the methods into a "homemade" technique that doesn't work. Remind students to distinguish between *simplifying* an expression and *solving* an equation.

In Section 2.3, discuss the close relationship between the concepts of x-intercepts, zeros of functions, and solutions. Demonstrate how to approximate solutions and find x-intercepts by algebraic techniques and graphical approximations. Point out that the accuracy of a graphic approximation will be no more than the distance between tic marks in the viewing rectangle. Note that the text approximates real solutions with an error of at most 0.01, unless stated otherwise.

Completing the square in Section 2.4 is important because it sets the background for many situations later on. These include solving quadratic equations, writing standard equations for conics (Sections 2.5, 3.1, 4.4, and 4.5), and rewriting algebraic expressions for calculus. If time is a factor, omit the latter use.

In Section 2.5, it is helpful if each student commits the quadratic formula to memory by knowing the verbal statement, "Negative b plus or minus the square root of b squared minus $4ac$, all divided by $2a$." A good motivation or challenge to the better student is to be able to derive this formula. A program is available in a Technology note.

In Exercises 23 and 24 of Section 2.6, remind students to use $\pm$ when taking the square root of both sides of an equation. This is not immediately obvious to most students when the solution requires raising both sides of an equation to the 3/2 power.

CHAPTER THREE
Polynomial Functions: Graphs and Zeros

Section Topics

3.1 **Quadratic Functions**—the graph of a quadratic function; the standard form of a quadratic function; applications

3.2 **Polynomial Functions of Higher Degree**—graphs of polynomial functions; the leading coefficient test; zeros of polynomial functions; the intermediate value theorem

3.3 **Polynomial Division and Synthetic Division**—long division of polynomials; synthetic division; the remainder and factor theorems

3.4 **Real Zeros of Polynomial Functions**—Descartes's Rule of Signs; the rational zero test; bounds for real zeros of polynomial functions; applications; bisection method

3.5 **Complex Numbers**—the imaginary unit i; operations with complex numbers; complex conjugates and division; complex solutions of quadratic equations; applications

3.6 **Complex Zeros and the Fundamental Theorem of Algebra**—the fundamental theorem of algebra; conjugate pairs; factoring a polynomial

Chapter Comments

Since polynomial functions are the most often used functions in algebra, students need to become very familiar with their general characteristics. In Section 3.1, you should review completing the square when explaining how to rewrite a quadratic function into the standard form $y = a(x-h)^2 + k$. Pay special attention to problems in which $a \neq 1$ or a is a negative number.

In Section 3.2, review the shapes of the graphs of polynomial functions of degree 0, 1, 2, 3, 4, and 5 and then use these to illustrate the Leading Coefficient Test. This test, combined with information learned from Section 1.4, should add efficiency to recognizing characteristics of a graph of a polynomial.

Section 3.3 contains long division and synthetic division algorithms. Division for the purpose of finding linear factors and zeros of polynomial functions is illustrated in the chapter. Division to rewrite a rational function as a sum of terms is used in Chapter 4 to find slant asymptotes. This skill is also needed frequently in calculus. When division yields a remainder, insist that your students write the remainder term correctly.

Section 3.5 contains a discussion of the Mandelbrot Set and fractals as a recent application of complex numbers. Graphing calculator programs for some such figures are provided in the Appendix.

Finding the zeros of polynomial functions is a very important concept in algebra. The rational zero test, synthetic division, and the fact that complex zeros occur in conjugate pairs are important aids in this process.

CHAPTER FOUR
Rational Functions and Conic Sections

Section Topics

4.1 **Rational Functions and Asymptotes**—introduction to rational functions; horizontal and vertical asymptotes; applications

4.2 **Graphs of Rational Functions**—the graph of a rational function; slant asymptotes; applications

4.3 **Partial Fractions**—introduction to partial fractions; partial fraction decomposition

4.4 **Conic Sections and Graphs**—introduction to conic sections; parabolas; ellipses; hyperbolas

4.5 **Conic Sections and Translations**—vertical and horizontal shifts of conics; writing equations of conics in standard form; applications

Chapter Comments

In Chapter 4, the graphs of rational functions and conics are more complicated than those of polynomial functions. However, these graphs do have certain characteristics that permit them to be readily categorized and stretched. Be sure your students understand how to work with asymptotes and how to use symmetry and intercepts. Explain that graphs of rational functions produced by a graphing utility are not always accurate. To sketch the graphs of rational functions, take advantage of the fact that three common types of rational functions have hyperbolic graphs.

Equations of asymptotes are often written incorrectly by students. For instance, a vertical asymptote of $x = 2$ is sometimes incorrectly written as (vertical asymptote) $= 2$ or even as the point (2, 0). Review the long division needed to find slant asymptotes.

Partial fraction decomposition in Section 4.2 is a useful tool in calculus. A good way to introduce this section might be to review or assign the problems in the WARM UP. You may also wish to quiz your students at the end of this section before introducing conics.

The study of conics in Sections 4.4 and 4.5 is from a *locus of points* approach. Section 4.4 is restricted to parabolas with vertices at the origin and ellipses and hyperbolas with centers at the origin. Familiarity with these conics is essential for work with the shifted conics in Section 4.5.

Show your students how to graph a conic (circle, ellipse or hyperbola) with a graphing utility by decomposing its equation into two separate functions and graphing them on the same axes. As pointed out in the Discussion Problem for Section 4.4, it is advisable to use a square setting for the viewing rectangle in order to get a truer picture of the graph.

CHAPTER FIVE
Exponential and Logarithmic Functions

Section Topics

5.1 **Exponential Functions and Their Graphs**—exponential functions; graphs of exponential functions; the natural base *e*; compound interest; other applications

5.2 **Logarithmic Functions and Their Graphs**—logarithmic functions; graphs of logarithmic functions; the natural logarithmic function; applications

5.3 **Properties of Logarithms**—change of base; properties of logarithms; rewriting logarithmic expressions

5.4 **Solving Exponential and Logarithmic Equations**—introduction; solving exponential equations; solving logarithmic equations; approximating solutions; applications

5.5 **Applications of Exponential and Logarithmic Functions**—compound interest; growth and decay; logistics growth models; logarithmic models

Chapter Comments

Chapter 5 starts the study of transcendental functions—these are often unfamiliar to students. The calculator is used extensively to assist students in their work with these functions.

In Section 5.1, when analyzing the graphs of exponential functions, be sure to draw from previously learned material in Section 1.4 and Section 2 of the Prerequisites chapter. A clear discussion of the irrational number *e* is valuable. This may be the first time your students have encountered it and they will have many questions. Provide experiences in evaluating using the natural base *e* and opportunities to numerically and graphically approximate *e*.

In Section 5.2, capitalize both graphically and algebraically on the fact that the logarithmic function is the inverse of the exponential function. (The logarithmic function is one of the most difficult for students to deal with.) When explaining the logarithmic function, try to resolve the mystery that is associated with the function by continually reminding your students that a *logarithm is an exponent*. Converting back and forth from logarithmic form to exponential form supports this concept. Also, your students should understand the three basic properties of logarithms and how they follow from the definition. To verify a graph of a logarithmic function, have your students set up a table of values and remind them to use the graphing techniques learned in Section 1.4. Be sure your students are very familiar with the graphs of both $f(x) = e^x$ and $f(x) = \ln x$.

The properties of logarithms listed in Section 5.3 are extremely important. A good way to teach them is to explain their similarity to the properties of exponents.

Some common errors to watch for are rewriting $\log x - \log y$ as $\log x / \log y$ instead of $\log(x/y)$, or writing $\log ax^n$ as $n \log ax$. Identify these errors and resolve them before proceeding to Section 5.4.

When solving logarithmic or exponential equations (Section 5.4), encourage your students to first graph the function using a graphing utility, then solve for the unknown algebraically and use their calculators to find the numerical form of the answer. To accomplish this, you can require a graph and an exact algebraic solution, as well as an approximate numerical one.

Point out that equations that involve combinations of different types of functions can be difficult to solve algebraically. In such cases, a graphing utility can be used to obtain an approximate solution. Encourage students to double check the settings on their graphing utility for the selected equation to be sure they are graphing the appropriate function.

CHAPTER SIX
Trigonometry

Section Topics

6.1 **Angles and Their Measure**—introduction; angles; degree measure; radian measure; conversion of angle measure; applications

6.2 **Right Triangle Trigonometry**—the six trigonometric functions; trigonometric identities; evaluating trigonometric functions with a calculator; applications involving right triangles

6.3 **Trigonometric Functions of Any Angle or Real Number**—trigonometric functions of any angle; reference angles; trigonometric functions of real numbers

6.4 **Graphs of Sine and Cosine Functions**—basic sine and cosine curves; key points on basic sine and cosine curves; amplitude and period of sine and cosine curves; translations of sine and cosine curves

6.5 **Graphs of Other Trigonometric Functions**—graph of the tangent function; graph of the cotangent function; graphs of the reciprocal functions

6.6 **Advanced Graphing Techniques**—graphs of combinations of trigonometric functions; graphs of combinations of algebraic and trigonometric functions; damped trigonometric graphs

6.7 **Inverse Trigonometric Functions**—inverse sine function; other inverse trigonometric functions; compositions of trigonometric and inverse trigonometric functions

6.8 **Applications of Trigonometry**—applications involving right triangles; trigonometry and bearings; harmonic motion

Chapter Comments

Chapter 6 starts the study of trigonometry. To be successful in this chapter, understanding all of the basic definitions is essential. One way for students to do this is to put the identities on a 3 × 5 card. They can then add to this list as new definitions and identities arise. Trigonometric functions are introduced from a right triangle approach. (You may need to review the Pythagorean Theorem; see Prerequisites, Section 7.) Your students need to become as familiar with radian measure of angles as they are with degree measure.

Conversions from one form of measure to another can be helpful here. As an aid to learning the right triangle definitions of the trigonometric functions, point out the reciprocal relationships of the functions.

In Section 6.3, the definitions of the trigonometric functions of any angle are given. Show your students how these definitions can help determine the value of the trigonometric functions of quadrantal angles. Be sure your students see the importance of reference angles in evaluating trigonometric functions of angles greater than $90°$. Be ready to explain how to evaluate $\sec 1.2$, or to find the angle that satisfies $\cot \theta = 3.1$, using reciprocal functions. Students often find this to be confusing. Have your students rewrite these expressions in terms of sine, cosine, or tangent, whichever is applicable, before evaluating. Evaluate with a calculator as well, and compare results.

A spool and thread is a good visual aid when discussing trigonometric functions such as wrapping functions of real numbers.

When discussing the graph of the sine and cosine functions in Section 6.4, emphasize how to locate the key points (intercepts, maximum, and minimum). Remind students that the standard viewing rectangle is generally not appropriate for graphing most sine and cosine functions. This section is an opportunity to pull together ideas from several previous sections and to take advantage of a graphing utility. Reinforce the fact that interpretation of a graph is essential. Encourage experimentation with a wide variety of complicated graphs.

Be sure to emphasize the domain/range restrictions used in defining the inverse trigonometric functions. Graphic illustrations and reflections about the line $y = x$ can be useful in this explanation. Be sure your students understand that $y = \arcsin x$ means "y is the angle whose sine is x." This becomes clearer when written in the equivalent form $\sin y = x$.

CHAPTER SEVEN
Analytic Trigonometry

Section Topics

7.1 **Applications of Fundamental Identities**—introduction; some uses of the fundamental identities

7.2 **Verifying Trigonometric Identities**—introduction; verifying trigonometric identities

7.3 **Solving Trigonometric Equations**—introduction; equations of quadratic type; functions involving multiple angles; using inverse functions and a calculator

7.4 **Sum and Difference Formulas**—introduction; using sum and difference formulas

7.5 **Multiple-Angle and Product-to-Sum Formulas**—multiple-angle formulas; power-reducing formulas; half-angle formulas; product-to-sum formulas

Chapter Comments

In Chapter 7, you need to clearly explain to your students that they are now going to study trigonometric functions more from an algebraic than a geometric perspective. However, many problems in the chapter can be solved graphically, analytically, or numerically. Encourage students to verify solutions by solving problems in another way. Students will learn to simplify trigonometric expressions, verify trigonometric identities, and use trigonometric identities to evaluate trigonometric functions.

In Section 7.2, be sure the student understands what it means to *verify an identity* and doesn't try to *solve an identity* as an equation. Here again the student should assemble a list of techniques for rewriting trigonometric expressions, such as those demonstrated in Examples 1 through 7. A graphing utility can be used to confirm trigonometric identities.

To solve the trigonometric equations in Section 7.3, remind the students that the techniques of factoring polynomials and solving quadratic equations are useful here. Much of the success in solving these equations analytically lies in the proper use of algebra. Expect some difficulties with solutions to trigonometric equations involving multiple angles such as $\sin 2\theta = -1/2$. Encourage graphing of the equations as a first step in the solution or to approximate a solution.

Be sure that your students correctly interpret sum and difference formulas as well as the double angle formulas. For instance, a common error is to write $\sin(x + y) = \sin x + \sin y$, or $\sin 2x = 2 \sin x$.

CHAPTER EIGHT
Additional Topics in Trigonometry

Section Topics

8.1 **Law of Sines**—law of sines; the ambiguous case (SSA); applications; the area of an oblique triangle

8.2 **Law of Cosines**—law of cosines; Heron's formula

8.3 **Vectors in the Plane**—vectors in the plane; component form of a vector; vector operations; unit vectors; direction angles; applications of vectors

8.4 **Trigonometric Form of a Complex Number**—the complex plane; trigonometric form of a complex number; multiplication and division of complex numbers

8.5 **DeMoivre's Theorem and Nth Roots**—powers of complex numbers; roots of complex numbers

Chapter Comments

The Law of Sines and the Law of Cosines in Sections 8.1 and 8.2 are fairly straightforward. Expect some difficulty with the ambiguous case. Explain in detail how to match up the given parts with the law to be used. Also, for cases in which the Law of Cosines must be used, the largest angle should be solved for first. Then to finish the problem, point out that either the Law of Sines or the Law of Cosines can be used. Insist on a detailed analysis of each problem, including a sketch of the triangle, the method of solution, and the number of solutions.

Don't get bogged down with a technical definition of vectors. It is sufficient here to consider them to be directed line segments and that line segments with the same magnitude and direction can be represented by the same vector. Help students to see that $\mathbf{v} = \langle 1, 3 \rangle$ can be thought of as a vector with initial point $(0, 0)$ and terminal point $(1, 3)$, as well as a vector with initial point $(0, -1)$ and terminal point $(1, 2)$, and so on. The graphic representation of the difference of two vectors needs to be made clear to the students. Make sure that vector notation is correctly written as $\langle v_1, v_2 \rangle$ rather than with parentheses. Point out the usefulness of the unit vector $\mathbf{u} = \langle \cos \theta, \sin \theta \rangle$ in the applications of Section 8.3.

Give reasons for the trigonometric form of complex numbers early in the discussion; namely to efficiently multiply, divide, raise to powers, and find roots of complex numbers. The latter two are discussed in Section 8.5.

CHAPTER NINE
Linear Models and Systems of Equations

Section Topics

9.1 **Linear Modeling and Scatter Plots**—introduction to modeling; direct variation; rates of change; scatter plots

9.2 **Solving Systems of Equations Algebraically and Graphically**—the method of substitution; graphical approach to finding solutions; applications

9.3 **Systems of Linear Equations in Two Variables**—the method of elimination; graphical interpretation of solutions; applications

9.4 **Systems of Linear Equations in More Than Two Variables**—row-echelon form and back-substitution; Gaussian elimination; graphical interpretation of a linear system in three variables; nonsquare systems; applications

9.5 **Matrices and Systems of Linear Equations**—matrices; elementary row operations; Gaussian elimination with back-substitution; Gauss-Jordan elimination

9.6 **Operations with Matrices**—equality of matrices; matrix addition and scalar multiplication; matrix multiplication; applications

9.7 **Inverse Matrices and Systems of Linear Equations**—the inverse of a matrix; the inverse of a 2×2 matrix (quick method); systems of linear equations

9.8 **Systems of Inequalities**—the graph of an inequality; systems of inequalities; applications

Chapter Comments

In Section 9.1, have students investigate their models by comparing actual data values with those given by the model. You might have students collect and analyze data from their own experiments or research. Make your students aware of the fact that a graphing calculator or computer software often includes statistical programs to approximate the line of best fit.

When solving systems of equations algebraically, be sure to reinforce the solution graphically (if applicable). To be efficient, students need to know and understand both the substitution and the elimination methods. Point out the difference between the two methods, and the advantage of one over the other. Using a graphical approach first is sometimes useful to identify the number of solutions.

As demonstrated in Section 9.4, encourage students to use back-substitution for efficiency in solving systems of equations with more than two variables. Emphasize the usefulness of row-echelon form in determining the number (one, many, or none) of solutions.

In Section 9.5 matrices are introduced as an aid for solving systems of linear equations. Make clear to your students the match up of a matrix with its system of linear equations. Also, point out that the elementary row operations on matrices in Section 9.5 and Gaussian elimination with back-substitution in Section 9.4 are essentially the same. Encourage your students to write down the row operation performed in each step. This is an effective way to check their work.

Students may have difficulty with matrix notation. The application in Example 7 of Section 9.6 can be used as a good motivation for matrix multiplication. Emphasize the scheme (following Example 5) that identifies the condition for which multiplication of two matrices is defined. Review with students how to enter a matrix in their calculator or computer utility and encourage them to use technology to find inverses of matrices 3×3 or larger, and to check matrix operations.

Graphically solving systems of inequalities provides a good review and increases confidence in graphing.

It is important when teaching linear programming that students immediately become familiar with the terms. Emphasize the fact that this technique is powerful in that it quickly identifies those few points, out of many, that can be tested to find the point that gives the maximum (or minimum) value.

CHAPTER TEN
Sequences, Mathematical Induction, and Probability

Section Topics

10.1 Sequences and Summation Notation—sequences; factorial notation; summation notation; the sum of an infinite sequence; applications

10.2 Arithmetic Sequences—arithmetic sequences; the sum of an arithmetic sequence; arithmetic mean; applications

10.3 Geometric Sequences—geometric sequences; the sum of a finite geometric sequence; application

10.4 Mathematical Induction—mathematical induction; sums of powers of integers; pattern recognition; finite differences

10.5 The Binomial Theorem—binomial coefficients; Pascal's triangle; binomial expansions

10.6 Counting Principles, Permutations, Combinations—simple counting problems; counting principles; permutations; combinations

10.7 Probability—sample spaces; the probability of an event; mutually exclusive events; independent events; the complement of an event

Chapter Comments

When studying sequences, series, and probability, be sure your students understand the notation and know the terminology well. Carefully go over sequences in which $d < 0$ or $r < 0$. As an aid to understanding the formula for finding the nth term of an arithmetic sequence, have your students intuitively derive the formula. Application programs will help the students see the need for studying sequences.

Students need many demonstrations of proof by mathematical induction. You may want to add some proofs of your own.

Be sure your students see the importance of the Fundamental Counting Principle. It is the one from which the other counting procedures arise.

Careful detail and numerous examples are needed for students to understand when to count different orders and when not to. This is a necessary distinction to make between permutations and combinations.

CHAPTER ELEVEN
Parametric Equations and Polar Coordinates

Section Topics

11.1 Plane Curves and Parametric Equations—plane curves; sketching a plane curve; eliminating the parameter; finding parametric equations for a graph

11.2 Polar Coordinates—introduction; coordinate conversion; equation conversion

11.3 Graphs of Polar Equations—introduction; using a graphing utility; symmetry; maximum r-values; special polar graphs

11.4 Polar Equations of Conics—alternative definition of conics; polar equations of conics; applications

Chapter Comments

Students should notice how a curve is traced out, clockwise or counterclockwise, and learn that if the parameter represents time, then two different sets of parametric equations may have the same graph. This is readily demonstrated on a graphing utility. Encourage students to solve problems analytically and graphically.

Students should learn to analyze graphs of polar equations with regard to symmetry, tangents at the pole, and maximum r-values. Have them investigate and compare the graphs of $r = 3\cos 2\theta$, $r = 3\cos 2.1\theta$, $r = 3\cos 2.2\theta$, or $r = 3\cos 2\theta$, $r = 3.1\cos 2\theta$, and $r = 3.2\cos 2\theta$.

Part 2   SOLUTIONS TO EVEN-NUMBERED EXERCISES

Chapter P	Prerequisites: Review of Basic Algebra	15
Chapter 1	Functions and Graphs	34
Chapter 2	Solving Equations and Inequalities	72
	Cumulative Test, Chapters P—2	119
Chapter 3	Polynomial Functions: Graphs and Zeros	124
Chapter 4	Rational Functions and Conic Sections	157
Chapter 5	Exponential and Logarithmic Functions	187
	Cumulative Test, Chapters 3—5	210
Chapter 6	Trigonometry	214
Chapter 7	Analytic Trigonometry	262
Chapter 8	Additional Topics in Trigonometry	299
	Cumulative Test, Chapters 6—8	331
Chapter 9	Linear Models and Systems of Equations	336
Chapter 10	Sequences, Mathematical Induction, and Probability	389
Chapter 11	Parametric Equations and Polar Coordinates	421
	Cumulative Test, Chapters 9—11	443

CHAPTER P
Prerequisites: Review of Basic Algebra

P.1 The Real Number System

2. (a) Natural numbers: None
   (b) Integers: $\{-7, 0\}$
   (c) Rational numbers: $\{-7, -\frac{7}{3}, 0, 3.12, \frac{5}{4}\}$
   (d) Irrational numbers: $\{\sqrt{5}\}$

4. (a) Natural numbers: $\{\frac{8}{2}, 9\}$
   (b) Integers: $\{\frac{8}{2}, -4, 9\}$
   (c) Rational numbers: $\{\frac{8}{2}, -\frac{8}{3}, -4, 9, 14.2\}$
   (d) Irrational Numbers: $\{\sqrt{10}\}$

6. (a) Natural numbers: $\{25, \sqrt{9}\}$
   (b) Integers: $\{25, -17, \sqrt{9}\}$
   (c) Rational numbers: $\{25, -17, \sqrt{9}, -\frac{12}{5}, 3.12\}$
   (d) Irrational numbers: $\{\frac{1}{2}\pi\}$

8. 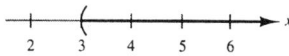 $-3.5 < 1$

10. 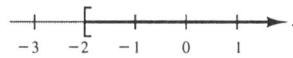 $1 < \frac{16}{3}$

12. 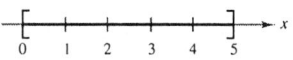 $-\frac{8}{7} < -\frac{3}{7}$

14. The interval $(4, 10]$ denotes all real numbers greater than 4 and less than or equal to 10. That is, $4 < x \le 10$, which is bounded.

16. The interval $(-6, \infty)$ denotes all real numbers greater than -6. That is, $x > -6$, which is unbounded.

18. The inequality $x \ge -2$ denotes all real numbers greater than or equal to -2. That is, $[-2, \infty)$.

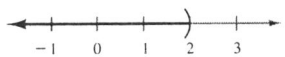

20. The inequality $x > 3$ denotes all real numbers greater than 3. That is, $(3, \infty)$.

22. The inequality $x < 2$ denotes all real numbers less than 2. That is, $(-\infty, 2)$.

24. The inequality $0 \le x \le 5$ denotes all real numbers between 0 and 5, including 0 and 5. That is, $[0, 5]$.

26. The inequality $0 < x \le 6$ denotes all real numbers between 0 and 6, not including 0 but including 6. That is, $(0, 6]$.

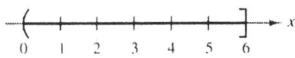

28. $z \ge 10$, $[10, \infty)$

16 CHAPTER P Prerequisites: Review of Basic Algebra

30. $5 < y \leq 12$, $(5, 12]$

32. $Y \leq 45$, $(-\infty, 45]$

34. $0 < p \leq 1.35$, $(0, 1.35]$

36. $|4 - \pi| = 4 - \pi \approx 0.8584$

38. $|-1| - |-2| = -(-1) + (-2) = 1 - 2 = -1$

40. $2|33| = 66$

42. Since $|-4| = 4$, we have $|-4|\ \boxed{=}\ |4|$.

44. Since $-|-6| = -6$ and $|-6| = 6$, we have $-|-6|\ \boxed{<}\ |-6|$.

46. Since $-(-2) = 2$, we have $-(-2)\ \boxed{>}\ -2$.

48. $d\left(\frac{1}{4}, \frac{11}{4}\right) = \left|\frac{11}{4} - \frac{1}{4}\right| = \frac{10}{4} = \frac{5}{2}$

50. $d(-126, -75) = |-75 - (-126)| = 51$

52. $d\left(\frac{16}{5}, \frac{112}{75}\right) = \left|\frac{112}{75} - \frac{16}{5}\right| = \frac{128}{75}$

54. Since $d(x, -10) = |x - (-10)|$ and $d(x, -10) \geq 6$, we have $|x + 10| \geq 6$.

56. Since $d(z, 0) = |z - 0| = |z|$ and $d(z, 0) < 8$, we have $|z| < 8$.

58. Since $d(y, a) = |y - a|$ and $d(y, a) \leq 2$, we have $|y - a| \leq 2$.

60. $\frac{26}{15} \approx 1.733333333$

$\sqrt{3} \approx 1.732050808$

1.7320

$\frac{381}{220} \approx 1.731818182$

$\sqrt{10} - \sqrt{2} \approx 1.748064098$

$\frac{381}{220} < 1.7320 < \sqrt{3} < \frac{26}{15} < \sqrt{10} - \sqrt{2}$

62. $\frac{1}{3} = 0.333333\ldots$

64. $\frac{6}{11} = 0.545454\ldots$

66. True. Since each integer p can be written as p/q, where $q = 1$, then p is also rational.

68. False. $|0| = 0$.

P.2 Properties of Real Numbers and the Basic Rules of Algebra

2. Terms: -5, $3x$

4. $3x^2 - 8x - 11 = 3x^2 + (-8x) + (-11)$
Terms: $3x^2$, $-8x$, -11

6. Terms: $3x^4$, $3x^3$

8. (a) $9 - 7(-3) = 9 + 21 = 30$
(b) $9 - 7(3) = 9 - 21 = -12$

10. (a) $-(-1)^2 + 5(-1) - 4 = -1 - 5 - 4 = -10$
(b) $-(1)^2 + 5(1) - 4 = -1 + 5 - 4 = 0$

12. (a) $\dfrac{2}{2+2} = \dfrac{2}{4} = \dfrac{1}{2}$
(b) $\dfrac{-2}{-2+2} = \dfrac{-2}{0}$ which is undefined. You cannot divide by zero.

14. $(x+3) - (x+3) = 0$, Inverse Property of Addition

16. $2\left(\tfrac{1}{2}\right) = 1$, Inverse Property of Multiplication

18. $(z-2) + 0 = z - 2$, Identity Property of Addition

20. $x + (y+10) = (x+y) + 10$, Associative Property of Addition

22. $\tfrac{1}{7}(7 \cdot 12) = \left(\tfrac{1}{7} \cdot 7\right) 12$ by the Associative Property of Multiplication
$\qquad = 1 \cdot 12 \quad$ Inverse Property of Multiplication
$\qquad = 12 \quad$ Identity Property of Multiplication

24. $10(23 - 30 + 7) = 10 \cdot 0 = 0$

26. $15 - \dfrac{3-3}{5} = 15 - \dfrac{0}{5} = 15 - 0 = 15$

28. $-3(5-2) = -3(3) = -9$

30. $\dfrac{27-35}{4} = \dfrac{-8}{4} = -2$

32. $\dfrac{6}{7} - \dfrac{4}{7} = \dfrac{6-4}{7} = \dfrac{2}{7}$

34. $\dfrac{10}{11} + \dfrac{6}{33} - \dfrac{13}{66} = \dfrac{10 \cdot 6}{11 \cdot 6} + \dfrac{6 \cdot 2}{33 \cdot 2} - \dfrac{13}{66}$
$\qquad = \dfrac{60 + 12 - 13}{66} = \dfrac{59}{66}$

36. $\dfrac{2}{3} \cdot \dfrac{5}{8} \cdot \dfrac{5}{16} \cdot \dfrac{3}{4} = \dfrac{5 \cdot 5}{4 \cdot 16 \cdot 4} = \dfrac{25}{256}$

38. $\dfrac{11}{16} \div \dfrac{3}{4} = \dfrac{11}{16} \times \dfrac{4}{3} = \dfrac{11 \cdot \cancel{4}}{4 \cdot \cancel{4} \cdot 3} = \dfrac{11}{12}$

40. $\left(\dfrac{3}{5} \div 3\right) - \left(6 \times \dfrac{4}{8}\right) = \left(\dfrac{3}{5} \times \dfrac{1}{3}\right) - \left(\dfrac{24}{8}\right)$
$\qquad = \dfrac{1}{5} - 3 = \dfrac{1-15}{5} = -\dfrac{14}{5}$

42. $3\left(\dfrac{-5}{12} + \dfrac{3}{8}\right) = 3\left(\dfrac{-1}{24}\right) = \dfrac{-3}{24} \approx -0.13$

44. $\dfrac{\left(\tfrac{1}{5}\right)(-8-9)}{-\tfrac{1}{3}} = \dfrac{\tfrac{1}{5}(-17)}{-\tfrac{1}{3}} = \dfrac{\tfrac{17}{5}}{\tfrac{1}{3}} = \dfrac{51}{5} = 10.20$

46. $\left(\dfrac{3}{2}\right)^{-2} - \left(\dfrac{3}{4}\right)^3 = \left(\dfrac{2}{3}\right)^2 - \left(\dfrac{3}{4}\right)^3$
$\qquad = \dfrac{4}{9} - \dfrac{27}{64}$
$\qquad = \dfrac{4 \cdot 64 - 27 \cdot 9}{9 \cdot 64}$
$\qquad = \dfrac{13}{576} \approx 0.02$

48. $\dfrac{1-3^{-5}}{0.5+(0.3)^4} = \dfrac{1-(1/3)^5}{0.5+(0.3)^4} \approx \dfrac{0.9959}{0.5081} \approx 1.96$

50. $3 \cdot 3^3 = 3^{1+3} = 3^4 = 81$

52. $-3^2 = -9$

54. $\left(-\dfrac{3}{5}\right)^3 \left(\dfrac{5}{3}\right)^2 = (-1)^3 \left(\dfrac{3^3}{5^3}\right)\left(\dfrac{5^2}{3^2}\right)$

$\qquad = -1\left(\dfrac{3}{5}\right) = -\dfrac{3}{5}$

56. $(-2)^0 = 1$

58. $7(4)^{-2} = \dfrac{7}{4^2} = \dfrac{7}{16}$

60. $5(-3)^3 = 5(-1)^3(3)^3$

$\qquad = 5(-1)(27)$

$\qquad = -135$

62. $(3x)^2 = (3)^2 x^2 = 9x^2$

64. $(-z)^3(3z^4) = (-1)^3 z^3 (3z^4)$

$\qquad = -3z^7$

66. $\dfrac{25y^8}{10y^4} = \dfrac{5}{2}y^4$

68. $\dfrac{r^4}{r^6} = \dfrac{1}{r^2}$

70. $\left(\dfrac{4}{y}\right)^3 \left(\dfrac{3}{y}\right)^4 = \left(\dfrac{4^3}{y^3}\right)\left(\dfrac{3^4}{y^4}\right)$

$\qquad = \dfrac{4^3 \cdot 3^4}{y^{3+4}}$

$\qquad = \dfrac{64 \cdot 81}{y^7} = \dfrac{5184}{y^7}$

72. $(2x^5)^0 = 1, \ x \neq 0$

74. $(4y^{-2})(8y^4) = 32y^{-2+4} = 32y^2$

76. $\left(\dfrac{x^{-3}y^4}{5}\right)^{-3} = \left(\dfrac{5}{x^{-3}y^4}\right)^3 = \left(\dfrac{5x^3}{y^4}\right)^3 = \dfrac{125x^9}{y^{12}}$

78. $\dfrac{x^2 \cdot x^n}{x^3 \cdot x^n} = \dfrac{1}{x}$

80. $9{,}461{,}000{,}000{,}000{,}000 = 9.461 \times 10^{15}$

82. $0.00003937 = 3.937 \times 10^{-5}$

84. $1.3 \times 10^7 = 13{,}000{,}000$

86. $9.0 \times 10^{-4} = 0.0009$

88. (a) $(9.3 \times 10^6)^3 (6.1 \times 10^{-4}) \approx 4.907 \times 10^{17}$

$\qquad$ (9.3 EXP 6) y^x 3 × (6.1 EXP 4 +/−) =

$\quad$ (b) $\dfrac{(2.414 \times 10^4)^6}{(1.68 \times 10^5)^5} \approx 1.479$

$\qquad$ (2.414 EXP 4) y^x 6 ÷ (1.68 EXP 5) y^x 5 =

P.3 Radicals and Rational Exponents

2. Radical form: $\sqrt[3]{64} = 4$
   Rational exponent form: $64^{1/3} = 4$

4. Radical form: $-\sqrt{144} = -12$
   Rational exponent form: $-(144^{1/2}) = -12$

6. Radical form: $\sqrt[3]{614.125} = 8.5$
   Rational exponent form: $(614.125)^{1/3} = 8.5$

8. Radical form: $\sqrt[5]{-243} = -3$
   Rational exponent form: $(-243)^{1/5} = -3$

10. Radical form: $(\sqrt[4]{81})^3 = 27$
    Rational exponent form: $(81^{1/4})^3 = 81^{3/4} = 27$

12. $\sqrt{49} = 7$

14. $\sqrt[3]{64} = \sqrt[3]{4^3} = 4$

16. $\sqrt[3]{\dfrac{27}{8}} = \dfrac{\sqrt[3]{27}}{\sqrt[3]{8}} = \dfrac{3}{2}$

18. $\sqrt[3]{0} = 0$

20. $\dfrac{\sqrt[4]{81}}{3} = \dfrac{\sqrt[4]{3^4}}{3} = \dfrac{3}{3} = 1$

22. $\sqrt[4]{562^4} = 562$

24. $(27)^{1/3} = \sqrt[3]{27} = \sqrt[3]{3^3} = 3$

26. $100^{-3/2} = (\sqrt{100})^{-3}$
    $= 10^{-3} = \dfrac{1}{10^3} = \dfrac{1}{1000}$

28. $\left(\dfrac{9}{4}\right)^{-1/2} = \left(\dfrac{4}{9}\right)^{1/2}$
    $= \dfrac{\sqrt{4}}{\sqrt{9}} = \dfrac{2}{3}$

30. $\left(-\dfrac{125}{27}\right)^{-1/3} = \left(-\dfrac{27}{125}\right)^{1/3}$
    $= \dfrac{\sqrt[3]{-1}\sqrt[3]{27}}{\sqrt[3]{125}}$
    $= \dfrac{-\sqrt[3]{3^3}}{\sqrt[3]{5^3}} = -\dfrac{3}{5}$

32. $\dfrac{\sqrt[3]{16}}{\sqrt[3]{27}} = \dfrac{\sqrt[3]{8}\sqrt[3]{2}}{3}$
    $= \dfrac{2\sqrt[3]{2}}{3}$

34. $\sqrt{4.5 \times 10^9} = \sqrt{4.5}\sqrt{(10^4)^2}\sqrt{10}$
    $= \sqrt{45} \cdot 10^4$
    $= \sqrt{9}\sqrt{5} \times 10^4$
    $= 3\sqrt{5} \times 10^4$

36. $\sqrt{54xy^4} = \sqrt{9 \cdot 6 \cdot x \cdot y^4}$
    $= 3y^2\sqrt{6x}$

38. $\sqrt[4]{(3x^2)^4} = 3x^2$

40. $\sqrt[5]{96x^5} = \sqrt[5]{32 \cdot 3 \cdot x^5}$
    $= 2x\sqrt[5]{3}$

42. $\dfrac{5}{\sqrt{10}} = \dfrac{5}{\sqrt{10}} \cdot \dfrac{\sqrt{10}}{\sqrt{10}}$
    $= \dfrac{5\sqrt{10}}{10}$
    $= \dfrac{\sqrt{10}}{2}$

44. $\dfrac{5}{\sqrt[3]{(5x)^2}} = \dfrac{5}{\sqrt[3]{(5x)^2}} \cdot \dfrac{\sqrt[3]{(5x)}}{\sqrt[3]{(5x)}}$
    $= \dfrac{5\sqrt[3]{(5x)}}{5x}$
    $= \dfrac{\sqrt[3]{5x}}{x}$

46. $\dfrac{5}{\sqrt{14}-2} = \dfrac{5}{\sqrt{14}-2} \cdot \dfrac{\sqrt{14}+2}{\sqrt{14}+2}$
    $= \dfrac{5(\sqrt{14}+2)}{14-4}$
    $= \dfrac{5(\sqrt{14}+2)}{10}$
    $= \dfrac{\sqrt{14}+2}{2}$

48. $\dfrac{5}{2\sqrt{10}-5} = \dfrac{5}{2\sqrt{10}-5} \cdot \dfrac{2\sqrt{10}+5}{2\sqrt{10}+5}$
    $= \dfrac{5(2\sqrt{10}+5)}{4 \cdot 10 - 25}$
    $= \dfrac{5(2\sqrt{10}+5)}{15}$
    $= \dfrac{2\sqrt{10}+5}{3}$

50. $\dfrac{\sqrt{2}}{3} = \dfrac{\sqrt{2}}{3} \cdot \dfrac{\sqrt{2}}{\sqrt{2}}$
    $= \dfrac{2}{3\sqrt{2}}$

52. $\dfrac{\sqrt{3}-\sqrt{2}}{2} = \dfrac{\sqrt{3}-\sqrt{2}}{2} \cdot \dfrac{\sqrt{3}+\sqrt{2}}{\sqrt{3}+\sqrt{2}}$
    $= \dfrac{3-2}{2(\sqrt{3}+\sqrt{2})}$
    $= \dfrac{1}{2(\sqrt{3}+\sqrt{2})}$
    $= \dfrac{-1}{2(\sqrt{7}+3)}$

54. $\dfrac{2\sqrt{3}+\sqrt{3}}{3} = \dfrac{2\sqrt{3}+\sqrt{3}}{3} \cdot \dfrac{\sqrt{3}}{\sqrt{3}}$
    $= \dfrac{2 \cdot 3 + 3}{3\sqrt{3}}$
    $= \dfrac{9}{3\sqrt{3}}$
    $= \dfrac{3}{\sqrt{3}}$

56. $\sqrt[6]{x^3} = x^{3/6}$
    $= x^{1/2}$
    $= \sqrt{x}$

58. $\sqrt[4]{(3x^2)^4} = (3x^2)^{4/4}$
    $= (3x^2)^1$
    $= 3x^2$

60. $\sqrt{\sqrt{243(x+1)}} = \sqrt{\sqrt{81 \cdot 3(x+1)}}$

$= \sqrt{9\sqrt{3(x+1)}} = \sqrt{9 \cdot 3^{1/2}(x+1)^{1/2}}$

$= 3 \cdot (3^{1/2})^{1/2}[(x+1)^{1/2}]^{1/2} = 3 \cdot 3^{1/4}(x+1)^{1/4} = 3\sqrt[4]{3(x+1)}$

62. $\sqrt{\sqrt[3]{10a^7b}} = [(10a^7b)^{1/3}]^{1/2}$

$= (10a^7b)^{1/6} = \sqrt[6]{10a^7b} = a\sqrt[6]{10ab}$

64. $3\sqrt{x+1} + 10\sqrt{x+1} = (3+10)\sqrt{x+1}$

$= 13\sqrt{x+1}$

66. $4\sqrt{27} - \sqrt{75} = 4 \cdot 3\sqrt{3} - 5\sqrt{3}$

$= (12-5)\sqrt{3}$

$= 7\sqrt{3}$

68. $7\sqrt{80x} - 2\sqrt{125x} = 7\sqrt{16 \cdot 5x} - 2\sqrt{25 \cdot 5x}$

$= 28\sqrt{5x} - 10\sqrt{5x}$

$= 18\sqrt{5x}$

70. $\dfrac{5^{-1/2} \cdot 5x^{5/2}}{(5x)^{3/2}} = \dfrac{5x^{5/2}}{5^{1/2}5^{3/2}x^{3/2}}$

$= 5^{1-1/2-3/2}x^{5/2-3/2}$

$= 5^{-1}x = \dfrac{x}{5}$

72. $(-2u^{3/5}v^{-1/5})^3 = \left(\dfrac{-2u^{3/5}}{v^{1/5}}\right)^3 = \dfrac{-8u^{9/5}}{v^{3/5}}$

74. $\dfrac{a^{3/4} \cdot a^{1/2}}{a^{5/2}} = \dfrac{a^{5/4}}{a^{10/4}} = \dfrac{1}{a^{5/4}}$

76. $\left(\dfrac{3m^{1/6}n^{1/3}}{4n^{-2/3}}\right)^2 = \left(\dfrac{3m^{1/6}n}{4}\right)^2 = \dfrac{9m^{1/3}n^2}{16}$

78. $(k^{-1/3})^{3/2} = \left(\dfrac{1}{k^{1/3}}\right)^{3/2} = \dfrac{1}{k^{1/2}} = \dfrac{1}{\sqrt{k}}$

80. $\sqrt[3]{45^2} \approx 12.651$

45 $\boxed{x^2}$ $\boxed{y^x}$ $\boxed{(}$ 1 $\boxed{\div}$ 3 $\boxed{)}$ $\boxed{=}$

82. $(15.25)^{-1.4} \approx 0.022$

15.25 $\boxed{y^x}$ 1.4 $\boxed{+/-}$ $\boxed{=}$

84. $(2.65 \times 10^{-4})^{1/3} \approx 0.064$

$\boxed{(}$ 2.65 $\boxed{\text{EXP}}$ 4 $\boxed{+/-}$ $\boxed{)}$ $\boxed{y^x}$ $\boxed{(}$ 1 $\boxed{\div}$ 3 $\boxed{)}$ $\boxed{=}$

86. $\sqrt{3} - \sqrt{2} \approx 0.318$

$\sqrt{3-2} = 1$

Therefore, $\sqrt{3} - \sqrt{2} < \sqrt{3-2}$.

88. $\sqrt{3^2 + 4^2} = \sqrt{9+16} = \sqrt{25} = 5$

Therefore, $5 = \sqrt{3^2 + 4^2}$.

90. $\sqrt{\dfrac{3}{11}} = \dfrac{\sqrt{3}}{\sqrt{11}}$

92. $\left(\dfrac{2}{\sqrt{5}}\right)^2 = \dfrac{2^2}{(\sqrt{5})^2} = \dfrac{4}{5}$

No, rationalizing the denominator produces a number that is equal to the original fraction; squaring does not.

P.4 Polynomials and Special Products

2. Standard form: $-3x^4 + 2x^2 - 5$
Degree: 4
Leading coefficient: -3

4. Standard form: 3
Degree: 0
Leading coefficient: 3

6. Standard form: $2x$
Degree: 1
Leading coefficient: 2

8. $2x^3 + x - 3x^{-1}$
This is not a polynomial because of the negative exponent.

10. $\dfrac{x^2 + 2x - 3}{2} = \dfrac{x^2}{2} + \dfrac{2x}{2} - \dfrac{3}{2}$
$= \dfrac{1}{2}x^2 + x - \dfrac{3}{2}$

This is a polynomial.
Standard form: $\dfrac{1}{2}x^2 + x - \dfrac{3}{2}$

12. $\sqrt{y^2 - y^4}$
This is not a polynomial because of the square root.

14. $(2x^2 + 1) - (x^2 - 2x + 1) = 2x^2 + 1 - x^2 + 2x - 1$
$= (2x^2 - x^2) + 2x + (1 - 1)$
$= x^2 + 2x$

16. $-(5x^2 - 1) - (-3x^2 + 5) = -5x^2 + 1 + 3x^2 - 5$
$= (-5x^2 + 3x^2) + (1 - 5)$
$= -2x^2 - 4$

18. $(15x^4 - 18x - 19) - (13x^4 - 5x + 15) = 15x^4 - 18x - 19 - 13x^4 + 5x - 15$
$= (15x^4 - 13x^4) + (-18x + 5x) + (-19 - 15)$
$= 2x^4 - 13x - 34$

20. $(y^3 + 1) - [(y^2 + 1) + (3y - 7)] = y^3 + 1 - (y^2 + 1 + 3y - 7) = y^3 + 1 - y^2 - 1 - 3y + 7 = y^3 - y^2 - 3y + 7$

22. $y^2(4y^2 + 2y - 3) = y^2(4y^2) + y^2(2y) + y^2(-3)$
$= 4y^4 + 2y^3 - 3y^2$

24. $-4x(3 - x^3) = -4x(3) + (-4x)(-x^3)$
$= -12x + 4x^4$

26. $(1 - x^3)(4x) = 1(4x) - x^3(4x)$
$\qquad\qquad\qquad = 4x - 4x^4$

28. $(x - 5)(x + 10) = x^2 + 10x - 5x - 50$
$\qquad\qquad\qquad = x^2 + 5x - 50$

30. $(7x - 2)(4x - 3) = 28x^2 - 21x - 8x + 6$
$\qquad\qquad\qquad = 28x^2 - 29x + 6$

32. $(3x - 2)^2 = (3x)^2 + 2(3x)(-2) + (-2)^2$
$\qquad\qquad = 9x^2 - 12x + 4$

34. $(5 - 8x)^2 = 5^2 - 2(5)(8x) + (8x)^2$
$\qquad\qquad = 25 - 80x + 64x^2$

36. $[(x + 1) - y]^2 = (x + 1)^2 - 2(x + 1)y + y^2$
$\qquad\qquad\qquad = x^2 + 2x + 1 - 2xy - 2y + y^2$
$\qquad\qquad\qquad = x^2 - 2xy + y^2 + 2x - 2y + 1$

38. $(2x + 3)(2x - 3) = 4x^2 - 9$

40. $(2x + 3y)(2x - 3y) = 4x^2 - 9y^2$

42. $(x + y + 1)(x + y - 1) = [(x + y) + 1][(x + y) - 1]$
$\qquad\qquad\qquad\qquad = (x + y)^2 - 1$
$\qquad\qquad\qquad\qquad = x^2 + 2xy + y^2 - 1$

44. $(3a^3 - 4b^2)(3a^3 + 4b^2) = 9a^6 - 16b^4$

46. $(x - 2)^3 = x^3 - 3x^2(2) + 3x(2)^2 - (2)^3$
$\qquad\qquad = x^3 - 6x^2 + 12x - 8$

48. $(3x + 2y)^3 = (3x)^3 + 3(3x)^2(2y) + 3(3x)(2y)^2 + (2y)^3 = 27x^3 + 54x^2y + 36xy^2 + 8y^3$

50. $(5 + \sqrt{x})(5 - \sqrt{x}) = 25 - (\sqrt{x})^2 = 25 - x$

52. $(8x + 3)^2 = (8x)^2 + 2(8x)3 + 3^2$
$\qquad\qquad = 64x^2 + 48x + 9$

54. $(x - 2)(x^2 + 2x + 4) = (x - 2)x^2 + (x - 2)2x + (x - 2)4 = x^3 - 2x^2 + 2x^2 - 4x + 4x - 8 = x^3 - 8$

56. By the Vertical Method we have:

$$\begin{array}{r} x^2 + 3x - 2 \\ x^2 - 3x - 2 \\ \hline x^4 + 3x^3 - 2x^2 \\ -3x^3 - 9x^2 + 6x \\ -2x^2 - 6x + 4 \\ \hline x^4 + 0x^3 - 13x^2 + 0x + 4 \end{array}$$

which equals $x^4 - 13x^2 + 4$.

58. $(2x-1)(x+3) + 3(x+3) = 2x^2 + 6x - x - 3 + 3x + 9$
$$= 2x^2 + 8x + 6$$

60. $(x+y)(x-y)(x^2+y^2) = (x^2-y^2)(x^2+y^2)$
$$= x^4 - y^4$$

62. $(a_m x^m + a_{m-1} x^{m-1} + \cdots + a_0) + (b_n x^n + b_{n-1} x^{n-1} + \cdots + b_0)$
Since $n > m$, then the term with the highest degree is $b_n x^n$.
Therefore, the degree of the sum is n.

P.5 Factoring

2. $5y - 30 = 5(y - 6)$

4. $4x^3 - 6x^2 + 12x = 2x(2x^2 - 3x + 6)$

6. $3x(x+2) - 4(x+2) = (x+2)(3x-4)$

8. $x^2 - \frac{1}{4} = x^2 - \left(\frac{1}{2}\right)^2 = \left(x + \frac{1}{2}\right)\left(x - \frac{1}{2}\right)$

10. $49 - 9y^2 = (7)^2 - (3y)^2 = (7+3y)(7-3y)$

12. $25 - (z+5)^2 = 5^2 - (z+5)^2$
$$= [5 + (z+5)][5 - (z+5)]$$
$$= (z+10)(-z)$$
$$= -z(z+10)$$

14. $x^2 + 10x + 25 = x^2 + 2(5)(x) + 5^2 = (x+5)^2$

16. $9x^2 - 12x + 4 = (3x)^2 - 2(3x)(2) + 2^2 = (3x-2)^2$

18. $z^2 + z + \frac{1}{4} = z^2 + 2(z)\left(\frac{1}{2}\right) + \left(\frac{1}{2}\right)^2 = \left(z + \frac{1}{2}\right)^2$

20. $x^2 + 5x + 6 = (x+3)(x+2)$ since $(3)(2) = 6$ and $(3) + (2) = 5$.

22. $t^2 - t - 6 = (t-3)(t+2)$ since $(-3)(2) = -6$ and $(-3) + (2) = -1$.

24. $z^2 - 5z - 24 = (z-8)(z+3)$ since $(-8)(3) = -24$ and $(-8) + (3) = -5$.

26. $x^2 - 13x + 42 = (x-7)(x-6)$ since $(-7)(-6) = 42$ and $(-7) + (-6) = -13$.

28. $2x^2 - x - 1 = (2x+1)(x-1)$ since $(1)(-1) = -1$ and $(-2) + (1) = -1$.

30. $12x^2 + 7x + 1 = (3x+1)(4x+1)$ since $(1)(1) = 1$ and $(3) + (4) = 7$.

32. $5u^2 + 13u - 6 = (5u-2)(u+3)$ since $(-2)(3) = -6$ and $(15) + (-2) = 13$.

34. $x^3 - 27 = x^3 - 3^3 = (x-3)(x^2 + 3x + 9)$

36. $z^3 + 125 = z^3 + 5^3 = (z+5)(z^2 - 5z + 25)$

38. $27x^3 + 8 = (3x)^3 + 2^3 = (3x+2)(9x^2 - 6x + 4)$

40. $x^3 + 5x^2 - 5x - 25 = (x^3 + 5x^2) + (-5x - 25)$
$= x^2(x+5) - 5(x+5)$
$= (x+5)(x^2 - 5)$

42. $5x^3 - 10x^2 + 3x - 6 = (5x^3 - 10x^2) + (3x - 6)$
$= 5x^2(x-2) + 3(x-2)$
$= (x-2)(5x^2 + 3)$

44. $x^5 + 2x^3 + x^2 + 2 = (x^5 + 2x^3) + (x^2 + 2)$
$= x^3(x^2 + 2) + (x^2 + 2)$
$= (x^2 + 2)(x^3 + 1)$

46. $2x^2 + 9x + 9 = 2x^2 + 6x + 3x + 9$
$= (2x^2 + 6x) + (3x + 9)$
$= 2x(x+3) + 3(x+3)$
$= (x+3)(2x+3)$

48. $6x^2 - x - 15 = 6x^2 + 9x - 10x - 15$
$= (6x^2 + 9x) + (-10x - 15)$
$= 3x(2x+3) - 5(2x+3)$
$= (2x+3)(3x-5)$

50. $12x^2 - 13x + 1 = 12x^2 - 12x - x + 1$
$= (12x^2 - 12x) + (-x + 1) = 12x(x-1) - (x-1) = (x-1)(12x-1)$

52. $x^2 + 4x + 3 = (x+3)(x+1)$

54. $x^2 + 3x + 2 = (x+2)(x+1)$

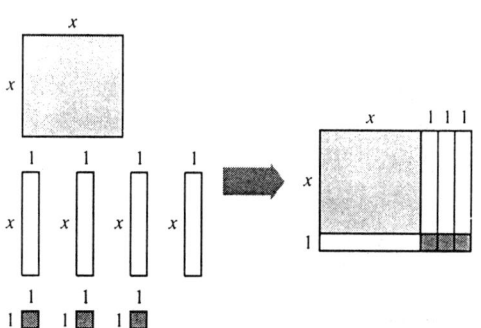
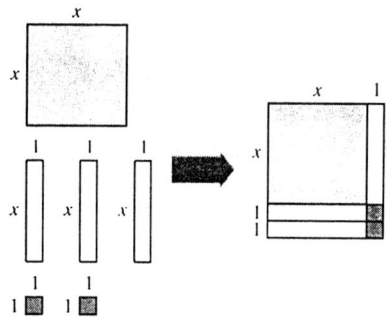

56. $12x^2 - 48 = 12(x^2 - 4) = 12(x-2)(x+2)$

58. $6x^2 - 54 = 6(x^2 - 9) = 6(x-3)(x+3)$

60. $16 + 6x - x^2 = -(x^2 - 6x - 16) = -(x-8)(x+2) = (8-x)(x+2)$

62. $9x^2 - 6x + 1 = (3x-1)^2$

64. $2y^3 - 7y^2 - 15y = y(2y^2 - 7y - 15)$
$= y(2y+3)(y-5)$

66. $13x + 6 + 5x^2 = 5x^2 + 13x + 6$
$= (5x + 3)(x + 2)$

68. $5 - x + 5x^2 - x^3 = (5 - x) + x^2(5 - x)$
$= (5 - x)(1 + x^2)$

70. $3u - 2u^2 + 6 - u^3 = 3u + 6 - u^3 - 2u^2$
$= 3(u + 2) - u^2(u + 2)$
$= (u + 2)(3 - u^2)$

72. $(t - 1)^2 - 49 = [(t - 1) + 7][(t - 1) - 7]$
$= (t + 6)(t - 8)$

74. $(x^2 + 8)^2 - 36x^2 = [(x^2 + 8) + 6x][(x^2 + 8) - 6x]$
$= (x^2 + 6x + 8)(x^2 - 6x + 8)$
$= (x + 2)(x + 4)(x - 2)(x - 4)$

76. $5x^3 + 40 = 5(x^3 + 8) = 5(x + 2)(x^2 - 2x + 4)$

78. $5(3 - 4x)^2 - 8(3 - 4x)(5x - 1) = (3 - 4x)[5(3 - 4x) - 8(5x - 1)]$
$= (3 - 4x)(15 - 20x - 40x + 8)$
$= (3 - 4x)(23 - 60x)$

80. $7(3x + 2)^2(1 - x)^2 + (3x + 2)(1 - x)^3 = (3x + 2)(1 - x)^2[7(3x + 2) + (1 - x)]$
$= (1 - x)^2(3x + 2)(21x + 14 + 1 - x)$
$= (1 - x)^2(3x + 2)(20x + 15)$
$= 5(1 - x)^2(3x + 2)(4x + 3)$

P.6 Fractional Expressions

2. The domain of the polynomial $2x^2 + 5x - 2$ is the set of all real numbers.

4. The domain of the polynomial $6x^2 + 7x - 9$, $x > 0$ is the set of positive real numbers, since the polynomial is restricted to that set.

6. The domain of $\dfrac{x + 1}{2x + 1}$ is the set of all real numbers except $x = -\dfrac{1}{2}$, which would produce an undefined division by zero.

8. The domain of $\dfrac{2x + 1}{(x + 3)(x - 3)}$ is the set of all real numbers except $x = 3$ and $x = -3$, which would produce an undefined division by zero.

10. The domain of $\dfrac{1}{\sqrt{x + 1}}$ is the set of all real numbers greater than -1 since $x + 1 > 0$ when $x > -1$.

12. $\dfrac{3}{4} = \dfrac{3(x+1)}{4(x+1)}$, $x \neq -1$

14. $\dfrac{3y-4}{y+1} = \dfrac{(3y-4)(y-1)}{(y+1)(y-1)}$
$= \dfrac{(3y-4)(y-1)}{y^2-1}$, $y \neq 1$

16. $\dfrac{1-z}{z^2} = \dfrac{(1-z)(1+z)}{z^2(1+z)}$
$= \dfrac{(1-z)(1+z)}{z^2+z^3}$, $z \neq -1$

18. $\dfrac{18y^2}{60y^5} = \dfrac{6y^2(3)}{6y^2(10y^3)} = \dfrac{3}{10y^3}$

20. $\dfrac{9x^2+9x}{2x+2} = \dfrac{9x(x+1)}{2(x+1)} = \dfrac{9x}{2}$, $x \neq -1$

22. $\dfrac{x^2-25}{5-x} = \dfrac{(x+5)(x-5)}{-(x-5)} = -(x+5)$, $x \neq 5$

24. $\dfrac{x^2+8x-20}{x^2+11x+10} = \dfrac{(x+10)(x-2)}{(x+10)(x+1)}$
$= \dfrac{x-2}{x+1}$, $x \neq -10$

26. $\dfrac{10+x}{x^2+11x+10} = \dfrac{10+x}{(x+10)(x+1)}$
$= \dfrac{1}{x+1}$, $x \neq -10, -1$

28. $\dfrac{x^2-9}{x^3+x^2-9x-9} = \dfrac{x^2-9}{(x^3-9x)+(x^2-9)}$
$= \dfrac{x^2-9}{x(x^2-9)+(x^2-9)}$
$= \dfrac{x^2-9}{(x^2-9)(x+1)}$
$= \dfrac{1}{x+1}$, $x \neq \pm 3$

30. $\dfrac{y^3-2y^2-3y}{y^3+1} = \dfrac{y(y^2-2y-3)}{y^3+1}$
$= \dfrac{y(y-3)(y+1)}{(y+1)(y^2-y+1)}$
$= \dfrac{y(y-3)}{y^2-y+1}$, $y \neq -1$

32. $\dfrac{(x+5)(x-3)}{x+2} \cdot \dfrac{1}{(x+5)(x+2)} = \dfrac{x-3}{(x+2)^2}$, $x \neq -5$

34. $\dfrac{4y-16}{5y+15} \cdot \dfrac{2y+6}{4-y} = \dfrac{4(y-4)}{5(y+3)} \cdot \dfrac{-2(y+3)}{y-4} = -\dfrac{8}{5}$, $y \neq -3, 4$

36. $\dfrac{x^3-1}{x+1} \cdot \dfrac{x^2+1}{x^2-1} = \dfrac{(x-1)(x^2+x+1)}{x+1} \cdot \dfrac{x^2+1}{(x+1)(x-1)} = \dfrac{(x^2+1)(x^2+x+1)}{(x+1)^2}$, $x \neq 1$

38. $\dfrac{x+2}{5(x-3)} \div \dfrac{x-2}{5(x-3)} = \dfrac{x+2}{5(x-3)} \cdot \dfrac{5(x-3)}{x-2} = \dfrac{x+2}{x-2}$, $x \neq 3$

40. $\dfrac{\left(\dfrac{x^2-1}{x}\right)}{\left(\dfrac{(x-1)^2}{x}\right)} = \dfrac{x^2-1}{x} \div \dfrac{(x-1)^2}{x}$

$= \dfrac{x^2-1}{x} \cdot \dfrac{x}{(x-1)^2}$

$= \dfrac{(x+1)(x-1)}{x} \cdot \dfrac{x}{(x-1)^2}$

$= \dfrac{x+1}{x-1},\ x \neq 0$

42. $\dfrac{2x-1}{x+3} + \dfrac{1-x}{x+3} = \dfrac{(2x-1)+(1-x)}{x+3} = \dfrac{x}{x+3}$

44. $\dfrac{3}{x-1} - 5 = \dfrac{3}{x-1} - \dfrac{5(x-1)}{(x-1)}$

$= \dfrac{3 - 5(x-1)}{x-1} = \dfrac{8-5x}{x-1}$

46. $\dfrac{2x}{x-5} - \dfrac{5}{5-x} = \dfrac{2x}{x-5} + \dfrac{5}{x-5}$

$= \dfrac{2x+5}{x-5}$

48. $\dfrac{x}{x^2+x-2} - \dfrac{1}{x+2} = \dfrac{x}{(x+2)(x-1)} - \dfrac{1}{x+2}$

$= \dfrac{x}{(x+2)(x-1)} - \dfrac{x-1}{(x+2)(x-1)}$

$= \dfrac{x-(x-1)}{(x+2)(x-1)} = \dfrac{1}{(x+2)(x-1)}$

50. $\dfrac{2}{x+1} + \dfrac{2}{x-1} + \dfrac{1}{x^2-1} = \dfrac{2}{x+1} + \dfrac{2}{x-1} + \dfrac{1}{(x+1)(x-1)}$

$= \dfrac{2(x-1)}{(x+1)(x-1)} + \dfrac{2(x+1)}{(x+1)(x-1)} + \dfrac{1}{(x+1)(x-1)}$

$= \dfrac{2x-2+2x+2+1}{(x+1)(x-1)} = \dfrac{4x+1}{(x+1)(x-1)}$

52. $(1-x^3)^{1/3} - x^3(1-x^3)^{-2/3} = (1-x^3)^{-2/3}\left((1-x^3) - x^3\right) = \dfrac{1-2x^3}{(1-x^3)^{2/3}}$

54. $2(2+x)^{-1/2} + (1-x)(2+x)^{-3/2} = (2+x)^{-3/2}(2(2+x) + (1-x)) = \dfrac{x+5}{(2+x)^{3/2}}$

56. $\dfrac{(x-4)}{\dfrac{x}{4} - \dfrac{4}{x}} = \dfrac{(x-4)}{\dfrac{x}{4} - \dfrac{4}{x}} \cdot \dfrac{4x}{4x}$

$= \dfrac{4x(x-4)}{x^2-16} = \dfrac{4x(x-4)}{(x-4)(x+4)}$

$= \dfrac{4x}{x+4},\ x \neq 4$

58. $\dfrac{\left(\dfrac{5}{y} - \dfrac{6}{2y+1}\right)}{\left(\dfrac{5}{y} + 4\right)} = \dfrac{\dfrac{5(2y+1)-6y}{y(2y+1)}}{\dfrac{5+4y}{y}}$

$= \dfrac{4y+5}{y(2y+1)} \cdot \dfrac{y}{5+4y}$

$= \dfrac{1}{2y+1},\ y \neq 0,\ -\dfrac{5}{4}$

60. $\dfrac{\dfrac{x+h}{x+h+1} - \dfrac{x}{x+1}}{h} = \dfrac{\dfrac{(x+h)(x+1) - x(x+h+1)}{(x+h+1)(x+1)}}{h}$

$= \dfrac{\dfrac{x^2 + x + hx + h - x^2 - hx - x}{(x+h+1)(x+1)}}{h}$

$= \dfrac{h}{(x+h+1)(x+1)} \cdot \dfrac{1}{h}$

$= \dfrac{1}{(x+h+1)(x+1)}, \ h \neq 0$

62. $\dfrac{z^{-1} - 2(z+2)^{-1}}{z^{-2}} = \left(z^{-1} - 2(z+2)^{-1}\right) z^2 = z - 2z^2(z+2)^{-1} = z - \dfrac{2z^2}{(z+2)}$

64. $\dfrac{3x^{1/3} - x^{-2/3}}{3x^{-2/3}} = \dfrac{3x^{1/3} - x^{-2/3}}{3x^{-2/3}} \cdot \dfrac{x^{2/3}}{x^{2/3}} = \dfrac{3x - 1}{3}$

66. $\dfrac{-x^3(1-x^2)^{-1/2} - 2x(1-x^2)^{1/2}}{x^4} = \dfrac{-x^3(1-x^2)^{-1/2} - 2x(1-x^2)^{1/2}}{x^4} \cdot \dfrac{(1-x^2)^{1/2}}{(1-x^2)^{1/2}}$

$= \dfrac{-x^3 - 2x(1-x^2)}{x^4(1-x^2)^{1/2}}$

$= \dfrac{x^3 - 2x}{x^4(1-x^2)^{1/2}}$

$= \dfrac{x^2 - 2}{x^3(1-x^2)^{1/2}}$

68. $\dfrac{\sqrt{z-3} - \sqrt{z}}{3} = \dfrac{\sqrt{z-3} - \sqrt{z}}{3} \cdot \dfrac{\sqrt{z-3} + \sqrt{z}}{\sqrt{z-3} + \sqrt{z}}$

$= \dfrac{(z-3) - z}{3(\sqrt{z-3} + \sqrt{z})}$

$= -\dfrac{3}{3(\sqrt{z-3} + \sqrt{z})}$

$= -\dfrac{1}{\sqrt{z-3} + \sqrt{z}}$

P.7 The Cartesian Plane

2.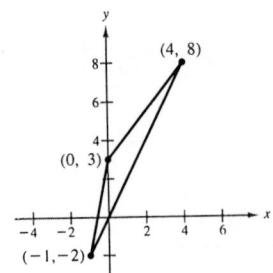

4.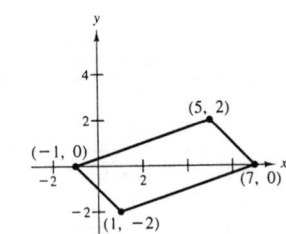

6. Since the points $(1, 4)$ and $(8, 4)$ lie on the same vertical line, the distance between the points is given by the absolute value of the difference of their x-coordinates.
$$d = |8 - 1| = |7| = 7$$

8. Since the points $(-3, -4)$ and $(-3, 6)$ lie on the same horizontal line, the distance between the points is given by the absolute value of the difference of their y-coordinates.
$$d = |6 - (-4)| = |6 + 4| = |10| = 10$$

10. (a) $a = |13 - 1| = 12$
    $b = |6 - 1| = 5$
    $c = \sqrt{12^2 + 5^2} = \sqrt{144 + 25} = \sqrt{169} = 13$

    (b) $d = \sqrt{(13 - 1)^2 + (6 - 1)^2}$
    $= \sqrt{12^2 + 5^2} = \sqrt{169} = 13$

12. (a) $a = |6 - 2| = 4$
    $b = |5 - (-2)| = 7$
    $c = \sqrt{4^2 + 7^2} = \sqrt{16 + 49} = \sqrt{65}$

    (b) $d = \sqrt{(6 - 2)^2 + (-2 - 5)^2}$
    $= \sqrt{4^2 + (-7)^2} = \sqrt{16 + 49} = \sqrt{65}$

14. (a)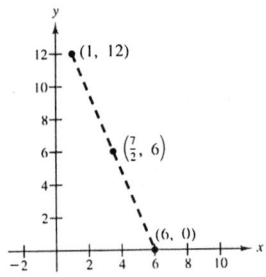

    (b) $d = \sqrt{(6 - 1)^2 + (0 - 12)^2}$
    $= \sqrt{5^2 + (-12)^2}$
    $= \sqrt{169} = 13$

    (c) $m = \left(\dfrac{1 + 6}{2}, \dfrac{12 + 0}{2}\right) = \left(\dfrac{7}{2}, 6\right)$

16. (a)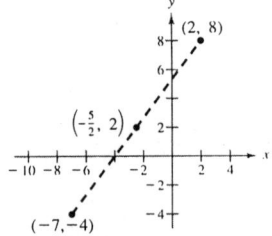

    (b) $d = \sqrt{(-7 - 2)^2 + (-4 - 8)^2}$
    $= \sqrt{81 + 144} = 15$

    (c) $m = \left(\dfrac{-7 + 2}{2}, \dfrac{-4 + 8}{2}\right) = \left(-\dfrac{5}{2}, 2\right)$

18. (a)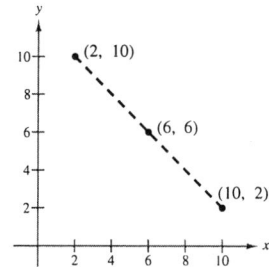

(b) $d = \sqrt{(2-10)^2 + (10-2)^2}$
$= \sqrt{64 + 64} = 8\sqrt{2}$

(c) $m = \left(\dfrac{2+10}{2}, \dfrac{10+2}{2}\right) = (6, 6)$

20. (a)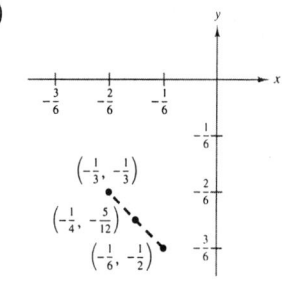

(b) $d = \sqrt{\left(-\dfrac{1}{3} + \dfrac{1}{6}\right)^2 + \left(-\dfrac{1}{3} + \dfrac{1}{2}\right)^2}$
$= \sqrt{\dfrac{1}{36} + \dfrac{1}{36}} = \dfrac{\sqrt{2}}{6}$

(c) $m = \left(\dfrac{-\frac{1}{3} - \frac{1}{6}}{2}, \dfrac{-\frac{1}{3} - \frac{1}{2}}{2}\right) = \left(-\dfrac{1}{4}, -\dfrac{5}{12}\right)$

22. (a)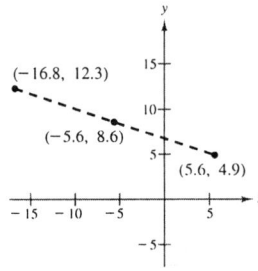

(b) $d = \sqrt{(5.6 + 16.8)^2 + (4.9 - 12.3)^2}$
$= \sqrt{501.76 + 54.76}$
$= \sqrt{556.52}$

(c) $m = \left(\dfrac{-16.8 + 5.6}{2}, \dfrac{12.3 + 4.9}{2}\right)$
$= (-5.6, 8.6)$

24. (a)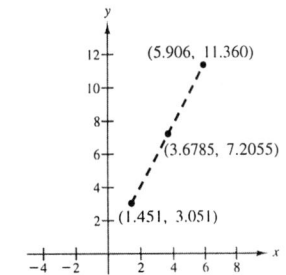

(b) $d = \sqrt{(5.906 - 1.451)^2 + (11.360 - 3.051)^2}$
$= \sqrt{88.886506}$

(c) $m = \left(\dfrac{1.451 + 5.906}{2}, \dfrac{3.051 + 11.360}{2}\right)$
$= (3.6785, 7.2055)$

26. $\dfrac{4{,}200{,}000 + 5{,}650{,}000}{2} = 4{,}925{,}000$

The estimated sales for 1991 is $4,925,000.

28.
$d_1 = \sqrt{(1-3)^2 + (-3-2)^2} = \sqrt{29}$

$d_2 = \sqrt{(1+2)^2 + (-3-4)^2} = \sqrt{58}$

$d_3 = \sqrt{(3+2)^2 + (2-4)^2} = \sqrt{29}$

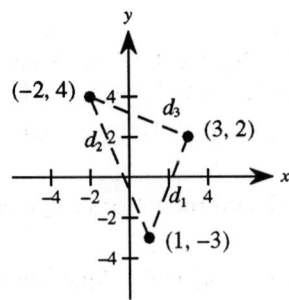

Since $d_1 = d_3$, we can conclude that the triangle is an isosceles triangle.

30.
$d_1 = \sqrt{(0-3)^2 + (1-7)^2} = \sqrt{45}$

$d_2 = \sqrt{(0-1)^2 + (1+2)^2} = \sqrt{10}$

$d_3 = \sqrt{(4-3)^2 + (4-7)^2} = \sqrt{10}$

$d_4 = \sqrt{(4-1)^2 + (4+2)^2} = \sqrt{45}$

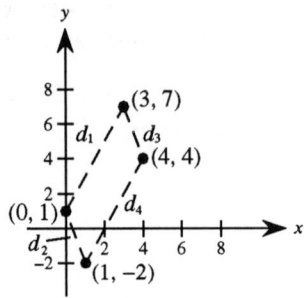

Since $d_1 = d_4$ and $d_2 = d_3$, then we can conclude that the points form the vertices of a parallelogram.

32.
$\sqrt{(x+8)^2 + (5-0)^2} = 13$

$\sqrt{x^2 + 16x + 64 + 25} = 13$

$x^2 + 16x + 89 = 169$

$x^2 + 16x - 80 = 0$

$(x+20)(x-4) = 0$

$x = -20 \quad \text{or} \quad x = 4$

34.
$\sqrt{(7+8)^2 + (y-4)^2} = 17$

$\sqrt{225 + (y-4)^2} = 17$

$225 + (y-4)^2 = 289$

$(y-4)^2 = 64$

$y - 4 = \pm 8$

$y = 4 \pm 8$

$y = -4 \quad \text{or} \quad y = 12$

36. The distance between $(3, \frac{5}{2})$ and (x, y) is equal to the distance between $(-7, 1)$ and (x, y).

$$\sqrt{(x-3)^2 + (y - \tfrac{5}{2})^2} = \sqrt{(x+7)^2 + (y-1)^2}$$

$$(x-3)^2 + (y - \tfrac{5}{2})^2 = (x+7)^2 + (y-1)^2$$

$$x^2 - 6x + 9 + y^2 - 5y + \tfrac{25}{4} = x^2 + 14x + 49 + y^2 - 2y + 1$$

$$-20x - 3y - \tfrac{139}{4} = 0$$

$$80x + 12y + 139 = 0$$

38. $x < 0 \Rightarrow x$ lies in Quadrant II or in Quadrant III.

$y < 0 \Rightarrow y$ lies in Quadrant III or in Quadrant IV.

$x < 0$ and $y < 0 \Rightarrow (x, y)$ lies in Quadrant III.

40. $x < 0 \Rightarrow x$ lies in Quadrant II or in Quadrant III.

$y > 0 \Rightarrow y$ lies in Quadrant I or in Quadrant II.

$x < 0$ and $y > 0 \Rightarrow (x, y)$ lies in Quadrant II.

42. $x > 2 \Rightarrow x$ is positive $\Rightarrow x$ lies in Quadrant I or Quadrant IV.

$y = 3 \Rightarrow y$ is positive $\Rightarrow y$ lies in Quadrant I or Quadrant II.

$x > 2$ and $y = 3 \Rightarrow (x, y)$ lies in Quadrant I.

44. $x > 4 \Rightarrow x$ is positive $\Rightarrow x$ lies in either Quadrant I or Quadrant IV.

46. If $xy < 0$, then x and y have opposite signs. Hence, (x, y) lies in either Quadrant II or Quadrant IV.

48. Since $(-x, y)$ is in Quadrant IV, we know that $-x > 0$ and $y < 0$. If $-x > 0$, then $x < 0$.

$x < 0 \Rightarrow x$ lies in Quadrant II or in Quadrant III.

$y < 0 \Rightarrow y$ lies in Quadrant III or in Quadrant IV.

$x < 0$ and $y < 0 \Rightarrow (x, y)$ lies in Quadrant III.

50.

The points are reflected through the x-axis.

52. $(x-0)^2 + (y-0)^2 = 5^2$

$x^2 + y^2 = 25$

54. $(x-0)^2 + \left(y - \tfrac{1}{3}\right)^2 = \left(\tfrac{1}{3}\right)^2$

$x^2 + \left(y - \tfrac{1}{3}\right)^2 = \tfrac{1}{9}$

56. $(x-3)^2 + (y+2)^2 = r^2$

$(-1-3)^2 + (1+2)^2 = r^2 \Rightarrow r^2 = 25$

$(x-3)^2 + (y+2)^2 = 25$

58. $r = \dfrac{1}{2}\sqrt{(4+4)^2 + (1+1)^2} = \sqrt{17}$

Center $= \left(\dfrac{-4+4}{2}, \dfrac{-1+1}{2}\right) = (0, 0)$

$x^2 + y^2 = 17$

CHAPTER ONE
Functions and Graphs

1.1 Graphs and Graphing Utilities

2. (a) $2^2 - 3(2) + 2 = 0$, yes
   (b) $(-2)^2 - 3(-2) + 2 = 12 \neq 8$, no

4. (a) $3^2 + (-2)^2 = 13 \neq 20$, no
   (b) $(-4)^2 + 2^2 = 20$, yes

6. (a) $\dfrac{1}{0^2 + 1} = 1 \neq 0$, no
   (b) $\dfrac{1}{3^2 + 1} = 0.1$, yes

8. $y = Cx^3$
   $8 = C(-4)^3$
   $C = -\dfrac{8}{64}$
   $C = -\dfrac{1}{8}$

10. $x + C(y + 2) = 0$
    $4 + C(3 + 2) = 0$
    $4 + 5C = 0$
    $5C = -4$
    $C = -\dfrac{4}{5}$

12. $y = 4 - x^2$

x	-2	-1	0	2	3
y	0	3	4	0	-5
$(x,\ y)$	$(-2, 0)$	$(-1, 3)$	$(0, 4)$	$(2, 0)$	$(3, -5)$

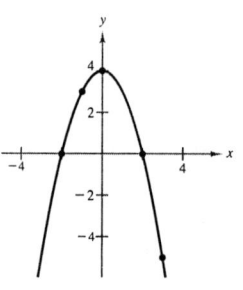

14. $y = x^2 + 2x$
    x-intercepts: $(0, 0)$, $(-2, 0)$
    y-intercept: $(0, 0)$
    Matches graph (f)

    ```
    RANGE
    Xmin=-4
    Xmax=2
    Xscl=1
    Ymin=-2
    Ymax=4
    Yscl=1
    ```

16. $y = \sqrt{x}$
    x-intercept: $(0, 0)$
    y-intercept: $(0, 0)$
    Matches graph (a)

    ```
    RANGE
    Xmin=-1
    Xmax=8
    Xscl=1
    Ymin=-1
    Ymax=4
    Yscl=1
    ```

18. $y = |x| - 2$
    x-intercepts: $(2, 0)$, $(-2, 0)$
    y-intercept: $(0, -2)$
    Matches graph (b)

    ```
    RANGE
    Xmin=-4
    Xmax=4
    Xscl=1
    Ymin=-3
    Ymax=3
    Yscl=1
    ```

20. $y = 2x - 3$
Intercepts: $(0, -3)$, $\left(\frac{3}{2}, 0\right)$
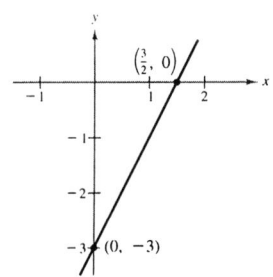

22. $y = x^2 - 1$
Intercepts:
$(-1, 0)$, $(0, -1)$, $(1, 0)$
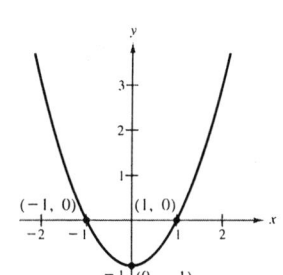

24. $y = x^3 - 1$
Intercepts: $(0, -1)$, $(1, 0)$
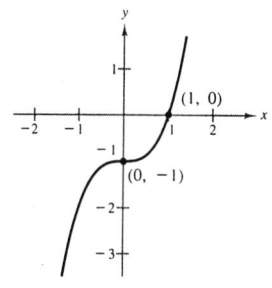

26. $y = x(x - 5)$
Intercepts: $(0, 0)$, $(5, 0)$
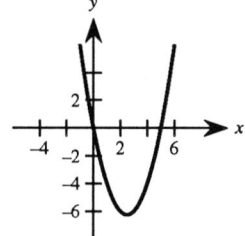

28. $y = \sqrt{1 - x}$
Intercepts: $(0, 1)$, $(1, 0)$
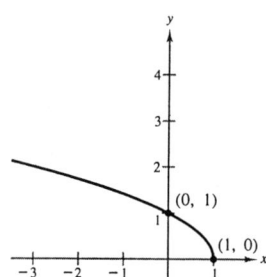

30. $y = 4 - |x|$
Intercepts:
$(-4, 0)$, $(0, 4)$, $(4, 0)$
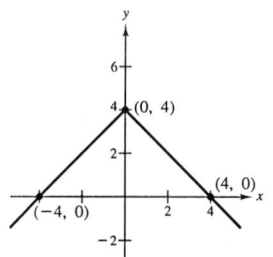

32. $y = 4 - 4x - x^2$

The graph intersects the x-axis twice and the y-axis once.

34. $y = \frac{1}{27}(x^4 + 4x^3)$

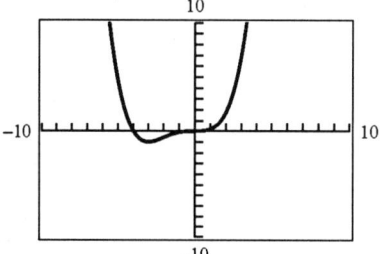

The graph intersects the x-axis twice and the y-axis once.

36. $y = x\sqrt{4-x^2}$

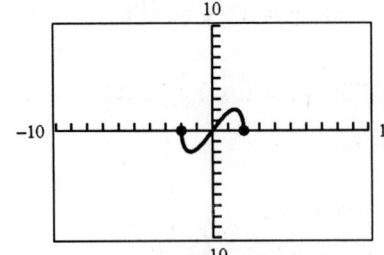

The graph intersects the x-axis 3 times and the y-axis once.

38. $y = \dfrac{10}{x^2+1}$

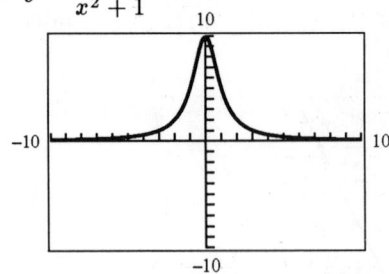

The graph intersects the y-axis once.

40. $y = 4x^3 - x^4$

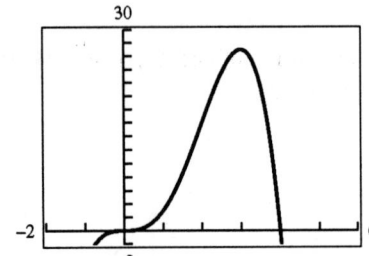

The graph intersects the x-axis twice and the y-axis once.

42. $y = 100x\sqrt{25-x^2}$

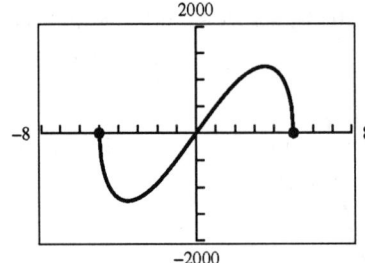

The graph intersects the x-axis 3 times and the y-axis once.

44. $2x^3 - 100x - 15{,}625 + 250y = 0 \Rightarrow 250y = -2x^3 + 100x + 15{,}625$

$$\Rightarrow y = \dfrac{-1}{125}x^3 + \dfrac{2}{5}x + \dfrac{125}{2}$$

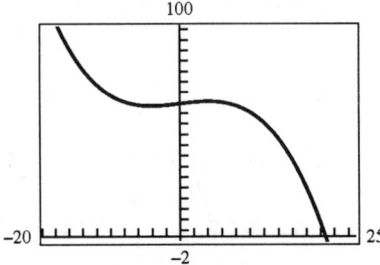

The graph intersects the x-axis once and the y-axis once.

46. $x^2 + y^2 = 49 \Rightarrow y^2 = 49 - x^2$
$\Rightarrow y = \pm\sqrt{49 - x^2}$

$y_1 = \sqrt{49 - x^2}, y_2 = -\sqrt{49 - x^2}$

48. $x^2 + 9y^2 = 81 \Rightarrow 9y^2 = 81 - x^2$
$\Rightarrow y = \pm\frac{1}{3}\sqrt{81 - x^2}$

$y_1 = \frac{1}{3}\sqrt{81 - x^2}, y_2 = -\frac{1}{3}\sqrt{81 - x^2}$

50. $0.75x - 3y + 200 = 0 \Rightarrow 3y = \frac{3}{4}x + 200$
$\Rightarrow y = \frac{1}{4}x + \frac{200}{3}$

Since the y-intercept is $\frac{200}{3} \approx 66.67$, we can use the following range.

```
RANGE
Xmin=-1
Xmax=100
Xscl=5
Ymin=50
Ymax=100
Yscl=5
```

(Answers not unique.)

52. $y = \sqrt{x^3 + 8}$

Since the equation is defined for $x \geq -2$, we can use the following range.

```
RANGE
Xmin=-3
Xmax=10
Xscl=1
Ymin=-2
Ymax=20
Yscl=2
```

54. $y = 2.44x - \dfrac{x^2}{20{,}000} - 5000$

The second viewing rectangle is preferred because it shows a greater increase.

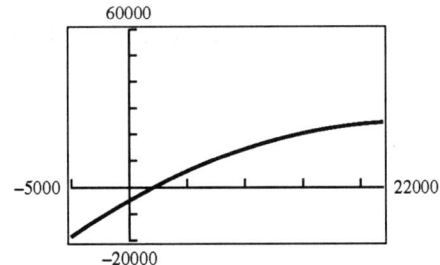 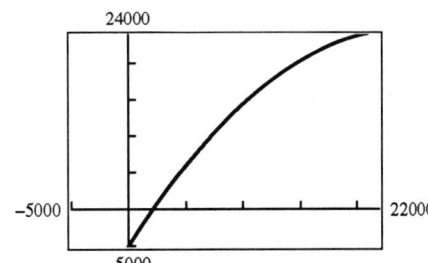

56. $y = x^3(3x+4)$

(a)

x	-1	0	1
y	-1	0	7

(b)

x	-1	$-\frac{3}{4}$	$-\frac{1}{2}$	$-\frac{1}{4}$	0	$\frac{1}{4}$	$\frac{1}{2}$	$\frac{3}{4}$	1
y	-1	-0.74	-0.31	-0.05	0	0.07	0.69	2.64	7

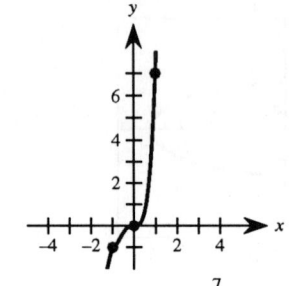

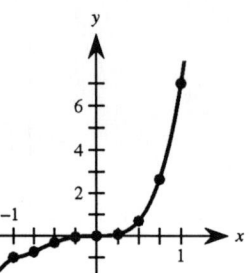

(c)

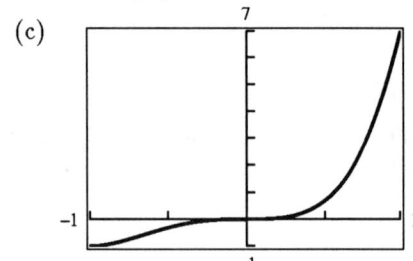

58. $y = x^3(x-3)$

(a) $(2.25, y)$, $y = -8.54$

(b) $(x, 20)$, $x = 3.48$ and $x = -1.63$

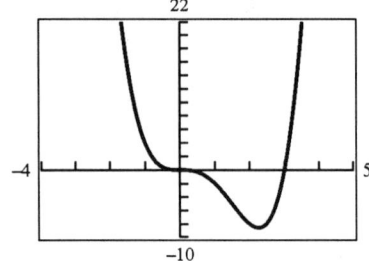

60. $y = |x^2 - 6x + 5|$

(a) $(2, y)$, $y = 3$

(b) $(x, 1.5)$, $x = 0.65, 1.42, 4.58, 5.35$

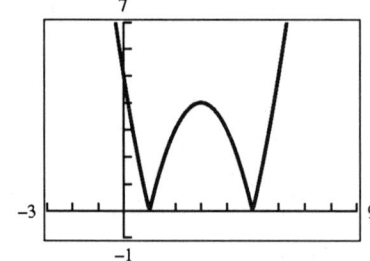

62. (a) Perimeter $= 12 = 2x + 2w$, which implies that $w = 6 - x$. Hence, the area is $y = xw = x(6-x)$.

(b) $0 \leq x \leq 6$

(c)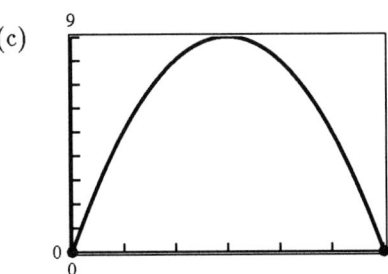

(d) Dimensions for maximum area are $x = w = 3$ (a square).

64. $y = \dfrac{x + 66.94}{0.01x + 1}$

(a)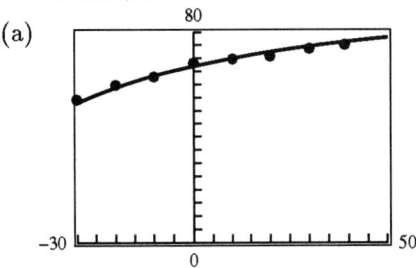

(b) Using the zoom and trace features, we have $y = 77.04$ when $x = 44$ (year 1994).

66. $y = \dfrac{10{,}770}{x^2} - 0.37,\ 5 \leq x \leq 100$

When $x = 50$, $y = 3.938$.

1.2 Lines in the Plane

2. slope $= \dfrac{\text{rise}}{\text{run}} = \dfrac{2}{1} = 2$

4. slope $= \dfrac{\text{rise}}{\text{run}} = \dfrac{-1}{1} = -1$

6. slope $= \dfrac{\text{rise}}{\text{run}} = \dfrac{3}{2}$

8.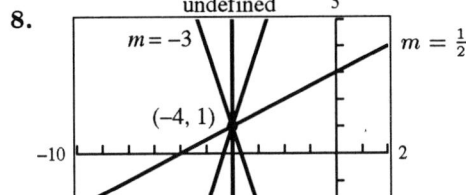

10. slope $= \dfrac{-4 - 4}{4 - 2} = -4$

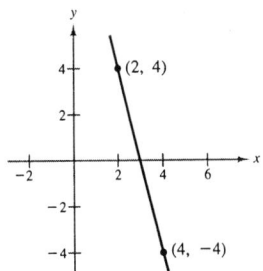

12. slope $= \dfrac{-10-0}{0+4} = -\dfrac{5}{2}$

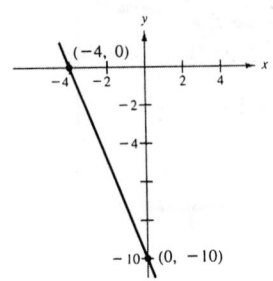

14. slope $= \dfrac{-\frac{1}{4}-\frac{3}{4}}{\frac{5}{4}-\frac{7}{8}} = \dfrac{-1}{\frac{3}{8}} = -\dfrac{8}{3}$

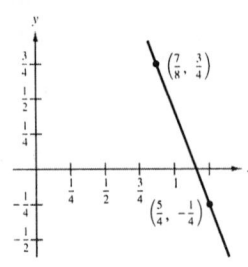

16. Since m is undefined, the line is vertical, and since the line passes through $(-4, 1)$, all other points on the line will be of the form $(-4, y)$. Three additional points are: $(-4, 0)$, $(-4, 3)$, $(-4, 5)$.

18. Since $m = -1$, y decreases by 1 for every one unit increase in x. Three points are: $(0, 4)$, $(9, -5)$, $(11, -7)$.

20. The slope of L_1 is $m_1 = \dfrac{5-(-1)}{1-(-2)} = \dfrac{6}{3} = 2$.

The slope of L_2 is $m_2 = \dfrac{3-(-5)}{1-5} = \dfrac{8}{-4} = -2$.

Since m_1 and m_2 are neither equal to each other nor negative reciprocals of each other, the lines are neither parallel nor perpendicular.

22. The slope of L_1 is $m_1 = \dfrac{8-2}{4-(-4)} = \dfrac{6}{8} = \dfrac{3}{4}$.

The slope of L_2 is $m_2 = \dfrac{\frac{1}{3}-(-5)}{-1-3} = \dfrac{\frac{16}{3}}{-4} = -\dfrac{4}{3}$.

Since m_1 and m_2 are negative reciprocals of each other, the lines are perpendicular.

24. The points are not collinear, since the slope between the first two points is $\dfrac{0-1}{-1-(-2)} = -1$, while the slope between the second and third points is $\dfrac{-2-0}{2-(-1)} = -\dfrac{2}{3}$.

26. Since the slope of the roof is $\dfrac{3}{4}$, the height y of the attic satisfies $\dfrac{3}{4} = \dfrac{y}{15}$, which gives $y = \dfrac{45}{4} = 11.25$ feet.

28. $2x + 3y - 9 = 0$

$3y = -2x + 9$

$y = -\dfrac{2}{3}x + 3$

Slope: $m = -\dfrac{2}{3}$

y-intercept: $(0, 3)$

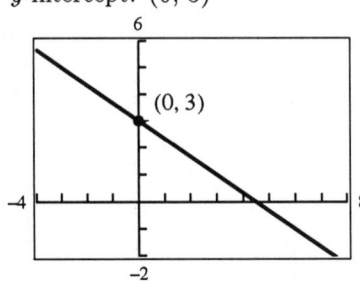

30. $3y + 5 = 0$

$3y = -5$

$y = -\frac{5}{3}$

Slope: $m = 0$

y-intercept: $\left(0, -\frac{5}{3}\right)$

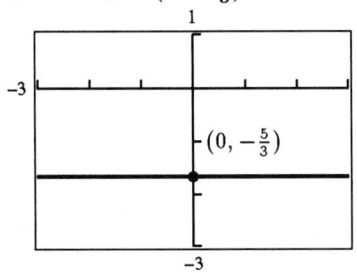

32. $m = \dfrac{3 - (-4)}{4 - (-4)} = \dfrac{7}{8}$

$y - 3 = \dfrac{7}{8}(x - 4)$

$8y - 24 = 7(x - 4)$

$8y - 24 = 7x - 28$

$7x - 8y - 4 = 0$

34. $m = \dfrac{4 - 4}{6 - (-1)} = \dfrac{0}{7} = 0$

$y - 4 = 0(x + 1)$

$y - 4 = 0$

36. $m = \dfrac{0.6 - (-2.4)}{-8 - 2}$

$= \dfrac{3}{-10} = -\dfrac{3}{10}$

$y - 0.6 = -\dfrac{3}{10}(x + 8)$

$10y - 6 = -3(x + 8)$

$10y - 6 = -3x - 24$

$3x + 10y + 18 = 0$

38. $y - 0 = 4(x - 0)$

$y = 4x$

$4x - y = 0$

40. $y + 5 = \tfrac{3}{4}(x + 2)$

$4y + 20 = 3(x + 2)$

$4y + 20 = 3x + 6$

$3x - 4y - 14 = 0$

42. $y - 4 = 0(x + 10)$

$y - 4 = 0$

44. $y = -8x + 5$

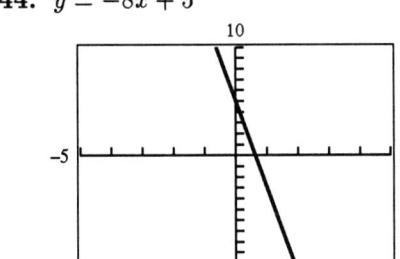
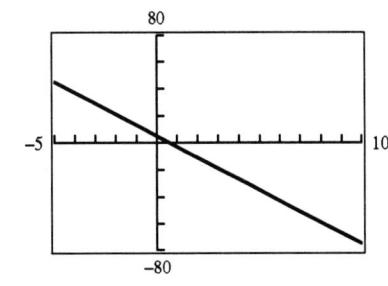

46. $y = \dfrac{2}{3}x$

$y = -\dfrac{3}{2}x$

$y = \dfrac{2}{3}x + 2$

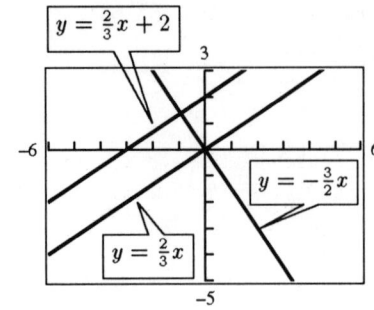

48. $y = x - 8$

$y = x + 1$

$y = -x + 3$

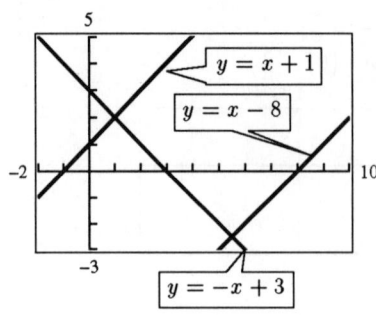

50. $\dfrac{x}{-6} + \dfrac{y}{2} = 1 \Rightarrow \dfrac{y}{2} = \dfrac{x}{6} + 1$

$\Rightarrow y = \dfrac{1}{3}x + 2$

$a = -6$ is the x-intercept and $b = 2$ is the y-intercept.

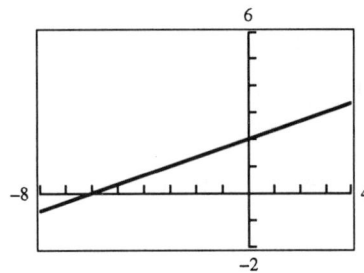

52. $\dfrac{x}{-1/6} + \dfrac{y}{-2/3} = 1$

$-6x - \dfrac{3}{2}y = 1$

$-12x - 3y = 2$

$12x + 3y + 2 = 0$

54. $5x + 3y = 0$

$3y = -5x$

$y = -\dfrac{5}{3}x$

The slope of the given line is $m_1 = -\dfrac{5}{3}$.

(a) The slope of the parallel line is $m_2 = m_1 = -\dfrac{5}{3}$.

$y - \dfrac{3}{4} = -\dfrac{5}{3}(x - \dfrac{7}{8})$

$y - \dfrac{3}{4} = -\dfrac{5}{3}x + \dfrac{35}{24}$

$24y - 18 = -40x + 35$

$40x + 24y - 53 = 0$

(b) The slope of the perpendicular line is $m_2 = -1/m_1 = 3/5$.

$y - \dfrac{3}{4} = \dfrac{3}{5}\left(x - \dfrac{7}{8}\right)$

$y - \dfrac{3}{4} = \dfrac{3}{5}x - \dfrac{21}{40}$

$40y - 30 = 24x - 21$

$24x - 40y + 9 = 0$

56. $x = 4$

The slope of the given line is undefined.

(a) The slope of the parallel line is undefined.
$$x = 2$$
$$x - 2 = 0$$

(b) The slope of the perpendicular line is 0.
$$y - 5 = 0(x - 2)$$
$$y - 5 = 0$$

58. Value = $\$156 + (\$4.50)$(the number of years t after 1990)
$$V = 4.50t + 156, \quad 0 \leq t \leq 5$$

60. Value = $\$245{,}000 + (\$5600)$(the number of years t after 1990)
$$V = 5600t + 245{,}000, \quad 0 \leq t \leq 5$$

62. An employee is paid $12.50 per hour plus $1.50 for each unit produced per hour. Matches graph (c). The slope is $m = \$1.50$ and the y-intercept is $12.50.

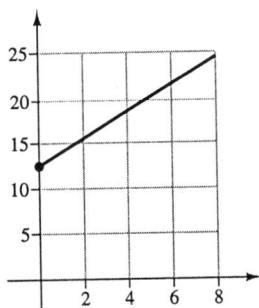

64. A typewriter purchased for $600 depreciates $100 per year. Matches graph (d). The slope is -100 and the y-intercept is 600.

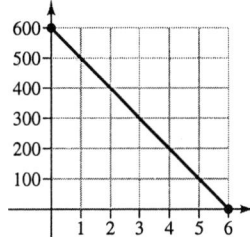

66. $F = \frac{9}{5}C + 32$

C	$-17.8°$	$-10°$	$10°$	$20°$	$32.2°$	$177°$
F	$0°$	$14°$	$50°$	$68°$	$90°$	$350.6°$

68. Let $t = 0$ represent 1990.

$(0, 2546), (2, 2702)$

$$E - 2546 = \frac{2702 - 2546}{2 - 0}(t - 0)$$

$$E = 78t + 2546$$

When $t = 7$, $E = 78(7) + 2546 = 3092$ students.

70. (a) $y = 0.75x + 11.50$

(b)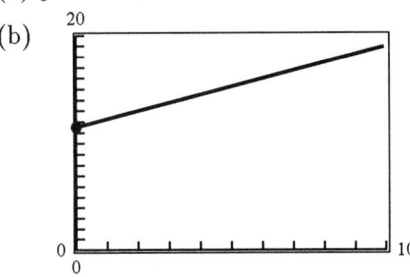

(c) When $x = 6$, $y = 16.00$.

(d) When $y = 18.25$, $x = 9.00$.

72. Daily cost = Cost for lodging and meals $+ 0.26$ (number of miles driven).

$$C = 120 + 0.26x$$

44 CHAPTER 1 Functions and Graphs

74. (a) $x - 50 = \dfrac{47-50}{425-380}(p-380) = \dfrac{-1}{15}(p-380)$

$x = \dfrac{-1}{15}p + \dfrac{226}{3}$

(b)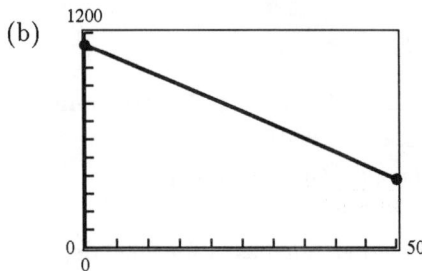

(c) If $p = 455$, $x = 45$ units.

(d) If $p = 395$, $x = 49$ units.

76. (Many answers possible.) The weight of a block of melting ice is 40 lbs at noon, and 25 lbs two hours later. When will it melt completely?

1.3 Functions

2. (a) The element c in A is matched with two elements, 2 and 3 of B, so it does not represent a function.
   (b) Each element of A is matched with exactly one element of B, so it does represent a function.
   (c) Since the implied input values are elements of B, $\{(1, a), (0, a), (2, c), (3, b)\}$ does not represent a function.
   (d) Each element of A is matched with exactly one element of B, so it does represent a function.

4. y is not a function of x since some values of x give two values for y. For example, if $x = 9$, then $y = \pm 3$.

6. y is not a function of x since some values of x give two values for y. For example, if $x = -12$, then $y = \pm 4$.

8. $$x^2 + y^2 - 2x - 4y + 1 = 0$$
$$(x^2 - 2x + 1) + (y^2 - 4y + 4) = -1 + 1 + 4$$
$$(x-1)^2 + (y-2)^2 = 4$$
$$(y-2)^2 = 4 - (x-1)^2$$
$$y - 2 = \pm\sqrt{4 - (x-1)^2}$$
$$y = 2 \pm \sqrt{4 - (x-1)^2}$$

y is not a function of x since some values of x give two values for y. For example, if $x = 1$, then $y = 2 \pm 2 = 0$ and 4.

10. y is a function of x. No value of x yields more than one value of y.

12. (a) $g(2) = (2)^2 - 2(2) = 0$
(b) $g(-3) = (-3)^2 - 2(-3) = 15$
(c) $g(t+1) = (t+1)^2 - 2(t+1) = t^2 - 1$
(d) $g(x+h) = (x+h)^2 - 2(x+h) = (x+h)(x+h-2)$

14. (a) $f(3) = \sqrt{25 - 3^2} = \sqrt{25 - 9} = \sqrt{16} = 4$
(b) $f(5) = \sqrt{25 - 5^2} = \sqrt{25 - 25} = 0$
(c) $f(x+5) = \sqrt{25 - (x+5)^2} = \sqrt{25 - x^2 - 10x - 25} = \sqrt{-x^2 - 10x}$
(d) $f(2+h) = \sqrt{25 - (2+h)^2} = \sqrt{25 - 4 - 4h - h^2} = \sqrt{21 - 4h - h^2}$

16. (a) $V(3) = \frac{4}{3}\pi(3)^3 = 36\pi$
(b) $V(0) = \frac{4}{3}\pi(0)^3 = 0$
(c) $V\left(\frac{3}{2}\right) = \frac{4}{3}\pi\left(\frac{3}{2}\right)^3 = \frac{9\pi}{2}$
(d) $V(2r) = \frac{4}{3}\pi(2r)^3 = \frac{32\pi r^3}{3}$

18. (a) $f(-8) = \sqrt{-8+8} + 2 = 2$
(b) $f(1) = \sqrt{1+8} + 2 = 5$
(c) $f(x-8) = \sqrt{x-8+8} + 2 = \sqrt{x} + 2$
(d) $f(h+8) = \sqrt{h+8+8} + 2 = \sqrt{h+16} + 2$

20. (a) $q(2) = \frac{2(2)^2 + 3}{(2)^2} = \frac{11}{4}$
(b) $q(0) = \frac{2(0)^2 + 3}{(0)^2}$ is undefined.
(c) $q(x) = \frac{2x^2 + 3}{(x^2)}$
(d) $q(-x) = \frac{2(-x)^2 + 3}{(-x)^2} = \frac{2x^2 + 3}{x^2}$

22. (a) $f(-2) = (-2)^2 + 2 = 6$
(b) $f(0) = (0)^2 + 2 = 2$
(c) $f(1) = (1)^2 + 2 = 3$
(d) $f(2) = 2(2)^2 + 2 = 10$

24. All real numbers t

26. $1 - x^2 \geq 0$
$-x^2 \geq -1$
$x^2 \leq 1$
$-1 \leq x \leq 1$

Therefore, the domain is $-1 \leq x \leq 1$.

28. Since $x^2 - 2x \neq 0$, $x \neq 0, 2$. Therefore, the domain is all real numbers except $x = 0, 2$.

30. Since $s - 4 \neq 0$, $s \neq 4$.
Since $s - 1 \geq 0$, $s \geq 1$.
Therefore, the domain is $s \geq 1$ except $s = 4$.

32. $\{(-2, f(-2)), (-1, f(-1)), (0, f(0)), (1, f(1)), (2, f(2))\}$
$\left\{\left(-2, -\frac{4}{5}\right), (-1, -1), (0, 0), (1, 1), \left(2, \frac{4}{5}\right)\right\}$

34. $\{(-2, f(-2)), (-1, f(-1)), (0, f(0)), (1, f(1)), (2, f(2))\}$

$\{(-2, 1), (-1, 0), (0, 1), (1, 2), (2, 3)\}$

36. (a) $\sqrt{232} = 15.232$
(b) $\sqrt[3]{2500} = 13.572$

38. (a) $|-326.8| = 326.800$
(b) $10^{3.8} = 6309.573$

40. The data fits the linear model $y = cx$, with $c = \frac{1}{4}$.

42. The data fits the model $y = c\sqrt{|x|}$, with $c = 3$.

44.
$$f(x) = 5x - x^2$$
$$f(5+h) = 5(5+h) - (5+h)^2$$
$$= 25 + 5h - (25 + 10h + h^2)$$
$$= -h^2 - 5h$$
$$f(5) = 5(5) - (5)^2 = 0$$
$$f(5+h) - f(5) = -h^2 - 5h$$
$$\frac{f(5+h) - f(5)}{h} = -h - 5, \; h \neq 0$$

46.
$$f(t) = \frac{1}{t}$$
$$f(1) = 1$$
$$f(t) - f(1) = \frac{1}{t} - 1 = \frac{1-t}{t}$$
$$\frac{f(t) - f(1)}{t - 1} = \frac{(1-t)/t}{t-1} = \frac{1-t}{t} \cdot \frac{1}{t-1}$$
$$= \frac{-(t-1)}{t} \cdot \frac{1}{t-1} = -\frac{1}{t}, \; t \neq 1$$

48. $A = \frac{1}{2}sh, \; h^2 + \left(\frac{s}{2}\right)^2 = s^2$

$h^2 = \frac{3s^2}{4}$

$h = \frac{\sqrt{3}s}{2}$

$A = \frac{1}{2}s\left(\frac{\sqrt{3}}{2}s\right) = \frac{\sqrt{3}}{4}s^2$

50. $A = l \cdot w = 2xy$

Since $y = \sqrt{25 - x^2}$, $A = 2x\sqrt{25 - x^2}$. Since $A > 0$, $x > 0$ and $25 - x^2 > 0$. Therefore, the domain is $0 < x < 5$.

52. $V = l \cdot w \cdot h = (12 - 2x)(12 - 2x)(x)$
$= 4x(6 - x)^2$

$V > 0 \qquad l > 0$
$4x(6 - x)^2 > 0 \qquad 12 - 2x > 0$
$x > 0 \qquad -2x > -12$
$\qquad\qquad x < 6$

Therefore, the domain is $0 < x < 6$.

56. (a) Revenue = (Number of people)(Rate per person)

$R = n(\text{Rate})$
$R = n[8 - 0.05(n - 80)], \ n \geq 80$
$R = 8n - 0.05n^2 + 4n$
$R = 12n - 0.05n^2, \ n \geq 80$

54. 1978 : $p(-2) = 19{,}503.6 + 1753.6(-2)$
$= 15{,}996.4$

Therefore, the average price of a mobile home in 1978 was $15,996.

1988 : $p(8) = 19{,}838.8 + 81.11(8)^2$
$= 25{,}029.84$

Therefore, the average price of a mobile home in 1988 was $25,030.

(c)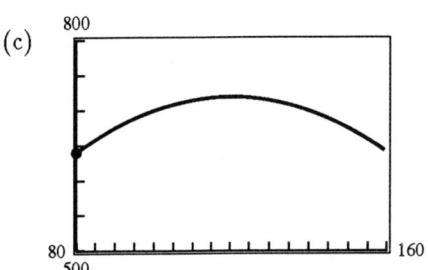

A maximum revenue of $R = 720$ is produced when $n = 120$.

(b)

n	90	100	110	120	130	140	150
$R(n)$	675	700	715	720	715	700	675

1.4 Graphs of Functions

2. From the graph we see that the x-values are all real numbers. Therefore, the domain is $(-\infty, \infty)$. Similarly, the y-values are less than or equal to 4. Therefore, the range is $(-\infty, 4]$.

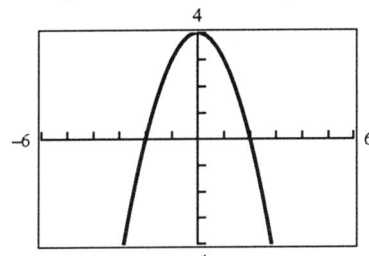

4. From the graph we see that the x-values are all real numbers. Therefore, the domain is $(-\infty, \infty)$. Similarly, the y-values are greater than or equal to 0. Therefore, the range is $[0, \infty)$.

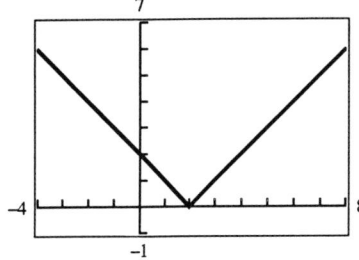

6. From the graph we see that the x-values are less than 2 and greater than 2. Therefore, the domain is $(-\infty, 2), (2, \infty)$. Similarly, the y-values are -1 and 1. Therefore, the range is -1 and 1.

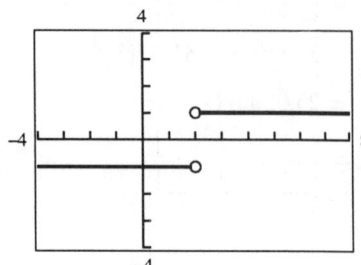

8. Since no vertical line would ever cross the graph more than one time, y is a function of x.

```
RANGE
Xmin=-3
Xmax=3
Xscl=1
Ymin=-3
Ymax=1
Yscl=1
```

10. Some vertical lines cross the graph more than once. For example, the vertical line $x = 0$ crosses the graph at $(0, 3)$ and $(0, -3)$. Therefore, y is not a function of x.

```
RANGE
Xmin=-6
Xmax=6
Xscl=1
Ymin=-4
Ymax=4
Yscl=1
```

12. Some vertical lines cross the graph more than once. For example, the vertical line $x = 1$ crosses the graph at $(1, 1)$ and $(1, -1)$. Therefore, y is not a function of x.

```
RANGE
Xmin=-1
Xmax=4
Xscl=1
Ymin=-2
Ymax=2
Yscl=1
```

14. $f(x) = 6[x - (0.1x)^5]$

(c) shows the most complete graph.

16. $f(x) = 10x\sqrt{400 - x^2}$

(c) shows the most complete graph.

18. By its graph we see that f is decreasing on $(-\infty, 1)$ and is increasing on $(1, \infty)$.

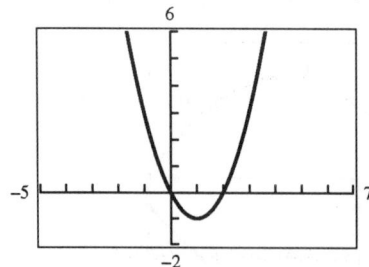

20. By its graph we see that f is decreasing on $(-\infty, -2)$ and is increasing on $(2, \infty)$.

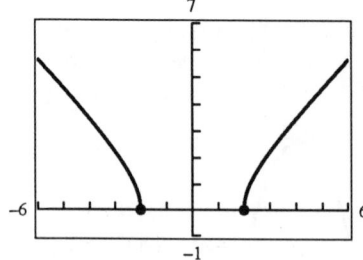

22. By its graph we see that f is decreasing on $(-\infty, 0)$ and is increasing on $(0, \infty)$.

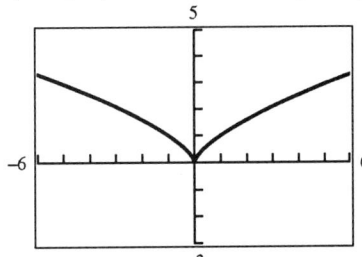

24. By its graph we see that f is decreasing on $(-\infty, -1)$, is constant on $(-1, 1)$, and increasing on $(1, \infty)$.

26. Using the zoom and trace features, we find that $(-1.00, 4.00)$ is a relative maximum, and $(1.00, 0.00)$ is a relative minimum.

28. Using the zoom and trace features, we find that $(0.00, 15.00)$ is a relative maximum, and $(4.00, -17.00)$ is a relative minimum.

30. Using the zoom and trace features, we find that $(2.67, 3.08)$ is a relative maximum. (The point $(4, 0)$ is not really a relative minimum.)

32. (a) The cost underwater is \$8 per foot times 5280 feet per mile, times $\sqrt{x^2 + \frac{1}{4}}$ miles. The cost overland is \$6 per foot times 5280 feet per mile, times $(6 - x)$ miles. Hence, the total cost is the sum
$$T = 8(5280)\sqrt{x^2 + \tfrac{1}{4}} + 6(5280)(6 - x).$$

(b)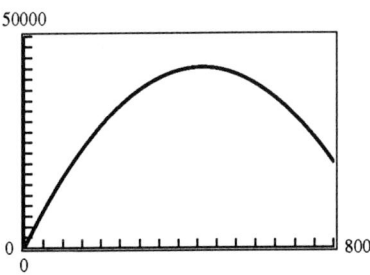

(c) Using the zoom and trace features, the value of x which minimizes the cost is $x = 0.57$.

34. Assume that $p = ax + b$. Then
$$25 = 800a + b$$
$$30 = 775a + b.$$

Hence, $5 = -25a$, or $a = -\frac{1}{5}$, and $b = 185$. Thus, $p = -\frac{1}{5}x + 185$, and $R = xp = x(-\frac{1}{5}x + 185) = -\frac{1}{5}x^2 + 185x$.

For $x = 462.5$ and $p = 92.5$, the revenue is maximized.

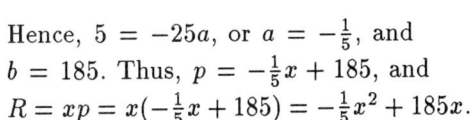

36. $f(x) = \begin{cases} \sqrt{4+x}, & x < 0 \\ \sqrt{4-x}, & x \geq 0 \end{cases}$

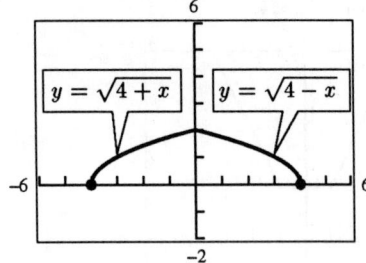

38. $f(x) = \begin{cases} 1-(x-1)^3, & x \leq 2 \\ \sqrt{x-2}, & x > 2 \end{cases}$

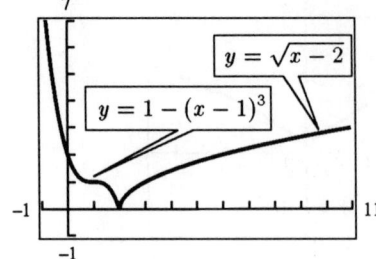

40. $g(x) = 6 - [\![x]\!]$

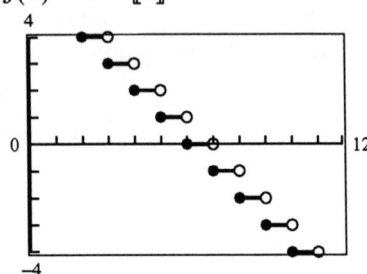

(Hint: use dot mode, not connected)
Domain: all x

Range: $\{\ldots, -2, -1, 0, 1, 2, \ldots\}$

42. (a) $C = 9.80 + 2.50[\![x]\!]$

(b)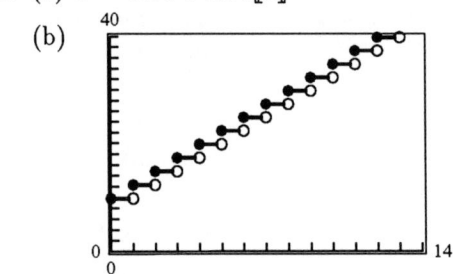

(c) \$37.30 for a package weighing 12 pounds

44. (a) $(3, 7)$
(b) $(3, -7)$

46. (a) $\left(-\frac{3}{4}, -\frac{7}{8}\right)$
(b) $\left(-\frac{3}{4}, \frac{7}{8}\right)$

48. $g(x) = x$
$g(-x) = -x = -g(x)$

g is odd.

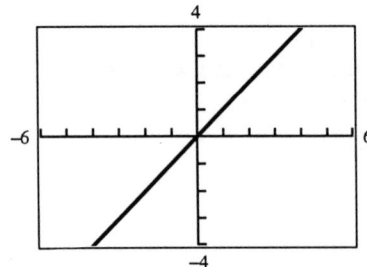

50. $h(x) = x^2 - 4$
$h(-x) = (-x)^2 - 4$
$\qquad = x^2 - 4 = h(x)$

h is even.

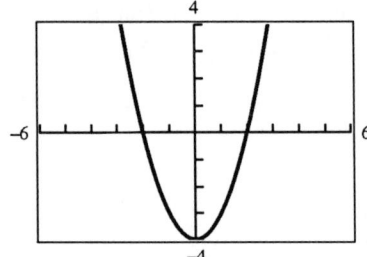

52. $f(t) = -t^4$

$f(-t) = -(-t)^4$

$= -t^4 = f(t)$

f is even.

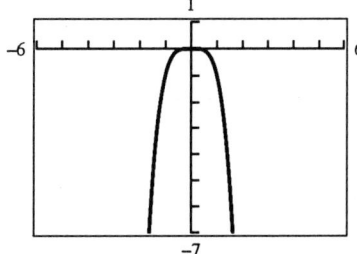

54. $f(x) = x^2 \sqrt[3]{x}$

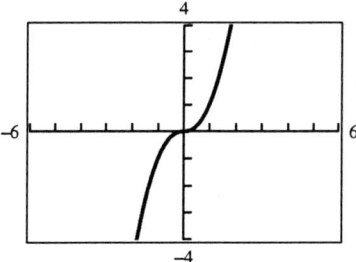

$f(x) = x^2 \sqrt[3]{x}$

$f(-x) = (-x)^2 \sqrt[3]{-x}$

$= x^2(-\sqrt[3]{x})$

$= -f(x)$

f is odd.

56. $f(x) = |x+2|$

$f(-x) = |-x+2|$

$\neq f(x) \neq -f(x)$

f is neither odd nor even.

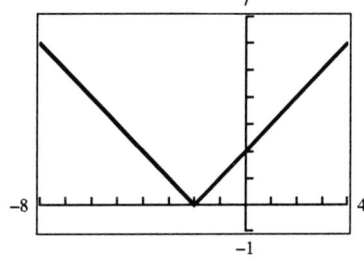

58. $h(x) = x^3 - 5$

$h(-x) = (-x)^3 - 5$

$= -x^3 - 5$

$\neq -h(x) \neq h(x)$

h is neither even nor odd.

60. $f(x) = x\sqrt{1-x^2}$

$f(-x) = -x\sqrt{1-(-x)^2}$

$= -x\sqrt{1-x^2}$

$= -f(x)$

f is odd.

62. $g(s) = 4s^{2/3}$

$g(-s) = 4(-s)^{2/3}$

$= 4s^{2/3}$

$= g(s)$

g is even.

64. $f(x) \geq 0$
$x^2 - 4x \geq 0$
$x(x-4) \geq 0$
$x \leq 0$ or $x \geq 4$

$f(x) \geq 0$ on the intervals $(-\infty, 0]$, $[4, \infty)$.

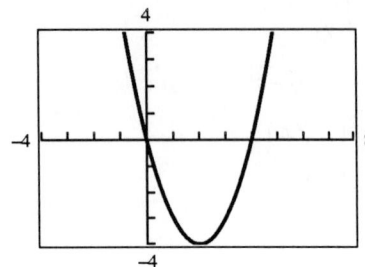

66. $f(x) \geq 0$
$\sqrt{x+2} \geq 0$
$x + 2 \geq 0$
$x \geq -2$

$f(x) \geq 0$ on the interval $[-2, \infty)$.

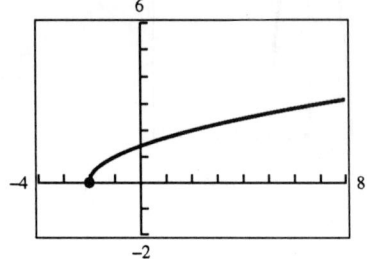

68. $f(x) \geq 0$
$-(1 + |x|) \geq 0$
$1 + |x| \leq 0$
$|x| \leq -1$

$f(x) < 0$ for all x.

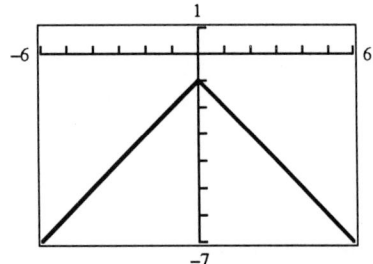

70. $h = $ top $-$ bottom
$h = 4 - (4x - x^2)$

72. $h = $ top $-$ bottom
$h = 4 - \sqrt{2x}$

74. $L = $ right $-$ left
$L = 2 - \sqrt{y}$

76. $f(x) = a_{2n+1}x^{2n+1} + a_{2n-1}x^{2n-1} + \cdots + a_3 x^3 + a_1 x$
$f(-x) = a_{2n+1}(-x)^{2n+1} + a_{2n-1}(-x)^{2n-1} + \cdots + a_3(-x)^3 + a_1(-x)$
$= -a_{2n+1}x^{2n+1} - a_{2n-1}x^{2n-1} - \cdots - a_3 x^3 - a_1 x$
$= -f(x)$

Therefore, $f(x)$ is odd.

1.5 Shifting, Reflecting, and Stretching Graphs

2.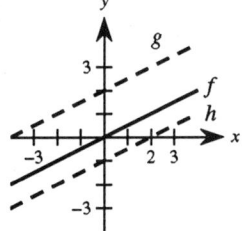

4.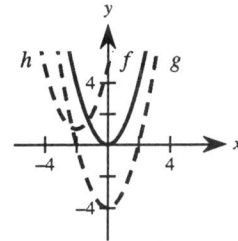

6.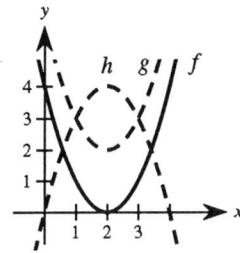

8.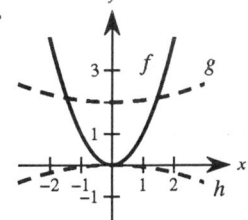

10. Since the vertex of g is at $(-1, 0)$, and g opens downward, $g(x) = -(x+1)^2$.
    Since the vertex of h is at $(-2, -3)$, $h(x) = (x+2)^2 - 3$.

12. Since the vertex of g is $(100, 100)$, and g opens downward, $g(x) = -(x-100)^2 + 100$.
    Since the vertex of h is at $(25, 50)$, $h(x) = (x-25)^2 + 50$.

14. $f(x) = x^3 - 3x^2 + 2$
    $g(x) = f(x-1) = (x-1)^3 - 3(x-1)^2 + 2$
    (horizontal shift 1 unit to right)
    $h(x) = f(2x) = (2x)^3 - 3(2x)^2 + 2$
    (shrink horizontally by factor of 2)

16. $f(x) = x^3 - 3x^2 + 2$
    $g(x) = -f(x) = -(x^3 - 3x^2 + 2)$
    (reflection in the x-axis)
    $h(x) = f(-x) = (-x)^3 - 3(-x)^2 + 2$
    (reflection in the y-axis)

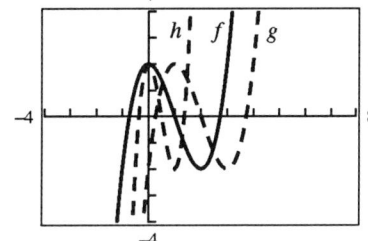

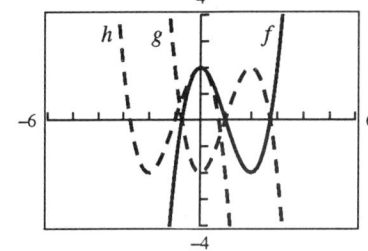

18. The graph of g is obtained from that of f by first shifting horizontally two units to the right, and then vertically upward one unit. Hence, $g(x) = (x-2)^3 - 3(x-2)^2 + 1$.

20. $y = -\sqrt{x}$ is $f(x)$ reflected in the y-axis.

22. $y = \sqrt{x+3}$ is $f(x)$ shifted left three units.

24. $y = \sqrt{-x}$ is $f(x)$ reflected in the y-axis.

26. $y = \sqrt[3]{x+1}$ is $f(x)$ shifted left one unit.

28. $y = \sqrt[3]{x-2}$ is $f(x)$ shifted right one unit and reflected in the x-axis.

30. $y = \frac{1}{2}\sqrt[3]{x}$ is a vertical shrink of f by $\frac{1}{2}$.

32. $f(x+2)$

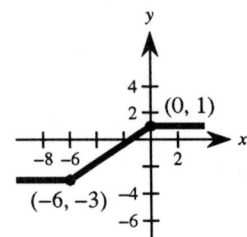

34. $f(x) - 1$

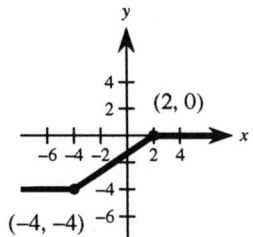

36. $\frac{1}{2}f(x)$

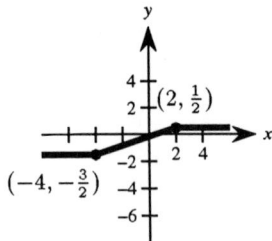

38. $g(x) = (x-4)^3$ is obtained from $f(x)$ by a horizontal shift of 4 units to the right.

40. $h(x) = -2(x-1)^3 + 3$ is obtained from $f(x)$ by a right shift of one unit, a vertical stretch by a factor of two, a reflection in the x-axis, and a vertical shift three units upward.

42. $p(x) = [3(x-2)]^3$ is obtained from $f(x)$ by a right shift of two units, followed by a horizontal stretch.

44. (a) $H(x) = 0.002x^2 + 0.005x - 0.029$, $10 \leq x \leq 100$

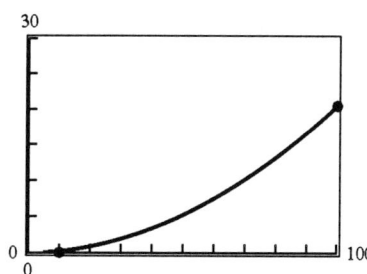

(b) $H(x) = 0.002(1.6x)^2 + 0.005(1.6x) - 0.029$
$= 0.00512x^2 + 0.008x - 0.029$

This is a horizontal shrink.

46. These three functions are odd. As the exponents increase, the graphs become flatter in the interval $(-1, 1)$, while they grow more rapidly as x tends to infinity.

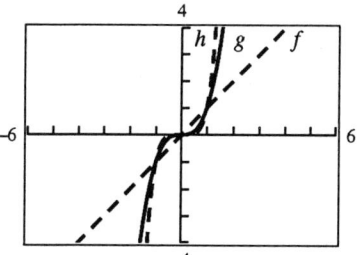

48. $f(x) = (x-3)^3$
$g(x) = (x+1)^2$
$h(x) = (x-4)^5$

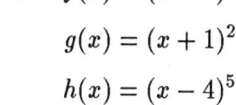

50. $f(x) = x^3(x-6)^2$

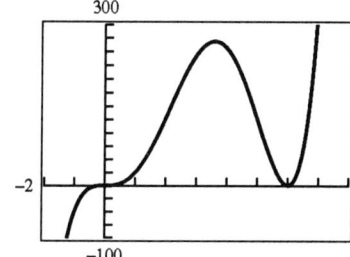

52. $f(x) = x^3(x-6)^3$

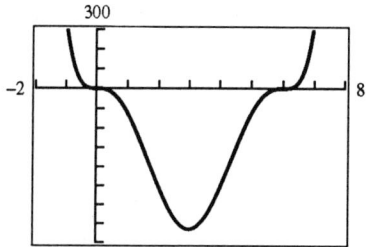

1.6 Combinations of Functions

2. (a) $(f+g)(x) = f(x) + g(x) = (2x-5) + 5 = 2x$
(b) $(f-g)(x) = f(x) - g(x) = (2x-5) - 5 = 2x - 10$
(c) $(fg)(x) = f(x) \cdot g(x) = (2x-5) \cdot 5 = 10x - 25$
(d) $\left(\dfrac{f}{g}\right)(x) = \dfrac{f(x)}{g(x)} = \dfrac{2x-5}{5} = \dfrac{2}{5}x - 1$, $-\infty < x < \infty$

The domain of f/g is $(-\infty, \infty)$.

4. (a) $(f+g)(x) = f(x) + g(x) = \sqrt{x^2-4} + \dfrac{x^2}{x^2+1}$

(b) $(f-g)(x) = f(x) - g(x) = \sqrt{x^2-4} - \dfrac{x^2}{x^2+1}$

(c) $(fg)(x) = f(x) \cdot g(x) = \dfrac{x^2\sqrt{x^2-4}}{x^2+1}$

(d) $\left(\dfrac{f}{g}\right)(x) = \dfrac{f(x)}{g(x)} = \dfrac{(x^2+1)\sqrt{x^2-4}}{x^2}$,

$|x| \geq 2$

The domain of f/g is $(-\infty, -2), (2, \infty)$.

6. (a) $(f+g)(x) = f(x) + g(x)$

$= \dfrac{x}{x+1} + x^3 = \dfrac{x^4 + x^3 + x}{x+1}$

(b) $(f-g)(x) = f(x) - g(x)$

$= \dfrac{x}{x+1} - x^3 = \dfrac{-x^4 - x^3 + x}{x+1}$

(c) $(fg)(x) = f(x) \cdot g(x) = \dfrac{x^4}{x+1}$

(d) $\left(\dfrac{f}{g}\right)(x) = \dfrac{f(x)}{g(x)}$

$= \dfrac{x}{x+1}\left(\dfrac{1}{x^3}\right)$

$= \dfrac{1}{x^2(x+1)}, \quad x \neq 0, -1$

The domain of f/g is
$(-\infty, -1), (-1, 0), (0, \infty)$.

8. $(f-g)(-2) = f(-2) - g(-2)$

$= [(-2)^2 + 1] - (-2 - 4)$

$= 5 + 6$

$= 11$

10. $(f+g)(t-1) = f(t-1) + g(t-1)$

$= [(t-1)^2 + 1] + [(t-1) - 4]$

$= t^2 - 2t + 1 + 1 + t - 1 - 4$

$= t^2 - t - 3$

12. $(fg)(-6) = f(-6)g(-6)$

$= [(-6)^2 + 1][-6 - 4]$

$= (36+1)(-10)$

$= -370$

14. $\left(\dfrac{f}{g}\right)(0) = \dfrac{f(0)}{g(0)}$

$= \dfrac{0^2 + 1}{0 - 4}$

$= \dfrac{1}{-4}$

$= -\dfrac{1}{4}$

16. $(2f)(5) = 2f(5)$

$= 2(5^2 + 1)$

$= 2(26)$

$= 52$

18.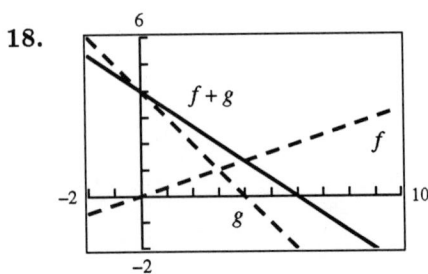

20.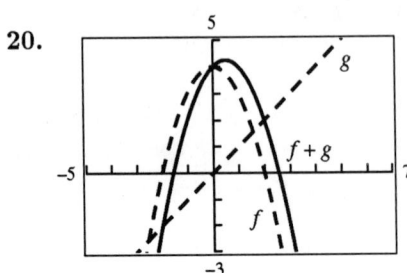

22.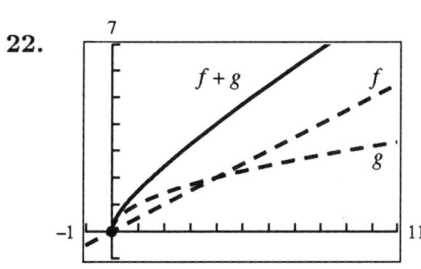

When $0 \le x \le 2$, g contributes the most.
When $x > 5$, f contributes the most.

24. $R_1 = 500 - 0.8t^2$, $R_2 = 250 + 0.78t$
$R = R_1 + R_2 = 750 + 0.78t - 0.8t^2$
The total sales have been decreasing.

26. (a) $(f \circ g)(x) = f(g(x)) = f(x^3 + 1) = \sqrt[3]{(x^3 + 1) - 1} = \sqrt[3]{x^3} = x$
(b) $(g \circ f)(x) = g(f(x)) = g\left(\sqrt[3]{x-1}\right) = \left(\sqrt[3]{x-1}\right)^3 + 1 = x - 1 + 1 = x$
(c) $(f \circ f)(x) = f(f(x)) = f\left(\sqrt[3]{x-1}\right) = \sqrt[3]{\sqrt[3]{x-1} - 1}$

28. (a) $(f \circ g)(x) = f(g(x)) = f\left(\frac{1}{x}\right) = \left(\frac{1}{x}\right)^3 = \frac{1}{x^3}$
(b) $(g \circ f)(x) = g(f(x)) = g(x^3) = \frac{1}{x^3}$
(c) $(f \circ f)(x) = f(f(x)) = f(x^3) = (x^3)^3 = x^9$

30. $(f \circ g)(x) = f(x^5 - 2) = \sqrt[5]{x^5 - 2 + 1} = \sqrt[5]{x^5 - 1}$
$(g \circ f)(x) = g(\sqrt[5]{x+1}) = [\sqrt[5]{x+1}]^5 - 2 = x + 1 - 2 = x - 1$

32. (a) $f \circ g = f(g(x)) = f(\sqrt{x}) = \sqrt{\sqrt{x}} = \sqrt[4]{x}$
(b) $g \circ f = g(f(x)) = g(\sqrt{x}) = \sqrt{\sqrt{x}} = \sqrt[4]{x}$

34. (a) $f \circ g = f(g(x)) = f(x^6) = (x^6)^{2/3} = x^4$
(b) $g \circ f = g(f(x)) = g(x^{2/3}) = (x^{2/3})^6 = x^4$

36. (a) $(f - g)(1) = f(1) - g(1) = 2 - 3 = -1$
(b) $(fg)(4) = f(4)g(4) = 4(0) = 0$

38. (a) $(f \circ g)(1) = f(g(1)) = f(3) = 2$
(b) $(g \circ f)(3) = g(f(3)) = g(2) = 2$

40. Let $f(x) = x^3$ and $g(x) = 1 - x$,
then $(f \circ g)(x) = h(x)$.

42. Let $f(x) = \sqrt{x}$ and $g(x) = 9 - x$,
then $(f \circ g)(x) = h(x)$.

44. Let $f(x) = \dfrac{4}{x^2}$ and $g(x) = 5x + 2$,
then $(f \circ g)(x) = h(x)$.

46. Let $f(x) = x^{3/2}$ and $g(x) = x + 3$, then $(f \circ g)(x) = h(x)$.

48. (a) The domain of $f(x) = 1/x$ is all real numbers except $x = 0$.
(b) The domain of $g(x) = x + 3$ is all real numbers.
(c) $f \circ g = f(g(x)) = f(x + 3) = 1/(x + 3)$; The domain of $f \circ g = 1/(x + 3)$ is all real numbers except $x = -3$.

50. (a) The domain of $f(x) = 2x + 3$ is all real numbers.
(b) The domain of $g(x) = x/2$ is all real numbers.
(c) $(f \circ g)(x) = f(g(x)) = f(x/2) = 2(x/2) + 3 = x + 3$

The domain of $f \circ g = x + 3$ is all real numbers.

52. (a) $r(x) = \dfrac{x}{2}$

(b) $A(r) = \pi r^2$

(c) $(A \circ r)(x) = A(r(x))$
$= A\left(\dfrac{x}{2}\right) = \pi\left(\dfrac{x}{2}\right)^2 = \dfrac{1}{4}\pi x^2$

$A \circ r$ represents the area of the circular base of the tank with radius $x/2$.

54. $x = 150$ miles $- (450 \text{ mph})(t \text{ hours})$
$y = 200$ miles $- (450 \text{ mph})(t \text{ hours})$
$s = \sqrt{x^2 + y^2}$
$= \sqrt{(150 - 450t)^2 + (200 - 450t)^2}$

56. Let $f(x)$ and $g(x)$ be two odd functions and define $h(x) = f(x)g(x)$. Then
$h(-x) = f(-x)g(-x)$
$= [-f(x)][-g(x)]$
$= f(x)g(x)$
$= h(x).$

Thus, h is even.

Let $f(x)$ and $g(x)$ be two even functions and define $h(x) = f(x)g(x)$. Then
$h(-x) = f(-x)g(-x)$
$= f(x)g(x)$
$= h(x).$

Thus, h is even.

58. $g(x) = \tfrac{1}{2}[f(x) + f(-x)]$
$g(-x) = \tfrac{1}{2}[f(-x) + f(-(-x))]$
$= \tfrac{1}{2}[f(-x) + f(x)]$
$= g(x)$, even

$h(x) = \tfrac{1}{2}[f(x) - f(-x)]$
$h(-x) = \tfrac{1}{2}[f(-x) - f(-(-x))]$
$= \tfrac{1}{2}[f(-x) - f(x)]$
$= -h(x)$, odd

60. (a) $f(x) = x^2 - 2x + 1$

$$= \frac{1}{2}[(x^2 - 2x + 1) + (x^2 + 2x + 1)] + \frac{1}{2}[(x^2 - 2x + 1) - (x^2 + 2x + 1)]$$

$$= \frac{1}{2}[2x^2 + 2] + \frac{1}{2}[-4x]$$

$$= (x^2 + 1) + (-2x)$$

(b) $f(x) = \dfrac{1}{x+1}$

$$= \frac{1}{2}\left[\frac{1}{x+1} + \frac{1}{-x+1}\right] + \frac{1}{2}\left[\frac{1}{x+1} - \frac{1}{-x+1}\right]$$

$$= \frac{1}{2}\left[\frac{2}{(x+1)(-x+1)}\right] + \frac{1}{2}\left[\frac{-2x}{(x+1)(-x+1)}\right]$$

$$= \frac{1}{1-x^2} + \frac{-x}{1-x^2}$$

1.7 Inverse Functions

2. To "undo" $\frac{1}{5}$ times x, let f^{-1} multiply x times 5.
$$f^{-1}(x) = 5x$$
Now, we have
$$f(f^{-1}(x)) = f(5x) \quad \text{and} \quad f^{-1}(f(x)) = f^{-1}\left(\frac{1}{5}x\right)$$
$$= \frac{1}{5}(5x) \qquad\qquad\qquad = 5\left(\frac{1}{5}x\right)$$
$$= x. \qquad\qquad\qquad\qquad = x.$$

4. To "undo" x minus 5, let f^{-1} equal x plus 5.
$$f^{-1}(x) = x + 5$$
Now, we have
$$f(f^{-1}(x)) = f(x+5)$$
$$= x + 5 - 5$$
$$= x$$

and
$$f^{-1}(f(x)) = f^{-1}(x-5)$$
$$= x - 5 + 5$$
$$= x.$$

6. To "undo" x to the fifth power, we let f^{-1} equal the fifth root of x.
$$f^{-1}(x) = \sqrt[5]{x}$$
Now, we have
$$f(f^{-1}(x)) = f\left(\sqrt[5]{x}\right) \quad \text{and} \quad f^{-1}(f(x)) = f^{-1}(x^5)$$
$$= \left(\sqrt[5]{x}\right)^5 \qquad\qquad\qquad = \sqrt[5]{x^5}$$
$$= x \qquad\qquad\qquad\qquad = x.$$

8. (a) $f(g(x)) = f(x+5) = (x+5) - 5 = x$
$g(f(x)) = g(x-5) = (x-5) + 5 = x$

(b)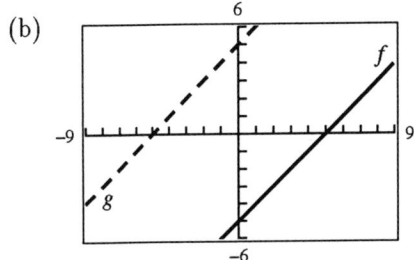

10. (a) $f(g(x)) = f\left(\dfrac{3-x}{4}\right) = 3 - 4\left(\dfrac{3-x}{4}\right) = x$

$g(f(x)) = g(3 - 4x) = \dfrac{3 - (3 - 4x)}{4} = x$

(b)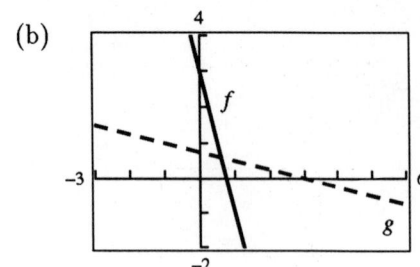

12. (a) $f(g(x)) = f\left(\dfrac{1}{x}\right) = \dfrac{1}{1/x} = x$

$g(f(x)) = g\left(\dfrac{1}{x}\right) = \dfrac{1}{1/x} = x$

(b)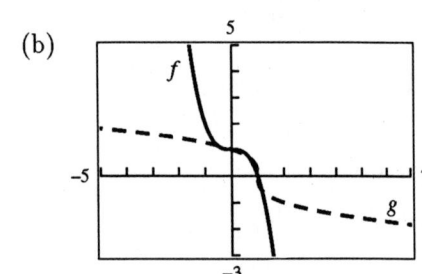

14. (a) $f(g(x)) = f\left(\sqrt[3]{1-x}\right) = 1 - \left(\sqrt[3]{1-x}\right)^3 = x$

$g(f(x)) = g(1 - x^3) = \sqrt[3]{1 - (1 - x^3)} = x$

(b)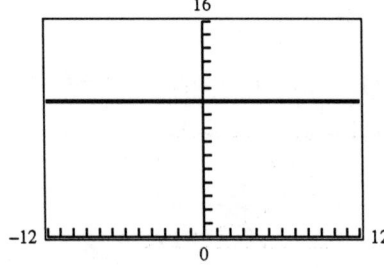

16. (a) $f(g(x)) = f\left(\dfrac{1-x}{x}\right),\ 0 < x \leq 1$

$= \dfrac{1}{1 + (1-x)/x} = \dfrac{x}{x + 1 - x} = x$

$g(f(x)) = g\left(\dfrac{1}{1+x}\right),\ x \geq 0$

$= \dfrac{1 - 1/(1+x)}{1/(1+x)} = \dfrac{1 + x - 1}{1} = x$

(b)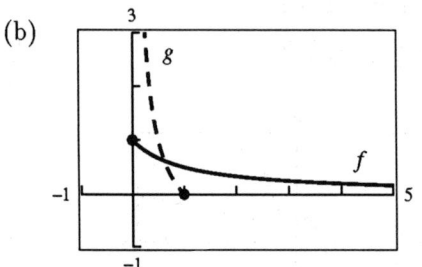

18. $f(x) = 10$

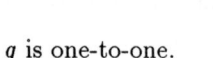

f is not one-to-one.

20. $g(x) = (x+5)^3$

g is one-to-one.

22. $f(x) = \frac{1}{8}(x+2)^2 - 1$

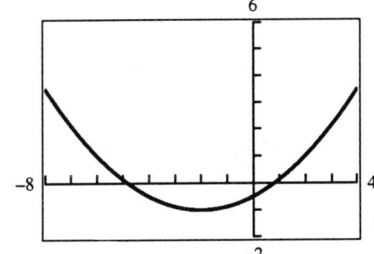

f is not one-to-one.

24. $f(x) = 3x$
$y = 3x$
$x = 3y$
$y = \frac{x}{3}$
$f^{-1}(x) = \frac{x}{3}$

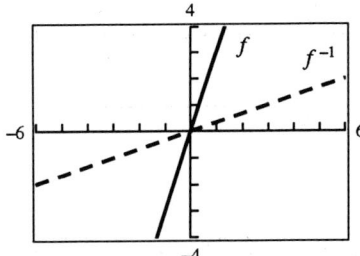

26. $f(x) = x^3 + 1$
$y = x^3 + 1$
$x = y^3 + 1$
$y^3 = x - 1$
$y = \sqrt[3]{x-1}$
$f^{-1}(x) = \sqrt[3]{x-1}$

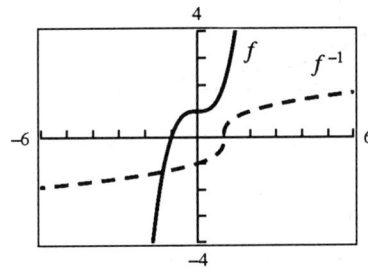

28. $f(x) = x^2, \ x \geq 0$
$y = x^2$
$x = y^2$
$y = \sqrt{x}$
$f^{-1}(x) = \sqrt{x}$

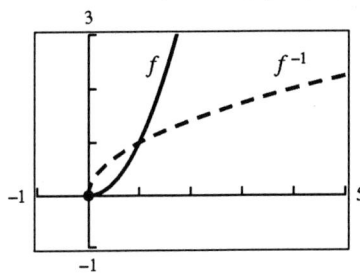

30. $f(x) = \frac{4}{x}$
$y = \frac{4}{x}$
$x = \frac{4}{y}$
$xy = 4$
$y = \frac{4}{x}$
$f^{-1}(x) = \frac{4}{x}$

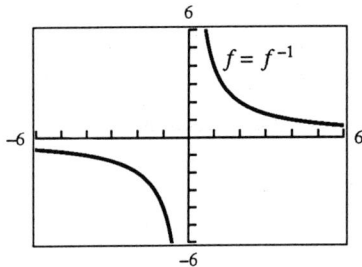

32. $f(x) = x^{3/5}$

$y = x^{3/5}$

$x = y^{3/5}$

$y = x^{5/3}$

$f^{-1}(x) = x^{5/3}$

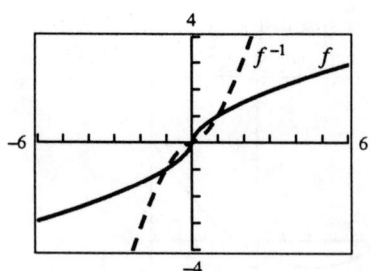

34. Since $f(2) = \frac{1}{4}$ and $f(-2) = \frac{1}{4}$, f is not one-to-one and does not have an inverse.

36. Since $f(0) = -3$ and $f(2) = -3$, f is not one-to-one and does not have an inverse.

38. Since $q(9) = 16$ and $q(1) = 16$, q is not one-to-one and does not have an inverse.

40. $f(a) = f(b)$

$|a - 2| = |b - 2|$

$a - 2 = b - 2$, since $a, b \leq 2$

$a = b$

Therefore, f is one-to-one.

$f(x) = |x - 2|, \ x \leq 2$

$y = -(x - 2)$

$x = -(y - 2)$

$y - 2 = -x$

$y = 2 - x$

$f^{-1}(x) = 2 - x, \ x \geq 0$

42. $f(a) = f(b)$

$\sqrt{a - 2} = \sqrt{b - 2}$

$a - 2 = b - 2$

$a = b$

Therefore, f is one-to-one.

$f(x) = \sqrt{x - 2}$

$y = \sqrt{x - 2}$

$x = \sqrt{y - 2}$

$y - 2 = x^2$

$y = x^2 + 2$

$f^{-1}(x) = x^2 + 2, \ x \geq 0$

44. Since $f(1) = \frac{1}{2}$ and $f(-1) = \frac{1}{2}$, f is not one-to-one and does not have an inverse.

46.
$$f(c) = f(d)$$
$$ac + b = ad + b$$
$$ac = ad$$
$$c = d$$

Therefore, f is one-to-one.
$$f(x) = ax + b,\ a \neq 0$$
$$y = ax + b$$
$$x = ay + b$$
$$ay = x - b$$
$$y = \frac{x - b}{a}$$
$$f^{-1}(x) = \frac{x - b}{a}$$

48. Delete the part corresponding to $x < 0$.

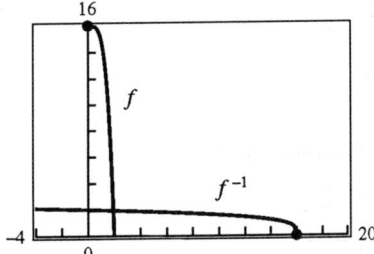

$$f(x) = 16 - x^4,\ x \geq 0$$
$$y = 16 - x^4$$
$$x = 16 - y^4$$
$$y^4 = 16 - x$$
$$y = \sqrt[4]{16 - x}$$
$$f^{-1}(x) = \sqrt[4]{16 - x},\ x \leq 16$$

50. Delete the part corresponding to $x < 3$.

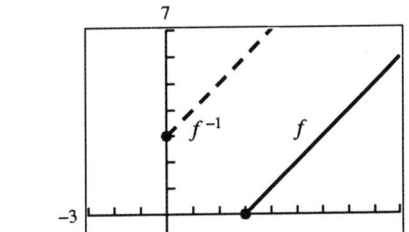

$$f(x) = |x - 3|,\ x \geq 3$$
$$f(x) = x - 3$$
$$y = x - 3$$
$$x = y - 3$$
$$y = x + 3$$
$$f^{-1}(x) = x + 3,\ x \geq 0$$

52.

x	0	2	4	6
$f^{-1}(x)$	6	2	0	-2

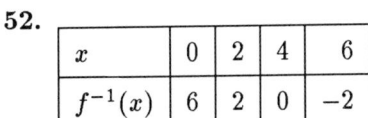

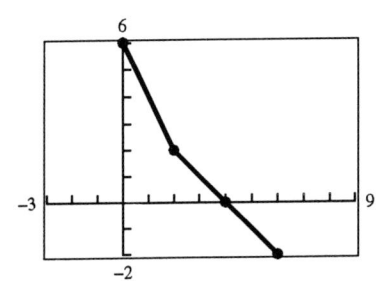

In Exercises 54 and 56, $f(x) = \frac{1}{8}x - 3$, $f^{-1}(x) = 8(x+3)$, $g(x) = x^3$, $g^{-1}(x) = \sqrt[3]{x}$.

54. $(g^{-1} \circ f^{-1})(-3) = g^{-1}(f^{-1}(-3))$
$= g^{-1}[8(-3+3)]$
$= \sqrt[3]{8(-3+3)}$
$= 0$

56. $(g^{-1} \circ g^{-1})(-4) = g^{-1}(g^{-1}(-4))$
$= g^{-1}\left(\sqrt[3]{-4}\right)$
$= \left[(-4)^{1/3}\right]^{1/3}$
$= -\sqrt[9]{4}$

In Exercises 58 and 60, $f(x) = x + 4$, $f^{-1}(x) = x - 4$, $g(x) = 2x - 5$, $g^{-1}(x) = \frac{1}{2}(x+5)$.

58. $(f^{-1} \circ g^{-1})(x) = f^{-1}\left(\frac{1}{2}(x+5)\right)$
$= \frac{1}{2}(x+5) - 4$
$= \frac{1}{2}x - \frac{3}{2}$

60. $(g \circ f)(x) = g(x+4) = 2(x+4) - 5 = 2x + 3$

Hence,
$$(g \circ f)^{-1}(x) = \frac{x-3}{2} = \frac{1}{2}x - \frac{3}{2}.$$

Alternatively, observe that
$$(g \circ f)^{-1}(x) = (f^{-1} \circ g^{-1})(x) = \frac{1}{2}x - \frac{3}{2}.$$
(Exercise 58)

62. When $y = 500$, we have
$$500 = 0.03x^2 + 254.50$$
$$0.03x^2 = 245.5$$
$$x^2 = \frac{24{,}550}{3} = 8183.33$$
$$x \approx 90.5\%.$$

64. If the inverse of f exists, then we know that f is one-to-one. Since f is one-to-one, if the point $(0, a)$ lies on the graph of f, the point $(a, 0)$ lies on the graph of f^{-1}. Therefore, the y-intercept of f is the x-intercept of f^{-1}. The statement is true.

66. The statement is false. For example, $f(x) = x$ and $g(x) = x$ are inverses of each other and $f(x) = g(x)$.

Review Exercises for Chapter 1

2. $3x + 2y + 6 = 0$

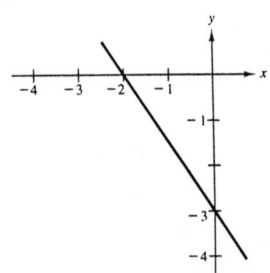

4. $y = 8 - |x|$

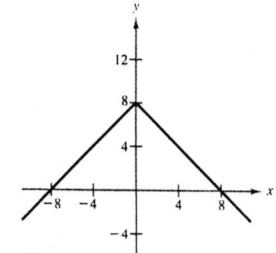

6. $y = \sqrt{x+2}$

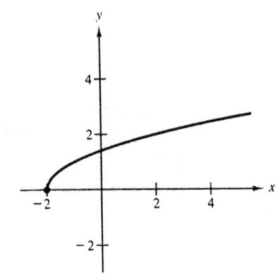

8. $y = x^2 - 4x$

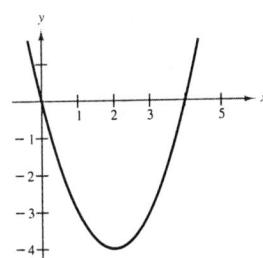

10. $x^2 + y^2 = 10$

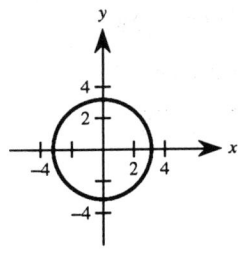

12. $y = 4 - (x - 4)^2$
Intersects the x-axis twice and the y-axis once

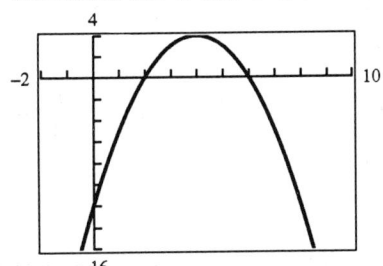

14. $y = \frac{1}{4}x^3 - 3x$
Intersects the x-axis three times and the y-axis once

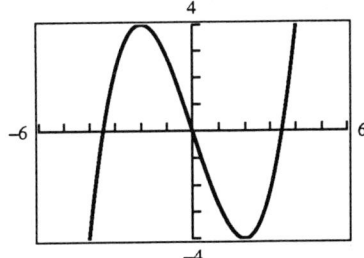

16. $y = x\sqrt{x + 3}$
Intersects the x-axis twice and the y-axis once

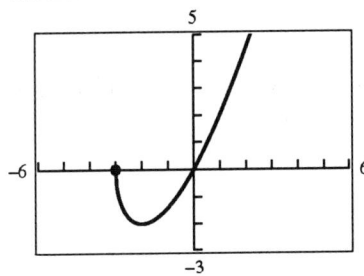

18. $y = |x + 2| + |3 - x|$
Does not intersect the x-axis; intersects the y-axis once

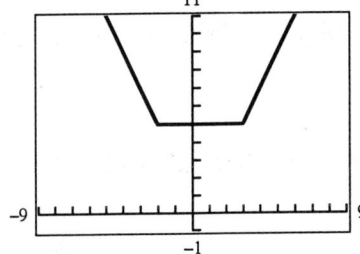

20. $(x+2)^2 + y^2 = 16$

$$y = \pm\sqrt{16 - (x+2)^2}$$

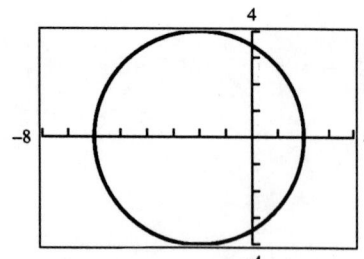

22. The line through $(-6, 1)$ and $(10, 5)$ is:

$$y - 1 = \frac{5-1}{10+6}(x+6)$$

$$y - 1 = \frac{1}{4}(x+6)$$

$$4y - 4 = x + 6$$

$$x - 4y = -10$$

For $(1, t)$ to be on this line also, it must satisfy the equation $x - 4y = -10$.

$$(1) - 4(t) = -10$$

$$-4t = -11$$

Thus, $t = \frac{11}{4}$.

24. The line through $(-3, 3)$ and $(8, 6)$ is:

$$y - 3 = \frac{6-3}{8+3}(x+3)$$

$$y - 3 = \frac{3}{11}(x+3)$$

$$11y - 33 = 3(x+3)$$

$$11y - 33 = 3x + 9$$

$$3x - 11y = -42.$$

For $(t, -1)$ to be on this line also, it must satisfy the equation $3x - 11y = -42$.

$$3(t) - 11(-1) = -42$$

$$3t = -53$$

Thus, $t = -\frac{53}{3}$.

26. $y - 0 = \dfrac{4-0}{-1-2}(x-2) = \dfrac{4}{-3}(x-2) \Rightarrow$

$$y = -\frac{4}{3}x + \frac{8}{3}$$

28. $y - 2 = \dfrac{-10-2}{3+2}(x+2) = -\dfrac{12}{5}(x+2) \Rightarrow$

$$y = -\frac{12}{5}x - \frac{14}{5}$$

30. $y - 6 = \dfrac{2-6}{4-1}(x-1) = -\dfrac{4}{3}(x-1) \Rightarrow$

$$y = -\frac{4}{3}x + \frac{22}{3}$$

32. Since the slope is zero, the line is horizontal. Since the line passes through $(-2, 6)$, the equation is $y = 6$ or $y - 6 = 0$.

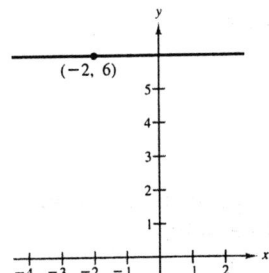

34. Since the slope is undefined, the line is vertical. Since the line passes through $(5, 4)$, the equation is $x = 5$ or $x - 5 = 0$.

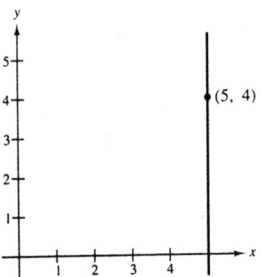

36. $2x + 3y = 5$

$$3y = -2x + 5$$

$$y = -\tfrac{2}{3}x + \tfrac{5}{3} \Rightarrow m_1 = -\tfrac{2}{3}$$

(a) Parallel slope $m_2 = -\tfrac{2}{3}$

$$y - 3 = -\tfrac{2}{3}(x - (-8))$$

$$y - 3 = -\tfrac{2}{3}x - \tfrac{16}{3}$$

$$3y - 9 = -2x - 16$$

$$2x + 3y + 7 = 0$$

(b) Perpendicular slope $m_2 = \tfrac{3}{2}$

$$y - 3 = \tfrac{3}{2}(x - (-8))$$

$$y - 3 = \tfrac{3}{2}x + 12$$

$$2y - 6 = 3x + 24$$

$$3x - 2y + 30 = 0$$

38. (a) $V = 3.75t + 85$, $t \geq 0$

(b)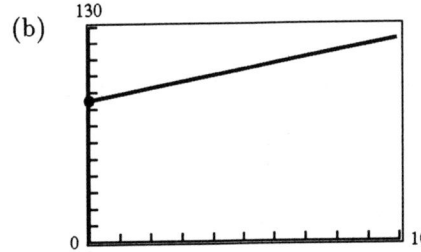

(c) For 1995 we let $t = 5$, and then we have

$$V = 3.75(5) + 85$$
$$= \$103.75.$$

40. $g(x) = x^{4/3}$

(a) $g(8) = 8^{4/3} = 16$

(b) $g(t+1) = (t+1)^{4/3}$

(c) $\dfrac{g(8) - g(1)}{8 - 1} = \dfrac{16 - 1}{8 - 1} = \dfrac{15}{7}$

(d) $g(-x) = (-x)^{4/3} = x^{4/3}$

42. $f(t) = \sqrt[4]{t}$

(a) $f(16) = \sqrt[4]{16} = 2$

(b) $f(t+5) = \sqrt[4]{t+5}$

(c) $\dfrac{f(16) - f(0)}{16} = \dfrac{2 - 0}{16} = \dfrac{1}{8}$

(d) $f(t+h) = \sqrt[4]{t+h}$

44. (a) $f(x) = x^3 + c$

$c = -2:\quad f(x) = x^3 - 2$

$c = 0:\quad f(x) = x^3$

$c = 2:\quad f(x) = x^3 + 2$

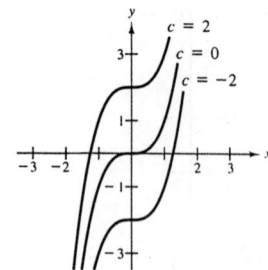

(b) $f(x) = (x - c)^3$

$c = -2:\quad f(x) = (x+2)^3$

$c = 0:\quad f(x) = x^3$

$c = 2:\quad f(x) = (x-2)^3$

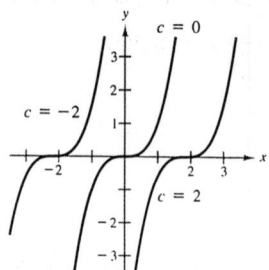

(c) $f(x) = (x-2)^3 + c$

$c = -2:\quad (x-2)^3 - 2$

$c = 0:\quad (x-2)^3$

$c = 2:\quad (x-2)^3 + 2$

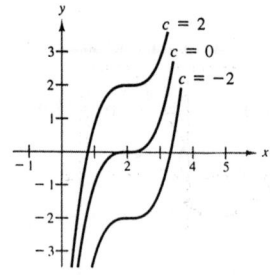

46. The domain is all real numbers.

48. $x^2 + 8x \geq 0$

$x(x+8) \geq 0$

Test intervals: $(-\infty, -8) \Rightarrow x(x+8) > 0$

$(-8, 0) \Rightarrow x(x+8) < 0$

$(0, \infty) \Rightarrow x(x+8) > 0$

Solution interval:

$(-\infty, -8] \cup [0, \infty)$

The domain is

$(-\infty, -8] \cup [0, \infty)$.

50. The domain is all real numbers.

52. (a) Total cost = variable costs + fixed costs

$C(x) = 5.35x + 16{,}000$

(b) Profit = Revenue − cost

$P(x) = 8.20x - (5.35x + 16{,}000)$

$P(x) = 2.85x - 16{,}000$

54. $C = 0.70 + 0.38[\![x]\!]$

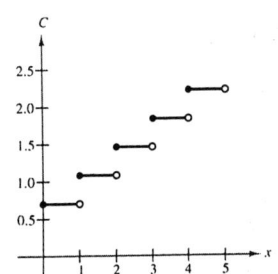

56. (a) Increasing on $(-2, 0)$ and $(2, \infty)$
Decreasing on $(-\infty, -2)$ and $(0, 2)$

(b) Relative maximum at $(0, 16)$
Relative minima at $(\pm 2, 0)$

(c) Since $f(-x) = ((-x)^2 - 4)^2 = (x^2 - 4)^2 = f(x)$, f is even.

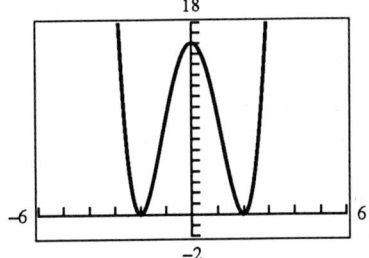

58. (a) Increasing on $(-\infty, -3)$ and $(-1, \infty)$
Decreasing on $(-3, -1)$

(b) Relative maximum at $(-3, 0)$
Relative minima at $(-1, -1.59)$

(c) g is neither even nor odd.

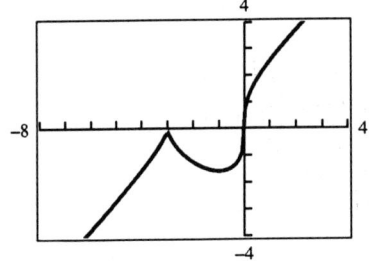

60. (a) $R = n[8 - 0.05(n - 80)]$, $n \geq 80$

(b) The number of persons to maximize the revenue is $n = 120$, for a revenue of $720.00.

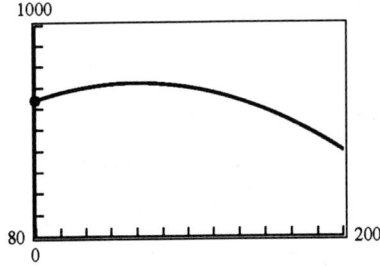

62. $f(x) = 5x - 7$

(a) $f^{-1}(x) = \dfrac{x+7}{5}$

(b)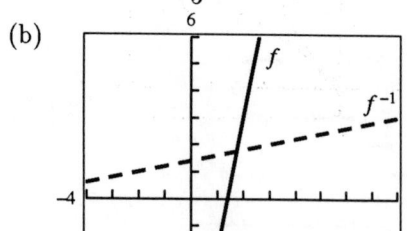

(c) $f^{-1}(f(x)) = f^{-1}(5x - 7)$
$= \dfrac{5x - 7 + 7}{5} = x$

$f(f^{-1}(x)) = f\left(\dfrac{x+7}{5}\right)$
$= 5\left(\dfrac{x+7}{5}\right) - 7 = x$

64. $f(x) = x^3 + 2$

(a) $f^{-1}(x) = \sqrt[3]{x-2}$

(b)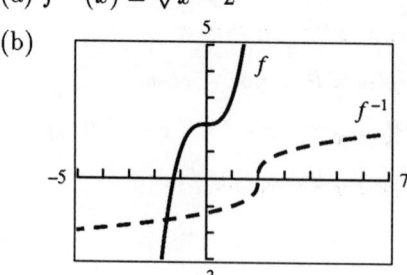

(c) $f^{-1}(f(x)) = f^{-1}(x^3 + 2)$
$= \sqrt[3]{x^3 + 2 - 2} = x$

$f(f^{-1}(x)) = f(\sqrt[3]{x-2})$
$= (x - 2) + 2 = x$

66. $f(x) = \sqrt[3]{x+1}$

(a) $f^{-1}(x) = x^3 - 1$

(b)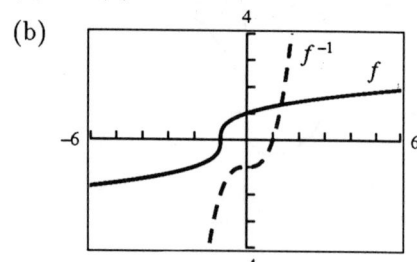

(c) $f^{-1}(f(x)) = f^{-1}(\sqrt[3]{x+1})$
$= (x+1) - 1$
$= x$

$f(f^{-1}(x)) = f(x^3 - 1)$
$= \sqrt[3]{x^3 - 1 + 1}$
$= x$

68. $f(x) = |x - 2|$ is increasing on the interval $[2, \infty)$.

$f(x) = (x - 2)$

$y = x - 2$

$x = y - 2$

$y = x + 2$

$f^{-1}(x) = x + 2, \quad x \geq 0$

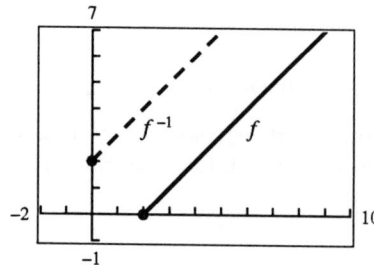

70. $f(x) = x^{4/3}$ is increasing on the interval $[0, \infty)$.

$$f(x) = x^{4/3}, \quad x \geq 0$$
$$y = x^{4/3}, \quad x \geq 0$$
$$x = y^{4/3}$$
$$y = x^{3/4}$$
$$f^{-1}(x) = x^{3/4}, \quad x \geq 0$$

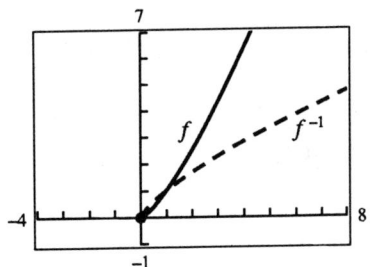

72. $(f + h)(5) = f(5) + h(5)$
$= (3 - 2 \cdot 5) + (3 \cdot 5^2 + 2)$
$= 70$

74. $\left(\dfrac{g}{h}\right)(1) = \dfrac{g(1)}{h(1)}$
$= \dfrac{\sqrt{1}}{3 \cdot 1^2 + 2}$
$= \dfrac{1}{5}$

76. $(g \circ f)(-2) = g(f(-2))$
$= g(3 - 2[-2])$
$= \sqrt{7}$

78. $f^{-1}(x) = \dfrac{3 - x}{2}$
$(h \circ f^{-1})(1) = h(f^{-1}(1))$
$= h\left(\dfrac{3 - 1}{2}\right)$
$= 3 \cdot 1^2 + 2$
$= 5$

CHAPTER TWO
Solving Equations and Inequalities

2.1 Linear Equations

2. $3(x+2) = 3x+4$
$3x+6 = 3x+4$
$6 \neq 4$

No solution; conditional

4. $3(x+2) - 5 = 3x+1$
$3x+6-5 = 3x+1$
$3x+1 = 3x+1$

Identity

6. $-7(x-3) + 4x = 3(7-x)$
$-7x+21+4x = 21-3x$
$21-3x = 21-3x$

Identity

8. $x^2 + 2(3x-2) = x^2 + 6x - 4$
$x^2 + 6x - 4 = x^2 + 6x - 4$

Identity

10. $\dfrac{5}{x} + \dfrac{3}{x} = 24$

$\dfrac{5}{x} + \dfrac{3}{x} = \dfrac{24x}{x}$

$5 + 3 = 24x$

$8 = 24x$

$x = \dfrac{1}{3}$

Conditional

12. $7 - 3x = 5x - 17$

(a) $7 - 3(-3) \stackrel{?}{=} 5(-3) - 17$
$16 \neq -32$

$x = -3$ *is not* a solution.

(b) $7 - 3(0) \stackrel{?}{=} 5(0) - 17$
$7 \neq -17$

$x = 0$ *is not* a solution.

(c) $7 - 3(8) \stackrel{?}{=} 5(8) - 17$
$17 \neq 23$

$x = 8$ *is not* a solution.

(d) $7 - 3(3) \stackrel{?}{=} 5(3) - 17$
$-2 = -2$

$x = 3$ *is* a solution.

14. $5x^3 + 2x - 3 = 4x^3 + 2x - 11$

(a) $5(2)^3 + 2(2) - 3 \stackrel{?}{=} 4(2)^3 + 2(2) - 11$
$41 \neq 25$

$x = 2$ *is not* a solution.

(b) $5(-2)^3 + 2(-2) - 3 \stackrel{?}{=} 4(-2)^3 + 2(-2) - 11$
$-47 = -47$

$x = -2$ *is* a solution.

(c) $5(0)^3 + 2(0) - 3 \stackrel{?}{=} 4(0)^3 + 2(0) - 11$
$-3 \neq -11$

$x = 0$ *is not* a solution.

(d) $5(10)^3 + 2(10) - 3 \stackrel{?}{=} 4(10)^3 + 2(10) - 11$
$5017 \neq 4009$

$x = 10$ *is not* a solution.

16. $3 + \dfrac{1}{x+2} = 4$

(a) $3 + \dfrac{1}{-1+2} \stackrel{?}{=} 4$
$4 = 4$

$x = -1$ *is* a solution.

(b) $3 + \dfrac{1}{-2+2}$ is undefined.

$x = -2$ *is not* a solution.

(c) $3 + \dfrac{1}{0+2} \stackrel{?}{=} 4$
$\dfrac{7}{2} \neq 4$

$x = 0$ *is not* a solution.

(d) $3 + \dfrac{1}{5+2} \stackrel{?}{=} 4$
$\dfrac{22}{7} \neq 4$

$x = 5$ *is not* a solution.

18. $\sqrt[3]{x-8} = 3$

(a) $\sqrt[3]{2-8} \stackrel{?}{=} 3$
$-\sqrt[3]{6} \neq 3$

$x = 2$ *is not* a solution.

(b) $\sqrt[3]{-2-8} \stackrel{?}{=} 3$
$-\sqrt[3]{10} \neq 3$

$x = -2$ *is not* a solution.

(c) $\sqrt[3]{35-8} \stackrel{?}{=} 3$
$3 = 3$

$x = 35$ *is* a solution.

(d) $\sqrt[3]{8-8} \stackrel{?}{=} 3$
$0 \neq 3$

$x = 8$ *is not* a solution.

20. $7 - x = 18$
$-x = 11$
$x = -11$

22. $7x + 2 = 16$
$7x = 14$
$x = 2$

24. $7x + 3 = 3x - 13$
$4x = -16$
$x = -4$

26. $2(13t - 15) + 3(t - 19) = 0$
$26t - 30 + 3t - 57 = 0$
$29t = 87$
$t = 3$

28. $8(x + 2) - 3(2x + 1) = 2(x + 5)$
$8x + 16 - 6x - 3 = 2x + 10$
$2x + 13 = 2x + 10$
$13 = 10$

Not possible

30. $\dfrac{x}{5} - \dfrac{x}{2} = 3$
$10\left(\dfrac{x}{5}\right) - 10\left(\dfrac{x}{2}\right) = 10(3)$
$2x - 5x = 30$
$-3x = 30$
$x = -10$

32. $0.25x + 0.75(10 - x) = 3$
$0.25x + 7.5 - 0.75x = 3$
$-0.5x = -4.5$
$x = 9$

34. $3(x + 3) = 5(1 - x) - 1$
$3x + 9 = 5 - 5x - 1$
$3x + 9 = 4 - 5x$
$8x = -5$
$x = -\dfrac{5}{8}$

36. $\dfrac{17 + y}{y} + \dfrac{32 + y}{y} = 100$
$(y)\left(\dfrac{17 + y}{y}\right) + (y)\left(\dfrac{32 + y}{y}\right) = (y)100$
$17 + y + 32 + y = 100y$
$49 = 98y$
$y = \dfrac{1}{2}$

38. $\dfrac{10x + 3}{5x + 6} = \dfrac{1}{2}$
$2(10x + 3) = 5x + 6$
$20x + 6 = 5x + 6$
$15x = 0$
$x = 0$

40. $\dfrac{15}{x} - 4 = \dfrac{6}{x} + 3$
$(x)\dfrac{15}{x} - (x)4 = (x)\dfrac{6}{x} + (x)3$
$15 - 4x = 6 + 3x$
$9 = 7x$
$x = \dfrac{9}{7}$

42.
$$\frac{1}{x-2} + \frac{3}{x+3} = \frac{4}{x^2+x-6}$$
$$\frac{1}{x-2}(x-2)(x+3) + \frac{3}{x+3}(x-2)(x+3) = \frac{4}{x^2+x-6}(x-2)(x+3)$$
$$x+3+3(x-2) = 4$$
$$x+3+3x-6 = 4$$
$$4x = 7$$
$$x = \frac{7}{4}$$

44.
$$\frac{2}{(x-4)(x-2)} = \frac{1}{(x-4)} + \frac{2}{(x-2)}$$
$$\frac{2}{(x-4)(x-2)}(x-4)(x-2) = \frac{1}{(x-4)}(x-4)(x-2) + \frac{2}{(x-2)}(x-4)(x-2)$$
$$2 = x-2+2(x-4)$$
$$2 = x-2+2x-8$$
$$12 = 3x$$
$$x = 4$$

A check reveals that $x = 4$ is an extraneous solution, so there is no solution.

46.
$$\frac{4}{u-1} + \frac{6}{3u+1} = \frac{15}{3u+1}$$
$$\frac{4}{u-1}(u-1)(3u+1) + \frac{6}{3u+1}(u-1)(3u+1) = \frac{15}{3u+1}(u-1)(3u+1)$$
$$4(3u+1) + 6(u-1) = 15(u-1)$$
$$12u+4+6u-6 = 15u-15$$
$$3u = -13$$
$$u = -\frac{13}{3}$$

48. $\dfrac{6}{x} - \dfrac{2}{x+3} = \dfrac{3(x+5)}{x(x+3)}$

$$\dfrac{6}{x}(x)(x+3) - \dfrac{2}{x+3}(x)(x+3) = \dfrac{3(x+5)}{x(x+3)}(x)(x+3)$$

$$6(x+3) - 2x = 3(x+5)$$

$$6x + 18 - 2x = 3x + 15$$

$$x = -3$$

A check reveals that $x = -3$ is an extraneous solution, so there is no solution.

50. $3 = 2 + \dfrac{2}{z+2}$

$$3(z+2) = 2(z+2) + \dfrac{2}{z+2}(z+2)$$

$$3z + 6 = 2z + 4 + 2$$

$$z = 0$$

52. $(2x+1)^2 = 4(x^2 + x + 1)$

$$4x^2 + 4x + 1 = 4x^2 + 4x + 4$$

$$1 = 4$$

Not possible; no solution

54. $6x + ax = 2x + 5$

$$4x + ax = 5$$

$$x(4+a) = 5$$

$$x = \dfrac{5}{4+a},\ a \neq -4$$

56. $5 + ax = 12 - bx$

$$ax + bx = 7$$

$$x(a+b) = 7$$

$$x = \dfrac{7}{a+b},\ a \neq -b$$

58. $2.763 - 4.5(2.1x - 5.1432) = 6.32x + 5$

$$2.763 - (4.5)(2.1)x + (4.5)(5.1432) = 6.32x + 5$$

$$2.763 + (4.5)(5.1432) - 5 = 6.32x + (4.5)(2.1)x$$

$$2.763 + (4.5)(5.1432) - 5 = (6.32 + (4.5)(2.1))x$$

$$x = \dfrac{2.763 + (4.5)(5.1432) - 5}{6.32 + (4.5)(2.1)}$$

$$x \approx 1.326$$

60.
$$\frac{2}{7.398} - \frac{4.405}{x} = \frac{1}{x}$$
$$\frac{2}{7.398}(7.398)x - \frac{4.405}{x}(7.398)x = \frac{1}{x}(7.398)x$$
$$2x - 4.405(7.398) = 7.398$$
$$2x = 7.398 + 4.405(7.398)$$
$$x = \frac{7.398 + 4.405(7.398)}{2}$$
$$x \approx 19.993$$

62.
$$\frac{x}{2.625} + \frac{x}{4.875} = 1$$
$$x\left(\frac{1}{2.625} + \frac{1}{4.875}\right) = 1$$
$$x(.58608) = 1$$
$$x = 1.706$$

64.
$$ax + b = cx$$
$$ax - cx = -b$$
$$x(a - c) = -b$$
$$x = \frac{-b}{a - c}$$

Since $x = 1/3$, we have $1/3 = -b/(a - c)$. Choose any combination of a, b, and c that satisfies this equation. One possibility is $a = 2$, $b = 5$, and $c = 17$. The equation is $2x + 5 = 17x$.

66.
$$10{,}000 = 0.32m + 2500$$
$$7500 = 0.32m$$
$$m = 23{,}437.5 \text{ miles}$$

68.
$$19 = 0.449x - 12.15$$
$$31.15 = 0.449x$$
$$x \approx 69.4 \text{ in.}$$

Yes. The estimated height of a male with a 19-inch thigh bone is 69.4 inches.

2.2 Linear Equations and Modeling

2. *Verbal Model*   Product = (First number) × (Second number)

Labels   Product = P
First number = n
Second number = $n + 1$

Algebraic Equation $P = n(n + 1) = n^2 + n$

4. *Verbal Model*   Time = Distance ÷ Rate

Labels   Time = t (in hours)
Distance = 200 (in miles)
Rate = r (in miles per hour)

Algebraic Equation $t = \dfrac{200}{r}$

6. *Verbal Model* Sale price = (List price) − (Discount) × (List price)
   Labels Sale price = S (in dollars)
   List price = L (in dollars)
   Discount = 0.2
   Algebraic Equation $S = L - 0.2L = 0.8L$

8. *Verbal Model* Area = $\frac{1}{2}$ · (Base) · (Height)
   Labels Area = A (in square inches)
   Base = 20 (in inches)
   Height = h (in inches)
   Algebraic Equation $A = \frac{1}{2} \cdot 20h = 10h$

10. *Verbal Model* Revenue = (Price per unit) × (Number of units)
    Labels Revenue = R (in dollars)
    Price per unit = 3.59 (in dollars per unit)
    Number of units = x (in units)
    Algebraic Equation $R = 3.59x$

12. *Verbal Model* Sum = (First number) + (Second number) + (Third number)
    Labels Sum = 804
    First number = n
    Second number = $n + 1$
    Third number = $(n + 1) + 1 = n + 2$
    Algebraic Equation $804 = n + (n + 1) + (n + 2)$
    $n = 267$

    First number = $n = 267$, second number = $n + 1 = 268$, third number = $n + 2 = 269$

14. *Verbal Model* Difference = (Another number) − (One number)
    Labels Difference = 76
    Another number = x
    One number = $\frac{1}{5}x$
    Algebraic Equation $76 = x - \frac{1}{5}x$
    $76 = \frac{4}{5}x$
    $x = 95$

    Another number = $x = 95$, one number = $\frac{1}{5} \cdot x = 19$

SECTION 2.2 Linear Equations and Modeling

16. *Verbal Model* $\quad$ (Difference of reciprocals) $= \dfrac{1}{(\text{First number})} - \dfrac{1}{(\text{Second number})}$

Labels $\quad$ Difference of reciprocals $= \left(\dfrac{1}{4}\right)\left(\dfrac{1}{n}\right) = \dfrac{1}{4n}$

First number $= n$
Second number $= n + 1$

Algebraic Equation $\quad \dfrac{1}{4n} = \dfrac{1}{n} - \dfrac{1}{n+1}$

$$n + 1 = 4(n+1) - 4n$$

$$n = 3$$

First number $= n = 3$, second number $= n + 1 = 4$

18. $x = $ Percent $\cdot$ Number

$x = 175\% \times 360$

$x = (1.75)(360)$

$x = 630$

20. $432 = $ Percent $\cdot$ 1600

Percent $= \dfrac{432}{1600} = 0.27 = 27\%$

22. $12 = \dfrac{1}{2}\% \cdot $ Number

Number $= \dfrac{12}{\frac{1}{2}\%} = \dfrac{12}{0.005}$

$\phantom{\text{Number }} = 2400$

24. $825 = 250\% \cdot $ Number

Number $= \dfrac{825}{250\%} = \dfrac{825}{2.5} = 330$

26. HHS/SS expenses $= 35.0\%(1{,}142{,}869{,}000{,}000)$
$= 0.35(1{,}142{,}869{,}000{,}000)$
$= 400{,}004{,}150{,}000$
$\approx \$400$ billion

Defense Dept. expenses $= 25.8\%(1{,}142{,}869{,}000{,}000)$
$= 0.258(1{,}142{,}869{,}000{,}000)$
$= 294{,}860{,}202{,}000$
$\approx \$295$ billion

Interest on debt expenses $= 21.1\%(1{,}142{,}869{,}000{,}000)$
$= 0.211(1{,}142{,}869{,}000{,}000)$
$= 241{,}145{,}359{,}000$
$\approx \$241$ billion

Other agencies and dept. expenses $= 18.1\%(1{,}142{,}869{,}000{,}000)$
$= 0.181(1{,}142{,}869{,}000{,}000)$
$= 206{,}859{,}289{,}000$
$\approx \$207$ billion

28. *Verbal Model*   Sale price = Price − Discount × Price
Labels   Sale price = $1210.75
Price = P (in dollars)
Discount = 16.5%
Algebraic Equation $1210.75 = P - 0.165P$
$1210.75 = 0.835P$
$P = 1450$

The original list price of the pool was $1450.

30. *Verbal model*   Coworker's paycheck + Your paycheck = Total
Labels   Coworker's paycheck = d (in dollars)
Your paycheck = $d - 0.15d = 0.85d$ (in dollars)
Total = $645
Algebraic Equation $d + 0.85d = 645$
$1.85d = 645$
$d \approx 348.65$

Your coworker's paycheck is $348.65. Your paycheck is $296.35.

32. *Verbal Model*   1990 new car price
    $\quad$ = Percentage increase $\cdot$ 1940 new car price + 1940 new car price

Labels   1990 new car price = \$16,400
   Percentage increase = p
   1940 new car price = \$800

Algebraic Equation $16{,}400 = p(800) + 800$

$15{,}600 = 800p$

$p = 19.5 = 1950\%$

Percentage increase = $p = 1950\%$

34. *Verbal Model*   1990 Price for $2\frac{1}{2}$ acres on the Potomac
    $\quad$ = Percentage increase $\cdot$ 1940 Price for $2\frac{1}{2}$ acres on the Potomac
    $\quad$ + 1940 price for $2\frac{1}{2}$ acres on the Potomac

Labels   1990 Price for $2\frac{1}{2}$ acres on the Potomac = \$2,500,000
   Percentage increase = p
   1940 Price for $2\frac{1}{2}$ acres on the Potomac = \$7500

Algebraic Equation $2{,}500{,}000 = p(7500) + 7500$

$2{,}492{,}500 = 7500p$

$p \approx 332.33 = 33{,}233\%$

Percentage increase = $33{,}233\%$

36. *Verbal Model*   Perimeter = 2(Width) + 2(Height)

Labels   Perimeter = 3 feet
   Width (in feet) = 0.62 (height) = $0.62x$
   Height (in feet) = x

Algebraic Equation $3 = 2(0.62x) + 2x$

$x = \dfrac{3}{3.24} \approx 0.93$

Width = $0.62x \approx 0.57$ feet, height = $x \approx 0.93$ feet

38. *Verbal Model* $\dfrac{\text{Sum of scores}}{\text{Sum of possible points}} = \text{Average}$

Labels Sum of scores $= 87 + 92 + 84 + x$
Sum of possible points $= 500$
Average $= 0.90$

Algebraic Equation $\dfrac{87 + 92 + 94 + x}{500} = 0.90$

$$\dfrac{263 + x}{500} = 0.90$$

$$263 + x = 450$$

$$x = 187 \text{ (or greater)}$$

40. Distance = (First rate)(Time at first rate) + (Second rate)(Time at second rate)

$$317 = 58 \cdot t + 52(5.75 - t)$$

$$317 = 58t + 299 - 52t$$

$$18 = 6t$$

$$t = 3$$

Time at 58 miles per hour = 3 hours
Time at 52 miles per hour = $5.75 - 3 = 2.75 = 2$ hours and 45 minutes

42. (Distance) = Rate × Time

$$d_1 = 45 \text{ miles per hour} \times t$$

$$d_2 = 55 \text{ miles per hour} \times \left(t - \dfrac{1}{2}\right)$$

(Distance traveled by first car) = (Distance traveled by second car)

$$d_1 = d_2$$

$$45t = 55\left(t - \dfrac{1}{2}\right)$$

$$-10t = -27.5$$

$$t = 2.75 \text{ hours after first car left}$$

$$\text{Time} = \dfrac{\text{Distance}}{\text{Rate}}$$

$$t = \dfrac{135}{45} = 3 \text{ hours}$$

Yes. It takes the first car 3 hours to reach the game and the second car catches up in 2.75 hours.

44. Time = $\dfrac{\text{Distance}}{\text{Speed}}$

$t_1 = \dfrac{200 \text{ miles}}{55 \text{ mph}}$ (trip out)

$t_2 = \dfrac{200 \text{ miles}}{40 \text{ mph}}$ (return trip)

Speed = $\dfrac{\text{Round trip distance}}{\text{Round trip time}}$

$r = \dfrac{2 \times 200 \text{ miles}}{t_1 + t_2}$

$r = \dfrac{400}{(200/55) + (200/40)}$

$r = \dfrac{400(40)(55)}{200(40+55)} = \dfrac{4400}{95} = \dfrac{800}{19} \approx 46.3 \text{ mph}$

46. $d = rt$

$1.5 \times 10^{11} = 3.0 \times 10^8 \cdot t$

$t = 500$ seconds

$= \tfrac{25}{3}$ minutes ≈ 8.33 minutes

48. $\dfrac{\text{Height of tree}}{\text{Tree's shadow}} = \dfrac{\text{Height of lamp post}}{\text{Lamp post's shadow}}$

$\dfrac{x}{25} = \dfrac{5}{2}$

$x = 25\left(\dfrac{5}{2}\right) = 62.5$ feet

50. $\dfrac{\text{Height of pole}}{\text{Pole's shadow}} = \dfrac{\text{Height of person}}{\text{Person's shadow}}$

$\dfrac{x}{30+5} = \dfrac{6}{5}$

$x = 35\left(\dfrac{6}{5}\right) = 42$ feet

52. Interest = Interest rate × Principal

$i_1 = 10.5\% \times \$x$

$i_2 = 13\% \times \$(12{,}000 - x)$

Total interest = (Interest in first account) + (Interest in second account)

$\$1447.50 = i_1 + i_2$

$1447.50 = 0.105x + 0.13(12000 - x)$

$x = \dfrac{112.5}{0.025} = 4500$

You have \$4500 in the 10.5% fund and \$7500 in the 13% fund.

84 CHAPTER 2 Solving Equations and Inequalities

54. Interest = Interest rate × Principal

$$i_1 = 9.5\% \times \$12{,}000$$

$$i_2 = r \times \$8000$$

Total interest = (Interest in first account) + (Interest in second account)

$$\$2054.40 = i_1 + i_2$$

$$2054.40 = 0.095(12000) + 8000r$$

$$r = \frac{914.40}{8000} = 0.1143 = 11.43\%$$

56. (Final concentration)(Amount)
    = (Solution 1 concentration)(Amount) + (Solution 2 concentration)(Amount)

(a) $(25\%)(100 \text{ gal}) = (10\%)x + (30\%)(100 - x)$

$$25 = -0.20x + 30$$

$$x = 25 \text{ gal of solution 1}$$

$$100 - x = 75 \text{ gal of solution 2}$$

(b) $(30\%)(5 \text{ L}) = (25\%)x + (50\%)(5 - x)$

$$1.5 = -0.25x + 2.5$$

$$x = 4 \text{ L of solution 1}$$

$$5 - x = 1 \text{ L of solution 2}$$

(c) $(30\%)(10 \text{ qt}) = (15\%)x + (45\%)(10 - x)$

$$3 = -0.30x + 4.5$$

$$x = 5 \text{ qt of solution 1}$$

$$10 - x = 5 \text{ qt of solution 2}$$

(d) $(75\%)(25 \text{ gal}) = (70\%)x + (90\%)(25 - x)$

$$18.75 = -0.20x + 22.5$$

$$x = 18.75 \text{ gal of solution 1}$$

$$25 - x = 6.25 \text{ gal of solution 2}$$

58. (Final concentration)(Amount)
    =(Solution 1 concentration)(Amount) + (Solution 2 concentration)(Amount)

$$\left(\frac{40}{41}\right)(2 + x \text{ gal}) = \left(\frac{32}{33}\right)(2 \text{ gal}) + (100\%)x$$

$$\frac{80}{41} + \frac{40x}{41} = \frac{64}{33} + x$$

$$\frac{16}{(41)(33)} = \frac{x}{41}$$

$$x = \frac{16}{33} \approx 0.48 \text{ gallon}$$

60. Cost = (Fixed costs) + (Variable cost)(Number of units)

$$\$85{,}000 = \$10{,}000 + \$8.50x$$

$$x = \frac{75{,}000}{8.5} \approx 8823.5$$

At most, the company can manufacture 8823 units.

SECTION 2.2 Linear Equations and Modeling

62. Volume = Length × Width × Depth

$$70 \text{ gallons} \times 0.13368 \frac{\text{feet}^3}{\text{gallon}} = 12 \text{ feet} \times 3 \text{ feet} \times x$$

$$9.3576 = 36x$$

$$x \approx 0.26 \text{ feet}$$

64. (Person's wt) • (Person's distance from fulcrum) = (Wt of rock) • (Distance from rock to fulcrum)

$$200 \cdot x = 550(5 - x)$$

$$200x = 2750 - 550x$$

$$750x = 2750$$

$$x = 3\tfrac{2}{3} \text{ feet}$$

66.
$$V = \pi r^2 h$$
$$\frac{V}{\pi r^2} = h$$

68.
$$A = P\left(1 + \frac{R}{n}\right)^{nT}$$
$$A\left(1 + \frac{R}{n}\right)^{-nT} = P$$

70.
$$A = \frac{\pi r^2 \theta}{360}$$
$$\frac{360A}{\pi r^2} = \theta$$

72.
$$h = v_0 t + \frac{1}{2}at^2$$
$$h - v_0 t = \frac{1}{2}at^2$$
$$2(h - v_0 t) = at^2$$
$$\frac{2(h - v_0 t)}{t^2} = a$$

74.
$$C = \frac{1}{(1/C_1) = (1/C_2)}$$
$$C = \frac{C_1 C_2}{C_2 + C_1}$$
$$C_1 C_2 = CC_2 + CC_1$$
$$-CC_2 = CC_1 - C_1 C_2$$
$$C_1 = \frac{CC_2}{C_2 - C}$$

76.
$$V = \frac{1}{6}H(S_0 + 4S_1 + S_2)$$
$$\frac{6V}{H} = S_0 + 4S_1 + S_2$$
$$\frac{6V}{H} - S_0 - S_2 = 4S_1$$
$$\frac{6V - S_0 H - S_2 H}{4H} = S_1$$

2.3 Solving Equations Graphically

2. $y = (x-1)(x-3)$

Let $y = 0$: $(x-1)(x-3) = 0 \Rightarrow x = 1, 3 \Rightarrow (1,0), (3,0)$ x-intercepts

Let $x = 0$: $y = (0-1)(0-3) = 3 \Rightarrow (0,3)$ y-intercept

4. $y = 4 - x^2$

Let $y = 0$: $0 = 4 - x^2 \Rightarrow x = 2, -2 \Rightarrow (2,0), (-2,0)$ x-intercepts

Let $x = 0$: $y = 4 - 0^2 = 4 \Rightarrow (0,4)$ y-intercept

6. $xy = 4 \Rightarrow y = 4/x$

Neither y nor x can be zero. Hence, there are no intercepts.

8. $x^2y - x^2 + 4y = 0$

Let $y = 0$: $-x^2 = 0 \Rightarrow x = 0$

$\Rightarrow (0,0)$ x-intercept

Let $x = 0$: $4y = 0 \Rightarrow y = 0$

$\Rightarrow (0,0)$ y-intercept

10. $f(x) = 3(x-5) + 9$

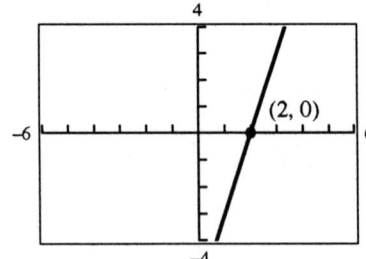

12. $f(x) = x^3 - 9x^2 + 18x$

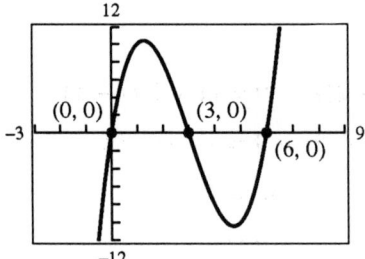

14. $f(x) = x - 3 - \dfrac{10}{x}$

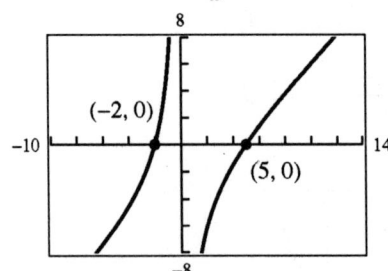

16.
$1200 = 300 + 2(x - 500)$
$900 = 2x - 1000$
$1900 = 2x$
$2x - 1900 = 0$

18. $$\frac{x-3}{25} = \frac{x-5}{12}$$
$$\frac{x-3}{25} - \frac{x-5}{12} = 0$$

20. $$\frac{6}{x} + \frac{8}{x+5} = 10$$
$$\frac{6}{x} - \frac{8}{x+5} - 10 = 0$$

22. $3.5x - 8 = 0.5x$
$3x = 8$
$x = \frac{8}{3}$

$f(x) = 3.5x - 8 - 0.05x = 0$
$x = 2.667$

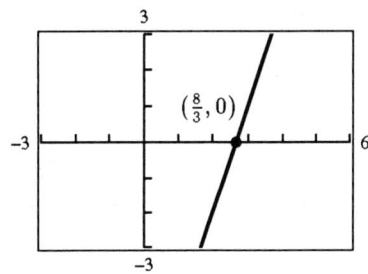

24. $0.60x + 0.40(100 - x) = 50$
$0.60x + 40 - 0.40x = 50$
$0.20x = 10$
$x = 50$

$f(x) = 0.60x + 0.40(100 - x) - 50 = 0$
$x = 50.0$

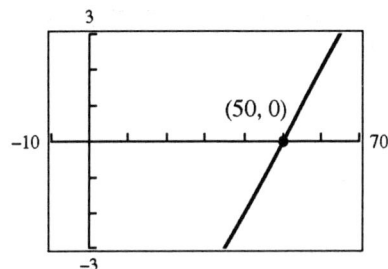

26. $(x+1)^2 + 2(x-2) = (x+1)(x-2)$
$x^2 + 2x + 1 + 2x - 4 = x^2 - x - 2$
$5x = 1$
$x = \frac{1}{5}$

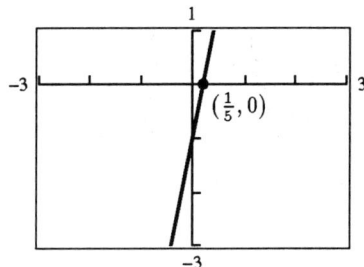

$f(x) = (x+1)^2 + 2(x-2) - (x+1)(x-2) = 0$
$x = 0.20$

28. $-2(x^2 - 6x + 6) = 0$
$x = 1.268, 4.732$

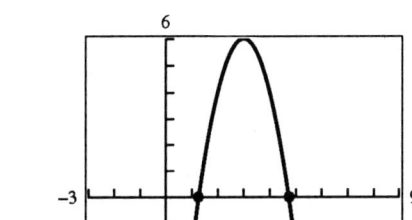

30. $\frac{1}{9}x^3 + x + 4 = 0$
$x = -2.422$

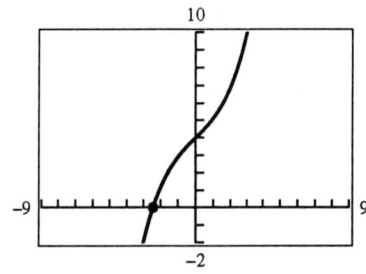

88 CHAPTER 2 Solving Equations and Inequalities

32. $4x^3 + 12x^2 - 26x - 24 = 0$
$x = -4.206, -0.735, 1.941$

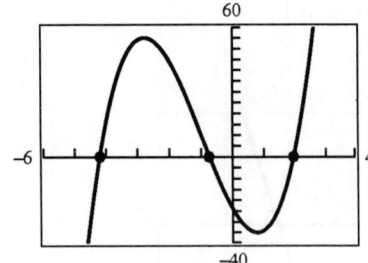

34. $x^5 = 3 + 2x^3$
$x^5 - 3 - 2x^3 = 0$
$x = 1.638$

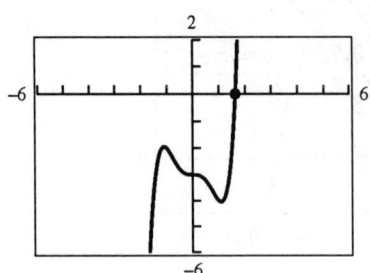

36. $\dfrac{5}{x} = 1 + \dfrac{3}{x+2}$

$\dfrac{5}{x} - 1 - \dfrac{3}{x+2} = 0$

$x = -3.162, 3.162$

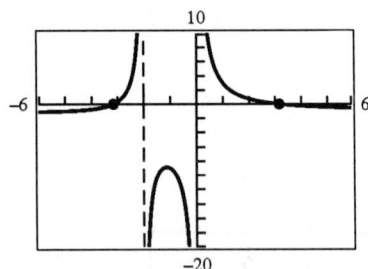

38. $(x, y) = (-1.222, 8.222)$

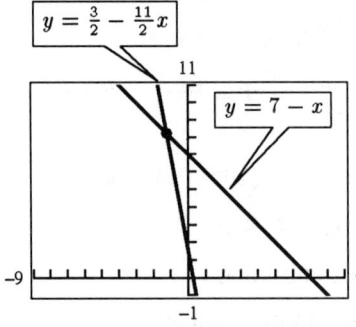

40. $(x, y) = (1.670, 1.660)$

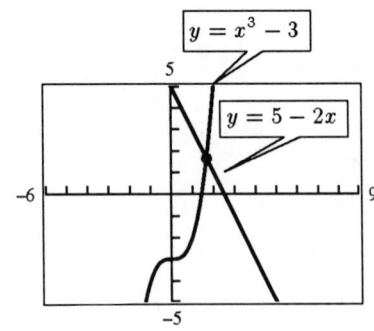

42. $(x, y) = (2.050, 32)$

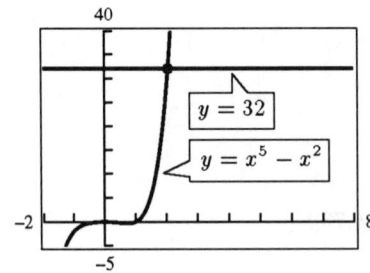

44. $(x, y) = (0, 2), (3, 5)$

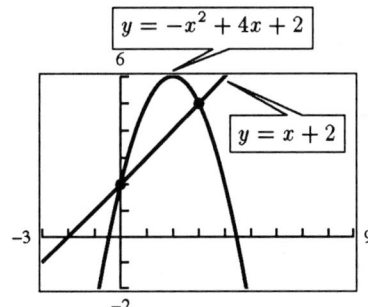

46. $(x, y) = (0, 0), (3, -3)$

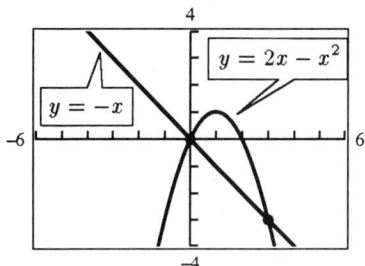

48. $\dfrac{1 + 0.86603}{1 - 0.86603}$

(a) 13.93

(b) $\dfrac{1.87}{0.13} \approx 14.38$

The second method introduced an additional round-off error.

50. $\dfrac{1.73205 - 1.19195}{3 - (1.73205)(1.19195)}$

(a) 0.58

(b) $\dfrac{0.54}{0.94} \approx 0.57$

The second method did introduce a slight additional round-off error.

52. (a) $C = 18.65x + 25{,}000$

(b) If $C \leq 200{,}000$, then

$$200{,}000 = 18.65x + 25{,}000$$
$$175{,}000 = 18.65x$$
$$x = 9383 \text{ units.}$$

This problem is easier to solve algebraically.

54. (a) Since $2x + 2y = 230$, $y = 115 - x$ and area $= A = x(115 - x)$.

(b) Domain $0 \leq x \leq 115$

(c) If $A = 2000$, then $x = 93.6$ or 21.4. The larger answer is appropriate, since x is the length.

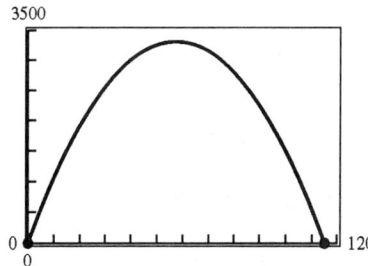

56. If $G = 4600$, then

$$4600 = 8000 - \tfrac{1}{2}x$$
$$x = 6800$$

58. If $S = 10{,}500$, then

$$10{,}500 = \tfrac{1}{2}x + 8000$$
$$x = 5000$$

and $G = 8000 - \tfrac{1}{2}x$
$= 8000 - \tfrac{1}{2}(5000)$
$= 5500.$

2.4 Quadratic Equations

2. $10x^2 = 90$
$10x^2 - 90 = 0$

4. $12 - 3(x+7)^2 = 0$
$12 - 3x^2 - 42x - 147 = 0$
$-3x^2 - 42x - 135 = 0$

6. $x(x+5) = 2(x+5)$
$x^2 + 5x = 2x + 10$
$x^2 + 3x - 10 = 0$

8. $9x^2 - 1 = 0$
$(3x+1)(3x-1) = 0$

$3x + 1 = 0 \Rightarrow x = -\frac{1}{3}$
$3x - 1 = 0 \Rightarrow x = \frac{1}{3}$

10. $x^2 - 10x + 9 = 0$
$(x-9)(x-1) = 0$

$x - 9 = 0 \Rightarrow x = 9$
$x - 1 = 0 \Rightarrow x = 1$

12. $16x^2 + 56x + 49 = 0$
$4x + 7 = 0 \Rightarrow x = -\frac{7}{4}$

14. $2x^2 = 19x + 33$
$2x^2 - 19x - 33 = 0$
$(2x+3)(x-11) = 0$

$2x + 3 = 0 \Rightarrow x = -\frac{3}{2}$
$x - 11 = 0 \Rightarrow x = 11$

16. $x(8-x) = 12$
$-x^2 + 8x = 12$
$-x^2 + 8x - 12 = 0$
$x^2 - 8x + 12 = 0$
$(x-6)(x-2) = 0$

$x - 6 = 0 \Rightarrow x = 6$
$x - 2 = 0 \Rightarrow x = 2$

18. $(x+a)^2 - b^2 = 0$
$(x+a+b)(x+a-b) = 0$

$x + a + b = 0 \Rightarrow x = -a - b$
$x + a - b = 0 \Rightarrow x = -a + b$

20. $x^2 = 144$
$x = \pm\sqrt{144}$
$x + \pm 12 = \pm 12.00$

22. $x^2 = 27$
$x = \pm\sqrt{27}$
$x = \pm 3\sqrt{3} \approx \pm 5.20$

24. $9x^2 = 25$
$x^2 = \frac{25}{9}$
$x = \pm\sqrt{\frac{25}{9}}$
$x = \pm\frac{5}{3} \approx \pm 1.67$

SECTION 2.4 Quadratic Equations

26. $(x+13)^2 = 21$
$x + 13 = \pm\sqrt{21}$
$x = -13 \pm \sqrt{21}$
$x \approx -8.42$ or
$x \approx -17.58$

28. $(x-5)^2 = 20$
$x - 5 = \pm\sqrt{20}$
$x = 5 \pm 2\sqrt{5}$
$x \approx 9.47$ or $x \approx 0.53$

30. $(x+5)^2 = (x+4)^2$
$x + 5 = \pm(x+4)$
For $x + 5 = +(x+4)$
$5 = 4$, No solution
For $x + 5 = -(x+4)$
$x + 5 = -x - 4$
$2x = -9$
$x = -\frac{9}{2} = -4.50$

32. $x^2 + 4x = 0$
$x^2 + 4x + 2^2 = 2^2$
$(x+2)^2 = 4$
$x + 2 = \pm 2$
$x = -2 \pm 2$
$x = 0, -4$
$x = 0$ or $x = -4$

34. $x^2 - 2x - 3 = 0$
$x^2 - 2x = 3$
$x^2 - 2x + 1^2 = 3 + 1^2$
$(x-1)^2 = 4$
$x - 1 = \pm 2$
$x = 1 \pm 2$
$x = 3, -1$
$x = 3$ or $x = -1$

36. $x^2 + 8x + 14 = 0$
$x^2 + 8x = -14$
$x^2 + 8x + 4^2 = -14 + 4^2$
$(x+4)^2 = 2$
$x + 4 = \pm\sqrt{2}$
$x = -4 \pm \sqrt{2}$

38. $9x^2 - 12x - 14 = 0$
$x^2 - \frac{4}{3}x - \frac{14}{9} = 0$
$x^2 - \frac{4}{3}x = \frac{14}{9}$
$x^2 - \frac{4}{3}x + \left(\frac{2}{3}\right)^2 = \frac{14}{9} + \left(\frac{2}{3}\right)^2$
$\left(x - \frac{2}{3}\right)^2 = 2$
$x - \frac{2}{3} = \pm\sqrt{2}$
$x = \frac{2}{3} \pm \sqrt{2}$

40. $4x^2 - 4x - 99 = 0$
$x^2 - x - \frac{99}{4} = 0$
$x^2 - x = \frac{99}{4}$
$x^2 - x + \left(\frac{1}{2}\right)^2 = \frac{99}{4} + \left(\frac{1}{2}\right)^2$
$\left(x - \frac{1}{2}\right)^2 = 25$
$x - \frac{1}{2} = \pm 5$
$x = \frac{1}{2} \pm 5$
$x = \frac{11}{2}$ or
$x = -\frac{9}{2}$

42. $-17.5x^2 + 5x + 7.5 = 0$
Beginning with the standard viewing rectangle and zooming in, we find $x = -0.527$ and 0.813.

44. $x(x-14) - 10 = 0$
Beginning with the standard viewing rectangle and zooming *out* once, we see that there are two solutions. By zooming in, we find $x = 14.681$ and -0.681.

46. $x^2 - 6x + 4 = 0$
$x^2 - 6x = -4$
$x^2 - 6x + 3^2 = -4 + 3^2$
$(x-3)^2 = 5$
$x - 3 = \pm\sqrt{5}$
$x = 3 \pm \sqrt{5}$

48. $11x^2 + 33x = 0$
$11x(x+3) = 0$
$11x = 0 \Rightarrow x = 0$
$x + 3 = 0 \Rightarrow x = -3$

50. $x^2 - 14x + 49 = 0$
$(x - 7)^2 = 0$
$x - 7 = 0$
$x = 7$

52. $(x - 5)^2 = 8$
$x - 5 = \pm 2\sqrt{2}$
$x = 5 \pm 2\sqrt{2}$

54. $144 - 73x + 4x^2 = 0$
$4x^2 - 73x + 144 = 0$
$(4x - 9)(x - 16) = 0$

$4x - 9 = 0 \Rightarrow x = \frac{9}{4}$
$x - 16 = 0 \Rightarrow x = 16$

56. $26x = 8x^2 + 15$
$0 = 8x^2 - 26x + 15$
$0 = (4x - 3)(2x - 5)$

$4x - 3 = 0 \Rightarrow x = \frac{3}{4}$
$2x - 5 = 0 \Rightarrow x = \frac{5}{2}$

58. $x^2 + 3x - \frac{3}{4} = 0$
$x^2 + 3x = \frac{3}{4}$
$x^2 + 3x + \left(\frac{3}{2}\right)^2 = \frac{3}{4} + \left(\frac{3}{2}\right)^2$
$\left(x + \frac{3}{2}\right)^2 = 3$
$x + \frac{3}{2} = \pm\sqrt{3}$
$x = -\frac{3}{2} \pm \sqrt{3}$

60. $9x^2 + 12x + 3 = 0$
$3x^2 + 4x + 1 = 0$
$(3x + 1)(x + 1) = 0$

$3x + 1 = 0 \Rightarrow x = -\frac{1}{3}$
$x + 1 = 0 \Rightarrow x = -1$

62. $a^2x^2 - b^2 = 0$
$a^2x^2 = b^2$
$x^2 = \frac{b^2}{a^2}$
$x = \pm\frac{b}{a}$

64. $(x + 1)^2 = 4x^2$
$x + 1 = \pm 2x$
For $x + 1 = 2x$
$1 = x$
For $x + 1 = -2x$
$3x = -1$
$x = -\frac{1}{3}$

66. $\dfrac{1}{x^2 - 4x + 13} = \dfrac{1}{x^2 - 4x + 4 + 9}$
$= \dfrac{1}{(x - 2)^2 + 9}$

68. $\dfrac{4}{4x^2 + 4x - 3} = \dfrac{4}{4\left(x^2 + x - \frac{3}{4}\right)}$
$= \dfrac{1}{x^2 + x + \left(\frac{1}{2}\right)^2 - \frac{3}{4} - \left(\frac{1}{2}\right)^2}$
$= \dfrac{1}{\left(x + \frac{1}{2}\right)^2 - 1}$

70. $\dfrac{1}{\sqrt{16 - 6x - x^2}} = \dfrac{1}{\sqrt{-(x^2 + 6x - 16)}}$
$= \dfrac{1}{\sqrt{-(x^2 + 6x + 3^2 - 16 - 3^2)}}$
$= \dfrac{1}{\sqrt{-[(x + 3)^2 - 25]}}$
$= \dfrac{1}{\sqrt{25 - (x + 3)^2}}$

72. $10 = \frac{1}{2}b \cdot b$ (height = base)

$20 = b^2$

$\pm\sqrt{20} = b$

$b = \pm 2\sqrt{5}$

Since $b > 0$, we have base = height = $2\sqrt{5}$ feet.

74. (a) $0 = -16t^2 + 32{,}000$

$16t^2 = 32{,}000$

$t^2 = 2000$

$t = \pm\sqrt{2000}$

$t = \pm 20\sqrt{5} \approx \pm 44.72$

Since $t > 0$, it will take $20\sqrt{5}$ or ≈ 44.72 seconds for the bomb to hit the ground.

(b) Distance = rate × time

$d = 600\dfrac{\text{miles}}{\text{hour}} \times \left(20\sqrt{5} \text{ seconds} \times \dfrac{1 \text{ hour}}{3600 \text{ seconds}}\right)$

$d = \dfrac{600(20\sqrt{5})}{3600}$

$d \approx 7.5$

The bomb traveled a horizontal distance of ≈ 7.5 miles.

76. $\left(\dfrac{x}{2}\right)^2 + 10^2 = x^2$

$x^2 + 400 = 4x^2$

$400 = 3x^2$

$\dfrac{400}{3} = x^2$

$x = \dfrac{20\sqrt{3}}{3}$

≈ 11.55 inches

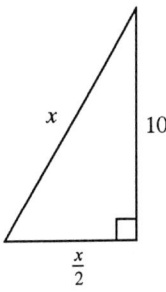

78. Since the angle of elevation is 45°, the horizontal distance is equal to the height of the kite.

$h^2 + h^2 = 100^2$

$2h^2 = 10{,}000$

$h^2 = 5000$

$h = \sqrt{5000}$

$h = 50\sqrt{2} \approx 70.71$ feet

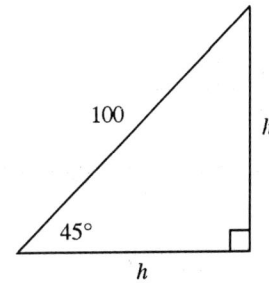

80.
$$250 = 0.6942t^2 + 6.183$$
$$243.817 = 0.6942t^2$$
$$t^2 = \frac{243.817}{0.6942}$$
$$t \approx 19$$

$t = 19$ corresponds to the year 1990.

From the graph (shown in the textbook) you can see that the model was a good representation through 1890. The model appears to be a good representation through 1990 since the population of the U.S. in 1990 was approximately 250 million.

82.
$$ax^2 - ax = 0$$
$$ax(x - 1) = 0$$
$$ax = 0 \Rightarrow x = 0$$
$$x - 1 = 0 \Rightarrow x = 1$$

2.5 The Quadratic Formula

2. $2x^2 - x - 1 = 0$; $a = 2$, $b = -1$, $c = -1$
$b^2 - 4ac = (-1)^2 - 4(2)(-1) = 9 > 0$
Two real solutions

4. $3x^2 - 6x + 3 = 0$; $a = 3$, $b = -6$, $c = 3$
$b^2 - 4ac = (-6)^2 - 4(3)(3) = 0$
One real solution

6. $\frac{1}{3}x^2 - 5x + 25 = 0$
$x^2 - 15x + 75 = 0$; $a = 1$, $b = -15$, $c = 75$
$b^2 - 4ac = (-15)^2 - 4(1)(75) = 225 - 300$
$= -75 < 0$

No real solutions

8. $2x^2 - x - 1 = 0$; $a = 2$, $b = -1$, $c = -1$
$$x = \frac{-(-1) \pm \sqrt{(-1)^2 - 4(2)(-1)}}{2(2)}$$
$$= \frac{1 \pm \sqrt{9}}{4} = \frac{1 \pm 3}{4}$$
$$x = \frac{1+3}{4} = 1 \quad \text{or} \quad x = \frac{1-3}{4} = -\frac{1}{2}$$

10. $25x^2 - 20x + 3 = 0$; $a = 25$, $b = -20$, $c = 3$
$$x = \frac{-(-20) \pm \sqrt{(-20)^2 - 4(25)(3)}}{2(25)}$$
$$= \frac{20 \pm \sqrt{100}}{50} = \frac{20 \pm 10}{50}$$
$$x = \frac{20+10}{50} = \frac{3}{5} \quad \text{or} \quad x = \frac{20-10}{50} = \frac{1}{5}$$

12. $x^2 - 10x + 22 = 0$; $a = 1$, $b = -10$, $c = 22$
$$x = \frac{-(-10) \pm \sqrt{(-10)^2 - 4(1)(22)}}{2(1)}$$
$$= \frac{10 \pm \sqrt{12}}{2} = \frac{10 \pm 2\sqrt{3}}{2}$$
$$x = 5 \pm \sqrt{3}$$

14. $6x = 4 - x^2$

$x^2 + 6x - 4 = 0;\ a = 1,\ b = 6,\ c = -4$

$x = \dfrac{-6 \pm \sqrt{6^2 - 4(1)(-4)}}{2(1)}$

$= \dfrac{-6 \pm \sqrt{52}}{2} = \dfrac{-6 \pm 2\sqrt{13}}{2}$

$x = -3 \pm \sqrt{13}$

16. $4x^2 - 4x - 4 = 0;\ a = 4,\ b = -4,\ c = -4$

$x = \dfrac{-(-4) \pm \sqrt{(-4)^2 - 4(4)(-4)}}{2(4)}$

$= \dfrac{4 \pm \sqrt{80}}{8} = \dfrac{4 \pm 4\sqrt{5}}{8}$

$x = \dfrac{1}{2} \pm \dfrac{\sqrt{5}}{2}$

18. $16x^2 + 22 = 40x$

$16x^2 - 40x + 22 = 0$

$8x^2 - 20x + 11 = 0;\ a = 8,\ b = -20,\ c = 11$

$x = \dfrac{-(-20) \pm \sqrt{(-20)^2 - 4(8)(11)}}{2(8)}$

$= \dfrac{20 \pm \sqrt{48}}{16} = \dfrac{20 \pm 4\sqrt{3}}{16}$

$x = \dfrac{5}{4} \pm \dfrac{\sqrt{3}}{4}$

20. $3x + x^2 - 1 = 0$

$x^2 + 3x - 1 = 0;\ a = 1,\ b = 3,\ c = -1$

$x = \dfrac{-3 \pm \sqrt{3^2 - 4(1)(-1)}}{2(1)} = \dfrac{-3 \pm \sqrt{13}}{2}$

$x = -\dfrac{3}{2} \pm \dfrac{\sqrt{13}}{2}$

22. $16x^2 - 40x + 5 = 0;\ a = 16,\ b = -40,\ c = 5$

$x = \dfrac{-(-40) \pm \sqrt{(-40)^2 - 4(16)(5)}}{2(16)}$

$= \dfrac{40 \pm \sqrt{1280}}{32} = \dfrac{40 \pm 16\sqrt{5}}{32}$

$x = \dfrac{5}{4} \pm \dfrac{\sqrt{5}}{2}$

24. $9x^2 + 24x + 16 = 0;\ a = 9,\ b = 24,\ c = 16$

$x = \dfrac{-24 \pm \sqrt{(24)^2 - 4(9)(16)}}{2(9)}$

$= \dfrac{-24 \pm \sqrt{0}}{18} = -\dfrac{4}{3}$

26. $8t = 5 + 2t^2$

$2t^2 - 8t + 5 = 0;\ a = 2,\ b = -8,\ c = 5$

$x = \dfrac{-(-8) \pm \sqrt{(-8)^2 - 4(2)(5)}}{2(2)}$

$= \dfrac{8 \pm \sqrt{24}}{4} = \dfrac{8 \pm 2\sqrt{6}}{4}$

$x = 2 \pm \dfrac{\sqrt{6}}{2}$

28. $(z + 6)^2 = -2z$

$z^2 + 12z + 36 = -2z$

$z^2 + 14z + 36 = 0;\ a = 1,\ b = 14,\ c = 36$

$x = \dfrac{-14 \pm \sqrt{14^2 - 4(1)(36)}}{2(1)}$

$= \dfrac{-14 \pm \sqrt{52}}{2} = \dfrac{-14 \pm 2\sqrt{13}}{2}$

$x = -7 \pm \sqrt{13}$

30. $-0.005x^2 + 0.101x - 0.193 = 0$;

$a = -0.005$, $b = 0.101$, $c = -0.193$

$$x = \frac{-0.101 \pm \sqrt{0.101^2 - 4(-0.005)(-0.193)}}{2(-0.005)}$$

$$x = \frac{-0.101 \pm \sqrt{0.006341}}{-0.01} \approx \frac{-0.101 \pm 0.07963}{-0.01}$$

$x \approx 2.137$ or $x \approx 18.063$

Alternate Solution:
Beginning with the viewing rectangle $[0, 20]$ x $[-1, 1]$, we see that there are two solutions. Using the zoom feature, we obtain $x = 18.063$ and 2.137.

32. $2x^2 - 2.50x - 0.42 = 0$;

$a = 2$, $b = -2.50$, $c = -0.42$

$$x = \frac{2.50 \pm \sqrt{(-2.50)^2 - 4(2)(-0.42)}}{2(2)}$$

$$x = \frac{2.50 \pm \sqrt{9.61}}{4} = \frac{2.5 \pm 3.1}{4}$$

$$x = \frac{2.5 + 3.1}{4} = 1.400 \text{ or}$$

$$x = \frac{2.5 - 3.1}{4} = -0.150$$

Alternate Solution:
Beginning with the standard viewing rectangle, we see that there are two solutions. Using the zoom feature, we obtain $x = 1.4$ and 0.15.

34. $x^2 - 2x + 5 = x^2 - 5$

$-2x + 5 = -5$

$-2x = -10$

$x = 5$

36. $4x^2 + 2x + 4 = 2x + 8$

$4x^2 = 4$

$x^2 = 1$

$x = \pm 1$

38. $x^2 + 3x - 4 = 0$

$(x + 4)(x - 1) = 0$

$x + 4 = 0 \Rightarrow x = -4$

$x - 1 = 0 \Rightarrow x = 1$

40. $2x^2 - 4x - 6 = 0$

$2(x^2 - 2x - 3) = 0$

$2(x + 1)(x - 3) = 0$

$x + 1 = 0 \Rightarrow x = -1$

$x - 3 = 0 \Rightarrow x = 3$

42. $2x^2 + 4x - 9 = 2(x - 1)^2$

$2x^2 + 4x - 9 = 2(x^2 - 2x + 1)$

$2x^2 + 4x - 9 = 2x^2 - 4x + 2$

$4x - 9 = -4x + 2$

$8x = 11$

$x = \frac{11}{8}$

44. *Verbal Model:* Sally's friend is one year older than Sally. The product of their ages is 72. How old is Sally? How old is Sally's friend?

Let $x =$ a positive integer and $x + 1 =$ next integer.

$x(x + 1) = 72$

$x^2 + x - 72 = 0$

$(x + 9)(x - 8) = 0$

$x = -9$ or $x = 8$

Since we want a positive integer, $x = 8$ and $x + 1 = 9$.

46. *Verbal Model:* A garden is 2 feet longer than it is wide and covers an area of 440 square feet. What is the width of the garden? What is its length?

Let $x =$ an even integer and $x + 2 =$ next even integer.

$$x(x+2) = 440$$
$$x^2 + 2x - 440 = 0$$
$$(x+22)(x-20) = 0$$
$$x = -22 \quad \text{or} \quad x = 20$$

Since we want a positive integer, $x = 20$ and $x + 2 = 22$.

48. $11{,}500 = 0.5x^2 + 15x + 5000$

$$0 = 0.5x^2 + 15x - 6500$$

Thus, $a = 0.5$, $b = 15$, $c = -6500$.

$$x = \frac{-15 \pm \sqrt{15^2 - 4(0.5)(-6500)}}{2(0.5)} = \frac{-15 \pm 115}{1}$$

$x = 100 \quad \text{or} \quad x = -130, \quad \text{not a valid solution}$

The manufacturer can produce 100 units for the given cost $C = \$11{,}500$.

50. $896 = 800 - 10x + \dfrac{x^2}{4}$

$$0 = -96 - 10x + \frac{x^2}{4}$$
$$0 = x^2 - 40x - 384$$

Thus, $a = 1$, $b = -40$, $c = -384$.

$$x = \frac{-(-40) \pm \sqrt{(-40)^2 - 4(1)(-384)}}{2(1)} = \frac{40 \pm 56}{2}$$

$x = 48 \quad \text{or} \quad x = -8, \quad \text{not a valid solution}$

The manufacturer can produce 48 units for the given cost $C = \$896$.

52. $(200 - 2x)(100 - 2x) = \dfrac{1}{2}(100)(200)$

$20{,}000 - 600x + 4x^2 = 10{,}000$

$4x^2 - 600x + 10{,}000 = 0$

$4(x^2 - 150x + 2500) = 0$

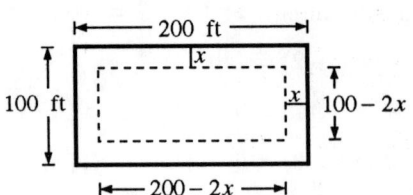

Thus, $a = 1$, $b = -150$, $c = 2500$.

$$x = \dfrac{150 \pm \sqrt{(-150)^2 - 4(1)(2500)}}{2(1)}$$

$$\approx \dfrac{150 \pm 111.8034}{2}$$

$x \approx \dfrac{150 + 111.8034}{2} \approx 130.902$ ft;   not possible since the lot is only 100 feet wide.

$x \approx \dfrac{150 - 111.8034}{2} \approx 19.098$ ft

The person must go around the lot $\dfrac{19.098 \text{ ft}}{24 \text{ in.}} = \dfrac{19.098 \text{ ft}}{2 \text{ ft}} = 9.5$ times.

Alternate Solution:

Small area $= \dfrac{1}{2}$ (large area)

$(200 - 2x)(100 - 2x) = \dfrac{1}{2}(200)(100)$

$20{,}000 - 600x + 4x^2 = 10{,}000$

$4x^2 - 600x + 10{,}000 = 0$

$x^2 - 150x + 2500 = 0$

Using the zoom feature, we obtain $x = 19.098$; (the other solution, $x = 130.902$, is extraneous).

54. Total fencing $= 4x + 3y = 200$ feet
Enclosed area $= 2xy = 1400$ feet
Since $y = (200 - 4x)/3$,
$$2x\left(\frac{200 - 4x}{3}\right) = 1400$$
$$400x - 8x^2 = 4200$$
$$8x^2 - 400x + 4200 = 0.$$

Thus, $a = 8$, $b = -400$, $c = 4200$.
$$x = \frac{-(-400) \pm \sqrt{400^2 - 4(8)(4200)}}{2(8)}$$
$$= \frac{400 \pm 160}{16}$$
$x = 35$ or $x = 15$

$x = 35$ feet yields $y = \dfrac{200 - 4(35)}{3} = 20$ feet.

$x = 15$ feet yields $y = \dfrac{200 - 4(15)}{3} = \dfrac{140}{3}$ feet.

58. (a) $C = 0.45x^2 - 1.65x + 50.75$, $10 \leq x \leq 25$

(b) If $C = 150$, then $x = 16.797$ degrees.

(c) If the temperature is increased from 10° to 20°, then C increases from 79.25 to 197.75, a factor of 2.5.

56. $2x^2 = 200$
$x^2 = 100$
$x = \pm 10$

Choosing a positive value we have $x = 10$. The original piece was $x + 2 + 2 = 14$ inches square.

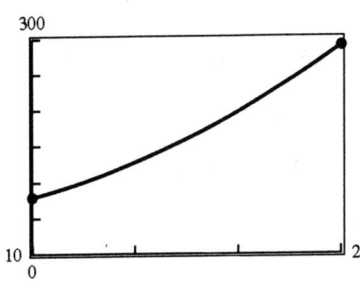

60. Let $a = $ the distance between City A and City C.
$b = 1400 - 600 - a = 800 - a = $ the distance between City B and City C.
By the Pythagorean Theorem:
$$a^2 + b^2 = 600^2$$
$$a^2 + (800 - a)^2 = 600^2$$
$$a^2 + 640,000 - 1600a + a^2 = 360,000$$
$$2a^2 - 1600a + 280,000 = 0$$
$$a^2 - 800a + 140,000 = 0$$

$$a = \frac{-(-800) \pm \sqrt{(-800)^2 - 4(1)(140,000)}}{2(1)} \approx \frac{800 \pm 282.8427125}{2}$$

$a \approx 541$ 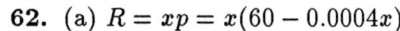 or $\quad a \approx 259$
$b = 800 - a \qquad b = 800 - a$
$\approx 259 \qquad\qquad \approx 541$

The distances between the other cities are 259 miles and 541 miles.

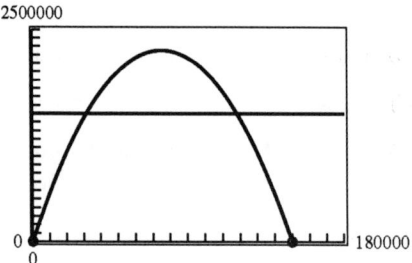

62. (a) $R = xp = x(60 - 0.0004x)$

(b) $x = 75,000$ will yield the maximum revenue of 2,250,000.

(c) Graphing R together with $y_2 = 1,500,000$, we see that they intersect at $x = 118,301$ and 31,699, with corresponding prices of 12.68 and 47.32. It would be better to set the higher price, resulting in less units sold.

2.6 Other Types of Equations

2. $2x^4 - 15x^3 + 18x^2 = 0$
$x^2(2x^2 - 15x + 18) = 0$
$x^2(2x - 3)(x - 6) = 0$

$x^2 = 0 \Rightarrow x = 0$
$2x - 3 = 0 \Rightarrow x = \frac{3}{2}$
$x - 6 = 0 \Rightarrow x = 6$

4. $20y^3 - 125y = 0$
$5y(4y^2 - 25) = 0$
$5y(2y + 5)(2y - 5) = 0$

$5y = 0 \Rightarrow y = 0$
$2y + 5 = 0 \Rightarrow y = -\frac{5}{2}$
$2y - 5 = 0 \Rightarrow y = \frac{5}{2}$

6. $x^3 + 2x^2 + 3x + 6 = 0$
$x^2(x + 2) + 3(x + 2) = 0$
$(x + 2)(x^2 + 3) = 0$

$x + 2 = 0 \Rightarrow x = -2$
$x^2 + 3 = 0 \Rightarrow x = \pm\sqrt{3}\,i$

8. $$36t^4 + 29t^2 - 7 = 0$$
$$(36t^2 - 7)(t^2 + 1) = 0$$
$$(6t + \sqrt{7})(6t - \sqrt{7})(t^2 + 1) = 0$$

$6t + \sqrt{7} = 0 \Rightarrow t = -\dfrac{\sqrt{7}}{6}$

$6t - \sqrt{7} = 0 \Rightarrow t = \dfrac{\sqrt{7}}{6}$

$t^2 + 1 = 0 \Rightarrow t = \pm i$

10. $6\left(\dfrac{s}{s+1}\right)^2 + 5\left(\dfrac{s}{s+1}\right) - 6 = 0$

Let $u = s/(s+1)$.
$$u = \left(\dfrac{s}{s+1}\right)$$
$$6u^2 + 5u - 6 = 0$$
$$(3u - 2)(2u + 3) = 0$$

$u = \dfrac{2}{3} \Rightarrow s = 2$

$u = -\dfrac{3}{2} \Rightarrow s = -\dfrac{3}{5}$

12. $9t^{2/3} + 24t^{1/3} + 16 = 0$
$$(3t^{1/3} + 4)^2 = 0$$

$t^{1/3} = -\dfrac{4}{3} \Rightarrow t = -\dfrac{64}{27}$

14. $\sqrt{5 - x} - 3 = 0$
$$\sqrt{5 - x} = 3$$
$$5 - x = 9$$
$$x = -4$$

16. $\sqrt[3]{3x + 1} - 5 = 0$
$$\sqrt[3]{3x + 1} = 5$$
$$3x + 1 = 125$$
$$3x = 124$$
$$x = \dfrac{124}{3}$$

18. $\sqrt{x + 5} = \sqrt{x - 5}$
$$x + 5 = x - 5$$
$$5 = -5$$

No solution

20. $\sqrt{x} - \sqrt{x - 5} = 1$
$$\sqrt{x} - 1 = \sqrt{x - 5}$$
$$(\sqrt{x} - 1)^2 = (\sqrt{x - 5})^2$$
$$x - 2\sqrt{x} + 1 = x - 5$$
$$-2\sqrt{x} = -6$$
$$\sqrt{x} = 3$$
$$x = 9$$

22. $2\sqrt{x + 1} - \sqrt{2x + 3} = 1$
$$2\sqrt{x + 1} = 1 + \sqrt{2x + 3}$$
$$(2\sqrt{x + 1})^2 = (1 + \sqrt{2x + 3})^2$$
$$4(x + 1) = 1 + 2\sqrt{2x + 3} + 2x + 3$$
$$x = \sqrt{2x + 3}$$
$$x^2 = 2x + 3$$
$$x^2 - 2x - 3 = 0$$
$$(x - 3)(x + 1) = 0$$

$x - 3 = 0 \Rightarrow x = 3$

$x + 1 = 0 \Rightarrow x = -1$, extraneous

24. $(x + 3)^{2/3} = 8$
$$x + 3 = \pm 8^{3/2} = \pm 16\sqrt{2}$$
$$x = -3 + 16\sqrt{2},\ -3 - 16\sqrt{2}$$

26. $4x^2(x-1)^{1/3} + 6x(x-1)^{4/3} = 0$
$2x(x-1)^{1/3}[2x + 3(x-1)] = 0$
$2x(x-1)^{1/3}(5x - 3) = 0$

$2x = 0 \Rightarrow x = 0$
$x - 1 = 0 \Rightarrow x = 1$
$5x - 3 = 0 \Rightarrow x = \frac{3}{5}$

28. $\dfrac{4}{x} - \dfrac{5}{3} = \dfrac{x}{6}$
$(6x)\dfrac{4}{x} - (6x)\dfrac{5}{3} = 6x\left(\dfrac{x}{6}\right)$
$24 - 10x = x^2$
$x^2 + 10x - 24 = 0$
$(x + 12)(x - 2) = 0$

$x + 12 = 0 \Rightarrow x = -12$
$x - 2 = 0 \Rightarrow x = 2$

30. $\dfrac{x}{x^2 - 4} + \dfrac{1}{x + 2} = 3$
$(x+2)(x-2)\dfrac{x}{x^2-4} + (x+2)(x-2)\dfrac{1}{x+2} = (x+2)(x-2)3$
$x + x - 2 = 3x^2 - 12$
$3x^2 - 2x - 10 = 0$

$a = 3,\ b = -2,\ c = -10$
$x = \dfrac{-(-2) \pm \sqrt{(-2)^2 - 4(3)(-10)}}{2(3)} = \dfrac{2 \pm \sqrt{124}}{6} = \dfrac{2 \pm 2\sqrt{31}}{6} = \dfrac{1}{3} \pm \dfrac{\sqrt{31}}{3}$

32. $\dfrac{x+1}{3} - \dfrac{x+1}{x+2} = 0$
$3(x+2)\dfrac{x+1}{3} - 3(x+2)\dfrac{x+1}{x+2} = 0$
$(x+1)(x+2) - 3(x+1) = 0$
$x^2 + 3x + 2 - 3x - 3 = 0$
$x^2 - 1 = 0$
$(x+1)(x-1) = 0$
$x + 1 = 0 \Rightarrow x = -1$
$x + 1 = 0 \Rightarrow x = 1$

34. $|3x + 2| = 7$
$3x + 2 = 7 \Rightarrow x = \frac{5}{3}$
$-(3x + 2) = 7 \Rightarrow x = -3$

36. $|x^2 + 6x| = 3x + 18$
$x^2 + 6x = 3x + 18$
$x^2 + 3x - 18 = 0$
$(x + 6)(x - 3) = 0$
$x + 6 = 0 \Rightarrow x = -6$
$x - 3 = 0 \Rightarrow x = 3$

$-(x^2 + 6x) = 3x + 18$
$-x^2 - 6x = 3x + 18$
$x^2 + 9x + 18 = 0$
$(x + 3)(x + 6) = 0$
$x + 3 = 0 \Rightarrow x = -3$
$x + 6 = 0 \Rightarrow x = -6$

38. $x^4 + 2x^3 - 8x - 16 = 0$
Using the zoom and trace features, we find that $x = 2, -2$.

40. $x^4 - 4x^2 + 3 = 0$
Using the zoom and trace features, we find that $x = 1, -1, 1.73, -1.73$.

42. $6x - 7\sqrt{x} - 3 = 0$
Using the zoom and trace features, we find that $x = 2.13$.

44. $x + \sqrt{31 - 9x} = 5$
Using the zoom and trace features, we find that $x = 3, -2$.

46. $3\sqrt{x} - \dfrac{4}{\sqrt{x}} = 4$
Using the zoom and trace features, we find that $x = 4$.

48. $4x + 1 = \dfrac{3}{x}$
Using the zoom and trace features, we find that $x = 0.75, -1$.

50. $x + \dfrac{9}{x+1} = 5$
Using the zoom and trace features, we find that $x = 2$.

52. $|x + 1| = x^2 - 5$
Using the zoom and trace features, we find that $x = 3, -2.56$.

54. $7.08x^6 + 4.15x^3 - 9.6 = 0$
Using the zoom and trace features, we find that $x = -1.14, 0.97$.

56. $4x^{2/3} + 8x^{1/3} + 3.6 = 0$
Using the zoom and trace features, we find that $x = -2.28, -0.32$.

58. Amount of monthly rent $= R$

$$\dfrac{R}{3} - \dfrac{R}{4} = 75$$

$$12\left(\dfrac{R}{3}\right) - 12\left(\dfrac{R}{4}\right) = 12(75)$$

$$4R - 3R = 900$$

$$R = 900$$

The monthly rent is $900.

60. Distance out $= 1080 = rt$

Distance back $= 1080 = (r - 6)\left(t + \dfrac{5}{2}\right)$

$$t = \dfrac{1080}{r}$$

$$(r - 6)\left(\dfrac{1080}{r} + \dfrac{5}{2}\right) = 1080$$

$$(r - 6)(2160 + 5r) = 2160r$$

$$5r^2 - 30r - 12,960 = 0$$

$$r = \dfrac{30 \pm \sqrt{(-30)^2 - 4(5)(-12,960)}}{2(5)}$$

$$= \dfrac{30 \pm 510}{10} = 3 \pm 51$$

The speed on the way to the lodge was $r = 54$ mph.

62. Use the Compound Interest Formula.

(a)
$$25{,}000 = 10{,}000\left(1 + \frac{r}{4}\right)^{4 \cdot 20}$$
$$25{,}000 = 10{,}000\left(1 + \frac{r}{4}\right)^{80}$$
$$\frac{5}{2} = \left(1 + \frac{r}{4}\right)^{80}$$
$$\left(\frac{5}{2}\right)^{1/80} = 1 + \frac{r}{4}$$
$$\left(\frac{5}{2}\right)^{1/80} - 1 = \frac{r}{4}$$
$$4\left[\left(\frac{5}{2}\right)^{1/80} - 1\right] = r$$
$$r \approx 0.046$$

The annual percentage rate would be $\approx 4.6\%$.

(b)
$$35{,}000 = 10{,}000\left(1 + \frac{r}{4}\right)^{4 \cdot 20}$$
$$\frac{7}{2} = \left(1 + \frac{r}{4}\right)^{80}$$
$$\left(\frac{7}{2}\right)^{1/80} = 1 + \frac{r}{4}$$
$$\left(\frac{7}{2}\right)^{1/80} - 1 = \frac{r}{4}$$
$$4\left[\left(\frac{7}{2}\right)^{1/80} - 1\right] = r$$
$$r \approx 0.063$$

The annual percentage rate would be $\approx 6.3\%$.

64. (a) $C = \sqrt{0.2x + 1}$
(b) If $C = 2.5$, then $x = 26.25$, or 26,250 passengers.

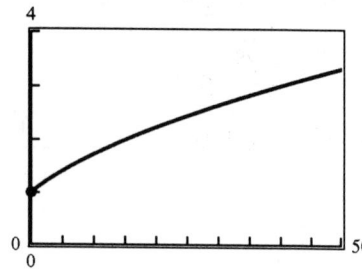

66.
$$13.95 = 30 - \sqrt{0.0001x + 1}$$
$$\sqrt{0.0001x + 1} = 16.05$$
$$0.0001x + 1 = 257.6025$$
$$0.0001x = 256.6025$$
$$x = 2{,}566{,}025$$

The number of units demanded each day is 2,566,025.

68. Distance between each base $= x$ (in feet)
$$x^2 + x^2 = \left(127\tfrac{1}{2}\right)^2$$
$$2x^2 = \left(\frac{255}{2}\right)^2$$
$$x\sqrt{2} = \frac{255}{2}$$
$$x = \frac{255}{2\sqrt{2}} \approx 90$$

The distance between bases is 90 feet.

70.
$$i = \pm\sqrt{\frac{1}{LC}}\sqrt{Q^2 - q}$$
$$i^2 = \left(\pm\sqrt{\frac{1}{LC}}\sqrt{Q^2 - q}\right)^2$$
$$i^2 = \left(\pm\sqrt{\frac{1}{LC}}\right)^2\left(\sqrt{Q^2 - q}\right)^2$$
$$i^2 = \frac{1}{LC}(Q^2 - q)$$
$$LCi^2 = Q^2 - q$$
$$LCi^2 + q = Q^2$$
$$\pm\sqrt{LCi^2 + q} = Q$$

2.7 Linear Inequalities and Graphing Utilities

2. $x + 1 < \dfrac{2x}{3}$

(a) $x = 0$

$0 + 1 \stackrel{?}{<} \dfrac{2(0)}{3}$

$1 \not< 0$

$x = 0$ *is not* a solution.

(b) $x = 4$

$4 + 1 \stackrel{?}{<} \dfrac{2(4)}{3}$

$5 \not< \dfrac{8}{3}$

$x = 4$ *is not* a solution.

(c) $x = -4$

$-4 + 1 \stackrel{?}{<} \dfrac{2(-4)}{3}$

$-3 < -\dfrac{8}{3}$

$x = -4$ *is* a solution.

(d) $x = -3$

$-3 + 1 \stackrel{?}{<} \dfrac{2(-3)}{3}$

$-2 \not< -2$

$x = -3$ *is not* a solution.

4. $-1 < \dfrac{3-x}{2} \leq 1$

(a) $x = 0$

$-1 \stackrel{?}{<} \dfrac{3-0}{2} \stackrel{?}{\leq} 1$

$-1 < \dfrac{3}{2} \not\leq 1$

$x = 0$ *is not* a solution.

(b) $x = \sqrt{5}$

$-1 \stackrel{?}{<} \dfrac{3-\sqrt{5}}{2} \stackrel{?}{\leq} 1$

$-1 < \dfrac{3-\sqrt{5}}{2} \leq 1$

$x = \sqrt{5}$ *is* a solution.

(c) $x = 1$

$-1 \stackrel{?}{<} \dfrac{3-1}{2} \stackrel{?}{\leq} 1$

$-1 < 1 \leq 1$

$x = 1$ *is* a solution.

(d) $x = 5$

$-1 \stackrel{?}{<} \dfrac{3-5}{2} \stackrel{?}{\leq} 1$

$-1 \not< -1 \leq 1$

$x = 5$ *is not* a solution.

6. $x \geq 6$ indicates all points to the right of and including $x = 6$; graph (h).

8. $0 \leq x \leq \dfrac{7}{2}$ indicates all points between $x = 0$ and $x = \dfrac{7}{2}$, including the endpoints; graph (e).

10. $|x| > 3$ indicates all points more than 3 units from $x = 0$; graph (a).

12. $|x + 6| < 3$

$-3 < x + 6 < 3$

$-9 < x < -3$

Graph (d)

14. $2x > 3$

　　$x > \frac{3}{2}$

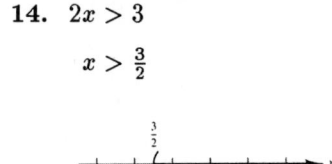

16. $-6x > 15$

　　$x < -\frac{5}{2}$

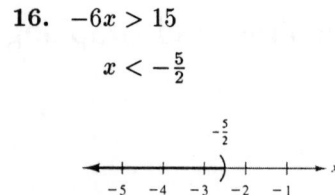

18. $x + 7 \leq 12$

　　$x \leq 5$

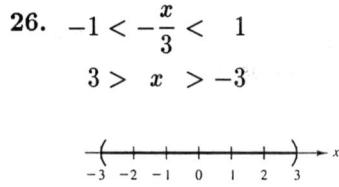

20. $3x + 1 \geq 2$

　　$3x \geq 1$

　　$x \geq \frac{1}{3}$

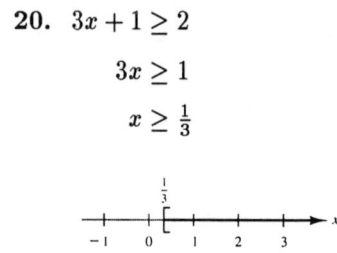

22. $-8 \leq 1 - 3(x - 2) < 13$

　　$-9 \leq -3(x - 2) < 12$

　　$3 \geq x - 2 > -4$

　　$5 \geq x > -2$

24. $0 \leq \dfrac{x + 3}{2} < 5$

　　$0 \leq x + 3 < 10$

　　$-3 \leq x < 7$

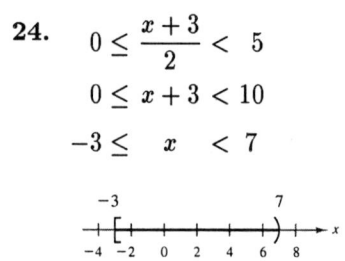

26. $-1 < -\dfrac{x}{3} < 1$

　　$3 > x > -3$

28. $|2x| < 6$

　　$-6 < 2x < 6$

　　$-3 < x < 3$

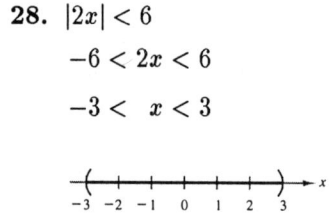

30. $|5x| > 10$

　　$5x < -10 \quad \text{or} \quad 5x > 10$

　　$x < -2 \phantom{00 \text{or} \quad 55} x > 2$

32. $|x - 7| < 6$

　　$-6 < x - 7 < 6$

　　$1 < x < 13$

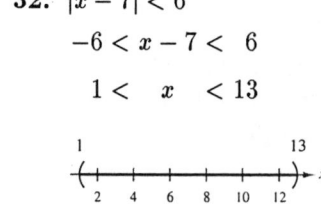

34. $|x + 14| + 3 > 17$

$|x + 14| > 14$

$x + 14 < -14$ or $x + 14 > 14$

$x < -28 \qquad\qquad x > 0$

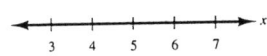

36. $\left|1 - \dfrac{2x}{3}\right| < 1$

$-1 < 1 - \dfrac{2x}{3} < 1$

$-2 < -\dfrac{2x}{3} < 0$

$3 > \quad x \quad > 0$

38. $|x - 5| \geq 0$

All real numbers x

40. Graphing $y_1 = 2x + 7 - 3 = 2x + 4$ on the standard viewing rectangle shows that the solution to $2x + 7 < 3$ is $x < -2$.

42. Graphing

$$2x - 9 - \dfrac{-4x + 3}{3}$$

on the standard viewing rectangle shows that the solution is $x < 3$.

44. Graphing

$$y_1 = -1 - 13 + 2x = -14 + 2x$$

and

$$y_2 = 13 - 2x - 9 = 4 - 2x$$

on the same viewing rectangle shows that the solution to $-1 \leq 13 - 2x \leq 9$ is $2 \leq x \leq 7$.

46. Graphing $y_1 = |1 - 2x| - 5$ on the standard viewing rectangle shows that the solution is $-2 < x < 3$.

48. Graphing $y_1 = 3|4 - 5x| - 9$ on $[-5, 5] \times [-10, 10]$ shows that the solution is $0.2 \leq x \leq 1.4$.

50. The radicand of $\sqrt{x - 10}$ is $x - 10$.

$x - 10 \geq 0$

$x \geq 10$

Therefore, the interval is $[10, \infty)$.

52. The radicand of $\sqrt[4]{6x + 15}$ is $6x + 15$.

$6x + 15 \geq 0$

$6x \geq -15$

$x \geq -\dfrac{5}{2}$

Therefore, the interval is $\left[-\dfrac{5}{2}, \infty\right)$.

54. $|x| > 2$

56. $|x + 2| \leq 4$

58. $|x - 8| \geq 5$

60. $|x - (-6)| \leq 7$

$|x + 6| \leq 7$

62. Cost of copier < Cost of photo copy center

$$3000 + 0.03x < 0.10x$$
$$3000 < 0.07x$$
$$42{,}857 < x$$

You must make more than 42,857 copies in 4 years to justify buying the copier.

64. $1050 < 750[1 + r(2)]$
$1.4 < 1 + 2r$
$0.4 < 2r$
$0.2 < r$ or $r > 20\%$

66. $C = 15.40x + 150{,}000$
$R = 24.55x$

Using the zoom and trace features, we find that $R > C$ when $x > 16{,}393.4$, or $x \geq 16{,}394$ units.

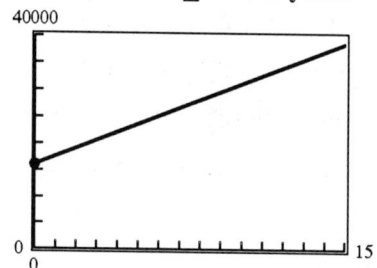

68. $10{,}000 > 0.32m + 2300$
$7700 > 0.32m$
$24{,}062.5 > m$

70. $S = 16{,}116 + 1496t$
$S > 35{,}000$ if $t \geq 12.623$ years.

72. $|x - 4.65| \leq \frac{1}{16}$
$-\frac{1}{16} \leq x - 4.65 \leq \frac{1}{16}$
$4.5875 \leq \quad x \quad \leq 4.7125$

You could have been undercharged
$$4.7125(0.95) - 4.65(0.95) \approx \$0.06$$
or you could have been overcharged
$$4.65(0.95) - 4.5875(0.95) \approx \$0.06.$$

74. $|h - 50| \leq 30$
$-30 \leq h - 50 \leq 30$
$20 \leq \quad h \quad \leq 80$

2.8 Other Types of Inequalities and Graphing Utilities

2. $(x-3)^2 \geq 1$

$x^2 - 6x + 8 \geq 0$

$(x-2)(x-4) \geq 0$

Critical numbers: $x = 2$, $x = 4$
Test intervals:

$(-\infty, 2) \Rightarrow (x-2)(x-4) > 0$

$(2, 4) \Rightarrow (x-2)(x-4) < 0$

$(4, \infty) \Rightarrow (x-2)(x-4) > 0$

Solution intervals: $(-\infty, 2] \cup [4, \infty)$

4. $x^2 - 6x + 9 < 16$

$x^2 - 6x - 7 < 0$

$(x+1)(x-7) < 0$

Critical numbers: $x = -1$, $x = 7$
Test intervals:

$(-\infty, -1) \Rightarrow (x+1)(x-7) > 0$

$(-1, 7) \Rightarrow (x+1)(x-7) < 0$

$(7, \infty) \Rightarrow (x+1)(x-7) > 0$

Solution interval: $(-1, 7)$

6. $x^2 + 2x > 3$

$x^2 + 2x - 3 > 0$

$(x+3)(x-1) > 0$

Critical numbers: $x = -3$, $x = 1$
Test intervals:

$(-\infty, -3) \Rightarrow (x+3)(x-1) > 0$

$(-3, 1) \Rightarrow (x+3)(x-1) < 0$

$(1, \infty) \Rightarrow (x+3)(x-1) > 0$

Solution intervals: $(-\infty, -3) \cup (1, \infty)$

8. $6(x+2)(x-1) < 0$

Critical numbers: $x = -2$, $x = 1$
Test intervals:

$(-\infty, -2) \Rightarrow 6(x+2)(x-1) > 0$

$(-2, 1) \Rightarrow 6(x+2)(x-1) < 0$

$(1, \infty) \Rightarrow 6(x+2)(x-1) > 0$

Solution interval: $(-2, 1)$

10. $x^2 - 4x - 1 > 0$

$x = \dfrac{4 \pm \sqrt{16+4}}{2} = 2 \pm \sqrt{5}$

Critical numbers: $x = 2 - \sqrt{5}$, $x = 2 + \sqrt{5}$
Test intervals:

$(-\infty, 2-\sqrt{5}) \Rightarrow x^2 - 4x - 1 > 0$

$(2-\sqrt{5}, 2+\sqrt{5}) \Rightarrow x^2 - 4x - 1 < 0$

$(2+\sqrt{5}, \infty) \Rightarrow x^2 - 4x - 1 > 0$

Solution intervals: $(-\infty, 2-\sqrt{5}) \cup (2+\sqrt{5}, \infty)$

12. $4x^3 - 12x^2 > 0$

$4x^2(x-3) > 0$

Critical numbers: $x = 0$, $x = 3$
Test intervals:

$(-\infty, 0) \Rightarrow 4x^2(x-3) < 0$

$(0, 3) \Rightarrow 4x^2(x-3) < 0$

$(3, \infty) \Rightarrow 4x^2(x-3) > 0$

Solution interval: $(3, \infty)$

14. $2x^3 - x^4 \leq 0$

$x^3(2-x) \leq 0$

Critical numbers: $x = 0$, $x = 2$
Test intervals:

$(-\infty, 0) \Rightarrow x^3(2-x) < 0$

$(0, 2) \Rightarrow x^3(2-x) > 0$

$(2, \infty) \Rightarrow x^3(2-x) < 0$

Solution intervals: $(-\infty, 0] \cup [2, \infty)$

16. $\dfrac{1}{x} < 4$

$\dfrac{1}{x} - 4 < 0$

$\dfrac{1-4x}{x} < 0$

Critical numbers: $x = 0$, $x = \frac{1}{4}$
Test intervals:

$(-\infty, 0) \Rightarrow \dfrac{1-4x}{x} < 0$

$\left(0, \dfrac{1}{4}\right) \Rightarrow \dfrac{1-4x}{x} > 0$

$\left(\dfrac{1}{4}, \infty\right) \Rightarrow \dfrac{1-4x}{x} < 0$

Solution interval: $(-\infty, 0) \cup \left(\frac{1}{4}, \infty\right)$

18. $\dfrac{x+12}{x+2} \geq 3$

$\dfrac{x+12}{x+2} - 3 \geq 0$

$\dfrac{x+12-3(x+2)}{x+2} \geq 0$

$\dfrac{6-2x}{x+2} \geq 0$

Critical numbers: $x = -2$, $x = 3$
Test intervals:

$(-\infty, -2) \Rightarrow \dfrac{6-2x}{x+2} < 0$

$(-2, 3) \Rightarrow \dfrac{6-2x}{x+2} > 0$

$(3, \infty) \Rightarrow \dfrac{6-2x}{x+2} < 0$

Solution interval: $(-2, 3]$

20. $\dfrac{5+7x}{1+2x} < 4$

$\dfrac{5+7x-4(1+2x)}{1+2x} < 0$

$\dfrac{1-x}{1+2x} < 0$

Critical numbers: $x = -\frac{1}{2}$, $x = 1$
Test intervals:

$\left(-\infty, -\dfrac{1}{2}\right) \Rightarrow \dfrac{1-x}{1+2x} < 0$

$\left(-\dfrac{1}{2}, 1\right) \Rightarrow \dfrac{1-x}{1+2x} > 0$

$(1, \infty) \Rightarrow \dfrac{1-x}{1+2x} < 0$

Solution intervals: $\left(-\infty, -\frac{1}{2}\right) \cup (1, \infty)$

22.
$$\frac{1}{x-3} \leq \frac{9}{4x+3}$$
$$\frac{4x+3-9(x-3)}{(x-3)(4x+3)} \leq 0$$
$$\frac{30-5x}{(x-3)(4x+3)} \leq 0$$

Critical numbers: $x = -\frac{3}{4}$, $x = 3$, $x = 6$
Test intervals:
$$\left(-\infty, -\frac{3}{4}\right) \Rightarrow \frac{30-5x}{(x-3)(4x+3)} > 0$$
$$\left(-\frac{3}{4}, 3\right) \Rightarrow \frac{30-5x}{(x-3)(4x+3)} < 0$$
$$(3, 6) \Rightarrow \frac{30-5x}{(x-3)(4x+3)} > 0$$
$$(6, \infty) \Rightarrow \frac{30-5x}{(x-3)(4x+3)} < 0$$

Solution intervals: $\left(-\frac{3}{4}, 3\right) \cup [6, \infty)$

24. $|x^3 + 6x - 1| \geq 2x + 4$

Graphing $y_1 = |x^3 + 6x - 1|$ and $y_2 = 2x + 4$ on the same viewing rectangle, we obtain $x \geq 1$ or $x \leq -0.369$.

26. $x^4(x-3) \leq 0$

Using the zoom and trace features, we find that $x \leq 3$.

28. $1.2x^2 + 4.8x + 3.1 < 5.3$

Using the zoom and trace features, we find that $-4.42 < x < 0.42$.

30. $\frac{1}{x} \geq \frac{1}{x+3}$

Using the zoom and trace features, we find that $x < -3$ or $x > 0$.

32. $\frac{x^2 + x - 6}{x} \geq 0$

Using the zoom and trace features, we find that $-3 \leq x < 0$ or $x \geq 2$.

34.
$$x^2 - 4 \geq 0$$
$$(x+2)(x-2) \geq 0$$

Critical numbers: $x = -2$, $x = 2$
Test intervals:
$(-\infty, -2) \Rightarrow (x+2)(x-2) > 0$
$(-2, 2) \Rightarrow (x+2)(x-2) < 0$
$(2, \infty) \Rightarrow (x+2)(x-2) > 0$

Domain: $(-\infty, -2] \cup [2, \infty)$

36.
$$144 - 9x^2 \geq 0$$
$$9(4-x)(4+x) \geq 0$$

Critical numbers: $x = -4$, $x = 4$
Test intervals:
$(-\infty, -4) \Rightarrow 9(4-x)(4+x) < 0$
$(-4, 4) \Rightarrow 9(4-x)(4+x) > 0$
$(4, \infty) \Rightarrow 9(4-x)(4+x) < 0$

Domain: $[-4, 4]$

38. $\sqrt{x^2 + 4}$

$x^2 + 4 \geq 0$ is true for all x. Hence, the domain is all real numbers.

40. $\frac{x}{x+4} - \frac{3x}{x-1} \geq 0$

Using the zoom and trace features, the domain is $(-6.5, -4) \cup [0, 1)$.

42. $s = -16t^2 + v_0 t + s_0$
$= -16t^2 + 128t$
$= -16t(t - 8)$

(a) $t - 8 = 0$
$t = 8$ seconds later

(b) $\quad -16t^2 + 128t < 128$
$t^2 - 8t + 8 > 0$
$[t - (4 - 2\sqrt{2})][t + (4 - 2\sqrt{2})] > 0$

Critical numbers: $t = 4 - 2\sqrt{2}$, $t = 4 + 2\sqrt{2}$
Test intervals:
$(0, 4 - 2\sqrt{2}) \Rightarrow t^2 - 8t + 8 > 0$
$(4 - 2\sqrt{2}, 4 + 2\sqrt{2}) \Rightarrow t^2 - 8t + 8 < 0$
$(4 + 2\sqrt{2}, 8) \Rightarrow t^2 - 8t + 8 > 0$

Solution interval: $[0, 4-2\sqrt{2}) \cup (4+2\sqrt{2}, 8]$
$0 \sec \leq t < 4 - 2\sqrt{2}$ sec or
$4 + 2\sqrt{2}$ sec $< t \leq 8$ sec

44. $\quad 1000(1 + r)^2 > 1200$
$1000r^2 + 2000r - 200 > 0$
$5r^2 + 10r - 1 > 0$

Critical numbers:
$r = \dfrac{-10 \pm \sqrt{100 + 20}}{10} = -1 \pm \dfrac{\sqrt{30}}{5}$
$r \approx -2.095$ or $r \approx 0.095$

Test intervals:
(r must be positive)
$(0, 0.095) \Rightarrow 5r^2 + 10r - 1 < 0$
$(0.095, \infty) \Rightarrow 5r^2 + 10r - 1 > 0$

Solution interval: $(0.095, \infty)$ or $r > 9.5\%$

46. (a) $R = x(50 - 0.0002x)$
$C = 12x + 150{,}000$
$P = R - C$
$= x(50 - 0.0002x) - (12x + 150{,}000)$

(b)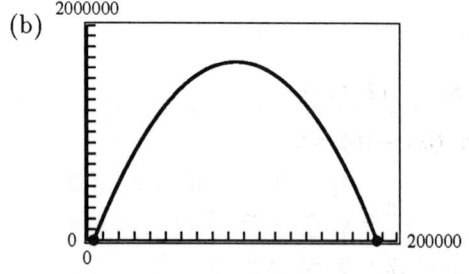

(c) If $P \geq 1{,}650{,}000$, then $90{,}000 \leq x \leq 100{,}000$.

48. $168.5d^2 - 472.1 \geq 2000$
$d \geq 3.830$

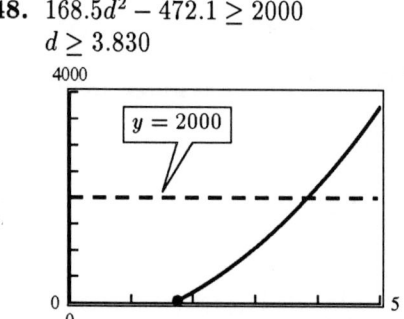

Review Exercises for Chapter 2

2. $3(x-2) + 2x = 2(x+3)$

$3x - 6 + 2x = 2x + 6$

$5x - 6 = 2x + 6$

$3x = 12$

$x = 4$ Conditional

4. (a) $6 + \dfrac{3}{4-4} \stackrel{?}{=} 5$

$6 + \dfrac{3}{0} \neq 5$

$x = 4$ *is not* a solution.

(c) $6 + \dfrac{3}{-2-4} \stackrel{?}{=} 5$

$5\tfrac{1}{2} \neq 5$

$x = -2$ *is not* a solution.

(b) $6 + \dfrac{3}{0-4} \stackrel{?}{=} 5$

$5\tfrac{1}{4} \neq 5$

$x = 0$ *is not* a solution.

(d) $6 + \dfrac{3}{1-4} \stackrel{?}{=} 5$

$5 = 5$

$x = 1$ *is* a solution.

6. $4(x+3) - 3 = 2(4-3x) - 4$

$4x + 12 - 3 = 8 - 6x - 4$

$10x = -5$

$x = -\tfrac{1}{2}$

8. $\dfrac{1}{x-2} = 3$

$1 = 3(x-2)$

$1 = 3x - 6$

$7 = 3x$

$\dfrac{7}{3} = x$

10. $15 + x - 2x^2 = 0$

$2x^2 - x - 15 = 0$

$(2x+5)(x-3) = 0$

$2x + 5 = 0 \Rightarrow x = -\tfrac{5}{2}$

$x - 3 = 0 \Rightarrow x = 3$

12. $16x^2 = 25$

$x^2 = \tfrac{25}{16}$

$x = \pm \tfrac{5}{4}$

14. $5x^4 - 12x^3 = 0$

$x^3(5x - 12) = 0$

$x^3 = 0 \Rightarrow x = 0$

$5x - 12 = 0 \Rightarrow x = \tfrac{12}{5}$

16. $2 - x^{-2} = 0$

$$2 = \frac{1}{x^2}$$

$$2x^2 = 1$$

$$x^2 = \frac{1}{2}$$

$$x = \pm\frac{\sqrt{2}}{2}$$

18. $\dfrac{4}{x-3} - \dfrac{4}{x} = 1$

$$x(x-3)\frac{4}{x-3} - x(x-3)\frac{4}{x} = x(x-3)(1)$$

$$4x - 4x + 12 = x^2 - 3x$$

$$x^2 - 3x - 12 = 0$$

$$x = \frac{-(-3) \pm \sqrt{(-3)^2 - 4(1)(-12)}}{2(1)}$$

$$x = \frac{3 \pm \sqrt{57}}{2}$$

20. $\sqrt{x-2} - 8 = 0$

$$(\sqrt{x-2})^2 = 8^2$$

$$x - 2 = 64$$

$$x = 66$$

22. $\sqrt{2x+3} + \sqrt{x-2} = 2$

$$(\sqrt{2x+3})^2 = (2 - \sqrt{x-2})^2$$

$$2x + 3 = 4 - 4\sqrt{x-2} + x - 2$$

$$x + 1 = -4\sqrt{x-2}$$

$$(x+1)^2 = (-4\sqrt{x-2})^2$$

$$x^2 + 2x + 1 = 16(x-2)$$

$$x^2 - 14x + 33 = 0$$

$$(x-3)(x-11) = 0$$

$x - 3 = 0 \Rightarrow x = 3$, extraneous

$x - 11 = 0 \Rightarrow x = 11$, extraneous

No solution

24. $(x+2)^{3/4} = 27$

$$x + 2 = 27^{4/3}$$

$$x = -2 + 81$$

$$= 79$$

26. $8x^2(x^2-4)^{1/3} + (x^2-4)^{4/3} = 0$

$$(x^2-4)^{1/3}[8x^2 + (x^2-4)] = 0$$

$$(x^2-4)^{1/3}(9x^2-4) = 0$$

$$(x+2)^{1/3}(x-2)^{1/3}(3x+2)(3x-2) = 0$$

$x + 2 = 0 \Rightarrow x = -2$

$x - 2 = 0 \Rightarrow x = 2$

$3x + 2 = 0 \Rightarrow x = -\frac{2}{3}$

$3x - 2 = 0 \Rightarrow x = \frac{2}{3}$

28. $|x^2 - 6| = x$

$\quad x^2 - 6 = x \qquad\qquad$ or $\qquad -(x^2 - 6) = x$

$\quad x^2 - x - 6 = 0 \qquad\qquad\qquad\quad x^2 + x - 6 = 0$

$\quad (x-3)(x+2) = 0 \qquad\qquad\quad (x+3)(x-2) = 0$

$\quad x - 3 = 0 \Rightarrow x = 3 \qquad\qquad x + 3 = 0 \Rightarrow x = -3,$ extraneous

$\quad x + 2 = 0 \Rightarrow x = -2,$ extraneous $\quad x - 2 = 0 \Rightarrow x = 2$

30. $12t^3 - 84t^2 + 120t = 0$
Using the zoom and trace features, we find that $t = 0, 2, 5$.

32. $\sqrt{3x - 2} = 4 - x$
Using the zoom and trace features, we find that $x = 2.0$.

34. $\dfrac{1}{(t+1)^2} = 1$
Using the zoom and trace features, we find that $t = 0, -2$.

36. $|2x + 3| = 7$
Using the zoom and trace features, we find that $x = 2, -5$.

38. $Z = \sqrt{R^2 - X^2}$

$\quad Z^2 = R^2 - X^2$

$\quad X^2 = R^2 - Z^2$

$\quad X = \pm\sqrt{R^2 - Z^2}$

40. $E = 2kw\left(\dfrac{v}{2}\right)^2$

$\quad E = \dfrac{kw}{2}(v)^2$

$\quad \dfrac{2E}{kw} = v^2$

$\quad \pm\sqrt{\dfrac{2E}{kw}} = v$

42. $\quad x^2 - 2x \geq 3$

$\quad x^2 - 2x - 3 \geq 0$

$\quad (x+1)(x-3) \geq 0$

Test intervals:

$\quad (-\infty, -1) \Rightarrow x^2 - 2x > 3$

$\quad (-1, 3) \Rightarrow x^2 - 2x < 3$

$\quad (3, \infty) \Rightarrow x^2 - 2x > 3$

Solution intervals: $(-\infty, 1] \cup [3, \infty)$

44. $\quad \dfrac{2}{x+1} \leq \dfrac{3}{x-1}$

$\quad \dfrac{2(x-1) - 3(x+1)}{(x+1)(x-1)} \leq 0$

$\quad \dfrac{-(x+5)}{(x+1)(x-1)} \leq 0$

Test intervals:

$\quad (-\infty, -5) \Rightarrow \dfrac{-(x+5)}{(x+1)(x-1)} > 0$

$\quad (-5, -1) \Rightarrow \dfrac{-(x+5)}{(x+1)(x-1)} < 0$

$\quad (-1, 1) \Rightarrow \dfrac{-(x+5)}{(x+1)(x-1)} > 0$

$\quad (1, \infty) \Rightarrow \dfrac{-(x+5)}{(x+1)(x-1)} < 0$

Solution intervals: $[-5, -1) \cup (1, \infty)$

46. $|x| \leq 4$

$\quad -4 \leq x \leq 4$ or $[-4, 4]$

48. $|x+3| > 4$

$\quad x+3 < -4 \quad$ or $\quad x+3 > 4 \quad$ or $(-\infty, -7) \cup (1, \infty)$

$\quad x < -7 \qquad\qquad x > 1$

50. $2x^2 + x \geq 15$

Using the zoom and trace features, we find that $(-\infty, -3] \cup [2.5, \infty)$.

52. $|x(x-6)| < 5$

Using the zoom and trace features, we find that $(5, 6.742) \cup (-0.742, 1)$.

54. $x(x-4) \geq 0$

Test intervals:

$\quad (-\infty, 0) \Rightarrow x(x-4) > 0$

$\quad (0, 4) \Rightarrow x(x-4) < 0$

$\quad (4, \infty) \Rightarrow x(x-4) > 0$

Solution intervals: $(-\infty, 0] \cup [4, \infty)$

56. Discount $= p$

$\quad (340 + 85)p = 85$

$\quad p = \frac{85}{425}$

$\quad p = 0.2$

Discount $= p = 0.2 = 20\%$

58. Let $l =$ the distance of the straight portion of the track. Let $r =$ the radius of the semicircle of the inner track and $r + 3 =$ the radius of the semicircle of the outer track. Let $d_1 =$ the distance of the inner track.

$\quad d_1 = 2l + 2\pi r$

Let $d_2 =$ the distance of the outer track.

$\quad d_2 = 2l + 2pi(r-3)$

Let $d =$ the distance between starting positions.

$\quad d = d_1 - d_2$

$\quad\quad = 2l + 2\pi r - [2l + 2\pi(r-3)]$

$\quad\quad = 2l + 2\pi r - (2l + 2\pi r - 6\pi)$

$\quad\quad = 6\pi$ feet

60. Let r = speed in mph on the return trip. Let t = time in hours for the return trip.

$$d = rt$$
$$56 = rt$$
$$t = \frac{56}{r}$$

Let $(r - 8)$ = speed in mph going to the service call. Let $\left(t + \frac{1}{6}\right)$ = time in hours going to the service call.

$$56 = (r - 8)\left(t + \frac{1}{6}\right)$$
$$\frac{56}{r - 8} = t + \frac{1}{6}$$
$$\frac{56}{r - 8} - \frac{1}{6} = t$$
$$\frac{56}{r - 8} - \frac{1}{6} = \frac{56}{r}$$
$$(6r)(r - 8)\frac{56}{r - 8} - (6r)(r - 8)\frac{1}{6} = (6r)(r - 8)\frac{56}{r}$$
$$336r - (r^2 - 8r) = 336r - 2688$$
$$r^2 - 8r - 2688 = 0$$
$$(r + 48)(r - 56) = 0$$

$r + 48 = 0 \Rightarrow r = -48$
$r - 56 = 0 \Rightarrow r = 56$

Since $r > 0$, the average speed of the return trip was 56 mph.

62. Let x = the number of current investors.
Cost per investor = $90{,}000/x$
If three more investors join, the cost per investor will be $90{,}000/(x + 3)$.

$$\frac{90{,}000}{x} - \frac{90{,}000}{x + 3} = 2500$$
$$90{,}000(x + 3) - 90{,}000(x) = 2500(x)(x + 3)$$
$$36(x + 3) - 36x = x(x + 3)$$
$$36x + 108 - 36x = x^2 + 3x$$
$$x^2 + 3x - 108 = 0$$
$$(x + 12)(x - 9) = 0$$

$x + 12 = 0 \Rightarrow x = -12$, extraneous
$x - 9 = 0 \Rightarrow x = 9$

There are currently 9 investors.

64. $1000(1+r)^5 > 1400$

$(1+r)^5 > 1.4$

$1+r > 1.0696$

$r > 0.0696 = 6.96\%$

66. (a) $M = 500x(20-x)$
Domain: $0 \leq x \leq 20$

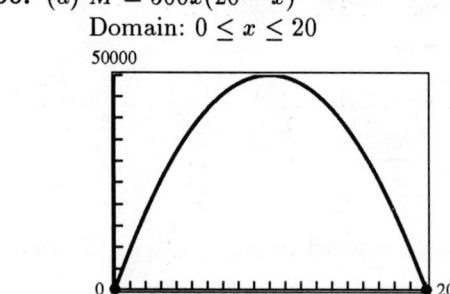

(b) $x = 0$, $x = 20$
(c) Greatest when $x = 10$, $M = 50{,}000$
(d) $M < 40{,}000$ for $x < 5.53$ or $x > 14.47$

Cumulative Test, Chapters P—2

1. $\left(\dfrac{12}{5} \div 9\right) - \left(10 - \dfrac{1}{45}\right) = \left(\dfrac{12}{5} \cdot \dfrac{1}{9}\right) - \left(\dfrac{450 - 1}{45}\right)$
$= \dfrac{12}{45} - \dfrac{449}{45}$
$= -\dfrac{437}{45}$

2. $\dfrac{8x^2 y^{-3}}{30x^{-1}y^2} = \dfrac{8x^3}{30y^5} = \dfrac{4x^3}{15y^5}$

3. $\sqrt{24x^4 y^3} = \sqrt{2 \cdot 2 \cdot 2 \cdot 3 x^4 y^3} = 2x^2 |y| \sqrt{6y}$

4. $(x - 2)(x^2 + x - 3) = x^3 + x^2 - 3x - 2x^2 - 2x + 6$
$= x^3 - x^2 - 5x + 6$

5. $x - 5x^2 - 6x^3 = -x(6x^2 + 5x - 1)$
$= -x(x + 1)(6x - 1)$

6. $\dfrac{2}{s + 3} - \dfrac{1}{s + 1} = \dfrac{2(s + 1) - 1(s + 3)}{(s + 3)(s + 1)}$
$= \dfrac{s - 1}{(s + 3)(s + 1)}$

7. $\dfrac{\dfrac{2x + 1}{2\sqrt{x}} - \sqrt{x}}{2x + 1} = \dfrac{2x + 1 - 2x}{(2x + 1)2\sqrt{x}} = \dfrac{1}{2(2x + 1)\sqrt{x}}$

8. (a) $x - 3y + 12 = 0$
$-3y = -x - 12$
$y = \dfrac{x}{3} + 4$

(b) $y = x^2 - 4x + 1$
$= x^2 - 4x + 4 - 3$
$= (x - 2)^2 - 3$

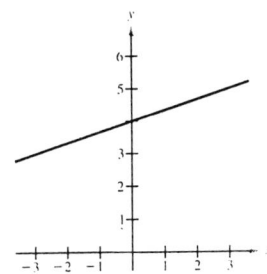
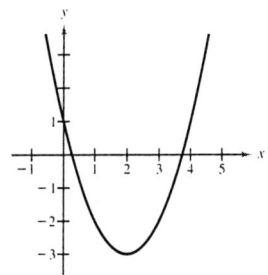

—CONTINUED ON NEXT PAGE—

8. —CONTINUED—

(c) $y = \sqrt{4-x}$

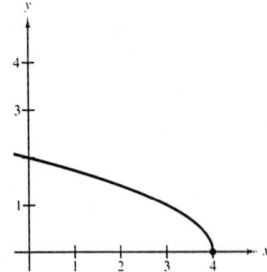

(d) $y = 3 - |x - 2|$

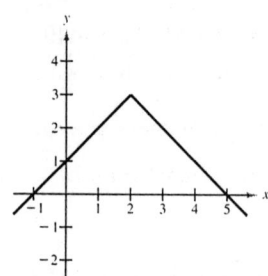

9. $$2x - C(y+1) = 10$$
$$2(2) - C(-3+1) = 10$$
$$4 + 2C = 10$$
$$2C = 6$$
$$C = 3$$

10. Since $m = -\frac{2}{3}$, the line falls 2 units for every 3 units to the right. Given the point $(4, 9)$ on the line, 3 additional points are $(7, 7)$, $(10, 5)$ and $(1, 11)$.

11. The line passing through $(-\frac{1}{2}, 1)$ and $(3, 8)$ has slope

$$m = \frac{8-1}{3-(-1/2)} = \frac{7}{7/2} = 2.$$

Hence,

$$y - 8 = 2(x - 3)$$
$$y = 2x + 2 \quad \text{or} \quad 2x - y + 2 = 0.$$

12. $f(x) = \dfrac{x}{x-2}$

(a) $f(6) = \dfrac{6}{6-2} = \dfrac{6}{4} = \dfrac{3}{2}$

(b) $f(2)$ is undefined (division by zero).

(c) $f(2t) = \dfrac{2t}{2t-2} = \dfrac{t}{t-1}$

(d) $f(s+2) = \dfrac{s+2}{(s+2)-2} = \dfrac{s+2}{s}$

13. The domain consists of all x such that $3 - x > 0$, or $x < 3$. The range is all $y > 0$.

14. $A = \dfrac{1}{2}bh$, where $b = s$ and $h^2 + \left(\dfrac{s}{2}\right)^2 = s^2$ or $h = \dfrac{\sqrt{3}}{2}s$. Hence, $A = \dfrac{1}{2}s \cdot \dfrac{\sqrt{3}}{2}s = \dfrac{\sqrt{3}}{4}s^2$.

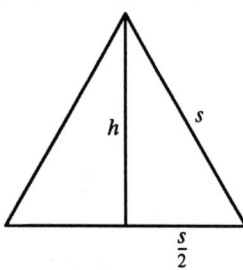

15. For some values of x there corresponds more than one value of y.

16. $y = \sqrt[3]{x}$

(a) f is a horizontal stretch by a factor of 2.

(b) r is a vertical shrink by a factor of $1/2$.

(c) h is a vertical translation of 2 units upward.

(d) g is a horizontal translation of 2 units to the left.

17. $f(x) = \sqrt{x}$, $g(x) = x^2 + 3$

$$f \circ g(x) = f(g(x))$$
$$= f(x^2 + 3)$$
$$= \sqrt{x^2 + 3}$$

18. $h(x) = 5x - 2$ is one-to-one, since if $5a - 2 = 5b - 2$, then $5a = 5b$ and $a = b$. To find the inverse of h, let

$$y = 5x - 2$$
$$x = 5y - 2 \qquad \text{Interchange } x \text{ and } y.$$
$$x + 2 = 5y$$
$$y = \tfrac{1}{5}(x + 2) \qquad \text{Solve for } y.$$
$$h^{-1}(x) = \tfrac{1}{5}(x + 2)$$

19. (a) $2x - 3(x - 4) = 5$

$2x - 3x + 12 = 5$

$-x = -7$

$x = 7$

(b) $\dfrac{2}{t - 3} + \dfrac{2}{t - 2} = \dfrac{10}{t^2 - 5t + 6}$

$2(t - 2) + 2(t - 3) = 10$

$4t - 10 = 10$

$4t = 20$

$t = 5$

(c) $3y^2 + 6y + 2 = 0$

$y = \dfrac{-6 \pm \sqrt{36 - 4(3)(2)}}{2(3)}$

$= \dfrac{-6 \pm \sqrt{12}}{6}$

$= \dfrac{-3 \pm \sqrt{3}}{3}$

(d) $\sqrt{x + 10} = x - 2$

$x + 10 = (x - 2)^2$

$= x^2 - 4x + 4$

$0 = x^2 - 5x - 6$

$= (x - 6)(x + 1)$

$x = 6$

($x = -1$ is not a solution.)

20. $\sqrt{x+4} + \sqrt{x} = 6$

$f(x) = \sqrt{x+4} + \sqrt{x} - 6 = 0$

Using the zoom and trace features, there is one solution, $x = 7.1$.

21. $\left|\dfrac{x-2}{3}\right| < 1 \Leftrightarrow |x-2| < 3$

$\Leftrightarrow -3 < x - 2 < 3$

$\Leftrightarrow -1 < x < 5$

22. $x^2 - x < 6 \Leftrightarrow x^2 - x - 6 < 0$

$\Leftrightarrow (x-3)(x+2) < 0$

$\Leftrightarrow -2 < x < 3$

23. $x + y = 12{,}000 \Rightarrow y = 12{,}000 - x$

$0.075x + 0.09y = 960 \Rightarrow 7.5x + 9y = 96{,}000$

Hence,

$7.5x + 9(12{,}000 - x) = 96{,}000$

$-1.5x + 108{,}000 = 96{,}000$

$12{,}000 = 1.5x$

$8000 = x$

$\Rightarrow y = 4000.$

$8000 at 7.5%, $4000 at 9%

24. Let x be the amount of water to be added.

(Final concentration) (final amount) = (original concentration) (amount) + water

$(0.75)(3 + x) = (0.60)(3) + (1.0)x$

$2.25 + 0.75x = 1.8 + x$

$0.45 = 0.25x$

$x = 1.8$ gallons

25. Number of people $= n$; $f =$ cost per person

$$fn = 36{,}000 \Rightarrow f = \frac{36{,}000}{n}$$

$$(f - 1000)(n + 3) = 36{,}000$$

$$\left(\frac{36{,}000}{n} - 1000\right)(n + 3) = 36{,}000$$

$$(36{,}000 - 1000n)(n + 3) = 36{,}000n$$

$$36{,}000n + 3(36{,}000) - 1000n^2 - 3000n = 36{,}000n$$

$$-1000n^2 - 3000n + 108{,}000 = 0$$

$$n^2 + 3n - 108 = 0$$

$$(n - 9)(n + 12) = 0 \quad \Rightarrow \quad n = 9 \text{ or } -12.$$

Since $n > 0$, $n = 9$ people.

CHAPTER THREE
Polynomial Functions: Graphs and Zeros

3.1 Quadratic Functions

2. $f(x) = (x+5)^2$ opens upward and has vertex $(-5, 0)$; graph (d)
   ```
   RANGE
   Xmin=-8
   Xmax=1
   Xscl=1
   Ymin=-1
   Ymax=6
   Yscl=1
   ```

4. $f(x) = 5 - x^2$ opens downward and has vertex $(0, 5)$; graph (e)
   ```
   RANGE
   Xmin=-4
   Xmax=4
   Xscl=1
   Ymin=-1
   Ymax=6
   Yscl=1
   ```

6. $f(x) = (x+2)^2 - 2$ opens upward and has vertex $(-2, -2)$; graph (a)
   ```
   RANGE
   Xmin=-5
   Xmax=1
   Xscl=1
   Ymin=-3
   Ymax=3
   Yscl=1
   ```

8. (a) f opens downward and the vertex is shifted upward 4 units. The graph is broader than $y = x^2$.
   (b) g opens upward and the vertex is shifted downward 5 units. The graph is narrower than $y = x^2$.

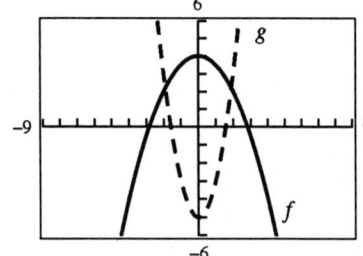

10. (a) f is shifted 4.5 units to the right and 5.2 units upward. It opens upward and is broader than $y = x^2$.
    (b) g is shifted 1.4 units to the left and 3.8 units upward. It opens downward and is broader than $y = x^2$.

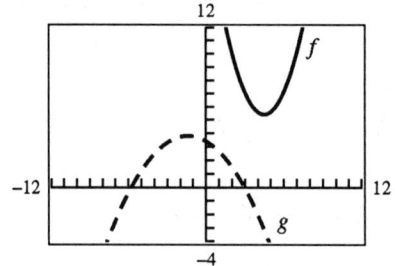

12. Vertex: $(0, 4)$
    $y = a(x-0)^2 + 4$
    $0 = a(2)^2 + 4$
    $a = -1$
    $y = -x^2 + 4$

14. Vertex: $(-2, -2)$
    $y = a(x+2)^2 - 2$
    $2 = a(0+2)^2 - 2$
    $a = 1$
    $y = (x+2)^2 - 2$

16. Vertex: $(3, 0)$
    $y = a(x-3)^2 + 0$
    $2 = a(4-3)^2$
    $a = 2$
    $y = 2(x-3)^2$

18. $h(x) = 25 - x^2$

Vertex: $(0, 25)$

Intercepts: $(-5, 0)$, $(0, 25)$, $(5, 0)$

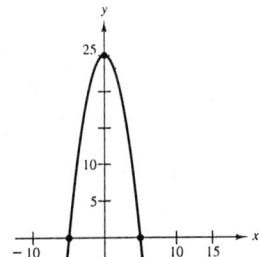

20. $f(x) = (x - 6)^2 + 3$

Vertex: $(6, 3)$

Intercept: $(0, 39)$

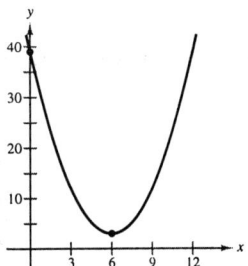

22. $f(x) = x^2 + 3x + \frac{1}{4}$

$= \left(x^2 + 3x + \frac{9}{4}\right) + \frac{1}{4} - \frac{9}{4}$

$= \left(x + \frac{3}{2}\right)^2 - 2$

Vertex: $\left(-\frac{3}{2}, -2\right)$

Intercepts: $\left(-\frac{3}{2} - \sqrt{2}, 0\right)$, $\left(-\frac{3}{2} + \sqrt{2}, 0\right)$, $\left(0, \frac{1}{4}\right)$

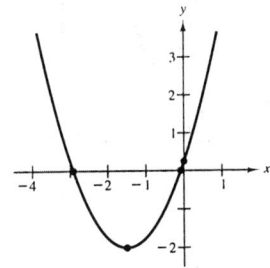

24. $f(x) = -x^2 - 4x + 1$

$= -(x^2 + 4x + 4) + 1 + 4$

$= -(x + 2)^2 + 5$

Vertex: $(-2, 5)$

Intercepts: $(-2 - \sqrt{5}, 0)$, $(0, 1)$, $(-2 + \sqrt{5}, 0)$

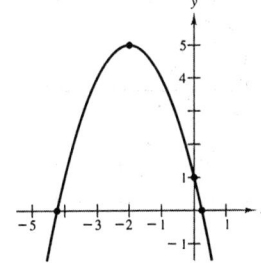

26. $f(x) = 2x^2 - x + 1$
   $= 2(x^2 - \frac{1}{2}x + \frac{1}{16}) + 1 - \frac{1}{8}$
   $= 2(x - \frac{1}{4})^2 + \frac{7}{8}$

   Vertex: $(\frac{1}{4}, \frac{7}{8})$
   Intercept: $(0, 1)$

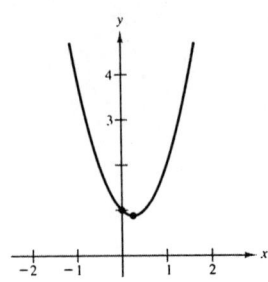

28. $g(x) = x^2 + 8x + 11$
    $= x^2 + 8x + 16 + 11 - 16$
    $= (x + 4)^2 - 5$

    Vertex: $(-4, -5)$
    Intercepts: $(-1.76, 0), (-6.24, 0), (0, 11)$

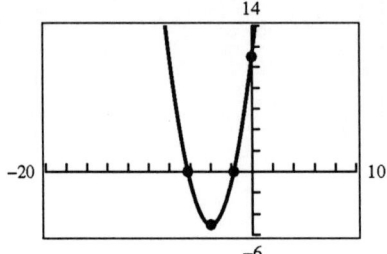

30. $g(x) = \frac{1}{2}(x^2 + 4x - 2)$
    $= \frac{1}{2}(x^2 + 4x + 4) - 3$
    $= \frac{1}{2}(x + 2)^2 - 3$

    Vertex: $(-2, -3)$
    Intercepts: $(0.45, 0), (-4.45, 0),$
    $(0, -1)$

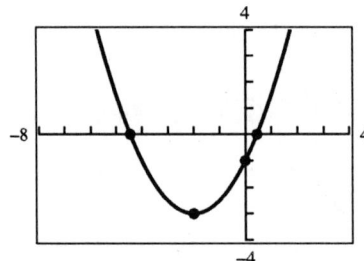

32. $y = a(x - 2)^2 + 3$
    $2 = a(0 - 2)^2 + 3$
    $4a = -1$
    $a = -\frac{1}{4}$
    $y = -\frac{1}{4}(x - 2)^2 + 3$

34. $y = a(x + 2)^2 - 2$
    $0 = a(-1 + 2)^2 - 2$
    $a = 2$
    $y = 2(x + 2)^2 - 2$

36. $y = (2x + 5)(x - 2) = 2x^2 + x - 10$
    $y = -(2x + 5)(x - 2) = -2x^2 - x + 10$

38. $y = (x - 4)(x - 8) = x^2 - 12x + 32$
    $y = -(x - 4)(x - 8) = -x^2 + 12x - 32$

40. $y = (x+5)(x-5) = x^2 - 25$

$y = -(x+5)(x-5) = -x^2 + 25$

42. Let x and Sx be the two numbers. Then the product is given by

$$f(x) = x(S-x)$$
$$= -x^2 + Sx$$
$$= -\left(x^2 - Sx + \frac{S^2}{4}\right) + \frac{S^2}{4}$$
$$= -\left(x - \frac{S}{2}\right)^2 + \frac{S^2}{4}$$

Vertex: $\left(\dfrac{S}{2}, \dfrac{S^2}{4}\right)$

The two numbers are the same: $x = S/2$ and $S - x = S/2$.

44. (a) $2x + 2w = 36$

$w = 18 - x$

$A(x) = x(18 - x)$

Domain: $0 < x < 18$

(b)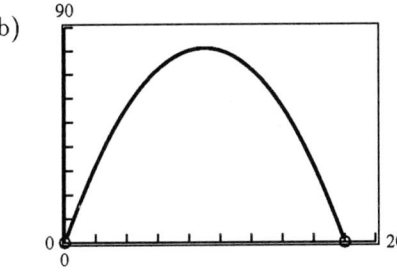

(c) $x = w = 9$ for maximum area (square).

46. $P = 200 = 2x + \pi y$

$\pi y = 200 - 2x$

$y = \dfrac{200 - 2x}{\pi}$

$A = xy = x\left(\dfrac{200 - 2x}{\pi}\right)$

$= -\dfrac{2}{\pi}x^2 + \dfrac{200}{\pi}x$

$= -\dfrac{2}{\pi}(x^2 - 100x)$

$= -\dfrac{2}{\pi}(x^2 - 100x + 2500) + \dfrac{5000}{\pi}$

$= -\dfrac{2}{\pi}(x - 50)^2 + \dfrac{5000}{\pi}$

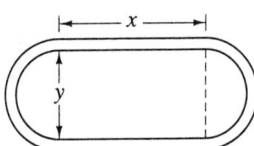

The maximum area occurs when the length is $x = 50$ meters and the width is

$y = \dfrac{200 - 2(50)}{\pi} = \dfrac{100}{\pi}$ meters.

48. $R = 100x - 0.0002x^2$

$\quad = -0.0002(x^2 - 500,000 + (250,500)^2) + 12,500,000$

$\quad = -0.0002(x - 250,000)^2 + 12,500,000$

Vertex: (250,000, 12,500,000)

Maximum when $x = 250,000$ units.

50. $P = 230 + 20x - 0.5x^2$

$\quad = -0.5(x^2 - 40x + 400) + 230 + 200$

$\quad = -0.5(x - 20)^2 + 430$

Vertex: (20, 430)

Maximum when $x = \$2000$.

52. $y = -\frac{4}{9}x^2 + \frac{24}{9}x + 10$

$\quad = -\frac{4}{9}(x^2 - 6x + 9) + 10 + 4$

$\quad = -\frac{4}{9}(x - 3)^2 + 14$

Vertex: (3, 14)

Maximum when $y = 14$ feet.

54. $y = 0.002x^2 + 0.005x - 0.0029$, $0 \le x \le 100$

(a)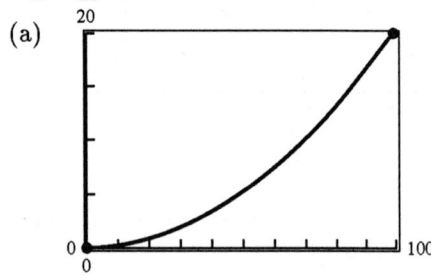

(b) If $y = 10$, $x = 69.57$.

56. Exercise 21:

$a = 1$, $b = -8$, $c = 16$

Vertex $= \left(\dfrac{-(-8)}{2}, -\dfrac{(-8)^2 - 4(16)}{4} \right) = (4, 0)$

Exercise 22:

$a = 1$, $b = 3$, $c = 1/4$

Vertex $= \left(-\dfrac{3}{2}, -\dfrac{(3)^2 - 4(1/4)}{4} \right) = \left(-\dfrac{3}{2}, -2 \right)$

58. (a) $f(x) = \frac{1}{2}(x - 3)^2 - 2 = \frac{1}{2}x^2 - 3x + \frac{5}{2}$

Zeros: (1, 0), (5, 0)

Vertex: (3, −2)

Average of zeros $= \frac{1}{2}[1 + 5] = \frac{6}{2} = 3$

(b) $f(x) = 6 - \frac{2}{3}(x + 1)^2$

Zeros: (2, 0), (−4, 0)

Vertex: (−1, 6)

Average of zeros $= \frac{1}{2}[2 + (-4)] = \frac{-2}{2} = -1$

3.2 Polynomial Functions of Higher Degree

2. (a) $f(x) = (x+3)^4$ is a left shift of 3 units of $y = x^4$.

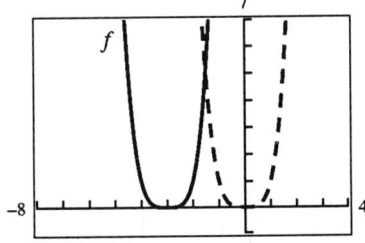

(b) $f(x) = x^4 - 3$ is a downward shift of 3 units of $y = x^4$.

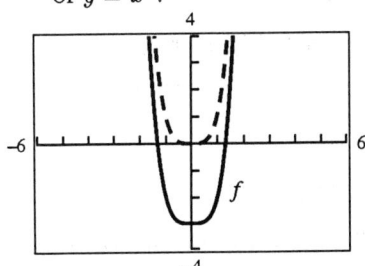

(c) $f(x) = 4 - x^4$ is a reflection in the x-axis, and an upward shift of 4 units, of $y = x^4$.

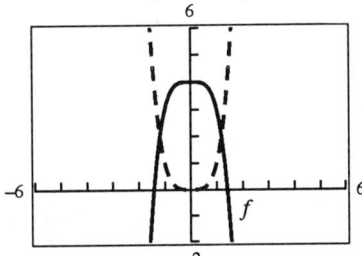

(d) $f(x) = \frac{1}{2}(x-1)^4$ is a right shift of 1 unit, and wider, compared to $y = x^4$.

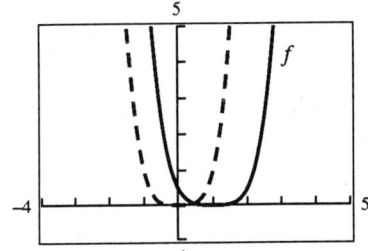

4. $f(x) = x^2 - 2x$ is a parabola with x-intercepts $(0, 0)$ and $(2, 0)$; graph (c).

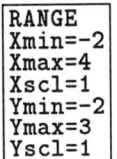
```
RANGE
Xmin=-2
Xmax=4
Xscl=1
Ymin=-2
Ymax=3
Yscl=1
```

6. $f(x) = 3x^3 - 9x + 1$ is a cubic with y-intercept $(0, 1)$; graph (f).

```
RANGE
Xmin=-3
Xmax=3
Xscl=1
Ymin=-6
Ymax=8
Yscl=2
```

8. $f(x) = -\frac{1}{4}x^4 + 2x^2$ has intercepts $(0, 0)$ and $(\pm 2\sqrt{2}, 0)$; graph (g).

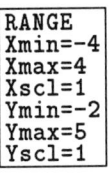
```
RANGE
Xmin=-4
Xmax=4
Xscl=1
Ymin=-2
Ymax=5
Yscl=1
```

10. $f(x) = x^5 - 5x^3 + 4x = x(x^2 - 1)(x^2 - 4)$ has intercepts $(0, 0)$, $(\pm 1, 0)$ and $(\pm 2, 0)$; graph (h).

```
RANGE
Xmin=-3
Xmax=3
Xscl=1
Ymin=-4
Ymax=4
Yscl=1
```

12.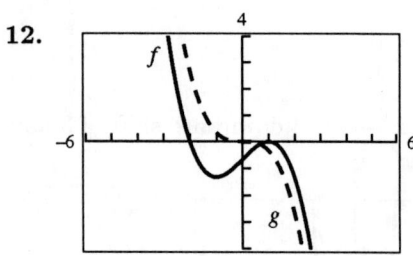

14. [graph]

16. $g(x) = 5 - \frac{7}{2}x - 3x^2$

   The degree is even and the leading coefficient is negative. The graph falls to the left and right.

18. $f(s) = -\frac{7}{8}(s^3 + 5s^2 - 7s + 1)$

   The degree is odd and the leading coefficient is negative. The graph rises to the left and falls to the right.

20. $f(x) = \dfrac{3x^4 - 2x + 5}{4}$

   The degree is even and the leading coefficient is positive. The graph rises to the left and right.

22. $f(x) = 49 - x^2$
   $= (7 + x)(7 - x)$

   Thus, the real zeros are -7 and 7.

24. $f(x) = x^2 + 10x + 25$
   $= (x + 5)^2$

   Thus, the real zero is -5.

26. $f(x) = \frac{1}{2}x^2 + \frac{5}{2}x - \frac{3}{2}$
   $= \frac{1}{2}(x^2 + 5x - 3)$
   $= \dfrac{-5 \pm \sqrt{25 + 12}}{2} = \dfrac{-5 \pm \sqrt{37}}{2}$

   Thus, the real zeros are
   $$\dfrac{-5 \pm \sqrt{37}}{2} \approx 0.54, -5.54.$$

28. $g(x) = 5(x^2 - 2x - 1)$
   $x = \dfrac{2 \pm \sqrt{4 + 4}}{2} = 1 \pm \sqrt{2}$

   Thus, the real zeros are $1 \pm \sqrt{2}$.

30. $f(x) = x^4 - x^3 - 20x^2$
   $= x^2(x + 4)(x - 5)$

   Thus, the real zeros are -4, 0, and 5.

32. $f(x) = x^5 + x^3 - 6x$
   $= x(x^2 + 3)(x^2 - 2)$
   $= x(x^2 + 3)(x + \sqrt{2})(x - \sqrt{2})$

   Thus, the real zeros are $-\sqrt{2}$, 0, and $\sqrt{2}$.

34. $g(t) = t^5 - 6t^3 + 9t$
   $= t(t^2 - 3)^2$
   $= t(t + \sqrt{3})^2(t - \sqrt{3})^2$

   Thus, the real zeros are $-\sqrt{3}$, 0, and $\sqrt{3}$.

36. $f(x) = x^3 - 4x^2 - 25x + 100$
$= x^2(x-4) - 25(x-4)$
$= (x+5)(x-5)(x-4)$

Thus, the real zeros are -5, 4, and 5.

38. $f(x) = (x-0)(x+3)$
$= x^2 + 3x$

40. $f(x) = (x+4)(x-5)$
$= x^2 - x - 20$

42. $f(x) = (x-0)(x-2)(x-5)$
$= x(x^2 - 7x + 10)$
$= x^3 - 7x^2 + 10x$

44. $f(x) = (x+2)(x+1)(x-0)(x-1)(x-2)$
$= x(x^2-4)(x^2-1)$
$= x(x^4 - 5x^2 + 4)$
$= x^5 - 5x^3 + 4x$

46. $f(x) = (x-2)(x-(4+\sqrt{5}))(x-(4-\sqrt{5}))$
$= (x-2)[(x-4)-\sqrt{5}][(x-4)+\sqrt{5}]$
$= (x-2)[(x-4)^2 - 5]$
$= (x-2)(x^2 - 8x + 16 - 5)$
$= x^2 - 2x - 2$

48.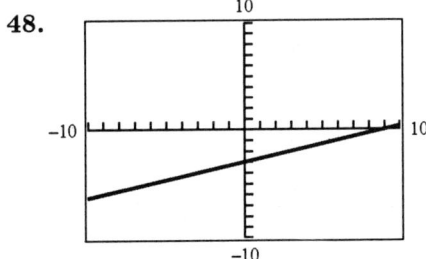

50.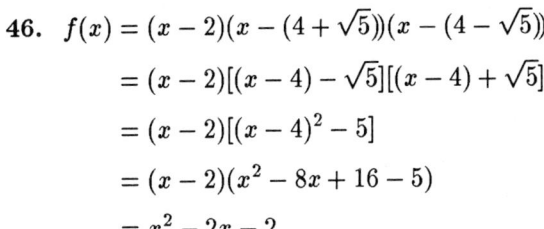

52.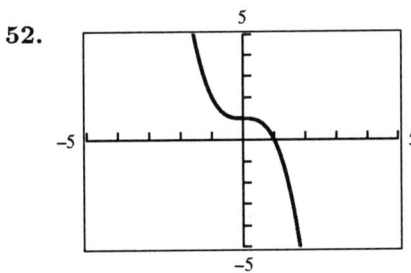

54.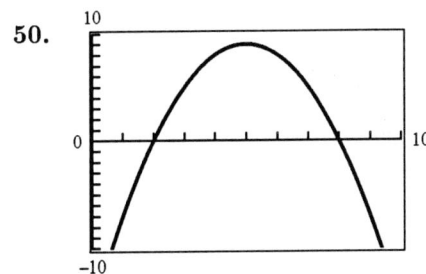

56.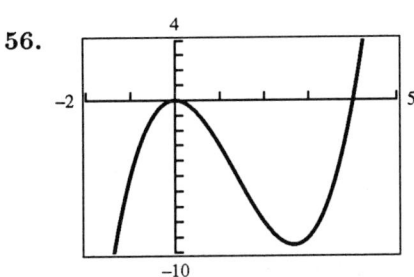

58.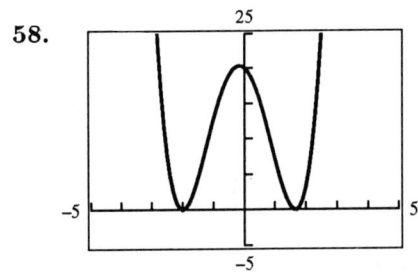

60.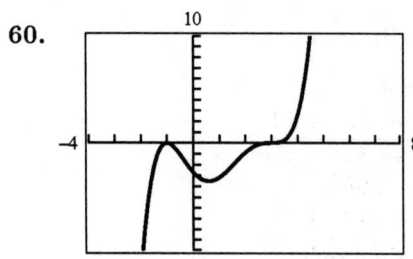

62.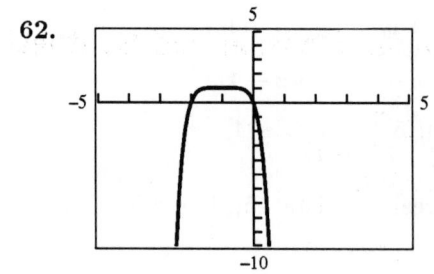

64. $[0, 1]$, $[6, 7]$, $[11, 12]$

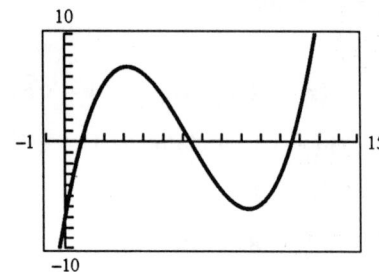

66. $[-4, -3]$, $[-1, 0]$, $[0, 1]$, $[3, 4]$

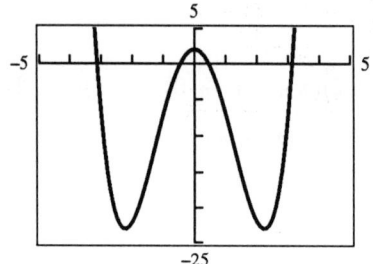

68. (a) Volume $= (12 - 2x)(12 - 4x)x$
$= 8x(3 - x)(6 - x)$

(b) Domain $0 < x < 3$

(c) $V(x)$ is maximum for $x = 1.27$.

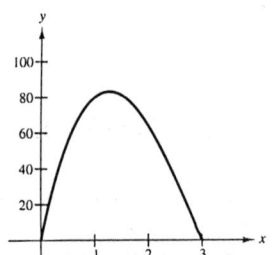

70. $G = -0.003t^3 + 0.137t^2 + 0.458t - 0.839$

$2 \leq t \leq 34$

G is increasing most rapidly when x is approximately 15.

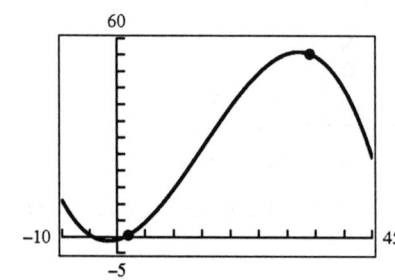

3.3 Polynomial Division and Synthetic Division

2.
$$\begin{array}{r} 5x + 3 \\ x-4 \overline{\smash{)}\,5x^2 - 17x - 12} \\ \underline{5x^2 - 20x} \\ 3x - 12 \\ \underline{3x - 12} \\ 0 \end{array}$$

4.
$$\begin{array}{r} 2x^2 - 4x + 3 \\ 3x-2 \overline{\smash{)}\,6x^3 - 16x^2 + 17x - 6} \\ \underline{6x^3 - 4x^2} \\ -12x^2 + 17x \\ \underline{-12x^2 + 8x} \\ 9x - 6 \\ \underline{9x - 6} \\ 0 \end{array}$$

6.
$$\begin{array}{r} x + 4 \\ x^2-3 \overline{\smash{)}\,x^3 + 4x^2 - 3x - 12} \\ \underline{x^3 - 3x} \\ 4x^2 - 12 \\ \underline{4x^2 - 12} \\ 0 \end{array}$$

8.
$$\begin{array}{r} 4 \\ 2x+1 \overline{\smash{)}\,8x - 5} \\ \underline{8x + 4} \\ -9 \end{array}$$

$$\frac{8x-5}{2x+1} = 4 - \frac{9}{2x+1}$$

10.
$$\begin{array}{r} x \\ x^2+1 \overline{\smash{)}\,x^3 - 9} \\ \underline{x^3 + x} \\ -x - 9 \end{array}$$

$$\frac{x^3-9}{x^2+1} = x - \frac{x+9}{x^2+1}$$

12.
$$\begin{array}{r} x^2 \\ x^3-1 \overline{\smash{)}\,x^5 + 7} \\ \underline{x^5 - x^2} \\ x^2 + 7 \end{array}$$

$$\Rightarrow \frac{x^5+7}{x^3-1} = x^2 + \frac{x^2+7}{x^3-1}$$

14. Observe that $(x-1)^3 = x^3 - 3x^2 + 3x - 1$.

$$\begin{array}{r} x + 3 \\ x^3 - 3x^2 + 3x - 1 \overline{\smash{)}\,x^4} \\ \underline{x^4 - 3x^3 + 3x^2 - x} \\ 3x^3 - 3x^2 + x \\ \underline{3x^3 - 9x^2 + 9x - 3} \\ 6x^2 - 8x + 3 \end{array}$$

$$\Rightarrow \frac{x^4}{(x-1)^3} = x + 3 + \frac{6x^2 - 8x + 3}{(x-1)^3}$$

16.
$$\begin{array}{r|rrrr} -3 & 5 & 18 & 7 & -6 \\ & & -15 & -9 & 6 \\ \hline & 5 & 3 & -2 & 0 \end{array}$$

$(5x^3 + 18x^2 + 7x - 6) \div (x+3) = 5x^2 + 3x - 2$

18.
$$\begin{array}{r|rrrr} 2 & 9 & -18 & -16 & 32 \\ & & 18 & 0 & -32 \\ \hline & 9 & 0 & -16 & 0 \end{array}$$

$(9x^3 - 16x - 18x^2 + 32) \div (x-2) = 9x^2 - 16$

20.
$$\begin{array}{r|rrrr} 6 & 3 & -16 & 0 & -72 \\ & & 18 & 12 & 72 \\ \hline & 3 & 2 & 12 & 0 \end{array}$$

$(3x^3 - 16x^2 - 72) \div (x-6) = 3x^2 + 2x + 12$

22.
$$\begin{array}{r|rrrr} -2 & 5 & 0 & 6 & 8 \\ & & -10 & 20 & -52 \\ \hline & 5 & -10 & 26 & -44 \end{array}$$

$(5x^3 + 6x + 8) \div (x+2) = 5x^2 - 10x + 26 - \dfrac{44}{x+2}$

24.

$$\begin{array}{r|rrrrrr} -3 & 1 & -13 & 0 & 0 & -120 & 80 \\ & & -3 & 48 & -144 & 432 & -936 \\ \hline & 1 & -16 & 48 & -144 & 312 & -856 \end{array}$$

$(x^5 - 13x^4 - 120x + 80) \div (x + 3)$
$= x^4 - 16x^3 + 48x^2 - 144x + 312 - \dfrac{856}{x+3}$

26.

$$\begin{array}{r|rrrr} -3 & 5 & 0 & 0 & 0 \\ & & -15 & 45 & -135 \\ \hline & 5 & -15 & 45 & -135 \end{array}$$

$5x^3 \div (x+3) = 5x^2 - 15x + 45 - \dfrac{135}{x+3}$

28.

$$\begin{array}{r|rrrrr} -2 & -3 & 0 & 0 & 0 & 0 \\ & & 6 & -12 & 24 & -48 \\ \hline & -3 & 6 & -12 & 24 & -48 \end{array}$$

$-3x^4 \div (x + 2)$
$= -3x^3 + 6x^2 - 12x + 24 - \dfrac{48}{x+2}$

30.

$$\begin{array}{r|rrrrr} 6 & -1 & 0 & 0 & 180 & 0 \\ & & -6 & -36 & -216 & -216 \\ \hline & -1 & -6 & -36 & -36 & -216 \end{array}$$

$(180x - x^4) \div (x - 6)$
$= -x^3 - 6x^2 - 36x - 36 - \dfrac{216}{x-6}$

32.

$$\begin{array}{r|rrrr} \frac{3}{2} & 3 & -4 & 0 & 5 \\ & & \frac{9}{2} & \frac{3}{4} & \frac{9}{8} \\ \hline & 3 & \frac{1}{2} & \frac{3}{4} & \frac{49}{8} \end{array}$$

Quotient: $(3x^3 - 4x^2 + 5) \div \left(x - \dfrac{3}{2}\right)$
$= 3x^2 + \dfrac{1}{2}x + \dfrac{3}{4} + \dfrac{49}{8x - 12}$

34.

$$\begin{array}{r|rrrr} -4 & 1 & 0 & -28 & -48 \\ & & -4 & 16 & 48 \\ \hline & 1 & -4 & -12 & 0 \end{array}$$

$x^3 - 28x - 48 = (x + 4)(x^2 - 4x - 12)$
$= (x + 4)(x + 2)(x - 6)$

36.

$$\begin{array}{r|rrrr} \frac{2}{3} & 48 & -80 & 41 & -6 \\ & & 32 & -32 & 6 \\ \hline & 48 & -48 & 9 & 0 \end{array}$$

$48x^3 - 80x^2 + 41x - 6 = \left(x - \dfrac{2}{3}\right)(48x^2 - 48x + 9)$
$= (3x - 2)(4x - 3)(4x - 1)$

38.

$$\begin{array}{r|rrrr} \sqrt{2} & 1 & 2 & -2 & -4 \\ & & \sqrt{2} & 2\sqrt{2}+2 & 4 \\ \hline & 1 & 2+\sqrt{2} & 2\sqrt{2} & 0 \end{array}$$

$x^3 + 2x^2 - 2x - 4 = (x - \sqrt{2})(x^2 + (2 + \sqrt{2})x + 2\sqrt{2})$
$= (x - \sqrt{2})(x + \sqrt{2})(x + 2)$

40.

$$\begin{array}{r|rrrr} 2-\sqrt{5} & 1 & -1 & -13 & -3 \\ & & 2-\sqrt{5} & 7-3\sqrt{5} & 3 \\ \hline & 1 & 1-\sqrt{5} & -6-3\sqrt{5} & 0 \end{array}$$

$$x^3 - x^2 - 13x - 3 = [x - (2-\sqrt{5})][x^2 + (1-\sqrt{5})x - 3(2+\sqrt{5})]$$
$$= (x - 2 + \sqrt{5})(x - 2 - \sqrt{5})(x + 3)$$

42. $f(x) = \frac{1}{3}(15x^4 + 10x^3 - 6x^2 + 17x + 14), \quad k = -\frac{2}{3}$

$$\begin{array}{r|rrrrr} -\frac{2}{3} & 5 & \frac{10}{3} & -2 & \frac{17}{3} & \frac{14}{3} \\ & & -\frac{10}{3} & 0 & \frac{4}{3} & -\frac{14}{3} \\ \hline & 5 & 0 & -2 & 7 & 0 \end{array}$$

$f(x) = \left(x + \frac{2}{3}\right)(5x^3 - 2x + 7)$

$f\left(-\frac{2}{3}\right) = (0)\left(\frac{185}{27}\right) = 0$

44. $f(x) = 4x^3 - 6x^2 - 12x - 4, \quad k = 1 - \sqrt{3}$

$$\begin{array}{r|rrrr} 1-\sqrt{3} & 4 & -6 & -12 & -4 \\ & & 4-4\sqrt{3} & 10-2\sqrt{3} & 4 \\ \hline & 4 & -2-4\sqrt{3} & -2-2\sqrt{3} & 0 \end{array}$$

$f(x) = (x - 1 + \sqrt{3})[4x^2 - (2+4\sqrt{3})x - (2+2\sqrt{3})]$

$f(1-\sqrt{3}) = (0)(24 - 12\sqrt{3}) = 0$

46. $g(x) = x^6 - 4x^4 + 3x^2 + 2$

(a) $\begin{array}{r|rrrrrrr} 2 & 1 & 0 & -4 & 0 & 3 & 0 & 2 \\ & & 2 & 4 & 0 & 0 & 6 & 12 \\ \hline & 1 & 2 & 0 & 0 & 3 & 6 & 14 \end{array} = g(2)$

(b) $\begin{array}{r|rrrrrrr} -4 & 1 & 0 & -4 & 0 & 3 & 0 & 2 \\ & & -4 & 16 & -48 & 192 & -780 & 3120 \\ \hline & 1 & -4 & 12 & -48 & 195 & -780 & 3122 \end{array} = g(-4)$

(c) $\begin{array}{r|rrrrrrr} 3 & 1 & 0 & -4 & 0 & 3 & 0 & 2 \\ & & 3 & 9 & 15 & 45 & 144 & 432 \\ \hline & 1 & 3 & 5 & 15 & 48 & 144 & 434 \end{array} = g(3)$

(d) $\begin{array}{r|rrrrrrr} -1 & 1 & 0 & -4 & 0 & 3 & 0 & 2 \\ & & -1 & 1 & 3 & -3 & 0 & 0 \\ \hline & 1 & -1 & -3 & 3 & 0 & 0 & 2 \end{array} = g(-1)$

48. $f(x) = 0.4x^4 - 1.6x^3 + 0.7x^2 - 2$

(a) $1\ \big|\ 0.4\ \ -1.6\ \ \ 0.7\ \ \ \ 0\ \ \ \ -2$
$\ \ \ \ \ 0.4\ \ -1.2\ \ -0.5\ \ -0.5$
$ 0.4\ \ -1.2\ \ -0.5\ \ -0.5\ \ -2.5 = f(1)$

(b) $-2\ \big|\ 0.4\ \ -1.6\ \ \ 0.7\ \ \ \ 0\ \ \ \ -2$
$\ \ \ -0.8\ \ \ 4.8\ \ -11\ \ \ 22$
$ 0.4\ \ -2.4\ \ \ 5.5\ \ -11\ \ \ 20\ = f(-2)$

(c) $5\ \big|\ 0.4\ \ -1.6\ \ \ 0.7\ \ \ \ 0\ \ \ \ -2$
$\ \ \ \ \ 2.0\ \ \ 2.0\ \ \ 13.5\ \ \ 67.5$
$ 0.4\ \ \ \ 0.4\ \ \ 2.7\ \ \ 13.5\ \ \ 65.5\ = f(5)$

(d) $-10\ \big|\ 0.4\ \ -1.6\ \ \ 0.7\ \ \ \ 0\ \ \ \ -2$
$\ \ \ -4.0\ \ \ 56.0\ \ -567\ \ \ 5670$
$ 0.4\ \ -5.6\ \ \ 56.7\ \ -567\ \ \ 5668 = f(-10)$

50. $g(x) = x^3 - x^2 + 25x - 25$

(a) $5\ \big|\ 1\ \ -1\ \ \ 25\ \ -25$
$\ \ \ \ \ 5\ \ \ 20\ \ \ 225$
$1\ \ \ \ 4\ \ \ 45\ \ \ 200\ = f(5)$

(b) $\frac{1}{5}\ \big|\ 1\ \ -1\ \ \ 25\ \ \ -25$
$\phantom{\frac{1}{5}\ \big|\ 1}\ \ \ \ \frac{1}{5}\ \ -\frac{4}{25}\ \ \ \frac{621}{125}$
$\phantom{\frac{1}{5}\ \big|\ }1\ \ -\frac{4}{5}\ \ \frac{621}{25}\ \ -\frac{2504}{125}\ = f(\frac{1}{5})$

(c) $-1.5\ \big|\ 1\ \ -1\ \ \ \ 25\ \ \ \ -25$
$\ \ \ -1.5\ \ \ 3.75\ \ -43.125$
$1\ \ -2.5\ \ 28.75\ \ -68.125 = f(-1.5)$

(d) $-1\ \big|\ 1\ \ -1\ \ \ 25\ \ \ -25$
$\ \ \ -1\ \ \ \ 2\ \ \ -27$
$1\ \ -2\ \ \ 27\ \ -52\ = f(-1)$

52. $\dfrac{x^3 + x^2 - 64x - 64}{x + 8}$

$-8\ \big|\ 1\ \ \ \ 1\ \ -64\ \ -64$
$\ \ \ \ -8\ \ \ 56\ \ \ 64$
$1\ \ -7\ \ -8\ \ \ \ 0$

$\dfrac{x^3 + x^2 - 64x - 64}{x + 8} = x^2 - 7x - 8$

54. $\dfrac{2x^3 + 3x^2 - 3x - 2}{x - 1}$

$1\ \big|\ 2\ \ \ 3\ \ -3\ \ -2$
$\ \ \ \ 2\ \ \ 5\ \ \ \ 2$
$2\ \ \ 5\ \ \ 2\ \ \ \ 0$

$\dfrac{2x^3 + 3x^2 - 3x - 2}{x - 1} = 2x^2 + 5x + 2$

56. $\dfrac{x^4 + 9x^3 - 5x^2 - 36x + 4}{x^2 - 4} = \dfrac{x^4 + 9x^3 - 5x^2 - 36x + 4}{(x+2)(x-2)}$

$$\begin{array}{r|rrrrr} -2 & 1 & 9 & -5 & -36 & 4 \\ & & -2 & -14 & 38 & -4 \\ \hline & 1 & 7 & -19 & 2 & 0 \end{array}$$

$$\begin{array}{r|rrrr} 2 & 1 & 7 & -19 & 2 \\ & & 2 & 18 & -2 \\ \hline & 1 & 9 & -1 & 0 \end{array}$$

$\dfrac{x^4 + 9x^3 - 5x^2 - 36x + 4}{(x+2)(x-2)} = x^2 + 9x - 1$

58. $y = -5.05x^3 + 3857x - 38{,}411.25,\ 13 \le x \le 18$

(a)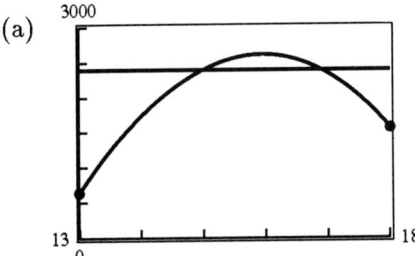

(b) Graphing y together with $y = 2400$, we obtain $x = 16.89$

(c) Since $y = 2400$ when $x = 15$ we have $x = 15$ as a zero to the equation $y - 2400$.

$f(x) = y - 2400,\quad 13 \le x \le 18$

$\quad\ = -5.05x^3 + 3857x - 40{,}811.25$

$$\begin{array}{r|rrrr} -15 & -5.05 & 0 & 3857 & -40{,}811.25 \\ & & -75.75 & -1136.25 & 40{,}811.25 \\ \hline & -5.05 & -75.75 & 2720.75 & 0 \end{array}$$

Thus, $f(x) = (x - 15)(-5.05x^2 - 75.75x + 2720.75)$.

Using the Quadratic Formula to find the two other zeros yields

$x = \dfrac{-(-75.75) \pm \sqrt{(-75.75)^2 - 4(-5.05)(2720.75)}}{2(-5.05)} = \dfrac{75.75 \pm \sqrt{60{,}697.2125}}{-10.1}$

$x \approx -32$ or $x \approx 17$.

Since $13 \le x \le 18$, we choose $x = 17$.

3.4 Real Zeros of Polynomial Functions

2. $g(x) = x^3 + 3x^2$
   Sign variations: 0, positive zeros: 0
   $g(-x) = -x^3 + 3x^2$
   Sign variations: 1, negative zeros: 1

4. $h(x) = 2x^4 - 3x + 2$
   Sign variations: 2, positive zeros: 2 or 0
   $h(-x) = 2x^4 + 3x + 2$
   Sign variations: 0, negative zeros: 0

6. $f(x) = 4x^3 - 3x^2 + 2x - 1$
   Sign variations: 3, positive zeros: 3 or 1
   $f(-x) = -4x^3 - 3x^2 - 2x - 1$
   Sign variations: 0, negative zeros: 0

8. $g(x) = 5x^5 + 10x$
   Sign variations: 0, positive zeros: 0
   $g(-x) = -5x^5 - 10x$
   Sign variations: 0, positive zeros: 0

10. $f(x) = 3x^3 + 2x^2 + x + 3$
    Sign variations: 0, positive zeros: 0
    $f(-x) = -3x^3 + 2x^2 - x + 3$
    Sign variations: 3, negative zeros: 3 or 1

12. $f(x) = -3x^3 + 20x^2 - 36x + 16$
    Possible rational zeros: $\dfrac{\pm 1, \pm 2, \pm 4, \pm 8, \pm 16}{\pm 1, \pm 3} = \pm\dfrac{1}{3}, \pm\dfrac{2}{3}, \pm 1, \pm\dfrac{4}{3}, \pm 2, \pm\dfrac{8}{3}, \pm 4, \pm\dfrac{16}{3}, \pm 8, \pm 16$
    $\dfrac{2}{3}$, 2, 4 on graph

14. $f(x) = 4x^3 - 12x^2 - x + 15$
    Possible rational zeros: $\dfrac{\pm 1, \pm 3, \pm 5, \pm 15}{\pm 1, \pm 2, \pm 4} = \pm\dfrac{1}{4}, \pm\dfrac{1}{2}, \pm\dfrac{3}{4}, \pm 1,$
    $\pm\dfrac{5}{4}, \pm\dfrac{3}{2}, \pm\dfrac{5}{2}, \pm 3, \pm\dfrac{15}{4}, \pm 5, \pm\dfrac{15}{2}, \pm 15$
    $-1, \dfrac{3}{2}, \dfrac{5}{2}$ on graph

16. $f(x) = 4x^4 - 17x^2 + 4$
    (a) Possible rational zeros:
    $\dfrac{\pm 1, \pm 2, \pm 4}{\pm 1, \pm 2, \pm 4} = \pm\dfrac{1}{4}, \pm\dfrac{1}{2}, \pm 1, \pm 2, \pm 4$
    (c) $-2, -\dfrac{1}{2}, \dfrac{1}{2}, 2$ on graph

    (b)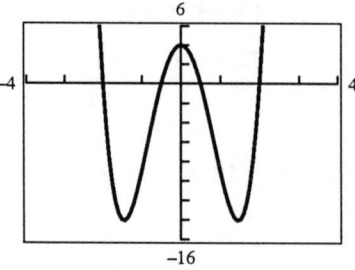

18. $f(x) = 6x^3 - x^2 - 13x + 8$
    (a) $\pm \frac{1}{6}, \pm \frac{1}{3}, \pm \frac{1}{2}, \pm \frac{2}{3}, \pm 1, \pm \frac{4}{3},$
        $\pm 2, \pm \frac{8}{3}, \pm 4, \pm 8$
    (b)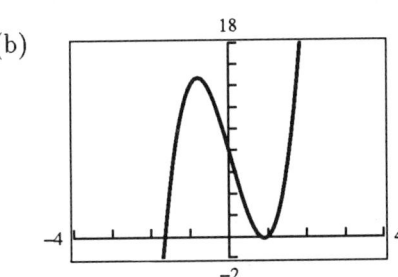
    (c) Real zeros: $1, \dfrac{-5 \pm \sqrt{217}}{12}$

20. $f(x) = 2x^3 + 5x^2 - 21x - 10$
    (a) $\pm \frac{1}{2}, \pm 1, \pm 2, \pm \frac{5}{2}, \pm 5, \pm 10$
    (b)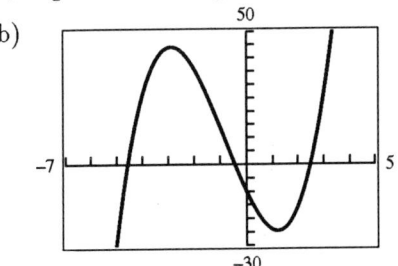
    (c) Real zeros: $\dfrac{5}{2}, \dfrac{-5 \pm \sqrt{17}}{2}$

22. $f(x) = 2x^3 - 3x^2 - 12x + 8$

    (a) $\begin{array}{r|rrrr} 2 & 2 & -3 & -12 & 8 \\ & & 4 & 2 & -20 \\ \hline & 2 & 1 & -10 & -12 \end{array}$

    2 is neither an upper nor lower bound.

    (b) $\begin{array}{r|rrrr} 4 & 2 & -3 & -12 & 8 \\ & & 8 & 20 & 32 \\ \hline & 2 & 5 & 8 & 40 \end{array}$

    4 is an upper bound.

    (c) $\begin{array}{r|rrrr} -1 & 2 & -3 & -12 & 8 \\ & & -2 & 5 & 7 \\ \hline & 2 & -5 & -7 & 15 \end{array}$

    -1 is neither an upper nor lower bound.

24. $f(x) = 2x^4 - 8x + 3$

    (a) $\begin{array}{r|rrrrr} 1 & 2 & 0 & 0 & -8 & 3 \\ & & 2 & 2 & 2 & -6 \\ \hline & 2 & 2 & 2 & -6 & -3 \end{array}$

    1 is neither an upper nor lower bound.

    (b) $\begin{array}{r|rrrrr} 3 & 2 & 0 & 0 & -8 & 3 \\ & & 6 & 18 & 54 & 138 \\ \hline & 2 & 6 & 18 & 46 & 141 \end{array}$

    3 is an upper bound.

    (c) $\begin{array}{r|rrrrr} -4 & 2 & 0 & 0 & -8 & 3 \\ & & -8 & 32 & -128 & 544 \\ \hline & 2 & -8 & 32 & -136 & 547 \end{array}$

    -4 is a lower bound.

26. Possible rational zeros: $\pm 1, \pm 2, \pm 3, \pm 6$

    $\begin{array}{r|rrrr} -1 & 1 & 0 & -7 & -6 \\ & & -1 & 1 & 6 \\ \hline & 1 & -1 & -6 & 0 \end{array}$

    $x^3 - 7x - 6 = (x+1)(x^2 - x - 6)$
    $\qquad\qquad\qquad = (x+1)(x-3)(x+2)$

    The zeros are -2, -1 and 3.

28. Possible rational zeros:
    $\pm 1, \pm 2, \pm 3, \pm 4, \pm 6, \pm 12$

    $\begin{array}{r|rrrr} 1 & 1 & -9 & 20 & -12 \\ & & 1 & -8 & 12 \\ \hline & 1 & -8 & 12 & 0 \end{array}$

    $x^3 - 9x^2 + 20x - 12 = (x-1)(x^2 - 8x + 12)$
    $\qquad\qquad\qquad\qquad\quad = (x-1)(x-6)(x-2)$

    The zeros are 1, 2, and 6.

30. Possible rational zeros: $\pm 1, \pm 2, \pm 4, \pm 8$

$$\begin{array}{r|rrrr} -2 & 1 & 6 & 12 & 8 \\ & & -2 & -8 & -8 \\ \hline & 1 & 4 & 4 & 0 \end{array}$$

$$x^3 + 6x^2 + 12x + 8 = (x+2)(x^2 + 4x + 4)$$
$$= (x+2)^3$$

The zero is -2.

32. Possible rational zeros: $\pm 1, \pm 3, \pm 9, \pm 27$

$$\begin{array}{r|rrrr} 3 & 1 & -9 & 27 & -27 \\ & & 3 & -18 & 27 \\ \hline & 1 & -6 & 9 & 0 \end{array}$$

$$x^3 - 9x^2 + 27x - 27 = (x-3)(x^2 - 6x + 9)$$
$$= (x-3)^3$$

The zero is 3.

34. Possible rational zeros: $\pm\frac{1}{3}, \pm 1, \pm 3, \pm 9$

$$\begin{array}{r|rrrr} 3 & 3 & -19 & 33 & -9 \\ & & 9 & -30 & 9 \\ \hline & 3 & -10 & 3 & 0 \end{array}$$

$$3x^3 - 19x^2 + 33x - 9 = (x-3)(3x^2 - 10x + 3)$$
$$= (x-3)(3x-1)(x-3)$$

The zeros are $\frac{1}{3}$ and 3.

36. Possible rational zeros: $\pm 1, \pm 3, \pm 9, \pm\frac{1}{2},$
$\pm\frac{3}{2}, \pm\frac{9}{2}, \pm\frac{1}{3}, \pm\frac{1}{4},$
$\pm\frac{3}{4}, \pm\frac{9}{4}, \pm\frac{1}{6}, \pm\frac{1}{12}$

$$\begin{array}{r|rrrr} \frac{1}{3} & 12 & -4 & -27 & 9 \\ & & 4 & 0 & -9 \\ \hline & 12 & 0 & -27 & 0 \end{array}$$

$$12z^3 - 4z^2 - 27z + 9 = \left(z - \tfrac{1}{3}\right)(12z^2 - 27)$$
$$= 3\left(z - \tfrac{1}{3}\right)(4z^2 - 9)$$
$$= 3\left(z - \tfrac{1}{3}\right)(2z+3)(2z-3)$$

The zeros are $-\frac{3}{2}, \frac{1}{3},$ and $\frac{3}{2}$.

38. Possible rational zeros: $\pm 1, \pm 2, \pm 5, \pm 10,$
$\pm \frac{1}{3}, \pm \frac{2}{3}, \pm \frac{5}{3}, \pm \frac{10}{3}$

$$\begin{array}{r|rrrr} \frac{2}{3} & 3 & -2 & 15 & -10 \\ & & 2 & 0 & 10 \\ \hline & 3 & 0 & 15 & 0 \end{array}$$

$3x^3 - 2x^2 + 15x - 10 = \left(x - \frac{2}{3}\right)(3x^2 + 15)$

The zero is $\frac{2}{3}$.

40. $P(t) = t^4 - 7t^2 + 12$
$= (t^2 - 4)(t^2 - 3)$
$= (t+2)(t-2)(t+\sqrt{3})(t-\sqrt{3})$

The zeros are ± 2 and $\pm\sqrt{3}$.

42. $2y^4 + 7y^3 - 26y^2 + 23y - 6 = 0$

$$\begin{array}{r|rrrrr} 1 & 2 & 7 & -26 & 23 & -6 \\ & & 2 & 9 & -17 & 6 \\ \hline \end{array}$$

$$\begin{array}{r|rrrrr} -6 & 2 & 9 & -17 & 6 & 0 \\ & & -12 & 18 & -6 & \\ \hline & 2 & -3 & 1 & 0 & \end{array}$$

$2y^4 + 7y^3 - 26y^2 + 23y - 6 = (x-1)(x+6)(2x^2 - 3 + 1)$
$= (x-1)(x+6)(2x-1)(x-1) = 0$

The real solutions are $-6, \frac{1}{2},$ and 1.

44. $6x^4 - 11x^3 - 51x^2 + 99x - 27 = 0$

$$\begin{array}{r|rrrrr} -3 & 6 & -11 & -51 & 99 & -27 \\ & & -18 & 87 & -108 & 27 \\ \hline \end{array}$$

$$\begin{array}{r|rrrrr} 3 & 6 & -29 & 36 & -9 & 0 \\ & & 18 & -33 & 9 & \\ \hline & 6 & -11 & 3 & 0 & \end{array}$$

$6x^4 - 11x^3 - 51x^2 + 99x - 27 = (x+3)(x-3)(6x^2 - 11x + 3)$
$= (x+3)(x-3)(3x-1)(2x-3) = 0$

The real solutions are $-3, \frac{1}{3}, \frac{3}{2},$ and 3.

46. $f(x) = x^3 - \frac{3}{2}x^2 - \frac{23}{2}x + 6$
$= \frac{1}{2}(2x^3 - 3x^2 - 23x + 12)$

Possible rational zeros:
$\pm \frac{1}{2}, \pm 1, \pm \frac{3}{2}, \pm 2, \pm 3, \pm 4, \pm 6, \pm 12$
$x = -3, \frac{1}{2}, 4$

48. $f(z) = z^3 + \frac{11}{6}z^2 - \frac{1}{2}z - \frac{1}{3}$
$= \frac{1}{6}(6z^3 + 11z^2 - 3z - 2)$

Possible rational zeros:
$\pm \frac{1}{6}, \pm \frac{1}{3}, \pm \frac{1}{2}, \pm \frac{2}{3}, \pm 1, \pm 2$
$x = -2, -\frac{1}{3}, \frac{1}{2}$

50. $f(x) = x^3 - 2 = 0 \Rightarrow x^3 = 2 \Rightarrow x = \sqrt[3]{2}$
Zero rational zeros; one irrational zero
Matches (a)

52. $f(x) = x^3 - 2x = x(x^2 - 2) = x(x + \sqrt{2})(x - \sqrt{2})$
One rational zero; two irrational zeros
Matches (c)

54. $f(x) = 2x^3 - 9x^2 - 4x + 21$
$= (x + \frac{3}{2})(2x^2 - 12x + 14) \Rightarrow$
$x = -\frac{3}{2}$ (rational), $3 \pm \sqrt{2}$ (irrational)

56. $h(x) = x^4 + 2x^3 - 37x^2 - 8x + 42$
$= (x - 1)(x^3 + 3x^2 - 34x - 42)$
$= (x - 1)(x + 7)(x^2 - 4x - 6) \Rightarrow$
$x = 1, -7$ (rational), $2 \pm \sqrt{10}$ (irrational)

58. $f(x) = x^3 - 3x - 1$
(a) ± 1
(b)

(c) $-1.53, -0.35, 1.88$

60. $f(x) = x^5 + x - 1$
(a) ± 1
(b)

(c) 0.75

62. $4(x) + y = 108 \Rightarrow y = 108 - 4x$
$V = x^2 y = x^2(108 - 4x)$
$= -4x^3 + 108x^2 = 11,664$

$4x^3 - 108x^2 + 11,664 = 0$
$x^3 - 27x^2 + 2916 = 0$
$(x + 9)(x - 18)^2 = 0$
$x = 18$
$y = 36$

Dimensions: 18 in. × 18 in. × 36 in.

64. $P = -45x^3 + 2500x^2 - 275,000$, $0 \le x \le 50$
$800,000 = -45x^3 + 2500x^2 - 275,000$
$45x^3 - 2500x^2 + 1,075,000 = 0$, $[30, 40]$

Using the methods of this section, we have $x \approx 32$ which corresponds to $320,000 being spent on advertising.

66. During the year 1990 ($t = 10$)

68.

Iteration	a	c	b	$f(a)$	$f(c)$	$f(b)$	Error
1	3.0000	3.5000	4.0000	−20.0000	−2.0000	30.0000	0.5000
2	3.5000	3.7500	4.0000	−2.0000	12.0625	30.0000	0.2500
3	3.5000	3.6250	3.7500	−2.0000	4.5703	12.0625	0.1250
4	3.5000	3.5625	3.6250	−2.0000	1.1729	4.5703	0.0625
5	3.5000	3.5313	3.5625	−2.0000	−0.4413	1.1729	0.0313
6	3.5313	3.5469	3.5625	−0.4413	0.3588	1.1729	0.0156
7	3.5313	3.5391	3.5469	−0.4413	−0.0430	0.3588	0.0078
8	3.5391	3.5430	3.5469	−0.0430	0.1575	0.3588	0.0039
9	3.5391	3.5410	3.5430	−0.0430	0.0571	0.1575	0.0020

The zero of f is approximately 3.54.

70.

Iteration	a	c	b	$f(a)$	$f(c)$	$f(b)$	Error
1	0.0000	0.5000	1.0000	−4.0000	3.4375	18.0000	0.5000
2	0.0000	0.2500	0.5000	−4.0000	−1.4883	3.4375	0.2500
3	0.2500	0.3750	0.5000	−1.4883	0.7234	3.4375	0.1250
4	0.2500	0.3125	0.3750	−1.4883	−0.4509	0.7234	0.0625
5	0.3125	0.3438	0.3750	−0.4509	0.1199	0.7234	0.0313
6	0.3125	0.3281	0.3438	−0.4509	−0.1697	0.1199	0.0156
7	0.3281	0.3359	0.3438	−0.1697	−0.0259	0.1199	0.0078
8	0.3359	0.3398	0.3438	−0.0259	0.0467	0.1199	0.0039

The zero of f is approximately 0.34.

3.5 Complex Numbers

2. (a) $i^{40} = (i^4)^{10} = (1)^{10} = 1$
   (b) $i^{25} = i^{24} \cdot i = (i^4)^6 \cdot i = (1)^6 \cdot i = i$
   (c) $i^{50} = i^{48} \cdot i^2 = (i^4)^{12} \cdot i^2 = (1)^{12}(-1) = -1$
   (d) $i^{67} = i^{64} \cdot i^3 = (i^4)^{16} \cdot i^3 = (1)^{16} \cdot (-i) = -i$

4. $a + bi = 13 + 4i$
   $a = 13$
   $b = 4$

6. $(a+6) + 2bi = 6 - 5i$
   $a + 6 = 6 \Rightarrow a = 0$
   $2b = -5 \Rightarrow b = -\frac{5}{2}$

8. $3 + \sqrt{-16} = 3 + \sqrt{16}\,i$
   $= 3 + 4i$

10. $1 + \sqrt{-8} = 1 + \sqrt{8}\,i$
   $= 1 + 2\sqrt{2}\,i$

12. 45 is in standard form. The imaginary part is 0.

14. $-4i^2 + 2i = -4(-1) + 2i$
   $= 4 + 2i$

16. $(-i)^3 = (-1)^3(i)^3$
   $= -1(-i)$
   $= i$

18. $(\sqrt{-4})^2 - 5 = (2i)^2 - 5$
   $= 4i^2 - 5$
   $= 4(-1) - 5$
   $= -9$

20. $(13 - 2i) + (-5 + 6i) = 13 - 2i - 5 + 6i$
   $= (13 - 5) + (-2 + 6)i$
   $= 8 + 4i$

22. $(3 + 2i) - (6 + 13i) = 3 + 2i - 6 - 13i$
   $= (3 - 6) + (2 - 13)i$
   $= -3 - 11i$

24. $(8 + \sqrt{-18}) - (4 + 3\sqrt{2}\,i) = 8 + 3\sqrt{2}\,i - 4 - 3\sqrt{2}\,i$
   $= (8 - 4) + (3\sqrt{2} - 3\sqrt{2})i$
   $= 4$

26. $(1.6 + 3.2i) + (-5.8 + 4.3i) = 1.6 + 3.2i - 5.8 + 4.3i$
   $= (1.6 - 5.8) + (3.2 + 4.3)i$
   $= -4.2 + 7.5i$

28. The complex conjugate of $9 - 12i$ is $9 + 12i$.
$$(9 - 12i)(9 + 12i) = 9^2 - (12i)^2$$
$$= 81 - 144i^2$$
$$= 81 + 144$$
$$= 225$$

30. The complex conjugate of $20i$ is $-20i$.
$$(20i)(-20i) = -400i^2 = 400$$

32. $\sqrt{-5} \cdot \sqrt{-10} = (\sqrt{5}\,i)(\sqrt{10}\,i)$
$$= \sqrt{50}\,i^2$$
$$= -5\sqrt{2}$$

34. $(\sqrt{-75})^2 = (\sqrt{75}\,i)^2$
$$= (\sqrt{75})^2(i)^2$$
$$= (75-1)$$
$$= -75$$

36. $(6 - 2i)(2 - 3i) = 12 - 18i - 4i + 6i^2$
$$= 12 - 22i - 6$$
$$= 6 - 22i$$

38. $-8i(9 + 4i) = -72i - 32i^2 = 32 - 72i$

40. $(3 + \sqrt{-5})(7 - \sqrt{-10}) = (3 + \sqrt{5}\,i)(7 - \sqrt{10}\,i)$
$$= 21 - 3\sqrt{10}\,i + 7\sqrt{5}\,i - \sqrt{50}\,i^2$$
$$= 21 - 3\sqrt{10}\,i + 7\sqrt{5}\,i + 5\sqrt{2} = (21 + 5\sqrt{2}) + (7\sqrt{5} - 3\sqrt{10})i$$

42. $(2 - 3i)^2 = (2 - 3i)(2 - 3i)$
$$= 4 - 12i - 9$$
$$= -5 - 12i$$

44. $(1 - 2i)^2 - (1 + 2i)^2 = [(1 - 2i) + (1 + 2i)][(1 - 2i) - (1 + 2i)]$
$$= (2)(-4i)$$
$$= -8i$$

46. $\dfrac{3}{1-i} = \dfrac{3}{1-i} \cdot \dfrac{1+i}{1+i}$
$$= \dfrac{3 + 3i}{1 + 1}$$
$$= \dfrac{3}{2} + \dfrac{3}{2}i$$

48. $\dfrac{8 - 7i}{1 - 2i} = \dfrac{8 - 7i}{1 - 2i} \cdot \dfrac{1 + 2i}{1 + 2i}$
$$= \dfrac{8 + 16i - 7i - 14i^2}{1 + 4}$$
$$= \dfrac{22 + 9i}{5}$$
$$= \dfrac{22}{5} + \dfrac{9}{5}i$$

146 CHAPTER 3 Polynomial Functions: Graphs and Zeros

50. $\dfrac{8+20i}{2i} = \dfrac{8+20i}{2i} \cdot \dfrac{-2i}{-2i}$
$= \dfrac{-16i - 40i^2}{4}$
$= \dfrac{40 - 16i}{4}$
$= 10 - 4i$

52. $\dfrac{1}{i^3} = \dfrac{1}{-i}$
$= \dfrac{1}{-i} \cdot \dfrac{i}{i}$
$= \dfrac{i}{-i^2}$
$= \dfrac{i}{1}$
$= i$

54. $\dfrac{(2-3i)(5i)}{2+3i} \cdot \dfrac{(2-3i)}{(2-3i)} = \dfrac{(2-3i)^2(5i)}{4+9}$
$= \dfrac{(20i - 60i^2 + 45i^3)}{13}$
$= \dfrac{20i + 60 - 45i}{13}$
$= \dfrac{60 - 25i}{13}$
$= \dfrac{60}{13} - \dfrac{25}{13}i$

56. $x^2 + 6x + 10 = 0;\ a = 1,\ b = 6,\ c = 10$
$x = \dfrac{-6 \pm \sqrt{6^2 - 4(1)(10)}}{2(1)}$
$= \dfrac{-6 \pm \sqrt{-4}}{2} = \dfrac{-6 \pm 2i}{2}$
$= -3 \pm i$

58. $9x^2 - 6x + 37 = 0;\ a = 9,\ b = -6,\ c = 37$
$x = \dfrac{-(-6) \pm \sqrt{(-6)^2 - 4(9)(37)}}{2(9)}$
$= \dfrac{6 \pm \sqrt{-1296}}{18} = \dfrac{6 \pm 36i}{18}$
$= \dfrac{1}{3} \pm 2i$

60. $9x^2 - 6x - 35 = 0;\ a = 9,\ b = -6,\ c = -35$
$x = \dfrac{-(-6) \pm \sqrt{(-6)^2 - 4(9)(-35)}}{2(9)} = \dfrac{6 \pm 36}{18}$
$x = \dfrac{6 + 36}{18} = \dfrac{7}{3}$
$x = \dfrac{6 - 36}{18} = -\dfrac{5}{3}$

62. $5s^2 + 6s + 3 = 0;\ a = 5,\ b = 6,\ c = 3$
$s = \dfrac{-6 \pm \sqrt{6^2 - 4(5)(3)}}{2(5)}$
$= \dfrac{-6 \pm \sqrt{-24}}{10} = \dfrac{-6 \pm 2\sqrt{6}\,i}{10}$
$= -\dfrac{3}{5} \pm \dfrac{\sqrt{6}}{5}i$

64.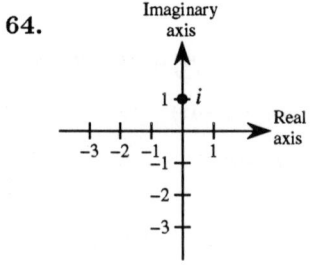

66.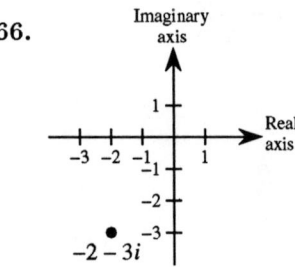

68.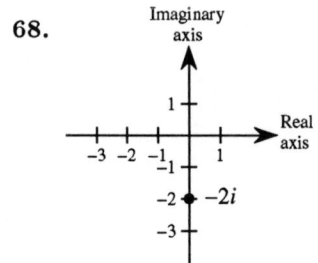

70. The complex number 2 is not in the Mandelbrot Set since for $c = 2$, the corresponding Mandelbrot sequence is 2, 6, 38, 1446, 2090918, $\approx 4.37 \times 10^{12}$, ... which is unbounded.

72. The complex number $-i$ is in the Mandelbrot Set since for $c = -i$, the corresponding Mandelbrot sequence is $-i$, $-1 - i$, i, $-1 - i$, i, $-1 - i$, which is bounded.

74. The complex number -1 is in the Mandelbrot Set since for $c = -1$, the corresponding Mandelbrot sequence is -1, 0, -1, 0, -1, 0, which is bounded.

76.
$$2^4 = 16$$
$$(-2)^4 = 16$$
$$(2i)^4 = 2^4 i^4 = 16(1) = 16$$
$$(-2i)^4 = (-2)^4 i^4 = 16(1) = 16$$

All four numbers are fourth roots of 16.

78. $(a + bi) - (a - bi) = a + bi - a + bi$
$\qquad\qquad\qquad\qquad\quad = 2bi$ which is an imaginary number.

$(a - bi) - (a + bi) = a - bi - a - bi$
$\qquad\qquad\qquad\qquad\quad = -2bi$ which is an imaginary number.

80. $(a_1 + b_1 i)(a_2 + b_2 i) = a_1 a_2 + a_1 b_2 i + a_2 b_1 i + b_1 b_2 i^2$
$\qquad\qquad\qquad\qquad\quad = (a_1 a_2 - b_1 b_2) + (a_1 b_2 + a_2 b_1)i$

The conjugate of the product is $(a_1 a_2 - b_1 b_2) - (a_1 b_2 + a_2 b_1)i$, and the product of the conjugates is
$(a_1 - b_1 i)(a_2 - b_2 i) = a_1 a_2 - a_1 b_2 i - a_2 b_1 i + b_1 b_2 i^2$
$\qquad\qquad\qquad\qquad\quad = (a_1 a_2 - b_1 b_2) - (a_1 b_2 + a_2 b_1)i.$

Thus, the conjugate of the product is the product of the conjugates.

3.6 Complex Zeros and the Fundamental Theorem of Algebra

2. $f(x) = x^2 - x + 56$

Zeros: $x = \dfrac{1 \pm \sqrt{223}\,i}{2}$

$f(x) = \left(x - \dfrac{1 - \sqrt{223}\,i}{2}\right)\left(x - \dfrac{1 + \sqrt{223}\,i}{2}\right)$

4. $g(x) = x^2 + 10x + 23$

Zeros: $x = \dfrac{-10 \pm \sqrt{8}}{2} = -5 \pm \sqrt{2}$

$g(x) = (x + 5 + \sqrt{2})(x + 5 - \sqrt{2})$

6. $f(y) = y^4 - 625$

Zeros: $x = \pm 5,\ \pm 5i$

$f(y) = (y + 5)(y - 5)(y + 5i)(y - 5i)$

8. $h(x) = x^3 - 3x^2 + 4x - 2$

$$\begin{array}{r|rrrr} 1 & 1 & -3 & 4 & -2 \\ & & 1 & -2 & 2 \\ \hline & 1 & -2 & 2 & 0 \end{array}$$

Zeros: $x = 1,\ \dfrac{2 \pm \sqrt{4}\,i}{2} = 1 \pm i$

$h(x) = (x - 1)(x - 1 - i)(x - 1 + i)$

10. $f(x) = x^3 + 11x^2 + 39x + 29$

$$\begin{array}{r|rrrr} -1 & 1 & 11 & 39 & 29 \\ & & -1 & -10 & -29 \\ \hline & 1 & 10 & 29 & 0 \end{array}$$

Zeros: $x = -1,\ \dfrac{-10 \pm \sqrt{16}\,i}{2} = -5 \pm 2i$

$f(x) = (x + 1)(x + 5 + 2i)(x + 5 - 2i)$

12. $f(s) = 2s^3 - 5s^2 + 12s - 5$

$$\begin{array}{r|rrrr} \tfrac{1}{2} & 2 & -5 & 12 & -5 \\ & & 1 & -2 & 5 \\ \hline & 2 & -4 & 10 & 0 \end{array}$$

Zeros: $s = \dfrac{1}{2},\ \dfrac{4 \pm \sqrt{64}\,i}{4} = 1 \pm 2i$

$f(s) = (2s - 1)(s - 1 + 2i)(s - 1 - 2i)$

14. $g(x) = 3x^3 - 4x^2 + 8x + 8$

$$\begin{array}{r|rrrr} -\tfrac{2}{3} & 3 & -4 & 8 & 8 \\ & & -2 & 4 & -8 \\ \hline & 3 & -6 & 12 & 0 \end{array}$$

Zeros: $x = -\dfrac{2}{3},\ \dfrac{6 \pm \sqrt{108}\,i}{6} = 1 \pm \sqrt{3}\,i$

$g(x) = (3x + 2)(x - 1 + \sqrt{3}\,i)(x - 1 - \sqrt{3}\,i)$

16. $f(x) = x^4 + 29x^2 + 100$
$ = (x^2 + 25)(x^2 + 4)$

Zeros: $x = \pm 2i,\ \pm 5i$

$f(x) = (x + 2i)(x - 2i)(x + 5i)(x - 5i)$

18. $h(x) = x^4 + 6x^3 + 10x^2 + 6x + 9$

$$\begin{array}{r|rrrrr} -3 & 1 & 6 & 10 & 6 & 9 \\ & & -3 & -9 & -3 & -9 \\ \hline -3 & 1 & 3 & 1 & 3 & 0 \\ & & -3 & 0 & -3 & \\ \hline & 1 & 0 & 1 & 0 & \end{array}$$

Zeros: $x = -3, \pm i$

$h(x) = (x+3)^2(x+i)(x-i)$

20. $g(x) = x^5 - 8x^4 + 28x^3 - 56x^2 + 64x - 32$

$$\begin{array}{r|rrrrrr} 2 & 1 & -8 & 28 & -56 & 64 & -32 \\ & & 2 & -12 & 32 & -48 & 32 \\ \hline 2 & 1 & -6 & 16 & -24 & 16 & 0 \\ & & 2 & -8 & 16 & -16 & \\ \hline 2 & 1 & -4 & 8 & -8 & 0 & \\ & & 2 & -4 & 8 & & \\ \hline & 1 & -2 & 4 & 0 & & \end{array}$$

Zeros: $x = 2, \dfrac{2 \pm \sqrt{12}\,i}{2} = 1 \pm \sqrt{3}\,i$

$g(x) = (x-2)^3(x - 1 + \sqrt{3}\,i)(x - 1 - \sqrt{3}\,i)$

22. $f(x) = (x-4)(x-3i)(x+3i)$
$= (x-4)(x^2+9)$
$= x^3 - 4x^2 + 9x - 36$

24. $f(x) = (x-6)(x+5-2i)(x+5+2i)$
$= (x-6)(x^2 + 10x + 29)$
$= x^3 + 4x^2 - 31x - 174$

26. $f(x) = (x-2)^3(x-4i)(x+4i)$
$= (x^3 - 6x^2 + 12x - 8)(x^2 + 16)$
$= x^5 - 6x^4 + 28x^3 - 104x^2 + 192x - 128$

28. $f(x) = (3x-2)(x+1)(x-3-\sqrt{2}\,i)(x-3+\sqrt{2}\,i)$
$= (3x^2 + x - 2)(x^2 - 6x + 11)$
$= 3x^4 - 17x^3 + 25x^2 + 23x - 22$

30. $f(x) = x^2(x-4)(x-1-i)(x-1+i)$
$= (x^3 - 4x^2)(x^2 - 2x + 2)$
$= x^5 - 6x^4 + 10x^3 - 8x^2$

32. $f(x) = x^4 - 2x^3 - 3x^2 + 12x - 18$
(a) $f(x) = (x^2 - 6)(x^2 - 2x + 3)$
(b) $f(x) = (x + \sqrt{6})(x - \sqrt{6})(x^2 - 2x + 3)$
(c) $f(x) = (x + \sqrt{6})(x - \sqrt{6})(x - 1 - \sqrt{2}\,i)(x - 1 + \sqrt{2}\,i)$

34. $f(x) = x^4 - 3x^3 - x^2 - 12x - 20$

(a) $f(x) = (x^2 + 4)(x^2 - 3x - 5)$

(b) $f(x) = (x^2 + 4)\left(x - \dfrac{3 + \sqrt{29}}{2}\right)\left(x - \dfrac{3 - \sqrt{29}}{2}\right)$

(c) $f(x) = (x + 2i)(x - 2i)\left(x - \dfrac{3 + \sqrt{29}}{2}\right)\left(x - \dfrac{3 - \sqrt{29}}{2}\right)$

36.

$$\begin{array}{r|rrrr}
3i & 1 & 1 & 9 & 9 \\
 & & 3i & -9+3i & -9 \\
\hline
-3i & 1 & 1+3i & 3i & 0 \\
 & & -3i & -3i & \\
\hline
 & 1 & 1 & 0 &
\end{array}$$

Zeros: $-1, \pm 3i$

38.

$$\begin{array}{r|rrrr}
5+2i & 1 & -7 & -1 & 87 \\
 & & 5+2i & -14+6i & -87 \\
\hline
5-2i & 1 & -2+2i & -15+6i & 0 \\
 & & 5-2i & 15-6i & \\
\hline
 & 1 & 3 & 0 &
\end{array}$$

Zeros: $-3,\ 5 \pm 2i$

40.

$$\begin{array}{r|rrrr}
1-\sqrt{3}\,i & 3 & -4 & 8 & 8 \\
 & & 3-3\sqrt{3}\,i & -10-2\sqrt{3}\,i & -8 \\
\hline
1+\sqrt{3}\,i & 3 & -1-3\sqrt{3}\,i & -2-2\sqrt{3}\,i & 0 \\
 & & 3+3\sqrt{3}\,i & 2+2\sqrt{3}\,i & \\
\hline
 & 3 & 2 & 0 &
\end{array}$$

Zeros: $-\tfrac{2}{3},\ 1 \pm \sqrt{3}\,i$

42.

$$\begin{array}{r|rrrr}
-1-3i & 1 & 4 & 14 & 20 \\
 & & -1-3i & -12-6i & -20 \\
\hline
-1+3i & 1 & 3-3i & 2-6i & 0 \\
 & & -1+3i & -2-6i & \\
\hline
\end{array}$$

Zeros: $-1 \pm 3i,\ -2$

44.

$\frac{-2+\sqrt{2}i}{5}$	25	-55	-54	-18
		$-10+5\sqrt{2}i$	$24-15\sqrt{2}i$	18
$\frac{-2-\sqrt{2}i}{5}$	25	$-65+5\sqrt{2}i$	$-30-15\sqrt{2}i$	0
		$-10-5\sqrt{2}i$	$30+15\sqrt{2}i$	
	25	-75	0	

Zeros: $3, -\frac{2}{5} \pm \frac{\sqrt{2}}{5}i$

46. $P = R - C = xp - C$

$\quad = x(140 - 0.0001x) - (80x + 150,000)$

$\quad = -0.0001x^2 + 60x - 150,000$

$\quad = 9,000,000$

Thus, $0 = 0.0001x^2 - 60x + 9,150,000$

$x = \frac{60 \pm \sqrt{-60}}{0.0002} = 300,000 \pm 10,000\sqrt{15}i.$

Since the zeros are both complex, it is not possible to determine a price p that would yield a profit of 9 million dollars.

48. $f(x) = (x - (a+bi))(x - (a-bi))$

$\quad = ((x-a) - bi)((x-a) + bi)$

$\quad = (x-a)^2 + b^2$

$\quad = x^2 - 2ax + a^2 + b^2$

Review Exercises for Chapter 3

2. $y = (x-4)^2 - 4$

When $x = 0$, $y = (0-4)^2 - 4 = 12$.
When $y = 0$, $0 = (x-4)^2 - 4 \Rightarrow x = 2, 6$.
Vertex: $(4, -4)$
Intercept: $(0, 12), (2, 0), (6, 0)$

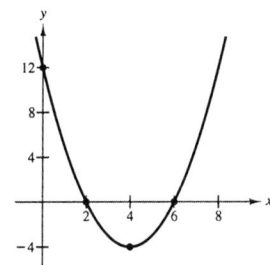

4. $y = 3x^2 - 12x + 11$

$\quad = 3(x^2 - 4x + 4) + 11 - 12$

$\quad = 3(x-2)^2 - 1$

When $x = 0$, $y = 3(0-2)^2 - 1 = 11$.
When $y = 0$, $0 = 3(x-2)^2 - 1 \Rightarrow x = 2 \pm \frac{1}{3}\sqrt{3}$.
Vertex: $(2, -1)$
Intercepts: $(0, 11), (2 \pm \frac{1}{3}\sqrt{3}, 0)$

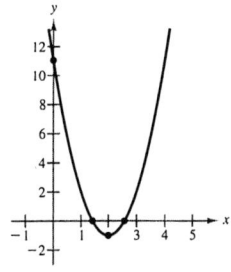

6. $f(x) = a(x-2)^2 + 3$
   $6 = a(-1-2)^2 + 3$
   $3 = 9a$
   $\frac{1}{3} = a$
   $f(x) = \frac{1}{3}(x-2)^2 + 3$

8. $f(x) = x^2 + 8x + 10$
   $= (x^2 + 8x + 16) + 10 - 16$
   $= (x+4)^2 - 6$

   Minimum: $(-4, -6)$

10. $h(x) = 3 + 4x - x^2$
    $= -(x^2 - 4x + 4) + 3 + 4$
    $= -(x-2)^2 + 7$

    Maximum: $(2, 7)$

12. $h(x) = 4x^2 + 4x + 13$
    $= 4(x^2 + x + \frac{1}{4}) + 13 - 1$
    $= 4(x + \frac{1}{2})^2 + 12$

    Minimum: $(-\frac{1}{2}, 12)$

14. $f(x) = 4x^2 + 4x + 5$
    $= 4(x^2 + x + \frac{1}{4}) + 5 - 1$
    $= 4(x + \frac{1}{2})^2 + 4$

    Minimum: $(-\frac{1}{2}, 4)$

16. $P = 2x + 2y = 200$
    $x + y = 100$
    $y = 100 - x$

    $A = xy = x(100 - x)$
    $= -(x^2 - 100x + 2500) + 2500$
    $= -(x - 50)^2 + 2500$

    A is maximum when $x = 50$ feet and $y = 100 - 50 = 50$ feet.

18. $P = 230 + 20x - \frac{1}{2}x^2$

    Using the zoom and trace features, $x = 20$ yields a maximum profit. Or, completing the square,

    $P = -\frac{1}{2}x^2 + 20x + 230$
    $= -\frac{1}{2}(x^2 - 40x + 400) + 230 + 200$
    $= -\frac{1}{2}(x - 20)^2 + 430$

    Hence, $x = 20$ yields a maximum profit (of 430).

20. $C = 20{,}000 - 120x + 0.055x^2$

    $= 0.055\left(x^2 - \frac{24{,}000}{11} + \frac{12{,}000^2}{11^2}\right) + 20{,}000 - \frac{720{,}000}{11} = 0.055\left(x - \frac{12{,}000}{11}\right)^2 - \frac{500{,}000}{11}$

    C is minimum when $x = \frac{12{,}000}{11}$ or 1091 units.

22. $f(x) = \frac{1}{2}x^3 + 2x$

Since the degree is odd and the leading coefficient is positive, the graph falls to the left and rises to the right.

24. $h(x) = -x^5 - 7x^2 + 10x$

Since the degree is odd and the leading coefficient is negative, the graph rises to the left and falls to the right.

26. $f(x) = (x+1)^3$

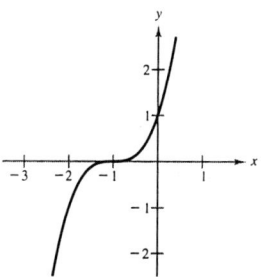

28. $h(x) = -2x^3 - x^2 + x$
$$= -x(2x^2 + x - 1)$$
$$= x(2x - 1)(x + 1)$$

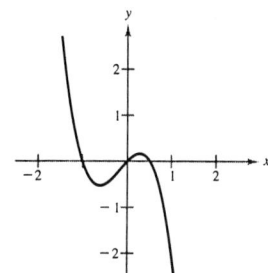

30. $f(x) = -x^3 + 3x - 2$
$$= (x-1)(-x^2 - x + 2)$$
$$= -(x-1)(x^2 + x - 2)$$
$$= -(x-1)(x+2)(x-1)$$
$$= -(x-1)^2(x+2)$$

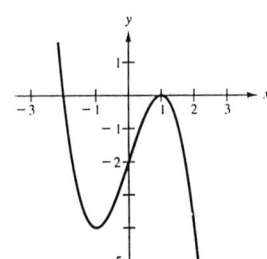

32. $f(t) = t^4 - 4t^2$
$$= t^2(t^2 - 4)$$
$$= t^2(t+2)(t-2)$$

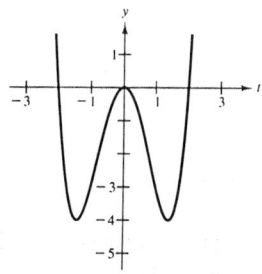

34.
$$\begin{array}{r} 5x + 2 \\ x^2 - 3x + 1 \overline{\smash{)}\ 5x^3 - 13x^2 - x + 2} \\ \underline{5x^3 - 15x^2 + 5x} \\ 2x^2 - 6x + 2 \\ \underline{2x^2 - 6x + 2} \\ 0 \end{array}$$

$$\frac{5x^3 - 13x^2 - x + 2}{x^2 - 3x + 1} = 5x + 2$$

36.
$$\begin{array}{r} 3x^2 + 3 \\ x^2 - 1 \overline{\smash{)}\ 3x^4} \\ \underline{3x^4 - 3x^2} \\ 3x^2 \\ \underline{3x^2 - 3} \\ 3 \end{array}$$

$$\frac{3x^4}{x^2 - 1} = 3x^2 + 3 + \frac{3}{x^2 - 1}$$

38.
$$\begin{array}{r} 3x^2 + 5x + 8 \\ 2x^2-1 \overline{\smash{\big)}\, 6x^4 + 10x^3 + 13x^2 - 5x + 2} \\ \underline{6x^4 - 3x^2} \\ 10x^3 + 16x^2 - 5x \\ \underline{10x^3 - 5x} \\ 16x^2 + 2 \\ \underline{16x^2 - 8} \\ 10 \end{array}$$

$$\frac{6x^4 + 10x^3 + 13x^2 - 5x + 2}{2x^2 - 1} = 3x^2 + 5x + 8 + \frac{10}{2x^2 - 1}$$

40.
$$\begin{array}{r|rrrr} \frac{1}{2} & 2 & 2 & -1 & 2 \\ & & 1 & \frac{3}{2} & \frac{1}{4} \\ \hline & 2 & 3 & \frac{1}{2} & \frac{9}{4} \end{array}$$

$$\frac{2x^3 + 2x - x + 2}{x - (1/2)} = 2x^2 + 3x + \frac{1}{2} + \frac{9/4}{x - (1/2)}$$

42.
$$\begin{array}{r|rrrr} \frac{1}{3} + \frac{2}{3}i & 9 & -15 & 11 & -5 \\ & & 3 + 6i & -8 - 6i & 5 \\ \hline & 9 & -12 + 6i & 3 - 6i & 0 \end{array}$$

$$\frac{9x^3 - 15x^2 + 11x - 5}{x - [(1/3) + (2/3)i]} = 9x^2 + (-12 + 6i)x + (3 - 6i)$$

44. $f(x) = 20x^4 + 9x^3 - 14x^2 - 3x$

(a) $x = -1$ is a zero.
$$\begin{array}{r|rrrrr} -1 & 20 & 9 & -14 & -3 & 0 \\ & & -20 & 11 & 3 & 0 \\ \hline & 20 & -11 & -3 & 0 & 0 \end{array}$$

(b) $x = \frac{3}{4}$ is a zero.
$$\begin{array}{r|rrrrr} \frac{3}{4} & 20 & 9 & -14 & -3 & 0 \\ & & 15 & 18 & 3 & 0 \\ \hline & 20 & 24 & 4 & 0 & 0 \end{array}$$

(c) $x = 0$ is a zero.
$$\begin{array}{r|rrrrr} 0 & 20 & 9 & -14 & -3 & 0 \\ & & 0 & 0 & 0 & 0 \\ \hline & 20 & 9 & -14 & -3 & 0 \end{array}$$

(d) $x = 1$ is not a zero.
$$\begin{array}{r|rrrrr} 1 & 20 & 9 & -14 & -3 & 0 \\ & & 20 & 29 & 15 & 12 \\ \hline & 20 & 29 & 15 & 12 & 12 \end{array}$$

46. $f(x) = 3x^3 - 26x^2 + 364x - 232$

(a) $x = 4 - 10i$ is a zero.
$$\begin{array}{r|rrrr} 4 - 10i & 3 & -26 & 364 & -232 \\ & & 12 - 30i & -356 + 20i & 232 \\ \hline & 3 & -14 - 30i & 8 + 20i & 0 \end{array}$$

(b) $x = 4$ is not a zero.
$$\begin{array}{r|rrrr} 4 & 3 & -26 & 364 & -232 \\ & & 12 & -56 & 1232 \\ \hline & 3 & -14 & 308 & 1000 \end{array}$$

(c) $x = \frac{2}{3}$ is a zero.
$$\begin{array}{r|rrrr} \frac{2}{3} & 3 & -26 & 364 & -232 \\ & & 2 & -16 & 232 \\ \hline & 3 & -24 & 348 & 0 \end{array}$$

(d) $x = -1$ is not a zero.
$$\begin{array}{r|rrrr} -1 & 3 & -26 & 364 & -232 \\ & & -3 & 29 & -393 \\ \hline & 3 & -29 & 393 & -625 \end{array}$$

48. $h(x) = 5x^5 - 2x^4 - 45x + 18$

(a) $\begin{array}{r|rrrrrr} 2 & 5 & -2 & 0 & 0 & -45 & 18 \\ & & 10 & 16 & 32 & 64 & 38 \\ \hline & 5 & 8 & 16 & 32 & 19 & 56 \end{array} = h(2)$

(b) $\begin{array}{r|rrrrrr} \sqrt{3} & 5 & -2 & 0 & 0 & -45 & 18 \\ & & 5\sqrt{3} & 15-2\sqrt{3} & -6+15\sqrt{3} & 45-6\sqrt{3} & -18 \\ \hline & 5 & -2+5\sqrt{3} & 15-2\sqrt{3} & -6+15\sqrt{3} & -6\sqrt{3} & 0 \end{array} = h(\sqrt{3})$

50. $g(t) = 2t^5 - 5t^4 - 8t + 20$

(a) $\begin{array}{r|rrrrrr} -4 & 2 & -5 & 0 & 0 & -8 & 20 \\ & & -8 & 52 & -208 & 832 & -3296 \\ \hline & 2 & -13 & 52 & -208 & 824 & -3276 \end{array} = g(-4)$

(b) $\begin{array}{r|rrrrrr} \sqrt{2} & 2 & -5 & 0 & 0 & -8 & 20 \\ & & 2\sqrt{2} & 4-5\sqrt{2} & -10+4\sqrt{2} & 8-10\sqrt{2} & -20 \\ \hline & 2 & -5+2\sqrt{2} & 4-5\sqrt{2} & -10+4\sqrt{2} & -10\sqrt{2} & 0 \end{array} = g(\sqrt{2})$

52. $\left(\dfrac{\sqrt{2}}{2} - \dfrac{\sqrt{2}}{2}i\right) - \left(\dfrac{\sqrt{2}}{2} + \dfrac{\sqrt{2}}{2}i\right) = -\sqrt{2}\,i$

54. $i(6+i)(3-2i) = (6i-1)(3-2i)$
$= 18i + 12 - 3 + 2i$
$= 9 + 20i$

56. $\dfrac{3+2i}{5+i} = \dfrac{3+2i}{5+i} \cdot \dfrac{5-i}{5-i}$
$= \dfrac{15 + 2 + 10i - 3i}{25 + 1}$
$= \dfrac{17}{26} + \dfrac{7}{26}i$

58. $f(x) = (x-5)[x-(1-\sqrt{2})][x-(1+\sqrt{2})]$
$= (x-5)[(x-1)^2 - 2]$
$= (x-5)(x^2 - 2x - 1)$
$= x^3 - 7x^2 + 9x + 5$

60. $f(x) = (x-2)(x+3)[x-(1-2i)][x-(1+2i)]$
$= (x^2 + x - 6)[(x-1)^2 + 4]$
$= (x^2 + x - 6)(x^2 - 2x + 5)$
$= x^4 - x^3 - 3x^2 + 17x - 30$

62. $h(x) = -2x^5 + 4x^3 - 2x^2 + 5$
Sign variations; 3, positive zeros: 3 or 1
$h(-x) = 2x^5 - 4x^3 - 2x^2 + 5$
Sign variations; 2, negative zeros: 2 or 0

64. $f(x) = 3x^4 + 4x^3 - 5x^2 - 8$

Possible rational zeros:

$$\frac{\pm 1, \pm 2, \pm 4, \pm 8}{\pm 1, \pm 3} = \pm 1, \pm 2, \pm 4, \pm 8,$$

$$\pm \frac{1}{3}, \pm \frac{2}{3}, \pm \frac{4}{3}, \pm \frac{8}{3}$$

66. $f(x) = 10x^3 + 21x^2 - x - 6$

$$\begin{array}{r|rrrr} -2 & 10 & 21 & -1 & -6 \\ & & -20 & -2 & 6 \\ \hline & 10 & 1 & -3 & 0 \end{array}$$

Zeros: $-2, -\frac{3}{5}, \frac{1}{2}$

68. $f(x) = x^3 - 1.3x^2 - 1.7x + 0.6$

$$\begin{array}{r|rrrr} 2 & 1 & -1.3 & -1.7 & 0.6 \\ & & 2 & 1.4 & -0.6 \\ \hline & 1 & 0.7 & -0.3 & 0 \end{array}$$

Zeros: $-1, 0.3, 2$

70. $f(x) = 5x^4 + 126x^2 + 25$

$= (5x^2 + 1)(x^2 + 25)$

Zeros: $\pm \frac{\sqrt{5}}{5} i, \pm 5i$

72. $g(x) = x^3 - 3x^2 + 3x + 2$

(a) $\pm 1, \pm 2$

(b)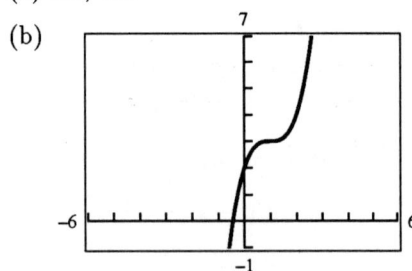

(c) -0.44

74. $f(x) = x^5 + 2x^3 - 3x - 20$

(a) $\pm 1, \pm 2, \pm 4, \pm 5, \pm 10, \pm 20$

(b)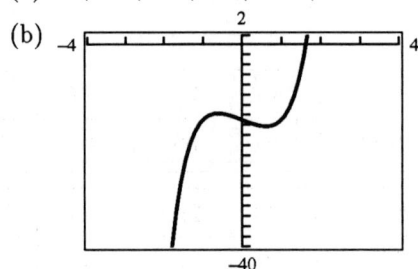

(c) 1.72

76.

$$y = -0.00428x^2 + 1.442x - 3.136, \quad 20 \le x \le 55$$

$$30 = -0.00428x^2 + 1.442x - 3.136$$

$0.00428x^2 - 1.442x + 33.136 = 0$

Using the zoom and trace features, we find that $x = 24.805$. Therefore, the average age of the groom is 30 when the age of the bride is 24.8 years.

CHAPTER FOUR
Rational Functions and Conic Sections

4.1 Rational Functions and Asymptotes

2. $f(x) = \dfrac{5x}{x-2}$

(a)

x	1	1.5	1.9	1.99	1.999
$f(x)$	−5	−15	−95	−995	−9995

x	3	2.5	2.1	2.01	2.001
$f(x)$	15	25	105	1005	10005

x	3	5	10	100	1000
$f(x)$	15	8.3333	6.25	5.1020	5.0100

(b) Vertical asymptote: $x = 2$
    Horizontal asymptote: $y = 5$

(c) Domain: $x \neq 2$

4. $f(x) = \dfrac{3}{|x-2|}$

(a)

x	1	1.5	1.9	1.99	1.999
$f(x)$	3	6	30	300	3000

x	3	2.5	2.1	2.01	2.001
$f(x)$	3	6	30	300	3000

x	3	5	10	100	1000
$f(x)$	3	1	0.375	0.0306	0.0030

(b) Vertical asymptote: $x = 2$
    Horizontal asymptote: $y = 0$

(c) Domain: $x \neq 2$

158 CHAPTER 4 Rational Functions and Conic Sections

6. $f(x) = \dfrac{4x}{x^2 - 4}$

   (a)

x	1	1.5	1.9	1.99	1.999
$f(x)$	−1.3333	−3.4286	−19.4872	−199.499	−1999.5

x	3	2.5	2.1	2.01	2.001
$f(x)$	2.4	4.4444	20.4878	200.4988	2000.5

x	3	5	10	100	1000
$f(x)$	2.4	0.9524	0.4167	0.0400	0.004

   (b) Vertical asymptote: $x = \pm 2$
   Horizontal asymptote: $y = 0$

   (c) Domain: $x \neq \pm 2$

8. $f(x) = \dfrac{4}{(x - 2)^3}$
   Domain: all real numbers except 2
   Vertical asymptote: $x = 2$
   Horizontal asymptote: $y = 0$

10. $f(x) = \dfrac{1 - 5x}{1 + 2x} = \dfrac{-5x + 1}{2x + 1}$
    Domain: all real numbers except $-\tfrac{1}{2}$
    Vertical asymptote: $x = -\tfrac{1}{2}$
    Horizontal asymptote: $y = -\tfrac{5}{2}$

12. $f(x) = \dfrac{2x^2}{x + 1} = 2x - 2 + \dfrac{2}{x + 1}$
    Domain: all real numbers except -1
    Vertical asymptote: $x = -1$
    Slant asymptote: $y = 2x - 2$

14. $f(x) = \dfrac{3x^2 + x - 5}{x^2 + 1} = 3 + \dfrac{x - 8}{x^2 + 1}$
    Domain: all real numbers
    Horizontal asymptote: $y = 3$

16. $f(x) = \dfrac{1}{x - 4}$
    Vertical asymptote: $x = 4$
    Horizontal asymptote: $y = 0$
    y-intercept: $\left(0, -\tfrac{1}{4}\right)$
    Graph (e)

    ```
    RANGE
    Xmin=-1
    Xmax=8
    Xscl=1
    Ymin=-3
    Ymax=3
    Yscl=1
    ```

18. $f(x) = \dfrac{1 - 2x}{x}$
    Vertical asymptote: $x = 0$
    Horizontal asymptote: $y = -2$
    x-intercept: $\left(\tfrac{1}{2}, 0\right)$
    Graph (b)

    ```
    RANGE
    Xmin=-3
    Xmax=3
    Xscl=1
    Ymin=-5
    Ymax=1
    Yscl=1
    ```

20. $f(x) = -\dfrac{x + 2}{x + 1}$
    Vertical asymptote: $x = -1$
    Horizontal asymptote: $y = -1$
    x-intercept: $(-2, 0)$
    y-intercept: $(0, -2)$
    Graph (d)

    ```
    RANGE
    Xmin=-4
    Xmax=2
    Xscl=1
    Ymin=-3
    Ymax=1
    Yscl=1
    ```

22. $f(x) = \dfrac{x^2(x-3)}{x^2 - 3x}$, $g(x) = x$

(a) Domain of f: $x \neq 0, 3$
Domain of g: all x

(b) f has no vertical asymptotes.

(c)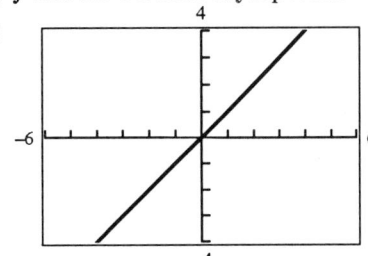

(d) Some viewing rectangles will show the difference in domains. For instance, on the TI-81, use the viewing rectangle $[-4.5, 5] \times [-4.5, 5]$.

24. $f(x) = \dfrac{2x - 8}{x^2 - 9x + 20} = \dfrac{2(x-4)}{(x-4)(x-5)}$

$g(x) = \dfrac{2}{x - 5}$

(a) Domain of f: $x \neq 4, 5$
Domain of g: $x \neq 5$

(b) f has a vertical asymptote at $x = 5$.

(c)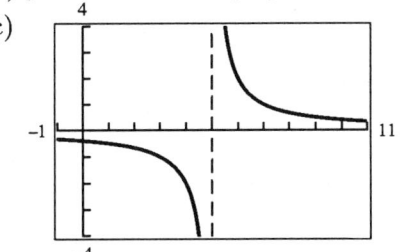

(d) Some viewing rectangles will show the difference in domains. For instance, on the TI-81, use the viewing rectangle $[0, 9.5] \times [-4.5, 5]$.

26. (a) $C = \dfrac{25{,}000(15)}{100 - 15} \approx 4411.76$

The cost would be $4411.76.

(c) $C = \dfrac{25{,}000(90)}{100 - 90} = 225{,}000$

The cost would be $225,000.

(b) $C = \dfrac{25{,}000(50)}{100 - 50} = 25{,}000$

The cost would be $25,000.

(d) No. The model is undefined for $p = 100$.

28. The moth will become satiated at the horizontal asymptote:

$$y = \dfrac{1.568}{6.360} \approx 0.2465 \text{ mg}$$

30. (a) $f(x) = 4 - \dfrac{1}{x}$ approaches 4 as x increases.

(i) $f(x)$ is less than 4 when x is positive.
(ii) $f(x)$ is greater than 4 when x is negative.

(c) $f(x) = \dfrac{2x - 1}{x - 3}$ approaches 2 as x increases.

(i) $f(x)$ is greater than 2 when x is positive.
(ii) $f(x)$ is less than 2 when x is negative.

(b) $f(x) = 2 + \dfrac{1}{x - 3}$ approaches 2 as x increases.

(i) $f(x)$ is greater than 2 when x is positive.
(ii) $f(x)$ is less than 2 when x is negative.

(d) $f(x) = \dfrac{2x - 1}{x^2 + 1}$ approaches 0 as x increases.

(i) $f(x)$ is greater than 0 when x is positive.
(ii) $f(x)$ is less than 0 when x is negative.

4.2 Graphs of Rational Functions

2. $g(x) = f(x-1) = \dfrac{1}{x-1}$
Horizontal shift one unit right

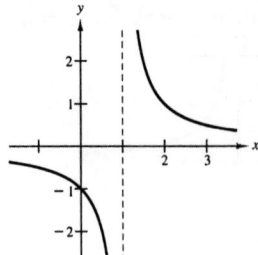

4. $g(x) = f(x+2) = \dfrac{1}{x+2}$
Horizontal shift two units left

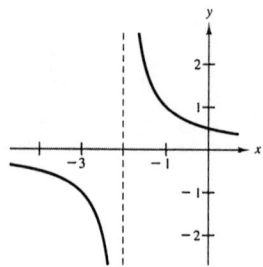

6. $g(x) = -f(x) = -\dfrac{4}{x^2}$
Reflection in the x-axis

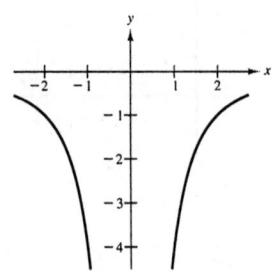

8. $g(x) = \dfrac{1}{4}f(x) = \dfrac{1}{x^2}$
Each y-value is multiplied by $\dfrac{1}{4}$.

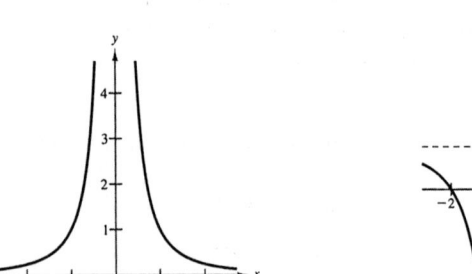

10. $g(x) = f(x) + 1 = \dfrac{8}{x^3} + 1$
Vertical shift one unit upward

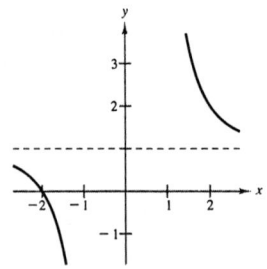

12. $g(x) = \dfrac{1}{8}f(x) = \dfrac{1}{x^3}$
Each y-value is multiplied by $\dfrac{1}{8}$.

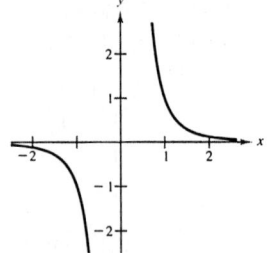

14. $f(x) = \dfrac{1}{x-3}$

y-intercept: $\left(0, -\dfrac{1}{3}\right)$
Vertical asymptote: $x = 3$
Horizontal asymptote: $y = 0$

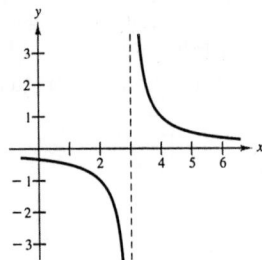

16. $g(x) = \dfrac{1}{3-x} = -\dfrac{1}{x-3}$

y-intercept: $\left(0, \dfrac{1}{3}\right)$
Vertical asymptote: $x = 3$
Horizontal asymptote: $y = 0$

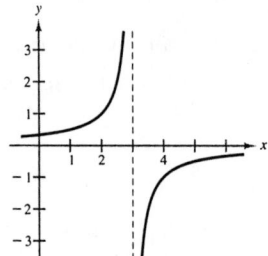

18. $P(x) = \dfrac{1-3x}{1-x} = \dfrac{3x-1}{x-1}$

x-intercept: $\left(\tfrac{1}{3}, 0\right)$
y-intercept: $(0, 1)$
Vertical asymptote: $x = 1$
Horizontal asymptote: $y = 3$

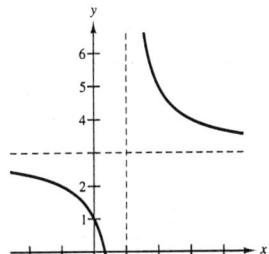

20. $f(t) = \dfrac{1-2t}{t} = -\dfrac{2t-1}{t}$

t-intercept: $\left(\tfrac{1}{2}, 0\right)$
Vertical asymptote: $t = 0$
Horizontal asymptote: $y = -2$

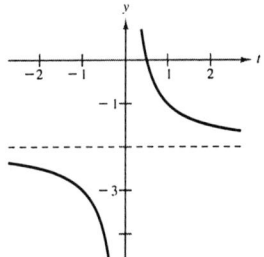

22. $f(x) = 2 - \dfrac{3}{x^2}$

x-intercepts: $\left(-\dfrac{\sqrt{6}}{2}, 0\right), \left(\dfrac{\sqrt{6}}{2}, 0\right)$

Vertical asymptote: $x = 0$
Horizontal asymptote: $y = 2$
y-axis symmetry

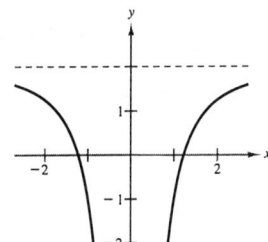

24. $g(x) = \dfrac{x}{x^2 - 9}$

Intercept: $(0, 0)$
Vertical asymptotes: $x = \pm 3$
Horizontal asymptote: $y = 0$
Origin symmetry

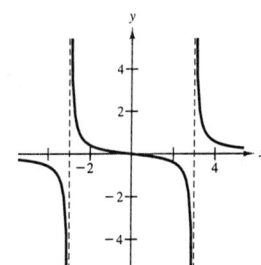

26. $f(x) = -\dfrac{1}{(x-2)^2}$

y-intercept: $\left(0, -\tfrac{1}{4}\right)$
Vertical asymptote: $x = 2$
Horizontal asymptote: $y = 0$

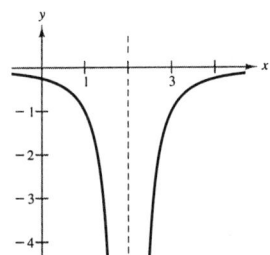

28. $f(x) = \dfrac{2x}{x^2 + x - 2} = \dfrac{2x}{(x+2)(x-1)}$

Intercept: $(0, 0)$
Vertical asymptotes: $x = -2, 1$
Horizontal asymptote: $y = 0$

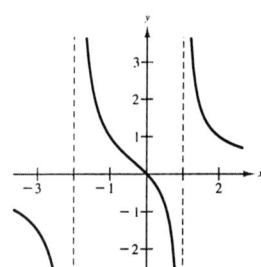

30. $f(x) = \dfrac{3-x}{2-x}$

Domain: all real numbers $x \neq 2$
Range: all real numbers $y \neq 1$

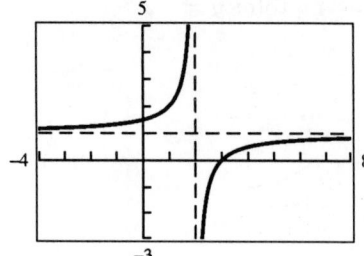

32. $h(x) = \dfrac{1}{x-3} + 1$

Domain: all real numbers $x \neq 3$
Range: all real numbers $y \neq 1$

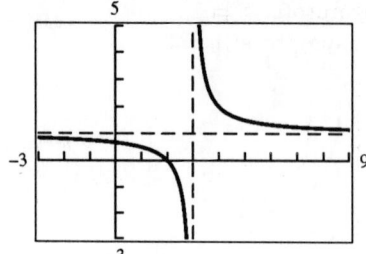

34. $g(x) = -\dfrac{x}{(x-2)^2}$

Domain: all real numbers $x \neq 2$
Range: $y < 0.125$

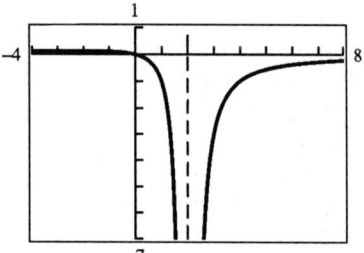

36. $f(x) = 5\left(\dfrac{1}{x-4} - \dfrac{1}{x+2}\right)$

Domain: all real numbers $x \neq 4, -2$
Range: $(0, \infty) \cup (-\infty, -3.33)$

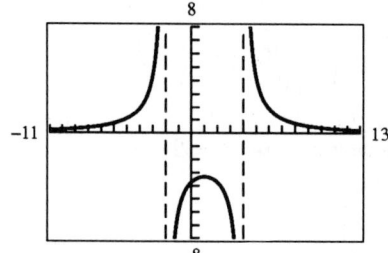

38. $f(x) = \dfrac{1-x^2}{x} = -x + \dfrac{1}{x}$

x-intercepts: $(-1, 0)$, $(1, 0)$
Vertical asymptote: $x = 0$
Slant asymptote: $y = -x$
Origin symmetry

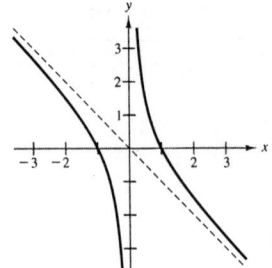

40. $h(x) = \dfrac{x^2}{x-1} = x + 1 + \dfrac{1}{x-1}$

Intercept: $(0, 0)$
Vertical asymptote: $x = 1$
Slant asymptote: $y = x + 1$

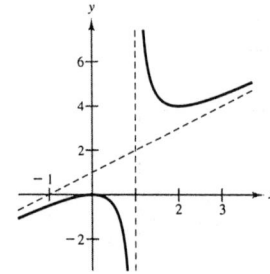

42. $g(x) = \dfrac{x^3}{2x^2 - 8} = \dfrac{1}{2}x + \dfrac{4x}{2x^2 - 8}$

Intercept: $(0, 0)$
Vertical asymptotes: $x = \pm 2$
Slant asymptote: $y = \frac{1}{2}x$
Origin symmetry

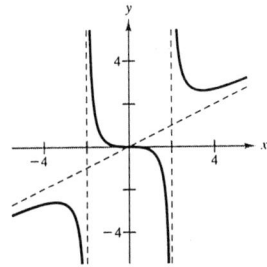

44. $f(x) = \dfrac{2x^2 - 5x + 5}{x - 2} = 2x - 1 + \dfrac{3}{x - 2}$

y-intercept: $\left(0, -\frac{5}{2}\right)$
Vertical asymptote: $x = 2$
Slant asymptote: $y = 2x - 1$

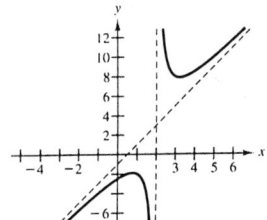

46. $f(x) = \dfrac{2x^2 + x}{x + 1} = 2x - 1 + \dfrac{1}{x + 1}$

x-intercepts: $\left(-\frac{1}{2}, 0\right), (0, 0)$
y-intercept: $(0, 0)$
Vertical asymptote: $x = -1$
Slant asymptote: $y = 2x - 1$

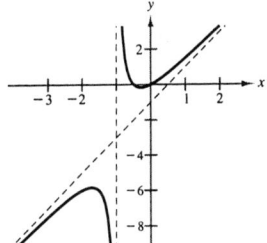

48. $g(x) = \dfrac{4|x - 2|}{x + 1}$

Horizontal asymptotes: $y = \pm 4$

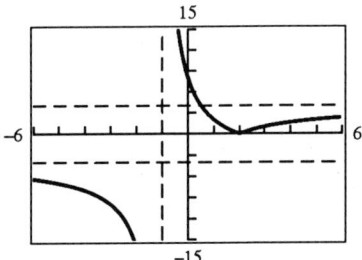

50. $g(x) = \dfrac{3x^4 - 5x + 3}{x^4 + 1}$

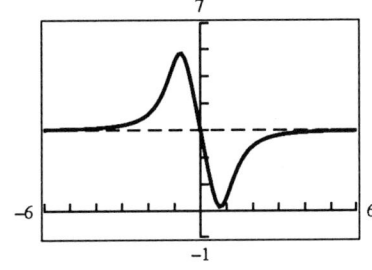

52. There is no vertical asymptote since
$$\dfrac{x^2 + x - 2}{x - 1} = (x + 2), \quad x \neq 1.$$

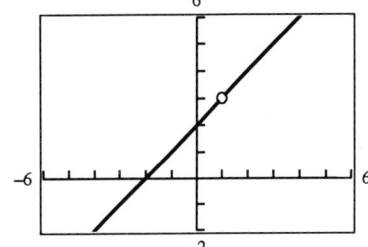

54. $C(x) = x + \dfrac{16}{x}$

Relative maximum: $(-4, -8)$
Relative minimum: $(4, 8)$

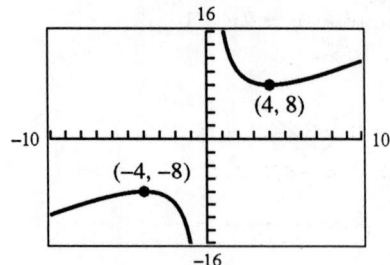

56. (a) $xy = 500 \Rightarrow y = \dfrac{500}{x}$
(b) $x > 0$
(c) If $x = 30$, $y = 16.67$ meters.

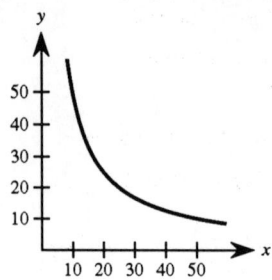

58. (a) $y - 0 = \dfrac{3-0}{2-a}(x-a) \Rightarrow$

$y = \dfrac{3(x-a)}{2-a}, \quad 0 \leq x \leq a$

(b) $A = \dfrac{1}{2}(\text{base})(\text{height})$

$= \dfrac{1}{2}a\left(-\dfrac{3a}{2-a}\right) = \dfrac{-3a^2}{2(2-a)}, \quad 2 < a$

(c) A is a minimum when $a = 4$.

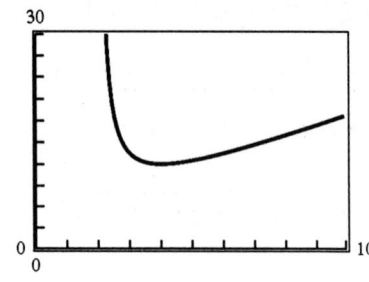

60. $\overline{C} = \dfrac{C}{x} = \dfrac{0.2x^2 + 10x + 5}{x}$

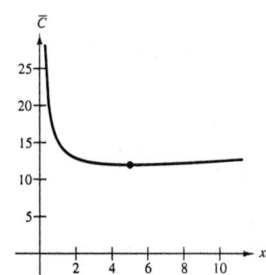

The minimum average cost occurs when $x = 5$.

4.3 Partial Fractions

2. $\dfrac{1}{4x^2-9} = \dfrac{A}{2x+3} + \dfrac{B}{2x-3}$

$1 = A(2x-3) + B(2x+3)$

Let $x = -\tfrac{3}{2}$: $1 = -6A \Rightarrow A = -\tfrac{1}{6}$.
Let $x = \tfrac{3}{2}$: $1 = 6B \Rightarrow B = \tfrac{1}{6}$.

$\dfrac{1}{4x^2-9} = \dfrac{1}{6}\left[\dfrac{1}{2x-3} - \dfrac{1}{2x+3}\right]$

4. $\dfrac{3}{x^2-3x} = \dfrac{A}{x-3} + \dfrac{B}{x}$

$3 = Ax + B(x-3)$

Let $x = 3$: $3 = 3A \Rightarrow A = 1$.
Let $x = 0$: $3 = -3B \Rightarrow B = -1$.

$\dfrac{3}{x^2-3x} = \dfrac{1}{x-3} - \dfrac{1}{x}$

6. $\dfrac{5}{x^2+x-6} = \dfrac{A}{x+3} + \dfrac{B}{x-2}$

$5 = A(x-2) + B(x+3)$

Let $x = -3$: $5 = -5A \Rightarrow A = -1$.
Let $x = 2$: $5 = 5B \Rightarrow B = 1$.

$\dfrac{5}{x^2+x-6} = \dfrac{1}{x-2} - \dfrac{1}{x+3}$

8. $\dfrac{x+1}{x^2+4x+3} = \dfrac{x+1}{(x+3)(x+1)}$

$= \dfrac{1}{x+3},\ x \neq -1$

10. $\dfrac{3x^2-7x-2}{x^3-x} = \dfrac{A}{x} + \dfrac{B}{x+1} + \dfrac{C}{x-1}$

$3x^2 - 7x - 2 = A(x^2-1) + Bx(x-1)$
$ + Cx(x+1)$

Let $x = 0$: $-2 = -A \Rightarrow A = 2$.
Let $x = -1$: $8 = 2B \Rightarrow B = 4$.
Let $x = 1$: $-6 = 2C \Rightarrow C = -3$.

$\dfrac{3x^2-7x-2}{x^3-x} = \dfrac{2}{x} + \dfrac{4}{x+1} - \dfrac{3}{x-1}$

12. $\dfrac{x+2}{x(x-4)} = \dfrac{A}{x} + \dfrac{B}{x-4}$

$x + 2 = A(x-4) + Bx$

Let $x = 0$: $2 = -4A \Rightarrow A = -\tfrac{1}{2}$.
Let $x = 4$: $6 = 4B \Rightarrow B = \tfrac{3}{2}$.

$\dfrac{x+2}{x(x-4)} = \dfrac{1}{2}\left[\dfrac{3}{x-4} - \dfrac{1}{x}\right]$

14. $\dfrac{2x-3}{(x-1)^2} = \dfrac{A}{x-1} + \dfrac{B}{(x-1)^2}$

$2x - 3 = A(x-1) + B$

Let $x = 1$: $-1 = B$.
Let $x = 0$: $-3 = -A + B$
$\phantom{\text{Let } x = 0:\ }-3 = -A - 1$
$\phantom{\text{Let } x = 0:\ \ \ }2 = A$

$\dfrac{2x-3}{(x-1)^2} = \dfrac{2}{x-1} - \dfrac{1}{(x-1)^2}$

16. $\dfrac{4x^2-1}{2x(x+1)^2} = \dfrac{A}{2x} + \dfrac{B}{x+1} + \dfrac{C}{(x+1)^2}$

$4x^2 - 1 = A(x+1)^2 + 2Bx(x+1) + 2Cx$

Let $x = 0$: $-1 = A$.
Let $x = -1$: $3 = -2C \Rightarrow C = -\tfrac{3}{2}$.
Let $x = 1$: $3 = 4A + 4B + 2C$
$\phantom{\text{Let } x = 1:\ }3 = -4 + 4B - 3$
$\phantom{\text{Let } x = 1:\ }\tfrac{5}{2} = B$

$\dfrac{4x^2-1}{2x(x+1)^2} = \dfrac{1}{2}\left[-\dfrac{1}{x} + \dfrac{5}{x+1} - \dfrac{3}{(x+1)^2}\right]$

18. $\dfrac{6x^2+1}{x^2(x-1)^3} = \dfrac{A}{x} + \dfrac{B}{x^2} + \dfrac{C}{x-1} + \dfrac{D}{(x-1)^2} + \dfrac{E}{(x-1)^3}$

$6x^2 + 1 = Ax(x-1)^3 + B(x-1)^3 + Cx^2(x-1)^2 + Dx^2(x-1) + Ex^2$

Let $x = 0$: $1 = -B \Rightarrow B = -1$.

Let $x = 1$: $7 = E$.

Substitute B and E into the equation, expand the binomials, collect like terms, and equate the coefficients of like terms.

$$x^3 - 4x^2 + 3x = (A+C)x^4 - (3A+2C-D)x^3 + (3A+C-D)x^2 - Ax$$

$$-A = 3 \Rightarrow A = -3$$

$$A + C = 0 \Rightarrow C = 3$$

$$-3A - 2C + D = 1$$

$$9 - 6 + D = 1 \Rightarrow D = -2$$

$$\dfrac{6x^2+1}{x^2(x-1)^3} = -\dfrac{3}{x} - \dfrac{1}{x^2} + \dfrac{3}{x-1} - \dfrac{2}{(x-1)^2} + \dfrac{7}{(x-1)^3}$$

20. $\dfrac{x}{(x-1)(x^2+x+1)} = \dfrac{A}{x-1} + \dfrac{Bx+C}{x^2+x+1}$

$x = A(x^2+x+1) + (Bx+C)(x-1)$

Let $x = 1$: $1 = 3A \Rightarrow A = \dfrac{1}{3}$.

$$x = \dfrac{1}{3}(x^2+x+1) + (Bx+C)(x-1)$$

$$= \dfrac{1}{3}x^2 + \dfrac{1}{3}x + \dfrac{1}{3} + Bx^2 - Bx + Cx - C = \left(\dfrac{1}{3}+B\right)x^2 + \left(\dfrac{1}{3}-B+C\right)x + \dfrac{1}{3} - C$$

Equating coefficients of like powers:

$$0 = \dfrac{1}{3} + B \Rightarrow B = -\dfrac{1}{3}$$

$$0 = \dfrac{1}{3} - C \Rightarrow C = \dfrac{1}{3}$$

$$\dfrac{x}{(x-1)(x^2+x+1)} = \dfrac{1}{3}\left[\dfrac{1}{x-1} - \dfrac{x-1}{x^2+x+1}\right]$$

22. $\dfrac{2x^2 + x + 8}{(x^2 + 4)^2} = \dfrac{Ax + B}{x^2 + 4} + \dfrac{Cx + D}{(x^2 + 4)^2}$

$2x^2 + x + 8 = (Ax + B)(x^2 + 4) + Cx + D$

$2x^2 + x + 8 = Ax^3 + Bx^2 + (4A + C)x + (4B + D)$

Equating coefficients of like powers:

$\quad 0 = A$

$\quad 2 = B$

$\quad 1 = 4A + C \Rightarrow C = 1$

$\quad 8 = 4B + D \Rightarrow D = 0$

$\dfrac{2x^2 + x + 8}{(x^2 + 4)^2} = \dfrac{2}{x^2 + 4} + \dfrac{x}{(x^2 + 4)^2}$

24. $\dfrac{x^2 - 4x + 7}{(x + 1)(x^2 - 2x + 3)} = \dfrac{A}{x + 1} + \dfrac{Bx + C}{x^2 - 2x + 3}$

$x^2 - 4x + 7 = A(x^2 - 2x + 3) + Bx(x + 1) + C(x + 1)$

Let $x = -1$: $12 = 6A \Rightarrow A = 2$.

Let $x = 0$: $7 = 3A + C \Rightarrow C = 1$.

Let $x = 1$: $4 = 2A + 2B + 2C$

$\quad\quad 4 = 4 + 2B + 2 \Rightarrow B = -1$

$\dfrac{x^2 - 4x + 7}{(x + 1)(x^2 - 2x + 3)} = \dfrac{2}{x + 1} - \dfrac{x - 1}{x^2 - 2x + 3}$

26. $\dfrac{x^3}{(x + 2)^2(x - 2)^2} = \dfrac{A}{x + 2} + \dfrac{B}{(x + 2)^2} + \dfrac{C}{x - 2} + \dfrac{D}{(x - 2)^2}$

$x^3 = A(x + 2)(x - 2)^2 + B(x - 2)^2 + C(x + 2)^2(x - 2) + D(x + 2)^2$

Let $x = -2$: $-8 = 16B \Rightarrow B = -\frac{1}{2}$.

Let $x = 2$: $8 = 16D \Rightarrow D = \frac{1}{2}$.

$x^3 = A(x + 2)(x - 2)^2 - \dfrac{1}{2}(x - 2)^2 + C(x + 2)^2(x - 2) + \dfrac{1}{2}(x + 2)^2$

$x^3 - 4x = (A + C)x^3 + (-2A + 2C)x^2 + (-4A - 4C)x + (8A - 8C)$

Equating coefficients of like powers:

$\quad 0 = -2A + 2C \Rightarrow A = C$

$\quad 1 = A + C$

$\quad 1 = 2A \Rightarrow A = \dfrac{1}{2} \Rightarrow C = \dfrac{1}{2}$

$\dfrac{x^3}{(x + 2)^2(x - 2)^2} = \dfrac{1}{2}\left[\dfrac{1}{x + 2} - \dfrac{1}{(x + 2)^2} + \dfrac{1}{x - 2} + \dfrac{1}{(x - 2)^2}\right]$

28. $\dfrac{x+1}{x^3+x} = \dfrac{A}{x} + \dfrac{Bx+C}{x^2+1}$

$x+1 = A(x^2+1) + Bx^2 + Cx$

Let $x = 0$: $1 = A$.

$x+1 = x^2 + 1 + Bx^2 + Cx$

$x+1 = (1+B)x^2 + Cx + 1$

Equating coefficients of like powers:

$0 = 1 + B \Rightarrow B = -1$

$1 = C$

$\dfrac{x+1}{x^3+x} = \dfrac{1}{x} - \dfrac{x-1}{x^2+1}$

30. $\dfrac{x^3-x+3}{x^2+x-2} = x - 1 + \dfrac{2x+1}{(x+2)(x-1)}$

$\dfrac{2x+1}{(x+2)(x-1)} = \dfrac{A}{x+2} + \dfrac{B}{x-1}$

$2x+1 = A(x-1) + B(x+2)$

Let $x = -2$: $-3 = -3A \Rightarrow A = 1$.

Let $x = 1$: $3 = 3B \Rightarrow B = 1$.

$\dfrac{x^3-x+3}{x^2+x-2} = x - 1 + \dfrac{1}{x+2} + \dfrac{1}{x-1}$

32. $\dfrac{x^2-x}{x^2+x+1} = 1 - \dfrac{2x+1}{x^2+x+1}$

34. $\dfrac{1}{x(x+a)} = \dfrac{A}{x} + \dfrac{B}{x+a}$, a is a constant

$1 = A(x+a) + Bx$

Let $x = 0$: $1 = aA \Rightarrow A = \dfrac{1}{a}$.

Let $x = -a$: $1 = -aB \Rightarrow B = -\dfrac{1}{a}$.

$\dfrac{1}{x(x+a)} = \dfrac{1}{a}\left[\dfrac{1}{x} - \dfrac{1}{x+a}\right]$

36. $\dfrac{1}{(x+1)(a-x)} = \dfrac{A}{x+1} + \dfrac{B}{a-x}$

$1 = A(a-x) + B(x+1)$

Let $x = -1$: $1 = A(a+1) \Rightarrow A = \dfrac{1}{a+1}$.

Let $x = a$: $1 = B(a+1) \Rightarrow B = \dfrac{1}{a+1}$.

$\dfrac{1}{(x+1)(a-x)} = \dfrac{1}{a+1}\left[\dfrac{1}{x+1} + \dfrac{1}{a-x}\right]$

4.4 Conic Sections and Graphs

2. $x^2 = -4y$
   Downward opening parabola
   Graph (c)

   RANGE
   Xmin=-7
   Xmax=7
   Xscl=1
   Ymin=-8
   Ymax=2
   Yscl=1

4. $y^2 = -4x$
   Parabola opening to the left
   Graph (h)

   RANGE
   Xmin=-9
   Xmax=2
   Xscl=1
   Ymin=-4
   Ymax=4
   Yscl=1

6. $\dfrac{x^2}{4} + \dfrac{y^2}{1} = 1$
   Ellipse with horizontal major axis
   Graph (f)

   RANGE
   Xmin=-3
   Xmax=3
   Xscl=1
   Ymin=-2
   Ymax=2
   Yscl=1

8. $\dfrac{y^2}{4} - \dfrac{x^2}{1} = 1$
   Hyperbola with vertical transverse axis
   Graph (b)

   RANGE
   Xmin=-4
   Xmax=4
   Xscl=1
   Ymin=-3
   Ymax=3
   Yscl=1

10. $y = 2x^2$

    $\tfrac{1}{2}y = x^2$

    $4\left(\tfrac{1}{8}\right)y = x^2; \quad p = \tfrac{1}{8}$

    Vertex: $(0, 0)$

    Focus: $\left(0, \tfrac{1}{8}\right)$

    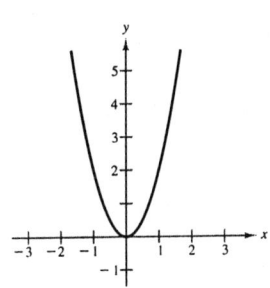

12. $y^2 = 3x$

    $y^2 = 4\left(\tfrac{3}{4}\right)x; \quad p = \tfrac{3}{4}$

    Vertex: $(0, 0)$

    Focus: $\left(\tfrac{3}{4}, 0\right)$

    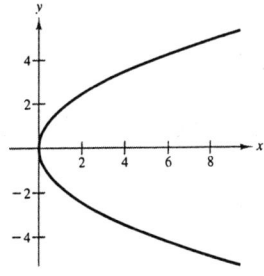

14. $x + y^2 = 0$

$y^2 = 4\left(-\frac{1}{4}\right)x; \quad p = -\frac{1}{4}$

Vertex: $(0, 0)$

Focus: $\left(-\frac{1}{4}, 0\right)$

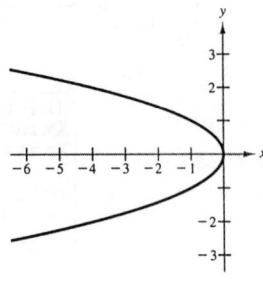

16. $x^2 + 12y = 0 \Rightarrow y = -\dfrac{x^2}{12}$

$x + y - 3 = 0 \Rightarrow y = 3 - x$

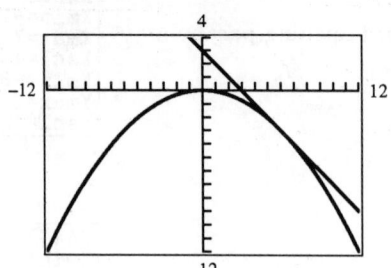

18. Focus: $(2, 0)$

$y^2 = 4(2)x$

$y^2 = 8x$

20. Focus: $(0, -2)$

$x^2 = 4(-2)y$

$x^2 = -8y$

22. Directrix: $x = 3$

$y^2 = 4(-3)x$

$y^2 = -12x$

24. Directrix: $x = -2$

$y^2 = 4(2)x$

$y^2 = 8x$

26. $x^2 = 4py$

$(-2)^2 = 4p(-2)$

$4 = -8p$

$p = -\frac{1}{2}$

$x^2 = 4\left(-\frac{1}{2}\right)y$

$x^2 = -2y$

28. $x^2 = 4py$

$200^2 = 4p(50)$

$p = 200$

$x^2 = 4(200)y$

$x^2 = 800y$

30. $\dfrac{x^2}{144} + \dfrac{y^2}{169} = 1$

Vertical major axis

$a = 13, b = 12$

Center: $(0, 0)$

Vertices: $(0, \pm 13)$

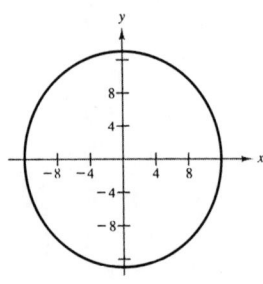

32. $\dfrac{x^2}{169} + \dfrac{y^2}{144} = 1$

Horizontal major axis

$a = 13, b = 12$

Center: $(0, 0)$

Vertices: $(\pm 13, 0)$

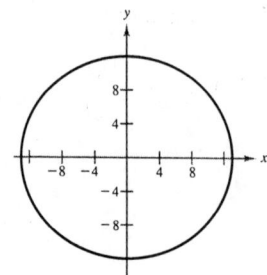

34. $\dfrac{x^2}{28} + \dfrac{y^2}{64} = 1$

Vertical major axis

$a = 8, b = 2\sqrt{7}$

Center: $(0, 0)$

Vertices: $(0, \pm 8)$

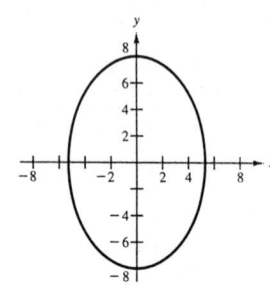

36. $x^2 + 4y^2 = 4$

$4y^2 = 4 - x^2$

$y^2 = 1 - \frac{1}{4}x^2$

$y_1 = \sqrt{1 - \frac{1}{4}x^2}$

$y_2 = -\sqrt{1 - \frac{1}{4}x^2}$

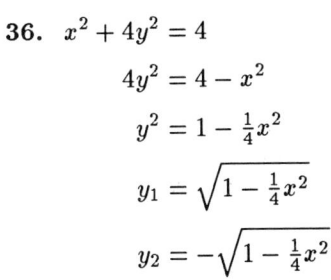

38. Vertices: $(\pm 2, 0) \Rightarrow a = 2$

Minor axis of length $3 \Rightarrow b = \frac{3}{2}$

Horizontal major axis

$\dfrac{x^2}{a^2} + \dfrac{y^2}{b^2} = 1$

$\dfrac{x^2}{4} + \dfrac{4y^2}{9} = 1$

40. Vertices: $(0, \pm 8) \Rightarrow a = 8$

Foci: $(0, \pm 4) \Rightarrow b = \sqrt{8^2 - 4^2} = 4\sqrt{3}$

Vertical major axis

$\dfrac{x^2}{b^2} + \dfrac{y^2}{a^2} = 1$

$\dfrac{x^2}{48} + \dfrac{y^2}{64} = 1$

42. Foci: $(\pm 2, 0) \Rightarrow c = 2$

Major axis of length $8 \Rightarrow a = 4$

$b = \sqrt{4^2 - 2^2} = 2\sqrt{3}$

Horizontal major axis

$\dfrac{x^2}{a^2} + \dfrac{y^2}{b^2} = 1$

$\dfrac{x^2}{16} + \dfrac{y^2}{12} = 1$

44. Major axis vertical; passes through points $(0, 4)$ and $(2, 0) \Rightarrow a = 4, \ b = 2$

$\dfrac{x^2}{b^2} + \dfrac{y^2}{a^2} = 1$

$\dfrac{x^2}{4} + \dfrac{y^2}{16} = 1$

46. $a = 50, \ b = 30$

$\dfrac{x^2}{50^2} + \dfrac{y^2}{30^2} = 1$

$\dfrac{45^2}{50^2} + \dfrac{y^2}{30^2} = 1$

$\dfrac{2025}{2500} + \dfrac{y^2}{900} = 1$

$y^2 = \dfrac{475}{2500}(900)$

$y^2 = 171$

$y = \pm 3\sqrt{19}$

The height five feet from the edge of the tunnel is $3\sqrt{19} \approx 13$ feet.

48. For $\dfrac{x^2}{a^2} + \dfrac{y^2}{b^2} = 1$, we have $c^2 = a^2 - b^2$. When $x = c$,

$\dfrac{c^2}{a^2} + \dfrac{y^2}{b^2} = 1 \Rightarrow y^2 = b^2\left(1 - \dfrac{a^2 - b^2}{a^2}\right) \Rightarrow y^2 = \dfrac{b^4}{a^2} \Rightarrow 2y = \dfrac{2b^2}{a}.$

50. $\dfrac{x^2}{9} + \dfrac{y^2}{16} = 1$

$a = 4,\ b = 3,\ c = \sqrt{7}$

Points on the ellipse: $(\pm 3, 0),\ (0, \pm 4)$

Length of latus recta: $\dfrac{2b^2}{a} = \dfrac{2(3)^2}{4} = \dfrac{9}{2}$

Additional points: $\left(\pm\dfrac{9}{4}, -\sqrt{7}\right),\ \left(\pm\dfrac{9}{4}, \sqrt{7}\right)$

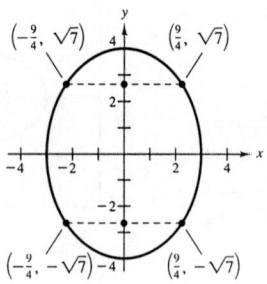

52. $5x^2 + 3y^2 = 15$

$\dfrac{x^3}{3} + \dfrac{y^2}{5} = 1$

$a = \sqrt{5},\ b = \sqrt{3},\ c = \sqrt{2}$

Points on the ellipse: $(\pm\sqrt{3}, 0),\ (0, \pm\sqrt{5})$

Length of latus recta: $\dfrac{2b^2}{a} = \dfrac{2\left(\sqrt{3}\right)^2}{\sqrt{5}} = \dfrac{6\sqrt{5}}{5}$

Additional points: $\left(\pm\dfrac{3\sqrt{5}}{5}, -\sqrt{2}\right),\ \left(\pm\dfrac{3\sqrt{5}}{5}, \sqrt{2}\right)$

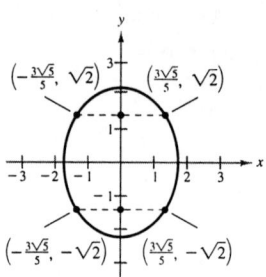

54. $\dfrac{x^2}{9} - \dfrac{y^2}{16} = 1$
$a = 3,\ b = 4$
Center: $(0, 0)$
Vertices: $(\pm 3, 0)$
Asymptotes: $y = \pm\dfrac{4}{3}x$

56. $\dfrac{y^2}{9} - \dfrac{x^2}{1} = 1$
$a = 3,\ b = 1$
Center: $(0, 0)$
Vertices: $(0, \pm 3)$
Asymptotes: $y = \pm 3x$

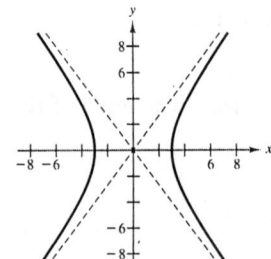
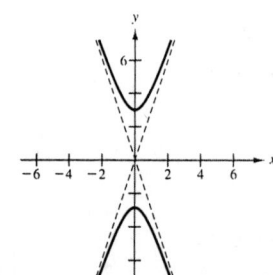

58. $\dfrac{x^2}{36} - \dfrac{y^2}{4} = 1$
 $a = 6,\ b = 2$
 Center: $(0, 0)$
 Vertices: $(\pm 6, 0)$
 Asymptotes: $y = \pm \tfrac{1}{3}x$

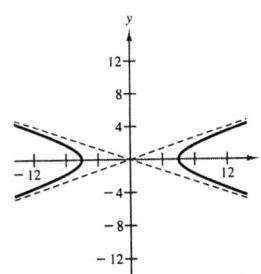

60. $3y^2 - 5x^2 = 15$
 $3y^2 = 5x^2 + 15$
 $y_1 = \sqrt{\tfrac{5}{3}x^2 + 5}$
 $y_2 = -\sqrt{\tfrac{5}{3}x^2 + 5}$

 Asymptotes: $y = \pm \dfrac{\sqrt{15}}{3}x$

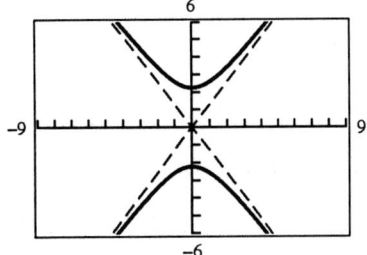

62. Vertices: $(\pm 3, 0) \Rightarrow a = 3$
 Foci: $(\pm 5, 0) \Rightarrow c = 5$
 Horizontal transverse axis
 $b^2 = c^2 - a^2 = 16$
 $\dfrac{x^2}{a^2} - \dfrac{y^2}{b^2} = 1$
 $\dfrac{x^2}{9} - \dfrac{y^2}{16} = 1$

64. Vertices: $(0, \pm 3) \Rightarrow a = 3$
 Asymptotes: $y = \pm 3x$
 Vertical transverse axis
 $3 = \dfrac{a}{b} = \dfrac{3}{b} \Rightarrow b = 1$
 $\dfrac{y^2}{a^2} - \dfrac{x^2}{b^2} = 1$
 $\dfrac{y^2}{9} - \dfrac{x^2}{1} = 1$

66. Foci: $(\pm 10, 0) \Rightarrow c = 10$
 Asymptotes: $y = \pm \tfrac{3}{4}x$
 Horizontal transverse axis
 $\dfrac{3}{4} = \dfrac{b}{a} \Rightarrow a = \dfrac{4}{3}b$
 $\dfrac{16}{9}b^2 + b^2 = (10)^2$
 $\qquad b^2 = 36 \Rightarrow a^2 = 64$
 $\dfrac{x^2}{a^2} - \dfrac{y^2}{b^2} = 1$
 $\dfrac{x^2}{64} - \dfrac{y^2}{36} = 1$

68. Vertices: $(\pm 2, 0) \Rightarrow a = 2$
 Horizontal transverse axis
 $\dfrac{x^2}{4} - \dfrac{y^2}{b^2} = 1$
 $\dfrac{3^2}{4} - \dfrac{(\sqrt{3})^2}{b^2} = 1$
 $\qquad b^2 = \dfrac{12}{5}$
 $\dfrac{x^2}{4} - \dfrac{5y^2}{12} = 1$

70. Center: $(0, 0)$
Vertex: $(a, 0)$
Focus: $(c, 0) = (12, 0)$
$b^2 = c^2 - a^2 = 12^2 - a^2$

$$\frac{(x-0)^2}{a^2} - \frac{(y-0)^2}{b^2} = 1$$

$$\frac{(12-0)^2}{a^2} - \frac{(12-0)^2}{12^2 - a^2} = 1$$

$$\frac{144}{a^2} - \frac{144}{144 - a^2} = 1$$

$$144(144 - a^2) - 144a^2 = a^2(144 - a^2)$$

$$a^4 - 432a^2 + 20{,}736 = 0$$

You can use a graphing utility to solve this equation for $a = 7.4164$, or

$$a^2 = \frac{-(-432) \pm \sqrt{(-432)^2 - 4(1)(20{,}736)}}{2(1)}$$

$$a^2 = 216 \pm 72\sqrt{5}$$

$$a = \pm\sqrt{216 \pm 72\sqrt{5}}.$$

The possible values for a are ≈ 19.42, ≈ 7.42, ≈ -7.42, ≈ -19.42. Since the vertex of the mirror lies between 0 and 12, the vertex is $(\sqrt{216 - 72\sqrt{5}}, 0) \approx (7.42, 0)$.

72. Let (x, y) be such that the difference of the distances from $(c, 0)$ and $(-c, 0)$ is $2a$. (Again only deriving one of the forms.)

$$2a = \left|\sqrt{(x+c)^2 + y^2} - \sqrt{(x-c)^2 + y^2}\right|$$

$$2a + \sqrt{(x-c)^2 + y^2} = \sqrt{(x+c)^2 + y^2}$$

$$4a^2 + 4a\sqrt{(x-c)^2 + y^2} + (x-c)^2 + y^2 = (x+c)^2 + y^2$$

$$4a\sqrt{(x-c)^2 + y^2} = 4cx - 4a^2$$

$$a\sqrt{(x-c)^2 + y^2} = cx - a^2$$

$$a^2(x^2 - 2cx + c^2 + y^2) = c^2x^2 - 2a^2cx + a^4$$

$$a^2(c^2 - a^2) = (c^2 - a^2)x^2 - a^2y^2$$

Let $b^2 = c^2 - a^2$. Then
$$a^2b^2 = b^2x^2 - a^2y^2 \Rightarrow 1 = \frac{x^2}{a^2} - \frac{y^2}{b^2}.$$

4.5 Conic Sections and Translations

2. $(x+3) + (y-2)^2 = 0$

$(y-2)^2 = 4\left(-\frac{1}{4}\right)(x+3); \quad p = -\frac{1}{4}$

Vertex: $(-3, 2)$
Focus: $\left(-\frac{13}{4}, 2\right)$
Directrix: $x = -\frac{11}{4}$

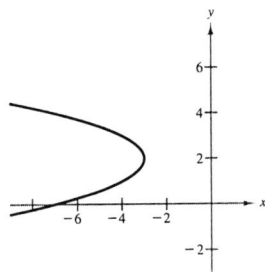

4. $\left(x+\frac{1}{2}\right)^2 = 4(y-3); \quad p = 1$

Vertex: $\left(-\frac{1}{2}, 3\right)$
Focus: $\left(-\frac{1}{2}, 4\right)$
Directrix: $y = 2$

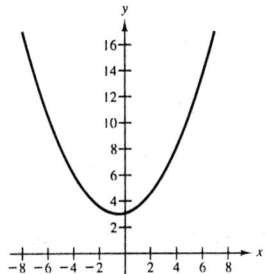

6. $4x - y^2 - 2y - 33 = 0$

$4(x-8) = (y+1)^2; \quad p = 1$

Vertex: $(8, -1)$
Focus: $(9, -1)$
Directrix: $x = 7$

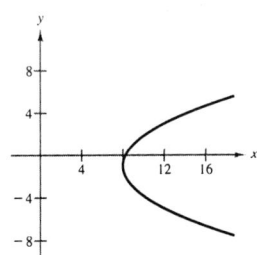

8. $y^2 - 4y - 4x = 0$

$(y-2)^2 = 4(x+1); \quad p = 1$

Vertex: $(-1, 2)$
Focus: $(0, 2)$
Directrix: $x = -2$

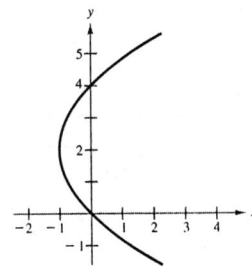

10. $x^2 - 2x + 8y + 9 = 0$

$(x-1)^2 = 4(-2)(y+1);\ p = -2$

Vertex: $(1, -1)$
Focus: $(1, -3)$
Directrix: $y = 1$

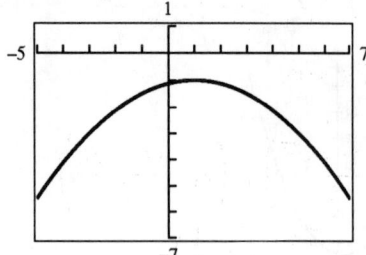

12. $y^2 - 4x - 4 = 0$

$y^2 = 4(x+1);\ p = 1$

Vertex: $(-1, 0)$
Focus: $(0, 0)$
Directrix: $x = -2$

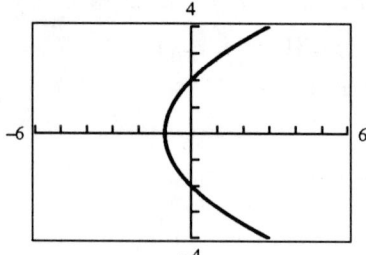

14. Vertex: $(-1, 2)$
Focus: $(-1, 0)$
Vertical axis
$p = 0 - 2 = -2$
$(x+1)^2 = 4(-2)(y-2)$
$(x+1)^2 = -8(y-2)$

16. Vertex: $(-2, 1)$
Directrix: $x = 1$
Horizontal axis
$p = -2 - 1 = -3$
$(y-1)^2 = 4(-3)(x+2)$
$(y-1)^2 = -12(x+2)$

18. Focus: $(0, 0)$
Directrix: $y = 4$
Vertical axis
Vertex: $(0, 2)$
$p = 0 - 2 = -2$
$(x-0)^2 = 4(-2)(y-2)$
$x^2 = -8(y-2)$

20. Vertex: $(2, 4)$
Opens downward
Passes through $(0, 0)$ and $(4, 0)$
$(x-2)^2 = 4p(y-4)$
$(4-2)^2 = 4p(0-4)$
$4 = -16p$
$p = -\frac{1}{4}$
$(x-2)^2 = 4(-\frac{1}{4})(y-4)$
$(x-2)^2 = -(y-4)$

22. Vertex: $(0, 48)$

Passes through the point $(10\sqrt{3}, 0)$

$(x-0)^2 = 4p(y-48)$
$(10\sqrt{3} - 0)^2 = 4p(0-48)$
$300 = -192p$
$p = -\frac{25}{16}$
$(x-0)^2 = 4\left(-\frac{25}{16}\right)(y-48)$
$x^2 = -\frac{25}{4}(y-48)$

24. $R = 375x - \frac{3}{2}x^2$

Maximum revenue for $x = 125$

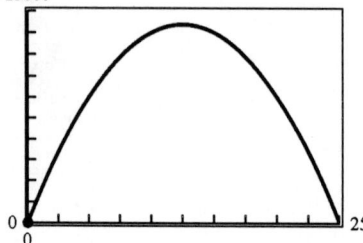

26. $(x+2)^2 + \dfrac{(y+4)^2}{1/4} = 1$

$a = 1, \quad b = \dfrac{1}{2}, \quad c = \sqrt{a^2 - b^2} = \dfrac{\sqrt{3}}{2}$

Center: $(-2, -4)$

Foci: $\left(\dfrac{-4 - \sqrt{3}}{2}, -4\right), \left(\dfrac{-4 + \sqrt{3}}{2}, -4\right)$

Vertices: $(-3, -4), (-1, -4)$

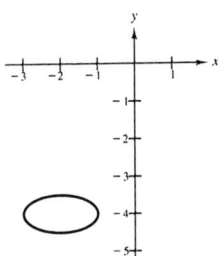

28. $9x^2 + 4y^2 - 36x + 8y + 31 = 0$

$9(x^2 - 4x + 4) + 4(y^2 + 2y + 1) = 9$

$(x-2)^2 + \dfrac{(y+1)^2}{9/4} = 1$

$a = \dfrac{3}{2}, \quad b = 1, \quad c = \sqrt{a^2 - b^2} = \dfrac{\sqrt{5}}{2}$

Vertical major axis

Center: $(2, -1)$

Foci: $\left(2, \dfrac{-2 - \sqrt{5}}{2}\right), \left(2, \dfrac{-2 + \sqrt{5}}{2}\right)$

Vertices: $\left(2, -\dfrac{5}{2}\right), \left(2, \dfrac{1}{2}\right)$

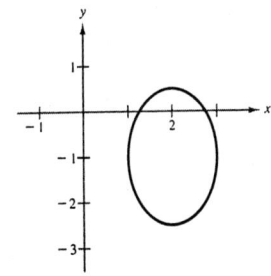

30. $9x^2 + 25y^2 - 36x - 50y + 61 = 0$

$9(x^2 - 4x + 4) + 25(y^2 - 2y + 1) = 0$

$9(x-2)^2 + 25(y-1)^2 = 0$

The graph of this equation is the point $(2, 1)$.

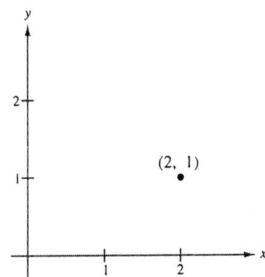

32. $$36x^2 + 9y^2 + 48x - 36y + 43 = 0$$
$$36\left(x^2 + \frac{4}{3}x + \frac{4}{9}\right) + 9(y^2 - 4y + 4) = 9$$
$$\frac{(x + (2/3))^2}{1/4} + \frac{(y - 2)^2}{1} = 1$$

$a = 1$, $b = \frac{1}{2}$, $c = \sqrt{a^2 - b^2} = \frac{\sqrt{3}}{2}$

Vertical major axis

Center: $\left(-\frac{2}{3}, 2\right)$

Foci: $\left(-\frac{2}{3}, \frac{4 - \sqrt{3}}{2}\right)$, $\left(-\frac{2}{3}, \frac{4 + \sqrt{3}}{2}\right)$

Vertices: $\left(-\frac{2}{3}, 1\right)$, $\left(-\frac{2}{3}, 3\right)$

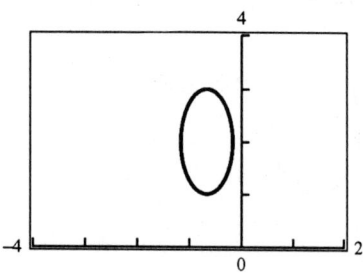

34. Foci: (0, 0), (4, 0)
Major axis of length 8
$a = 4$, $c = 2$, $b^2 = 12$
Center: (2, 0)
Horizontal major axis
$$\frac{(x - 2)^2}{16} + \frac{y^2}{12} = 1$$

36. Center: (2, −1)
Vertex: $(2, \frac{1}{2})$
Minor axis of length 2
$a = \frac{3}{2}$, $b = 1$
Vertical major axis
$$(x - 2)^2 + \frac{4(y + 1)^2}{9} = 1$$

38. Center: (3, 2)
$a = 3c$
Foci: (1, 2), (5, 2)
$c = 2$, $a = 6$, $b^2 = 32$
Horizontal major axis
$$\frac{(x - 3)^2}{36} + \frac{(y - 2)^2}{32} = 1$$

40. Vertices: (5, 0), (5, 12)
Endpoints of the minor axis: (0, 6), (10, 6)
$a = 6$, $b = 5$
Center: (5, 6)
Vertical major axis
$$\frac{(x - 5)^2}{25} + \frac{(y - 6)^2}{36} = 1$$

42. Vertices: (0, ±8)
$e = \frac{c}{a} = \frac{1}{2}$
$a = 8$, $c = 4$, $b^2 = 48$
$$\frac{x^2}{48} + \frac{y^2}{64} = 1$$

44. Least distance: $a - c = 1.3495 \times 10^9$

Greatest distance: $a + c = 1.5045 \times 10^9$

$$a = 1.3495 \times 10^9 + c$$

$$(1.3495 \times 10^9 + c) + c = 1.5045 \times 10^9$$

$$2c = 1.55 \times 10^8$$

$$c = 7.75 \times 10^7$$

$a = 1.3495 \times 10^9 + 7.75 \times 10^7$

$a = 1.427 \times 10^9$

$e = \dfrac{c}{a} = \dfrac{7.75 \times 10^7}{1.427 \times 10^9} \approx 0.0543$

46. $b^2 = a^2 - c^2 = a^2 - (ae)^2 = a^2(1 - e^2)$

Thus,

$$\dfrac{(x-h)^2}{a^2} + \dfrac{(y-k)^2}{b^2} = 1$$

can be written as

$$\dfrac{(x-h)^2}{a^2} + \dfrac{(y-k)^2}{a^2(1-e^2)} = 1.$$

True. As e approaches zero, $a^2(1 - e^2)$ approaches a^2, and the above equation approaches

$$\dfrac{(x-h)^2}{a^2} + \dfrac{(y-k)^2}{a^2} = 1,$$

a circle of radius a.

48. $\dfrac{(x+1)^2}{144} - \dfrac{(y-4)^2}{25} = 1$

$a = 12$, $b = 5$, $c = \sqrt{a^2 + b^2} = 13$

Center: $(-1, 4)$

Horizontal transverse axis

Vertices: $(-13, 4)$, $(11, 4)$

Foci: $(-14, 4)$, $(12, 4)$

Asymptotes: $y = \pm\dfrac{5}{12}(x + 1) + 4$

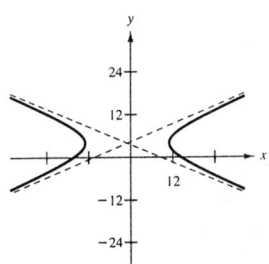

50. $\dfrac{(y-1)^2}{1/4} - \dfrac{(x+3)^2}{1/9} = 1$

$a = \dfrac{1}{2}$, $b = \dfrac{1}{3}$, $c = \sqrt{a^2 + b^2} = \dfrac{\sqrt{13}}{6}$

Center: $(-3, 1)$

Vertical transverse axis

Vertices: $\left(-3, \dfrac{1}{2}\right)$, $\left(-3, \dfrac{3}{2}\right)$

Foci: $\left(-3, 1 \pm \dfrac{\sqrt{13}}{6}\right)$

Asymptotes: $y = \pm\dfrac{3}{2}(x + 3) + 1$

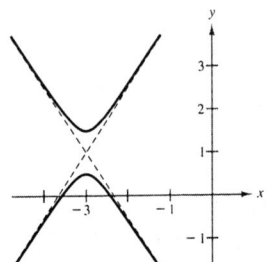

52. $x^2 - 9y^2 + 36y - 72 = 0$
$x^2 - 9(y^2 - 4y + 4) = 36$
$$\frac{x^2}{36} - \frac{(y-2)^2}{4} = 1$$

$a = 6, \ b = 2, \ c = \sqrt{a^2 + b^2} = 2\sqrt{10}$
Center: $(0, 2)$
Horizontal transverse axis
Vertices: $(-6, 2), (6, 2)$
Foci: $(\pm 2\sqrt{10}, 2)$
Asymptotes: $y = \pm\frac{1}{3}x + 2$

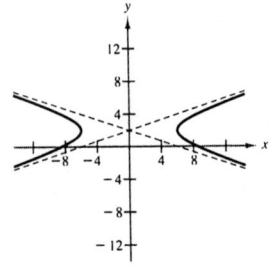

54. $16y^2 - x^2 + 2x + 64y + 63 = 0$
$16(y^2 + 4y + 4) - (x^2 - 2x + 1) = 0$
$16(y+2)^2 = (x-1)^2$
$y = \pm\frac{1}{4}(x-1) - 2$

The graph of this equation is two lines intersecting at $(1, -2)$.

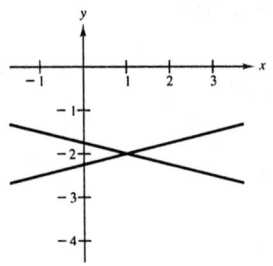

56. $9x^2 - y^2 + 54x + 10y + 55 = 0$
$9(x^2 + 6x + 9) - (y^2 - 10y + 25) = 1$
$$\frac{(x+3)^2}{1/9} - (y-5)^2 = 1$$

$a = \frac{1}{3}, \ b = 1, \ c = \sqrt{a^2 + b^2} = \frac{\sqrt{10}}{3}$
Center: $(-3, 5)$
Horizontal transverse axis
Vertices: $\left(-\frac{10}{3}, 5\right), \left(-\frac{8}{3}, 5\right)$
Foci: $\left(-3 \pm \frac{\sqrt{10}}{3}, 5\right)$
Asymptotes: $y = \pm 3(x+3) + 5$

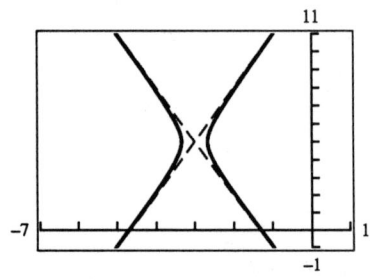

SECTION 4.5 Conic Sections and Translations

58. Vertices: $(2, 3), (2, -3)$
Foci: $(2, 5), (2, -5)$
Center: $(2, 0)$
Vertical transverse axis
$a = 3, \ c = 5, \ b^2 = c^2 - a^2 = 16$
$$\frac{y^2}{9} - \frac{(x-2)^2}{16} = 1$$

60. Vertices: $(-2, 1), (2, 1)$
Foci: $(-3, 1), (3, 1)$
Center: $(0, 1)$
Horizontal transverse axis
$a = 2, \ c = 3, \ b^2 = c^2 - a^2 = 5$
$$\frac{x^2}{4} - \frac{(y-1)^2}{5} = 1$$

62. Vertices: $(-2, 1), (2, 1)$
Passes through the point $(4, 3)$
Center: $(0, 1)$
Horizontal transverse axis
$a = 2$
$$\frac{x^2}{4} - \frac{(y-1)^2}{b^2} = 1$$
$$\frac{4^2}{4} - \frac{(3-1)^2}{b^2} = 1$$
$$b^2 = \frac{4}{3}$$
$$\frac{x^2}{4} - \frac{3(y-1)^2}{4} = 1$$

64. Vertices: $(3, 0), (3, 4)$
Asymptotes: $y = \frac{2}{3}x, \ y = 4 - \frac{2}{3}x$
Center: $(3, 2)$
Vertical transverse axis
$a = 2, \ b = 3$
$$\frac{(y-2)^2}{4} - \frac{(x-3)^2}{9} = 1$$

66. $x^2 + 4y^2 - 6x + 16y + 21 = 0$
$(x-3)^2 + 4(y+2)^2 = 4$
$$\frac{(x-3)^2}{4} + (y+2)^2 = 1$$

Ellipse

68. $y^2 - 4y - 4x = 0$
$(y-2)^2 = 4(x+1)$

Parabola

70. $4y^2 - 2x^2 - 4y - 8x - 15 = 0$
$4\left(y - \frac{1}{2}\right)^2 - 2(x+2)^2 = 8$
$$\frac{\left(y - \frac{1}{2}\right)^2}{2} - \frac{(x+2)^2}{4} = 1$$

Hyperbola

72. $4x^2 + 4y^2 - 16y + 15 = 0$
$4x^2 + 4(y-2)^2 = 1$
$x^2 + (y-2)^2 = \frac{1}{4}$

Circle

182 CHAPTER 4 Rational Functions and Conic Sections

Review Exercises for Chapter 4

2. $f(x) = \dfrac{2x^2 + 5x - 3}{x^2 + 2}$
   Domain: All real numbers
   Vertical asymptote: none
   Horizontal asymptote: $y = 2$

4. $g(x) = \dfrac{1}{(x-3)^2}$
   Domain: All real numbers except 3
   Vertical asymptote: $x = 3$
   Horizontal asymptote: $y = 0$

6. $f(x) = \dfrac{4}{x}$
   Origin symmetry
   Vertical asymptote: $x = 0$
   Horizontal asymptote: $y = 0$

8. $g(x) = \dfrac{-2}{(x+3)^2}$
   y-intercept: $\left(0, -\tfrac{2}{9}\right)$
   Vertical asymptote: $x = -3$
   Horizontal asymptote: $y = 0$

10. $f(x) = \dfrac{2x}{x^2 + 4}$
    Intercept: $(0, 0)$
    Origin symmetry
    Horizontal asymptote: $y = 0$

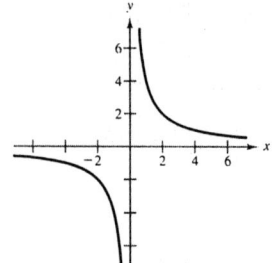

12. $h(x) = \dfrac{4}{(x-1)^2}$
    y-intercept: $(0, 4)$
    Vertical asymptote: $x = 1$
    Horizontal asymptote: $y = 0$

14. $y = \dfrac{2x^2}{x^2 - 4}$
    Intercept: $(0, 0)$
    y-axis symmetry
    Vertical asymptotes:
    $x = 2$ and $x = -2$
    Horizontal asymptote:
    $y = 2$

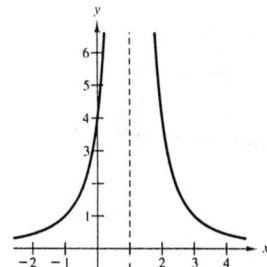
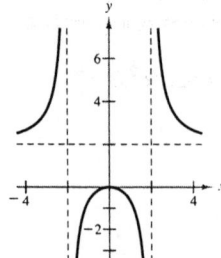

16. $y = \dfrac{5x}{x^2 - 4}$

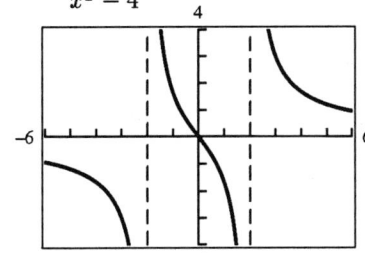

18. $y = \dfrac{1}{x+3} + 2$

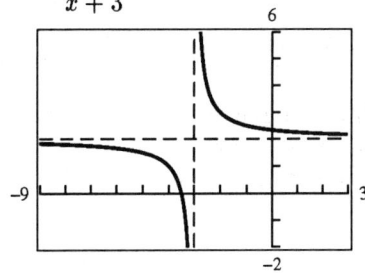

20. $\overline{C} = \dfrac{100{,}000 + 0.9x}{x}, \quad 0 < x$

$\overline{C}(1{,}000) = \$100.90$

$\overline{C}(10{,}000) = \$10.90$

$\overline{C}(100{,}000) = \$1.90$

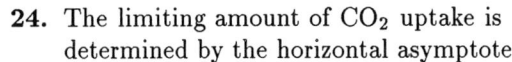

22. (a) When $t = 5$,

$N = \dfrac{20(4 + 3(5))}{1 + 0.05(5)} = 304$ or 304,000 fish.

When $t = 10$,

$N = \dfrac{20(4 + 3(10))}{1 + 0.05(10)} \approx 453.333$ or 453,333 fish.

When $t = 25$,

$N = \dfrac{20(4 + 3(25))}{1 + 0.05(25)} \approx 702.222$ or 702,222 fish.

(b) $N = \dfrac{20(4 + 3t)}{1 + 0.05t} = \dfrac{60t + 80}{0.05t + 1}$

The limiting number of fish in the lake is determined by the horizontal asymptote.

$N = \dfrac{60}{0.05} = 1200$ or 1,200,000 fish

24. The limiting amount of CO_2 uptake is determined by the horizontal asymptote.

$y = \dfrac{18.47}{0.23} \approx 80.3 \text{ mg/dc}^2/\text{hr}$

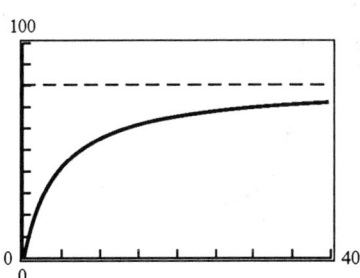

26. $\dfrac{-x}{x^2+3x+2} = \dfrac{A}{x+1} + \dfrac{B}{x+2}$

$-x = A(x+2) + B(x+1)$

Let $x = -1$: $1 = A$.

Let $x = -2$: $2 = -B \Rightarrow B = -2$.

$\dfrac{-x}{x^2+3x+2} = \dfrac{1}{x+1} - \dfrac{2}{x+2}$

28. $\dfrac{9}{x^2-9} = \dfrac{A}{x-3} + \dfrac{B}{x+3}$

$9 = A(x+3) + B(x-3)$

Let $x = 3$: $9 = 6A \Rightarrow A = \dfrac{3}{2}$.

Let $x = -3$: $9 = -6B \Rightarrow B = -\dfrac{3}{2}$.

$\dfrac{9}{x^2-9} = \dfrac{1}{2}\left(\dfrac{3}{x-3} - \dfrac{3}{x+3}\right)$

30. $\dfrac{4x-2}{3(x-1)^2} = \dfrac{A}{x-1} + \dfrac{B}{(x-1)^2}$

$\dfrac{4}{3}x - \dfrac{2}{3} = A(x-1) + B$

Let $x = 1$: $\dfrac{2}{3} = B$.

Let $x = 2$: $2 = A + \dfrac{2}{3} \Rightarrow A = \dfrac{4}{3}$.

$\dfrac{4x-2}{3(x-1)^2} = \dfrac{4}{3(x-1)} + \dfrac{2}{3(x-1)^2}$

32. $\dfrac{4x^2}{(x-1)(x^2+1)} = \dfrac{A}{x-1} + \dfrac{Bx+C}{x^2+1}$

$4x^2 = A(x^2+1) + (Bx+C)(x-1)$

Let $x = 1$: $4 = 2A \Rightarrow A = 2$.

$4x^2 = 2(x^2+1) + (Bx+C)(x-1)$

$2x^2 - 2 = Bx^2 + (-B+C)x - C$

Equating coefficient of like powers:

$2 = B$

$-2 = -C \Rightarrow C = 2$

$\dfrac{4x^2}{(x-1)(x^2+1)} = \dfrac{2}{x-1} + \dfrac{2x+2}{x^2+1}$

$= 1\left(\dfrac{1}{x-1} + \dfrac{x+1}{x^2+1}\right)$

34. $x^2 = -8y$
Parabola
Vertex: $(0, 0)$
Vertical axis

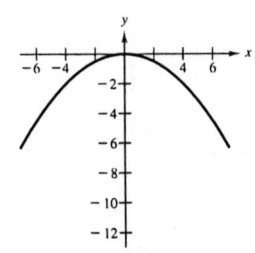

36. $y^2 - 12y - 8x + 20 = 0$

$(y-6)^2 = 8(x+2)$

Parabola
Vertex: $(-2, 6)$
Focus: $(0, 6)$

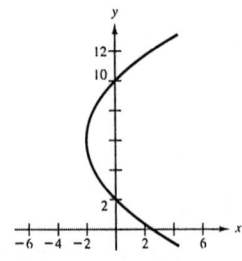

38. $16x^2 + 16y^2 - 16x + 24y - 3 = 0$

$16\left(x - \tfrac{1}{2}\right)^2 + 16\left(y + \tfrac{3}{4}\right)^2 = 16$

$\left(x - \tfrac{1}{2}\right)^2 + \left(y + \tfrac{3}{4}\right)^2 = 1$

Circle
Center: $\left(\tfrac{1}{2}, -\tfrac{3}{4}\right)$
Radius: 1

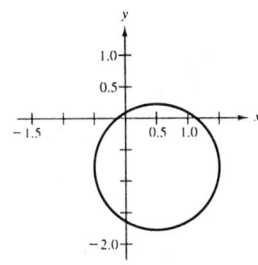

40. $2x^2 + 6y^2 = 18$

$\dfrac{x^2}{9} + \dfrac{y^2}{3} = 0$

Ellipse
Center: $(0, 0)$
Vertices: $(-3, 0), (3, 0)$

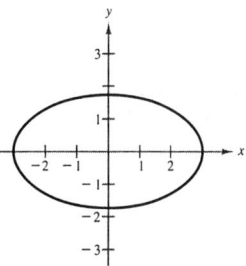

42. $4x^2 + y^2 - 16x + 15 = 0$

$4(x - 2)^2 + y^2 = 1$

Ellipse
Center: $(2, 0)$
Vertices: $(2, -1), (2, 1)$

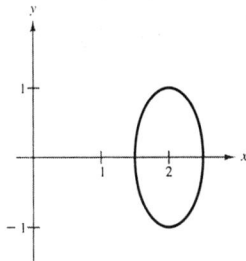

44. $x^2 - 9y^2 + 10x + 18y + 7 = 0$

$(x + 5)^2 - 9(y - 1)^2 = 9$

$\dfrac{(x + 5)^2}{9} - (y - 1)^2 = 1$

Hyperbola
Horizontal transverse axis
Center: $(-5, 1)$
Vertices: $(-8, 1), (-2, 1)$
Asymptotes: $y = \pm\tfrac{1}{3}(x + 5) + 1$

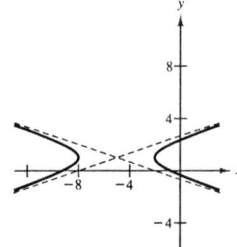

46. $40x^2 + 36xy + 25y^2 - 52 = 0$

$25y^2 + 36xy + (40x^2 - 52) = 0$

$y = \dfrac{-36x \pm \sqrt{(36x)^2 - 4(25)(40x^2 - 52)}}{50}$

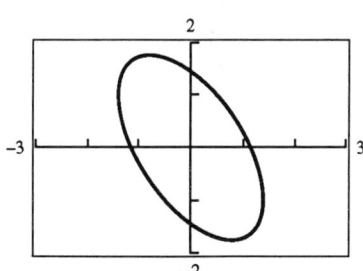

48. Horizontal axis, $p = -2$
$$(y-k)^2 = 4p(x-h)$$
$$(y-0)^2 = 4(-2)(x-2)$$
$$y^2 = -8(x-2)$$

50. Vertical axis, $p = 2$
$$(x-h)^2 = 4p(y-k)$$
$$(x-2)^2 = 4(2)(y-2)$$
$$(x-2)^2 = 8(y-2)$$

52. Vertical major axis
Center: $(2, 2)$
$a = 2$, $c = 1$,
$b = \sqrt{4-1} = \sqrt{3}$
$$\frac{(x-h)^2}{b^2} + \frac{(y-k)^2}{a^2} = 1$$
$$\frac{(x-2)^2}{4} + \frac{(y-2)^2}{3} = 1$$

54. Horizontal major axis
Center: $(2, 1)$
$a = 2$, $b = 1$
$$\frac{(x-h)^2}{a^2} + \frac{(y-k)^2}{b^2} = 1$$
$$\frac{(x-2)^2}{4} + \frac{(y-1)^2}{1} = 1$$

56. Horizontal transverse axis
Center: $(0, 2)$
$a = 2$, $c = 4$,
$b = \sqrt{16-4} = \sqrt{12}$
$$\frac{(x-h)^2}{a^2} - \frac{(y-k)^2}{b^2} = 1$$
$$\frac{x^2}{4} - \frac{(y-2)^2}{12} = 1$$

58. Vertical transverse axis
Center: $(3, 0) \Rightarrow C = 2$
$\dfrac{a}{b} = 2 \Rightarrow a = 2b$
$$a^2 + b^2 = c^2$$
$$(2b)^2 + b^2 = 4$$
$$b^2 = \frac{4}{5}$$
$$a^2 = \frac{16}{5}$$
$$\frac{(y-k)^2}{a^2} - \frac{(x-h)^2}{b^2} = 1$$
$$\frac{5y^2}{16} - \frac{5(x-3)^2}{4} = 1$$

60. $a = 5$, $b = 4$, $c = \sqrt{a^2 - b^2} = 3$

The foci should be placed 3 feet on either side of center and 10 feet high.

CHAPTER FIVE
Exponential and Logarithmic Functions

5.1 Exponential Functions and Their Graphs

2. $5000(2^{-1.5}) \approx 1767.767$

4. $(1.005)^{400} \approx 7.352$

6. $\sqrt[3]{4395} \approx 16.380$

8. $e^{1/2} \approx 1.649$

10. $e^{3.2} \approx 24.533$

12. $f(x) = -3^x$
y-intercept: $(0, -1)$
-3^x decreases as x increases.
Matches graph (e)

```
RANGE
Xmin=-3
Xmax=3
Xscl=1
Ymin=-5
Ymax=1
Yscl=1
```

14. $f(x) = -3^{-x}$
y-intercept: $(0, -1)$
-3^{-x} increases as x increases.
Matches graph (h)

```
RANGE
Xmin=-3
Xmax=3
Xscl=1
Ymin=-5
Ymax=1
Yscl=1
```

16. $f(x) = 3^x + 1$
y-intercept: $(0, 2)$
$3^x + 1$ increases as x increases.
Matches graph (a)

```
RANGE
Xmin=-3
Xmax=3
Xscl=1
Ymin=0
Ymax=4
Yscl=1
```

18. $f(x) = 3^{x-2}$
y-intercept: $\left(0, \frac{1}{9}\right)$
3^{x-2} increases as x increases.
Point: $(2, 1)$
Matches graph (c)

```
RANGE
Xmin=-2
Xmax=4
Xscl=1
Ymin=-1
Ymax=3
Yscl=1
```

20. $\left(\frac{1}{4}\right)^x < \left(\frac{1}{2}\right)^x$ for $x > 0$

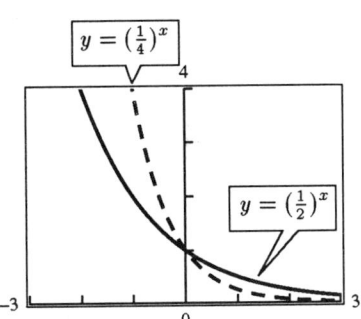

22. $f(x) = \left(\frac{3}{2}\right)^x$

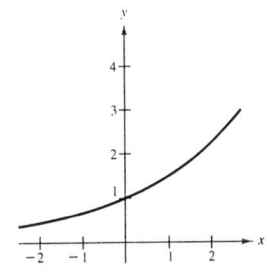

24. $h(x) = \left(\frac{3}{2}\right)^{-x}$

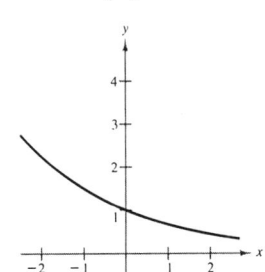

26. $g(x) = \left(\frac{3}{2}\right)^{x+2}$

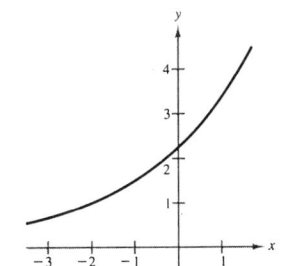

28. $f(x) = \left(\frac{3}{2}\right)^{-x} + 2$

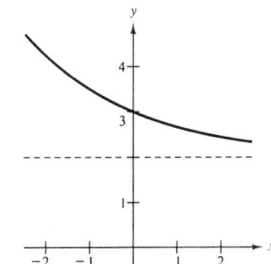

188 CHAPTER 5 Exponential and Logarithmic Functions

30. $f(x) = 4^{x+1} - 2$

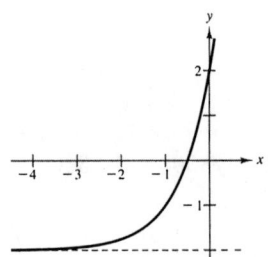

32. $y = 1.08^{5x}$

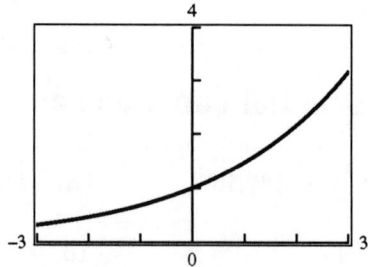

34. $s(t) = 3e^{-0.2t}$

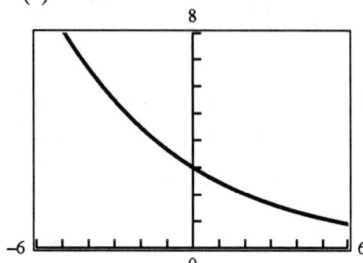

36. $h(x) = e^{x-2}$

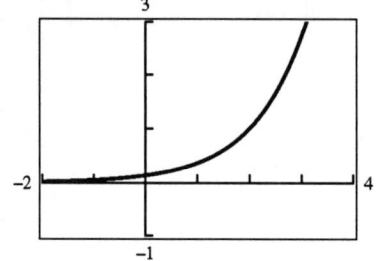

38. (a) $f(x) = \dfrac{8}{1 + e^{-0.5x}}$

Asymptotes: $y = 0$, $y = 8$

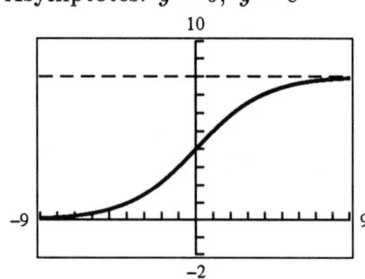

(b) $g(x) = \dfrac{8}{1 + e^{-0.5/x}}$

Asymptotes: $y = 4$, $x = 0$

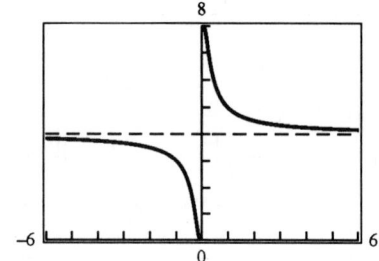

40. $y_1 = \left(1 + \dfrac{0.5}{x}\right)^x$

$y_2 = e^{0.5}$

The graph of y_1 approaches the graph of y_2 as x increases.

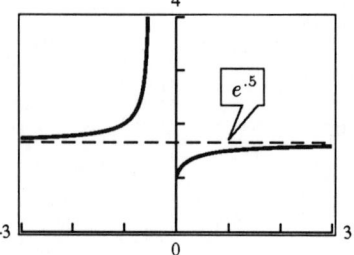

42. $P = \$1000$, $r = 10\%$, $t = 10$ years

Compounded n times per year: $A = 1000\left(1 + \dfrac{0.10}{n}\right)^{10n}$

Compounded continuously: $A = 1000e^{0.10(10)}$

n	1	2	4	12	365	Continuous compounding
A	\$2,593.74	\$2,653.30	\$2,685.06	\$2,707.04	\$2,717.91	\$2,718.28

44. $P = \$1000$, $r = 10\%$, $t = 40$ years

Compounded n times per year: $A = 1000\left(1 + \dfrac{0.10}{n}\right)^{40n}$

Compounded continuously: $A = 1000e^{0.10(40)}$

n	1	2	4	12	365	Continuous compounding
A	\$45,259.26	\$49,561.44	\$51,977.87	\$53,700.66	\$54,568.25	\$54,598.15

46. $P = 100{,}000e^{-0.12t}$

t	1	10	20	30	40	50
P	\$88,692.04	\$30,119.42	\$9,071.80	\$2,732.37	\$822.97	\$247.88

48. $P = 100{,}000\left(1 + \dfrac{0.07}{365}\right)^{-365t}$

t	1	10	20	30	40	50
P	\$93,240.01	\$49,661.86	\$24,663.01	\$12,248.11	\$6,082.64	\$3,020.75

50. $A = 5000e^{(0.075)(50)} \approx \$212{,}605.51$

52. (a) $x = 100$

$p = 5000\left(1 - \dfrac{4}{4 + e^{-0.2}}\right) \approx \$849.53$

(b) $x = 500$

$p = 5000\left(1 - \dfrac{4}{4 + e^{-1}}\right) \approx \$421.12$

The graph of p is a decreasing function with domain $(0, \infty)$ and range $(0, 5000)$.

54. (a) $P(5) = 2500e^{(0.0293)(5)} \approx 2894$

(b) $P(10) = 2500e^{(0.0293)(10)} \approx 3551$

(c) $P(20) = 2500e^{(0.0293)(20)} \approx 4492$

56. (a) When $t = 0$, $Q = 10 \left(\frac{1}{2}\right)^{0/5730}$
$= 10$ units.

(b) When $t = 2000$, $Q = 10 \left(\frac{1}{2}\right)^{2000/5730}$
≈ 7.851 units.

(c)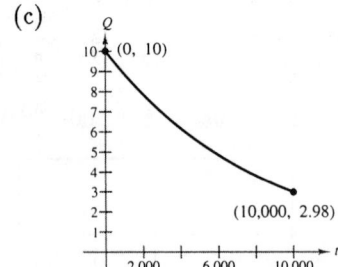

58. $C(10) = 19.95(1.05)^{10} \approx \$32.50$

60. (a) $f(u+v) = a^{u+v} = a^u \cdot a^v = f(u) \cdot f(v)$

(b) $f(2x) = a^{2x} = (a^x)^2 = [f(x)]^2$

5.2 Logarithmic Functions and Their Graphs

2. $\log_2 \left(\frac{1}{8}\right) = \log_2 2^{-3} = -3$

4. $\log_{27} 9 = \log_{27} 27^{2/3} = \frac{2}{3}$

6. $\log_{10} 1000 = \log_{10} 10^3 = 3$

8. $\log_{10} 10 = \log_{10} 10^1 = 1$

10. $\ln 1 = \ln e^0 = 0$

12. $\log_a \frac{1}{a} = \log_a a^{-1} = -1$

14. $8^2 = 64$
$2 = \log_8 64$

16. $9^{3/2} = 27$
$\frac{3}{2} = \log_9 27$

18. $10^{-3} = 0.001$
$-3 = \log_{10} 0.001$

20. $e^0 = 1$
$0 = \ln 1$

22. $\log_{10} \left(\frac{4}{5}\right) \approx -0.097$

24. $\log_{10} 12.5 \approx 1.097$

26. $\ln(\sqrt{5} - 2) \approx -1.444$

28. $f(x) = 5^x$, $g(x) = \log_5 x$
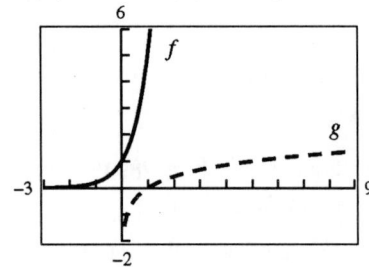

30. $f(x) = 10^x$, $g(x) = \log_{10} x$
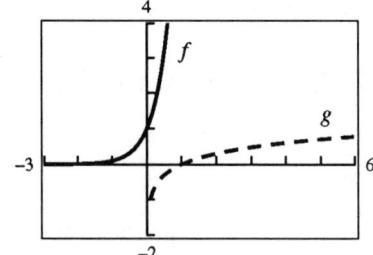

32. $f(x) = -\ln x$ falls to the right.
Vertical asymptote: $x = 0$
Intercept: $(1, 0)$
Graph (e)

```
RANGE
Xmin=-1
Xmax=4
Xscl=1
Ymin=-2
Ymax=2
Yscl=1
```

34. $f(x) = \ln(x - 1)$ rises to the right.
Vertical asymptote: $x = 1$
Intercept: $(2, 0)$
Graph (c)

```
RANGE
Xmin=-1
Xmax=4
Xscl=1
Ymin=-2
Ymax=2
Yscl=1
```

36. $f(x) = -\ln(-x)$ falls to the left.
Vertical asymptote: $x = 0$
Intercept: $(-1, 0)$
Graph (b)

```
RANGE
Xmin=-4
Xmax=1
Xscl=1
Ymin=-2
Ymax=2
Yscl=1
```

38. $f(x) = -\log_6(x + 2)$
Domain: $(-2, \infty)$
Vertical asymptote: $x = -2$
Intercept: $(-1, 0)$

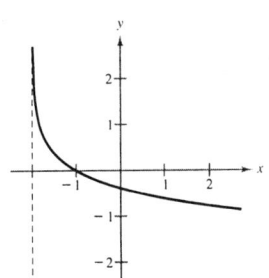

40. $y = \log_{10}\left(\dfrac{x}{5}\right)$
Domain: $(0, \infty)$
Vertical asymptote: $x = 0$
Intercept: $(5, 0)$

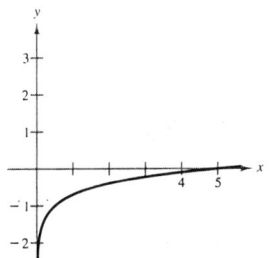

42. $g(x) = \ln(-x)$
Domain: $(-\infty, 0)$
Vertical asymptote: $x = 0$
Intercept: $(-1, 0)$

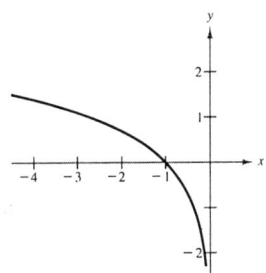

44. $g(x) = \dfrac{12 \ln x}{x}$
Increasing: $(0, 2.72)$
Decreasing: $(2.72, \infty)$
Relative maximum: $(2.72, 4.41)$

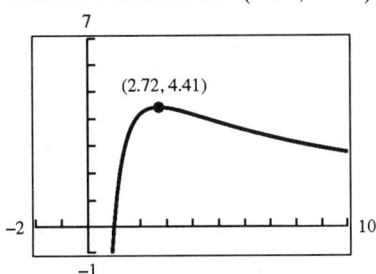

46. (a) False, y is not an exponential function of x. (y can never be 0.)
(b) True, y could be $\log_2 x$.
(c) True, x could be 2^y.
(d) False, y is not linear. (The points are not collinear.)

48. $t = \dfrac{10 \ln 2}{\ln 67 - \ln 50} \approx 23.68$ years

50. $t = \dfrac{\ln K}{0.095}$

(a)

K	1	2	4	6	8	10	12
t	0	7.3	14.6	18.9	21.9	24.2	26.2

(b)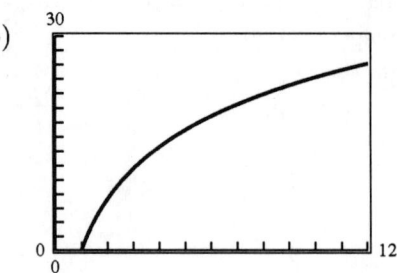

52. (a) $\dfrac{450}{30} = 15$ cubic feet per minute

(b) 380 cubic feet

(c) Total air space required $= 380(30) = 11{,}400$ cubic feet

Let $x =$ square feet of floor space and $h = 30$ feet.

$$V = xh$$
$$11{,}400 = x(30)$$
$$380 = x$$

The minimum number of square feet of floor space required when the ceiling height is 30 feet is 380 square feet.

54. $t = \dfrac{5.315}{-6.7968 + \ln x}$, $1000 < x$

$\quad = \dfrac{5.315}{-6.7968 + \ln 1068.45}$

$t \approx 30$

The length of the mortgage will be about 30 years.

56. From Exercise 54, we know the length of the mortgage will be about 30 years. Thus, the total amount paid will be $12(30)(1068.45) = \$384{,}642.00$.

58. $\beta = 10 \log_{10} \left(\dfrac{10^{-4}}{10^{-16}} \right)$

$\quad = 10 \log_{10} \left(10^{12} \right) = 10 \cdot 12$

$\beta = 120$ decibels

60. (a) $(0, \infty)$

(b) $y = \log_{10} x$
$\quad x = \log_{10} y$
$\quad 10^x = y$
$\quad f^{-1}(x) = 10^x$

(c) Since $\log_{10} 1000 = 3$ and $\log_{10} 10{,}000 = 4$, the interval in which $f(x)$ will be found is $(3, 4)$.

(d) When $f(x)$ is negative, x is in the interval $(0, 1)$.

(e) $0 = \log_{10} 1$
$\quad 1 = \log_{10} 10$
$\quad 2 = \log_{10} 100$
$\quad 3 = \log_{10} 1000$

When $f(x)$ is increased by one unit, x is increased by a factor of 10.

(f) $\quad f(x_1) = 3n \qquad f(x_2) = n$
$\quad \log_{10} x_1 = 3n \qquad \log_{10} x_2 = n$
$\quad x_1 = 10^{3n} \qquad x_2 = 10^n$

$x_1 : x_2 = 10^{3n} : 10^n = 10^{2n} : 1$

5.3 Properties of Logarithms

2. $\log_4 10 = \dfrac{\log_{10} 10}{\log_{10} 4} = \dfrac{1}{\log_{10} 4}$

4. $\ln 5 = \dfrac{\log_{10} 5}{\log_{10} e}$

6. $\log_4 10 = \dfrac{\ln 10}{\ln 4}$

8. $\log_{10} 5 = \dfrac{\ln 5}{\ln 10}$

10. $\log_7 4 = \dfrac{\log_{10} 4}{\log_{10} 7}$
$= \dfrac{\ln 4}{\ln 7}$
≈ 0.712

12. $\log_4 (0.55) = \dfrac{\log_{10} 0.55}{\log_{10} 4}$
$= \dfrac{\ln 0.55}{\ln 4}$
≈ -0.431

14. $\log_{20} 125 = \dfrac{\log_{10} 125}{\log_{10} 20}$
$= \dfrac{\ln 125}{\ln 20}$
≈ 1.612

16. $\log_{1/3}(0.015) = \dfrac{\log_{10} 0.015}{\log_{10} \frac{1}{3}}$
$= \dfrac{\ln 0.015}{\ln \frac{1}{3}}$
≈ 3.823

18. $\log_{10} 10z = \log_{10} 10 + \log_{10} z$

20. $\log_{10} \dfrac{y}{2} = \log_{10} y - \log_{10} 2$

22. $\log_6 z^{-3} = -3 \log_6 z$

24. $\ln \sqrt[3]{t} = \ln t^{1/3} = \tfrac{1}{3} \ln t$

26. $\ln \dfrac{xy}{z} = \ln x + \ln y - \ln z$

28. $\ln \left(\dfrac{x^2 - 1}{x^3} \right) = \ln(x^2 - 1) - \ln x^3$
$= \ln[(x+1)(x-1)] - 3 \ln x$
$= \ln(x+1) + \ln(x-1) - 3 \ln x$

30. $\ln \sqrt{\dfrac{x^2}{y^3}} = \ln \left(\dfrac{x^2}{y^3} \right)^{1/2}$
$= \tfrac{1}{2} \ln \left(\dfrac{x^2}{y^3} \right)$
$= \tfrac{1}{2} \left(\ln x^2 - \ln y^3 \right)$
$= \tfrac{1}{2}(2 \ln x - 3 \ln y)$

32. $\ln \dfrac{x}{\sqrt{x^2 + 1}} = \ln x - \ln \sqrt{x^2 + 1}$
$= \ln x - \ln(x^2 + 1)^{1/2}$
$= \ln x - \tfrac{1}{2} \ln(x^2 + 1)$

34. $\ln \sqrt{x^2(x+2)} = \ln[x^2(x+2)]^{1/2}$
$= \tfrac{1}{2} \ln[x^2(x+2)]$
$= \tfrac{1}{2} \ln x^2 + \tfrac{1}{2} \ln(x+2)$
$= \ln x + \tfrac{1}{2} \ln(x+2)$

36. $\log_b \dfrac{\sqrt{x} y^4}{z^4} = \log_b x^{1/2} + \log_b y^4 - \log_b z^4$
$= \tfrac{1}{2} \log_b x + 4 \log_b y - 4 \log_b z$

38. $\ln y + \ln z = \ln yz$

40. $\log_5 8 - \log_5 t = \log_5 \dfrac{8}{t}$

42. $-4\log_6 2x = \log_6(2x)^{-4} = \log_6 \dfrac{1}{16x^4}$

44. $\dfrac{3}{2}\log_7(z-2) = \log_7(z-2)^{3/2}$

46. $2\ln 8 + 5\ln z = \ln 8^2 + \ln z^5 = \ln 64z^5$

48. $3\ln x + 2\ln y - 4\ln z = \ln x^3 + \ln y^2 - \ln z^4 = \ln \dfrac{x^3 y^2}{z^4}$

50. $4[\ln z + \ln(z+5)] - 2\ln(z-5) = 4\ln z(z+5) - 2\ln(z-5) = \ln z^4(z+5)^4 - \ln(z-5)^2 = \ln \dfrac{z^4(z+5)^4}{(z-5)^2}$

52. $2[\ln x - \ln(x+1) - \ln(x-1)] = 2[\ln x - \ln(x+1)(x-1)] = 2\ln \dfrac{x}{x^2-1} = \ln \left(\dfrac{x}{x^2-1}\right)^2$

54. $\dfrac{1}{2}[\ln(x+1) + 2\ln(x-1)] + 3\ln x = \dfrac{1}{2}\ln(x+1)(x-1)^2 + 3\ln x$
$= \ln \sqrt{(x^2-1)(x-1)} + \ln x^3$
$= \ln x^3 \sqrt{(x^2-1)(x-1)}$

56. $\dfrac{3}{2}\ln 5t^6 - \dfrac{3}{4}\ln t^4 = \ln 5\sqrt{5}t^9 - \ln t^3 = \ln \dfrac{5\sqrt{5}t^9}{t^3} = \ln 5\sqrt{5}t^6$

58. $\log_b \dfrac{5}{3} = \log_b 5 - \log_b 3 \approx 0.8271 - 0.5646 = 0.2625$

60. $\log_b 18 = \log_b(2 \cdot 3^2) = \log_b 2 + 2\log_b 3 \approx 0.3562 + 2(0.5646) = 1.4854$

62. $\log_b \sqrt[3]{75} = \dfrac{1}{3}\log_b(3 \cdot 5^2) = \dfrac{1}{3}[2\log_b 5 + \log_b 3] \approx \dfrac{1}{3}[2(0.8271) + 0.5646] = 0.7396$

64. $\log_b(3b^2) = \log_b 3 + 2\log_b b \approx 0.5646 + 2 = 2.5646$

66. $\log_b 1 = 0$

68. $\log_6 \sqrt[3]{6} = \dfrac{1}{3}\log_6 6 = \dfrac{1}{3}(1) = \dfrac{1}{3}$

70. $\log_5\left(\dfrac{1}{125}\right) = \log_5 5^{-3}$
$= -3\log_5 5 = -3(1) = -3$

72. $\ln \sqrt[4]{e^3} = \ln e^{3/4} = \dfrac{3}{4}\ln e = \dfrac{3}{4}(1) = \dfrac{3}{4}$

74. $\log_5 \dfrac{1}{15} = -\log_5(3 \cdot 5)$
$= -\log_5 3 - \log_5 5$
$= -1 - \log_5 3$

76. $\log_2(4^2 \cdot 3^4) = \log_2 4^2 + \log_2 3^4$
$= \log_2 2^4 + \log_2 3^4$
$= 4\log_2 2 + 4\log_2 3$
$= 4(1) + 4\log_2 3$
$= 4 + 4\log_2 3$

78. $\log_{10} \frac{9}{300} = \log_{10} 9 - \log_{10} 300$
$= \log_{10} 9 - \log_{10}(3 \cdot 10^2)$
$= \log_{10} 9 - \log_{10} 3 - 2\log_{10} 10$
$= \log_{10}\left(\frac{9}{3}\right) - 2$
$= \log_{10} 3 - 2$

80. $\ln \frac{6}{e^2} = \ln 6 - \ln e^2 = \ln 6 - 2$

82. $\ln 1 = \ln \frac{2}{2} = \ln 2 - \ln 2 = 0$
$\ln 2 \approx 0.6931$
$\ln 3 \approx 1.0986$
$\ln 4 = \ln 2^2 = 2\ln 2 \approx 2(0.6931) = 1.3862$
$\ln 5 \approx 1.6094$
$\ln 6 = \ln(2 \cdot 3) = \ln 2 + \ln 3 \approx 0.6931 + 1.0986 = 1.7917$
$\ln 8 = \ln 2^3 = 3\ln 2 \approx 3(0.6931) = 2.0793$
$\ln 9 = \ln 3^2 = 2\ln 3 \approx 2(1.0986) = 2.1972$
$\ln 10 = \ln(2 \cdot 5) = \ln 2 + \ln 5 \approx 0.6931 + 1.6094 = 2.3025$
$\ln 12 = \ln(2^2 \cdot 3) = 2\ln 2 + \ln 3 \approx 2(0.6931) + 1.0986 = 2.4848$
$\ln 15 = \ln(3 \cdot 5) = \ln 3 + \ln 5 \approx 1.0986 + 1.6094 = 2.7080$
$\ln 16 = \ln 2^4 = 4\ln 2 \approx 4(0.6931) = 2.7724$
$\ln 18 = \ln(2 \cdot 3^2) = \ln 2 + 2\ln 3 \approx 0.6931 + 2(1.0986) = 2.8903$
$\ln 20 = \ln(2^2 \cdot 5) = 2\ln 2 + \ln 5 \approx 2(0.6931) + 1.6094 = 2.9956$

84. Let $x = \log_b u$ and $y = \log_b v$, then $b^x = u$ and $b^y = v$.
$$\frac{u}{v} = \frac{b^x}{b^y} = b^{x-y}$$
$$\log_b\left(\frac{u}{v}\right) = \log_b(b^{x-y}) = x - y = \log_b u - \log_b v$$

5.4 Solving Exponential and Logarithmic Equations

2. $3^x = 243$
$3^x = 3^5$
$x = 5$

4. $8^x = 4$
$(2^3)^x = 2^2$
$2^{3x} = 2^2$
$3x = 2$
$x = \frac{2}{3}$

6. $3^{x-1} = 27$
$3^{x-1} = 3^3$
$x - 1 = 3$
$x = 4$

8. $\log_5 5x = 2$
$5x = 5^2$
$x = 5$

10. $\ln(2x - 1) = 0$
$2x - 1 = 1$
$2x = 2$
$x = 1$

12. $\ln e^{2x-1} = 2x - 1$

14. $-1 + \ln e^{2x} = 2x - 1$

16. $-8 + e^{\ln x^3} = x^3 - 8$

18. $4e^x = 91$
$e^x = \frac{91}{4}$
$x = \ln \frac{91}{4}$
≈ 3.125

20. $-14 + 3e^x = 11$
$3e^x = 25$
$e^x = \frac{25}{3}$
$x = \ln \frac{25}{3}$
≈ 2.120

22. $e^{2x} = 50$
$2x = \ln 50$
$x = \frac{1}{2} \ln 50$
≈ 1.956

24. $1000 e^{-4x} = 75$
$e^{-4x} = \frac{3}{40}$
$-4x = \ln \frac{3}{40}$
$x = -\frac{1}{4} \ln \frac{3}{40}$
≈ 0.648

26. $e^{2x} - 5e^x + 6 = 0$
$(e^x - 2)(e^x - 3) = 0$
$e^x - 2 = 0 \quad \text{or} \quad e^x - 3 = 0$
$e^x = 2 \qquad\qquad e^x = 3$
$x = \ln 2 \qquad\qquad x = \ln 3$
$\approx 0.693 \qquad\qquad \approx 1.099$

28. $\dfrac{400}{1 + e^{-x}} = 200$
$1 + e^{-x} = 2$
$e^{-x} = 1$
$-x = \ln 1$
$x = 0$

30. $10^x = 570$
$x = \log_{10} 570$
≈ 2.756

SECTION 5.4 Solving Exponential and Logarithmic Equations

32.
$$6^{5x} = 3000$$
$$\ln 6^{5x} = \ln 3000$$
$$5x \ln 6 = \ln 3000$$
$$x = \frac{\ln 3000}{5 \ln 6}$$
$$\approx 0.894$$

34.
$$4^{-3t} = 0.10$$
$$\ln 4^{-3t} = \ln 0.10$$
$$-3t \ln 4 = \ln 0.10$$
$$t = -\frac{\ln 0.10}{3 \ln 4}$$
$$\approx 0.554$$

36.
$$2^{3-x} = 565$$
$$\ln 2^{3-x} = \ln 565$$
$$(3 - x) \ln 2 = \ln 565$$
$$3 - x = \frac{\ln 565}{\ln 2}$$
$$x = 3 - \frac{\ln 565}{\ln 2}$$
$$\approx -6.142$$

38.
$$6e^{1-x} = 25$$
$$f(x) = 6e^{1-x} - 25$$
$$x = -0.427$$

40.
$$e^{0.125t} = 8$$
$$f(t) = e^{0.125t} - 8$$
$$t = 16.636$$

42.
$$3(5^{x-1}) = 21$$
$$f(x) = 3(5^{x-1}) - 21$$
$$x = 2.209$$

44.
$$\frac{3000}{2 + e^{2x}} = 2$$
$$f(x) = \frac{3000}{2 + e^{2x}} - 2$$
$$x = 3.656$$

46. $\ln x = 2 \Rightarrow e^2 = x \Rightarrow x \approx 7.389$

48.
$$3 \ln 5x = 10$$
$$\ln 5x = \tfrac{10}{3}$$
$$5x = e^{10/3}$$
$$x = \tfrac{1}{5} \cdot e^{10/3}$$
$$\approx 5.606$$

50.
$$\ln(x+1)^2 = 2$$
$$(x+1)^2 = e^2$$
$$x + 1 = \pm e$$
$$x = -1 \pm e$$

$x = -1 + e \quad x = -1 - e$
≈ 1.718 or ≈ -3.718

52. Using a graphing utility to solve
$y = \ln x + \ln(x+3) - 1 = 0$, we find that
$x = 0.729$. Or,

$$\ln x + \ln(x+3) = 1$$
$$\ln x(x+3) = 1$$
$$x(x+3) = e^1$$
$$x^2 + 3x - e = 0$$
$$x = \frac{-3 \pm \sqrt{3^2 - 4(1)(-e)}}{2(1)}$$
$$x = \frac{-3 \pm \sqrt{9+4e}}{2}$$
$$x = \frac{-3 + \sqrt{9+4e}}{2} \approx 0.729$$
$$x = \frac{-3 - \sqrt{9+4e}}{2}$$
$$\approx -3.729 \text{ extraneous}$$

54. $\log_{10} x^2 = 6$
$$x^2 = 10^6$$
$$x = \pm 10^3$$
$$= \pm 1000$$

56. $\log_4 x - \log_4(x-1) = \frac{1}{2}$
$$\log_4 \frac{x}{x-1} = \frac{1}{2}$$
$$\frac{x}{x-1} = 4^{1/2}$$
$$\frac{x}{x-1} = 2$$
$$x = 2(x-1)$$
$$2 = x$$

58. $\log_2 x + \log_2(x+2) = \log_2(x+6)$
$$\log_2 x(x+2) = \log_2(x+6)$$
$$x(x+2) = (x+6)$$
$$x^2 + x - 6 = 0$$
$$(x+3)(x-2) = 0$$
$$x = -3, \text{ extraneous or}$$
$$x = 2$$

60. $\ln(x+1) - \ln(x-2) = \ln x^2$
$$\ln \frac{x+1}{x-2} = \ln x^2$$
$$\frac{x+1}{x-2} = x^2$$
$$x+1 = x^3 - 2x^2$$
$$0 = x^3 - 2x^2 - x - 1$$

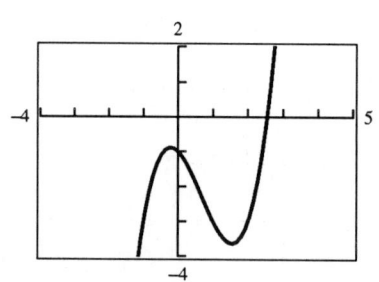

Graphing the equation, you can see that the solution lies between 2 and 3. Using the zoom and trace features, $x \approx 2.547$.

62. $\ln 4x = 1$
$$f(x) = \ln 4x - 1$$
$$x = 0.680$$

64. $\log_{10} 8x - \log_{10}(1 + \sqrt{x}) = 2$
$$f(x) = \log_{10} 8x - \log_{10}(1 + \sqrt{x}) - 2$$
$$x = 180.384$$

SECTION 5.4 Solving Exponential and Logarithmic Equations 199

66. $A = Pe^{rt}$

$2000 = 1000e^{0.12t}$

$2 = e^{0.12t}$

$\ln 2 = 0.12t$

$\dfrac{\ln 2}{0.12} = t$

$t \approx 5.8$ years

68. $A = Pe^{rt}$

$3000 = 1000e^{0.12t}$

$3 = e^{0.12t}$

$\ln 3 = 0.12t$

$\dfrac{\ln 3}{0.12} = t$

$t \approx 9.2$ years

70. (a) $600 = 5000\left(1 - \dfrac{4}{4 + e^{-0.002x}}\right)$

$-4400 = -\dfrac{20{,}000}{4 + e^{-0.002x}}$

$4 + e^{-0.002x} = \dfrac{50}{11}$

$e^{-0.002x} = \dfrac{6}{11}$

$-0.002x = \ln \dfrac{6}{11}$

$x = \dfrac{\ln \frac{6}{11}}{-0.002} \approx 303$ units

(b) $400 = 5000\left(1 - \dfrac{4}{4 + e^{-0.002x}}\right)$

$-4600 = -\dfrac{20{,}000}{4 + e^{-0.002x}}$

$4 + e^{-0.002x} = \dfrac{100}{23}$

$e^{-0.002x} = \dfrac{8}{23}$

$-0.002x = \ln \dfrac{8}{23}$

$x = \dfrac{\ln \frac{8}{23}}{-0.002} \approx 528$ units

72. $21 = 68 \cdot 10^{-0.04x}$

$\dfrac{21}{68} = 10^{-0.04x}$

$\log_{10} \dfrac{21}{68} = -0.04x$

$x = \dfrac{\log_{10} \frac{21}{68}}{-0.04}$

≈ 12.8 inches

74. $P = \dfrac{0.83}{1 + e^{-0.2n}}$

(a)

(b) $y = 0.83$ is the horizontal asymptote, which represents the limiting percentage of correct responses.

(c) $0.60 = \dfrac{0.83}{1 + e^{-0.2n}}$

$1 + e^{-0.2n} = \dfrac{0.83}{0.60}$

$e^{-0.2n} = \dfrac{0.23}{0.60}$

$-0.2n = \ln \dfrac{0.23}{0.60}$

$n = \dfrac{\ln \frac{0.23}{0.60}}{-0.2}$

≈ 5 trials

5.5 Applications of Exponential and Logarithmic Functions

	Initial investment	Annual % rate	Effective yield	Time to double	Amount after 10 yrs
2.	20,000	10.5%	11.07%	6.60 yrs	57,153.02
4.	10,000	13.86%	14.87%	5 yrs	39,988.23
6.	2000	4.4%	4.5%	15.75 yrs	3,105.41
8.	8986.58	8%	8.33%	8.66 yrs	20,000.00
10.	250	11.5%	12.19%	6.03 yrs	789.55

Formulas used in Exercises 2–10:

Initial investment: $P = Ae^{-rt}$

Annual % rate: $r = \dfrac{\ln(A/P)}{t}$ or $r = \ln(1 + \text{effective yield})$

Effective yield $= e^r - 1$

Time to double $= \dfrac{\ln 2}{r}$

Amount after ten years $= Pe^{10r}$

12. $500{,}000 = P\left(1 + \dfrac{0.12}{12}\right)^{(12)(40)}$

$500{,}000 = P(1.01)^{480}$

$P \approx \$4214.16$

14. $P = 1000$, $r = 10.5\%$

   (a) $n = 1$

   $t = \dfrac{\ln 2}{\ln(1 + 0.105)} \approx 6.942$ years

   (b) $n = 12$

   $t = \dfrac{\ln 2}{12 \ln\left(1 + \dfrac{0.105}{12}\right)} \approx 6.630$ years

   (c) $n = 365$

   $t = \dfrac{\ln 2}{365 \ln\left(1 + \dfrac{0.105}{365}\right)} \approx 6.602$ years

   (d) Continuously

   $t = \dfrac{\ln 2}{0.105} \approx 6.601$ years

16. $3P = P(1+r)^t$
    $3 = (1+r)^t$
    $\ln 3 = t \ln(1+r)$
    $t = \dfrac{\ln 3}{\ln(1+r)}$

r	2%	4%	6%	8%	10%	12%
t	55.48	28.01	18.85	14.27	11.53	9.69

18. $A = 1 + 0.06t$

    $A = \left(1 + \dfrac{0.055}{365}\right)^{365t}$

    $5\tfrac{1}{2}\%$ interest compounded daily grows faster.

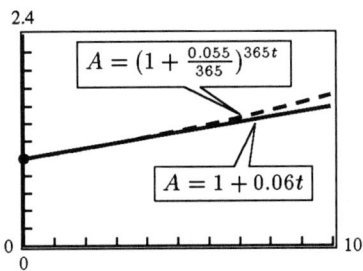

	Isotope	Half-life	Initial quantity	Amt. after 1000 yrs	Amt. after 10,000 yrs
20.	Ra^{226}	1620	2.30 grams	1.5 grams	0.03 grams
22.	C^{14}	5730	3 grams	1.63 grams	0.89 grams
24.	Pu^{230}	24,360	0.53 grams	0.52 grams	0.4 grams

Formula used in Exercises 20–24:

$Q(t) = Ce^{-(\ln 2/T)t}$
$Q(t) =$ amount, $C =$ initial amount, $T =$ half-life, $t =$ time

26. $y = \tfrac{1}{2} e^{kt}$
    $6 = \tfrac{1}{2} e^{4k}$
    $12 = e^{4k}$
    $4k = \ln 12$
    $k = \tfrac{1}{4} \ln 12$
    ≈ 0.6212

28. $y = 5 e^{kt}$
    $1 = 5 e^{3k}$
    $\tfrac{1}{5} = e^{3k}$
    $3k = \ln \tfrac{1}{5}$
    $k = \tfrac{1}{3} \ln \tfrac{1}{5}$
    ≈ -0.5365

30. (a) If $t=0$, $P=240{,}360$.

(b) $250{,}000 = 240{,}360e^{0.012t}$

$$0.012t = \ln\left(\frac{250{,}000}{240{,}360}\right)$$

$$t = \frac{1}{0.012}\ln\left(\frac{250{,}000}{240{,}360}\right)$$

$$\approx 3.27 \text{ years}$$

$1990 + 3 = 1993$

The city will have a population of 250,000 in the year 1993.

32. $100{,}250 = 140{,}500e^{k(-30)}$

$$-30k = \ln\left(\frac{100{,}250}{140{,}500}\right)$$

$$k = \left(-\frac{1}{30}\right)\ln\left(\frac{100{,}250}{140{,}500}\right) \approx 0.0113$$

$$P = 140{,}500e^{0.0113(10)} \approx 157{,}308$$

34. $P = Ce^{kt}$

$2.30 = Ce^{k(0)} \Rightarrow C = 2.30$

$2.65 = 2.30Ce^{k(10)}$

$$10k = \ln\frac{2.65}{2.30}$$

$$k = \frac{1}{10}\ln\frac{2.65}{2.30} \approx 0.0142$$

$$P = 2.30e^{0.0142t}$$

When $t = 20$, $P \approx 3.06$ million.

36. $N = 250e^{kt}$

$280 = 250e^{10k}$

$$\frac{28}{25} = e^{10k}$$

$$k = \frac{\ln 1.12}{10} \approx 0.0113$$

$N = 250e^{0.0113t}$

$500 = 250e^{0.0113t}$

$$t = \frac{\ln 2}{0.0113} \approx 61.34 \text{ hours}$$

38. $Q(t) = Ce^{kt}$

$\frac{1}{2}C = Ce^{k(5730)}$

$$5730k = \ln\frac{1}{2}$$

$$k = \frac{1}{5730}\ln\frac{1}{2} \approx -0.0001$$

$0.15C = Ce^{-0.0001t}$

$-0.0001t = \ln 0.15$

$$t = -\frac{1}{0.0001}\ln 0.15 \approx 18{,}971$$

40. $3000 = 4600e^{k(2)}$

$$\frac{3000}{4600} = e^{2k}$$

$$2k = \ln\frac{15}{23}$$

$$k = \frac{1}{2}\ln\frac{15}{23} \approx -0.2137$$

$y = 4600e^{-0.2137(3)}$

$y \approx \$2{,}423$

42. $N = 30(1 - e^{kt})$

(a) $N = 19$, $t = 20$

$$19 = 30(1 - e^{20k})$$

$$20k = \ln \frac{11}{30}$$

$$k \approx -0.0502$$

$$N = 30(1 - e^{-0.0502t})$$

(b) $N = 25$

$$25 = 30(1 - e^{-0.0502t})$$

$$\frac{5}{30} = e^{-0.0502t}$$

$$t = -\frac{1}{0.0502} \ln \frac{5}{30} \approx 36 \text{ days}$$

44. $p = 0.193 e^{-(x-70)^2/14.32}$

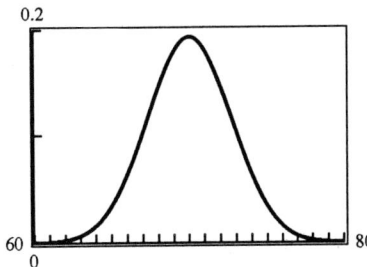

The average height is 70.0, the highest point on the graph.

46. $p(t) = \dfrac{1000}{1 + 9e^{-0.1656t}}$

(a)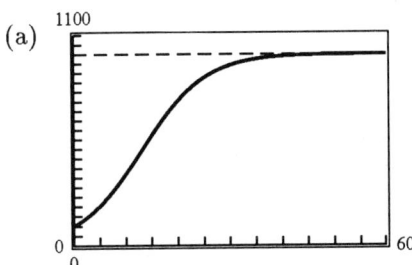

$p = 1000$ which represents the carrying capacity of the game preserve for this animal.

(b) $p(5) = \dfrac{1000}{1 + 9e^{-0.828}} \approx 203$ animals

(c) $$500 = \frac{1000}{1 + 9e^{-0.1656t}}$$

$$1 + 9e^{-0.1656t} = 2$$

$$e^{-0.1656t} = \frac{1}{9}$$

$$t = -\frac{1}{0.1656} \ln \frac{1}{9} \approx 13.3 \text{ years}$$

48. $S = \dfrac{500{,}000}{1 + 0.6 e^{kt}}$

(a) $$300{,}000 = \frac{500{,}000}{1 + 0.6 e^{2k}}$$

$$1 + 0.6 e^{2k} = \frac{5}{3}$$

$$e^{2k} = \frac{10}{9}$$

$$k = \frac{1}{2} \ln \frac{10}{9} \approx 0.0527$$

(b) $S = \dfrac{500{,}000}{1 + 0.6 e^{0.0527(5)}} \approx 280{,}759$ units

50. $R = \log_{10} I$

(a) $8.1 = \log_{10} I$

$$10^{8.1} = I$$

$$I \approx 125{,}892{,}541$$

(b) $6.7 = \log_{10} I$

$$10^{6.7} = I$$

$$I = 5{,}011{,}872$$

52. (a) $\beta(10^{-13}) = 10\log_{10}\dfrac{10^{-13}}{10^{-16}} = 10\log_{10}10^{3} = 30$ decibels

(b) $\beta(10^{-7.5}) = 10\log_{10}\dfrac{10^{-7.5}}{10^{-16}} = 10\log_{10}10^{8.5} = 85$ decibels

(c) $\beta(10^{-7}) = 10\log_{10}\dfrac{10^{-7}}{10^{-16}} = 10\log_{10}10^{9} = 90$ decibels

(d) $\beta(10^{-4.5}) = 10\log_{10}\dfrac{10^{-4.5}}{10^{-16}} = 10\log_{10}10^{11.5} = 115$ decibels

54. From Exercise 53, we have
$$\% \text{ decrease} = \dfrac{I_0 10^{88/10} - I_0 10^{72/10}}{I_0 10^{88/10}} \times 100 \approx 97\%.$$

56. $\text{pH} = -\log_{10}[\text{H}^+] = -\log_{10}[11.3 \times 10^{-6}] \approx 4.95$

58.
$$\begin{aligned}\text{pH} &= -\log[\text{H}^+]\\ 3.2 &= -\log[\text{H}^+]\\ [\text{H}^+] &= 10^{-3.2} \approx 6.3 \times 10^{-4}\end{aligned}$$

60.
$$\begin{aligned}\text{pH} - 1 &= -\log_{10}[\text{H}^+]\\ -(\text{pH}-1) &= \log_{10}[\text{H}^+]\\ 10^{-(\text{pH}-1)} &= [\text{H}^+]\\ 10^{-\text{pH}+1} &= [\text{H}^+]\\ 10^{-\text{pH}} \cdot 10 &= [\text{H}^+]\end{aligned}$$

The hydrogen ion concentration is increased by a factor of 10.

62. (a)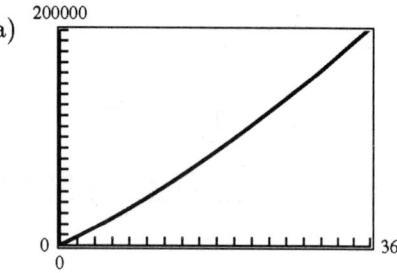

(b) $u = 80{,}000$ when $t = 16.73$ years.
Yes, it is possible.

64. The greater the rate of growth, the greater the value of k.

Review Exercises for Chapter 5

2. $f(x) = 2^{-x}$
   Horizontal asymptote: $y = 0$
   y-intercept: $(0, 1)$
   As x increases, $f(x)$ decreases.
   Matches (f)

   ```
   RANGE
   Xmin=-3
   Xmax=4
   Xscl=1
   Ymin=-1
   Ymax=4
   Yscl=1
   ```

4. $f(x) = 2^x + 1$
   Horizontal asymptote: $y = 1$
   y-intercept: $(0, 2)$
   As x increases, $f(x)$ increases.
   Matches (b)

   ```
   RANGE
   Xmin=-4
   Xmax=4
   Xscl=1
   Ymin=0
   Ymax=6
   Yscl=1
   ```

6. $f(x) = \log_2(x - 1)$
   Vertical asymptote: $x = 1$
   x-intercept: $(2, 0)$
   As x increases, $f(x)$ increases.
   Matches (e)

   ```
   RANGE
   Xmin=-1
   Xmax=7
   Xscl=1
   Ymin=-4
   Ymax=3
   Yscl=1
   ```

8. $f(x) = 0.3^x$

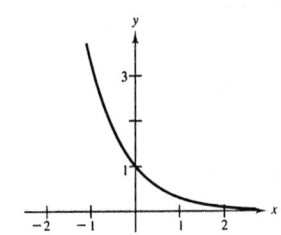

10. $g(x) = 0.3^{-x}$

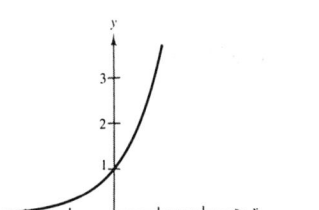

12. $h(x) = 2 - e^{-x/2}$

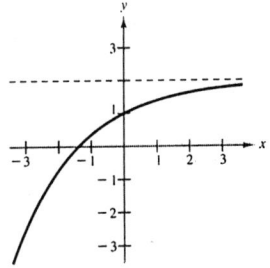

14. $s(t) = 4e^{-2/t}$, $t > 0$

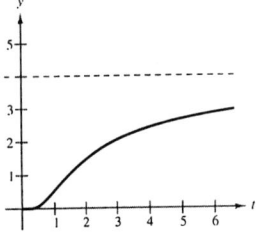

16. $n = 1$: $A = 2000(1 + 0.12)^{30}$ $\approx \$59{,}919.84$

   $n = 2$: $A = 2000\left(1 + \dfrac{0.12}{2}\right)^{60}$ $\approx \$65{,}975.38$

   $n = 4$: $A = 2000\left(1 + \dfrac{0.12}{4}\right)^{120}$ $\approx \$69{,}421.97$

   $n = 12$: $A = 2000\left(1 + \dfrac{0.12}{12}\right)^{360}$ $\approx \$71{,}899.28$

   $n = 365$: $A = 2000\left(1 + \dfrac{0.12}{365}\right)^{10950}$ $\approx \$73{,}153.17$

   Continuous: $A = 2000e^{(0.12)(30)} \approx \$73{,}196.47$

18. $A = P\left(1 + \dfrac{r}{n}\right)^{nt}$

$P = A\left(1 + \dfrac{r}{n}\right)^{-nt} = 200{,}000\left(1 + \dfrac{0.10}{12}\right)^{-12t}$

$t = 1: \ P = 200{,}000\left(1 + \dfrac{0.10}{12}\right)^{-12} \approx \$181{,}042.49$

$t = 10: \ P = 200{,}000\left(1 + \dfrac{0.10}{12}\right)^{-120} \approx \$73{,}881.39$

$t = 20: \ P = 200{,}000\left(1 + \dfrac{0.10}{12}\right)^{-240} \approx \$27{,}292.30$

$t = 30: \ P = 200{,}000\left(1 + \dfrac{0.10}{12}\right)^{-360} \approx \$10{,}081.97$

$t = 40: \ P = 200{,}000\left(1 + \dfrac{0.10}{12}\right)^{-480} \approx \$3{,}724.35$

$t = 50: \ P = 200{,}000\left(1 + \dfrac{0.10}{12}\right)^{-600} \approx \$1{,}375.80$

20. $V(2) = 14{,}000\left(\dfrac{3}{4}\right)^2$

$ = \$7875$

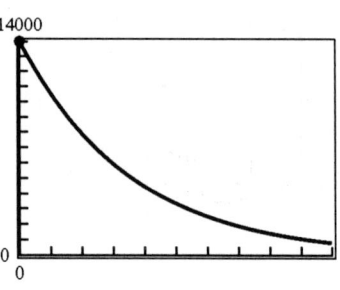

22. $P(t) = 1 - e^{-t/3}$

(a) $P(0.5) = 1 - e^{-0.5/3}$

$ = 1 - e^{-1/6}$

$ \approx 0.154$

(b) $P(2) = 1 - e^{-2/3} \approx 0.487$

(c) $P(5) = 1 - e^{-5/3} \approx 0.811$

The algebraic solution is easier.

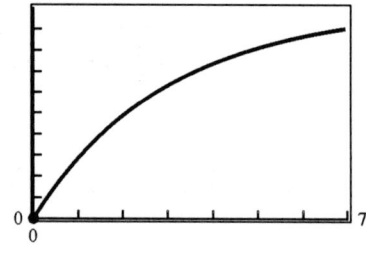

24. $C(10) = 69.95(1.05)^{10} \approx \$113.94$

26. $g(x) = \log_5 x$

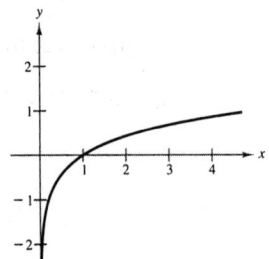

28. $f(x) = \ln(x - 3)$

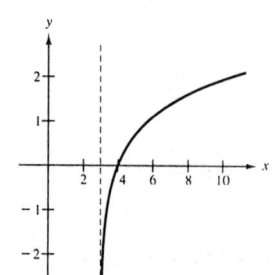

30. $f(x) = \tfrac{1}{4}\ln x$

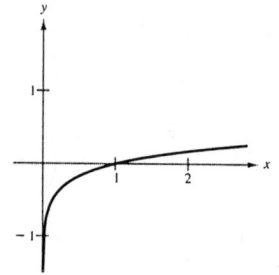

32. $25^{3/2} = 125$
$\frac{3}{2} = \log_{25} 125$

34. $\log_9 3 = \log_9 9^{1/2}$
$= \frac{1}{2}$

36. $\log_4 \frac{1}{16} = \log_4 4^{-2}$
$= -2$

38. $\log_a \frac{1}{a} = \log_a a^{-1}$
$= -1$

40. $\ln e^{-3} = -3 \ln e$
$= -3(1)$
$= -3$

42. $\log_{1/2} 5 = \dfrac{\log_{10} 5}{\log_{10} 1/2}$
$= \dfrac{\ln 5}{\ln 1/2}$
≈ -2.322

44. $\log_3 0.28 = \dfrac{\log_{10} 0.28}{\log_{10} 3}$
$= \dfrac{\ln 0.28}{\ln 3}$
≈ -1.159

46. $\log_7 \dfrac{\sqrt{x}}{4} = \log_7 x^{1/2} - \log_7 4$
$= \dfrac{1}{2} \log_7 x - \log_7 4$

48. $\ln \left| \dfrac{x-1}{x+1} \right| = \ln |x-1| - \ln |x+1|$

50. $\ln \sqrt[5]{\dfrac{4x^2-1}{4x^2+1}} = \ln \left[\dfrac{(2x-1)(2x+1)}{4x^2+1} \right]^{1/5}$
$= \dfrac{1}{5} \left[\ln(2x-1) + \ln(2x+1) - \ln(4x^2+1) \right]$
$= \dfrac{1}{5} \ln(2x-1) + \dfrac{1}{5} \ln(2x+1) - \dfrac{1}{5} \ln(4x^2+1)$

52. $\log_6 y - 2 \log_6 z = \log_6 y - \log_6 z^2 = \log_6 \dfrac{y}{z^2}$

54. $5 \ln |x-2| - \ln |x+2| - 3 \ln |x| = \ln |(x-2)^5| - [\ln |x+2| + \ln |x^3|] = \ln \left| \dfrac{(x-2)^5}{(x+2)x^3} \right|$

56. $3[\ln x - 2\ln(x^2+1)] + 2\ln 5 = 3[\ln x - \ln(x^2+1)^2] + \ln 5^2$
$= 3 \ln \dfrac{x}{(x^2+1)^2} + \ln 25 = \ln \dfrac{x^3}{(x^2+1)^6} + \ln 25 = \ln \dfrac{25x^3}{(x^2+1)^6}$

58. True
$\log_b b^{2x} = 2x \log_b b$
$= 2x(1)$
$= 2x$

60. True
$e^{x-1} = e^x e^{-1}$
$= e^x \cdot \dfrac{1}{e}$
$= \dfrac{e^x}{e}$

Try graphing $y_1 = e^{x-1}$ and $y_2 = e^x/e$.

62. $\log_b \dfrac{25}{9} = \log_b \left(\dfrac{5}{3} \right)^2$
$= 2[\log_b 5 - \log_b 3]$
$\approx 2[0.8271 - 0.5646]$
$= 0.5250$

64. $\log_b 30 = \log_b(2 \cdot 3 \cdot 15)$
$ = \log_b 2 + \log_b 3 + \log_b 5$
$ \approx 0.3562 + 0.5646 + 0.8271$
$ = 1.7479$

66. $t = 50 \log_{10} \dfrac{18{,}000}{18{,}000 - 4000}$
$ \approx 5.46 \text{ minutes}$

68. $e^{3x} = 25$
$3x = \ln 25$
$x = \tfrac{1}{3} \ln 25 \approx 1.073$

70. $14e^{3x+2} = 560$
$e^{3x+2} = 40$
$3x + 2 = \ln 40$
$x = \tfrac{1}{3}(\ln 40 - 2)$
$ \approx 0.563$

72. $e^{2x} - 6e^x + 8 = 0$
$(e^x - 4)(e^x - 2) = 0$
$e^x - 4 = 0$
$x = \ln 4 \approx 1.386$
or
$e^x - 2 = 0$
$x = \ln 2 \approx 0.693$

74. $2 \ln 4x = 15$
$4x = e^{7.5}$
$x = \tfrac{1}{4} e^{7.5}$
$ \approx 452.011$

76. $\ln \sqrt{x+1} = 2$
$\tfrac{1}{2} \ln(x+1) = 2$
$x + 1 = e^4$
$x = e^4 - 1$
$ \approx 53.598$

78. $\tfrac{1}{2} = Ce^{k(0)}$
$\tfrac{1}{2} = Ce^0 = C$
$5 = \tfrac{1}{2} e^{k(5)}$
$10 = e^{5k}$
$5k = \ln 10$
$k = \tfrac{1}{5} \ln 10 \approx 0.4605$
$y = \tfrac{1}{2} e^{0.4605t}$

80. $2 = Ce^{k(0)}$
$2 = Ce^0 = C$
$1 = 2e^{k(5)}$
$\tfrac{1}{2} = e^{5k}$
$5k = \ln \tfrac{1}{2}$
$k = \tfrac{1}{5} \ln \tfrac{1}{2} \approx -0.1386$
$y = 2e^{-0.1386t}$

82. (a) $$50 = \frac{157}{1 + 5.4e^{-0.12t}}$$
$$1 + 5.4e^{-0.12t} = \frac{157}{50}$$
$$5.4e^{-0.12t} = \frac{107}{50}$$
$$-0.12t = \ln \frac{107}{270}$$
$$t = -\frac{1}{0.12} \ln \frac{107}{270} \approx 7.7 \text{ weeks}$$

(b) $$75 = \frac{157}{1 + 5.4e^{-0.12t}}$$
$$1 + 5.4e^{-0.12t} = \frac{157}{75}$$
$$5.4e^{-0.12t} = \frac{82}{75}$$
$$-0.12t = \ln \frac{82}{405}$$
$$t = -\frac{1}{0.12} \ln \frac{82}{405} \approx 13.3 \text{ weeks}$$

84. (a) $$t = \frac{\ln 2}{r}$$
$$5 = \frac{\ln 2}{r}$$
$$r = \frac{\ln 2}{5}$$
$$\approx 0.1386 \text{ or } = 13.86\%$$

(b) $A = 10{,}000 e^{0.1386(1)}$
$\approx \$11{,}486.65$

(c) $A = Pe^{0.1386(1)}$
$\approx P(1.1487)$
$= P(1 + 0.1487)$

Effective yield ≈ 0.1487
$= 14.87\%$

86. $R = \log_{10}\left(\dfrac{I}{I_0}\right)$ where $I_0 = 1$

(a) $8.4 = \log_{10}\left(\dfrac{I}{1}\right)$
$10^{8.4} = I$

(b) $6.85 = \log_{10}\left(\dfrac{I}{1}\right)$
$10^{6.85} = I$

(c) $9.1 = \log_{10}\left(\dfrac{I}{1}\right)$
$10^{9.1} = I$

Cumulative Test, Chapters 3—5

1. $f(x) = \frac{1}{4}(4x^2 - 12x + 17)$

$= x^2 - 3x + \frac{17}{4}$

$= x^2 - 3x + \frac{9}{4} + \frac{8}{4}$

$= \left(x - \frac{3}{2}\right)^2 + 2 \Rightarrow$ vertex is $\left(\frac{3}{2}, 2\right)$.

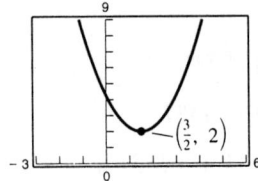

2. $f(x) = a(x-h)^2 + k$

$= a(x-0)^2 + 6$

$= ax^2 + 6$

Since $f(2) = 5$,

$5 = a(2)^2 + 6 \Rightarrow a = -\frac{1}{4}$.

Hence, $f(x) = -\frac{1}{4}x^2 + 6$.

3. $f(x) = -\frac{2}{3}x^3 + 3x^2 - 2x + 1$

As $x \to \infty$, the graph goes downward to the right.

As $x \to -\infty$, the graph goes upward to the left.

4. $f(x) = (x+4)(2x-1)(x-2)$

$= 2x^3 + 3x^2 - 18x + 8$

5. $f(t) = \frac{1}{4}t(t-2)^2$

intercepts $t = 0, 2$

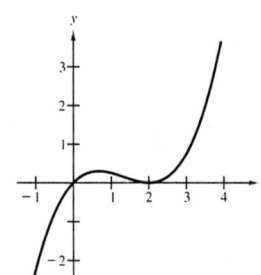

6.
$$\begin{array}{r} 3x - 2 \\ 2x^2 + 1 \overline{\smash{\big)} 6x^3 - 4x^2 } \\ \underline{6x^3 + 3x } \\ -4x^2 - 3x \\ \underline{-4x^2 - 2} \\ -3x + 2 \end{array}$$

Hence,

$\dfrac{6x^3 - 4x^2}{2x^2 + 1} = 3x - 2 - \dfrac{3x - 2}{2x^2 + 1}.$

7.

$$\begin{array}{r|rrrr} 2 & 3 & 0 & -5 & 4 \\ & & 6 & 12 & 14 \\ \hline & 3 & 6 & 7 & 18 \end{array}$$

Hence,

$$\frac{3x^3 - 5x + 4}{x - 2} = 3x^2 + 6x + 7 + \frac{18}{x - 2}.$$

8. $(3 - 2i)(5 + 4i) = 15 + 8 - 10i + 12i$
$= 23 + 2i$

9. $f(x) = 2x^3 - 11x^2 + 38x - 39$

Using a graphing utility, we see that $x = 1.5$ is a solution. Using synthetic division:

$$\begin{array}{r|rrrr} 1.5 & 2 & -11 & 38 & -39 \\ & & 3 & -12 & 39 \\ \hline & 2 & -8 & 26 & 0 \end{array}$$

$f(x) = (x - 1.5)(2x^2 - 8x + 26)$

By the quadratic formula, the zeros of the second factor are $2 \pm 3i$. Hence, the zeros of f are $\frac{3}{2}$, $2 \pm 3i$.

10. $f(x) = 6x^3 - 25x^2 - 8x + 48$

From the graph of f and synthetic division, we see that the rational zeros of f are $-\frac{4}{3}$, $\frac{3}{2}$ and 4.

11. $g(t) = t^3 - 5t - 2$

Using a graphing utility, we see that $t = 2.4$ is a zero of g in the interval $[2, 3]$.

12. (a)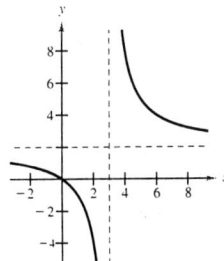

(b)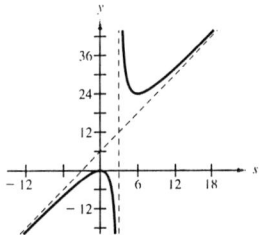

(c)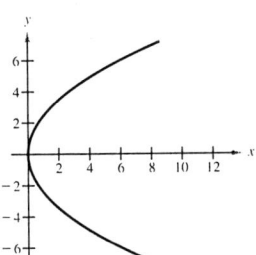

(d)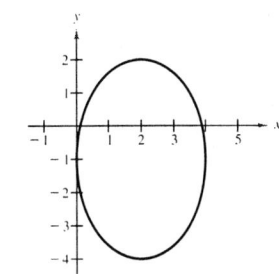

13. Since the foci are at $(0, 0)$ and $(0, 4)$, the center is $(0, 2)$. Since the asymptotes are $y = \pm \frac{1}{2}x + 2$, we have

$$\frac{1}{2} = \frac{a}{b} \text{ or } b = 2a.$$

Hence,

$$b^2 = c^2 - a^2 \Rightarrow (2a)^2 = 2^2 - a^2$$
$$\Rightarrow a^2 = \frac{4}{5} \text{ and } b^2 = \frac{16}{5}.$$

Thus,

$$\frac{(y-2)^2}{4/5} - \frac{x^2}{16/5} = 1.$$

14. (a)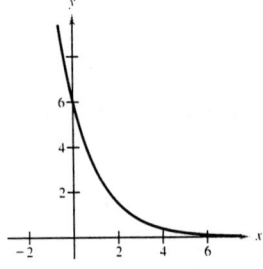

(b)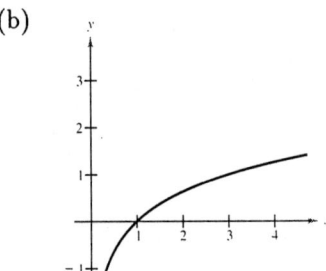

15. $\log_5 125 = \log_5 5^3$
$ = 3 \log_5 5$
$ = 3$

16. $2 \ln x - \frac{1}{2} \ln(x+5) = \ln x^2 - \ln(x+5)^{1/2}$
$\phantom{2 \ln x - \frac{1}{2} \ln(x+5)} = \ln \left(\frac{x^2}{\sqrt{x+5}} \right)$

17. (a) $6e^{2x} = 72$

Using a graphing utility, we find that

$y = 6e^{2x} - 72 = 0$

for $x = 1.24$. Or,

$6e^{2x} = 72$
$e^{2x} = 12$
$2x = \ln(12)$
$x = \frac{\ln(12)}{2}$
$\approx 1.24245.$

(b) $\log_2 x + \log_2 5 = 6$
$\log_2(5x) = 6$
$5x = 2^6$
$x = \frac{64}{5}$
$= 12.80$

18. $P = 230 + 20x - \frac{1}{2}x^2$
$= -\frac{1}{2}(x^2 - 40x + 400) + 430$
$= -\frac{1}{2}(x - 20)^2 + 430$

P is a maximum when $x = 20$ ($2000).

19. $A = Pe^{rt}$
$= 2500e^{(0.075)(25)}$
$= 16{,}302.05$

CHAPTER SIX
Trigonometry

6.1 Angles and Their Measure

2. (a) 8.3°   Quadrant I
   (b) 257°30′   Quadrant III

4. (a) −260°   Quadrant II
   (b) −3.4°   Quadrant IV

6. (a) $\dfrac{5\pi}{4}$ Quadrant III
   (b) $\dfrac{7\pi}{4}$ Quadrant IV

8. (a) −1   Quadrant IV
   (b) −2   Quadrant III

10. (a) 5.63   Quadrant IV
    (b) −2.25   Quadrant III

12. (a) 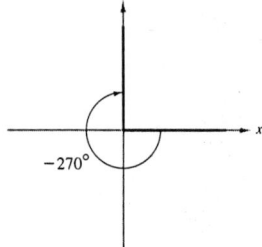   (b)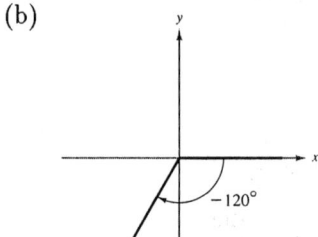

14. (a) 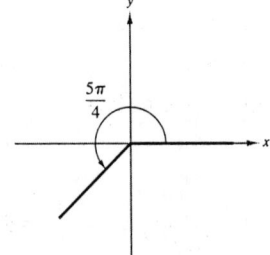   (b)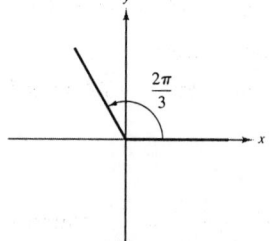

214

16. (a)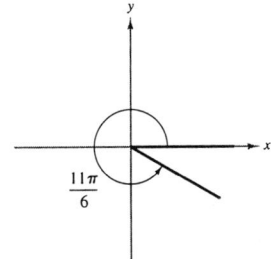

(b)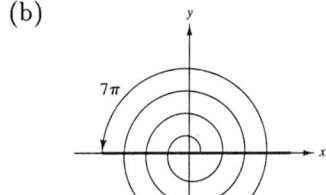

18. (a) $-120° + 360° = 240°$
$-120° - 360° = -480°$

(b) $390° - 360° = 30°$
$390° - 720° = -330°$

20. (a) $-420° + 720° = 300°$
$-420° + 360° = -60°$

(b) $230° + 360° = 590°$
$230° - 360° = -130°$

22. (a) $\dfrac{11\pi}{6} + 2\pi = \dfrac{23\pi}{6}$
$\dfrac{11\pi}{6} - 2\pi = -\dfrac{\pi}{6}$

(b) $-\dfrac{7\pi}{6} + 2\pi = \dfrac{5\pi}{6}$
$-\dfrac{7\pi}{6} - 2\pi = -\dfrac{19\pi}{6}$

24. (a) $\dfrac{8\pi}{9} + 2\pi = \dfrac{26\pi}{9}$
$\dfrac{8\pi}{9} - 2\pi = -\dfrac{10\pi}{9}$

(b) $\dfrac{8\pi}{45} + 2\pi = \dfrac{98\pi}{45}$
$\dfrac{8\pi}{45} - 2\pi = -\dfrac{82\pi}{45}$

26. (a) Complement: $90° - 79° = 11°$
Supplement: $180° - 79° = 101°$

(b) Complement: None
Supplement: $180° - 150° = 30°$

28. (a) Complement: $\dfrac{\pi}{2} - 1 \approx 0.57$
Supplement: $\pi - 1 \approx 2.14$

(b) Complement: None
Supplement: $\pi - 2 \approx 1.14$

30. (a) $315° = 315\left(\dfrac{\pi}{180}\right) = \dfrac{7\pi}{4}$ radians
(b) $120° = 120\left(\dfrac{\pi}{180}\right) = \dfrac{2\pi}{3}$ radians

32. (a) $-270° = -270\left(\dfrac{\pi}{180}\right) = -\dfrac{3\pi}{2}$ radians
(b) $144° = 144\left(\dfrac{\pi}{180}\right) = \dfrac{4\pi}{5}$ radians

34. (a) $-\dfrac{7\pi}{12} = -\dfrac{7\pi}{12}\left(\dfrac{180}{\pi}\right) = -105°$
(b) $\dfrac{\pi}{9} = \dfrac{\pi}{9}\left(\dfrac{180}{\pi}\right) = 20°$

36. (a) $\dfrac{11\pi}{6} = \dfrac{11\pi}{6}\left(\dfrac{180}{\pi}\right) = 330°$
(b) $\dfrac{34\pi}{15}\left(\dfrac{180}{\pi}\right) = 408°$

38. $87.4° = 87.4\left(\dfrac{\pi}{180}\right) \approx 1.525$ radians

40. $-48.27° = -48.27\left(\dfrac{\pi}{180}\right) \approx -0.842$ radians

42. $0.54° = 0.54\left(\dfrac{\pi}{180}\right) \approx 0.009$ radians

44. $345° = 345\left(\dfrac{\pi}{180}\right) \approx 6.021$ radians

46. $\dfrac{5\pi}{11} = \dfrac{5\pi}{11}\left(\dfrac{180}{\pi}\right) \approx 81.818°$

48. $6.5\pi = 6.5\pi\left(\dfrac{180}{\pi}\right) \approx 1170.000°$

50. $4.8 = 4.8\left(\dfrac{180}{\pi}\right) \approx 275.020°$

52. $-0.57 = -0.57\left(\dfrac{180}{\pi}\right) \approx -32.659°$

54. (a) $245°10' = 245\tfrac{10}{60} \approx 245.167°$
(b) $2°12' = 2\tfrac{12}{60} = 2.2°$

56. (a) $-135°36'' = -135\tfrac{36}{3600} \approx -135.01°$
(b) $-408°16'25'' = -\left(408 + \tfrac{16}{60} + \tfrac{25}{3600}\right)$
$\approx -408.274°$

58. (a) $-345.12° = -(345° + (0.12)(60'))$
$= -(345° + 7' + 0.2(60''))$
$= -345°7'12''$

(b) $0.45 = 0.45\left(\dfrac{180}{\pi}\right)°$
$\approx 25.7831°$
$= 25° + (0.7831)(60')$
$\approx 25°46' + (0.986)(60'')$
$= 25°46'59''$

60. (a) $-0.355 = -0.355\left(\dfrac{180}{\pi}\right)°$
$\approx -20.34°$
$= -(20° + (0.34)(60'))$
$\approx -(20°20' + 0.4(60''))$
$= -20°20'24''$

(b) $0.7865 = 0.7865\left(\dfrac{180}{\pi}\right)°$
$\approx 45.063°$
$= 45° + (0.063)(60')$
$\approx 45°3' + (0.78784)(60'')$
$= 45°3'47''$

62. $\theta = \dfrac{s}{r} = \dfrac{10}{16} = \dfrac{5}{8}$

64. $r = 80$ km, $s = 160$ km
$\theta = \dfrac{s}{r} = \dfrac{160 \text{ km}}{80 \text{ km}} = 2$

66. $\theta = 60°\left(\dfrac{\pi}{180°}\right) = \dfrac{\pi}{3}$
$s = r\theta = 9\left(\dfrac{\pi}{3}\right) = 3\pi$ ft

68. $s = r\theta = 40\left(\dfrac{3\pi}{4}\right) = 30\pi$ cm

SECTION 6.1 Angles and Their Measure 217

70. $\theta = 47°36'32'' - 37°46'39'' = 9°49'53'' \approx 0.1716$

$$s \approx 4000(0.1716) \approx 686.4 \text{ miles}$$

72. $\theta = 31°47' + 26°10' = 57°57' \approx 1.0114$

$$s \approx 4000(1.0114) \approx 4045.7 \text{ miles}$$

74. $\theta = \frac{500}{4000} = 0.125$ radian $\approx 7.162°$

76. $\theta = \frac{s}{r} = \frac{12}{4} = 3$ radians $\approx 171.89°$

78. Linear velocity for either pulley:

$1700(2\pi) = 3400\pi$ in./min

(a) Angular speed of motor pulley:

$$\omega = \frac{v}{r} = \frac{3400\pi}{1} = 3400\pi \text{ rad/min}$$

Angular speed of the saw arbor:

$$\omega = \frac{v}{r} = \frac{3400\pi}{2} = 1700\pi \text{ rad/min}$$

(b) Revolutions per minute of the saw arbor:

$$\frac{1700\pi}{2\pi} = 850 \text{ rev/min}$$

80. (a) Arc length of larger sprocket in feet:

$$s = r\theta$$

$$s = \frac{1}{3}(2\pi) = \frac{2\pi}{3} \text{ ft}$$

Therefore, the chain moves $2\pi/3$ feet as does the smaller rear sprocket. Thus, the angle, θ, of the smaller sprocket is

$$\theta = \frac{s}{r} = \frac{2\pi/3}{2} = \frac{\pi}{3}$$

and the arc length of the tire is

$$s = \theta r$$

$$s = \left(\frac{\pi}{3}\right)(13)$$

$$s = \frac{13\pi}{3} \text{ ft.}$$

$$\text{Speed} = \frac{s}{t} = \frac{13\pi/3}{1 \text{ sec}}$$

$$= \frac{13\pi}{3} \text{ ft/sec} \approx 13.6 \text{ ft/sec}$$

(b) Speed mph:

$$\frac{13\pi}{3} \frac{\text{ft}}{\text{sec}} \times 3600 \frac{\text{sec}}{\text{hr}} \times \frac{1 \text{ mi}}{5280 \text{ ft}} = 9.3 \text{ mph}$$

6.2 Right Triangle Trigonometry

2.

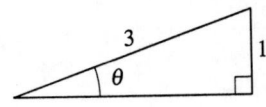

$b = \sqrt{3^2 - 1^2} = 2\sqrt{2}$

$\sin \theta = \dfrac{1}{3}$ $\qquad \csc \theta = 3$

$\cos \theta = \dfrac{2\sqrt{2}}{3}$ $\qquad \sec \theta = \dfrac{3}{2\sqrt{2}} = \dfrac{3\sqrt{2}}{4}$

$\tan \theta = \dfrac{1}{2\sqrt{2}} = \dfrac{\sqrt{2}}{4}$ $\qquad \cot \theta = 2\sqrt{2}$

4.

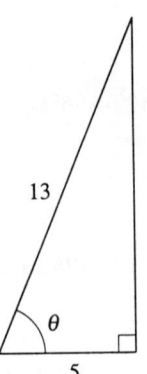

$a = \sqrt{13^2 - 5^2} = 12$

$\sin \theta = \dfrac{12}{13}$ $\qquad \csc \theta = \dfrac{13}{12}$

$\cos \theta = \dfrac{5}{13}$ $\qquad \sec \theta = \dfrac{13}{5}$

$\tan \theta = \dfrac{12}{5}$ $\qquad \cot \theta = \dfrac{5}{12}$

6.

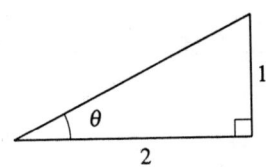

$c = \sqrt{2^2 + 1^2} = \sqrt{5}$

$\sin \theta = \dfrac{1}{\sqrt{5}} = \dfrac{\sqrt{5}}{5}$ $\qquad \csc \theta = \dfrac{\sqrt{5}}{1} = \sqrt{5}$

$\cos \theta = \dfrac{2}{\sqrt{5}} = \dfrac{2\sqrt{5}}{5}$ $\qquad \sec \theta = \dfrac{\sqrt{5}}{2}$

$\tan \theta = \dfrac{1}{2}$ $\qquad \cot \theta = 2$

8.

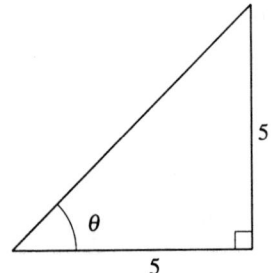

$c = \sqrt{25 + 25} = 5\sqrt{2}$

$\sin \theta = \dfrac{5}{5\sqrt{2}} = \dfrac{\sqrt{2}}{2}$ $\qquad \csc \theta = \dfrac{\sqrt{2}}{1} = \sqrt{2}$

$\cos \theta = \dfrac{5}{5\sqrt{2}} = \dfrac{\sqrt{2}}{2}$ $\qquad \sec \theta = \dfrac{\sqrt{2}}{1} = \sqrt{2}$

$\tan \theta = \dfrac{5}{5} = 1$ $\qquad \cot \theta = \dfrac{1}{1} = 1$

10. Given: $\cot\theta = 5$

$$1^2 + 5^2 = (\text{hyp})^2$$
$$\text{hyp} = \sqrt{26}$$

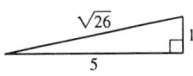

$\sin\theta = \dfrac{\sqrt{26}}{26}$

$\cos\theta = \dfrac{5\sqrt{26}}{26}$

$\tan\theta = \dfrac{1}{5}$

$\sec\theta = \dfrac{\sqrt{26}}{5}$

$\csc\theta = \sqrt{26}$

12. Given: $\cos\theta = \dfrac{5}{7}$

$$(\text{opp})^2 + 5^2 = 7^2$$
$$\text{opp} = 2\sqrt{6}$$

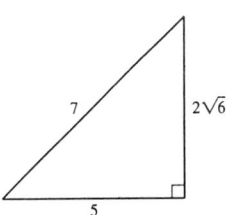

$\sin\theta = \dfrac{2\sqrt{6}}{7}$

$\tan\theta = \dfrac{2\sqrt{6}}{5}$

$\cot\theta = \dfrac{5\sqrt{6}}{12}$

$\sec\theta = \dfrac{7}{5}$

$\csc\theta = \dfrac{7\sqrt{6}}{12}$

14. Given: $\csc\theta = \dfrac{17}{4}$

$4^2 + (\text{adj})^2 = 17^2$

$\text{adj} = \sqrt{273}$

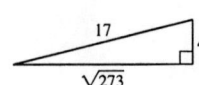

$\sin\theta = \dfrac{4}{17}$

$\cos\theta = \dfrac{\sqrt{273}}{17}$

$\tan\theta = \dfrac{4\sqrt{273}}{273}$

$\cot\theta = \dfrac{\sqrt{273}}{4}$

$\sec\theta = \dfrac{17\sqrt{273}}{273}$

16. Given: $\sin\theta = \dfrac{3}{8}$

$3^2 + (\text{adj})^2 = 8^2$

$\text{adj} = \sqrt{55}$

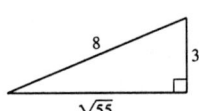

$\cos\theta = \dfrac{\sqrt{55}}{8}$

$\tan\theta = \dfrac{3}{\sqrt{55}} = \dfrac{3\sqrt{55}}{55}$

$\csc\theta = \dfrac{8}{3}$

$\sec\theta = \dfrac{8}{\sqrt{55}} = \dfrac{8\sqrt{55}}{55}$

$\cot\theta = \dfrac{\sqrt{55}}{3}$

18. $\sin 30° = \dfrac{1}{2}$, $\tan 30° = \dfrac{\sqrt{3}}{3}$

(a) $\csc 30° = \dfrac{1}{\sin 30°} = 2$

(b) $\cot 60° = \tan 30° = \dfrac{\sqrt{3}}{3}$

(c) $\cos 30° = \sqrt{1 - \sin^2 30°} = \dfrac{\sqrt{3}}{2}$

(d) $\cot 30° = \dfrac{1}{\tan 30°} = \sqrt{3}$

20. $\sec\theta = 5$, $\tan\theta = 2\sqrt{6}$

(a) $\cos\theta = \dfrac{1}{\sec\theta} = \dfrac{1}{5}$

(b) $\cot\theta = \dfrac{1}{\tan\theta} = \dfrac{\sqrt{6}}{12}$

(c) $\cot(90° - \theta) = \tan\theta = 2\sqrt{6}$

(d) $\sin\theta = \tan\theta \cos\theta = \dfrac{2\sqrt{6}}{5}$

22. (a) $\csc 30° = \dfrac{1}{\sin 30°} = 2$

(b) $\sin \dfrac{\pi}{4} = \dfrac{\sqrt{2}}{2}$

24. (a) $\sin \dfrac{\pi}{3} = \dfrac{\sqrt{3}}{2}$

(b) $\csc 45° = \dfrac{1}{\sin 45°} = \sqrt{2}$

26. (a) $\tan 23.5° \approx 0.4348$

(b) $\cot 66.5° \approx 0.4348$

28. (a) $\cos 16°18' \approx 0.9598$

(b) $\sin 73°56' \approx 0.9609$

30. (a) $\cos 4°50'15'' \approx 0.9964$

(b) $\sec 4°50'15'' \approx 1.0036$

32. (a) $\sec 0.75 \approx 1.3667$

(b) $\cos 0.75 \approx 0.7317$

34. (a) $\tan \dfrac{1}{2} \approx 0.5463$

(b) $\cot \left(\dfrac{\pi}{2} - \dfrac{1}{2} \right) = \tan \dfrac{1}{2} \approx 0.5463$

36. (a) $\cos \theta = \dfrac{\sqrt{2}}{2} \Rightarrow \theta = 45° = \dfrac{\pi}{4}$

(b) $\tan \theta = 1 \Rightarrow \theta = 45° = \dfrac{\pi}{4}$

38. (a) $\tan \theta = \sqrt{3} \Rightarrow \theta = 60° = \dfrac{\pi}{3}$

(b) $\cos \theta = \dfrac{1}{2} \Rightarrow \theta = 60° = \dfrac{\pi}{3}$

40. (a) $\cot \theta = \dfrac{\sqrt{3}}{3} \Rightarrow \theta = 60° = \dfrac{\pi}{3}$

(b) $\sec \theta = \sqrt{2} \Rightarrow \theta = 45° = \dfrac{\pi}{4}$

42. (a) $\cos \theta = 0.9848 \Rightarrow \theta \approx 10° \approx 0.175$ radians

(b) $\cos \theta = 0.8746 \Rightarrow \theta \approx 29° \approx 0.506$ radians

44. (a) $\sin \theta = 0.3746 \Rightarrow \theta \approx 22° \approx 0.384$ radians

(b) $\cos \theta = 0.3746 \Rightarrow \theta \approx 68° \approx 1.187$ radians

46. $\cos 60° = \dfrac{x}{10}$

$x = 10 \cos 60° = 5$

48. $\csc 45° = \dfrac{r}{30}$

$r = \dfrac{30}{\sin 45°} = 30\sqrt{2} \approx 42.4$

50. $\cot 20° = \dfrac{x}{30}$

$x = \dfrac{30}{\tan 20°} \approx 82.4$

52. $\sec 75° = \dfrac{r}{20}$

$r = \dfrac{20}{\cos 75°} \approx 77.3$

54. $\tan\theta = \dfrac{6}{3} = \dfrac{h}{135}$

$h = 270$ ft

56. $\tan 50° = \dfrac{w}{100}$

$w = 100\tan 50° \approx 119$ ft

58. $\sin\theta = \dfrac{3\frac{1}{3}}{17\frac{1}{2}}$

$\theta \approx 11°$

60. $\tan 3° = \dfrac{h}{6}$

$h = 6\tan 3° \approx 0.314$

$d = 2 + 2h$

$\approx 2 + 2(0.314)$

$= 2.63$ in.

62. $\sin 75° \approx 0.97$

$\cos 75° \approx 0.27$

$\tan 75° \approx 3.73$

$\csc 75° \approx 1.04$

$\sec 75° \approx 3.86$

$\cot 75° \approx 0.27$

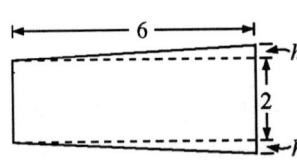
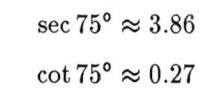

64. True, $\sec x = \csc(90° - x) \Rightarrow \sec 30° = \csc(90° - 30°) = \csc 60°$

66. True, $\cot^2\theta - \csc^2\theta = -1$, for all $\theta \Rightarrow \cot^2 10° - \csc^2 10° = -1$

68. False, $\tan[(0.8)^2] = \tan 0.64 \ne \tan^2(0.8) = (\tan 0.8)(\tan 0.8)$

6.3 Trigonometric Functions of Any Angle or Real Number

2. (a) $(x, y) = (-12, -5)$
$r = \sqrt{144 + 25} = 13$

$\sin \theta = \dfrac{y}{r} = -\dfrac{5}{13}$ $\qquad \csc \theta = \dfrac{r}{y} = -\dfrac{13}{5}$

$\cos \theta = \dfrac{x}{r} = -\dfrac{12}{13}$ $\qquad \sec \theta = \dfrac{r}{x} = -\dfrac{13}{12}$

$\tan \theta = \dfrac{y}{x} = \dfrac{5}{12}$ $\qquad \cot \theta = \dfrac{x}{y} = \dfrac{12}{5}$

(b) $(x, y) = (1, -1)$
$r = \sqrt{1 + 1} = \sqrt{2}$

$\sin \theta = \dfrac{y}{r} = -\dfrac{\sqrt{2}}{2}$ $\qquad \csc \theta = \dfrac{r}{y} = -\sqrt{2}$

$\cos \theta = \dfrac{x}{r} = \dfrac{\sqrt{2}}{2}$ $\qquad \sec \theta = \dfrac{r}{x} = \sqrt{2}$

$\tan \theta = \dfrac{y}{x} = -1$ $\qquad \cot \theta = \dfrac{x}{y} = -1$

4. (a) $(x, y) = (3, -1)$
$r = \sqrt{9 + 1} = \sqrt{10}$

$\sin \theta = \dfrac{y}{r} = -\dfrac{\sqrt{10}}{10}$ $\qquad \csc \theta = \dfrac{r}{y} = -\sqrt{10}$

$\cos \theta = \dfrac{x}{r} = \dfrac{3\sqrt{10}}{10}$ $\qquad \sec \theta = \dfrac{r}{x} = \dfrac{\sqrt{10}}{3}$

$\tan \theta = \dfrac{y}{x} = -\dfrac{1}{3}$ $\qquad \cot \theta = \dfrac{x}{y} = -3$

(b) $(x, y) = (-2, 4)$
$r = \sqrt{4 + 16} = 2\sqrt{5}$

$\sin \theta = \dfrac{y}{r} = \dfrac{2\sqrt{5}}{5}$ $\qquad \csc \theta = \dfrac{r}{y} = \dfrac{\sqrt{5}}{2}$

$\cos \theta = \dfrac{x}{r} = -\dfrac{\sqrt{5}}{5}$ $\qquad \sec \theta = \dfrac{r}{x} = -\sqrt{5}$

$\tan \theta = \dfrac{y}{x} = \dfrac{4}{-2} = -2$ $\qquad \cot \theta = \dfrac{x}{y} = -\dfrac{1}{2}$

6. (a) $(x, y) = (8, 15)$
$r = \sqrt{64 + 225} = 17$

$\sin \theta = \dfrac{y}{r} = \dfrac{15}{17}$ $\qquad \csc \theta = \dfrac{r}{y} = \dfrac{17}{15}$

$\cos \theta = \dfrac{x}{r} = \dfrac{8}{17}$ $\qquad \sec \theta = \dfrac{r}{x} = \dfrac{17}{8}$

$\tan \theta = \dfrac{y}{x} = \dfrac{15}{8}$ $\qquad \cot \theta = \dfrac{x}{y} = \dfrac{8}{15}$

(b) $(x, y) = (-9, -40)$
$r = \sqrt{81 + 1600} = 41$

$\sin \theta = \dfrac{y}{r} = -\dfrac{40}{41}$ $\qquad \csc \theta = \dfrac{r}{y} = -\dfrac{41}{40}$

$\cos \theta = \dfrac{x}{r} = -\dfrac{9}{41}$ $\qquad \sec \theta = \dfrac{r}{x} = -\dfrac{41}{9}$

$\tan \theta = \dfrac{y}{x} = \dfrac{40}{9}$ $\qquad \cot \theta = \dfrac{x}{y} = \dfrac{9}{40}$

8. (a) $(x, y) = (-5, -2)$
$r = \sqrt{25 + 4} = \sqrt{29}$

$\sin \theta = \dfrac{y}{r} = -\dfrac{2\sqrt{29}}{29}$ $\qquad \csc \theta = \dfrac{r}{y} = -\dfrac{\sqrt{29}}{2}$

$\cos \theta = \dfrac{x}{r} = -\dfrac{5\sqrt{29}}{29}$ $\qquad \sec \theta = \dfrac{r}{x} = -\dfrac{\sqrt{29}}{5}$

$\tan \theta = \dfrac{y}{x} = \dfrac{2}{5}$ $\qquad \cot \theta = \dfrac{x}{y} = \dfrac{5}{2}$

(b) $(x, y) = \left(-\dfrac{3}{2}, 3\right)$
$r = \sqrt{\dfrac{9}{4} + 9} = \dfrac{3\sqrt{5}}{2}$

$\sin \theta = \dfrac{y}{r} = \dfrac{2\sqrt{5}}{5}$ $\qquad \csc \theta = \dfrac{r}{y} = \dfrac{\sqrt{5}}{2}$

$\cos \theta = \dfrac{x}{r} = -\dfrac{\sqrt{5}}{5}$ $\qquad \sec \theta = \dfrac{r}{x} = -\sqrt{5}$

$\tan \theta = \dfrac{y}{x} = -2$ $\qquad \cot \theta = \dfrac{x}{y} = -\dfrac{1}{2}$

10. (a) $\sin\theta > 0$ and $\cos\theta > 0$ in Quadrant I
(b) $\sin\theta < 0$ and $\cos\theta > 0$ in Quadrant IV

12. (a) $\sec\theta > 0$ and $\cot\theta < 0$ in Quadrant IV
(b) $\csc\theta < 0$ and $\tan\theta > 0$ in Quadrant III

14. $\cos\theta = \dfrac{x}{r} = \dfrac{-4}{5} \Rightarrow |y| = 3$

θ in Quadrant III $\Rightarrow y = -3$

$\sin\theta = \dfrac{y}{r} = -\dfrac{3}{5}$ $\qquad \csc\theta = \dfrac{r}{y} = -\dfrac{5}{3}$

$\cos\theta = \dfrac{x}{r} = -\dfrac{4}{5}$ $\qquad \sec\theta = \dfrac{r}{x} = -\dfrac{5}{4}$

$\tan\theta = \dfrac{y}{x} = \dfrac{3}{4}$ $\qquad \cot\theta = \dfrac{x}{y} = \dfrac{4}{3}$

16. $\cos\theta = \dfrac{x}{r} = \dfrac{8}{17} \Rightarrow |y| = 15$

$\tan\theta < 0 \Rightarrow y = -15$

$\sin\theta = \dfrac{y}{r} = -\dfrac{15}{17}$ $\qquad \csc\theta = \dfrac{r}{y} = -\dfrac{17}{15}$

$\cos\theta = \dfrac{x}{r} = \dfrac{8}{17}$ $\qquad \sec\theta = \dfrac{r}{x} = \dfrac{17}{8}$

$\tan\theta = \dfrac{y}{x} = -\dfrac{15}{8}$ $\qquad \cot\theta = \dfrac{x}{y} = -\dfrac{8}{15}$

18. $\cot\theta$ is undefined $\Rightarrow \theta = n\pi$

$\dfrac{\pi}{2} \leq \theta \leq \dfrac{3\pi}{2} \Rightarrow \theta = \pi,\ y = 0,\ x = -r$

$\sin\theta = \dfrac{y}{r} = \dfrac{0}{r} = 0$ $\qquad \csc\theta = \dfrac{r}{y}$ is undefined

$\cos\theta = \dfrac{x}{r} = \dfrac{-r}{r} = -1$ $\qquad \sec\theta = \dfrac{r}{x} = -1$

$\tan\theta = \dfrac{y}{x} = \dfrac{0}{x} = 0$ $\qquad \cot\theta = \dfrac{x}{y}$ is undefined

20. $\tan\theta$ is undefined $\Rightarrow \theta = n\pi + \dfrac{\pi}{2}$

$\pi \leq \theta \leq 2\pi \Rightarrow \theta = \dfrac{3\pi}{2},\ x = 0,\ y = -r$

$\sin\theta = \dfrac{y}{r} = \dfrac{-r}{r} = -1$ $\qquad \csc\theta = \dfrac{r}{y} = -1$

$\cos\theta = \dfrac{x}{r} = \dfrac{0}{r} = 0$ $\qquad \sec\theta = \dfrac{r}{x}$ is undefined

$\tan\theta = \dfrac{y}{x}$ is undefined $\qquad \cot\theta = \dfrac{x}{y} = \dfrac{0}{y} = 0$

22. θ in Quadrant IV and (x, y) satisfies $\left(x, -\dfrac{4}{3}x\right) \Rightarrow r^2 = x^2 + \dfrac{16}{9}x^2$ and $x > 0$. Thus, $r = \dfrac{5}{3}|x| = \dfrac{5}{3}x$.

$\sin\theta = \dfrac{y}{r} = -\dfrac{4}{5}$ $\qquad \csc\theta = \dfrac{r}{y} = -\dfrac{5}{4}$

$\cos\theta = \dfrac{x}{r} = \dfrac{3}{5}$ $\qquad \sec\theta = \dfrac{r}{x} = \dfrac{5}{3}$

$\tan\theta = \dfrac{y}{x} = -\dfrac{4}{3}$ $\qquad \cot\theta = \dfrac{x}{y} = -\dfrac{3}{4}$

24. (a) $\theta = 309°$

$\theta' = 360° - 309° = 51°$

(b) $\theta = 226°$

$\theta' = 226° - 180° = 46°$

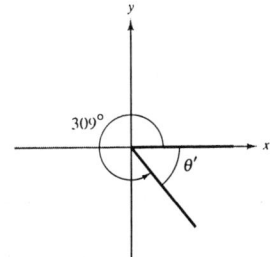
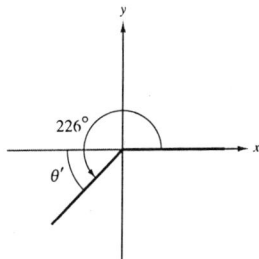

26. (a) $\theta = -145°$

$360° - 145° = 215°$ (coterminal angle)

$\theta' = 215° - 180° = 35°$

(b) $\theta = -239°$

$360° - 239° = 121°$ (coterminal angle)

$\theta' = 180° - 121° = 59°$

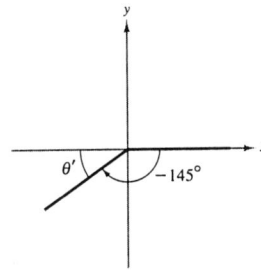
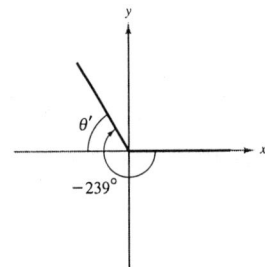

28. (a) $\theta = \dfrac{7\pi}{4}$

$\theta' = 2\pi - \dfrac{7\pi}{4} = \dfrac{\pi}{4}$

(b) $\theta = \dfrac{8\pi}{9}$

$\theta' = \pi - \dfrac{8\pi}{9} = \dfrac{\pi}{9}$

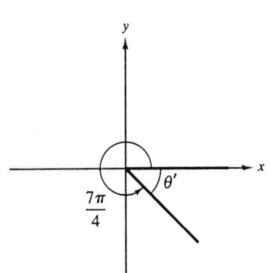
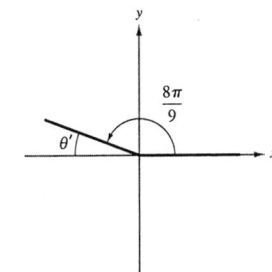

30. (a) $\theta = \dfrac{11\pi}{3}$

$\theta' = 4\pi - \dfrac{11\pi}{3}$

$= \dfrac{12\pi}{3} - \dfrac{11\pi}{3} = \dfrac{\pi}{3}$

(b) $\theta = -\dfrac{7\pi}{10}$

$2\pi - \dfrac{7\pi}{10} = \dfrac{13\pi}{10}$ (coterminal angle)

$\theta' = \dfrac{13\pi}{10} - \pi = \dfrac{13\pi}{10} - \dfrac{10\pi}{10}$

$= \dfrac{3\pi}{10}$

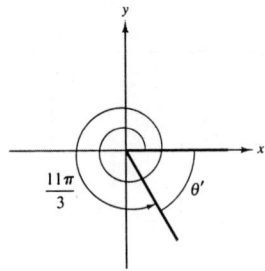

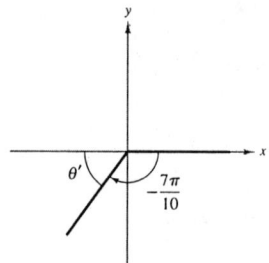

32. (a) $\theta' = 60°$, Quadrant IV

$\sin 300° = -\sin 60° = -\dfrac{\sqrt{3}}{2}$

$\cos 300° = \cos 60° = \dfrac{1}{2}$

$\tan 300° = -\tan 60° = -\sqrt{3}$

(b) $\theta' = 30°$, Quadrant IV

$\sin 330° = -\sin 30° = -\dfrac{1}{2}$

$\cos 330° = \cos 30° = \dfrac{\sqrt{3}}{2}$

$\tan 330° = -\tan 30° = -\dfrac{\sqrt{3}}{3}$

34. (a) $\theta' = 45°$, Quadrant IV

$\sin(-405°) = -\sin 45° = -\dfrac{\sqrt{2}}{2}$

$\cos(-405°) = \cos 45° = \dfrac{\sqrt{2}}{2}$

$\tan(-405°) = -\tan 45° = -1$

(b) $\theta' = 60°$, Quadrant III

$\sin(-120°) = -\sin 60° = -\dfrac{\sqrt{3}}{2}$

$\cos(-120°) = -\cos 60° = -\dfrac{1}{2}$

$\tan(-120°) = \tan 60° = \sqrt{3}$

36. (a) $\sin \dfrac{\pi}{4} = \dfrac{\sqrt{2}}{2}$

$\cos \dfrac{\pi}{4} = \dfrac{\sqrt{2}}{2}$

$\tan \dfrac{\pi}{4} = 1$

(b) $\theta' = \dfrac{\pi}{4}$, Quadrant III

$\sin \dfrac{5\pi}{4} = -\sin \dfrac{\pi}{4} = -\dfrac{\sqrt{2}}{2}$

$\cos \dfrac{5\pi}{4} = -\cos \dfrac{\pi}{4} = -\dfrac{\sqrt{2}}{2}$

$\tan \dfrac{5\pi}{4} = \tan \dfrac{\pi}{4} = 1$

38. (a) $\theta' = \dfrac{\pi}{2}$, Quadrantal Angle

$\sin\left(-\dfrac{\pi}{2}\right) = -\sin\dfrac{\pi}{2} = -1$

$\cos\left(-\dfrac{\pi}{2}\right) = \cos\dfrac{\pi}{2} = 0$

$\tan\left(-\dfrac{\pi}{2}\right) = \tan\dfrac{\pi}{2}$ is undefined

(b) $\sin\dfrac{\pi}{2} = 1$

$\cos\dfrac{\pi}{2} = 0$

$\tan\dfrac{\pi}{2}$ is undefined

40. (a) $\theta' = \dfrac{\pi}{3}$, Quadrant III

$\sin\dfrac{10\pi}{3} = -\sin\dfrac{\pi}{3} = -\dfrac{\sqrt{3}}{2}$

$\cos\dfrac{10\pi}{3} = -\cos\dfrac{\pi}{3} = -\dfrac{1}{2}$

$\tan\dfrac{10\pi}{3} = \tan\dfrac{\pi}{3} = \sqrt{3}$

(b) $\theta' = \dfrac{\pi}{3}$, Quadrant IV

$\sin\dfrac{17\pi}{3} = -\sin\dfrac{\pi}{3} = -\dfrac{\sqrt{3}}{2}$

$\cos\dfrac{17\pi}{3} = \cos\dfrac{\pi}{3} = \dfrac{1}{2}$

$\tan\dfrac{17\pi}{3} = -\tan\dfrac{\pi}{3} = -\sqrt{3}$

42. (a) $\sec 225° \approx -1.4142$

(b) $\sec 135° \approx -1.4142$

44. (a) $\csc 330° = -2.0000$

(b) $\csc 150° = 2.0000$

46. (a) $\cot(1.35) \approx 0.2245$

(b) $\tan(1.35) \approx 4.4552$

48. (a) $\sin(-0.65) \approx -0.6052$

(b) $\sin(5.63) \approx -0.6077$

50. (a) $\cos\theta = \dfrac{\sqrt{2}}{2} \Rightarrow$ reference angle is $45°$ or $\dfrac{\pi}{4}$ and θ is in Quadrant I or IV.

Values in degrees: $45°$, $315°$

Values in radians: $\dfrac{\pi}{4}$, $\dfrac{7\pi}{4}$

(b) $\cos\theta = -\dfrac{\sqrt{2}}{2} \Rightarrow$ reference angle is $45°$ or $\dfrac{\pi}{4}$ and θ is in Quadrant II or III.

Values in degrees: $135°$, $225°$

Values in radians: $\dfrac{3\pi}{4}$, $\dfrac{5\pi}{4}$

52. (a) $\sec\theta = 2 \Rightarrow$ reference angle is $60°$ or $\dfrac{\pi}{3}$ and θ is in Quadrant I or IV.

Values in degrees: $60°, 300°$

Values in radians: $\dfrac{\pi}{3}, \dfrac{5\pi}{3}$

(b) $\sec\theta = -2 \Rightarrow$ reference angle is $60°$ or $\dfrac{\pi}{3}$ and θ is in Quadrant II or III.

Values in degrees: $120°, 240°$

Values in radians: $\dfrac{2\pi}{3}, \dfrac{4\pi}{3}$

54. (a) $\sin\theta = \dfrac{\sqrt{3}}{2} \Rightarrow$ reference angle is $60°$ or $\dfrac{\pi}{3}$ and θ is in Quadrant I or II.

Values in degrees: $60°, 120°$

Values in radians: $\dfrac{\pi}{3}, \dfrac{2\pi}{3}$

(b) $\sin\theta = -\dfrac{\sqrt{3}}{2} \Rightarrow$ reference angle is $60°$ or $\dfrac{\pi}{3}$ and θ is in Quadrant III or IV.

Values in degrees: $240°, 300°$

Values in radians: $\dfrac{4\pi}{3}, \dfrac{5\pi}{3}$

56. (a) $\cos\theta = 0.8746 \Rightarrow \theta' \approx 29.00$

Quadrant I: $\theta = \cos^{-1} 0.8746 \approx 29.00°$

Quadrant IV: $\theta = 360° - \theta' \approx 331.00°$

(b) $\cos\theta = -0.2419 \Rightarrow \theta' \approx 76.00°$

Quadrant II: $\theta = \cos^{-1}(-0.2419) \approx 104.00°$

Quadrant III: $\theta = 180° + \theta' \approx 256.00°$

58. (a) $\sin\theta = 0.0175 \Rightarrow \theta' \approx 0.018$

Quadrant I: $\theta = \sin^{-1} 0.0175 \approx 0.018$

Quadrant II: $\theta = \pi - \theta' \approx 3.124$

(b) $\sin\theta = -0.6691 \Rightarrow \theta' \approx 0.733$

Quadrant III: $\theta = \pi + \theta' \approx 3.875$

Quadrant IV: $\theta = 2\pi - \theta' \approx 5.550$

60. (a) $\cot\theta = 5.671 \Rightarrow \theta' \approx 0.175$

　　Quadrant I: $\theta = \cot^{-1} 5.671 \approx 0.175$

　　Quadrant III: $\theta = \pi + \theta' \approx 3.316$

(b) $\cot\theta = -1.280 \Rightarrow \theta' \approx 0.663$

　　Quadrant II: $\theta = \pi - \theta' \approx 2.478$

　　Quadrant IV: $\theta = 2\pi - \theta' \approx 5.620$

62. $\cot\theta = -3$

$\csc^2\theta = \cot^2\theta + 1$

$\csc^2\theta = (-3)^2 + 1$

$\csc^2\theta = 10$

$\csc\theta > 0$ in Quadrant II.

$\csc\theta = \sqrt{10}$

$\csc\theta = \dfrac{1}{\sin\theta}$

$\sin\theta = \dfrac{1}{\csc\theta}$

$\sin\theta = \dfrac{1}{\sqrt{10}} = \dfrac{\sqrt{10}}{10}$

64. $\csc\theta = -2$

$\cot^2\theta + 1 = \csc^2\theta$

$\cot^2\theta = \csc^2\theta - 1$

$\cot^2\theta = (-2)^2 - 1$

$\cot^2\theta = 3$

$\cot\theta < 0$ in Quadrant IV.

$\cot\theta = -\sqrt{3}$

66. $\sec\theta = -\dfrac{9}{4}$

$1 + \tan^2\theta = \sec^2\theta$

$\tan^2\theta = \sec^2\theta - 1$

$\tan^2\theta = \left(-\dfrac{9}{4}\right)^2 - 1$

$\tan^2\theta = \dfrac{81}{16} - 1$

$\tan^2\theta = \dfrac{65}{16}$

$\tan\theta > 0$ in Quadrant III.

$\tan\theta = \dfrac{\sqrt{65}}{4}$

68. $S = 23.1 + 0.442t + 4.3\sin\left(\dfrac{\pi t}{6}\right)$

(a) $S = 23.1 + 0.442(2) + 4.3\sin\left(\dfrac{2\pi}{6}\right)$

$\approx 27.7, \quad 27{,}700$ units

(b) $S = 23.1 + 0.442(14) + 4.3\sin\left(\dfrac{14\pi}{6}\right)$

$\approx 33.0, \quad 33{,}000$ units

(c) $S = 23.1 + 0.442(9) + 4.3\sin\left(\dfrac{9\pi}{6}\right)$

$\approx 22.8, \quad 22{,}800$ units

(d) $S = 23.1 + 0.442(21) + 4.3\sin\left(\dfrac{21\pi}{6}\right)$

$\approx 28.1, \quad 28{,}100$ units

70. $y(t) = \dfrac{1}{4}e^{-t}\cos 6t$

(a) $y(0) = \dfrac{1}{4}e^{-0}\cos(6 \cdot 0) = 0.2500$ ft

(b) $y\left(\dfrac{1}{4}\right) = \dfrac{1}{4}e^{-1/4}\cos\left(6 \cdot \dfrac{1}{4}\right) \approx 0.0138$ ft

(c) $y\left(\dfrac{1}{2}\right) = \dfrac{1}{4}e^{-1/2}\cos\left(6 \cdot \dfrac{1}{2}\right) \approx -0.1501$ ft

72. As θ increases from $0°$ to $90°$, x will decrease from 10 centimeters to 0 centimeters, and y will increase from 0 centimeters to 10 centimeters. Therefore, $\sin\theta = y/10$ will increase from 0 to 1 and $\cos\theta = x/10$ will decrease from 1 to 0. Thus, $\tan\theta = y/x$ will increase without bound. When $\theta = 90°$, the tangent will be undefined.

6.4 Graphs of Sine and Cosine Functions

2. $y = 3\cos 3x$

Amplitude: $|3| = 3$

Period: $\dfrac{2\pi}{|3|} = \dfrac{2\pi}{3}$

```
RANGE
Xmin=0
Xmax=3π
Xscl=1
Ymin=-3
Ymax=3
Yscl=1
```

4. $y = -2\sin\dfrac{x}{3}$

Amplitude: $|-2| = 2$

Period: $\dfrac{2\pi}{|1/3|} = 6\pi$

```
RANGE
Xmin=0
Xmax=6π
Xscl=π
Ymin=-3
Ymax=3
Yscl=1
```

6. $y = \dfrac{5}{2}\cos\dfrac{\pi x}{2}$

Amplitude: $\left|\dfrac{5}{2}\right| = \dfrac{5}{2}$

Period: $\dfrac{2\pi}{|\pi/2|} = 4$

```
RANGE
Xmin=0
Xmax=8
Xscl=1
Ymin=-3
Ymax=3
Yscl=1
```

8. $y = -\dfrac{5}{2}\cos\dfrac{x}{4}$

Amplitude: $\left|-\dfrac{5}{2}\right| = \dfrac{5}{2}$

Period: $\dfrac{2\pi}{|1/4|} = 8\pi$

10. $y = \dfrac{2}{3} \cos \dfrac{\pi x}{10}$

Amplitude: $\left|\dfrac{2}{3}\right| = \dfrac{2}{3}$

Period: $\dfrac{2\pi}{|\pi/10|} = 20$

12. $f(x) = \cos x$

$g(x) = \cos(x + \pi)$

The graph of g is a horizontal shift to the left π units of the graph of f (a phase shift).

14. $f(x) = \sin 3x$

$g(x) = \sin(-3x) = -\sin(3x)$

The graph of g is a reflection in the x-axis of the graph of f.

16. $f(x) = \cos 4x$

$g(x) = -2 + \cos 4x$

The graph of g is a vertical shift downward of 2 units of the graph of f.

18. $f(x) = \sin x$

$g(x) = \sin\left(\dfrac{x}{3}\right)$

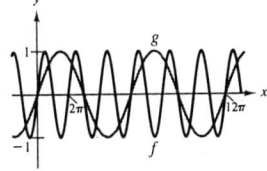

20. $f(x) = 2\cos 2x$

$g(x) = -\cos 4x$

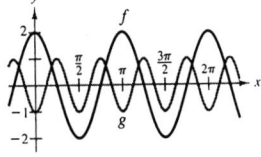

22. $f(x) = 4 \sin \pi x$

$g(x) = 4 \sin \pi x - 3$

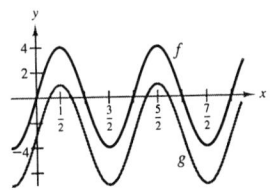

24. $f(x) = -\cos x$

$g(x) = -\cos(x - \pi)$

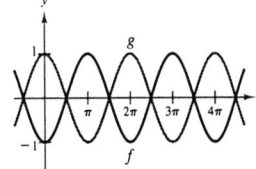

26. $f(x) = \sin x$

$g(x) = -\cos\left(x + \dfrac{\pi}{2}\right)$

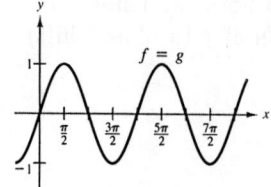

28. $f(x) = \cos x$

$g(x) = -\cos(x - \pi)$

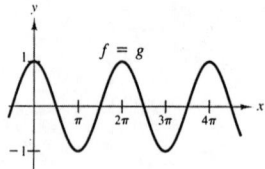

30. $y = -3\cos 4x$

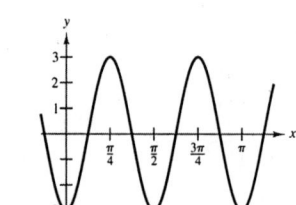

32. $y = \dfrac{3}{2}\sin\dfrac{\pi x}{4}$

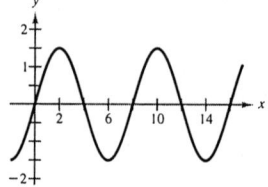

34. $y = 10\cos\dfrac{\pi x}{6}$

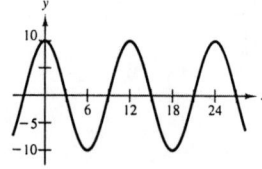

36. $y = 2\cos x - 3$

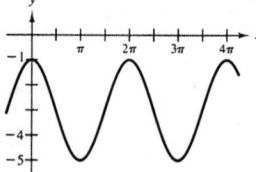

38. $y = \dfrac{1}{2}\sin(x - \pi)$

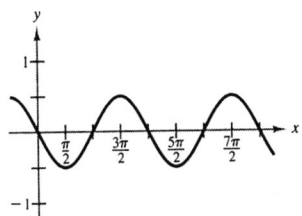

40. $y = 4\cos\left(x + \dfrac{\pi}{4}\right)$

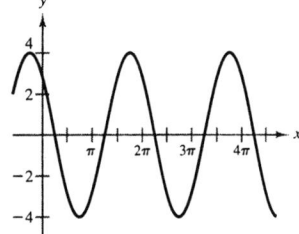

42. $y = -3 + 5\cos\dfrac{\pi t}{12}$

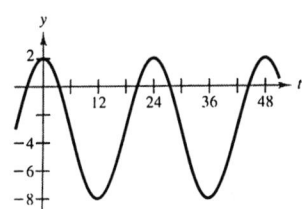

44. $y = 4\cos\left(x + \dfrac{\pi}{4}\right) + 4$

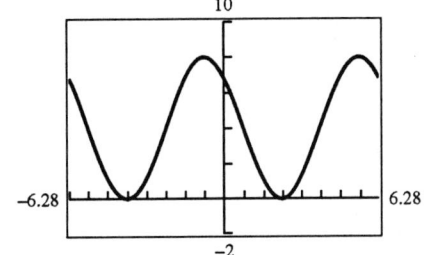

46. $y = -3\cos(6x + \pi)$

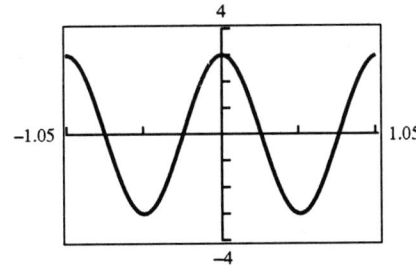

48. $y = -4\sin\left(\dfrac{2}{3}x - \dfrac{\pi}{3}\right)$

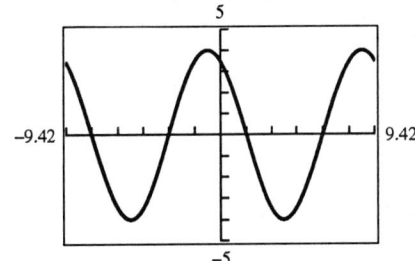

50. $y = 3\cos\left(\dfrac{\pi x}{2} + \dfrac{\pi}{2}\right) - 2$

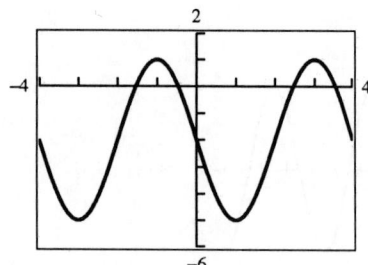

52. $y = 5\sin(\pi - 2x) + 10$

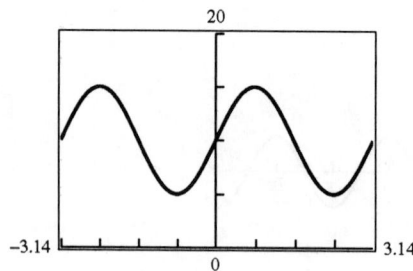

54. $y = \dfrac{1}{100}\sin(120\pi t)$

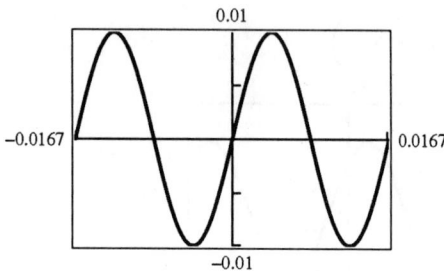

56. $f(x) = \cos x$

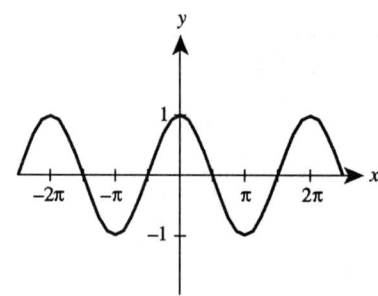

$\cos x = -1$ for $x = -\pi,\ \pi$

58.

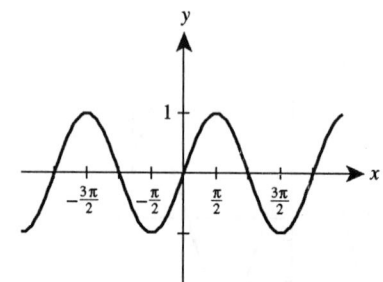

$\sin x = \dfrac{\sqrt{3}}{2}$ for

$x = -\dfrac{5\pi}{3},\ -\dfrac{4\pi}{3},\ \dfrac{\pi}{3},\ \dfrac{2\pi}{3}$

60. $f(x) = a\cos x + d$

Amplitude is 3 and graph is reflected in x-axis: $a = -3$

Vertical shift upward 1 unit: $d = 1$

$f(x) = -3\cos x + 1$

62. $y = a\sin(bx - c)$

Amplitude: $a = \dfrac{1}{2}$

Period: $\pi = \dfrac{2\pi}{2} \Rightarrow b = 2$

Phase shift: $c = 0$

$y = \dfrac{1}{2}\sin 2x$

64. $y = a\sin(bx - c)$

Amplitude: $a = 2$

Period: $4 = \dfrac{2\pi}{b} \Rightarrow b = \dfrac{\pi}{2}$

Phase shift: $-1 = \dfrac{c}{b} \Rightarrow c = -\dfrac{\pi}{2}$

$y = 2\sin\left(\dfrac{\pi x}{2} + \dfrac{\pi}{2}\right)$

66. $f(x) = 2\ln x$

$g(x) = a\cos x$

Graphing f and g on the same viewing rectangle (Xmin = 0, Xmax = 10, Ymin = -6, Ymax = 6), and changing the value of a, we find that $a = 4$ is the smallest integers value for which the graphs intersect more than once.

68. $v = 1.75\sin\dfrac{\pi t}{2}$

(a) Period: $\dfrac{2\pi}{\pi/2} = 4$

(b) $\dfrac{60}{4} = 15$ cycles/min

(c)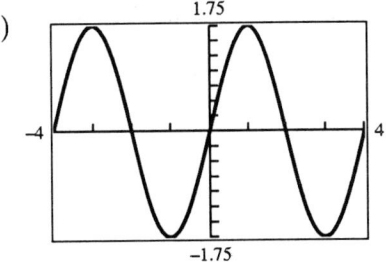

70. $P = 100 - 20\cos\dfrac{5\pi t}{3}$

(a) Period: $\dfrac{2\pi}{|5\pi/3|} = \dfrac{6}{5}$ seconds

(b) Number of heartbeats per minute = $\dfrac{60 \text{ seconds}}{\frac{6}{5} \text{ seconds}} = 50$ heartbeats
(Number of cycles per minute)

(c)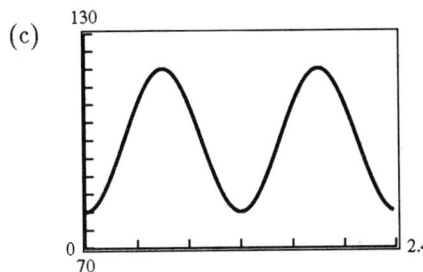

72. $S = 74.50 + 43.75 \sin \dfrac{\pi t}{6}$

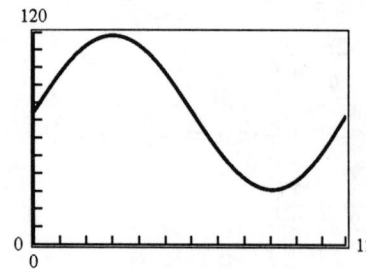

The maximum sales occur in March ($t = 3$), and the minimum sales in September ($t = 9$).

74. $g(x) = f(2x)$

76. $g(x) = f(x) + 2$

6.5 Graphs of Other Trigonometric Functions

2. $y = \tan 3x$ matches graph (g)

```
RANGE
Xmin=-π/3
Xmax=π
Xscl=π/6
Ymin=-2
Ymax=2
Yscl=1
```

4. $y = 2 \csc \dfrac{x}{2}$ matches graph (a)

```
RANGE
Xmin=-π
Xmax=5π
Xscl=π
Ymin=-5
Ymax=5
Yscl=1
```

6. $y = \frac{1}{2} \sec \pi x$ matches graph (h)

```
RANGE
Xmin=-1
Xmax=3
Xscl=0.5
Ymin=-2
Ymax=2
Yscl=1
```

8. $y = -2 \csc 2\pi x$ matches graph (f)

```
RANGE
Xmin=-0.5
Xmax=2
Xscl=0.25
Ymin=-4
Ymax=4
Yscl=1
```

10. $y = \frac{1}{4} \tan x$

12. $y = -3 \tan \pi x$

14. $y = \frac{1}{4} \sec x$

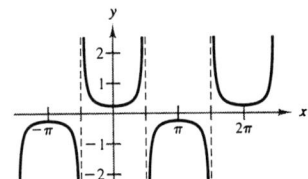

16. $y = 2 \sec 4x$

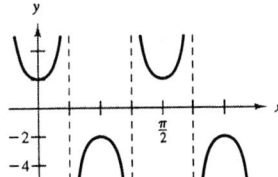

18. $y = -2 \sec 4x + 2$

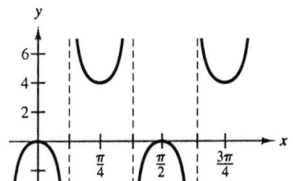

20. $y = \csc \dfrac{x}{3}$

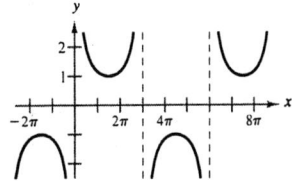

22. $y = 3 \cot \dfrac{\pi x}{2}$

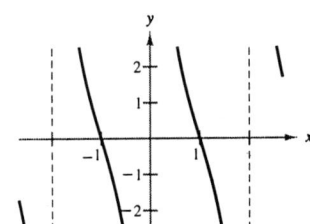

24. $y = -\dfrac{1}{2} \tan x$

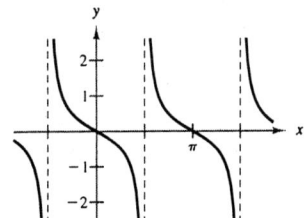

26. $y = \sec(x + \pi)$

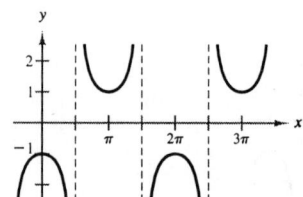

28. $y = \sec(\pi - x)$

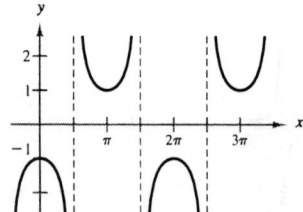

30. $y = 2\cot\left(x + \dfrac{\pi}{2}\right)$

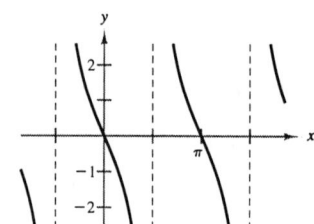

32. $y = -\tan 2x$

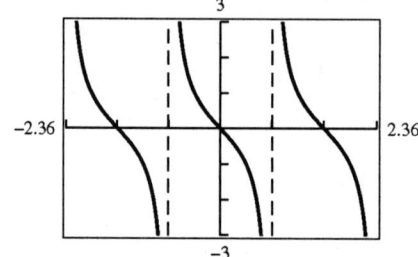

34. $y = \sec \pi x$

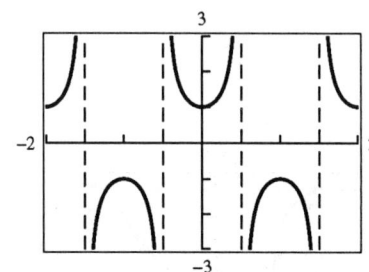

36. $y = -\csc(4x - \pi)$

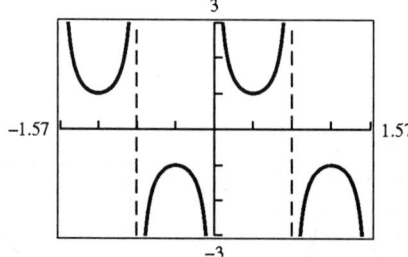

38. $y = \dfrac{1}{3}\sec\left(\dfrac{\pi x}{2} + \dfrac{\pi}{2}\right)$

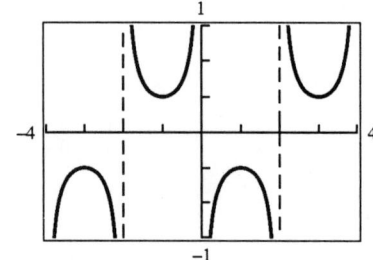

40. $y = 0.1\tan\left(\dfrac{\pi x}{4} + \dfrac{\pi}{4}\right)$

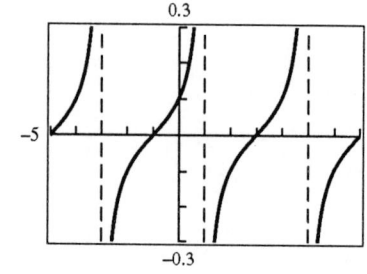

42. $f(x) = \cot x$

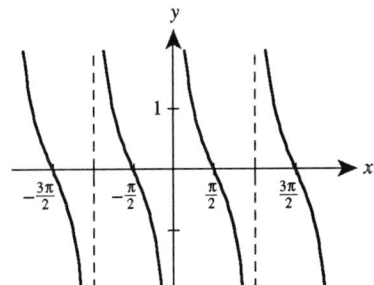

$\cot x = -\sqrt{3}$ for

$x = -\dfrac{7\pi}{6},\ -\dfrac{\pi}{6},\ \dfrac{5\pi}{6},\ \dfrac{11\pi}{6}$

44. $f(x) = \csc x$

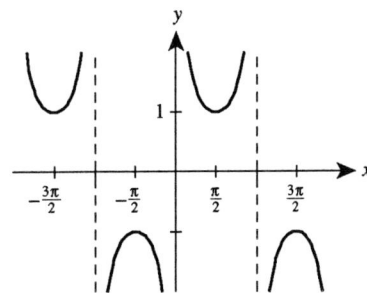

$\csc x = \sqrt{2}$ for

$x = -\dfrac{7\pi}{4},\ -\dfrac{5\pi}{4},\ \dfrac{\pi}{4},\ \dfrac{3\pi}{4}$

46. The function $f(x) = \tan x$ is odd, since its graph is symmetric about the origin.

48. $f(x) = \tan\left(\dfrac{\pi x}{2}\right)$ and $g(x) = \dfrac{1}{2}\sec\left(\dfrac{\pi x}{2}\right)$, $-1 < x < 1$

(a)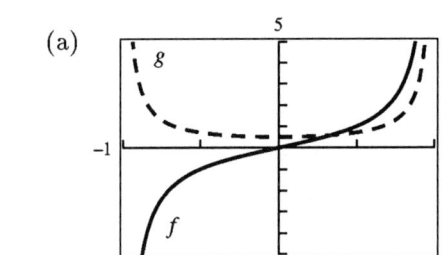

(b) $f < g$ on the interval $(-1,\ 0.333)$.

50. $\cos x = \dfrac{100}{d}$

$d = \dfrac{100}{\cos x}$

$d = 100 \sec x$

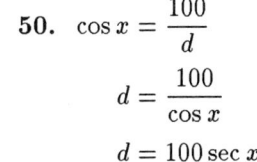
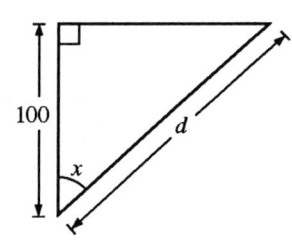
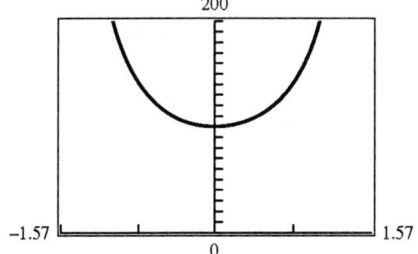

6.6 Advanced Graphing Techniques

2. $y = -3 + \cos x$

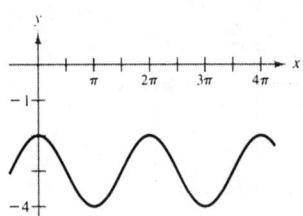

4. $y = 5 - \frac{1}{2}\sin 2\pi x$

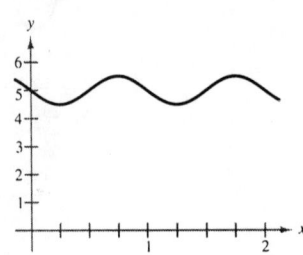

6. $y = 2 + \tan \pi x$

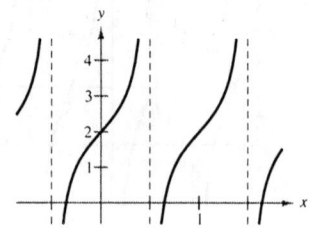

8. $y = \cos x + \cos 2x$

Period: 2π

Relative maxima: $(0, 2)$, $(\pi, 0)$

Relative minimum:
   $(1.823, -1.125)$, $(4.460, -1.125)$

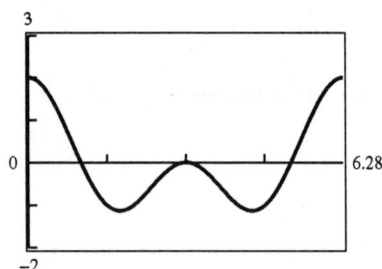

10. $y = 2\sin x + \cos 2x$

Period: 2π

Relative maxima: $(0.524, 1.5)$, $(2.618, 1.5)$

Relative minimum: $(1.571, 1)$, $(4.712, -3.0)$

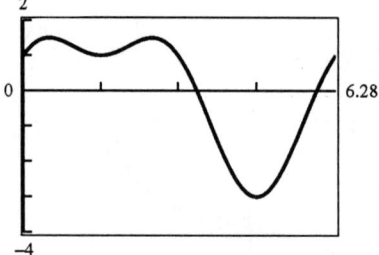

12. $y = \sin x - \frac{1}{2}\sin \frac{x}{2}$

Period: 4π

Relative maxima:
   $(1.376, 0.664)$, $(8.017, 1.368)$

Relative minimum:
   $(4.550, -1.368)$, $(11.190, -0.664)$

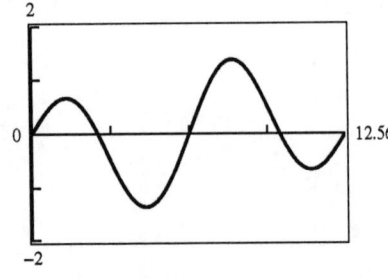

14. $y = \cos x - \frac{1}{4}\cos 2x$

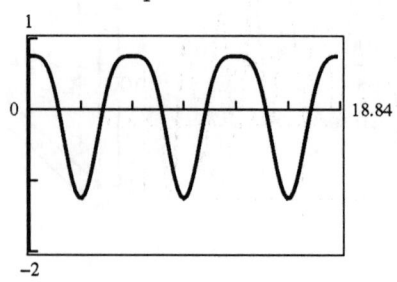

16. $y = \sin \pi x + \sin \dfrac{\pi x}{2}$

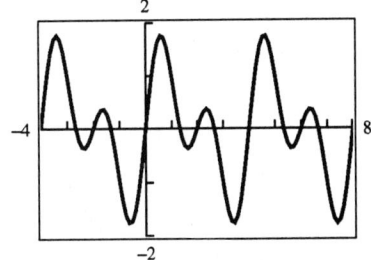

18. $y_1 = x + \cos x$

$y_2 = x$

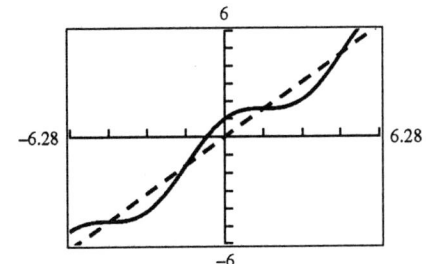

20. $y_1 = 2x - \sin x$

$y_2 = 2x$

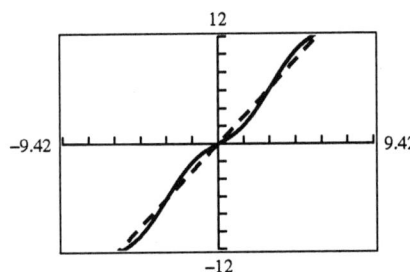

22. $y_1 = -\dfrac{s}{2} - \dfrac{1}{2}\sin \dfrac{\pi s}{4}$

$y_2 = -\dfrac{s}{2}$

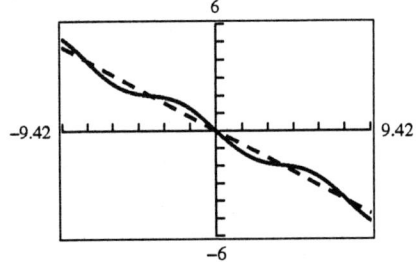

24. $y_1 = 4 - \dfrac{x^2}{16} + 4\cos \pi x$

$y_2 = 4 - \dfrac{x^2}{16}$

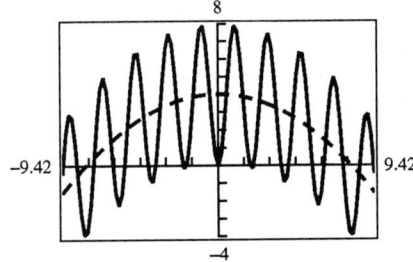

26. $y_1 = e^{-t}\cos t$

$y_2 = e^{-t}$

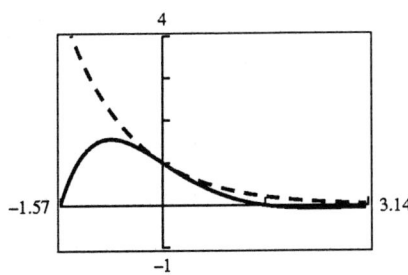

The functional values approach 0 as x increases without bound.

28. $y_1 = 2^{-t^2/4} \sin t$

    $y_2 = 2^{-t^2/4}$

    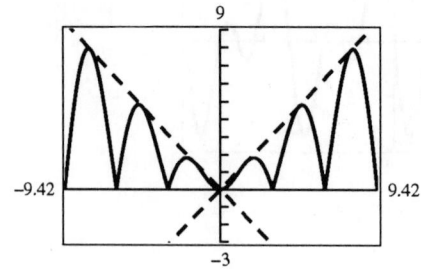

    The functional values approach 0 as x increases without bound.

30. $y_1 = |x \sin x|$

    $y_2 = x$

    $y_3 = -x$

    The functional values approach 0 as x approaches 0.

32. $y_1 = |x| \cos x$

    $y_2 = x$

    $y_3 = -x$

    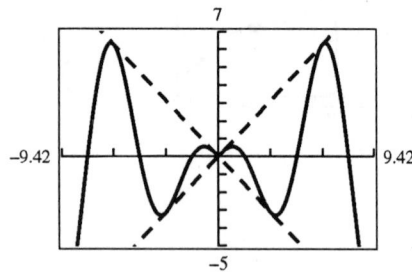

    The functional values approach 0 as x approaches 0.

34. $y = \dfrac{4}{x} + \sin 2x$, $x > 0$

    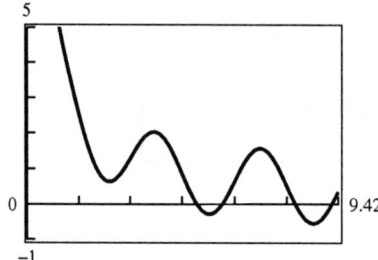

    y increases without bound as x approaches 0.

36. $f(x) = \dfrac{1 - \cos x}{x}$

    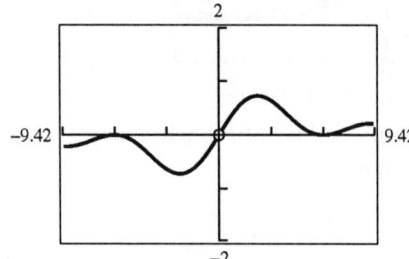

    f approaches 0 as x approaches 0.

38. $h(x) = x \sin \dfrac{1}{x}$

    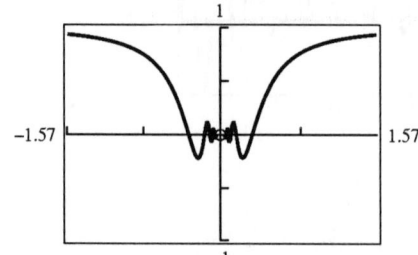

    h approaches 0 as x approaches 0.

40. $f(x) = \sin x - \cos\left(x + \dfrac{\pi}{2}\right)$

$g(x) = 2\sin x$

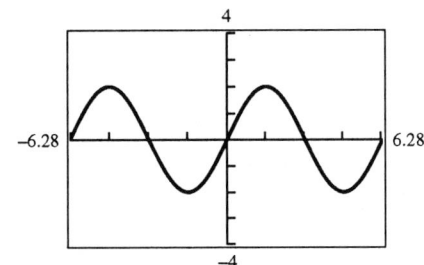

$f = g$ (The functions are equal.)

42. $f(x) = \cos^2\left(\dfrac{\pi x}{2}\right)$

$g(x) = \dfrac{1}{2}(1 + \cos \pi x)$

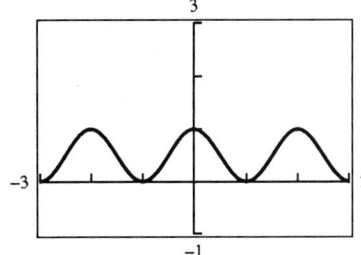

$f = g$ (The functions are equal.)

44. $f(x) = \sqrt{2x}\,\sin x,\ [0,\ 4\pi]$

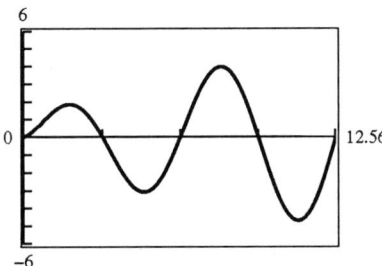

46. $f(x) = \dfrac{1}{2} - \dfrac{4}{\pi^2}\left(\cos \pi x + \dfrac{1}{9}\cos 3\pi x\right),\ [0,\ 2]$

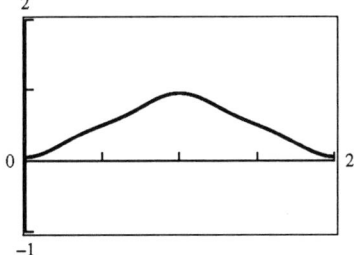

48. $S = 25 + 2t + 20\sin \dfrac{\pi t}{6}$

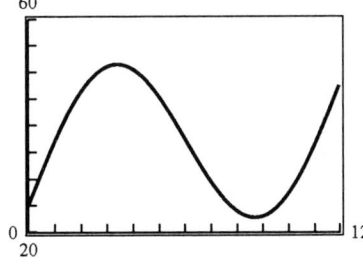

50. (a) Greatest difference during summer months
Smallest difference during winter months

(b) About one month

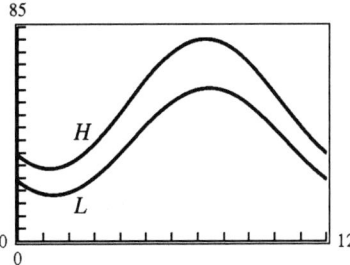

6.7 Inverse Trigonometric Functions

2. $y = \arcsin 0 \Rightarrow \sin y = 0$ for $-\frac{\pi}{2} \leq y \leq \frac{\pi}{2} \Rightarrow y = 0$

4. $y = \arccos 0 \Rightarrow \cos y = 0$ for $0 \leq y \leq \pi \Rightarrow y = \frac{\pi}{2}$

6. $y = \arctan(-1) \Rightarrow \tan y = -1$ for $-\frac{\pi}{2} < y < \frac{\pi}{2} \Rightarrow y = -\frac{\pi}{4}$

8. $y = \arcsin\left(-\frac{\sqrt{2}}{2}\right) \Rightarrow \sin y = -\frac{\sqrt{2}}{2}$ for $-\frac{\pi}{2} \leq y \leq \frac{\pi}{2} \Rightarrow y = -\frac{\pi}{4}$

10. $y = \arctan(\sqrt{3}) \Rightarrow \tan y = \sqrt{3}$ for $-\frac{\pi}{2} < y < \frac{\pi}{2} \Rightarrow y = \frac{\pi}{3}$

12. $y = \arcsin \frac{\sqrt{2}}{2} \Rightarrow \sin y = \frac{\sqrt{2}}{2}$ for $-\frac{\pi}{2} \leq y \leq \frac{\pi}{2} \Rightarrow y = \frac{\pi}{4}$

14. $y = \arctan\left(-\frac{\sqrt{3}}{3}\right) \Rightarrow \tan y = -\frac{\sqrt{3}}{3}$ for $-\frac{\pi}{2} < y < \frac{\pi}{2} \Rightarrow y = -\frac{\pi}{6}$

16. $y = \arccos 1 \Rightarrow \cos y = 1$ for $0 \leq y \leq \pi \Rightarrow y = 0$

18. $\arcsin 0.45 \approx 0.47$

20. $\arccos(-0.8) \approx 2.50$

22. $\arctan 15 \approx 1.50$

24. $\arccos 0.26 \approx 1.31$

26. $\arcsin(-0.125) \approx -0.13$

28. $\arctan 2.8 \approx 1.23$

30. $f(x) = \sin x \quad -\frac{\pi}{2} < x < \frac{\pi}{2}$
    $g(x) = \arcsin x$
    $y = x$

32. $y = \tan(\arctan 25) = 25$

34. $\sin[\arcsin(-0.2)] = -0.2$

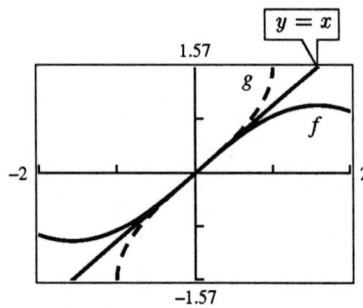

36. $\arccos\left(\cos\dfrac{7\pi}{2}\right) = \arccos 0$
$= \dfrac{\pi}{2}$

38. $y = \arcsin\dfrac{4}{5}$
$\sec y = \sec\left(\arcsin\dfrac{4}{5}\right)$
$= \dfrac{5}{3}$

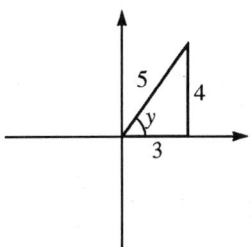

40. $y = \arccos\dfrac{\sqrt{5}}{5}$
$\sin y = \sin\left(\arccos\dfrac{\sqrt{5}}{5}\right)$
$= \dfrac{2\sqrt{5}}{5}$

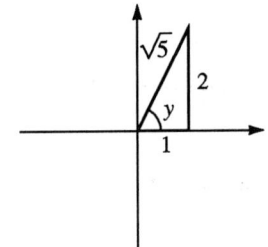

42. $y = \arctan\left(-\dfrac{5}{12}\right)$
$\csc y = \csc\left[\arctan\left(-\dfrac{5}{12}\right)\right]$
$= -\dfrac{13}{5}$

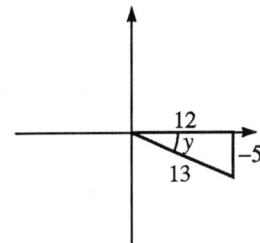

44. $y = \arcsin\left(-\dfrac{3}{4}\right)$

$\tan y = \tan\left[\arcsin\left(-\dfrac{3}{4}\right)\right]$

$= -\dfrac{3}{\sqrt{7}}$

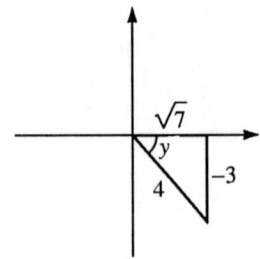

46. $f(x) = \tan\left(\arccos \dfrac{x}{2}\right)$

$g(x) = \dfrac{\sqrt{4-x^2}}{x}$

Asymptote: $x = 0$

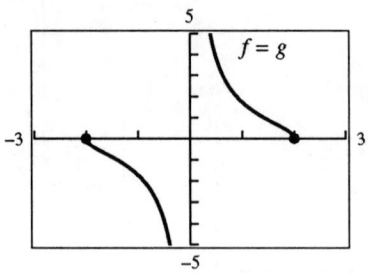

48. $y = \arctan x$

$\sin y = \sin(\arctan x)$

$= \dfrac{x}{\sqrt{x^2+1}}$

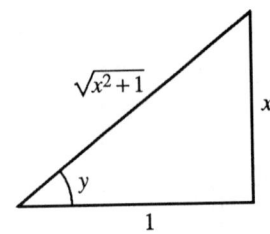

50. $y = \arctan 3x$

$\sec y = \sec(\arctan 3x)$

$= \sqrt{9x^2+1}$

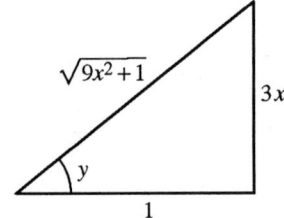

52. $y = \arctan \dfrac{1}{x}$

$\cot y = \cot\left(\arctan \dfrac{1}{x}\right)$

$= x$

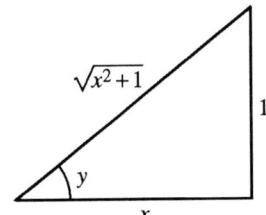

54. $y = \arcsin(x - 1)$

$\sec y = \sec[\arcsin(x - 1)]$

$= \dfrac{1}{\sqrt{2x - x^2}}$

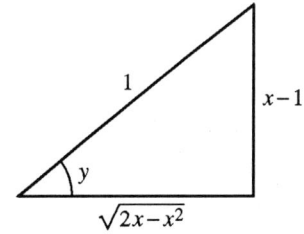

56. $y = \arcsin\left(\dfrac{x - h}{r}\right)$

$\cos y = \cos\left[\arcsin\left(\dfrac{x - h}{r}\right)\right]$

$= \dfrac{\sqrt{r^2 - (x - h)^2}}{r}$

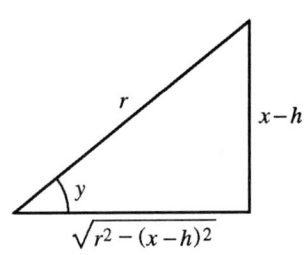

58. $\arcsin \dfrac{\sqrt{36 - x^2}}{6} = \arccos \dfrac{x}{6}$

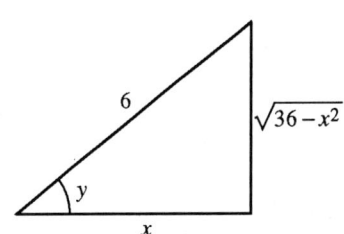

60. $\arccos \dfrac{x-2}{2} = \arctan\left(\dfrac{\sqrt{4x-x^2}}{x-2}\right)$

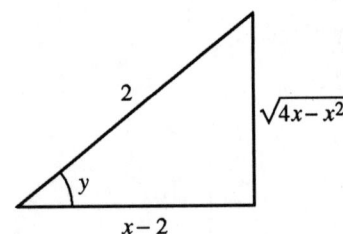

62. $f(x) = \dfrac{\pi}{2} + \arctan x$

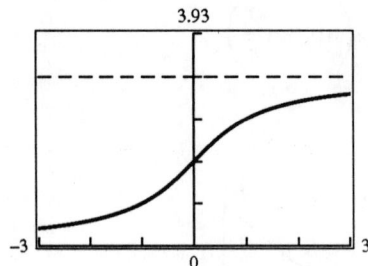

64. $f(x) = \arccos \dfrac{x}{4}$

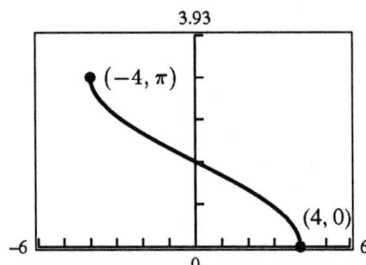

66. $w = \pi$, $A = 4$, $B = 3$

$f(t) = 4\cos \pi t + 3\sin \pi t$

$\quad = \sqrt{16+9}\sin\left[\pi t + \arctan\left(\dfrac{3}{4}\right)\right]$

$\quad = 5\sin(\pi t + 0.6435)$

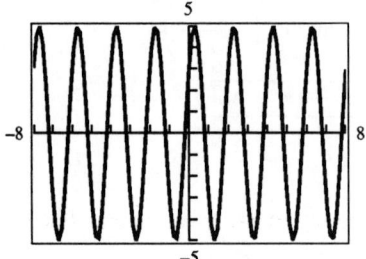

68. $\theta = \arctan\left(\dfrac{s}{2000}\right)$

(a) $\theta = \arctan\left(\dfrac{1000}{2000}\right) \Rightarrow \tan\theta = \dfrac{1}{2} \Rightarrow \theta = 26.6°$

(b) $\theta = \arctan\left(\dfrac{4000}{2000}\right) \Rightarrow \tan\theta = 2 \Rightarrow \theta = 63.4°$

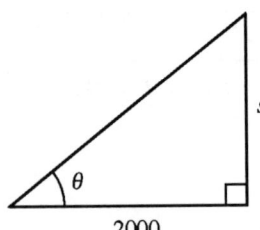

70. Area $= \arctan b - \arctan a$

(a) $a = 0, \ b = 1$

Area $= \arctan(1) - \arctan(0) \approx 0.7854 - 0 = 0.7854$

(b) $a = -1, \ b = 1$

Area $= \arctan(1) - \arctan(-1) \approx 0.7854 - (-0.7854) = 1.5708$

(c) $a = 0, \ b = 3$

Area $= \arctan(3) - \arctan(0) \approx 1.2490 - 0 = 1.2490$

(d) $a = -1, \ b = 3$

Area $= \arctan(3) - \arctan(-1) \approx 1.2490 - (-0.7854) = 2.0344$

72. $y = \text{arcsec } x$ if and only if $\sec y = x$ where $x \leq -1 \cup x \geq 1$ and $0 \leq y < \pi/2$ and $\pi/2 < y \leq \pi$. The domain of $y \text{ arcsec } x$ is $(-\infty, -1] \cup [1, \infty)$ and the range is $[0, \pi/2) \cup (\pi/2, \pi]$.

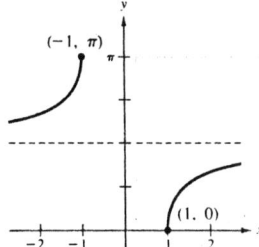

74. (a) $y = \text{arcsec } \sqrt{2} \Rightarrow \sec y = \sqrt{2}$ and $0 \leq y < \dfrac{\pi}{2} \cup \dfrac{\pi}{2} < y \leq \pi \Rightarrow y = \dfrac{\pi}{4}$

(b) $y = \text{arcsec } 1 \Rightarrow \sec y = 1$ and $0 \leq y < \dfrac{\pi}{2} \cup \dfrac{\pi}{2} < y \leq \pi \Rightarrow y = 0$

(c) $y = \text{arccot}(-\sqrt{3}) \Rightarrow \cot y = -\sqrt{3}$ and $0 < y < \pi \Rightarrow y = \dfrac{5\pi}{6}$

(d) $y = \text{arccsc } 2 \Rightarrow \csc y = 2$ and $-\dfrac{\pi}{2} \leq y < 0 \cup 0 < y \leq \dfrac{\pi}{2} \Rightarrow y = \dfrac{\pi}{6}$

76.
$$y = \arctan(-x)$$
$$\tan y = -x, \quad -\frac{\pi}{2} < y < \frac{\pi}{2}$$
$$-\tan y = x$$
$$\tan(-y) = x, \quad -\frac{\pi}{2} < -y < \frac{\pi}{2}$$
$$\arctan(\tan(-y)) = \arctan x$$
$$-y = \arctan x$$
$$y = -\arctan x$$

78. $y_2 = \dfrac{\pi}{2} - y_1$

$$\arctan x + \arctan \frac{1}{x} = y_1 + y_2$$
$$= y_1 + \left(\frac{\pi}{2} - y_1\right)$$
$$= \frac{\pi}{2}$$

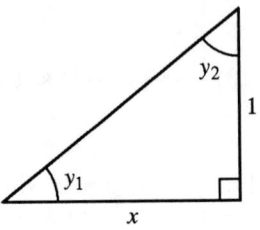

80. $\arcsin x = \arcsin \dfrac{x}{1}$
$$= \arctan \frac{x}{\sqrt{1-x^2}}$$

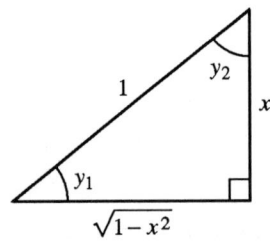

6.8 Applications of Trigonometry

2. Given: $B = 54°$, $c = 15$

$\sin B = \dfrac{b}{c} \Rightarrow b = c \sin B = 15 \sin 54° \approx 12.135$

$\cos B = \dfrac{a}{c} \Rightarrow a = c \cos B = 15 \cos 54° \approx 8.8168$

$A = 90° - 54° = 36°$

4. Given: $A = 8.4°$, $a = 40.5$

$\tan A = \dfrac{a}{b} \Rightarrow b = \dfrac{a}{\tan A} = \dfrac{40.5}{\tan 8.4°} \approx 274.27$

$\sin A = \dfrac{a}{c} \Rightarrow c = \dfrac{a}{\sin A} = \dfrac{40.5}{\sin 8.4°} \approx 277.24$

$B = 90° - 8.4° = 81.6°$

6. Given: $B = 65°12'$, $a = 14.2$

$\tan B = \dfrac{b}{a} \Rightarrow b = a \tan B = 14.2 \tan 65.2°$
≈ 30.732

$\cos B = \dfrac{a}{c} \Rightarrow c = \dfrac{a}{\cos B} = \dfrac{14.2}{\cos 65.2°} \approx 33.854$

$A = 90° - 65°12' = 24°48'$

8. Given: $a = 25$, $c = 35$

$b^2 = c^2 - a^2 \Rightarrow b = \sqrt{1225 - 625} = 10\sqrt{6}$
≈ 24.495

$\sin A = \dfrac{a}{c} = \dfrac{25}{35} \Rightarrow A = \arcsin \dfrac{5}{7} \approx 45.585°$

$B \approx 90° - 45.585° = 44.415°$

10. Given: $b = 1.32$, $c = 9.45$

$a^2 = c^2 - b^2 \Rightarrow a = \sqrt{89.3025 - 1.7424}$
$= 9.3574$

$\cos A = \dfrac{b}{c} = \dfrac{1.32}{9.45} \Rightarrow A = \arccos \dfrac{44}{315} \approx 81.971°$

$B \approx 90° - 81.971° = 8.0295°$

12. $\tan \theta = \dfrac{h}{\tfrac{1}{2}b} \Rightarrow h = \dfrac{1}{2} b \tan \theta$

$h = \dfrac{1}{2} b \tan \theta$

$h = \dfrac{1}{2}(10) \tan 18° \approx 1.62$ m

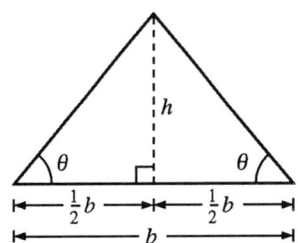

14. $\tan 20° = \dfrac{600}{x} \Rightarrow x = \dfrac{600}{\tan 20°} \approx 1648.5$ ft

16. $\tan 33° = \dfrac{h}{125}$

$h = 125 \tan 33°$

≈ 81.2 ft

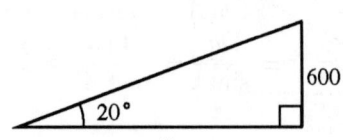

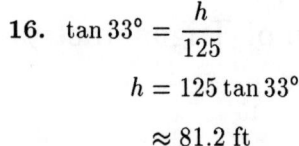

18. $\tan \theta = \dfrac{25/2}{52/3} = \dfrac{75}{104}$

$\theta = \arctan\left(\dfrac{75}{104}\right)$

≈ 0.6248 radians

$\approx 35.8°$

20. $\tan \theta = \dfrac{250}{2(5280)} \Rightarrow$

$\theta = \arctan \dfrac{250}{10{,}560}$

$\approx 1.356°$

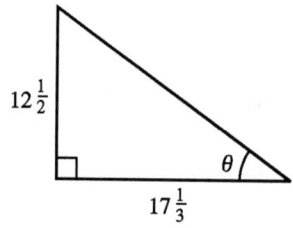

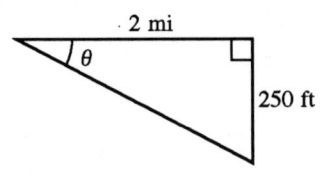

22. $\sin(12.5°) = \dfrac{a}{4}$

$a = 4\sin(12.5°)$

≈ 0.866 miles ≈ 4571 ft

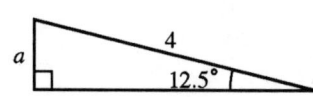

24. $\tan 39°45' = \dfrac{H}{100}$

$\qquad H = 100 \tan 39°45'$

$\tan 28° = \dfrac{h}{100}$

$\qquad h = 100 \tan 28°$

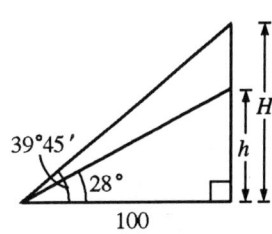

Height of pole $= H - h$

$\qquad\qquad\qquad = 100 \tan 39°45' - 100 \tan 28°$

$\qquad\qquad\qquad \approx 30$ ft

26. $\sin 63° = \dfrac{a}{120} \Rightarrow a \approx 107$ nautical miles south

$\cos 63° = \dfrac{b}{120} \Rightarrow b \approx 54.5$ nautical miles west

28. $\tan \theta = \dfrac{85}{120} \Rightarrow \theta = 35.3°$

Bearing: S 35.3° W

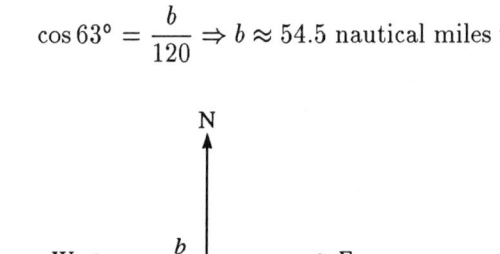

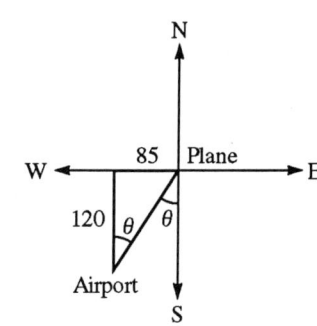

30. $\tan 14° = \dfrac{d}{x} \Rightarrow x = d \cot 14°$

$\tan 34° = \dfrac{d}{y} = \dfrac{d}{20-x} = \dfrac{d}{20 - d \cot 14°}$

$\cot 34° = \dfrac{20 - d \cot 14°}{d}$

$d \cot 34° = 20 - d \cot 14°$

$d = \dfrac{20}{\cot 34° + \cot 14°} \approx 3.64$ miles

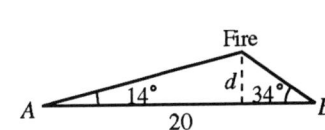

32. $\cot 55° = \dfrac{d}{30{,}000} \Rightarrow d \approx 21{,}006$ ft

$\cot 28° = \dfrac{D}{30{,}000} \Rightarrow D \approx 56{,}422$ ft

Distance between towns:
$$D - d \approx 56{,}422 - 21{,}006$$
$$= 35{,}416 \text{ ft} \approx 6.7 \text{ mi}$$

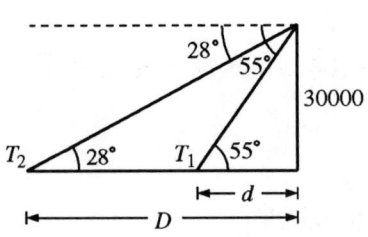

34. $\cot 9° = \dfrac{d}{h} \Rightarrow d = h \cot 9°$

$\cot 3.5° = \dfrac{13 + d}{h} = \dfrac{13 + h \cot 9°}{h}$

$h \cot 3.5° = 13 + h \cot 9°$

$h = \dfrac{13}{\cot 3.5° - \cot 9°}$

≈ 1.3 miles ≈ 6840 ft

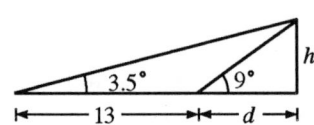

36. $\sin 30° = \dfrac{d}{25} \Rightarrow d = 12.5$

Length of side: $2d = 25$ inches

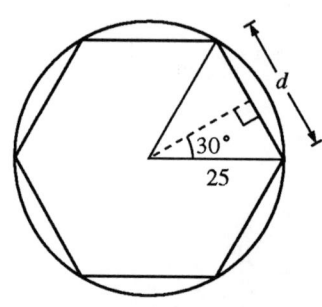

38. $c = \dfrac{20}{2} = 10$

$\sin 15° = \dfrac{a}{c}$

$a = c \sin 15° = 10 \sin 15° \approx 2.59$

Distance $= 2a \approx 2(2.59) = 5.18$ inches

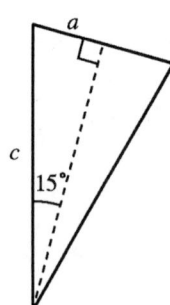

40. $\tan\theta = \dfrac{12}{18}$

$\theta = \arctan\dfrac{2}{3} = 0.588 \text{ rad} \approx 33.7°$

$\cos\theta = \dfrac{18}{c}$

$c = \dfrac{18}{\cos\theta} \approx 21.6$

$f \approx \dfrac{21.6}{2} = 10.8$

$\phi \approx 90 - 33.7 = 56.3°$

$\sin\phi = \dfrac{6}{d}$

$d = \dfrac{6}{\sin\phi} \approx 7.2$

$g = \sqrt{10.8^2 + 7.2^2} \approx 12.98$

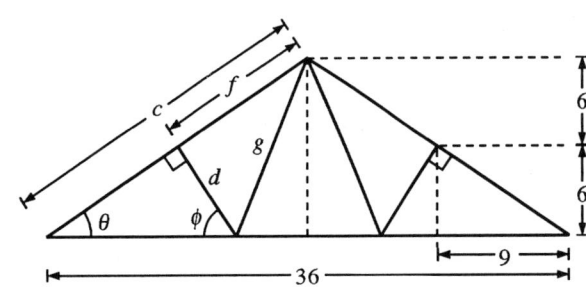

42. $d = \dfrac{1}{2}\cos 20\pi t$

(a) Maximum displacement = amplitude = $\dfrac{1}{2}$

(b) Frequency $= \dfrac{1}{\text{period}} = \dfrac{1}{1/10}$

   $= 10$ cycles per unit of time

(c) $20\pi t = \dfrac{\pi}{2} \Rightarrow t = \dfrac{1}{40}$

44. $d = \dfrac{1}{64}\sin 729\pi t$

(a) Maximum displacement = amplitude = $\dfrac{1}{64}$

(b) Frequency $= \dfrac{1}{\text{period}} = \dfrac{1}{1/396}$

   $= 396$ cycles per unit of time

(c) $792\pi t = \pi \Rightarrow t = \dfrac{1}{792}$

46. $d = a\cos bt$

Amplitude: $2a = 3.5 \Rightarrow a = 1.75 = \dfrac{7}{4}$ ft

Period: 10 seconds $= \dfrac{2\pi}{b} \Rightarrow b = \dfrac{\pi}{5}$

$d = \dfrac{7}{4}\cos\dfrac{\pi t}{5}$

Review Exercises for Chapter 6

2. $\theta = \dfrac{2\pi}{9}$

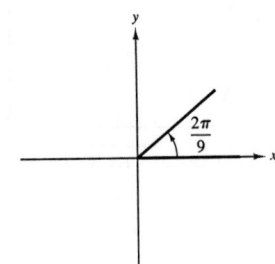

Coterminal angles: $\dfrac{20\pi}{9}$, $-\dfrac{16\pi}{9}$

4. $\theta = -405°$

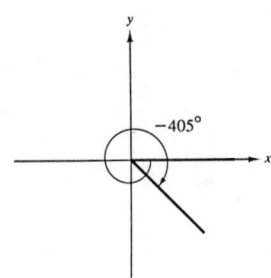

Coterminal angles: $315°$, $-45°$

6. $-234°50'' = -\left(234 + \dfrac{50}{3600}\right) \approx -234.014°$

8. $280°8'50'' = 280 + \dfrac{8}{60} + \dfrac{50}{3600} \approx 280.15°$

10. $25.1° = 25° + 0.1(60) = 25°6'$

12. $-327.85° = -[327° + (0.85)(60)] = -327°51'$

14. $\dfrac{-3\pi \text{ rad}}{5} = \dfrac{-3\pi \text{ rad}}{5} \cdot \dfrac{180°}{\pi \text{ rad}} = -108°$

16. $1.75 \text{ rad} = 1.75 \text{ rad} \cdot \dfrac{180°}{\pi \text{ rad}} \approx 100.27°$

18. $-16.5° = -16.5° \cdot \dfrac{\pi \text{ rad}}{180°} = \dfrac{-11\pi}{120} \text{ rad} \approx -0.2880 \text{ rad}$

20. $84°15' = 84.25° = 84.25° \cdot \dfrac{\pi \text{ rad}}{180°} = \dfrac{337\pi}{720} \text{ rad} \approx 1.4704 \text{ rad}$

22. $640°$ is in Quadrant IV and is coterminal to $280°$.
Reference angle $= 360° - 280° = 80°$

24. $\dfrac{17\pi}{3}$ is in Quadrant IV and is coterminal to $\dfrac{5\pi}{3}$.
Reference angle $= 2\pi - \dfrac{5\pi}{3} = \dfrac{\pi}{3}$

26. $x = x$, $y = 4x$, $r = \sqrt{x^2 + 16x^2} = \sqrt{17x^2} = x\sqrt{17}$

$\sin\theta = \dfrac{4}{\sqrt{17}} = \dfrac{4\sqrt{17}}{17}$ \qquad $\csc\theta = \dfrac{\sqrt{17}}{4}$

$\cos\theta = \dfrac{1}{\sqrt{17}} = \dfrac{\sqrt{17}}{17}$ \qquad $\sec\theta = \sqrt{17}$

$\tan\theta = 4$ \qquad $\cot\theta = \dfrac{1}{4}$

28. $x = 4$, $y = -8$, $r = \sqrt{16 + 64} = 4\sqrt{5}$

$\sin \theta = \dfrac{y}{r} = -\dfrac{8}{4\sqrt{5}} = -\dfrac{2\sqrt{5}}{5}$ $\qquad \csc \theta = -\dfrac{\sqrt{5}}{2}$

$\cos \theta = \dfrac{x}{r} = \dfrac{4}{4\sqrt{5}} = \dfrac{\sqrt{5}}{5}$ $\qquad \sec \theta = \sqrt{5}$

$\tan \theta = \dfrac{y}{x} = -\dfrac{8}{4} = -2$ $\qquad \cot \theta = -\dfrac{1}{2}$

30. $x = \dfrac{2}{3}$, $y = \dfrac{5}{2}$, $r = \sqrt{\dfrac{4}{9} + \dfrac{25}{4}} = \dfrac{\sqrt{241}}{6}$

$\sin \theta = \dfrac{y}{r} = \dfrac{5/2}{\sqrt{241}/6} = \dfrac{15\sqrt{241}}{241}$ $\qquad \csc \theta = \dfrac{\sqrt{241}}{15}$

$\cos \theta = \dfrac{x}{r} = \dfrac{2/3}{\sqrt{241}/6} = \dfrac{4\sqrt{241}}{241}$ $\qquad \sec \theta = \dfrac{\sqrt{241}}{4}$

$\tan \theta = \dfrac{y}{x} = \dfrac{5/2}{2/3} = \dfrac{15}{4}$ $\qquad \cot \theta = \dfrac{4}{15}$

32. $\tan \theta = -\dfrac{12}{5}$, $\sin \theta > 0 \Rightarrow \theta$ is in Quadrant II.

$y = 12$, $x = -5$, $r = 13$

$\sin \theta = \dfrac{y}{r} = \dfrac{12}{13}$ $\qquad \csc \theta = \dfrac{13}{12}$

$\cos \theta = \dfrac{x}{r} = -\dfrac{5}{13}$ $\qquad \sec \theta = -\dfrac{13}{5}$

$\tan \theta = \dfrac{y}{x} = -\dfrac{12}{5}$ $\qquad \cot \theta = -\dfrac{5}{12}$

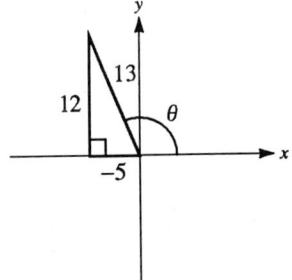

34. $\cos \theta = -\dfrac{2}{5}$, $\sin \theta > 0 \Rightarrow \theta$ is in Quadrant II.

$x = -2$, $r = 5$, $y = \sqrt{21}$

$\sin \theta = \dfrac{y}{r} = \dfrac{\sqrt{21}}{5}$ $\qquad \csc \theta = \dfrac{5}{\sqrt{21}} = \dfrac{5\sqrt{21}}{21}$

$\cos \theta = \dfrac{x}{r} = -\dfrac{2}{5}$ $\qquad \sec \theta = -\dfrac{5}{2}$

$\tan \theta = \dfrac{y}{x} = -\dfrac{\sqrt{21}}{2}$ $\qquad \cot \theta = -\dfrac{2}{\sqrt{21}} = -\dfrac{2\sqrt{21}}{21}$

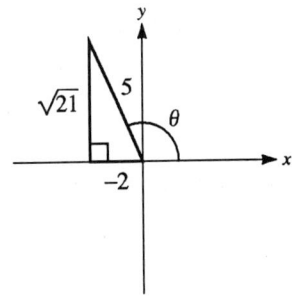

36. $\sec \dfrac{\pi}{4} = \sqrt{2}$ $\qquad$ **38.** $\cot \left(\dfrac{5\pi}{6}\right) = -\sqrt{3}$ $\qquad$ **40.** $\csc 270° = -1$

42. $\csc 105° \approx 1.04$ $\qquad\qquad$ **44.** $\sin \left(-\dfrac{\pi}{9}\right) \approx -0.34$

46. $\sec\theta$ is undefined $\Rightarrow \theta = \dfrac{\pi}{2}, \dfrac{3\pi}{2}$ or $\theta = 90°, 270°$

48. $\tan\theta = \dfrac{\sqrt{3}}{3} \Rightarrow \theta$ is in Quadrant I or III.

Reference angle: $\dfrac{\pi}{6}$

$\theta = \dfrac{\pi}{6}, \dfrac{7\pi}{6}$ or $\theta = 30°, 210°$

50. $\cot\theta = -1.5399$, θ is in Quadrant II or IV.

Reference angle: $33.0°$

$\theta = 147.0°$ or $147° \cdot \dfrac{\pi}{180°} \approx 2.5656$ rad

$\theta = 327.0°$ or $327° \cdot \dfrac{\pi}{180°} \approx 5.7072$ rad

52. $\csc\theta = 11.4737$, θ is in Quadrant I or II.

Reference angle: $5.0°$

$\theta = 5.0°$ or $5° \cdot \dfrac{\pi}{180°} \approx 0.873$ rad

$\theta = 175.0°$ or $175° \cdot \dfrac{\pi}{180°} \approx 3.054$ rad

54. $\tan\left(\arccos\dfrac{x}{2}\right) = \tan\theta$

$= \dfrac{\sqrt{4-x^2}}{x}$

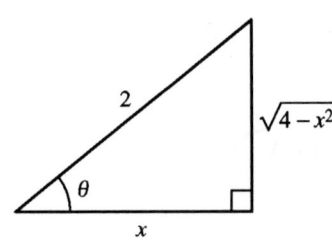

56. $\csc(\arcsin 10x) = \csc\theta = \dfrac{1}{10x}$

58. $y = -2\sin\pi x$

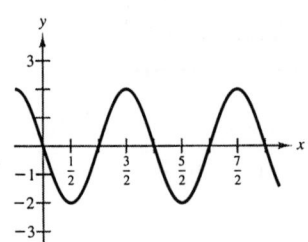

60. $f(x) = 8\cos\left(-\dfrac{x}{4}\right)$

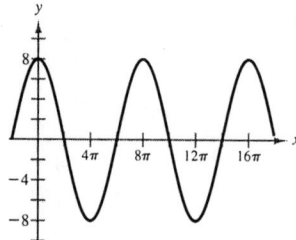

62. $f(x) = -\tan \dfrac{\pi x}{4}$

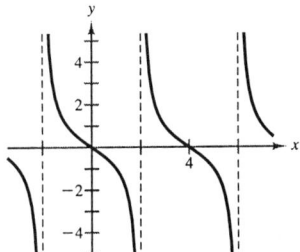

64. $g(t) = 3\cos(t + \pi)$

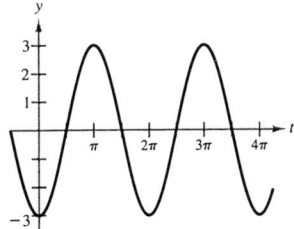

66. $h(t) = \sec\left(t - \dfrac{\pi}{4}\right)$

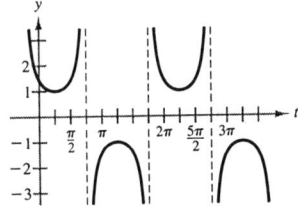

68. $f(t) = 3\csc\left(2t + \dfrac{\pi}{4}\right)$

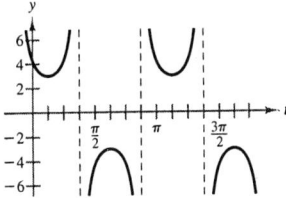

70. $E(t) = 110\cos\left(120\pi t - \dfrac{\pi}{3}\right)$

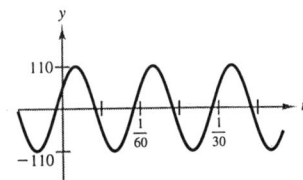

72. $g(x) = 3\left(\sin\dfrac{\pi x}{3} + 1\right)$

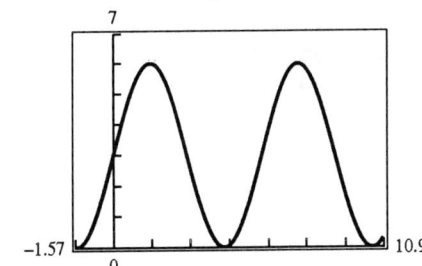

74. $y = 4 - \dfrac{x}{4} + \cos \pi x$

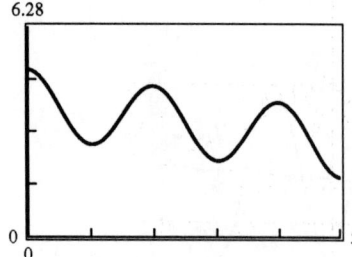

76. $f(t) = 2.5e^{-t/4} \sin 2\pi t$

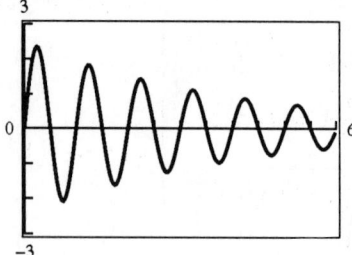

78. $y = 2 \arccos x$

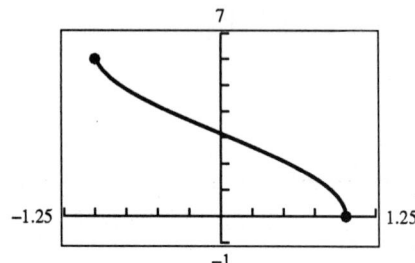

80. $f(x) = \arccos(x - \pi)$

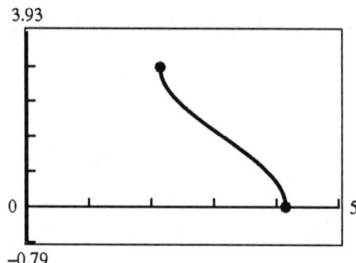

82. $g(x) = \sin(e^x)$
Not periodic

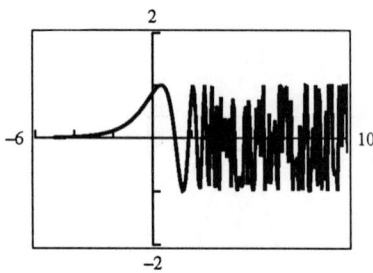

84. $h(x) = 4\sin^2 x \cos^2 x$

The function is periodic with period $\dfrac{\pi}{2}$.

Relative Maximum:
 $(0.785, 1.00)$

Relative Minimum: $(0, 0)$

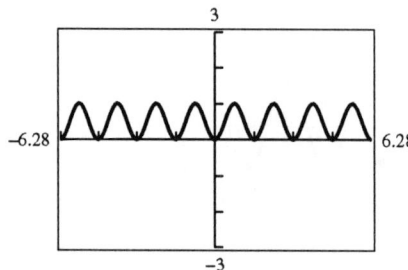

86. $\tan \theta = \dfrac{225}{105} \Rightarrow \theta = \arctan \dfrac{225}{105}$
$\Rightarrow \theta \approx 65.0°$

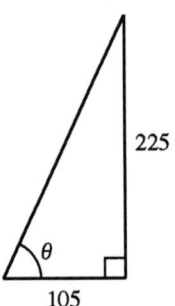

88.
$$\left.\begin{array}{l}\sin 48° = \dfrac{d_1}{650} \Rightarrow d_1 \approx 483 \\[4pt] \cos 25° = \dfrac{d_2}{810} \Rightarrow d_2 \approx 734\end{array}\right\} d_1 + d_2 \approx 1217$$

$$\left.\begin{array}{l}\cos 48° = \dfrac{d_3}{650} \Rightarrow d_3 \approx 435 \\[4pt] \sin 25° = \dfrac{d_4}{810} \Rightarrow d_4 \approx 342\end{array}\right\} d_3 - d_4 \approx 93$$

$$\tan\theta \approx \dfrac{93}{1217} \Rightarrow \theta \approx 4.4°$$

$$\sec 4.4° \approx \dfrac{D}{1217} \Rightarrow D \approx 1217\sec 4.4° \approx 1221$$

The distance is 1221 miles and the bearing is N 85.6° E.

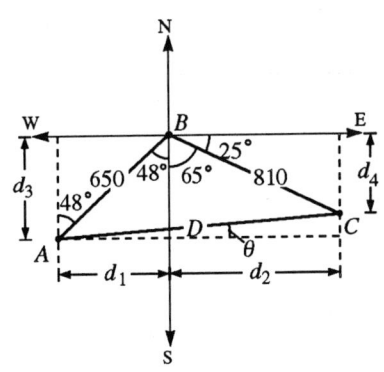

90. $\tan 14° = \dfrac{y}{35{,}000} \Rightarrow y = 35{,}000\tan 14° \approx 8726.5$ feet

$\tan 58° = \dfrac{x+y}{35{,}000} \Rightarrow x + y = 35{,}000\tan 58° \approx 56011.7$ feet

$x = 47{,}285.2$ feet ≈ 9.0 miles

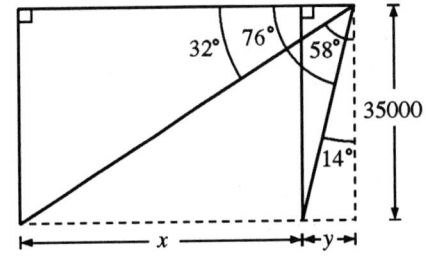

CHAPTER SEVEN
Analytic Trigonometry

7.1 Applications of Fundamental Identities

2. $\tan x = \dfrac{\sqrt{3}}{3}$, $\cos x = -\dfrac{\sqrt{3}}{2} \Rightarrow x$ is in Quadrant III

$\sin x = -\sqrt{1 - \cos^2 x} = -\sqrt{1 - \dfrac{3}{4}} = -\dfrac{1}{2}$

$\cot x = \dfrac{1}{\tan x} = \dfrac{3}{\sqrt{3}} = \sqrt{3}$

$\sec x = \dfrac{1}{\cos x} = -\dfrac{2}{\sqrt{3}} = -\dfrac{2\sqrt{3}}{3}$

$\csc x = \dfrac{1}{\sin x} = -2$

4. $\csc \theta = \dfrac{5}{3}$, $\tan \theta = \dfrac{3}{4} \Rightarrow \theta$ is in Quadrant I

$\sin \theta = \dfrac{1}{\csc \theta} = \dfrac{3}{5}$

$\cos \theta = \sqrt{1 - \sin^2 \theta} = \sqrt{1 - \dfrac{9}{25}} = \dfrac{4}{5}$

$\cot \theta = \dfrac{1}{\tan \theta} = \dfrac{4}{3}$

$\sec \theta = \dfrac{1}{\cos \theta} = \dfrac{5}{4}$

6. $\cos\left(\dfrac{\pi}{2} - x\right) = \dfrac{3}{5} \Rightarrow \sin x = \dfrac{3}{5}$

$\sin x = \dfrac{3}{5}$, $\cos x = \dfrac{4}{5} \Rightarrow x$ is in Quadrant I

$\tan x = \dfrac{\sin x}{\cos x} = \dfrac{3}{4}$

$\sec x = \dfrac{1}{\cos x} = \dfrac{5}{4}$

$\cot x = \dfrac{1}{\tan x} = \dfrac{4}{3}$

$\csc x = \dfrac{1}{\sin x} = \dfrac{5}{3}$

8. $\sec \theta = -3$, $\tan \theta < 0 \Rightarrow \theta$ is in Quadrant II

$\cos \theta = \dfrac{1}{\sec \theta} = -\dfrac{1}{3}$

$\sin \theta = \sqrt{1 - \cos^2 \theta} = \dfrac{2\sqrt{2}}{3}$

$\tan \theta = \dfrac{\sin \theta}{\cos \theta} = -2\sqrt{2}$

$\cot \theta = \dfrac{1}{\tan \theta} = -\dfrac{1}{2\sqrt{2}} = -\dfrac{\sqrt{2}}{4}$

$\csc \theta = \dfrac{1}{\sin \theta} = \dfrac{3\sqrt{2}}{4}$

10. $\tan \theta$ is undefined, $\sin \theta > 0 \Rightarrow \theta = \dfrac{\pi}{2}$

$\tan \theta = \dfrac{\sin \theta}{\cos \theta}$ is undefined $\Rightarrow \cos \theta = 0$

$\sin \theta = \sqrt{1 - \cos^2 \theta} = 1$

$\csc \theta = \dfrac{1}{\sin \theta} = 1$

$\sec \theta = \dfrac{1}{\cos \theta}$ is undefined.

$\cot \theta = \dfrac{\cos \theta}{\sin \theta} = 0$

12. $\dfrac{\sin(-x)}{\cos(-x)} = \dfrac{-\sin x}{\cos x} = -\tan x \quad \Rightarrow \quad$ The expression is matched with (e).

14. $\dfrac{1 - \cos^2 x}{\sin x} = \dfrac{\sin^2 x}{\sin x} = \sin x \quad \Rightarrow \quad$ The expression is matched with (f).

16. $\dfrac{\sin[(\pi/2) - x]}{\cos[(\pi/2) - x]} = \dfrac{\cos x}{\sin x} = \cot x \quad \Rightarrow \quad$ The expression is matched with (c).

18. $\cos^2 x (\sec^2 x - 1) = 1 - \cos^2 x = \sin^2 x \quad \Rightarrow \quad$ The expression is matched with (c).

20. $\cot x \sec x = \dfrac{\cos x}{\sin x} \cdot \dfrac{1}{\cos x} = \dfrac{1}{\sin x} = \csc x \quad \Rightarrow \quad$ The expression is matched with (a).

22. $\dfrac{\cos^2[(\pi/2) - x]}{\cos x} = \dfrac{\sin^2 x}{\cos x} = \sin x \cdot \dfrac{\sin x}{\cos x} = \sin x \tan x \quad \Rightarrow \quad$ The expression is matched with (d).

24. $\sin\phi(\csc\phi - \sin\phi) = \sin\phi \csc\phi - \sin^2\phi$
$= \sin\phi \cdot \dfrac{1}{\sin\phi} - \sin^2\phi$
$= 1 - \sin^2\phi = \cos^2\phi$

26. $\sec\alpha \dfrac{\sin\alpha}{\tan\alpha} = \dfrac{1}{\cos\alpha}(\sin\alpha)\cot\alpha$
$= \dfrac{1}{\cos\alpha}(\sin\alpha)\left(\dfrac{\cos\alpha}{\sin\alpha}\right) = 1$

28. $\dfrac{\csc\theta}{\sec\theta} = \dfrac{1/\sin\theta}{1/\cos\theta}$
$= \dfrac{1}{\sin\theta} \cdot \dfrac{\cos\theta}{1} = \dfrac{\cos\theta}{\sin\theta} = \cot\theta$

30. $\dfrac{1}{\tan^2 x + 1} = \dfrac{1}{\sec^2 x} = \cos^2 x$

32. $\dfrac{\tan^2\theta}{\sec^2\theta} = \dfrac{\sin^2\theta/\cos^2\theta}{1/\cos^2\theta}$
$= \dfrac{\sin^2\theta}{\cos^2\theta} \cdot \cos^2\theta$
$= \sin^2\theta$

34. $\cot\left(\dfrac{\pi}{2} - x\right)\cos x = \tan x \cos x$
$= \left(\dfrac{\sin x}{\cos x}\right)\cos x$
$= \sin x$

36. $\cos t(1 + \tan^2 t) = \cos t(\sec^2 t)$
$= \dfrac{1}{\sec t} \cdot \sec^2 t$
$= \sec t$

38. $\sec^2 x \tan^2 x + \sec^2 x = \sec^2 x(\tan^2 x + 1)$
$= \sec^2 x \sec^2 x$
$= \sec^4 x$

40. $\dfrac{\sec^2 x - 1}{\sec x - 1} = \dfrac{(\sec x + 1)(\sec x - 1)}{\sec x - 1}$
$= \sec x + 1$

42. $1 - 2\cos^2 x + \cos^4 x = (1 - \cos^2 x)^2$
$= (\sin^2 x)^2$
$= \sin^4 x$

44. $csc^3 x - \csc^2 x - \csc x + 1 = \csc^2 x(\csc x - 1) - (\csc x - 1)$
$= (\csc^2 x - 1)(\csc x - 1)$
$= \cot^2 x(\csc x - 1)$

46. $(\cot x + \csc x)(\cot x - \csc x) = \cot^2 x - \csc^2 x$
$= -1$

48. $(3 - 3\sin x)(3 + 3\sin x) = 9 - 9\sin x + 9\sin x - 9\sin^2 x$
$= 9(1 - \sin^2 x)$
$= 9\cos^2 x$

50. $\dfrac{1}{\sec x + 1} - \dfrac{1}{\sec x - 1} = \dfrac{\sec x - 1 - (\sec x + 1)}{(\sec x + 1)(\sec x - 1)}$
$= \dfrac{-2}{\sec^2 x - 1}$
$= \dfrac{-2}{\tan^2 x}$
$= -2\cot^2 x$

52. $\tan x - \dfrac{\sec^2 x}{\tan x} = \dfrac{\tan^2 x - \sec^2 x}{\tan x}$
$= \dfrac{-1}{\tan x}$
$= -\cot x$

54. $\dfrac{5}{\tan x + \sec x} \cdot \dfrac{\tan x - \sec x}{\tan x - \sec x} = \dfrac{5(\tan x - \sec x)}{\tan^2 x - \sec^2 x}$
$= \dfrac{5(\tan x - \sec x)}{-1}$
$= -5(\tan x - \sec x)$
$= 5(\sec x - \tan x)$

56. $\dfrac{\tan^2 x}{\csc x + 1} \cdot \dfrac{\csc x - 1}{\csc x - 1} = \dfrac{\tan^2 x(\csc x - 1)}{\csc^2 x - 1}$
$= \dfrac{\tan^2 x(\csc x - 1)}{\cot^2 x}$
$= \tan^4 x(\csc x - 1)$

58. $y_1 = \sec^2 x \csc x$

$y_2 = \sec^2 x + \csc x$

The graphs of y_1 and y_2 are different. The equation is not an identity.

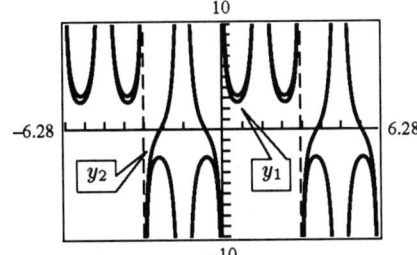

60. $y_1 = \sin x \tan x$

$y_2 = \csc x - \cos x$

The graphs of y_1 and y_2 are different. The equation is not an identity.

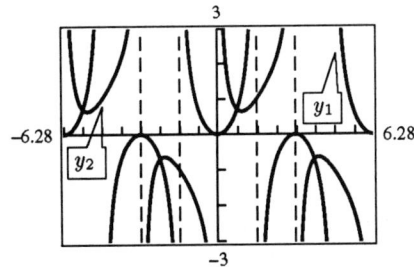

62. Graphing $y_1 = \sin x \cdot \tan x + \cos x$ and $y_2 = \sec x$, we see that the graphs coincide. Hence, $\sin x \cdot \tan x + \cos x = \sec x$.

64. $\sqrt{16 - 4x^2} = \sqrt{16 - 4(2\sin\theta)^2}, \quad x = 2\sin\theta$

$\qquad = \sqrt{16 - 16\sin^2\theta}$

$\qquad = \sqrt{16(1 - \sin^2\theta)}$

$\qquad = \sqrt{16\cos^2\theta}$

$\qquad = 4\cos\theta$

66. $\sqrt{x^2 - 4} = \sqrt{(2\sec\theta)^2 - 4}, \quad x = 2\sec\theta$

$\qquad = \sqrt{4\sec^2\theta - 4}$

$\qquad = \sqrt{4(\sec^2\theta - 1)}$

$\qquad = \sqrt{4\tan^2\theta}$

$\qquad = 2\tan\theta$

68. $\sqrt{x^2 + 100} = \sqrt{(10\tan\theta)^2 + 100}, \quad x = 10\tan\theta$

$\qquad = \sqrt{100\tan^2\theta + 100}$

$\qquad = \sqrt{100(\tan^2\theta + 1)}$

$\qquad = \sqrt{100\sec^2\theta}$

$\qquad = 10\sec\theta$

70. $\sqrt{1 - e^{2x}} = \sqrt{1 - \sin^2\theta}, \quad e^x = \sin\theta$

$\qquad = \sqrt{\cos^2\theta}$

$\qquad = \cos\theta$

72. $\sqrt{(x^2-16)^3} = \sqrt{[(4\sec\theta)^2 - 16]^3}$, $x = 4\sec\theta$
$= \sqrt{(16\sec^2\theta - 16)^3}$
$= \sqrt{[16(\sec^2\theta - 1)]^3}$
$= \sqrt{[16(\tan^2\theta)]^3}$
$= \left(\sqrt{16\tan^2\theta}\right)^3$
$= (4\tan\theta)^3$
$= 64\tan^3\theta$

74. $\sin\theta = -\sqrt{1-\cos^2\theta}$ is valid for θ in Quadrant III, $\pi \leq \theta \leq \frac{3\pi}{2}$, and Quadrant IV, $\frac{3\pi}{2} \leq \theta \leq 2\pi$.

76. $\ln|\cot t| + \ln(1 + \tan^2 t) = \ln|(\cot t)(1+\tan^2 t)|$
$= \ln\left|\frac{1}{\sin t \cdot \cos t}\right|$
$= -\ln|\sin t \cdot \cos t|$

78. False; $5\sec\theta = 5 \cdot \frac{1}{\cos\theta} = \frac{5}{\cos\theta} \neq \frac{1}{5\cos\theta}$

80. False; θ must be equal to ϕ (or differ by $2n\pi$).

82. $\tan^2\theta + 1 = \sec^2\theta$
(a) $\theta = 346°$
$(\tan 346°)^2 + 1 = (\sec 346°)^2$
$0.0622 + 1 = 1.0622$
$1.0622 = 1.0622$

(b) $\theta = 3.1$
$(\tan 3.1)^2 + 1 = (\sec 3.1)^2$
$0.00173 + 1 = 1.00173$
$1.00173 = 1.00173$

84. $\sin(-\theta) = -\sin\theta$
(a) $\theta = 250°$
$\sin(-250°) = -\sin(250°)$
$0.9397 = -(-0.9397)$
$0.9397 = 0.9397$

(b) $\theta = \frac{1}{2}$
$\sin\left(-\frac{1}{2}\right) = -\sin\left(\frac{1}{2}\right)$
$-0.4794 = -(0.4794)$
$-0.4794 = -0.4794$

86. $\sin\theta = \pm\sqrt{1-\cos^2\theta}$
$\tan\theta = \frac{\sin\theta}{\cos\theta} = \pm\frac{\sqrt{1-\cos^2\theta}}{\cos\theta}$
$\cot\theta = \frac{\cos\theta}{\sin\theta} = \pm\frac{\cos\theta}{\sqrt{1-\cos^2\theta}}$
$\sec\theta = \frac{1}{\cos\theta}$
$\csc\theta = \frac{1}{\sin\theta} = \pm\frac{1}{\sqrt{1-\cos^2\theta}}$

7.2 Verifying Trigonometric Identities

2. $\tan y \cot y = \tan y \left(\dfrac{1}{\tan y}\right) = 1$

4. $\cot^2 y(\sec^2 y - 1) = \cot^2 y \tan^2 y = 1$

6. $\cos^2 \beta - \sin^2 \beta = \cos^2 \beta - (1 - \cos^2 \beta)$
$ = 2\cos^2 \beta - 1$

8. $2 - \sec^2 z = 2 - (1 + \tan^2 z)$
$ = 1 - \tan^2 z$

10. $\cos x + \sin x \tan x = \cos x + \sin x \left(\dfrac{\sin x}{\cos x}\right)$
$ = \dfrac{\cos^2 x + \sin^2 x}{\cos x}$
$ = \dfrac{1}{\cos x}$
$ = \sec x$

12. $\cos t(\csc^2 t - 1) = \cos t \cot^2 t$
$ = \sin t \left(\dfrac{\cos t}{\sin t}\right) \cot^2 t$
$ = \dfrac{1}{\csc t} \cot^3 t$
$ = \dfrac{\cot^3 t}{\csc t}$

14. $\dfrac{1}{\sin x} - \sin x = \dfrac{1 - \sin^2 x}{\sin x} = \dfrac{\cos^2 x}{\sin x}$

16. $\sec^6 x(\sec x \tan x) - \sec^4 x(\sec x \tan x) = \sec^4 x(\sec x \tan x)(\sec^2 x - 1)$
$ = \sec^4 x(\sec x \tan x) \tan^2 x$
$ = \sec^5 x \tan^3 x$

18. $\dfrac{\sec \theta - 1}{1 - \cos \theta} = \dfrac{\sec \theta - 1}{1 - (1/\sec \theta)} \cdot \dfrac{\sec \theta}{\sec \theta}$
$\phantom{\dfrac{\sec \theta - 1}{1 - \cos \theta}} = \dfrac{\sec \theta (\sec \theta - 1)}{\sec \theta - 1}$
$\phantom{\dfrac{\sec \theta - 1}{1 - \cos \theta}} = \sec \theta$

20. $\dfrac{\sec x + \tan x}{\sec x - \tan x} = \dfrac{\sec x + \tan x}{\sec x - \tan x} \cdot \dfrac{\sec x + \tan x}{\sec x + \tan x}$
$\phantom{\dfrac{\sec x + \tan x}{\sec x - \tan x}} = \dfrac{(\sec x + \tan x)^2}{\sec^2 x - \tan^2 x}$
$\phantom{\dfrac{\sec x + \tan x}{\sec x - \tan x}} = \dfrac{(\sec x + \tan x)^2}{1}$
$\phantom{\dfrac{\sec x + \tan x}{\sec x - \tan x}} = (\sec x + \tan x)^2$

22. $\dfrac{1}{\sin x} - \dfrac{1}{\csc x} = \dfrac{\csc x - \sin x}{\sin x \csc x}$
$= \dfrac{\csc x - \sin x}{1}$
$= \csc x - \sin x$

24. $\cos x - \dfrac{\cos x}{1 - \tan x} = \dfrac{\cos x(1 - \tan x) - \cos x}{1 - \tan x}$
$= \dfrac{-\cos x \tan x}{1 - \tan x}$
$= \dfrac{-\cos x(\sin x / \cos x)}{1 - (\sin x / \cos x)} \cdot \dfrac{\cos x}{\cos x}$
$= \dfrac{-\sin x \cos x}{\cos x - \sin x}$
$= \dfrac{\sin x \cos x}{\sin x - \cos x}$

26. $\csc x(\csc x - \sin x) + \dfrac{\sin x - \cos x}{\sin x} + \cot x = \csc^2 x - \csc x \sin x + 1 - \dfrac{\cos x}{\sin x} + \cot x$
$= \csc^2 x - 1 + 1 - \cot x + \cot x$
$= \csc^2 x$

28. $4\tan^4 x + \tan^2 x - 3 = (\tan^2 x + 1)(4\tan^2 x - 3)$
$= \sec^2 x(4\tan^2 x - 3)$

30. $\csc^4 \theta - \cot^4 \theta = (\csc^2 \theta - \cot^2 \theta)(\csc^2 \theta + \cot^2 \theta)$
$= \csc^2 \theta + \cot^2 \theta$
$= \csc^2 \theta + (\csc^2 \theta - 1)$
$= 2\csc^2 \theta - 1$

32. $\dfrac{\cot \alpha}{\csc \alpha - 1} \cdot \dfrac{\csc \alpha + 1}{\csc \alpha + 1} = \dfrac{\cot \alpha(\csc \alpha + 1)}{\csc^2 \alpha - 1}$
$= \dfrac{\cot \alpha(\csc \alpha + 1)}{\cot^2 \alpha}$
$= \dfrac{\csc \alpha + 1}{\cot \alpha}$

34. $\dfrac{\cos[(\pi/2) - x]}{\sin[(\pi/2) - x]} = \dfrac{\sin x}{\cos x} = \tan x$

36. $(1 + \sin y)[1 + \sin(-y)] = (1 + \sin y)(1 - \sin y)$
$= 1 - \sin^2 y$
$= \cos^2 y$

38. $\dfrac{1 + \sec(-\theta)}{\sin(-\theta) + \tan(-\theta)} = \dfrac{1 + \sec \theta}{-\sin \theta - \tan \theta}$
$= -\dfrac{1 + \sec \theta}{\sin \theta + \tan \theta}$
$= -\dfrac{1 + \sec \theta}{\sin \theta[1 + (1/\cos \theta)]}$
$= -\dfrac{1 + \sec \theta}{\sin \theta(1 + \sec \theta)}$
$= -\dfrac{1}{\sin \theta}$
$= -\csc \theta$

40. $\sec^2 y - \cot^2\left(\dfrac{\pi}{2} - y\right) = \sec^2 y - \tan^2 y = 1$

42. $\sqrt{\dfrac{1 - \cos \theta}{1 + \cos \theta}} = \sqrt{\dfrac{1 - \cos \theta}{1 + \cos \theta} \cdot \dfrac{1 - \cos \theta}{1 - \cos \theta}}$
$= \sqrt{\dfrac{(1 - \cos \theta)^2}{1 - \cos^2 \theta}}$
$= \sqrt{\dfrac{(1 - \cos \theta)^2}{\sin^2 \theta}}$
$= \dfrac{1 - \cos \theta}{|\sin \theta|}$

44. $\dfrac{\tan x + \tan y}{1 - \tan x \tan y} = \dfrac{\dfrac{1}{\cot x} + \dfrac{1}{\cot y}}{1 - \dfrac{1}{\cot x} \cdot \dfrac{1}{\cot y}} \cdot \dfrac{\cot x \cot y}{\cot x \cot y} = \dfrac{\cot y + \cot x}{\cot x \cot y - 1}$

46. $\dfrac{\cos x - \cos y}{\sin x + \sin y} + \dfrac{\sin x - \sin y}{\cos x + \cos y} = \dfrac{(\cos x - \cos y)(\cos x + \cos y) + (\sin x - \sin y)(\sin x + \sin y)}{(\sin x + \sin y)(\cos x + \cos y)}$
$= \dfrac{\cos^2 x - \cos^2 y + \sin^2 x - \sin^2 y}{(\sin x + \sin y)(\cos x + \cos y)}$
$= \dfrac{(\cos^2 x + \sin^2 x) - (\cos^2 y + \sin^2 y)}{(\sin x + \sin y)(\cos x + \cos y)}$
$= 0$

48. $\ln|\sec \theta| = \ln\left|\dfrac{1}{\cos \theta}\right|$
$= \ln 1 - \ln|\cos \theta|$
$= -\ln|\cos \theta|$

50. $-\ln|\sec \theta + \tan \theta| = \ln \dfrac{1}{|\sec \theta + \tan \theta|}$
$= \ln\left|\dfrac{1}{\sec \theta + \tan \theta} \cdot \dfrac{\sec \theta - \tan \theta}{\sec \theta - \tan \theta}\right|$
$= \ln\left|\dfrac{\sec \theta - \tan \theta}{\sec^2 \theta - \tan^2 \theta}\right|$
$= \ln|\sec \theta - \tan \theta|$

52. True Identity: $\tan\theta = \pm\sqrt{\sec^2\theta - 1}$

$\tan\theta = \sqrt{\sec^2\theta - 1}$ is not true for $\pi/2 < \theta < \pi$ or $3\pi/2 < \theta < 2\pi$.

For instance, let $\theta = \dfrac{3\pi}{4}$.

54. $\sqrt{\sin^2 x + \cos^2 x} \neq \sin x + \cos x$

The left side is 1 for any x, but the right side is not necessarily 1.

For instance, let $x = \dfrac{\pi}{4}$.

56. $\cos x - \csc x \cot = \cos x - \dfrac{1}{\sin x}\dfrac{\cos x}{\sin x}$

$= \cos x\left(1 - \dfrac{1}{\sin^2 x}\right)$

$= \cos x(1 - \csc^2 x)$

$= -\cos x(\csc^2 x - 1)$

$= -\cos x \cot^2 x$

7.3 Solving Trigonometric Equations

2. $\csc x - 2 = 0$

(a) $\csc \dfrac{\pi}{6} - 2 = 2 - 2 = 0$

(b) $\csc \dfrac{5\pi}{6} - 2 = 2 - 2 = 0$

4. $2\cos^2 4x - 1 = 0$

(a) $2\left[\cos 4\left(\dfrac{\pi}{16}\right)\right]^2 - 1 = 2\cos^2 \dfrac{\pi}{4} - 1$

$= 2\left(\dfrac{1}{\sqrt{2}}\right)^2 - 1$

$= 0$

(b) $2\left[\cos 4\left(\dfrac{3\pi}{16}\right)\right]^2 - 1 = 2\cos^2 \dfrac{3\pi}{4} - 1$

$= 2\left(-\dfrac{1}{\sqrt{2}}\right)^2 - 1$

$= 0$

6. $\sec^4 x - 4\sec^2 x = 0$

(a) $\sec^4 \dfrac{2\pi}{3} - 4\sec^2 \dfrac{2\pi}{3} = (-2)^4 - 4(-2)^2$

$= 16 - 16$

$= 0$

(b) $\sec^4 \dfrac{5\pi}{3} - 4\sec^2 \dfrac{5\pi}{3} = 2^4 - 4(2)^2$

$= 16 - 16$

$= 0$

8. $2\sin x - 1 = 0$

$2\sin x = 1$

$\sin x = \dfrac{1}{2}$

$x = \dfrac{\pi}{6} + 2n\pi$

or $x = \dfrac{5\pi}{6} + 2n\pi$

SECTION 7.3 Solving Trigonometric Equations

10. $\tan x + 1 = 0$

$\tan x = -1$

$x = \dfrac{3\pi}{4} + n\pi$

or $x = \dfrac{7\pi}{4} + n\pi$

12. $\tan^2 x = 3$

$\tan x = \pm\sqrt{3}$

$x = \dfrac{\pi}{3} + n\pi$

or $x = \dfrac{2\pi}{3} + n\pi$

14. $\csc^2 x - 2 = 0$

$\csc x = \pm\sqrt{2}$

$x = \dfrac{\pi}{4} + \dfrac{n\pi}{2}$

16. $\cos x(2\cos x + 1) = 0$

$\cos x = 0 \quad$ or $\quad 2\cos x + 1 = 0$

$x = \dfrac{\pi}{2} + n\pi \qquad\qquad \cos x = -\dfrac{1}{2}$

$\qquad\qquad\qquad\qquad x = \dfrac{2\pi}{3} + 2n\pi$

$\qquad\qquad\qquad\qquad$ or $x = \dfrac{4\pi}{3} + 2n\pi$

18. $4\sin^2 x - 3 = 0$

$\sin x = \pm\dfrac{\sqrt{3}}{2}$

$x = \dfrac{\pi}{3} + n\pi$

or $x = \dfrac{2\pi}{3} + n\pi$

20. $(3\tan^2 x - 1)(\tan^2 x - 3) = 0$

$3\tan^2 x - 1 = 0 \qquad$ or $\quad \tan^2 x - 3 = 0$

$\tan x = \pm\dfrac{1}{\sqrt{3}} \qquad\qquad \tan x = \pm\sqrt{3}$

$x = \dfrac{\pi}{6} + n\pi \qquad\qquad x = \dfrac{\pi}{3} + n\pi$

or $x = \dfrac{5\pi}{6} + n\pi \qquad$ or $x = \dfrac{2\pi}{3} + n\pi$

22. $\sec^2 x - \sec x - 2 = 0$

$(\sec x - 2)(\sec x + 1) = 0$

$\sec x - 2 = 0 \qquad$ or $\quad \sec x + 1 = 0$

$\sec x = 2 \qquad\qquad \sec x = -1$

$x = \dfrac{\pi}{3}, \dfrac{5\pi}{3} \qquad\qquad x = \pi$

24. $3\tan^3 x - \tan x = 0$

$\tan x(3\tan^2 x - 1) = 0$

$\tan x = 0 \qquad$ or $\quad 3\tan^2 x - 1 = 0$

$x = 0, \pi \qquad\qquad \tan x = \pm\dfrac{\sqrt{3}}{3}$

$\qquad\qquad\qquad x = \dfrac{\pi}{6}, \dfrac{5\pi}{6}, \dfrac{7\pi}{6}, \dfrac{11\pi}{6}$

26.
$$2\sin^2 x = 2 + \cos x$$
$$2 - 2\cos^2 x = 2 + \cos x$$
$$2\cos^2 x + \cos x = 0$$
$$\cos x(2\cos x + 1) = 0$$

$\cos x = 0$ or $2\cos x + 1 = 0$

$x = \dfrac{\pi}{2}, \dfrac{3\pi}{2}$ $2\cos x = -1$

$\cos x = -\dfrac{1}{2}$

$x = \dfrac{2\pi}{3}, \dfrac{4\pi}{3}$

28.
$$\csc x + \cot x = 1$$
$$\dfrac{1}{\sin x} + \dfrac{\cos x}{\sin x} = 1$$
$$1 + \cos x = \sin x$$
$$(1 + \cos x)^2 = \sin^2 x$$
$$1 + 2\cos x + \cos^2 x = 1 - \cos^2 x$$
$$2\cos^2 x + 2\cos x = 0$$
$$\cos x(\cos x + 1) = 0$$

$\cos x = 0$ or $\cos x = -1$

$x = \dfrac{\pi}{2}, \dfrac{3\pi}{2}$ $x = \pi$

($3\pi/2$ is extraneous.)   (π is extraneous.)

30. $\tan 3x = 1$

$3x = \dfrac{\pi}{4} + 2n\pi$ or $3x = \dfrac{5\pi}{4} + 2n\pi$

$x = \dfrac{\pi}{12} + \dfrac{2n\pi}{3}$ $x = \dfrac{5\pi}{12} + \dfrac{2n\pi}{3}$

$x = \dfrac{\pi}{12}, \dfrac{9\pi}{12}, \dfrac{17\pi}{12}$ $x = \dfrac{5\pi}{12}, \dfrac{13\pi}{12}, \dfrac{21\pi}{12}$

32. $\sec 4x = 2$

$4x = \dfrac{\pi}{3} + 2n\pi$ or $4x = \dfrac{5\pi}{3} + 2n\pi$

$x = \dfrac{\pi}{12} + \dfrac{n\pi}{2}$ $x = \dfrac{5\pi}{12} + \dfrac{n\pi}{2}$

$x = \dfrac{\pi}{12}, \dfrac{7\pi}{12}, \dfrac{13\pi}{12}, \dfrac{19\pi}{12}$ $x = \dfrac{5\pi}{12}, \dfrac{11\pi}{12}, \dfrac{17\pi}{12}, \dfrac{23\pi}{12}$

34.
$$y^2 + y - 20 = 0$$
$$(y+5)(y-4) = 0$$

$y + 5 = 0$ or $y - 4 = 0$
$y = -5$ $y = 4$

$$\sin^2 x + \sin x - 20 = 0$$
$$(\sin x + 5)(\sin x - 4) = 0$$

$\sin x = -5$ or $\sin x = 4$
(No solution)   (No solution)

36. $2y^2 + 6y - 1 = 0$ $\qquad\qquad$ $2\cos^2 x + 6\cos x - 1 = 0$

$y = \dfrac{-6 \pm \sqrt{36 + 8}}{4}$ $\qquad\qquad$ $\cos x = \dfrac{-6 \pm \sqrt{36 + 8}}{4}$

$= \dfrac{-6 \pm \sqrt{44}}{4}$ $\qquad\qquad\qquad\;\;\, = \dfrac{-6 \pm \sqrt{44}}{4}$

$= \dfrac{-6 \pm 2\sqrt{11}}{4}$ $\qquad\qquad\qquad\;\;\, = \dfrac{-3 \pm \sqrt{11}}{2} \approx 0.1583, -3.1583$

$= \dfrac{-3 \pm \sqrt{11}}{2}$

$\qquad\qquad\qquad\qquad\qquad$ $\cos x \approx 0.1583$ $\qquad$ or $\qquad \cos x \approx -3.1583$

$\qquad\qquad\qquad\qquad\qquad\;\;\; x \approx 1.4112,\ 4.8714$ $\qquad$ (No solution)

38. The graph of $y = 4\sin^3 x - 2\sin x - 1$ has two x-intercepts: $x = 1.086$ and $x = 2.056$.

40. The graph of $y = \dfrac{\cos x \cot x}{1 - \sin x} - 3$ has two x-intercepts: $x = 0.524$ and $x = 2.618$.

42. The graph of $y = x \cos x - 1$ has one x-intercept: $x = 4.917$.

44. The graph of $y = \csc^2 x + 0.5 \cot x - 5$ has four x-intercepts: $x = 0.515$, $x = 2.726$, $x = 3.657$, and $x = 5.868$.

46. The graph of $y = 12\cos^2 x + 5\cos x - 3$ has four x-intercepts: $x = 0.723$, $x = 1.231$, $x = 5.052$, and $x = 5.561$.

48. The graph of $y = 3\tan^2 x + 4\tan x - 4$ has four x-intercepts: $x = 0.588$, $x = 2.034$, $x = 3.730$, and $x = 5.561$.

50. The graph of $y = 4\cos^2 x - 4\cos x - 1$ has two intercepts: $x = 1.779$ and $x = 4.504$.

52. (a) $f(x) = 2\sin x + \cos 2x$

Maxima at $(0.524, 1.5)$, $(2.620, 1.5)$

Minima at $(1.571, 1.0)$, $(4.712, -3.0)$

(b) The graph of $y = 2\cos x - 4\sin x \cos x$ has the same x-intercepts: $0.524, 2.620, 1.571, 4.712$.

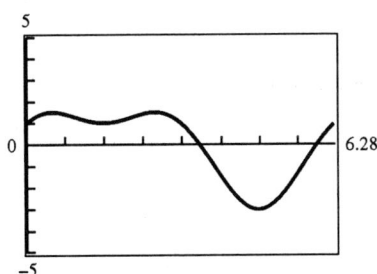

54. (a) The equation $\sin \dfrac{1}{x} = 0$ has an infinite number of solutions in the interval $[-1, 1]$. You can see the oscillating behavior by using Xmin $= -0.1$ and Xmax $= 0.1$. In fact, any x of the form $x = \dfrac{1}{n\pi}$ yields a solution of $\sin \dfrac{1}{x} = 0$.

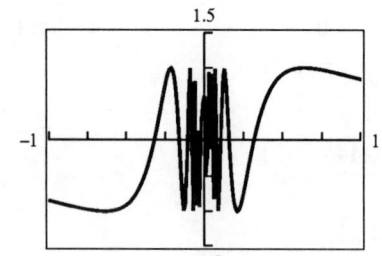

(b) Yes, the greatest solution is $x = 0.318$, as can be seen by graphing y on the interval $0.2 \leq x \leq 20$.

56. $S = 74.50 + 43.75 \sin \dfrac{\pi t}{6}$, Graphing S and $y = 100$ in the same viewing rectangle, we see that $S > y$ during February, March and April; or, we can make a table of values.

y	1	2	3	4	5	6	7	8	9	10	11	12
S	96.4	112.4	118.3	112.4	96.4	74.5	52.6	36.6	30.8	36.6	52.6	74.5

Sales exceed 100,000 units during February, March, and April.

58. $y = 1.56 e^{-0.22t} \cos 4.9t$

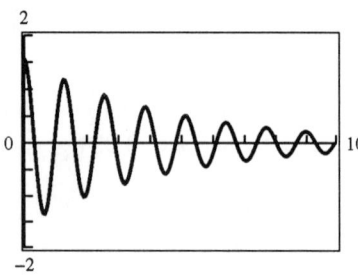

By graphing $y = 1$ and $y = -1$, we see that the displacement does not exceed 1 when $t > 1.958$.

60. $r = \tfrac{1}{32} v_0^2 \sin 2\theta$, $r = 3000$ ft, $v_0 = 1200$

$3000 = \tfrac{1}{32}(1200)^2 \sin 2\theta$

$\sin 2\theta \approx 0.06667$

$2\theta \approx 0.06672$ or $2\theta \approx \pi - 0.06672 \approx 3.07487$

$\theta \approx 0.03336 \approx 1.9°$ $\theta \approx 1.53744 \approx 88.1°$

62. $f(x) = e^{-x} = x$

Solving $e^{-x} - x = 0$, we see that $x = 0.567$.

64. $f(x) = \dfrac{5x + 2 - x^3}{5} = x$

Solving $\dfrac{5x + 2 - x^3}{5} - x = 0$, we see that 1.260.

7.4 Sum and Difference Formulas

2. $\sin 15° = \sin(45° - 30°) = \sin 45° \cos 30° - \sin 30° \cos 45°$

$= \dfrac{\sqrt{2}}{2} \cdot \dfrac{\sqrt{3}}{2} - \dfrac{1}{2} \cdot \dfrac{\sqrt{2}}{2} = \dfrac{\sqrt{2}}{4}(\sqrt{3} - 1)$

$\cos 15° = \cos(45° - 30°) = \cos 45° \cos 30° + \sin 45° \sin 30°$

$= \dfrac{\sqrt{2}}{2} \cdot \dfrac{\sqrt{3}}{2} + \dfrac{\sqrt{2}}{2} \cdot \dfrac{1}{2} = \dfrac{\sqrt{2}}{4}(\sqrt{3} + 1)$

$\tan 15° = \tan(45° - 30°) = \dfrac{\tan 45° - \tan 30°}{1 + \tan 45° \tan 30°} = \dfrac{1 - (\sqrt{3}/3)}{1 + (\sqrt{3}/3)} = 2 - \sqrt{3}$

4. $\sin 165° = \sin(135° + 30°) = \sin 135° \cos 30° + \sin 30° \cos 135°$

$= \sin 45° \cos 30° - \sin 30° \cos 45° = \dfrac{\sqrt{2}}{2} \cdot \dfrac{\sqrt{3}}{2} - \dfrac{1}{2} \cdot \dfrac{\sqrt{2}}{2} = \dfrac{\sqrt{2}}{4}(\sqrt{3} - 1)$

$\cos 165° = \cos(135° + 30°) = \cos 135° \cos 30° - \sin 135° \sin 30°$

$= -\cos 45° \cos 30° - \sin 45° \sin 30° = -\dfrac{\sqrt{2}}{2} \cdot \dfrac{\sqrt{3}}{2} - \dfrac{\sqrt{2}}{2} \cdot \dfrac{1}{2} = -\dfrac{\sqrt{2}}{4}(\sqrt{3} + 1)$

$\tan 165° = \tan(135° + 30°) = \dfrac{\tan 135° + \tan 30°}{1 - \tan 135° \tan 30°}$

$= \dfrac{-\tan 45° + \tan 30°}{1 + \tan 45° \tan 30°} = \dfrac{-1 + (\sqrt{3}/3)}{1 + (\sqrt{3}/3)} = -2 + \sqrt{3}$

6. $\sin 255° = \sin(300° - 45°) = \sin 300° \cos 45° - \sin 45° \cos 300°$

$= -\sin 60° \cos 45° - \sin 45° \cos 60° = -\dfrac{\sqrt{3}}{2} \cdot \dfrac{\sqrt{2}}{2} - \dfrac{\sqrt{2}}{2} \cdot \dfrac{1}{2} = -\dfrac{\sqrt{2}}{4}(\sqrt{3} + 1)$

$\cos 255° = \cos(300° - 45°) = \cos 300° \cos 45° + \sin 300° \sin 45°$

$= \cos 60° \cos 45° - \sin 60° \sin 45° = \dfrac{1}{2} \cdot \dfrac{\sqrt{2}}{2} - \dfrac{\sqrt{3}}{2} \cdot \dfrac{\sqrt{2}}{2} = \dfrac{\sqrt{2}}{4}(1 - \sqrt{3})$

$\tan 255° = \tan(300° - 45°) = \dfrac{\tan 300° - \tan 45°}{1 + \tan 300° \tan 45°}$

$= \dfrac{-\tan 60° - \tan 45°}{1 - \tan 60° \tan 45°} = \dfrac{-\sqrt{3} - 1}{1 - \sqrt{3}} = 2 + \sqrt{3}$

8. $\sin \dfrac{7\pi}{12} = \sin\left(\dfrac{\pi}{3} + \dfrac{\pi}{4}\right) = \sin\dfrac{\pi}{3}\cos\dfrac{\pi}{4} + \sin\dfrac{\pi}{4}\cos\dfrac{\pi}{3}$

$= \dfrac{\sqrt{3}}{2} \cdot \dfrac{\sqrt{2}}{2} + \dfrac{\sqrt{2}}{2} \cdot \dfrac{1}{2} = \dfrac{\sqrt{2}}{4}(\sqrt{3}+1)$

$\cos \dfrac{7\pi}{12} = \cos\left(\dfrac{\pi}{3} + \dfrac{\pi}{4}\right) = \cos\dfrac{\pi}{3}\cos\dfrac{\pi}{4} - \sin\dfrac{\pi}{3}\sin\dfrac{\pi}{4}$

$= \dfrac{1}{2} \cdot \dfrac{\sqrt{2}}{2} - \dfrac{\sqrt{3}}{2} \cdot \dfrac{\sqrt{2}}{2} = \dfrac{\sqrt{2}}{4}(1-\sqrt{3})$

$\tan \dfrac{7\pi}{12} = \tan\left(\dfrac{\pi}{3} + \dfrac{\pi}{4}\right) = \dfrac{\tan(\pi/3) + \tan(\pi/4)}{1 - \tan(\pi/3)\tan(\pi/4)}$

$= \dfrac{\sqrt{3}+1}{1-\sqrt{3}} = -2-\sqrt{3}$

10. $\sin\left(-\dfrac{\pi}{12}\right) = \sin\left(\dfrac{\pi}{6} - \dfrac{\pi}{4}\right) = \sin\dfrac{\pi}{6}\cos\dfrac{\pi}{4} - \sin\dfrac{\pi}{4}\cos\dfrac{\pi}{6}$

$= \dfrac{1}{2} \cdot \dfrac{\sqrt{2}}{2} - \dfrac{\sqrt{2}}{2} \cdot \dfrac{\sqrt{3}}{2} = \dfrac{\sqrt{2}}{4}(1-\sqrt{3})$

$\cos\left(-\dfrac{\pi}{12}\right) = \cos\left(\dfrac{\pi}{6} - \dfrac{\pi}{4}\right) = \cos\dfrac{\pi}{6}\cos\dfrac{\pi}{4} + \sin\dfrac{\pi}{6}\sin\dfrac{\pi}{4}$

$= \dfrac{\sqrt{3}}{2} \cdot \dfrac{\sqrt{2}}{2} + \dfrac{1}{2} \cdot \dfrac{\sqrt{2}}{2} = \dfrac{\sqrt{2}}{4}(\sqrt{3}+1)$

$\tan\left(-\dfrac{\pi}{12}\right) = \tan\left(\dfrac{\pi}{6} - \dfrac{\pi}{4}\right) = \dfrac{\tan(\pi/6) - \tan(\pi/4)}{1 + \tan(\pi/6)\tan(\pi/4)}$

$= \dfrac{(\sqrt{3}/3) - 1}{1 + (\sqrt{3}/3)} = -2+\sqrt{3}$

12. $\sin 140° \cos 50° + \cos 140° \sin 50° = \sin(140° + 50°) = \sin 190°$

14. $\cos 20° \cos 30° + \sin 20° \sin 30° = \cos(30° - 20°) = \cos 10°$

16. $\dfrac{\tan 140° - \tan 60°}{1 + \tan 140° \tan 60°} = \tan(140° - 60°) = \tan 80°$

18. $\cos\dfrac{\pi}{7}\cos\dfrac{\pi}{5} - \sin\dfrac{\pi}{7}\sin\dfrac{\pi}{5} = \cos\left(\dfrac{\pi}{7} + \dfrac{\pi}{5}\right) = \cos\dfrac{12\pi}{35}$

20. $\cos 3x \cos 2y + \sin 3x \sin 2y = \cos(3x - 2y)$

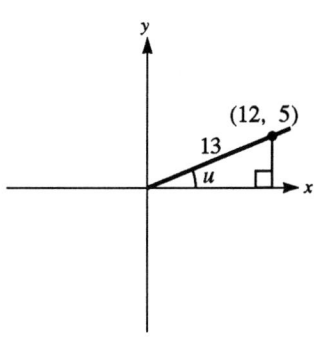

FIGURES FOR EXERCISES 22—24

22. $\cos(v - u) = \cos v \cos u + \sin v \sin u$
$= \left(-\frac{3}{5}\right)\left(\frac{12}{13}\right) + \left(\frac{4}{5}\right)\left(\frac{5}{13}\right)$
$= \frac{-36}{65} + \frac{20}{65}$
$= -\frac{16}{65}$

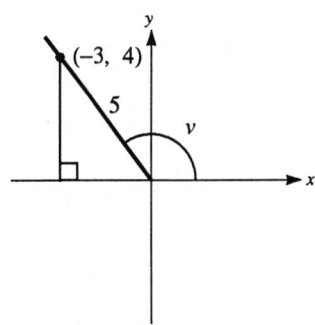

24. $\sin(u - v) = \sin u \cos v - \cos u \sin v$
$= \frac{-15}{65} - \frac{48}{65}$
$= -\frac{63}{65}$

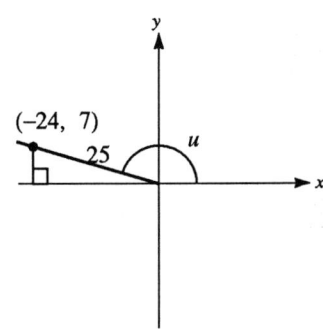
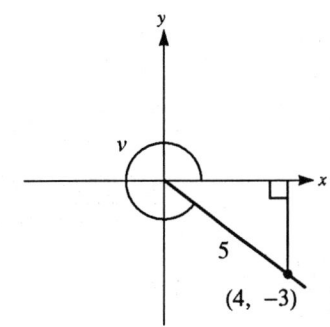

FIGURES FOR EXERCISES 26—28

26. $\sin(u + v) = \sin u \cos v + \cos u \sin v$
$= \left(\frac{7}{25}\right)\left(\frac{4}{5}\right) + \left(-\frac{24}{25}\right)\left(-\frac{3}{5}\right)$
$= \frac{28}{125} + \frac{72}{125}$
$= \frac{100}{125}$
$= \frac{4}{5}$

28. $\cos(u - v) = \cos u \cos v + \sin u \sin v$
$= \left(-\frac{24}{25}\right)\left(\frac{4}{5}\right) + \left(\frac{7}{25}\right)\left(-\frac{3}{5}\right)$
$= \frac{-96}{125} - \frac{21}{125}$
$= -\frac{117}{125}$

30. $\sin(3\pi - x) = \sin 3\pi \cos x - \sin x \cos 3\pi = (0)(\cos x) - (\sin x)(-1) = \sin x$

32. $\cos\left(\frac{5\pi}{4} - x\right) = \cos\frac{5\pi}{4}\cos x + \sin\frac{5\pi}{4}\sin x = -\frac{\sqrt{2}}{2}(\cos x + \sin x)$

34. $\tan\left(\frac{\pi}{4} - \theta\right) = \frac{\tan(\pi/4) - \tan\theta}{1 + \tan(\pi/4)\tan\theta} = \frac{1 - \tan\theta}{1 + \tan\theta}$

36. $\sin(x+y)\sin(x-y) = (\sin x \cos y + \sin y \cos x)(\sin x \cos y - \sin y \cos x)$
$= \sin^2 x \cos^2 y - \sin^2 y \cos^2 x$
$= \sin^2 x (1 - \sin^2 y) - \sin^2 y \cos^2 x$
$= \sin^2 x - \sin^2 x \sin^2 y - \sin^2 y \cos^2 x$
$= \sin^2 x - \sin^2 y (\sin^2 x + \cos^2 x)$
$= \sin^2 x - \sin^2 y$

38. $\cos(x+y) + \cos(x-y) = \cos x \cos y - \sin x \sin y + \cos x \cos y + \sin x \sin y$
$= 2 \cos x \cos y$

40. $\sin(n\pi + \theta) = \sin n\pi \cos \theta + \sin \theta \cos n\pi$
$= (0)(\cos \theta) + (\sin \theta)(-1)^n$
$= (-1)^n (\sin \theta)$, where n is an integer

42. $C = \arctan \dfrac{a}{b} \Rightarrow \sin C = \dfrac{a}{\sqrt{a^2+b^2}}, \quad \cos C = \dfrac{b}{\sqrt{a^2+b^2}}$

$\sqrt{a^2+b^2} \cos(B\theta - C) = \sqrt{a^2+b^2} \left(\cos B\theta \cdot \dfrac{b}{\sqrt{a^2+b^2}} + \sin B\theta \cdot \dfrac{a}{\sqrt{a^2+b^2}} \right)$
$= b \cos B\theta + a \sin B\theta$
$= a \sin B\theta + b \cos B\theta$

44. $y_1 = \cos(\pi + x)$
$y_2 = -\cos x$

The graphs of y_1 and y_2 coincide.

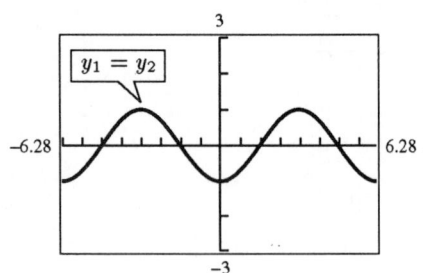

46. $y_1 = \tan(\pi + \theta)$
$y_2 = \tan \theta$

The graphs of y_1 and y_2 coincide.

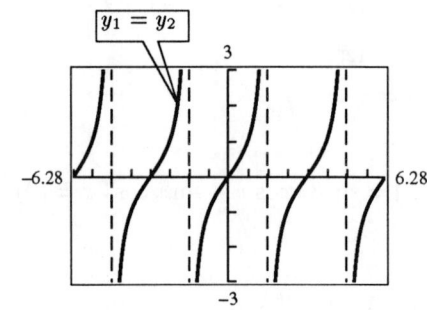

48. $3\sin 2\theta + 4\cos 2\theta$

$a = 3, \ b = 4, \ B = 2$

(a) $C = \arctan \dfrac{b}{a} = \arctan \dfrac{4}{3} \approx 0.9273$

$3\sin 2\theta + 4\cos 2\theta = \sqrt{a^2 + b^2} \sin(B\theta + C)$

$\approx 5\sin(2\theta + 0.9273)$

(b) $C = \arctan \dfrac{a}{b} = \arctan \dfrac{3}{4} \approx 0.6435$

$3\sin 2\theta + 4\cos 2\theta = \sqrt{a^2 + b^2} \cos(B\theta - C)$

$\approx 5\cos(2\theta - 0.6435)$

50. $\sin 2\theta - \cos 2\theta$

$a = 1, \ b = -1, \ B = 2$

(a) $C = \arctan \dfrac{b}{a} = \arctan(-1) = -\dfrac{\pi}{4}$

$\sin 2\theta - \cos \theta = \sqrt{a^2 + b^2} \sin(B\theta + C)$

$= \sqrt{2} \sin\left(2\theta - \dfrac{\pi}{4}\right)$

(b) $C = \arctan \dfrac{a}{b} = \arctan(-1) = -\dfrac{\pi}{4}$

$\sin 2\theta - \cos 2\theta = \sqrt{a^2 + b^2} \cos(B\theta - C)$

$= \sqrt{2} \cos\left(2\theta + \dfrac{\pi}{4}\right)$

52. $C = \arctan \dfrac{a}{b} = -\dfrac{3\pi}{4} \Rightarrow a = b, \ a < 0, \ b < 0$

$\sqrt{a^2 + b^2} = 5 \Rightarrow a = b = \dfrac{-5\sqrt{2}}{2}$

$B = 1$

$5\cos\left(\theta + \dfrac{3\pi}{4}\right) = -\dfrac{5\sqrt{2}}{2}\sin\theta - \dfrac{5\sqrt{2}}{2}\cos\theta$

54. $\sin(\arctan 2x - \arccos x) = \sin(\arctan 2x)\cos(\arccos x) - \sin(\arccos x)\cos(\arctan 2x)$

$= \left(\dfrac{2x}{\sqrt{1 + 4x^2}}\right)(x) - (\sqrt{1 - x^2})\left(\dfrac{1}{\sqrt{1 + 4x^2}}\right)$

$= \dfrac{2x^2}{\sqrt{1 + 4x^2}} - \dfrac{\sqrt{1 - x^2}}{\sqrt{1 + 4x^2}}$

$= \dfrac{2x^2 - \sqrt{1 - x^2}}{\sqrt{1 + 4x^2}}$

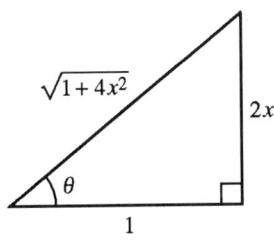

$\theta = \arctan 2x$

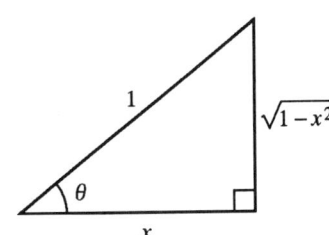

$\theta = \arccos x$

56.
$$\sin\left(x+\frac{\pi}{6}\right)-\sin\left(x-\frac{\pi}{6}\right)=\frac{1}{2}$$
$$\sin x\cos\frac{\pi}{6}+\cos x\sin\frac{\pi}{6}-\left(\sin x\cos\frac{\pi}{6}-\cos x\sin\frac{\pi}{6}\right)=\frac{1}{2}$$
$$2\cos x(0.5)=\frac{1}{2}$$
$$\cos x=\frac{1}{2}$$
$$x=\frac{\pi}{3},\frac{5\pi}{3}$$

58.
$$\tan(x+\pi)-\cos\left(x+\frac{\pi}{2}\right)=0$$
$$\frac{\tan x+\tan\pi}{1-\tan x\tan\pi}-\left(\cos x\cos\frac{\pi}{2}-\sin x\sin\frac{\pi}{2}\right)=0$$
$$\frac{\tan x+0}{1-\tan x(0)}-(\cos x)(0)+(\sin x)(1)=0$$
$$\tan x+\sin x=0$$
$$\frac{\sin x}{\cos x}=-\sin x$$
$$\sin x=-\sin x\cos x$$
$$\sin x(1+\cos x)=0$$

$$\sin x=0 \quad \text{or} \quad \cos x=-1$$
$$x=0,\pi \qquad\qquad x=\pi$$

60. $\tan(x+\pi)+2\sin(x+\pi)=0$

Graphing $y=\tan(x+\pi)+2\sin(x+\pi)$, we see that there are four x-intercepts in the interval $[0,2\pi)$: $x=0$, 1.047, 3.142 and 5.236.

62. $y = \dfrac{1}{3}\sin 2t + \dfrac{1}{4}\cos 2t$

(a) $a = \dfrac{1}{3}$, $b = \dfrac{1}{4}$, $B = 2$

$C = \arctan \dfrac{b}{a} = \arctan \dfrac{3}{4} \approx 0.6435$

$y \approx \sqrt{\left(\dfrac{1}{3}\right)^2 + \left(\dfrac{1}{4}\right)^2}\sin(2t + 0.6435)$

$= \dfrac{5}{12}\sin(2t + 0.6435)$

(b)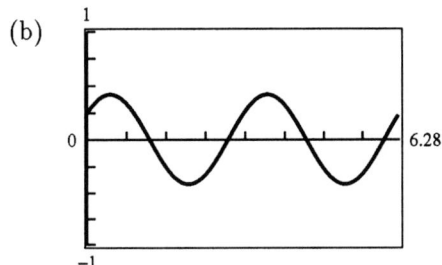

(c) Amplitude: $\dfrac{5}{12}$

(d) Frequency: $= \dfrac{1}{\text{period}} = \dfrac{b}{2\pi} = \dfrac{2}{2\pi} = \dfrac{1}{\pi}$

64. $\tan(u+v) = \dfrac{\sin(u+v)}{\cos(u+v)} = \dfrac{\sin u \cos v + \cos u \sin v}{\cos u \cos v - \sin u \sin v} = \dfrac{\dfrac{\sin u \cos v}{\cos u \cos v} + \dfrac{\cos u \sin v}{\cos u \cos v}}{\dfrac{\cos u \cos v}{\cos u \cos v} - \dfrac{\sin u \sin v}{\cos u \cos v}} = \dfrac{\tan u + \tan v}{1 - \tan u \tan v}$

7.5 Multiple-Angle and Product-to-Sum Formulas

2. Graphing the function on the interval $[0, 2\pi)$, we find the following zeros: 1.571, 3.665, 4.712, 5.760

Algebraically:
$$\sin 2x + \cos x = 0$$
$$2 \sin x \cos x + \cos x = 0$$
$$\cos x (2 \sin x + 1) = 0$$

$\cos x = 0 \qquad$ or $\quad 2 \sin x + 1 = 0$

$x = \dfrac{\pi}{2}, \dfrac{3\pi}{2} \qquad\qquad \sin x = -\dfrac{1}{2}$

$\qquad\qquad\qquad\qquad x = \dfrac{7\pi}{6}, \dfrac{11\pi}{6}$

$x = \dfrac{\pi}{2}, \dfrac{7\pi}{6}, \dfrac{3\pi}{2}, \dfrac{11\pi}{6}$

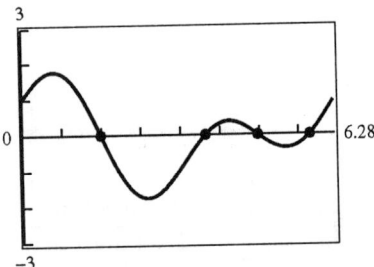

4. Graphing the function on the interval $[0, 2\pi)$, we find the following zeros: 0.785, 1.571, 2.356, 3.927, 4.712, 5.498

Algebraically:
$$\sin 2x \sin x = \cos x$$
$$2 \sin x \cos x \sin x = \cos x$$
$$2 \sin^2 x \cos x - \cos x = 0$$
$$\cos x (2 \sin^2 x - 1) = 0$$

$\cos x = 0 \qquad$ or $\quad 2 \sin^2 x - 1 = 0$

$x = \dfrac{\pi}{2}, \dfrac{3\pi}{2} \qquad\qquad \sin x = \pm \dfrac{\sqrt{2}}{2}$

$\qquad\qquad\qquad x = \dfrac{\pi}{4}, \dfrac{3\pi}{4}, \dfrac{5\pi}{4}, \dfrac{7\pi}{4}$

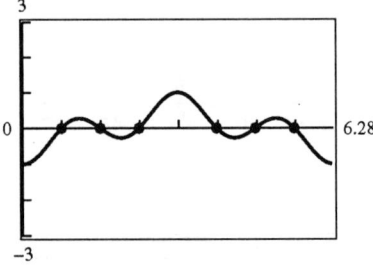

6. Graphing the function on the interval $[0, 2\pi)$, we find the following zeros: 1.571, 3.665, 5.760.

Algebraically:
$$\cos 2x + \sin x = 0$$
$$1 - 2 \sin^2 x + \sin x = 0$$
$$2 \sin^2 x - \sin x - 1 = 0$$
$$(2 \sin x + 1)(\sin x - 1) = 0$$

$2 \sin x + 1 = 0 \qquad$ or $\quad \sin x = 1$

$\sin x = -\dfrac{1}{2} \qquad\qquad x = \dfrac{\pi}{2}$

$x = \dfrac{7\pi}{6}, \dfrac{11\pi}{6}$

$x = \dfrac{\pi}{2}, \dfrac{7\pi}{6}, \dfrac{11\pi}{6}$

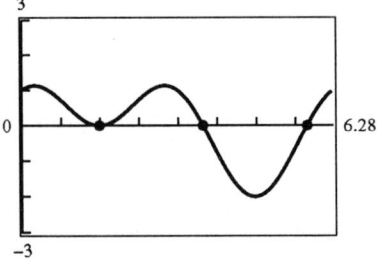

8. Graphing the function on the interval $[0, 2\pi)$, we find the following zeros: 0.524, 1.571, 2.618, 4.712

Algebraically:

$$\tan 2x - 2\cos x = 0$$

$$\frac{2\tan x}{1 - \tan^2 x} = 2\cos x$$

$$2\tan x = 2\cos x(1 - \tan^2 x)$$

$$2\tan x = 2\cos x - 2\cos x \tan^2 x$$

$$2\tan x = 2\cos x - 2\cos x \frac{\sin^2 x}{\cos^2 x}$$

$$2\tan x = 2\cos x - 2\frac{\sin^2 x}{\cos x}$$

$$\tan x = \cos x - \frac{\sin^2 x}{\cos x}$$

$$\frac{\sin x}{\cos x} = \cos x - \frac{\sin^2 x}{\cos x}$$

$$\frac{\sin x}{\cos x} + \frac{\sin^2 x}{\cos x} - \cos x = 0$$

$$\frac{\sin x + \sin^2 x - \cos^2 x}{\cos x} = 0$$

$$\frac{1}{\cos x}\left[\sin x + \sin^2 x - (1 - \sin^2 x)\right] = 0$$

$$\sec x[2\sin^2 x + \sin x - 1] = 0$$

$$\sec x(2\sin x - 1)(\sin x + 1) = 0$$

$\sec x = 0$ or $2\sin x - 1 = 0$ or $\sin x + 1 = 0$

$x = \dfrac{\pi}{2}, \dfrac{3\pi}{2}$ $\sin x = \dfrac{1}{2}$ $\sin x = -1$

$x = \dfrac{\pi}{6}, \dfrac{5\pi}{6}$ $x = \dfrac{3\pi}{2}$

$x = \dfrac{\pi}{6}, \dfrac{\pi}{2}, \dfrac{5\pi}{6}, \dfrac{3\pi}{2}$

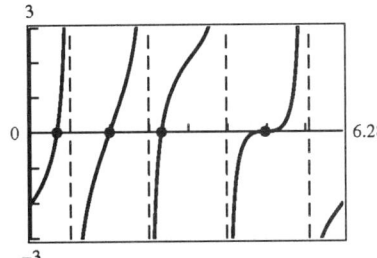

10. Graphing the function on the interval $[0, 2\pi)$, we find the following zeros:
0.0, 0.785, 1.571, 2.356, 3.142, 3.927, 4.712, 5.498.

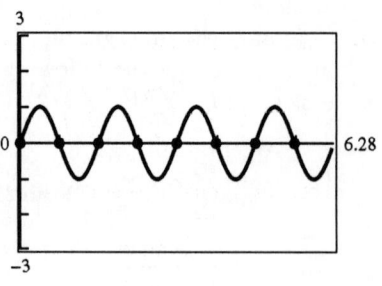

Algebraically:
$$(\sin 2s + \cos 2s)^2 = 1$$
$$\sin^2 s2 + 2\sin 2s \cos 2s + \cos^2 2s = 1$$
$$2\sin 2s \cos 2s = 0$$
$$\sin 4s = 0$$
$$4s = n\pi$$
$$s = \frac{n\pi}{4}$$
$$s = 0, \frac{\pi}{4}, \frac{\pi}{2},$$
$$\frac{3\pi}{4}, \pi, \frac{5\pi}{4},$$
$$\frac{3\pi}{2}, \frac{7\pi}{4}$$

12. $g(x) = 4\sin x \cos x + 2$
$= 2(2\sin x \cos x) + 2$
$= 2\sin 2x + 2$

Relative maxima: $(0.785, 4)$, $(3.927, 4)$
Relative minima: $(2.356, 0)$, $(5.498, 0)$

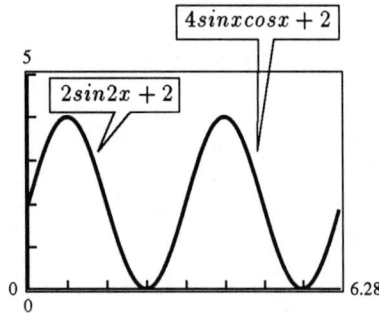

14. $f(x) = (\cos x + \sin x)(\cos x - \sin x)$
$= \cos^2 x - \sin^2 x$
$= \cos 2x$

Relative maxima: $(0, 1)$, $(3.142, 1)$
Relative minima: $(1.571, -1)$, $(4.712, -1)$

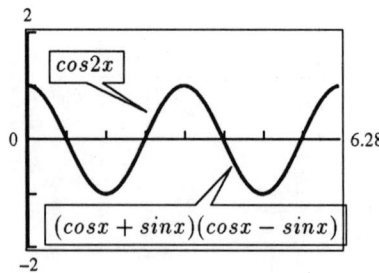

16. $\sin 2u = 2\sin u \cos u$

$$= 2 \cdot \frac{\sqrt{5}}{3}\left(-\frac{2}{3}\right) = -\frac{4\sqrt{5}}{9}$$

$\cos 2u = \cos^2 u - \sin^2 u = \frac{4}{9} - \frac{5}{9} = -\frac{1}{9}$

$\tan 2u = \frac{2\tan u}{1 - \tan^2 u} = \frac{2(-\sqrt{5}/2)}{1 - (5/4)} = 4\sqrt{5}$

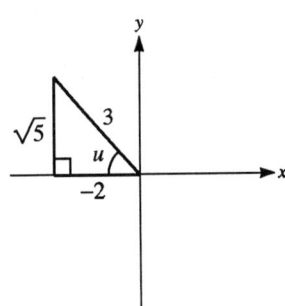

18. $\sin 2u = 2\sin u \cos u$

$$= 2\left(-\frac{1}{\sqrt{17}}\right)\left(\frac{4}{\sqrt{17}}\right) = -\frac{8}{17}$$

$\cos 2u = \cos^2 u - \sin^2 u$

$$= \left(\frac{4}{\sqrt{17}}\right)^2 - \left(-\frac{1}{\sqrt{17}}\right)^2 = \frac{15}{17}$$

$\tan 2u = \frac{2\tan u}{1 - \tan^2 u} = \frac{2(-1/4)}{1 - (-1/4)^2} = -\frac{8}{15}$

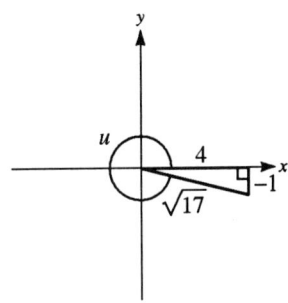

20. $\sin 2u = 2\sin u \cos u$

$$= 2 \cdot \frac{1}{3}\left(-\frac{2\sqrt{2}}{3}\right) = -\frac{4\sqrt{2}}{9}$$

$\cos 2u = \cos^2 u - \sin^2 u$

$$= \left(-\frac{2\sqrt{2}}{3}\right)^2 - \left(\frac{1}{3}\right)^2 = \frac{7}{9}$$

$\tan 2u = \frac{2\tan u}{1 - \tan^2 u} = \frac{2(-\sqrt{2}/4)}{1 - (-\sqrt{2}/4)^2} = -\frac{4\sqrt{2}}{7}$

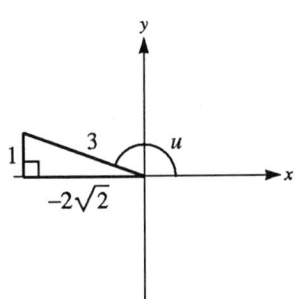

22. $\sin^4 x = (\sin^2 x)(\sin^2 x)$

$$= \left(\frac{1 - \cos 2x}{2}\right)\left(\frac{1 - \cos 2x}{2}\right)$$

$$= \frac{1 - 2\cos 2x + \cos^2 2x}{4}$$

$$= \frac{1 - 2\cos 2x + \left(\frac{1 + \cos 4x}{2}\right)}{4}$$

$$= \frac{2 - 4\cos 2x + 1 + \cos 4x}{8}$$

$$= \frac{1}{8}(3 - 4\cos 2x + \cos 4x)$$

24. $\cos^6 x = (\cos^2 x)^3 = \left(\dfrac{1+\cos 2x}{2}\right)^3 = \dfrac{1}{8}(1 + 3\cos 2x + 3\cos^2 2x + \cos^3 2x)$

$$= \dfrac{1}{8}\left[1 + 3\cos 2x + 3 \cdot \dfrac{1+\cos 4x}{2} + \dfrac{3\cos 2x + \cos 6x}{4}\right]$$

$$= \dfrac{1}{32}(10 + 15\cos 2x + 6\cos 4x + \cos 6x)$$

26. $\sin^4 x \cos^2 x = \sin^2 x \sin^2 x \cos^2 x$

$$= \left(\dfrac{1-\cos 2x}{2}\right)\left(\dfrac{1-\cos 2x}{2}\right)\left(\dfrac{1+\cos 2x}{2}\right)$$

$$= \dfrac{1}{8}(1-\cos 2x)(1-\cos^2 2x)$$

$$= \dfrac{1}{8}(1 - \cos 2x - \cos^2 2x + \cos^3 2x)$$

$$= \dfrac{1}{8}\left[1 - \cos 2x - \left(\dfrac{1+\cos 4x}{2}\right) + \cos 2x\left(\dfrac{1+\cos 4x}{2}\right)\right]$$

$$= \dfrac{1}{16}[2 - 2\cos 2x - 1 - \cos 4x + \cos 2x + \cos 2x \cos 4x]$$

$$= \dfrac{1}{16}\left[1 - \cos 2x - \cos 4x + \dfrac{1}{2}\cos 2x + \dfrac{1}{2}\cos 6x\right]$$

$$= \dfrac{1}{32}[2 - 2\cos 2x - 2\cos 4x + \cos 2x + \cos 6x]$$

$$= \dfrac{1}{32}[2 - \cos 2x - 2\cos 4x + \cos 6x]$$

28. $\sin 165° = \sin\left(\dfrac{1}{2} \cdot 330°\right) = \sqrt{\dfrac{1-\cos 330°}{2}} = \sqrt{\dfrac{1-(\sqrt{3}/2)}{2}} = \dfrac{1}{2}\sqrt{2-\sqrt{3}}$

$\cos 165° = \cos\left(\dfrac{1}{2} \cdot 330°\right) = -\sqrt{\dfrac{1+\cos 330°}{2}} = -\sqrt{\dfrac{1+(\sqrt{3}/2)}{2}} = -\dfrac{1}{2}\sqrt{2+\sqrt{3}}$

$\tan 165° = \tan\left(\dfrac{1}{2} \cdot 330°\right) = \dfrac{\sin 330°}{1+\cos 330°} = \dfrac{-1/2}{1+(\sqrt{3}/2)} = \dfrac{-1}{2+\sqrt{3}} = \sqrt{3} - 2$

30. $\sin 67°30' = \sin\left(\dfrac{1}{2} \cdot 135°\right) = \sqrt{\dfrac{1-\cos 135°}{2}} = \sqrt{\dfrac{1+(\sqrt{2}/2)}{2}} = \dfrac{1}{2}\sqrt{2+\sqrt{2}}$

$\cos 67°30' = \cos\left(\dfrac{1}{2} \cdot 135°\right) = \sqrt{\dfrac{1+\cos 135°}{2}} = \sqrt{\dfrac{1-(\sqrt{2}/2)}{2}} = \dfrac{1}{2}\sqrt{2-\sqrt{2}}$

$\tan 67°30' = \tan\left(\dfrac{1}{2} \cdot 135°\right) = \dfrac{\sin 135°}{1+\cos 135°} = \dfrac{\sqrt{2}/2}{1-(\sqrt{2}/2)} = 1 + \sqrt{2}$

SECTION 7.5 Multiple-Angle and Product-to-Sum Formulas **287**

32. $\sin\dfrac{\pi}{12} = \sin\left[\dfrac{1}{2}\left(\dfrac{\pi}{6}\right)\right] = \sqrt{\dfrac{1-\cos(\pi/6)}{2}} = \sqrt{\dfrac{1-(\sqrt{3}/2)}{2}} = \dfrac{1}{2}\sqrt{2-\sqrt{3}}$

$\cos\dfrac{\pi}{12} = \cos\left[\dfrac{1}{2}\left(\dfrac{\pi}{6}\right)\right] = \sqrt{\dfrac{1+\cos(\pi/6)}{2}} = \dfrac{1}{2}\sqrt{2+\sqrt{3}}$

$\tan\dfrac{\pi}{12} = \tan\left[\dfrac{1}{2}\left(\dfrac{\pi}{6}\right)\right] = \dfrac{\sin(\pi/6)}{1+\cos(\pi/6)} = \dfrac{1/2}{1+(\sqrt{3}/2)} = 2-\sqrt{3}$

34. $\sin\left(\dfrac{u}{2}\right) = \sqrt{\dfrac{1-\cos u}{2}} = \sqrt{\dfrac{1-(3/5)}{2}} = \dfrac{\sqrt{5}}{5}$

$\cos\left(\dfrac{u}{2}\right) = \sqrt{\dfrac{1+\cos u}{2}} = \sqrt{\dfrac{1+(3/5)}{2}} = \dfrac{2\sqrt{5}}{5}$

$\tan\left(\dfrac{u}{2}\right) = \dfrac{\sin u}{1+\cos u} = \dfrac{4/5}{1+(3/5)} = \dfrac{1}{2}$

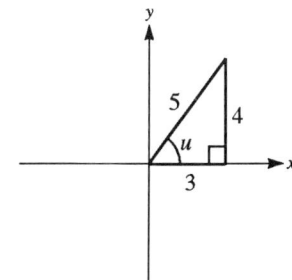

36. $\sin\left(\dfrac{u}{2}\right) = \sqrt{\dfrac{1-\cos u}{2}} = \sqrt{\dfrac{1+(3/\sqrt{10})}{2}} = \sqrt{\dfrac{10+3\sqrt{10}}{20}}$

$\cos\left(\dfrac{u}{2}\right) = -\sqrt{\dfrac{1+\cos u}{2}} = -\sqrt{\dfrac{1-(3/\sqrt{10})}{2}} = -\sqrt{\dfrac{10-3\sqrt{10}}{20}}$

$\tan\left(\dfrac{u}{2}\right) = \dfrac{1-\cos u}{\sin u} = \dfrac{1+(3/\sqrt{10})}{-1/\sqrt{10}} = -3-\sqrt{10}$

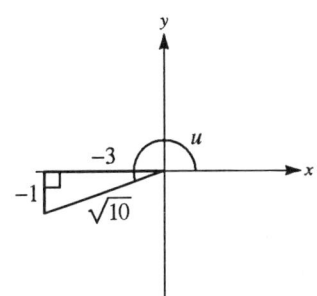

38. $\sin\left(\dfrac{u}{2}\right) = \sqrt{\dfrac{1-\cos u}{2}} = \sqrt{\dfrac{1+(2/7)}{2}} = \dfrac{3\sqrt{14}}{14}$

$\cos\left(\dfrac{u}{2}\right) = \sqrt{\dfrac{1+\cos u}{2}} = \sqrt{\dfrac{1-(2/7)}{2}} = \dfrac{\sqrt{70}}{14}$

$\tan\left(\dfrac{u}{2}\right) = \dfrac{1-\cos u}{\sin u} = \dfrac{1+(2/7)}{3(\sqrt{5}/7)} = \dfrac{3\sqrt{5}}{5}$

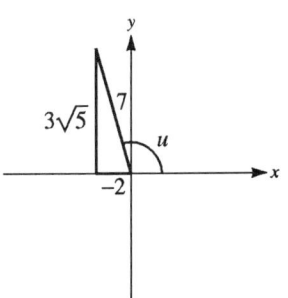

40. $\sqrt{\dfrac{1+\cos 4x}{2}} = |\cos 2x|$

42. $-\sqrt{\dfrac{1-\cos(x-1)}{2}} = -\left|\sin\left(\dfrac{x-1}{2}\right)\right|$

44. Graphing the function on the interval $[0, 2\pi)$, we find the following zeros: 0.0, 1.047, 5.236.

Algebraically:
$$\sin \frac{x}{2} + \cos x = 1$$
$$\pm\sqrt{\frac{1-\cos x}{2}} = 1 - \cos x$$
$$\frac{1-\cos x}{2} = 1 - 2\cos x + \cos^2 x$$
$$1 - \cos x = 2 - 4\cos x + 2\cos^2 x$$
$$2\cos^2 x - 3\cos x + 1 = 0$$
$$(2\cos x - 1)(\cos x - 1) = 0$$

$2\cos x - 1 = 0$ or $\cos x - 1 = 0$
$\cos x = \frac{1}{2}$ $\cos x = 1$
$x = \frac{\pi}{3}, \frac{5\pi}{3}$ $x = 0$

0, $\pi/3$, and $5\pi/3$ are all solutions to the equation.

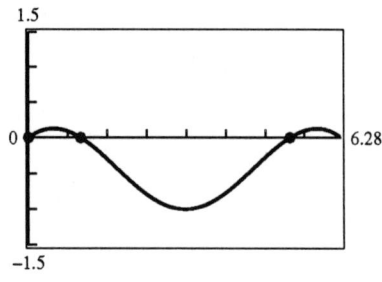

46. Graphing the function on the interval $[0, 2\pi)$, we find the following zeros: 0.0, 1.571, 4.712.

Algebraically:
$$\tan \frac{x}{2} - \sin x = 0$$
$$\frac{1-\cos x}{\sin x} = \sin x$$
$$1 - \cos x = \sin^2 x$$
$$1 - \cos x = 1 - \cos^2 x$$
$$\cos^2 x - \cos x = 0$$
$$\cos x(\cos x - 1) = 0$$

$\cos x = 0$ or $\cos x - 1 = 0$
$x = \frac{\pi}{2}, \frac{3\pi}{2}$ $\cos x = 1$
           $x = 0$

0, $\pi/2$, and $3\pi/2$ are all solutions to the equation.

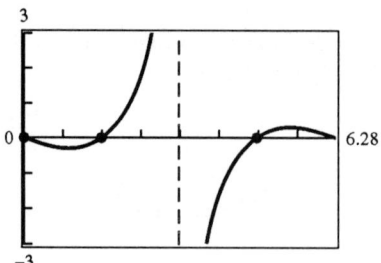

48. $4\sin\frac{\pi}{3}\cos\frac{5\pi}{6} = 4 \cdot \frac{1}{2}\left[\sin\left(\frac{\pi}{3} + \frac{5\pi}{6}\right) + \sin\left(\frac{\pi}{3} - \frac{5\pi}{6}\right)\right]$
$= 2\left[\sin\frac{7\pi}{6} + \sin\left(-\frac{\pi}{2}\right)\right] = 2\left(\sin\frac{7\pi}{6} - \sin\frac{\pi}{2}\right)$

50. $3\sin 2\alpha \sin 3\alpha = 3 \cdot \frac{1}{2}[\cos(2\alpha - 3\alpha) - \cos(2\alpha + 3\alpha)] = \frac{3}{2}[\cos(-\alpha) - \cos 5\alpha] = \frac{3}{2}(\cos\alpha - \cos 5\alpha)$

52. $\cos 2\theta \cos 4\theta = \frac{1}{2}[\cos(2\theta - 4\theta) + \cos(2\theta + 4\theta)] = \frac{1}{2}[\cos(-2\theta) + \cos 6\theta] = \frac{1}{2}(\cos 2\theta + \cos 6\theta)$

54. $\sin(x+y)\cos(x-y) = \frac{1}{2}(\sin 2x + \sin 2y)$

56. $10\cos 75° \cos 15° = 10 \cdot \frac{1}{2}(\cos 60° + \cos 90°)$

58. $\cos 120° + \cos 30° = 2\cos\left(\dfrac{120° + 30°}{2}\right)\cos\left(\dfrac{120° - 30°}{2}\right) = 2\cos 75° \cos 45°$

60. $\sin 5\theta - \sin 3\theta = 2\cos\left(\dfrac{5\theta + 3\theta}{2}\right)\sin\left(\dfrac{5\theta - 3\theta}{2}\right) = 2\cos 4\theta \sin \theta$

62. $\sin x + \sin 5x = 2\sin\left(\dfrac{x + 5x}{2}\right)\cos\left(\dfrac{x - 5x}{2}\right) = 2\sin 3x \cos(-2x) = 2\sin 3x \cos 2x$

64. $\cos\left(\theta + \dfrac{\pi}{2}\right) - \cos\left(\theta - \dfrac{\pi}{2}\right) = -2\sin\left(\dfrac{\theta + (\pi/2) + \theta - (\pi/2)}{2}\right)$
$\sin\left(\dfrac{\theta + (\pi/2) - \theta + (\pi/2)}{2}\right) = -2\sin 2\theta \sin\dfrac{\pi}{2}$

66. $\sin\left(x + \dfrac{\pi}{2}\right) + \sin\left(x - \dfrac{\pi}{2}\right) = 2\sin\left(\dfrac{x + (\pi/2) + x - (\pi/2)}{2}\right)\cos\left(\dfrac{x + (\pi/2) - x + (\pi/2)}{2}\right)$
$= 2\sin x \cos\dfrac{\pi}{2} = 0$

68. Graphing the function on the interval $[0,\ 2\pi)$, we find the following zeros: 0.0, 0.785, 1.571, 2.356, 3.142, 3.927, 4.712, 5.498.

Algebraically:
$$\cos 2x - \cos 6x = 0$$
$$-2\sin 4x \sin(-2x) = 0$$
$$2\sin 4x \sin 2x = 0$$

$\sin 4x = 0$ or $\sin 2x = 0$

$4x = n\pi$ $2x = n\pi$

$x = \dfrac{n\pi}{4}$ $x = \dfrac{n\pi}{2}$

$x = 0,\ \dfrac{\pi}{4},\ \dfrac{\pi}{2},\ \dfrac{3\pi}{4},\ \pi,\ \dfrac{5\pi}{4},\ \dfrac{3\pi}{2},\ \dfrac{7\pi}{4}$ $x = 0,\ \dfrac{\pi}{2},\ \pi,\ \dfrac{3\pi}{2}$

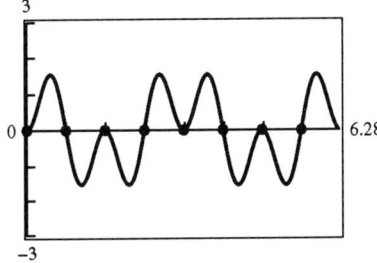

70. Graphing the function on the interval $[0, 2\pi)$, we find the following zeros: 0.0, 3.142.

Algebraically:
$$\sin^2 3x - \sin^2 x = 0$$
$$(\sin 3x + \sin x)(\sin 3x - \sin x) = 0$$
$$(2 \sin 2x \cos x)(2 \cos 2x \sin x) = 0$$

$\sin 2x = 0 \Rightarrow x = 0, \dfrac{\pi}{2}, \pi, \dfrac{3\pi}{2}$ or

$\cos x = 0 \Rightarrow x = \dfrac{\pi}{2}, \dfrac{3\pi}{2}$ or

$\cos 2x = 0 \Rightarrow x = \dfrac{\pi}{4}, \dfrac{3\pi}{4}, \dfrac{5\pi}{4}, \dfrac{7\pi}{4}$ or

$\sin x = 0 \Rightarrow x = 0, \pi$

72. $\sec 2\theta = \dfrac{1}{\cos 2\theta} = \dfrac{1}{\cos^2 \theta - \sin^2 \theta}$
$= \dfrac{1/\cos^2 \theta}{1 - (\sin^2 \theta / \cos^2 \theta)}$
$= \dfrac{\sec^2 \theta}{1 - \tan^2 \theta}$
$= \dfrac{\sec^2 \theta}{1 - (\sec^2 \theta - 1)}$
$= \dfrac{\sec^2 \theta}{2 - \sec^2 \theta}$

74. $\cos^4 x - \sin^4 x = (\cos^2 x - \sin^2 x)(\cos^2 x + \sin^2 x)$
$= (\cos 2x)(1)$
$= \cos 2x$

76. $\sin\left(\dfrac{\alpha}{3}\right) \cos\left(\dfrac{\alpha}{3}\right) = \dfrac{1}{2}\left[2\left(\sin\left(\dfrac{\alpha}{3}\right) \cos\left(\dfrac{\alpha}{3}\right)\right)\right]$
$= \dfrac{1}{2} \sin \dfrac{2\alpha}{3}$

78. $\sin 4\beta = 2 \sin 2\beta \cos 2\beta$
$= 2[2 \sin \beta \cos \beta (\cos^2 \beta - \sin^2 \beta)]$
$= 2[2 \sin \beta \cos \beta (1 - \sin^2 \beta - \sin^2 \beta)]$
$= 4 \sin \beta \cos \beta (1 - 2 \sin^2 \beta)$

80. $\dfrac{\cos 3\beta}{\cos \beta} = \dfrac{\cos^3 \beta - 3 \sin^2 \beta \cos \beta}{\cos \beta}$
$= \cos^2 \beta - 3 \sin^2 \beta$
$= 1 - \sin^2 \beta - 3 \sin^2 \beta$
$= 1 - 4 \sin^2 \beta$

82. $\tan \dfrac{u}{2} = \dfrac{1 - \cos u}{\sin u}$
$= \dfrac{1}{\sin u} - \dfrac{\cos u}{\sin u}$
$= \csc u - \cot u$

84. $\dfrac{\cos 3x - \cos x}{\sin 3x - \sin x} = \dfrac{-2\sin\left(\dfrac{3x+x}{2}\right)\sin\left(\dfrac{3x-x}{2}\right)}{2\cos\left(\dfrac{3x+x}{2}\right)\sin\left(\dfrac{3x-x}{2}\right)}$

$= \dfrac{-2\sin 2x \sin x}{2\cos 2x \sin x}$

$= -\tan 2x$

86. $\dfrac{\sin x \pm \sin y}{\cos x + \cos y} = \dfrac{2\sin\left(\dfrac{x \pm y}{2}\right)\cos\left(\dfrac{x \mp y}{2}\right)}{2\cos\left(\dfrac{x+y}{2}\right)\cos\left(\dfrac{x-y}{2}\right)}$

$= \tan\left(\dfrac{x \pm y}{2}\right)$

88. $\sin\left(\dfrac{\pi}{6}+x\right)+\sin\left(\dfrac{\pi}{6}-x\right) = 2\sin\dfrac{\pi}{6}\cos x$

$= 2 \cdot \dfrac{1}{2}\cos x$

$= \cos x$

90. $\cos^2 x = \dfrac{1+\cos 2x}{2} = \dfrac{1}{2} + \dfrac{\cos 2x}{2}$

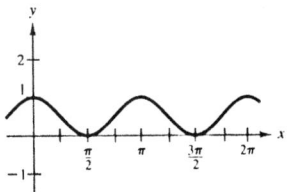

92. $\cos(2\arccos x) = \cos^2(\arccos x) - \sin^2(\arccos x) = x^2 - (1-x^2) = 2x^2 - 1$

94. $\dfrac{1}{2}[\cos(u-v)+\cos(u+v)] = \dfrac{1}{2}[(\cos u \cos v + \sin u \sin v)+(\cos u \cos v - \sin u \sin v)]$

$= \dfrac{1}{2}(2\cos u \cos v)$

$= \cos u \cos v$

96. $r = \dfrac{1}{32}v_0^2 \sin 2\theta$

$r = \dfrac{1}{32}v_0^2 \, 2\sin\theta\cos\theta$

$r = \dfrac{1}{16}v_0^2 \sin\theta\cos\theta$

Review Exercises for Chapter 7

2. $\dfrac{\sin 2\alpha}{\cos^2 \alpha - \sin^2 \alpha} = \dfrac{\sin 2\alpha}{\cos 2\alpha} = \tan 2\alpha$

4. $\dfrac{\sin^3 \beta + \cos^3 \beta}{\sin \beta + \cos \beta} = \dfrac{(\sin \beta + \cos \beta)(\sin^2 \beta - \sin \beta \cos \beta + \cos^2 \beta)}{\sin \beta + \cos \beta}$
$= 1 - \sin \beta \cos \beta$
$= 1 - \dfrac{1}{2}\sin 2\beta$

6. $\dfrac{\sin \theta}{1 + \cos \theta} + \dfrac{1 + \cos \theta}{\sin \theta} = \dfrac{\sin^2 \theta + (1 + \cos \theta)^2}{\sin \theta (1 + \cos \theta)}$
$= \dfrac{\sin^2 \theta + 1 + 2\cos \theta + \cos^2 \theta}{\sin \theta (1 + \cos \theta)}$
$= \dfrac{2}{\sin \theta}$
$= 2\csc \theta$

8. $\dfrac{2\tan(x+1)}{1 - \tan^2(x+1)} = \tan[2(x+1)]$
$= \tan(2x+2)$

10. $\sqrt{\dfrac{1 - \cos^2 x}{1 + \cos x}} = \sqrt{1 - \cos x} = \sqrt{2}\left|\sin \dfrac{x}{2}\right|$

12. $\cos x(\tan^2 x + 1) = \cos x \sec^2 x$
$= \dfrac{1}{\sec x}\sec^2 x$
$= \sec x$

14. $\sin^3 \theta + \sin \theta \cos^2 \theta = \sin \theta(\sin^2 \theta + \cos^2 \theta)$
$= \sin \theta$

16. $\cos^3 x \sin^2 x = \cos x(\cos^2 x)\sin^2 x$
$= \cos x(1 - \sin^2 x)\sin^2 x$
$= (\sin^2 x - \sin^4 x)\cos x$

18. Using a product-sum formula, we have
$\sin 3x \cos 2x = \tfrac{1}{2}(\sin 5x + \sin x)$.

20. $\sqrt{1 - \cos x} = \sqrt{(1 - \cos x)\dfrac{1 + \cos x}{1 + \cos x}}$
$= \sqrt{\dfrac{\sin^2 x}{1 + \cos x}}$
$= \dfrac{|\sin x|}{\sqrt{1 + \cos x}}$

22. $\cos\left(x + \dfrac{\pi}{2}\right) = \cos x \cos \dfrac{\pi}{2} - \sin x \sin \dfrac{\pi}{2}$
$= (\cos x)(0) - (\sin x)(1)$
$= -\sin x$

24. $\sin(\pi - x) = \sin \pi \cos x - \sin x \cos \pi$
$= (0)(\cos x) - (\sin x)(-1)$
$= \sin x$

26. $\dfrac{2\cos 3x}{\sin 4x - \sin 2x} = \dfrac{2\cos 3x}{2\cos 3x \sin x} = \dfrac{1}{\sin x} = \csc x$

28. $1 - \cos 2x = 1 - (\cos^2 x - \sin^2 x)$
$= (1 - \cos^2 x) + \sin^2 x$
$= 2\sin^2 x$

30. $\dfrac{\sin(\alpha + \beta)}{\cos \alpha \cos \beta} = \dfrac{\sin \alpha \cos \beta + \sin \beta \cos \alpha}{\cos \alpha \cos \beta}$
$= \dfrac{\sin \alpha}{\cos \alpha} + \dfrac{\sin \beta}{\cos \beta}$
$= \tan \alpha + \tan \beta$

32. $y_1 = \sin 4x$
$y_2 = 8\cos^3 x \sin x - 4\cos x \sin x$

The graphs of y_1 and y_2 coincide.

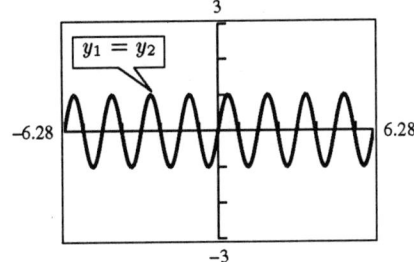

34. $y_1 = \cos^2 5x - \cos^2 x$
$y_2 = -\sin 4x \sin 6x$

The graphs of y_1 and y_2 coincide.

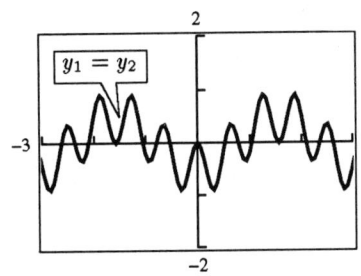

36. $y_1 = \sin 2x + \sin 4x - \sin 6x$
$y_2 = 4\sin x \sin 2x \sin 3x$

The graphs of y_1 and y_2 coincide.

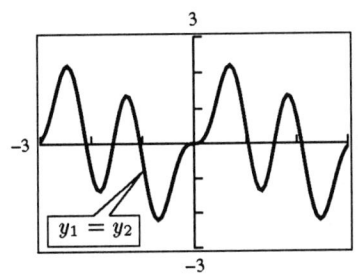

38. $\cos(285°) = \cos(225° + 60°)$
$= \cos 225° \cos 60° - \sin 225° \sin 60°$
$= \left(-\dfrac{\sqrt{2}}{2}\right)\left(\dfrac{1}{2}\right) - \left(-\dfrac{\sqrt{2}}{2}\right)\left(\dfrac{\sqrt{3}}{2}\right)$
$= \dfrac{\sqrt{2}}{4}(\sqrt{3} - 1)$

40. $\sin \dfrac{3\pi}{8} = \sqrt{\dfrac{1 - \cos(3\pi/4)}{2}}$
$= \sin\left[\dfrac{1}{2}\left(\dfrac{3\pi}{4}\right)\right]$
$= \sqrt{\dfrac{1 - \cos(3\pi/4)}{2}}$
$= \sqrt{\dfrac{1 + (\sqrt{2}/2)}{2}}$
$= \dfrac{\sqrt{2 + \sqrt{2}}}{2}$

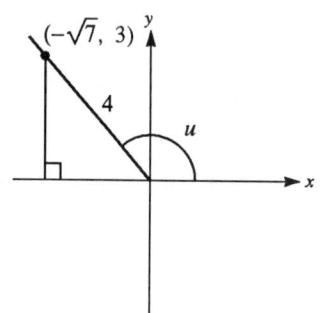
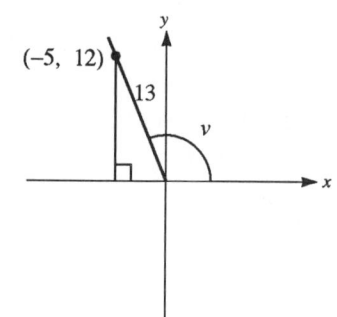

FIGURES FOR EXERCISES 42—46

42. $\tan(u + v) = \dfrac{\tan u + \tan v}{1 - \tan u \tan v}$
$= \dfrac{-(3/\sqrt{7}) - (12/5)}{1 - (-3/\sqrt{7})(-12/5)}$
$= \dfrac{15 + 12\sqrt{7}}{36 - 5\sqrt{7}}$

44. $\sin 2v = 2 \sin v \cos v$
$= 2\left(\dfrac{12}{13}\right)\left(-\dfrac{5}{13}\right)$
$= -\dfrac{120}{169}$

46. $\tan 2v = \dfrac{\sin 2v}{\cos 2v}$
$= \dfrac{2 \sin v \cos v}{2 \cos^2 v - 1}$
$= \dfrac{2(12/13)(-5/13)}{2(-5/13)^2 - 1}$
$= \dfrac{-120/169}{(50/169) - (169/169)}$
$= \dfrac{120}{119}$

48. $\sin(x + y) = \sin x + \sin y$. False.
$\sin(x + y) = \sin x \cos y + \cos x \sin y$

50. $4\sin 45° \cos 15° = 1 + \sqrt{3}$. True.

$$4\sin 45° \cos 15° = 4\left(\frac{1}{2}[\sin(45° + 15°) + \sin(45° - 15°)]\right)$$

$$= 2[\sin 60° + \sin 30°] = 2\left[\frac{\sqrt{3}}{2} + \frac{1}{2}\right] = 2\left(\frac{\sqrt{3}+1}{2}\right) = 1 + \sqrt{3}$$

52. Graphing the function on the interval $[0, 2\pi)$, we find the following zeros: 1.047, 5.236

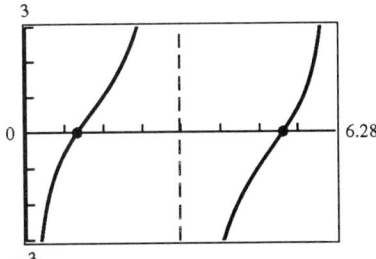

Algebraically:

$$\csc x - 2\cot x = 0$$

$$\frac{1}{\sin x} - \frac{2\cos x}{\sin x} = 0$$

$$1 - 2\cos x = 0$$

$$\cos x = \frac{1}{2}$$

$$x = \frac{\pi}{3}, \frac{5\pi}{3}$$

54. Graphing the function on the interval $[0, 2\pi)$, we find the following zeros: 1.571, 4.712

Algebraically:

$$\cos 4x - 7\cos 2x = 8$$

$$2\cos^2 2x - 1 - 7\cos 2x = 8$$

$$2\cos^2 2x - 7\cos 2x - 9 = 0$$

$$(2\cos 2x - 9)(\cos 2x + 1) = 0$$

$2\cos 2x - 9 = 0$ or $\cos 2x + 1 = 0$

$\cos 2x = \dfrac{9}{2}$ $\cos 2x = -1$

(No solution) $2x = \pi + 2n\pi$

$\qquad\qquad\qquad\qquad x = \dfrac{\pi}{2} + n\pi$

$\qquad\qquad\qquad\qquad x = \dfrac{\pi}{2}, \dfrac{3\pi}{2}$

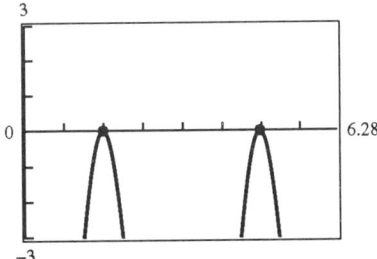

56. Graphing the function on the interval $[0, 2\pi)$, we find the following zeros: 0.0, 0.524, 1.571, 2.618, 3.142, 3.665, 4.712, 5.760

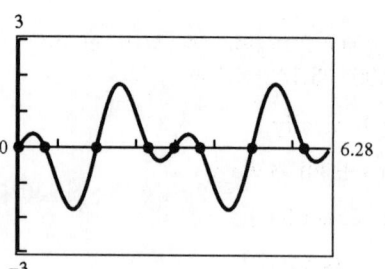

Algebraically:

$$\sin 4x - \sin 2x = 0$$

$$2\cos 3x \sin x = 0$$

$\cos 3x = 0$ or $\sin x = 0$

$3x = \dfrac{\pi}{2} + n\pi$ $x = 0, \pi$

$x = \dfrac{\pi}{6} + \dfrac{n\pi}{3}$

$x = \dfrac{\pi}{6}, \dfrac{\pi}{2}, \dfrac{5\pi}{6},$

$\dfrac{7\pi}{6}, \dfrac{3\pi}{2}, \dfrac{11\pi}{6}$

58. Graphing the function on the interval $[0, 2\pi)$, we find the following zeros: 0.0, 4.189

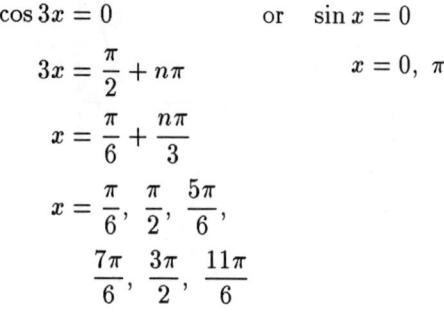

Algebraically:

$$\cos x = \cos \dfrac{x}{2}$$

$$\cos^2 x = \cos^2 \dfrac{x}{2}$$

$$\cos^2 x - \cos^2 \dfrac{x}{2} = 0$$

$$\left(\cos x + \cos \dfrac{x}{2}\right)\left(\cos x - \cos \dfrac{x}{2}\right) = 0$$

$$2\cos \dfrac{3x}{4} \cos \dfrac{x}{4} \left(-2\sin \dfrac{3x}{4} \sin \dfrac{x}{4}\right) = 0$$

$$-4\cos \dfrac{3x}{4} \cos \dfrac{x}{4} \sin \dfrac{3x}{4} \sin \dfrac{x}{4} = 0$$

$\cos \dfrac{3x}{4} = 0 \Rightarrow x = \dfrac{4\pi}{3}$ $\left(x = \dfrac{2\pi}{3} \text{ is extraneous.}\right)$

or $\cos \dfrac{x}{4} = 0 \Rightarrow$ (No solution in $[0, 2\pi)$)

or $\sin \dfrac{3x}{4} = 0$ or $\sin \dfrac{x}{4} = 0$

$\qquad x = 0, \dfrac{4\pi}{3}$ $x = 0$

60. Graphing the function on the interval $[0, 2\pi)$, we find the following zeros: 1.047, 2.094, 3.142, 4.189, 5.236

Algebraically:
$$\sin s + \sin 3s + \sin 5s = 0$$
$$2 \sin 3s \cos 2s + \sin 3s = 0$$
$$\sin 3s(2 \cos 2s + 1) = 0$$

$\sin 3s = 0$ or $2 \cos 2s + 1 = 0$

$3s = n\pi$ $\cos 2s = -\dfrac{1}{2}$

$s = \dfrac{n\pi}{3}$

$2s = \dfrac{2\pi}{3} + 2n\pi$

$s = 0, \dfrac{\pi}{3}, \dfrac{2\pi}{3},$ or $2s = \dfrac{4\pi}{3} + 2n\pi$

$\pi, \dfrac{4\pi}{3}, \dfrac{5\pi}{3}$

$s = \dfrac{\pi}{3}, \dfrac{2\pi}{3}, \dfrac{4\pi}{3}, \dfrac{5\pi}{3}$

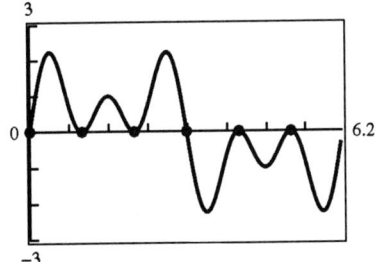

62. $\sin\left(x + \dfrac{\pi}{4}\right) - \sin\left(x - \dfrac{\pi}{4}\right) = 2 \cos x \sin \dfrac{\pi}{4}$
$$= \sqrt{2} \cos x$$

64. $\cos \dfrac{x}{2} \cos \dfrac{x}{4} = \dfrac{1}{2}\left[\cos\left(\dfrac{x}{2} - \dfrac{x}{4}\right) + \cos\left(\dfrac{x}{2} + \dfrac{x}{4}\right)\right]$
$$= \dfrac{1}{2}\left(\cos \dfrac{x}{4} + \cos \dfrac{3x}{4}\right)$$

66. $\sin(2 \arctan x) = \sin 2\theta$
$$= 2 \sin \theta \cos \theta$$
$$= 2\left(\dfrac{x}{\sqrt{x^2 + 1}}\right)\left(\dfrac{1}{\sqrt{x^2 + 1}}\right)$$
$$= \dfrac{2x}{x^2 + 1}$$

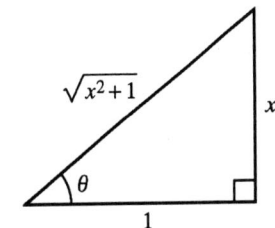

68. $r = \frac{1}{32}v_0^2 \sin 2\theta$

$100 = \frac{1}{32}(80)^2 \sin 2\theta$

$\sin 2\theta = 0.5$

$2\theta = 30°$ or $2\theta = 180° - 30° = 150°$

$\theta = 15°$ $\qquad \theta = 75°$

70. Volume of the trough, V, will be the area of the isosceles triangle, A, times the length, l, of the trough.

$V = A \cdot l$

(a) $A = \frac{1}{2}bh$

$\cos\frac{\theta}{2} = \frac{h}{1.5} \Rightarrow h = 1.5\cos\frac{\theta}{2}$

$\sin\frac{\theta}{2} = \frac{(1/2)b}{1.5} \Rightarrow \frac{1}{2}b = 1.5\sin\frac{\theta}{2}$

$A = 1.5\sin\frac{\theta}{2}1.5\cos\frac{\theta}{2}$

$A = 1.5^2\sin\frac{\theta}{2}\cos\frac{\theta}{2}$

$A = 2.25\sin\frac{\theta}{2}\cos\frac{\theta}{2}$ square feet

$V = (2.25)(16)\sin\frac{\theta}{2}\cos\frac{\theta}{2}$ cubic feet

$V = 36\sin\frac{\theta}{2}\cos\frac{\theta}{2}$ cubic feet

(b) $V = 36\sin\frac{\theta}{2}\cos\frac{\theta}{2}$

$V = 18\left(2\sin\frac{\theta}{2}\cos\frac{\theta}{2}\right)$

$V = 18\sin\theta$ cubic feet

Maximum when $\theta = \pi/2$.

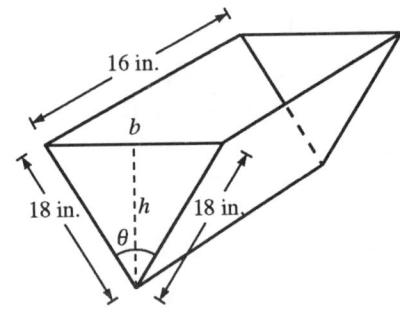

CHAPTER EIGHT
Additional Topics in Trigonometry

8.1 Law of Sines

2. Given: $B = 45°$, $C = 120°$, $c = 20$

$A = 180° - B - C = 15°$

$a = \dfrac{c}{\sin C}(\sin A) = \dfrac{20 \sin 15°}{\sin 120°} \approx 5.977$

$b = \dfrac{c}{\sin C}(\sin B) = \dfrac{20 \sin 45°}{\sin 120°} \approx 16.33$

4. Given: $B = 10°$, $C = 135°$, $c = 60$

$A = 180° - B - C = 35°$

$a = \dfrac{c}{\sin C}(\sin A) = \dfrac{60}{\sin 135°}(\sin 35°) \approx 48.67$

$c = \dfrac{c}{\sin C}(\sin B) = \dfrac{60}{\sin 135°}(\sin 10°) \approx 14.73$

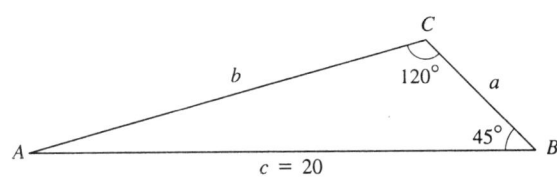

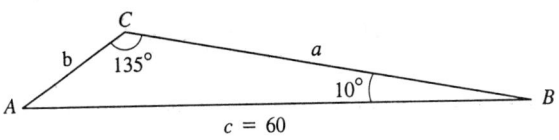

6. Given: $A = 60°$, $a = 9$, $c = 10$

$\sin C = \dfrac{c \sin A}{a} = \dfrac{10 \sin 60°}{9} \approx 0.9623 \Rightarrow C \approx 74.2°$ or $C \approx 105.8°$

<u>Case 1</u>

$C \approx 74.2°$

$B \approx 180° - 60° - 74.2° = 45.8°$

$b = \dfrac{a}{\sin A}(\sin B) \approx \dfrac{9}{\sin 60°}(\sin 45.8°) \approx 7.449$

<u>Case 2</u>

$C \approx 105.8°$

$B \approx 180° - 60° - 105.8° = 14.2°$

$b = \dfrac{a}{\sin A}(\sin B) \approx \dfrac{9}{\sin 60°}(\sin 14.2°) \approx 2.551$

8. Given: $A = 24.3°$, $C = 54.6°$, $c = 2.68$

$B = 180° - A - C = 180° - 24.3° - 54.6° = 101.1°$

$a = \dfrac{c}{\sin C}(\sin A) = \dfrac{2.68}{\sin 54.6°}(\sin 24.3°) \approx 1.353$

$b = \dfrac{c}{\sin C}(\sin B) = \dfrac{2.68}{\sin 54.6°}(\sin 101.1°) \approx 3.226$

10. Given: $A = 5°40'$, $B = 8°15'$, $b = 4.8$

$C = 180° - A - B = 180° - 5°40' - 8°15' = 166°5'$

$a = \dfrac{b}{\sin B}(\sin A) = \dfrac{4.8}{\sin 8°15'}(\sin 5°40') \approx 3.303$

$c = \dfrac{b}{\sin B}(\sin C) = \dfrac{4.8}{\sin 8°15'}(\sin 166°5') \approx 8.045$

12. Given: $C = 85°20'$, $a = 35$, $c = 50$

$\sin A = \dfrac{a \sin C}{c} = \dfrac{35 \sin 85°20'}{50} \approx 0.6977 \Rightarrow A \approx 44.24°$

$B = 180° - A - C \approx 180° - 44.2° - 85.33° \approx 50.43°$

$b = \dfrac{c}{\sin C}(\sin B) \approx \dfrac{50}{\sin 85°20'}(\sin 50.43°) \approx 38.66$

14. Given: $A = 100°$, $a = 125$, $c = 10$

$\sin C = \dfrac{c \sin A}{a}$

$= \dfrac{10 \sin 100°}{125} \approx 0.0788 \Rightarrow C = 4.52°$

$B = 180° - A - C$

$\approx 180° - 100° - 4.52° = 75.5°$

$b = \dfrac{a}{\sin A}(\sin B)$

$\approx \dfrac{125}{\sin 100°}(\sin 75.5°) \approx 122.9$

16. Given: $B = 2°45'$, $b = 6.2$, $c = 5.8$

$\sin C = \dfrac{c \sin B}{b} = \dfrac{5.8 \sin 2°45'}{6.2}$

$\approx 0.04488 \Rightarrow C = 2.57°$

$A = 180° - B - C$

$\approx 180° - 2.75° - 2.57° = 174.68°$

$a = \dfrac{b}{\sin B}(\sin A)$

$\approx \dfrac{6.2}{\sin 2°45'}(\sin 174.68°) \approx 11.99$

18. Given: $a = 11.4$, $b = 12.8$, $A = 58°$

$\sin B = \dfrac{b \sin A}{a} = \dfrac{12.8 \sin 58°}{11.4} \approx 0.95219 \Rightarrow B \approx 72.2°$ or $B \approx 107.8°$

<u>Case 1</u>

$B \approx 72.2°$

$C \approx 180° - 72.2° - 58° = 49.8°$

$c \approx \dfrac{11.4}{\sin 58°}(\sin 49.8°) \approx 10.27$

<u>Case 2</u>

$B \approx 107.8°$

$C \approx 180° - 107.8° - 58° = 14.2°$

$c \approx \dfrac{11.4}{\sin 58°}(\sin 14.2°) \approx 3.30$

20. Given: $a = 42$, $b = 50$, $A = 58°$

$h = 50 \sin 58° \approx 42.40$

Since $a < h$, no triangle is formed.

22. Given: $a = 125$, $b = 100$, $A = 110°$

$\sin B = \dfrac{b \sin A}{a} = \dfrac{100 \sin 110°}{125}$

$\approx 0.7518 \Rightarrow B \approx 48.74°$

$C \approx 180° - 110° - 48.74° = 21.3°$

$c = \dfrac{a}{\sin A}(\sin C) \approx \dfrac{125}{\sin 110°}(\sin 21.3°) \approx 48.23$

24. Given: $A = 60°$, $a = 10$

(a) One solution if $b \leq 10$ or $b = \dfrac{10}{\sin 60°}$

(b) Two solutions if $10 < b < \dfrac{10}{\sin 60°}$

(c) No solution if $b > \dfrac{10}{\sin 60°}$

26. Area $= \frac{1}{2}ac \sin B$

$= \frac{1}{2}(105)(64) \sin 72°30'$

≈ 3204

28. Area $= \frac{1}{2}bc \sin A$

$= \frac{1}{2}(4.5)(22) \sin 5°15'$

≈ 4.529

30. Area $= \frac{1}{2}ab \sin C$

$= \frac{1}{2}(16)(20) \sin 84°30'$

≈ 159.3

32. $A = 180° - 22°50' - 96° = 61°10'$

$h = \dfrac{100}{\sin 61°10'}(\sin 22°50') \approx 44.3$ ft

34. (a) $A = B \Rightarrow 2A = 180° - 40° \Rightarrow A = 70°$

$r = \dfrac{3000}{\sin 40°}(\sin 70°) \approx 4385.71$ ft

(b) $s \approx \left(\dfrac{40\pi}{180}\right) 4385.71 \approx 3061.80$ ft

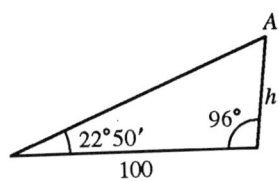

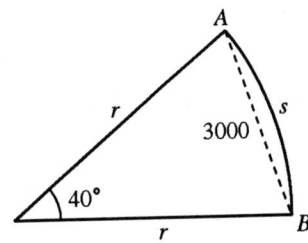

36. $A = 51°$, $B = 112°$, $c = 2.5$

$C = 180° - 51° - 112° = 17°$

$a = \dfrac{c}{\sin C}(\sin A) = \dfrac{2.5}{\sin 17°}(\sin 51°) \approx 6.65$

$h \approx 6.65 \sin 68° \approx 6.2$ mi

38. $A = 18°$, $B = 90° + 66° = 156°$, $c = 2.5$

$C = 180° - 18° - 156° = 6°$

$b = \dfrac{c}{\sin C}(\sin B) = \dfrac{2.5}{\sin 6°}(\sin 156°) \approx 9.73$

$d \approx 9.73 \sin 18° \approx 3$ miles

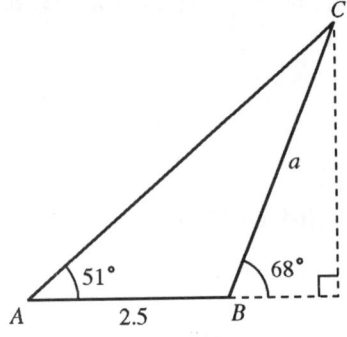

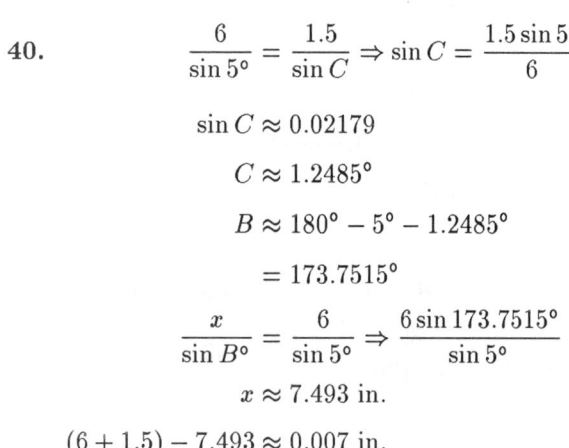

40.

$\dfrac{6}{\sin 5°} = \dfrac{1.5}{\sin C} \Rightarrow \sin C = \dfrac{1.5 \sin 5°}{6}$

$\sin C \approx 0.02179$

$C \approx 1.2485°$

$B \approx 180° - 5° - 1.2485°$

$= 173.7515°$

$\dfrac{x}{\sin B°} = \dfrac{6}{\sin 5°} \Rightarrow \dfrac{6 \sin 173.7515°}{\sin 5°}$

$x \approx 7.493$ in.

$(6 + 1.5) - 7.493 \approx 0.007$ in.

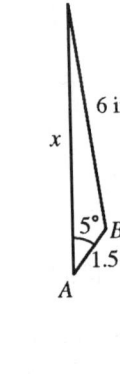

42. $\alpha = 180 - (\phi + 180 - \theta) = \theta - \phi$

$\dfrac{d}{\sin \phi} = \dfrac{2}{\sin \alpha}$

$d = \dfrac{2 \sin \phi}{\sin(\theta - \phi)}$

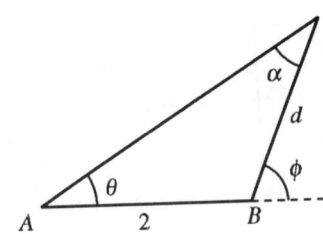

8.2 Law of Cosines

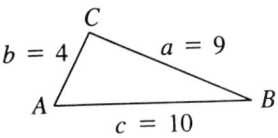

2. Given: $a = 9$, $b = 4$, $c = 10$

$\cos C = \dfrac{a^2 + b^2 - c^2}{2ab} = \dfrac{81 + 16 - 100}{2(9)(4)} \approx -0.0417 \Rightarrow C \approx 92.39°$

$\sin A = \dfrac{a \sin C}{c} \approx \dfrac{9 \sin 92.4°}{10} \approx 0.8992 \Rightarrow A \approx 64.06°$

$B \approx 180° - 92.39° - 64.06° = 23.55°$

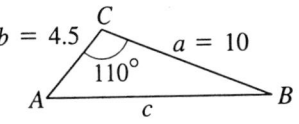

4. Given: $C = 110°$, $a = 10$, $b = 4.5$

$c^2 = a^2 + b^2 - 2ab \cos C$

$\approx 100 + 20.25 - 2(10)(4.5)(-0.3420) \approx 151.03 \Rightarrow c \approx 12.29$

$\sin A = \dfrac{a \sin C}{c} \approx \dfrac{10(0.9397)}{12.29} \approx 0.7646 \Rightarrow A \approx 49.9°$

$B \approx 180° - 110° - 49.9° = 20.1°$

6. Given: $a = 55$, $b = 25$, $c = 72$

$\cos C = \dfrac{a^2 + b^2 - c^2}{2ab} = \dfrac{55^2 + 25^2 - 72^2}{2(55)(25)} \approx -0.5578 \Rightarrow C \approx 123.91°$

$\sin A = \dfrac{a \sin C}{c} = \dfrac{55(0.8300)}{72} \approx 0.6340 \Rightarrow A \approx 39.35°$

$B \approx 180° - 123.91° - 39.35° = 16.74°$

8. Given: $a = 1.42$, $b = 0.75$, $c = 1.25$

$\cos A = \dfrac{b^2 + c^2 - a^2}{2bc} = \dfrac{(0.75)^2 + (1.25)^2 - (1.42)^2}{2(0.75)(1.25)} \approx 0.0579 \Rightarrow A \approx 86.7°$

$\sin B = \dfrac{b \sin A}{a} \approx \dfrac{0.75(0.9983)}{1.42} \approx 0.5273 \Rightarrow B \approx 31.8°$

$C \approx 180° - 86.7° - 31.8° = 61.5°$

10. Given: $A = 55°$, $b = 3$, $c = 10$

$a^2 = b^2 + c^2 - 2bc \cos A = 9 + 100 - 60 \cos 55° \approx 74.59 \Rightarrow a \approx 8.64$

$\sin B = \dfrac{b \sin A}{a} \approx \dfrac{3 \sin 55°}{8.64} \approx 0.2844 \Rightarrow B \approx 16.52°$

$C \approx 180° - 55° - 16.52° = 108.48°$

12. Given: $B = 75°20'$, $a = 6.2$, $c = 9.5$

$$b^2 = a^2 + c^2 - 2ac \cos B \approx (6.2)^2 + (9.5)^2 - 2(6.2)(9.5)(0.2532) \approx 98.86 \Rightarrow b \approx 9.943$$

$$\sin A = \frac{a \sin B}{b} = \frac{6.2(0.9674)}{9.943} = 0.6032 \Rightarrow A = 37.1°$$

$$C \approx 180° - 75.33° - 37.1° = 67.57°$$

14. Given: $C = 15°$, $a = 6.25$, $b = 2.15$

$$c^2 = a^2 + b^2 - 2ab \cos C = (6.25)^2 + (2.15)^2 - 2(6.25)(2.15)(0.9659) \approx 17.73 \Rightarrow c \approx 4.210$$

$$\cos A = \frac{b^2 + c^2 - a^2}{2bc} = \frac{(2.15)^2 + (4.21)^2 - (6.25)^2}{2(2.15)(4.21)} = -0.9233 \Rightarrow A = 157.4°$$

$$B \approx 180° - 15° - 157.4° = 7.6°$$

16.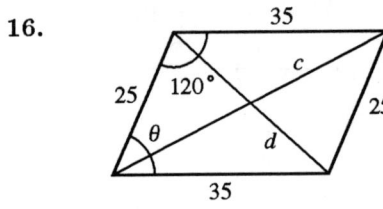

18.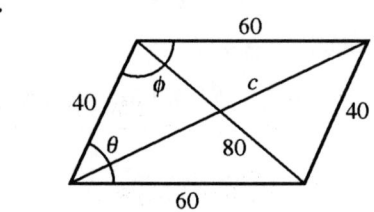

$c^2 = 25^2 + 35^2 - 2(25)(35) \cos 120°$

$c \approx 52.20$

$2\theta = 360° - 2(120°)$

$\theta = 60°$

$d^2 = 25^2 + 35^2 - 2(25)(35) \cos 60°$

$d \approx 31.22$

$\cos \theta = \dfrac{40^2 + 60^2 - 80^2}{2(40)(60)}$

$\theta \approx 104.5°$

$2\phi \approx 360 - 2(104.5°)$

$\phi = 75.5°$

$c^2 = 40^2 + 60^2 - 2(40)(60) \cos 75.5°$

$c \approx 63.25$

20.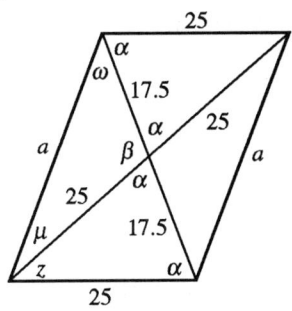

$$\cos\alpha = \frac{25^2 + 17.5^2 - 25^2}{2(25)(17.5)}$$

$\alpha \approx 69.512°$

$\beta = 180 - \alpha \approx 110.488°$

$a^2 = 17.5^2 + 25^2 - 2(17.5)(25)\cos 110.488°$

$a \approx 35.18$

$z = 180 - 2\alpha \approx 40.976$

$$\cos\mu = \frac{25^2 + 35.18^2 - 17.5^2}{2(25)(35.18)}$$

$\mu \approx 27.771°$

$\theta = \mu + z \approx 68.7°$

$\omega = 180° - \mu - \beta \approx 41.741°$

$\phi = \omega + \alpha \approx 111.3°$

22. $a = 2.5,\ b = 10.2,\ c = 9 \Rightarrow s = \dfrac{2.5 + 10.2 + 9}{2} = 10.85$

Area $= \sqrt{10.85(8.35)(0.65)(1.85)} \approx 10.44$

24. $a = 75.4,\ b = 52,\ c = 52 \Rightarrow s = \dfrac{75.4 + 52 + 52}{2} = 89.7$

Area $= \sqrt{89.7(14.3)(37.7)(37.7)} \approx 1350$

26. $a = 4.25,\ b = 1.55,\ c = 3.00 \Rightarrow s = \dfrac{4.25 + 1.55 + 3.00}{2} = 4.4$

Area $= \sqrt{4.4(0.15)(2.85)(1.4)} \approx 1.623$

28. $d^2 = 4^2 + 6^2 - 2(4)(6)\cos 30°$

$d \approx 3.23$

$a = 4,\ b = 6,\ c = 3.23 \Rightarrow s = \dfrac{a+b+c}{2} \approx 6.62$

Area of triangle $= \sqrt{s(s-a)(s-b)(s-c)} \approx 6.0$ ft^2

Area of parallelogram $= 2 \times$ area of triangle $\approx 2(60) = 12.0$ yd^2

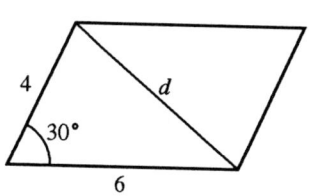

30. Given: $a = 540$, $c = 675$, $B = 180° - 75° + 32° = 137°$

The angle for the bearing from C to A is $C + 32°$. We wish to find that bearing and side b.

$$b^2 = a^2 + c^2 - 2ac \cos B = 540^2 + 675^2 - 2(540)(675)(-0.7314) \approx 1{,}280{,}000 \Rightarrow b \approx 1132$$

$$\sin C = \frac{c \sin B}{b} \approx \frac{675(0.6820)}{1132} \approx 0.4067 \Rightarrow C \approx 24°$$

Distance from C to A: 1132 miles

Bearing from C to A: S 56° W

32. The angles at the base of the tower are 98° and 82°. The longer guy wire, g_1, is given by

$$g_1{}^2 = 75^2 + 100^2 - 2(75)(100) \cos 98° \approx 17{,}700 \Rightarrow g_1 \approx 133.1 \text{ ft.}$$

The shorter wire, g_2, is given by

$$g_2{}^2 = 75^2 + 100^2 - 2(75)(100) \cos 82° \approx 13{,}540 \Rightarrow g_2 \approx 116.4 \text{ ft.}$$

34. $\cos A = \dfrac{375^2 + 250^2 - 300^2}{2(375)(250)}$

$\approx 0.6033 \Rightarrow A \approx 52.9°$

$\sin C = \dfrac{250(0.7975)}{300}$

$\approx 0.6646 \Rightarrow C \approx 41.6°$

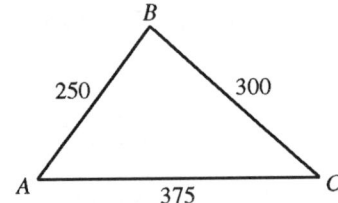

36. $a = \sqrt{35^2 + 20^2 - 2(35)(20) \cos 42°}$

$\approx \sqrt{584.60}$

≈ 24 mi

38. $d^2 = 10^2 + 7^2 - 2(10)(7) \cos \theta$

$\theta = \arccos \left[\dfrac{10^2 + 7^2 - d^2}{2(10)(7)} \right]$

$s = \dfrac{360° - \theta}{360°}(2\pi r) = \dfrac{(360° - \theta)\pi}{45}$

d (inches)	9	10	11	12	13	14	15	16
θ (degrees)	60.9°	69.5°	78.5°	88.0°	98.2°	109.6°	122.9°	139.8°
s (inches)	20.88	20.28	19.65	18.99	18.28	17.48	16.55	15.37

40. Bearing from P to M: N θ E

Bearing from P to A: N ϕ E

Since M is due west of A, it follows that

$\theta = M - 90°$ and $\phi = 90° - A$.

$\cos M = \dfrac{(6.5)^2 + (8.5)^2 - (14.5)^2}{2(6.5)(8.5)} \approx -0.8665 \Rightarrow M \approx 150°$

$\cos A = \dfrac{(6.5)^2 + (14.5)^2 - (8.5)^2}{2(6.5)(14.5)} \approx 0.9562 \Rightarrow A \approx 17°$

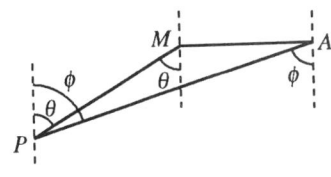

Bearing from Phoenix to Minneapolis: N 60° E

Bearing from Phoenix to Albany: N 73° E

42. $x^2 = 330^2 + 420^2 - 2(330)(420)\cos 9°$

$x = 107.3$ feet

44. (a) Working with $\triangle OBC$, we have

$\cos \alpha = \dfrac{a/2}{R}.$

This implies that

$2R = \dfrac{a}{\cos \alpha}.$

Since we know that

$\dfrac{a}{\sin A} = \dfrac{b}{\sin B} = \dfrac{c}{\sin C},$

we can complete the proof by showing that

$\cos \alpha = \sin A.$

The solution of the system

$A + B + C = 180°$

$\alpha - C + A = \beta$

$\alpha + \beta = B$

is $\alpha = 90° - A$. Therefore,

$2R = \dfrac{a}{\cos \alpha} = \dfrac{a}{\cos(90° - A)} = \dfrac{a}{\sin A}.$

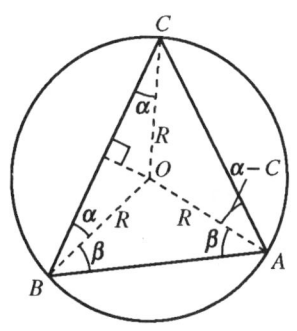

(b) By Heron's Formula, the area of the triangle is

Area $= \sqrt{s(s-a)(s-b)(s-c)}.$

We can also find the area by dividing the area into six triangles and using the fact that the area is $\frac{1}{2}$ the base times the height. Using the figure as given, we have

Area $= \frac{1}{2}xr + \frac{1}{2}xr + \frac{1}{2}yr + \frac{1}{2}yr + \frac{1}{2}zr + \frac{1}{2}zr$

$= r(x + y + z)$

$= rs.$

Therefore, $rs = \sqrt{s(s-a)(s-b)(s-c)} \Rightarrow$

$r = \sqrt{\dfrac{(s-a)(s-b)(s-c)}{s}}.$

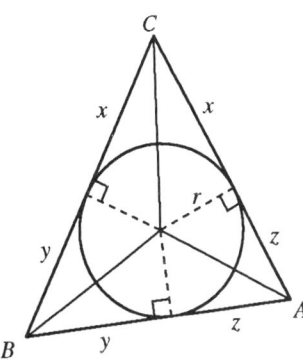

46. Given: $a = 200$ ft, $b = 250$ ft, $c = 325$ ft

$$s = \frac{200 + 250 + 325}{2} \approx 387.5$$

Radius of the inscribed circle: $r = \sqrt{\frac{(s-a)(s-b)(s-c)}{s}} = \sqrt{\frac{(187.5)(137.5)(62.5)}{387.5}} \approx 64.5$ ft

Circumference of an inscribed circle: $C = 2\pi r \approx 2\pi(64.5) \approx 405$ ft

48.
$$-\cos A = \frac{a^2 - (b^2 + c^2)}{2bc}$$

$$1 - \cos A = \frac{a^2 - (b^2 - 2bc + c^2)}{2bc}$$

$$\frac{1}{2}bc(1 - \cos A) = \frac{a^2 - (b-c)^2}{4}$$

$$= \left(\frac{a - b + c}{2}\right)\left(\frac{a + b - c}{2}\right)$$

8.3 Vectors in the Plane

2. $3\mathbf{v}$ **4.** $\mathbf{u} + 2\mathbf{v}$ **6.** $\mathbf{v} - \frac{1}{2}\mathbf{u}$

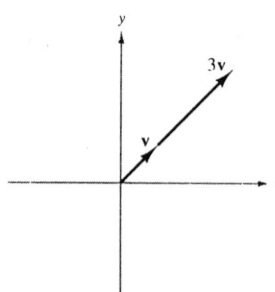
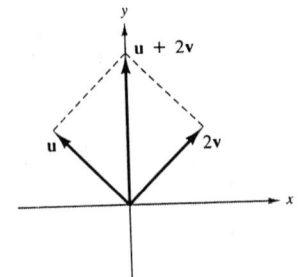
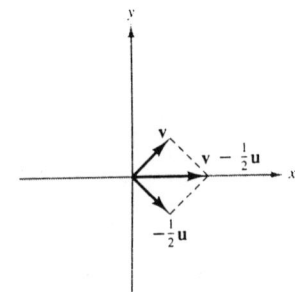

8. Initial point: $(0, 0)$
Terminal point: $(-4, -2)$
$\mathbf{v} = \langle -4 - 0, -2 - 0 \rangle = \langle -4, -2 \rangle$
$\|\mathbf{v}\| = \sqrt{(-4)^2 + (-2)^2} = 2\sqrt{5}$

10. Initial point: $(-1, -2)$
Terminal point: $(3, 4)$
$\mathbf{v} = \langle 3 - (-1), 4 - (-2) \rangle = \langle 4, 6 \rangle$
$\|\mathbf{v}\| = \sqrt{4^2 + 6^2} = 2\sqrt{13}$

12. Initial point: $(-4, -2)$
Terminal point: $(3, -2)$
$\mathbf{v} = \langle 3 - (-4), -2 - (-2) \rangle = \langle 7, 0 \rangle$
$\|\mathbf{v}\| = \sqrt{7^2 + 0^2} = 7$

14. Initial point: $(1, 11)$
Terminal point: $(9, 3)$
$\mathbf{v} = \langle 9 - 1, 3 - 11 \rangle = \langle 8, -8 \rangle$
$\|\mathbf{v}\| = \sqrt{8^2 + (-8)^2} = 8\sqrt{2}$

16. Initial point: $(-3, 11)$
    Terminal point: $(9, 40)$
    $\mathbf{v} = \langle 9 - (-3), 40 - 11 \rangle = \langle 12, 29 \rangle$
    $\|\mathbf{v}\| = \sqrt{12^2 + 29^2} = \sqrt{985}$

18. $\mathbf{u} = \langle 2, 3 \rangle$, $\mathbf{v} = \langle 4, 0 \rangle$
    (a) $\mathbf{u} + \mathbf{v} = \langle 6, 3 \rangle$
    (b) $\mathbf{u} - \mathbf{v} = \langle -2, 3 \rangle$
    (c) $2\mathbf{u} - 3\mathbf{v} = \langle -8, 6 \rangle$

20. $\mathbf{u} = \langle 0, 1 \rangle$, $\mathbf{v} = \langle 0, -1 \rangle$
    (a) $\mathbf{u} + \mathbf{v} = \langle 0, 0 \rangle$
    (b) $\mathbf{u} - \mathbf{v} = \langle 0, 2 \rangle$
    (c) $2\mathbf{u} - 3\mathbf{v} = \langle 0, 5 \rangle$

22. $\mathbf{u} = \langle 0, 0 \rangle$, $\mathbf{v} = \langle 2, 1 \rangle$
    (a) $\mathbf{u} + \mathbf{v} = \langle 2, 1 \rangle$
    (b) $\mathbf{u} - \mathbf{v} = \langle -2, -1 \rangle$
    (c) $2\mathbf{u} - 3\mathbf{v} = \langle -6, -3 \rangle$

24. $\mathbf{u} = 2\mathbf{i} - \mathbf{j}$, $\mathbf{v} = -\mathbf{i} + \mathbf{j}$
    (a) $\mathbf{u} + \mathbf{v} = \mathbf{i}$
    (b) $\mathbf{u} - \mathbf{v} = 3\mathbf{i} - 2\mathbf{j}$
    (c) $2\mathbf{u} - 3\mathbf{v} = 7\mathbf{i} - 5\mathbf{j}$

26. $\mathbf{u} = 3\mathbf{j}$, $\mathbf{v} = 2\mathbf{i}$
    (a) $\mathbf{u} + \mathbf{v} = 2\mathbf{i} + 3\mathbf{j}$
    (b) $\mathbf{u} - \mathbf{v} = -2\mathbf{i} + 3\mathbf{j}$
    (c) $2\mathbf{u} - 3\mathbf{v} = -6\mathbf{i} + 6\mathbf{j}$

28. $\|\mathbf{v}\| = 8$, $\theta = 135°$

30. $\|\mathbf{v}\| = \sqrt{(-2)^2 + (5)^2} = \sqrt{29}$
    $\tan \theta = \dfrac{5}{-2}$

    Since $\mathbf{v}$ lies in Quadrant II, $\theta = 111.8°$.

32. $\mathbf{v} = \langle \cos 45°, \sin 45° \rangle$
    $= \left\langle \dfrac{\sqrt{2}}{2}, \dfrac{\sqrt{2}}{2} \right\rangle$

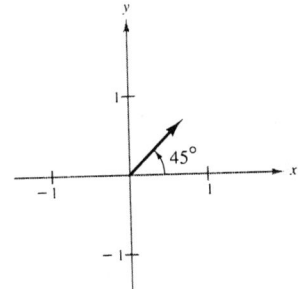

34. $\mathbf{v} = \left\langle \dfrac{5}{2} \cos 45°, \dfrac{5}{2} \sin 45° \right\rangle$
    $= \left\langle \dfrac{5\sqrt{2}}{4}, \dfrac{5\sqrt{2}}{4} \right\rangle$

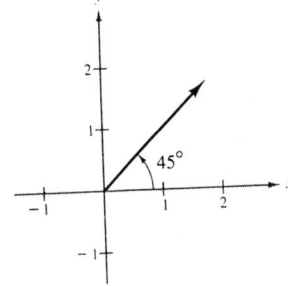

36. $\mathbf{v} = \langle 8\cos 90°,\ 8\sin 90°\rangle$
    $= \langle 0,\ 8\rangle$

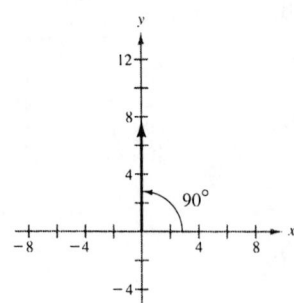

38. $\mathbf{v} = 3\left(\dfrac{1}{\sqrt{3^2+4^2}}\right)(3\mathbf{i}+4\mathbf{j})$
    $= \dfrac{3}{5}(3\mathbf{i}+4\mathbf{j})$
    $= \dfrac{9}{5}\mathbf{i}+\dfrac{12}{5}\mathbf{j}$

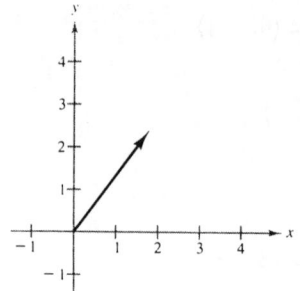

40. $\mathbf{v} = \mathbf{u}+\mathbf{w}$
    $= (2\mathbf{i}-\mathbf{j})+(\mathbf{i}+2\mathbf{j})$
    $= 3\mathbf{i}+\mathbf{j}$

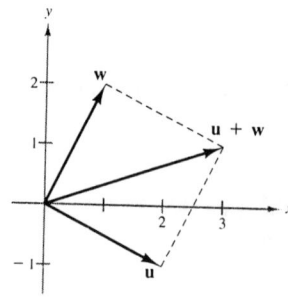

42. $\mathbf{v} = -\mathbf{u}+\mathbf{w}$
    $= -(2\mathbf{i}-\mathbf{j})+(\mathbf{i}+2\mathbf{j})$
    $= -\mathbf{i}+3\mathbf{j}$

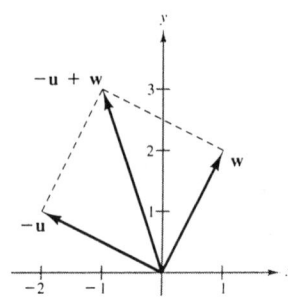

44. $\mathbf{v} = \mathbf{u}-2\mathbf{w}$
    $= (2\mathbf{i}-\mathbf{j})-2(\mathbf{i}+2\mathbf{j})$
    $= 2\mathbf{i}-\mathbf{j}-2\mathbf{i}-4\mathbf{j}$
    $= -5\mathbf{j}$

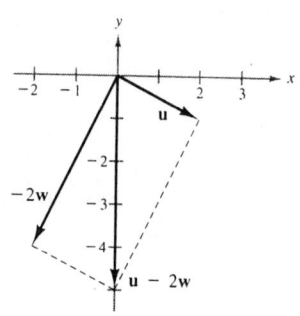

46. $\mathbf{u} = \langle 2\cos 30°,\ 2\sin 30°\rangle = \langle\sqrt{3},\ 1\rangle$
    $\mathbf{v} = \langle 2\cos 90°,\ 2\sin 90°\rangle = \langle 0,\ 2\rangle$
    $\mathbf{u}+\mathbf{v} = \langle\sqrt{3},\ 3\rangle$

48. $\mathbf{u} = \langle 35\cos 25°,\ 35\sin 25°\rangle \approx \langle 31.72,\ 14.79\rangle$

$\mathbf{v} = \langle 50\cos 120°,\ 50\sin 120°\rangle = \langle -25,\ 25\sqrt{3}\rangle$

$\mathbf{u}+\mathbf{v} \approx \langle 6.72,\ 58.09\rangle$

50. $\mathbf{u} = \dfrac{1}{\|\mathbf{v}\|}$

$\mathbf{v} = \dfrac{1}{\sqrt{2}}(\mathbf{i}+\mathbf{j})v = \dfrac{\sqrt{2}}{2}\mathbf{i}+\dfrac{\sqrt{2}}{2}\mathbf{j}$

52. $\mathbf{u} = \dfrac{1}{\|\mathbf{v}\|}$

$\mathbf{v} = \dfrac{1}{\sqrt{5}}(\mathbf{i}-2\mathbf{j}) = \dfrac{\sqrt{5}}{5}\mathbf{i}-\dfrac{2\sqrt{5}}{5}\mathbf{j}$

54. $\mathbf{v} = 3\mathbf{i}+\mathbf{j}$

$\mathbf{w} = 2\mathbf{i}-\mathbf{j}$

$\mathbf{u} = \mathbf{v}-\mathbf{w} = \mathbf{i}+2\mathbf{j}$

$\cos\theta = \dfrac{\|\mathbf{v}\|^2+\|\mathbf{w}\|^2-\|\mathbf{v}-\mathbf{w}\|^2}{2\|\mathbf{v}\|\,\|\mathbf{w}\|} = \dfrac{10+5-5}{2\sqrt{10}\sqrt{5}} = \dfrac{\sqrt{2}}{2}$

$\theta = 45°$

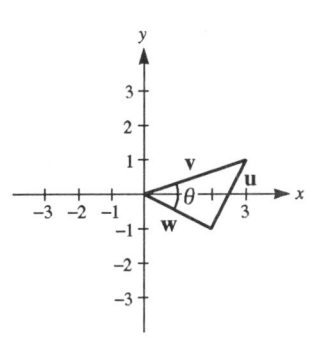

56. $\mathbf{v} = \mathbf{i}+2\mathbf{j}$

$\mathbf{w} = 2\mathbf{i}-\mathbf{j}$

$\mathbf{u} = \mathbf{v}-\mathbf{w} = -\mathbf{i}+3\mathbf{j}$

$\cos\theta = \dfrac{\|\mathbf{v}\|^2+\|\mathbf{w}\|^2-\|\mathbf{v}-\mathbf{w}\|^2}{2\|\mathbf{v}\|\,\|\mathbf{w}\|} = \dfrac{5+5-10}{2\sqrt{5}\sqrt{5}} = 0$

$\theta = 90°$

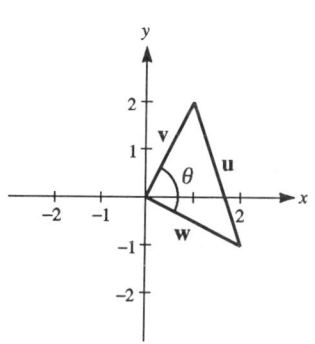

58. Force One: $\mathbf{u} = 3000\mathbf{i}$

Force Two: $\mathbf{v} = 1000\cos\theta\,\mathbf{i} + 1000\sin\theta\,\mathbf{j}$

Resultant Force: $\mathbf{u}+\mathbf{v} = (3000+1000\cos\theta)\mathbf{i} + 1000\sin\theta\,\mathbf{j}$

$\|\mathbf{u}+\mathbf{v}\| = \sqrt{(3000+1000\cos\theta)^2+(1000\sin\theta)^2} = 3750$

$9{,}000{,}000 + 6{,}000{,}000\cos\theta + 1{,}000{,}000 = 14{,}062{,}500$

$6{,}000{,}000\cos\theta = 4{,}062{,}500$

$\cos\theta = \dfrac{4{,}062{,}500}{6{,}000{,}000} \approx 0.6771$

$\theta \approx 47.4°$

312 CHAPTER 8 Additional Topics in Trigonometry

60.
$$\mathbf{u} = (500\cos 30°)\mathbf{i} + (500\sin 30°)\mathbf{j} \approx 433.01\mathbf{i} + 250.00\mathbf{j}$$
$$\mathbf{v} = (200\cos(-45°))\mathbf{i} + (200\sin(-45°))\mathbf{j} \approx 141.42\mathbf{i} - 144.42\mathbf{j}$$
$$\mathbf{u} + \mathbf{v} \approx 574.43\mathbf{i} + 108.58\mathbf{j}$$
$$\|\mathbf{u}+\mathbf{v}\| \approx \sqrt{574.43^2 + 108.58^2} \approx 584.6 \text{ pounds}$$
$$\tan\theta = \frac{108.58}{574.43} \Rightarrow \theta \approx 10.7°$$

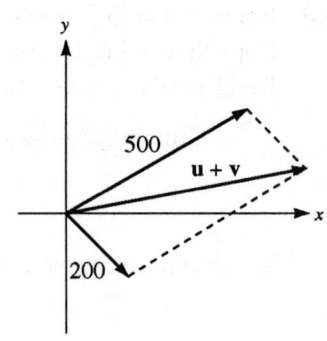

62.
$$\mathbf{u} = (70\cos 30°)\mathbf{i} - (70\sin 30°)\mathbf{j} \approx 60.62\mathbf{i} - 35\mathbf{j}$$
$$\mathbf{v} = (40\cos 45°)\mathbf{i} + (40\sin 45°)\mathbf{j} \approx 28.28\mathbf{i} + 28.28\mathbf{j}$$
$$\mathbf{w} = (60\cos 135°)\mathbf{i} + (60\sin 135°)\mathbf{j} \approx -42.43\mathbf{i} + 42.43\mathbf{j}$$
$$\mathbf{u} + \mathbf{v} + \mathbf{w} \approx 46.47\mathbf{i} + 35.71\mathbf{j}$$
$$\|\mathbf{u}+\mathbf{v}+\mathbf{w}\| \approx 58.61$$
$$\tan\theta \approx \frac{35.71}{46.47} \approx 0.7684$$
$$\theta \approx 37.5°$$

64. Horizontal component of velocity: $1200\cos 6° \approx 1193.4$ ft/sec
Vertical component of velocity: $1200\sin 6° \approx 125.4$ ft/sec

66. Rope $\overrightarrow{AC}$: $\mathbf{u} = 10\mathbf{i} - 24\mathbf{j}$
The vector lies in Quadrant IV and its reference angle is $\arctan\left(\frac{12}{5}\right)$.
$$\mathbf{u} = \|\mathbf{u}\|\left[\cos\left(\arctan\tfrac{12}{5}\right)\mathbf{i} - \sin\left(\arctan\tfrac{12}{5}\right)\mathbf{j}\right]$$

Rope $\overrightarrow{BC}$: $\mathbf{v} = -20\mathbf{i} - 24\mathbf{j}$
The vector lies in Quadrant III and its reference angle is $\arctan\left(\frac{6}{5}\right)$.
$$\mathbf{v} = \|\mathbf{v}\|\left[-\cos\left(\arctan\tfrac{6}{5}\right)\mathbf{i} - \sin\left(\arctan\tfrac{6}{5}\right)\mathbf{j}\right]$$

Resultant: $\mathbf{u} + \mathbf{v} = -4000\mathbf{j}$
$$\|\mathbf{u}\|\cos\left(\arctan\tfrac{12}{5}\right) - \|\mathbf{v}\|\cos\left(\arctan\tfrac{6}{5}\right) = 0$$
$$-\|\mathbf{u}\|\sin\left(\arctan\tfrac{12}{5}\right) - \|\mathbf{v}\|\sin\left(\arctan\tfrac{6}{5}\right) = 0$$

Solving this system of equations yields:
$$T_{AC} = \|\mathbf{u}\| \approx 2888.9 \text{ pounds}$$
$$T_{BC} = \|\mathbf{v}\| \approx 1735.6 \text{ pounds}$$

68. Rope 1: $\mathbf{u} = \|\mathbf{u}\|(\cos 60°\mathbf{i} - \sin 60°\mathbf{j})$
Rope 2: $\mathbf{v} = \|\mathbf{u}\|(-\cos 60°\mathbf{i} - \sin 60°\mathbf{j})$
Resultant: $\mathbf{u} + \mathbf{v} = -100\mathbf{j}$

$$-\|\mathbf{u}\|\sin 60° - \|\mathbf{u}\|\sin 60° = -100$$
$$\|\mathbf{u}\| \approx 57.7$$

Therefore, the tension on each rope is $\|\mathbf{u}\| \approx 57.7$ pounds.

70. Plane: $\mathbf{u} = (580\cos 148°)\mathbf{i} + (580\sin 148°)\mathbf{j} \approx -491.9\mathbf{i} + 307.4\mathbf{j}$
Wind: $\mathbf{v} = (60\cos 45°)\mathbf{i} + (60\sin 45°)\mathbf{j} \approx 42.43\mathbf{i} + 42.43\mathbf{j}$

$$\mathbf{u} + \mathbf{v} \approx -449.47\mathbf{i} + 349.83\mathbf{j}$$
$$\|\mathbf{u} + \mathbf{v}\| \approx 569.5$$
$$\tan\theta \approx -\frac{349.83}{449.47} \approx -0.7783$$
$$\theta \approx 142.1°$$

The ground speed is 569.5 mph and the direction is N 52.1° W.

72. Horizontal force: $\mathbf{u} = \|\mathbf{u}\|\mathbf{i}$
Weight: $\mathbf{w} = -\mathbf{j}$
Rope: $t = \|t\|(\cos 120°\mathbf{i} + \sin 120°\mathbf{j})$

$\mathbf{u} + \mathbf{w} + t = \mathbf{O} \Rightarrow \|\mathbf{u}\| + \|t\|\cos 120° = 0$
$$-1 + \|t\|\sin 120° = 0$$

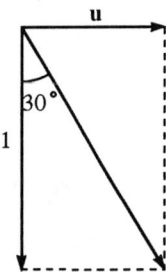

$$\|t\| = \frac{2}{\sqrt{3}} \approx 1.1547 \text{ lb}$$
$$\|\mathbf{u}\| = \left(-\frac{2}{\sqrt{3}}\right)\left(-\frac{1}{2}\right) = \frac{1}{\sqrt{3}} \approx 0.5774 \text{ lb}$$

8.4 Trigonometric Form of a Complex Number

2. $|-5| = \sqrt{5^2 + 0^2}$
$= \sqrt{25} = 5$

4. $|5 - 12i| = \sqrt{5^2 + (-12)^2}$
$= \sqrt{169} = 13$

6. $|-8 + 3i| = \sqrt{(-8)^2 + (3)^2}$
$= \sqrt{73}$

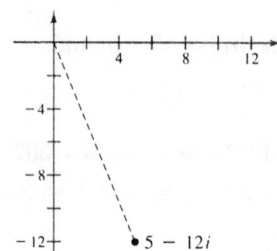
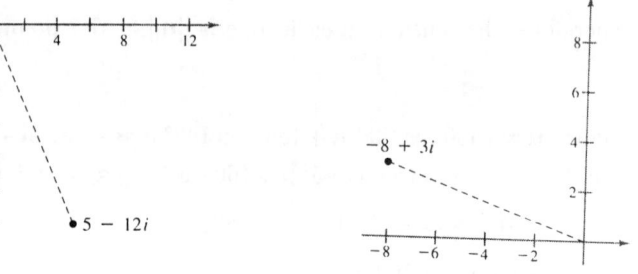

8. $z = 2$
$r = \sqrt{2^2 + 0^2} = \sqrt{4} = 2$
$\tan \theta = \frac{0}{2} = 0 \Rightarrow \theta = 0$
$z = 2(\cos 0 + i \sin 0)$

10. $z = -2 + 2\sqrt{3}\, i$
$r = \sqrt{(-2)^2 + (2\sqrt{3})^2} = \sqrt{16} = 4$
$\tan \theta = \frac{2\sqrt{3}}{-2} = -\sqrt{3} \Rightarrow \theta = \frac{2\pi}{3}$
$z = 4\left(\cos \frac{2\pi}{3} + i \sin \frac{2\pi}{3}\right)$

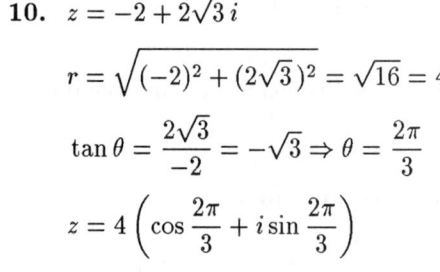

12. $z = -2 - 2i$
$r = \sqrt{(-2)^2 + (-2)^2} = \sqrt{8} = 2\sqrt{2}$
$\tan \theta = \frac{-2}{-2} = 1 \Rightarrow \theta = \frac{5\pi}{4}$
$z = 2\sqrt{2}\left(\cos \frac{5\pi}{4} + i \sin \frac{5\pi}{4}\right)$

14. $z = -1 + \sqrt{3}\, i$
$r = \sqrt{(-1)^2 + (\sqrt{3})^2} = \sqrt{4} = 2$
$\tan \theta = \frac{\sqrt{3}}{-1} = -\sqrt{3} \Rightarrow \theta = \frac{2\pi}{3}$
$z = 2\left(\cos \frac{2\pi}{3} + i \sin \frac{2\pi}{3}\right)$

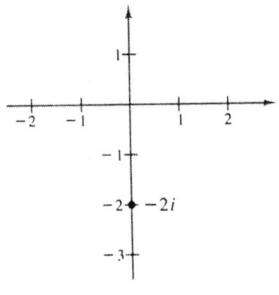
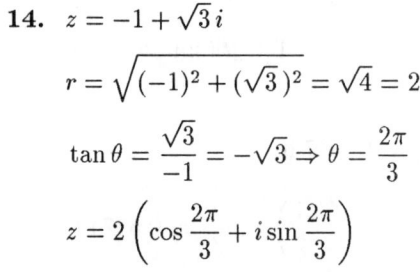
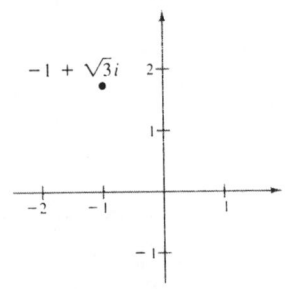

16. $z = \dfrac{5}{2}(\sqrt{3} - i)$

$r = \sqrt{\left(\dfrac{5}{2}\sqrt{3}\right)^2 + \left(\dfrac{5}{2}(-1)\right)^2}$

$= \sqrt{\dfrac{100}{4}} = \sqrt{25} = 5$

$\tan\theta = \dfrac{-1}{\sqrt{3}} = \dfrac{-\sqrt{3}}{3} \Rightarrow \theta = \dfrac{11\pi}{6}$

$z = 5\left(\cos\dfrac{11\pi}{6} + i\sin\dfrac{11\pi}{6}\right)$

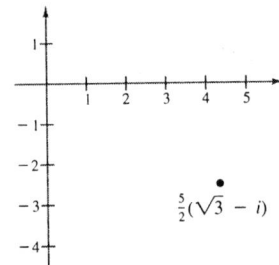

18. $z = 4 + 0i$

$r = \sqrt{4^2 + 0^2} = \sqrt{16} = 4$

$\tan\theta = \dfrac{0}{4} = 0 \Rightarrow \theta = 0$

$z = 4(\cos 0 + i\sin 0)$

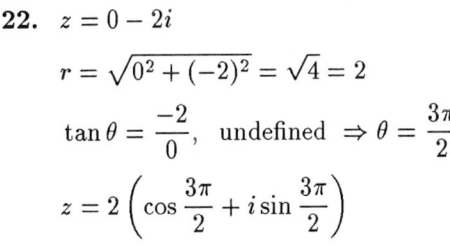

20. $z = 3 - i$

$r = \sqrt{(3)^2 + (-1)^2} = \sqrt{10}$

$\tan\theta = \dfrac{-1}{3} \Rightarrow \theta \approx -18.4°$

$z \approx \sqrt{10}(\cos(-18.4°) + i\sin(-18.4°))$

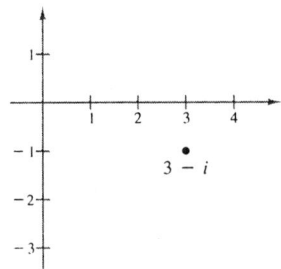

22. $z = 0 - 2i$

$r = \sqrt{0^2 + (-2)^2} = \sqrt{4} = 2$

$\tan\theta = \dfrac{-2}{0}$, undefined $\Rightarrow \theta = \dfrac{3\pi}{2}$

$z = 2\left(\cos\dfrac{3\pi}{2} + i\sin\dfrac{3\pi}{2}\right)$

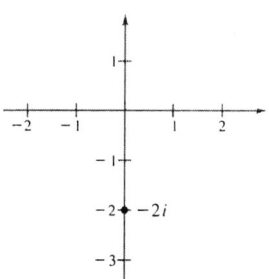

24. $z = 2\sqrt{2} - i$

$r = \sqrt{(2\sqrt{2})^2 + (-1)^2} = \sqrt{9} = 3$

$\tan\theta = \dfrac{-1}{2\sqrt{2}} = -\dfrac{\sqrt{2}}{4} \Rightarrow \theta \approx (-19.5°)$

$z \approx 3(\cos(-19.5°) + i\sin(-19.5°))$

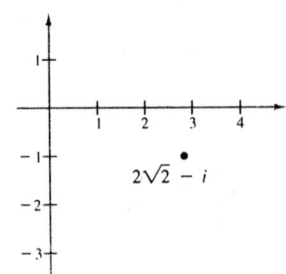

26. $z = 1 + 3i$

$r = \sqrt{1^2 + 3^2} = \sqrt{10}$

$\tan\theta = \dfrac{3}{1} = 3 \Rightarrow \theta \approx 71.6°$

$z \approx \sqrt{10}(\cos 71.6° + i\sin 71.6°)$

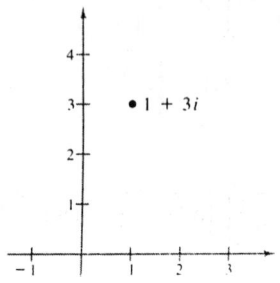

28. $5(\cos 135° + i\sin 135°) = 5\left[-\dfrac{\sqrt{2}}{2} + i\left(\dfrac{\sqrt{2}}{2}\right)\right]$

$\qquad = -\dfrac{5\sqrt{2}}{2} + \dfrac{5\sqrt{2}}{2}i$

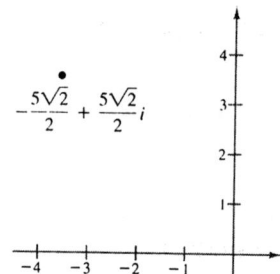

30. $\dfrac{3}{4}(\cos 315° + i\sin 315°) = \dfrac{3}{4}\left[\dfrac{\sqrt{2}}{2} + i\left(-\dfrac{\sqrt{2}}{2}\right)\right]$

$\qquad = \dfrac{3\sqrt{2}}{8} - \dfrac{3\sqrt{2}}{8}i$

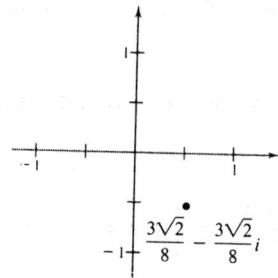

32. $8\left(\cos\dfrac{\pi}{12} + i\sin\dfrac{\pi}{12}\right) \approx 8(0.9659 + 0.2588i)$

$\qquad \approx 7.7274 + 2.0706i$

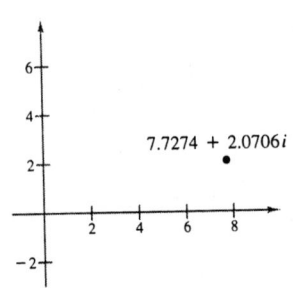

34. $7(\cos 0° + i\sin 0°) = 7$

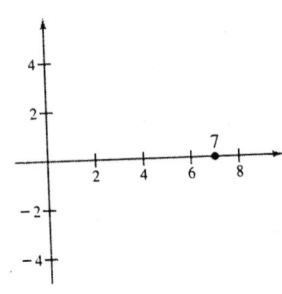

36. $6[\cos(230°30') + i\sin(230°30')] \approx -3.816 - 4.630i$

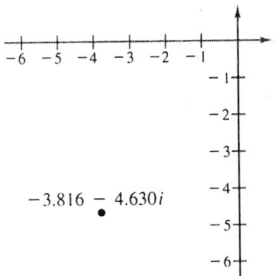

38. $\left[\dfrac{3}{2}\left(\cos\dfrac{\pi}{2} + i\sin\dfrac{\pi}{2}\right)\right]\left[6\left(\cos\dfrac{\pi}{4} + i\sin\dfrac{\pi}{4}\right)\right] = \left(\dfrac{3}{2}\right)(6)\left[\cos\left(\dfrac{\pi}{2} + \dfrac{\pi}{4}\right) + i\sin\left(\dfrac{\pi}{2} + \dfrac{\pi}{4}\right)\right]$

$$= 9\left(\cos\dfrac{3\pi}{4} + i\sin\dfrac{3\pi}{4}\right)$$

40. $[0.5(\cos 100° + i\sin 100°)][0.8(\cos 300° + i\sin 300°)] = (0.5)(0.8)[\cos(100° + 300°) + i\sin(100° + 300°)]$

$$= 0.4(\cos 400° + i\sin 400°)$$

$$= 0.4(\cos 40° + i\sin 40°)$$

42. $(\cos 5° + i\sin 5°)(\cos 20° + i\sin 20°) = \cos(5° + 20°) + i\sin(5° + 20°) = \cos 25° + i\sin 25°$

44. $\dfrac{\cos 40° + i\sin 40°}{\cos 10° + i\sin 10°} = \cos(40° - 10°) + i\sin(40° - 10°) = \cos 30° + i\sin 30°$

46. $\dfrac{5[\cos(4.3) + i\sin(4.3)]}{4[\cos(2.1) + i\sin(2.1)]} = \dfrac{5}{4}[\cos(4.3 - 2.1) + i\sin(4.3 - 2.1)] = \dfrac{5}{4}[\cos(2.2) + i\sin(2.2)]$

48. $\dfrac{9(\cos 20° + i\sin 20°)}{5(\cos 75° + i\sin 75°)} = \dfrac{9}{5}[\cos(20° - 75°) + i\sin(20° - 75°)] = \dfrac{9}{5}[\cos(-55°) + i\sin(-55°)]$

$$= \dfrac{9}{5}[\cos 305° + i\sin 305°]$$

50. (a) $\sqrt{3} + i = 2(\cos 30° + i \sin 30°)$

$1 + i = \sqrt{2}(\cos 45° + i \sin 45°)$

(b) $(\sqrt{3}+i)(1+i) = [2(\cos 30° + i \sin 30°)][\sqrt{2}(\cos 45° + i \sin 45°)]$

$= 2\sqrt{2}(\cos 75° + i \sin 75°)$

$= 2\sqrt{2}\left[\left(\dfrac{\sqrt{6}-\sqrt{2}}{4}\right) + \left(\dfrac{\sqrt{6}+\sqrt{2}}{4}\right)i\right]$

$= (\sqrt{3}-1) + (\sqrt{3}+1)i$

(c) $(\sqrt{3}+i)(1+i) = \sqrt{3} + (\sqrt{3}+1)i + i^2 = (\sqrt{3}-1) + (\sqrt{3}+1)i$

52. (a) $3 + 4i = 5(\cos 53.13° + i \sin 53.13°)$

$1 - \sqrt{3}i = 2(\cos 300° + i \sin 300°)$

(b) $\dfrac{3+4i}{1-\sqrt{3}i} = \dfrac{5(\cos 53.13° + i \sin 53.13°)}{2(\cos 300° + i \sin 300°)} = 2.5[\cos(-246.9°) + i \sin(-246.9°)]$

$= 2.5(\cos 113.1° + i \sin 113.1°)$

$\approx -0.9808 + 2.299i$

(c) $\dfrac{3+4i}{1-\sqrt{3}i} = \dfrac{3+4i}{1-\sqrt{3}i} \cdot \dfrac{1+\sqrt{3}i}{1+\sqrt{3}i}$

$= \dfrac{3 + (4+3\sqrt{3})i + 4\sqrt{3}i^2}{1+3}$

$= \dfrac{3-4\sqrt{3}}{4} + \dfrac{4+3\sqrt{3}}{4}i \approx -0.9821 + 2.299i$

54. (a) $4i = 4(\cos 90° + i \sin 90°)$

$-4 + 2i = 2\sqrt{5}(\cos 153.4° + i \sin 153.4°)$

(b) $\dfrac{4i}{-4+2i} = \dfrac{4(\cos 90° + i \sin 90°)}{2\sqrt{5}(\cos 153.4° + i \sin 153.4°)}$

$= \dfrac{2\sqrt{5}}{5}(\cos 296.6° + i \sin 296.6°)$

$\approx 0.400 - 0.800i$

(c) $\dfrac{4i}{-4+2i} = \dfrac{4i}{-4+2i} \cdot \dfrac{-4-2i}{-4-2i} = \dfrac{8-16i}{20} = \dfrac{2}{5} - \dfrac{4}{5}i = 0.400 - 0.800i$

56. $z = r(\cos\theta + i\sin\theta)$

$\bar{z} = r(\cos\theta - i\sin\theta)$

$\phantom{\bar{z}} = r[\cos(-\theta) + i\sin(-\theta)]$

58. $z = r(\cos\theta + i\sin\theta)$

$-z = -r(\cos\theta + i\sin\theta)$

$ = r(-\cos\theta - i\sin\theta)$

$ = r[\cos(\theta + \pi) + i\sin(\theta + \pi)]$

60. Let $z = x + iy$ such that:

$\tan\dfrac{\pi}{6} = \dfrac{y}{x}$

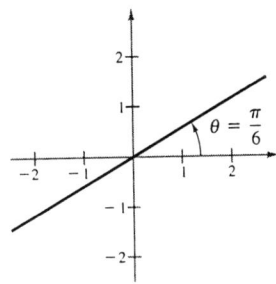

8.5 DeMoivre's Theorem and nth Roots

2. $(2 + 2i)^6 = \left[2\sqrt{2}\left(\cos\dfrac{\pi}{4} + i\sin\dfrac{\pi}{4}\right)\right]^6$

$ = (2\sqrt{2})^6 \left(\cos\dfrac{6\pi}{4} + i\sin\dfrac{6\pi}{4}\right)$

$ = 512\left(\cos\dfrac{3\pi}{2} + i\sin\dfrac{3\pi}{2}\right)$

$ = -512i$

4. $(1 - i)^{12} = \left[\sqrt{2}\left(\cos\dfrac{7\pi}{4} + i\sin\dfrac{7\pi}{4}\right)\right]^{12}$

$\phantom{(1-i)^{12}} = (\sqrt{2})^{12}(\cos 21\pi + i\sin 21\pi)$

$\phantom{(1-i)^{12}} = 64(\cos\pi + i\sin\pi)$

$\phantom{(1-i)^{12}} = 64(-1)$

$\phantom{(1-i)^{12}} = -64$

6. $4(1 - \sqrt{3}\,i)^3 = 4\left[2\left(\cos\dfrac{5\pi}{3} + i\sin\dfrac{5\pi}{3}\right)\right]^3$

$\phantom{4(1-\sqrt{3}i)^3} = 4[2^3(\cos 5\pi + i\sin 5\pi)]$

$\phantom{4(1-\sqrt{3}i)^3} = 32(-1)$

$\phantom{4(1-\sqrt{3}i)^3} = -32$

8. $[3(\cos 150° + i\sin 150°)]^4 = 3^4(\cos 600° + i\sin 600°)$

$ = 81(\cos 240° + i\sin 240°)$

$ = 81(-\cos 60° - i\sin 60°)$

$ = -\dfrac{81}{2} - \dfrac{81\sqrt{3}}{2}i$

10. $\left[2\left(\cos\dfrac{\pi}{2}+i\sin\dfrac{\pi}{2}\right)\right]^8 = 2^8(\cos 4\pi + i\sin 4\pi)$
$= 256(\cos 0 + i\sin 0) = 256$

12. $(\cos 0 + i\sin 0)^{20} = \cos 0 + i\sin 0 = 1$

14. (a) Square roots of $16(\cos 60° + i\sin 60°)$: (b)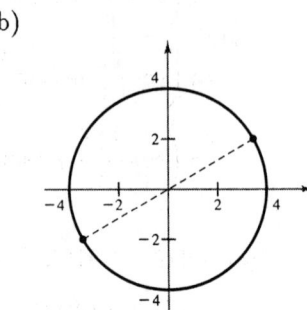

$\sqrt{16}\left[\cos\left(\dfrac{60° + 360°k}{2}\right) + i\sin\left(\dfrac{60° + 360°k}{2}\right)\right]$, $k = 0, 1$

$4(\cos 30° + i\sin 30°)$

$4(\cos 210° + i\sin 210°)$

(c) $4\left(\dfrac{\sqrt{3}}{2} + \dfrac{1}{2}i\right) = 2\sqrt{3} + 2i$

$4\left(-\dfrac{\sqrt{3}}{2} - \dfrac{1}{2}i\right) = -2\sqrt{3} - 2i$

16. (a) Fifth roots of $32\left(\cos\dfrac{5\pi}{6} + i\sin\dfrac{5\pi}{6}\right)$: (b)

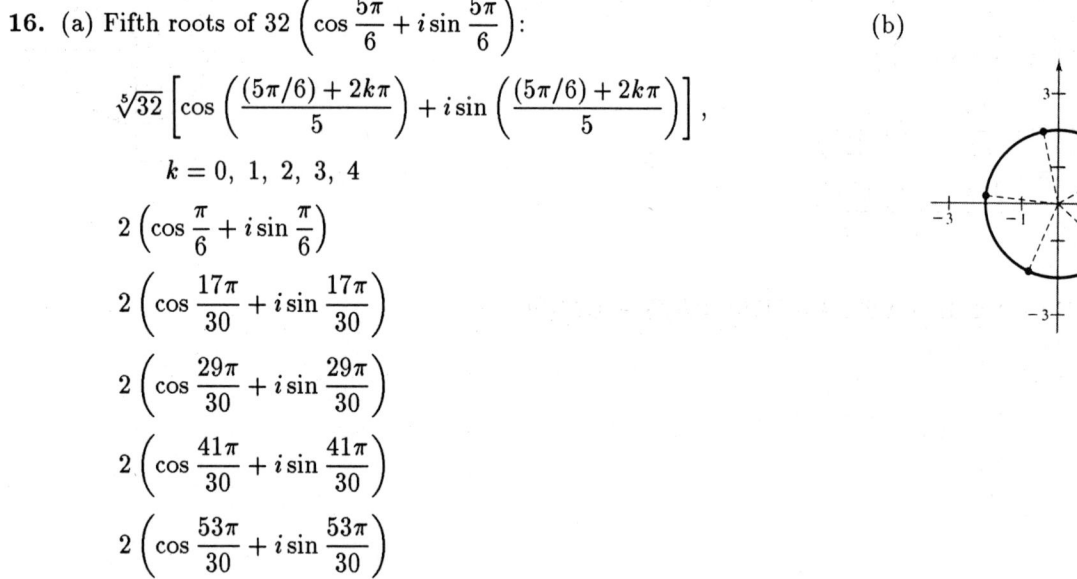

$\sqrt[5]{32}\left[\cos\left(\dfrac{(5\pi/6) + 2k\pi}{5}\right) + i\sin\left(\dfrac{(5\pi/6) + 2k\pi}{5}\right)\right]$,

$k = 0, 1, 2, 3, 4$

$2\left(\cos\dfrac{\pi}{6} + i\sin\dfrac{\pi}{6}\right)$

$2\left(\cos\dfrac{17\pi}{30} + i\sin\dfrac{17\pi}{30}\right)$

$2\left(\cos\dfrac{29\pi}{30} + i\sin\dfrac{29\pi}{30}\right)$

$2\left(\cos\dfrac{41\pi}{30} + i\sin\dfrac{41\pi}{30}\right)$

$2\left(\cos\dfrac{53\pi}{30} + i\sin\dfrac{53\pi}{30}\right)$

(c) $1.732 + i$, $-0.4158 + 1.956i$, $-1.989 + 0.2091i$,

$-0.8135 - 1.827i$, $1.486 - 1.338i$

18. (a) Fourth roots of $625i = 625\left(\cos\dfrac{\pi}{2} + i\sin\dfrac{\pi}{2}\right)$: (b)

$\sqrt[4]{625}\left[\cos\left(\dfrac{(\pi/2) + 2k\pi}{4}\right) + i\sin\left(\dfrac{(\pi/2) + 2k\pi}{4}\right)\right],\ k = 0,\ 1,\ 2,\ 3$

$5\left(\cos\dfrac{\pi}{8} + i\sin\dfrac{\pi}{8}\right)$

$5\left(\cos\dfrac{5\pi}{8} + i\sin\dfrac{5\pi}{8}\right)$

$5\left(\cos\dfrac{9\pi}{8} + i\sin\dfrac{9\pi}{8}\right)$

$5\left(\cos\dfrac{13\pi}{8} + i\sin\dfrac{13\pi}{8}\right)$

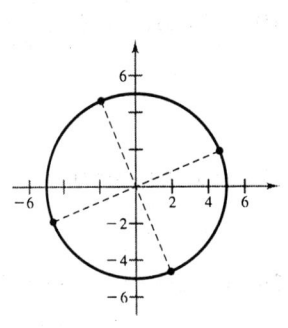

(c) $4.619 + 1.913i,\ -1.913 + 4.619i,$
$-4.619 - 1.913i,\ 1.913 - 4.619i$

20. (a) Cube roots of $-8\sqrt{2}(1 - i) = 8\left(\cos\dfrac{3\pi}{4} + i\sin\dfrac{3\pi}{4}\right)$: (b)

$\sqrt[3]{8}\left[\cos\left(\dfrac{(3\pi/4) + 2k\pi}{3}\right) + i\sin\left(\dfrac{(3\pi/4) + 2k\pi}{3}\right)\right],\ k = 0,\ 1,\ 2$

$2\left(\cos\dfrac{\pi}{4} + i\sin\dfrac{\pi}{4}\right)$

$2\left(\cos\dfrac{11\pi}{12} + i\sin\dfrac{11\pi}{12}\right)$

$2\left(\cos\dfrac{19\pi}{12} + i\sin\dfrac{19\pi}{12}\right)$

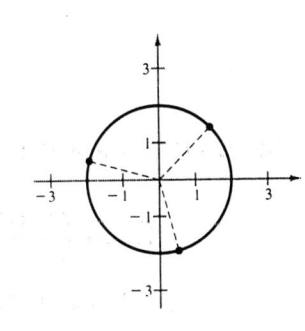

(c) $1.414 + 1.414i,\ -1.932 + 0.5176i,\ 0.5176 - 1.9319i$

22. (a) Fourth roots of $i = \cos\dfrac{\pi}{2} + i\sin\dfrac{\pi}{2}$:

$\sqrt[4]{1}\left[\cos\left(\dfrac{(\pi/2) + 2k\pi}{4}\right) + i\sin\left(\dfrac{(\pi/2) + 2k\pi}{4}\right)\right]$, $k = 0, 1, 2, 3$

$\cos\dfrac{\pi}{8} + i\sin\dfrac{\pi}{8}$

$\cos\dfrac{5\pi}{8} + i\sin\dfrac{5\pi}{8}$

$\cos\dfrac{9\pi}{8} + i\sin\dfrac{9\pi}{8}$

$\cos\dfrac{13\pi}{8} + i\sin\dfrac{13\pi}{8}$

(b)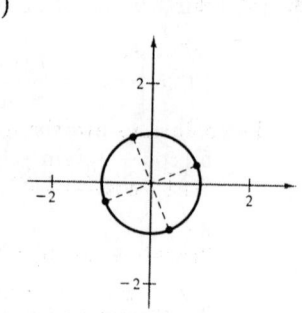

(c) $0.9239 + 0.3827i$, $-0.3827 + 0.9239i$,
$-0.9239 - 0.3827i$, $0.3827 - 0.9239i$

24. (a) Cube roots of $1000 = 1000(\cos 0 + i\sin 0)$:

$\sqrt[3]{1000}\left(\cos\dfrac{2k\pi}{3} + i\sin\dfrac{2k\pi}{3}\right)$, $k = 0, 1, 2$

$10(\cos 0 + i\sin 0)$

$10\left(\cos\dfrac{2\pi}{3} + i\sin\dfrac{2\pi}{3}\right)$

$10\left(\cos\dfrac{4\pi}{3} + i\sin\dfrac{4\pi}{3}\right)$

(b)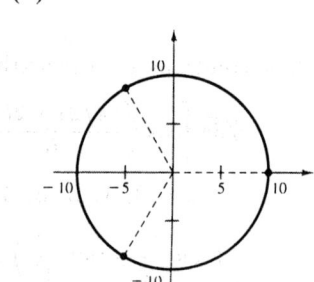

(c) 10, $-5 + 5\sqrt{3}\,i$, $-5 - 5\sqrt{3}\,i$

26. $x^3 + 1 = 0$

$x^3 = -1$

The solutions are the cube roots of $-1 = \cos\pi + i\sin\pi$:

$\cos\left(\dfrac{\pi + 2k\pi}{3}\right) + i\sin\left(\dfrac{\pi + 2k\pi}{3}\right)$, $k = 0, 1, 2$

$\cos\dfrac{\pi}{3} + i\sin\dfrac{\pi}{3} = \dfrac{1}{2} + \dfrac{\sqrt{3}}{2}i$

$\cos\pi + i\sin\pi = -1$

$\cos\dfrac{5\pi}{3} + i\sin\dfrac{5\pi}{3} = \dfrac{1}{2} - \dfrac{\sqrt{3}}{2}i$

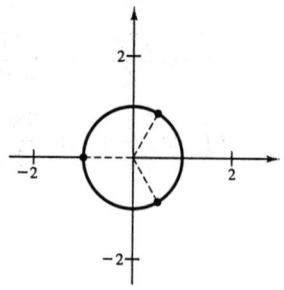

28. $x^4 - 81 = 0$

$x^4 = 81$

The solutions are the fourth roots of 81:

$\sqrt[4]{81}\left(\cos\dfrac{0+2\pi k}{4} + i\sin\dfrac{0+2\pi k}{4}\right), \ k = 0,\ 1,\ 2,\ 3$

$3(\cos 0 + i\sin 0) = 3$

$3\left(\cos\dfrac{\pi}{2} + i\sin\dfrac{\pi}{2}\right) = 3i$

$3(\cos\pi + i\sin\pi) = -3$

$3\left(\cos\dfrac{3\pi}{2} + i\sin\dfrac{3\pi}{2}\right) = -3i$

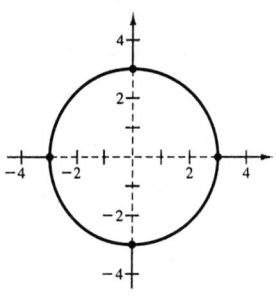

30. $x^6 - 64i = 0$

$x^6 = 64i$

The solutions are the sixth roots of $64i$:

$\sqrt[6]{64}\left[\cos\left(\dfrac{(\pi/2)+2k\pi}{6}\right) + i\sin\left(\dfrac{(\pi/2)+2k\pi}{6}\right)\right],$

$k = 0,\ 1,\ 2,\ 3,\ 4,\ 5$

$2\left(\cos\dfrac{\pi}{12} + i\sin\dfrac{\pi}{12}\right) \approx 1.932 + 0.5176i$

$2\left(\cos\dfrac{5\pi}{12} + i\sin\dfrac{5\pi}{12}\right) \approx 0.5176 + 1.932i$

$2\left(\cos\dfrac{3\pi}{4} + i\sin\dfrac{3\pi}{4}\right) \approx -1.414 + 1.414i$

$2\left(\cos\dfrac{13\pi}{12} + i\sin\dfrac{13\pi}{12}\right) \approx -1.932 - 0.5176i$

$2\left(\cos\dfrac{17\pi}{12} + i\sin\dfrac{17\pi}{12}\right) \approx -0.5176 - 1.932i$

$2\left(\cos\dfrac{7\pi}{4} + i\sin\dfrac{7\pi}{4}\right) \approx 1.414 - 1.414i$

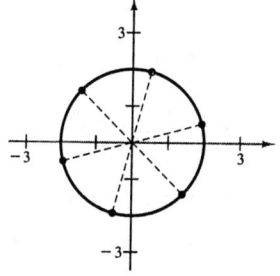

32. $x^4 + (1+i) = 0$

$$x^4 = -1 - i = \sqrt{2}\,(\cos 225° + i \sin 225°)$$

The solutions are the fourth roots of $-1 - i$:

$$\sqrt[4]{\sqrt{2}}\left[\cos\left(\frac{225° + 360°k}{4}\right) + i\sin\left(\frac{225° + 360°k}{4}\right)\right],$$
$$k = 0, 1, 2, 3$$

$\sqrt[4]{\sqrt{2}}\,(\cos 56.25° + i \sin 56.25°) \approx 0.6059 + 0.9067i$

$\sqrt[4]{\sqrt{2}}\,(\cos 146.25° + i \sin 146.25°) \approx -0.9067 + 0.6059i$

$\sqrt[4]{\sqrt{2}}\,(\cos 236.25° + i \sin 236.25°) \approx -0.6059 - 0.9067i$

$\sqrt[4]{\sqrt{2}}\,(\cos 326.25° + i \sin 326.25°) \approx 0.9067 - 0.6059i$

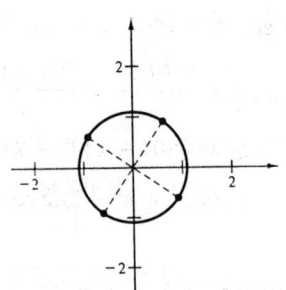

Review Exercises for Chapter 8

2. Given: $a = 6$, $b = 9$, $c = 45°$

$$c^2 = a^2 + b^2 - 2ab\cos 45° \approx 36 + 81 - 2(6)(9)(0.7071) \approx 40.63 \Rightarrow c \approx 6.374$$

$$\cos B = \frac{a^2 + c^2 - b^2}{2ac} \approx \frac{36 + 40.63 - 81}{2(6)(6.374)} \approx -0.0571 \Rightarrow B \approx 93.3°,\ A \approx 41.7°$$

4. Given: $B = 110°$, $C = 30°$, $c = 10.5$

$A = 180° - 110° - 30° = 40°$

$$a = \frac{c \sin A}{\sin C} = \frac{10.5(\sin 40°)}{\sin 30°} \approx \frac{10.5(0.6428)}{0.5} \approx 13.5$$

$$b = \frac{c \sin B}{\sin C} = \frac{10.5(\sin 110°)}{\sin 30°} \approx \frac{10.5(0.9397)}{0.5} \approx 19.7$$

6. Given: $a = 80$, $b = 60$, $c = 100$

$$\cos C = \frac{a^2 + b^2 - c^2}{2ab} = \frac{6400 + 3600 - 10000}{2(80)(60)} = 0 \Rightarrow C = 90°$$

$\sin A = \dfrac{80}{100} = 0.8 \Rightarrow A \approx 53.1°$

$\sin B = \dfrac{60}{100} = 0.6 \Rightarrow B \approx 36.9°$

8. Given: $A = 130°$, $a = 50$, $b = 30$

$$\sin B = \frac{b \sin A}{a} = \frac{30 \sin 130°}{50} \approx \frac{30(0.7660)}{50} \approx 0.4596 \Rightarrow B \approx 27.4°$$

$$C \approx 180° - 130° - 27.4° = 22.6°$$

$$c^2 = a^2 + b^2 - 2ab \cos C \approx 50^2 + 30^2 - 2(50)(30)(0.9232) \approx 630.4 \Rightarrow c \approx 25.11$$

10. Given: $C = 50°$, $a = 25$, $c = 22$

$$\sin A = \frac{a \sin C}{c} = \frac{25 \sin 50°}{22} \approx \frac{25(0.7660)}{22} \approx 0.8705 \Rightarrow A \approx 60.5° \text{ or } 119.5°$$

Case 1:

$A \approx 60.5°$

$B \approx 180° - 50° - 60.5° = 69.5°$

$b = \frac{c \sin B}{\sin C} \approx \frac{22(0.9367)}{0.7660} \approx 26.90$

Case 2:

$A \approx 119.5°$

$B \approx 180° - 50° - 119.5° = 10.5°$

$b = \frac{c \sin B}{\sin C} \approx 5.234$

12. Given: $B = 150°$, $a = 64$, $b = 10$

$$\sin A = \frac{a \sin B}{b} = \frac{64 \sin 150°}{10} \approx 3.2 \Rightarrow \text{no triangle formed}$$

14. Given: $a = 2.5$, $b = 15.0$, $c = 4.5$

Since $a + c < b$, a triangle is not formed.

16. Given: $B = 90°$, $a = 5$, $c = 12$

$b = \sqrt{12^2 + 5^2} = \sqrt{169} = 13$

$A = \arctan \frac{5}{12} \approx 22.6°$

$C = \arctan \frac{12}{5} \approx 67.4°$

18. $a = 15$, $b = 8$, $c = 10$

$s = \frac{15 + 8 + 10}{2} = 16.5$

Area $= \sqrt{16.5(1.5)(8.5)(6.5)} \approx 36.98$

20. $B = 80°$, $a = 4$, $c = 8$

Area $= \frac{1}{2} ac \sin B = \frac{1}{2}(4)(8)(0.9848) = 15.76$

22. $b^2 = a^2 + c^2 - 2ac \cos B = 325^2 + 450^2 - 2(325)(450) \cos 115° \approx 431{,}741 \Rightarrow b \approx 657$ meters

24. $\dfrac{a}{\sin 75°} = \dfrac{400}{\sin 37.5°}$

$a = \dfrac{400 \sin 75°}{\sin 37.5°} \approx 634.7 \text{ ft}$

$\sin 67.5° = \dfrac{w}{a}$

$w = 634.7 \sin 67.5° \approx 586.4 \text{ ft}$

26. $a^2 = 5^2 + 8^2 - 2(5)(8) \cos 152°$

$\approx 159.6 \Rightarrow a \approx 12.63 \text{ ft}$

$b^2 = 5^2 + 8^2 - 2(5)(8) \cos 28°$

$\approx 18.36 \Rightarrow b \approx 4.285 \text{ ft}$

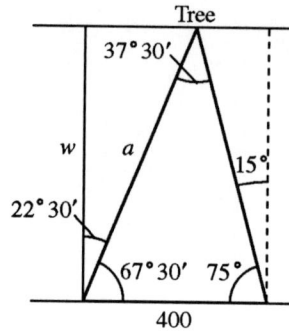

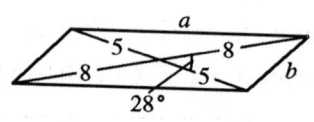

28. Initial point: $(1, 5)$

Terminal point: $(15, 9)$

$\mathbf{v} = \langle 15 - 1,\ 9 - 5 \rangle = \langle 14, 4 \rangle$

30. $\left\langle \dfrac{1}{2} \cos 225°,\ \dfrac{1}{2} \sin 225° \right\rangle = \left\langle -\dfrac{\sqrt{2}}{4},\ -\dfrac{\sqrt{2}}{4} \right\rangle$

32. $\mathbf{v} = 10\mathbf{i} + 3\mathbf{j}$

$3\mathbf{v} = 30\mathbf{i} + 9\mathbf{j}$

34. $\mathbf{v} = 10\mathbf{i} + 3\mathbf{j}$

$\tfrac{1}{2}\mathbf{v} = 5\mathbf{i} + \tfrac{3}{2}\mathbf{j}$

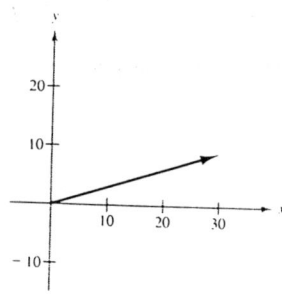

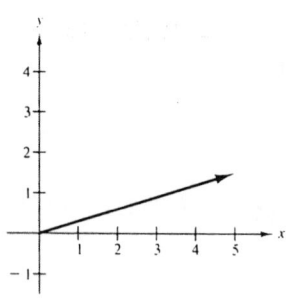

36. Force One: $\mathbf{u} = 85\mathbf{i}$

Force Two: $\mathbf{v} = 50 \cos 15°\mathbf{i} + 50 \sin 15°\mathbf{j}$

Resultant Force: $\mathbf{u} + \mathbf{v} = (85 + 50 \cos 15°)\mathbf{i} + (50 \sin 15°)\mathbf{j}$

$\|\mathbf{u} + \mathbf{v}\| = \sqrt{(85 + 50 \cos 15°)^2 + (50 \sin 15°)^2}$

$= \sqrt{85^2 + 8500 \cos 15° + 50^2}$

$\approx 133.92 \text{ lb}$

38. $|\overrightarrow{AC}|$ = force in direction of the slope

$|\overrightarrow{AC}| = 500 \sin 12° \approx 104.0$ lb

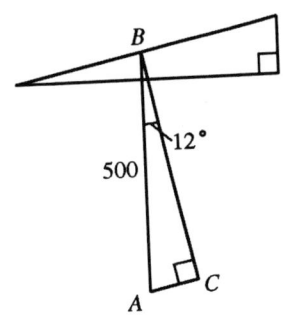

40. Force One: $\mathbf{u} = 60\mathbf{i}$

Force Two: $\mathbf{v} = 100\cos\theta\mathbf{i} + 100\sin\theta\mathbf{j}$

Resultant Force: $\mathbf{u} + \mathbf{v} = (60 + 100\cos\theta)\mathbf{i} + 100\sin\theta\mathbf{j}$

$\|\mathbf{u} + \mathbf{v}\| = \sqrt{(60 + 100\cos\theta)^2 + (100\sin\theta)^2} = 125$

$3600 + 12{,}000\cos\theta + 10{,}000 = 15{,}625$

$12{,}000\cos\theta = 2025$

$\cos\theta = \dfrac{2025}{12{,}000} = 0.16875$

$\theta \approx 80.3°$

42. $r = 6$, $\theta = 150°$

$-3\sqrt{3} + 3i = 6(\cos 150° + i\sin 150°)$

44. $r = 7$, $\theta = 180°$

$-7 = 7(\cos 180° + i\sin 180°)$

46. $24(\cos 330° + i\sin 330°) = 24\left(\dfrac{\sqrt{3}}{2} - \dfrac{1}{2}i\right)$

$= 12\sqrt{3} - 12i$

48. $8\left(\cos\dfrac{5\pi}{6} + i\sin\dfrac{5\pi}{6}\right) = 8\left(-\dfrac{\sqrt{3}}{2} + \dfrac{1}{2}i\right)$

$= -4\sqrt{3} + 4i$

50. (a) $z_1 = 2\sqrt{3} - 2i = 4(\cos 330° + i \sin 330°)$

$z_2 = -10i = 10(\cos 270° + i \sin 270°)$

(b) $z_1 z_2 = [4(\cos 330° + i \sin 330°)][10(\cos 270° + i \sin 270°)]$

$= 40(\cos 600° + i \sin 600°)$

$= 40(\cos 240° + i \sin 240°)$

$\approx -20.00 - 34.64i$

$\dfrac{z_1}{z_2} = \dfrac{4(\cos 330° + i \sin 330°)}{10(\cos 270° + i \sin 270°)}$

$= 0.4(\cos 60° + i \sin 60°)$

$\approx 0.4(0.5 + 0.8660i)$

$\approx 0.2 + 0.3464i$

52. (a) $z_1 = 5i = 5(\cos 90° + i \sin 90°)$

$z_2 = 2 - 2i = 2\sqrt{2}(\cos 315° + i \sin 315°)$

(b) $z_1 z_2 = [5(\cos 90° + i \sin 90°)][2\sqrt{2}(\cos 315° + i \sin 315°)]$

$= 10\sqrt{2}(\cos 405° + i \sin 405°)$

$= 10\sqrt{2}(\cos 45° + i \sin 45°)$

$= 10 + 10i$

$\dfrac{z_1}{z_2} = \dfrac{5(\cos 90° + i \sin 90°)}{2\sqrt{2}(\cos 315° + i \sin 315°)}$

$= \dfrac{5\sqrt{2}}{4}[\cos(-225°) + i \sin(-225°)]$

$= \dfrac{5\sqrt{2}}{4}(\cos 135° + i \sin 135°)$

$= -\dfrac{5}{4} + \dfrac{5}{4}i$

54. $\left[2\left(\cos \dfrac{4\pi}{15} + i \sin \dfrac{4\pi}{15}\right)\right]^5 = 2^5 \left(\cos \dfrac{4\pi}{3} + i \sin \dfrac{4\pi}{3}\right)$

$= 32\left(-\dfrac{1}{2} - \dfrac{\sqrt{3}}{2}i\right)$

$= -16 - 16\sqrt{3}\,i$

56. $(1-i)^8 = [\sqrt{2}(\cos 315° + i\sin 315°)]^8$
$= 16(\cos 2520° + i\sin 2520°)$
$= 16(\cos 0° + i\sin 0°)$
$= 16$

58. Fourth roots of $256 = 256(\cos 0 + i\sin 0)$:

$\sqrt[4]{256}\left(\cos\dfrac{2\pi k}{4} + i\sin\dfrac{2\pi k}{4}\right)$, $k = 0, 1, 2, 3$

$4(\cos 0 + i\sin 0) = 4$

$4(\cos \pi + i\sin \pi) = -4$

$4\left(\cos\dfrac{\pi}{2} + i\sin\dfrac{\pi}{2}\right) = 4i$

$4\left(\cos\dfrac{3\pi}{2} + i\sin\dfrac{3\pi}{2}\right) = -4i$

60. Fourth roots of $-1 + i = \sqrt{2}\left(\cos\dfrac{3\pi}{4} + i\sin\dfrac{3\pi}{4}\right)$:

$(\sqrt{2})^{1/4}\left(\cos\dfrac{(3\pi/4) + 2k\pi}{4} + i\sin\dfrac{(3\pi/4) + 2k\pi}{4}\right)$, $k = 0, 1, 2, 3$

$(\sqrt{2})^{1/4}\left(\cos\dfrac{3\pi}{16} + i\sin\dfrac{3\pi}{16}\right) \approx 0.9067 + 0.6059i$

$(\sqrt{2})^{1/4}\left(\cos\dfrac{11\pi}{16} + i\sin\dfrac{11\pi}{16}\right) \approx -0.6059 + 0.9067i$

$(\sqrt{2})^{1/4}\left(\cos\dfrac{19\pi}{16} + i\sin\dfrac{19\pi}{16}\right) \approx -0.9067 - 0.6059i$

$(\sqrt{2})^{1/4}\left(\cos\dfrac{27\pi}{16} + i\sin\dfrac{27\pi}{16}\right) \approx 0.6059 - 0.9067i$

62. $x^5 - 32 = 0$

$\quad x^5 = 32$

$\quad 32 = 32(\cos 0 + i \sin 0)$

$\quad \sqrt[5]{32} = \sqrt[5]{32}\left[\cos\left(0 + \frac{2\pi k}{5}\right) + i \sin\left(\frac{0 + 2\pi k}{5}\right)\right]$,

$\quad k = 0, 1, 2, 3, 4$

$\quad 2(\cos 0 + i \sin 0) = 2$

$\quad 2\left(\cos \frac{2\pi}{5} + i \sin \frac{2\pi}{5}\right) = 0.6180 + 1.9021i$

$\quad 2\left(\cos \frac{4\pi}{5} + i \sin \frac{4\pi}{5}\right) = -1.6180 + 1.1756i$

$\quad 2\left(\cos \frac{6\pi}{5} + i \sin \frac{6\pi}{5}\right) = -1.6180 - 1.1756i$

$\quad 2\left(\cos \frac{8\pi}{5} + i \sin \frac{8\pi}{5}\right) = 0.6180 - 1.9021i$

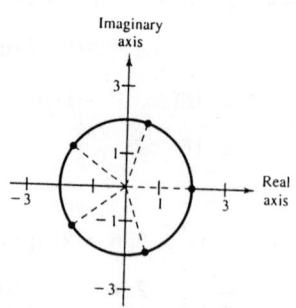

64. $x^3 + 8i = 0$

$\quad x^3 = -8i$

$\quad -8i = 8\left(\cos \frac{3\pi}{2} + i \sin \frac{3\pi}{2}\right)$

$\quad \sqrt[3]{-8i} = \sqrt[3]{8}\left[\cos\left(\frac{(3\pi/2) + 2\pi k}{3}\right) + i \sin\left(\frac{(3\pi/2) + 2\pi k}{3}\right)\right]$

$\quad k = 0, 1, 2$

$\quad 2\left(\cos \frac{\pi}{2} + i \sin \frac{\pi}{2}\right) = 2i$

$\quad 2\left(\cos \frac{7\pi}{6} + i \sin \frac{7\pi}{6}\right) = -\sqrt{3} - i$

$\quad 2\left(\cos \frac{11\pi}{6} + i \sin \frac{11\pi}{6}\right) = \sqrt{3} - i$

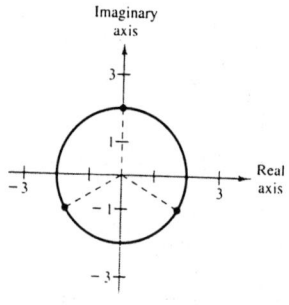

Cumulative Test, Chapters 6—8

1. $\left(\dfrac{4\pi}{9}\,\text{rad}\right)\left(\dfrac{180}{\pi}\,\dfrac{\text{deg}}{\text{rad}}\right) = 80°$

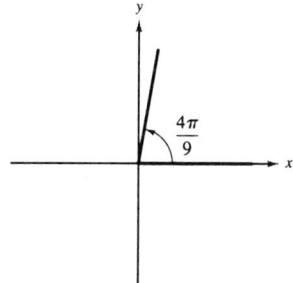

2. $(-120\,\text{deg})\left(\dfrac{\pi}{180}\,\dfrac{\text{rad}}{\text{deg}}\right) = -\dfrac{2\pi}{3}$

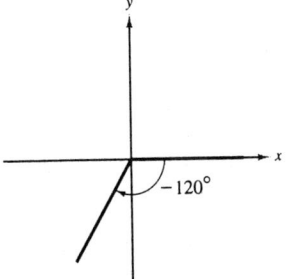

3.
$\sin\theta = \dfrac{5}{13} \qquad \csc\theta = \dfrac{13}{5}$

$\cos\theta = \dfrac{12}{13} \qquad \sec\theta = \dfrac{13}{12}$

$\tan\theta = \dfrac{5}{12} \qquad \cot\theta = \dfrac{12}{5}$

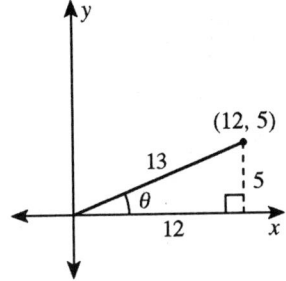

4. $\cos t = -\dfrac{2}{3}$

$\sin^2 t = 1 - \cos^2 t = 1 - \dfrac{4}{9} = \dfrac{5}{9}$

Since $\pi/2 < t < \pi$, $\sin t > 0$ and $\sin t = \sqrt{5}/3$. Hence,

$$\tan t = \dfrac{\sin t}{\cos t} = -\dfrac{\sqrt{5}}{2}.$$

5. $\sin(-1.25) \approx -0.9490$

6. $\sec\theta = \dfrac{1}{\cos\theta} = 2.125 \Rightarrow \cos\theta = 0.470588$

$\Rightarrow \theta = 61.93°$ and $\theta = 360° - 61.93° = 298.07°$

7. (a)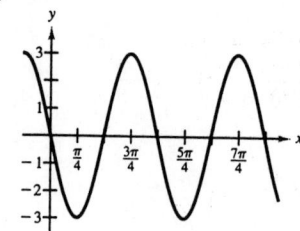

(b)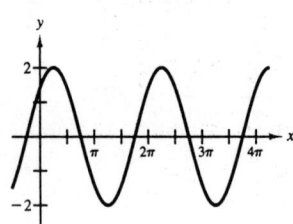

(c)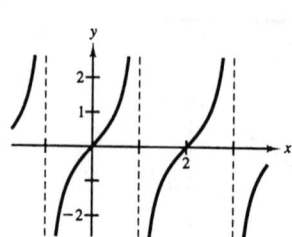

(d)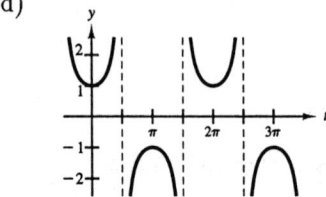

8. $f(x) = \sin x$

   (a) $g(x) = 10 + \sin x$ is 10 units above the graph of f.

   (b) $g(x) = \sin\left(\dfrac{\pi x}{2}\right)$ has period 4, whereas f has period 2π.

   (c) $g(x) = \sin\left(x + \dfrac{\pi}{4}\right)$ is $\dfrac{\pi}{4}$ units to the left of the graph of f.

   (d) $g(x) = -\sin x$ is a reflection in the x-axis of the graph of f.

9. Since the amplitude is 3, $a = 3$. Since the tic marks are spaced $\pi/4$ units apart, the period is π. Finally, the graph is shifted $\pi/4$ units to the right. Hence,
$$y = 3\sin\left(2\left(x - \dfrac{\pi}{4}\right)\right) = 3\sin\left(2x - \dfrac{\pi}{2}\right).$$

10. $f(x) = \sin 3x - 2\cos x$

    (a)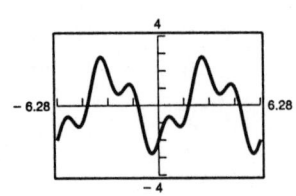

    (b) The period of $\cos x$ is 2π, and that of $\sin 3x$ is $2\pi/3$. Hence, the period of f is 2π.

    (c) Using the zoom and trace features, $x \approx 1.9$.

    (d) The maximum value is approximately $2.8 = f(2.7)$.

11. $f(t) = 2^{-t/2} \cos\left(\dfrac{\pi t}{2}\right)$

    (a)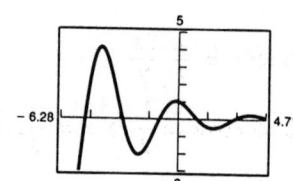

    (b) No, the function is not periodic, because of the $2^{-t/2}$ factor.

    (c) For $t > 0.75$, $f(t) < 0.3$. (Graph f and $y = 0.3$ on the same viewing rectangle.)

12. (a) $y = \arcsin \frac{1}{2} \Leftrightarrow \sin y = \frac{1}{2}$,
$-\frac{\pi}{2} \leq y \leq \frac{\pi}{2} \Leftrightarrow y = \frac{\pi}{6}$

(b) $y = \arctan \sqrt{3} \Leftrightarrow \tan y = \sqrt{3}$,
$-\frac{\pi}{2} < 0 < \frac{\pi}{2} \Leftrightarrow y = \frac{\pi}{3}$

13. $\sin(\arccos 2x)$

Let $y = \arccos 2x \Rightarrow \cos y = 2x$.
$\sin y = \dfrac{\sqrt{1-4x^2}}{1} = \sqrt{1-4x^2}$

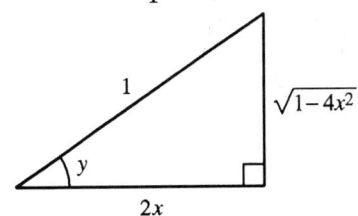

14. $32°30' = 32.5°$
$h = 600 \tan(32.5°) = 382.24$ feet

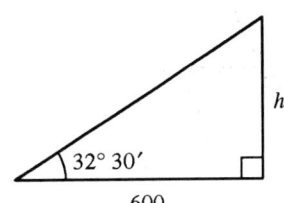

15. $\dfrac{1+\cos\beta}{\sin\beta} + \dfrac{\sin\beta}{1+\cos\beta} = \dfrac{(1+\cos\beta)^2 + (\sin\beta)^2}{\sin\beta(1+\cos\beta)}$

$= \dfrac{1 + 2\cos\beta + \cos^2\beta + \sin^2\beta}{\sin\beta(1+\cos\beta)}$

$= \dfrac{2 + 2\cos\beta}{\sin\beta(1+\cos\beta)}$

$= \dfrac{2}{\sin\beta}$

$= 2\csc\beta$

16. $2\cos^2 x - \cos x = 0$

$\cos x(2\cos x - 1) = 0$

$\cos x = 0 \Rightarrow x = \dfrac{\pi}{2}, \dfrac{3\pi}{2}$

$2\cos x - 1 = 0 \Rightarrow \cos x = \dfrac{1}{2} \Rightarrow x = \dfrac{\pi}{3}, \dfrac{5\pi}{3}$

Solutions: $\dfrac{\pi}{3}, \dfrac{\pi}{2}, \dfrac{3\pi}{2}, \dfrac{5\pi}{3}$

17. $\sin x = \dfrac{2}{3} \Rightarrow$

$\cos^2 x = 1 - \sin^2 x$

$\quad = 1 - \dfrac{4}{9} = \dfrac{5}{9} \Rightarrow$

$\cos x = \dfrac{\sqrt{5}}{3}$ (first quadrant)

$\sin(2x) = 2\sin x \cdot \cos x$

$\quad = 2\left(\dfrac{2}{3}\right)\left(\dfrac{\sqrt{5}}{3}\right)$

$\quad = \dfrac{4\sqrt{5}}{9}$

18. $\cos 105° = \cos(135° - 30°)$

$\quad = \cos 135° \cos 30° + \sin 135° \sin 30°$

$\quad = -\dfrac{\sqrt{2}}{2}\left(\dfrac{\sqrt{3}}{2}\right) + \dfrac{\sqrt{2}}{2}\left(\dfrac{1}{2}\right)$

$\quad = -\dfrac{\sqrt{6}}{4} + \dfrac{\sqrt{2}}{4}$

$\quad = \dfrac{\sqrt{2}}{4}\left(1 - \sqrt{3}\right)$

19. (a) $\dfrac{44}{\sin 45°} = \dfrac{24}{\sin B} \Rightarrow$

$\sin B = \dfrac{24}{44}\sin 45°$

$\quad = \dfrac{6}{11} \cdot \dfrac{\sqrt{2}}{2} \Rightarrow$

$B \approx 22.69° \Rightarrow$

$C \approx 180° - 22.69° - 45°$

$\quad = 112.31°$

Finally,

$\dfrac{c}{\sin 112.31°} = \dfrac{44}{\sin 45°} \Rightarrow c = 57.57.$

(b) $a^2 = b^2 + c^2 - 2bc \cdot \cos A$

$\quad = 64 + 256 - 256 \cos 30°$

$\quad = 98.297 \Rightarrow$

$a = 9.91$

Now,

$\dfrac{8}{\sin B} = \dfrac{9.91}{\sin 30°} \Rightarrow$

$\sin B = 0.4036 \Rightarrow$

$B \approx 23.8°$

and

$C = 180° - A° - B° \approx 126.2°.$

20. $a^2 = 45^2 + 60^2 - 2(45)(60)\cos(45°)$

$ = 1806.62$

$a = 42.5$ feet

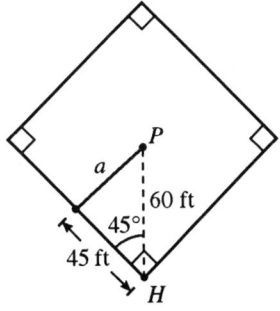

21. $\mathbf{u} = \|\mathbf{u}\|(\cos\theta_u \,\mathbf{i} + \sin\theta_u \,\mathbf{j})$

$\phantom{\mathbf{u}} = 3(\cos(30°)\mathbf{i} + \sin(30°)\mathbf{j})$

$\phantom{\mathbf{u}} = 3\left(\dfrac{\sqrt{3}}{2}\mathbf{i} + \dfrac{1}{2}\mathbf{j}\right) = \dfrac{3}{2}\sqrt{3}\,\mathbf{i} + \dfrac{3}{2}\mathbf{j}$

$\mathbf{v} = \|\mathbf{v}\|(\cos\theta_v \,\mathbf{i} + \sin\theta_v \,\mathbf{j})$

$\phantom{\mathbf{v}} = 5(\cos(120°)\mathbf{i} + \sin(120°)\mathbf{j})$

$\phantom{\mathbf{v}} = 5\left(-\dfrac{1}{2}\mathbf{i} + \dfrac{\sqrt{3}}{2}\mathbf{j}\right) = -\dfrac{5}{2}\mathbf{i} + \dfrac{5\sqrt{3}}{2}\mathbf{j}$

$\mathbf{u} + \mathbf{v} = \dfrac{3\sqrt{3}-5}{2}\mathbf{i} + \dfrac{3+5\sqrt{3}}{2}\mathbf{j}$

22. $\mathbf{v} = 120(\cos 15°\mathbf{i} + \sin 15°\mathbf{j})$

$\phantom{\mathbf{v}} = 115.91\mathbf{i} + 31.06\mathbf{j}$

Horizontal component: 115.91 ft/sec
Vertical component: 31.06 ft/sec

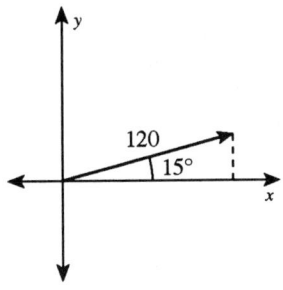

23. $z = 2(1-i)$

$r = \sqrt{2^2 + 2^2} = \sqrt{8} = 2\sqrt{2}$

$\theta = \dfrac{7\pi}{4}$ or $315°$

$z = 2\sqrt{2}(\cos 315° + i\sin 315°)$

$z^3 = (2\sqrt{2})^3(\cos(3\cdot 315) + i\sin(3\cdot 315))$

$ = 16\sqrt{2}(\cos 225° + i\sin 225°)$

Note: $3\cdot 315° = 945° = 225°$

CHAPTER NINE
Linear Models and Systems of Equations

9.1 Linear Modeling and Scatter Plots

2. $y = 5.5 - 0.033t$, $8 \leq t \leq 48$

Year	1948	1952	1956	1960	1964	1968	1972	1976	1980	1984	1988
Actual Time	5.30	5.20	4.91	4.84	4.72	4.53	4.32	4.16	4.15	4.12	4.06
Model Time	5.24	5.10	4.97	4.84	4.71	4.58	4.44	4.31	4.18	4.05	3.92

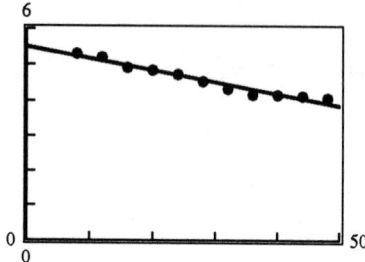

The model is a good fit for the actual data.

4. $y = mx$
$14 = m(2)$
$7 = m$
$y = 7x$

6. $y = mx$
$580 = m(6)$
$\frac{290}{3} = m$
$y = \frac{290}{3}x$

8. $y = mx$
$2.3 = m(15)$
$\frac{23}{150} = m$
$y = \frac{23}{150}x$

10. $I = kP$
$337.50 = k(5000)$
$0.0675 = k$
$I = 0.0675P$

12. $y = kx$
$10.22 = k(145.99)$
$0.07 \approx k$
$y = 0.07x$

When $x = 540.50$ we have
$y = 0.07(540.50)$
$\approx \$37.84$.

SECTION 9.1 Linear Modeling and Scatter Plots

14. $y = kx$

$53 = k(14)$

$\frac{53}{14} = k$

$y = \frac{53}{14}x$

Gallons	5.00	10.00	20.00	25.00	30.00
Liters	18.93	37.86	75.71	94.64	113.57

16. $F = Kx$

$50 = K(3) \Rightarrow K = \frac{50}{3} \Rightarrow F = \frac{50}{3}x$

(a) $20 = \frac{50}{3}(x) \Rightarrow x = \frac{6}{5}$ inches

(b) $F = \frac{50}{3}(1.5) = 25$ pounds

18. $F = Kx$

$15 = K(1) \Rightarrow K = 15$

$F = 15(8) = 120$ pounds

20. $y = 745 + 6.20t$

22. $y = 12.49 + 0.39t$

24. (a) $(0, 25{,}000)$ and $(10, 2000)$ determine the linear equation $V = -2300t + 25{,}000$, $0 \leq t \leq 10$.

(c) Rate of change is -2300, which represents the annual depreciation.

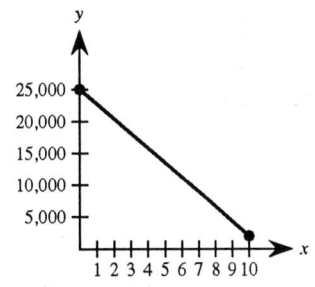

26. $S = L - 0.25L$

$= 0.75L$

28. $W = 1200 + 0.10S$

30. $(0, 84)$, $(29, 56)$

$d - 84 = \dfrac{56 - 84}{29 - 0}(t - 0)$

$d = -\dfrac{28}{29}t + 84$

To find the time when you will reach Montgomery, let $d = 0$.

$0 = -\dfrac{28}{29}t + 84$

$t = 84\left(\dfrac{29}{28}\right) = 87$ minutes

The time will be 4 hours + 30 minutes + 87 minutes $= 4$ hours $+ 117$ minutes

$= 5$ hours $+ 57$ minutes

$= 5{:}57$ P.M.

32. $r = \frac{750}{600}x = \frac{5}{4}x$

If $x = 1300$,

$r = \frac{5}{4}(1300) = 1625.$

34. No, cannot be approximated by a linear model.

36. Yes, can be approximated by a linear model.

38. Two approximate points on the line are (2, 5.5) and (4, 3). Thus,

$y - 3 = \frac{3 - 5.5}{4 - 2}(x - 4)$

$y - 3 = -1.25x + 5$

$y = -1.25x + 8.$

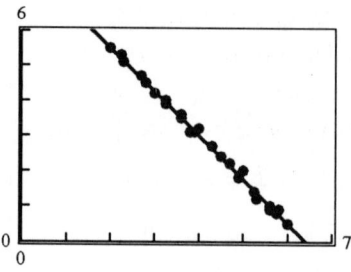

40.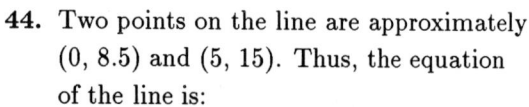

Two approximate points on the line are (0, 2) and (1.5, 2.4). Thus,

$y - 2 = \frac{2.4 - 2}{1.5 - 0}(x - 0)$

$y \approx 0.267x + 2.$

42.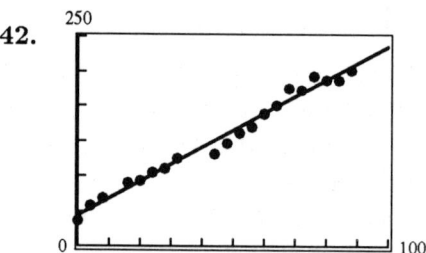

Two points on this line are approximately (0, 122) and (90, 231). Thus, the equation of the line is:

$y - 122 = \frac{231 - 122}{90 - 0}(t - 0)$

$y = 1.21t + 122.$

44. Two points on the line are approximately (0, 8.5) and (5, 15). Thus, the equation of the line is:

$y - 8.5 = \frac{15 - 8.5}{5 - 0}(t - 0)$

$y = 1.3t + 8.5.$

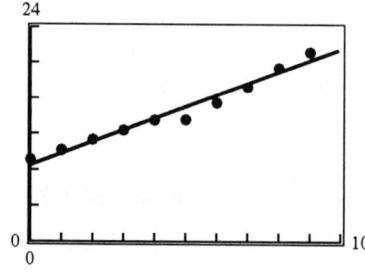

9.2 Solving Systems of Equations Algebraically and Graphically

2. $x - y = -5$ Equation 1
    $x + 2y = 4$ Equation 2

Solve for x in Equation 1: $x = y - 5$
Substitute for x in Equation 2: $(y - 5) + 2y = 4$
Solve for y: $3y = 9 \Rightarrow y = 3$
Backsubstitute $y = 3$: $x = y - 5 = 3 - 5 = -2$
Solution: $(-2, 3)$

4. $3x - y = -2$ Equation 1
    $x^3 - y = 0$ Equation 2

Solve for y in Equation 1: $y = 3x + 2$
Substitute for y in Equation 2: $x^3 - (3x + 2) = 0$
Solve for x: $x^3 - 3x - 2 = 0 \Rightarrow (x - 2)(x + 1)^2 = 0 \Rightarrow x = 2, -1$
Backsubstitute $x = 2$: $y = 3x + 2 = 6 + 2 = 8$
Backsubstitute $x = -1$: $y = 3x + 2 = -3 + 2 = -1$
Solutions: $(-1, -1)$, $(2, 8)$

6. $x - y = 0$ Equation 1
    $x^3 - 5x + y = 0$ Equation 2

Solve for y in Equation 1: $y = x$
Substitute for y in Equation 2: $x^3 - 5x + x = 0$
Solve for x: $x^3 - 4x = 0 \Rightarrow x(x^2 - 4) = 0 \Rightarrow x = 0, \pm 2$
Backsubstitute $x = 2$: $y = x = 2$
Backsubstitute $x = -2$: $y = x = -2$
Backsubstitute $x = 0$: $y = x = 0$
Solutions: $(2, 2)$, $(-2, -2)$, $(0, 0)$

8. $y = -x^2 + 1$ Equation 1
    $y = x^4 - 2x^2 + 1$ Equation 2

Substitute for y in Equation 1: $x^2 + (x^4 - 2x^2 + 1) = 1$
Solve for x: $x^4 - x^2 = 0 \Rightarrow x^2(x^2 - 1) = 0 \Rightarrow x = 0, \pm 1$
Backsubstitute $x = 0$: $y = x^4 - 2x^2 + 1 = 1$
Backsubstitute $x = 1$: $y = x^4 - 2x^2 + 1 = 0$
Backsubstitute $x = -1$: $y = x^4 - 2x^2 + 1 = 0$
Solutions: $(0, 1)$, $(1, 0)$, $(-1, 0)$

10. $y = x^3 - 3x^2 + 3$ Equation 1
$y = - 2x + 3$ Equation 2

Substitute for y in Equation 2: $-2x + 3 = x^3 - 3x^2 + 3$
Solve for x: $x^3 - 3x^2 + 2x = 0 \Rightarrow x(x-2)(x-1) = 0 \Rightarrow x = 0, 2, 1$
Backsubstitute $x = 0$: $y = x^3 - 3x^2 + 3 = 3$
Backsubstitute $x = 2$: $y = x^3 - 3x^2 + 3 = 8 - 12 + 3 = -1$
Backsubstitute $x = 1$: $y = x^3 - 3x^2 + 3 = 1 - 3 + 3 = 1$
Solutions: $(0, 3)$, $(2, -1)$, $(1, 1)$

12. $x + 2y = 1$ Equation 1
$5x - 4y = -23$ Equation 2

Solve for x in Equation 1: $x = 1 - 2y$
Substitute for x in Equation 2:
$5(1 - 2y) - 4y = -23$
Solve for y: $-14y = -28 \Rightarrow y = 2$
Backsubstitute $y = 2$: $x = 1 - 2y = 1 - 4 = -3$
Solution: $(-3, 2)$

14. $6x - 3y - 4 = 0$ Equation 1
$x + 2y - 4 = 0$ Equation 2

Solve for x in Equation 2: $x = 4 - 2y$
Substitute for x in Equation 1: $6(4 - 2y) - 3y - 4 = 0$
Solve for y: $24 - 12y - 3y - 4 = 0 \Rightarrow -15y = -20 \Rightarrow y = \frac{4}{3}$
Backsubstitute $y = \frac{4}{3}$: $x = 4 - 2y = 4 - 2\left(\frac{4}{3}\right) = \frac{4}{3}$
Solution: $\left(\frac{4}{3}, \frac{4}{3}\right)$

16. $1.5x + 0.8y = 2.3$ Equation 1
$0.3x - 0.2y = 0.1$ Equation 2

Solve for y in Equation 2: $y = 1.5x - 0.5$
Substitute for y in Equation 1: $1.5x + 0.8(1.5x - 0.5) = 2.3$
Solve for x: $1.5x + 1.2x - 0.4 = 2.3 \Rightarrow 2.7x = 2.7 \Rightarrow x = 1$
Backsubstitute $x = 1$: $y = 1.5x - 0.5 = 1.5 - 0.5 = 1$
Solution: $(1, 1)$

18. $\frac{1}{2}x + \frac{3}{4}y = 10$ Equation 1

$\frac{3}{2}x - y = 4$ Equation 2

Solve for y in Equation 2: $y = \frac{3}{2}x - 4$

Substitute for y in Equation 1: $\frac{1}{2}x + \frac{3}{4}(\frac{3}{2}x - 4) = 10$

Solve for x: $\frac{1}{2}x + \frac{9}{8}x - 3 = 10 \Rightarrow \frac{13}{8}x = 13 \Rightarrow x = 8$

Backsubstitute $x = 8$: $y = \frac{3}{2}x - 4 = \frac{3}{2}(8) - 4 = 12 - 4 = 8$

Solution: $(8, 8)$

20. $x - 2y = 0$ Equation 1

$3x - y = 0$ Equation 2

Solve for x in Equation 1: $x = 2y$

Substitute for x in Equation 2: $3(2y) - y = 0$

Solve for y: $6y - y = 0 \Rightarrow 5y = 0 \Rightarrow y = 0$

Backsubstitute $y = 0$: $x = 2y = 0$

Solution: $(0, 0)$

22. $x + y = 4$ Equation 1

$x^2 - y = 2$ Equation 2

Solve for y in Equation 1: $y = 4 - x$

Substitute for y in Equation 2: $x^2 - (4 - x) = 2$

Solve for x: $x^2 + x - 6 = 0 \Rightarrow (x + 3)(x - 2) = 0 \Rightarrow x = -3, 2$

Backsubstitute $x = -3$: $y = 4 - x = 4 - (-3) = 7$

Backsubstitute $x = 2$: $y = 4 - x = 4 - (2) = 2$

Solutions: $(-3, 7)$, $(2, 2)$

24. $x^2 + y^2 = 25$ Equation 1

$2x + y = 10$ Equation 2

Solve for y in Equation 2: $y = 10 - 2x$

Substitute for y in Equation 1: $x^2 + (10 - 2x)^2 = 25$

Solve for x: $x^2 + 100 - 40x + 4x^2 - 25 = 0 \Rightarrow 5x^2 - 40x + 75 = 0 \Rightarrow (x - 3)(x - 5) = 0 \Rightarrow x = 3, 5$

Backsubstitute $x = 3$: $y = 10 - 2x = 10 - 2(3) = 4$

Backsubstitute $x = 5$: $y = 10 - 2x = 10 - 2(5) = 0$

Solutions: $(3, 4)$, $(5, 0)$

26. $y = x^3 - 2x^2 + x - 1$ Equation 1

$y = -x^2 + 3x - 1$ Equation 2

Substitute for y in Equation 1: $-x^2 + 3x - 1 = x^3 - 2x^2 + x - 1$
Solve for x: $x^3 - x^2 - 2x = 0 \Rightarrow x(x-2)(x+1) = 0 \Rightarrow x = 0, 2, -1$
Backsubstitute $x = 0$: $y = -x^2 + 3x - 1 = -1$
Backsubstitute $x = 2$: $y = -x^2 + 3x - 1 = -2^2 + 3(2) - 1 = -4 + 6 - 1 = 1$
Backsubstitute $x = -1$: $y = -x^2 + 3x - 1 = -(-1)^2 + 3(-1) - 1 = -1 - 3 - 1 = -5$
Solutions: $(0, -1)$, $(2, 1)$, $(-1, -5)$

28. $x^2 + y = 4 \Rightarrow y = -x^2 + 4$

$e^x - y = 0 \Rightarrow y = e^x$

Graphing the two functions, you can see that there are two points of intersection. Using the zoom and trace features, you will find that the solutions are $(1.06, 2.88)$ and $(-1.96, 0.14)$.

30. $x - 2y = 1$ Equation 1

$y = \sqrt{x - 1}$ Equation 2

Substitute for y in Equation 1: $x - 2\sqrt{x - 1} = 1$
Solve for x: $2\sqrt{x - 1} = x - 1 \Rightarrow 4(x - 1) = x^2 - 2x + 1$

$\Rightarrow x^2 - 6x + 5 = 0$

$\Rightarrow (x - 5)(x - 1) = 0$

$\Rightarrow x = 5, 1$

Backsubstitute $x = 5$: $y = \sqrt{x - 1} = \sqrt{5 - 1} = 2$
Backsubstitute $x = 1$: $y = \sqrt{x - 1} = \sqrt{1 - 1} = 0$
Solution: $(5, 2)$, $(1, 0)$

32. $x - y + 3 = 0 \Rightarrow y = x + 3$

$x^2 - 4x + 7 = y \Rightarrow (x - 2)^2 + 3 = y$

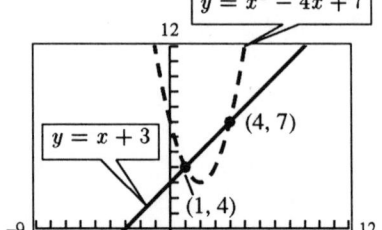

Solutions: $(1, 4)$, $(4, 7)$

34. $3x - 2y = 0 \Rightarrow y = \frac{3}{2}x$

$x^2 - y^2 = 4$

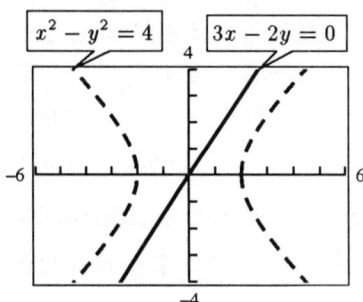

No points of intersection

36. $x^2 + y^2 = 8$

$y = x^2$

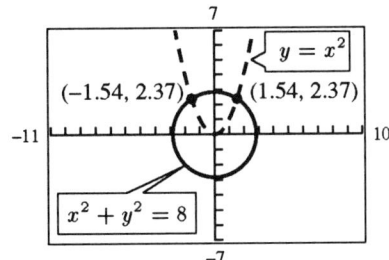

Solution:

$$\left(\pm\sqrt{\frac{-1+\sqrt{33}}{2}},\ \frac{-1+\sqrt{33}}{2}\right) = (\pm 1.54,\ 2.37)$$

38. $x + 2y = 8 \quad \Rightarrow \quad y = -\tfrac{1}{2}x + 4$

$y = \log_2 x$

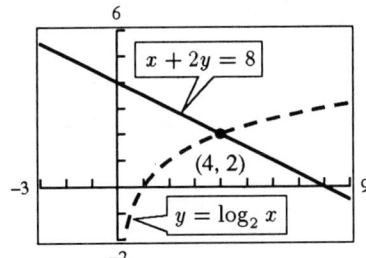

Solution: $(4,\ 2)$

40. $x - y = 3 \quad \Rightarrow \quad y = x - 3$

$x - y^2 = 1$

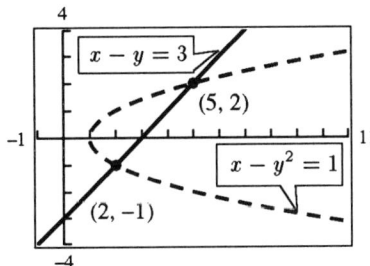

Solutions: $(2,\ -1),\ (5,\ 2)$

Another way to solve this problem is to reverse the roles of x and y. Let $X = y$ and $Y = x$ to obtain $Y = X = 3$ and $Y = X^2 + 1$. Then $X^2 + 1 = X + 3 \Rightarrow X = -1, 2$ and $Y = 2, 5$. Returning to the original variables, the solutions are $(2, -1)$ and $(5, 2)$.

42. $x^2 + y^2 = 4$

$2x^2 - y = 2$

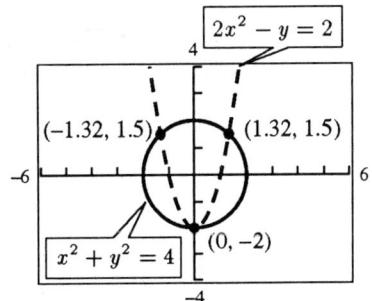

Solutions: $\left(\pm\dfrac{\sqrt{7}}{2},\ \dfrac{3}{2}\right) = (\pm 1.32,\ 1.5),\ (0,\ -2)$

44. $C = 5.5\sqrt{x} + 10{,}000, \quad R = 3.29x$

$$R = C$$
$$3.29x = 5.5\sqrt{x} + 10{,}000$$
$$3.29x - 10{,}000 = 5.5\sqrt{x}$$
$$10.8241x^2 - 65{,}800x + 100{,}000{,}000 = 30.25x$$
$$10.8241x^2 - 65{,}830.25x + 100{,}000{,}000 = 0$$
$$x \approx 3133.7 \text{ units}$$

In order for the revenue to break even with the cost, 3134 units must be sold.

46. $C = 0.08x + 50{,}000, \quad R = 0.25x$
$$R = C$$
$$0.25x = 0.08x + 50{,}000$$
$$0.17x = 50{,}000$$
$$x \approx 294{,}117.6$$

In order for the revenue to break even with the cost, 294,118 units must be sold.

48. $C = 21.60x + 5000, \quad R = 34.10x$
$$R = C$$
$$34.10x = 21.60x + 5000$$
$$12.5x = 5000$$
$$x = 400 \text{ units}$$

50. $x + y = 18{,}000 \quad \Rightarrow \quad y = 18{,}000 - x$
$$0.0775x + 0.0825y = 1455$$
$$0.0775x + 0.0825(18{,}000 - x) = 1455$$
$$-0.005x + 1485 = 1455$$
$$0.005x = 30$$
$$x = \$6000 \text{ at } 7.75\%$$
$$y = 18{,}000 - 6000$$
$$= \$12{,}000 \text{ at } 8.25\%$$

52. $0.02x + 15{,}000 = 0.01x + 20{,}000$
$$0.01x = 5000$$
$$x = \$500{,}000$$

To make the second offer better, you would have to sell more than $500,000 per year.

54. (a)

(b)
$$1.45 + 0.00014x^2 = (2.388 - 0.007x)^2$$
$$1.45 + 0.00014x^2 = 5.702544 - 0.033432x + 0.000049x^2$$
$$0.000091x^2 + 0.033432x - 4.252544 = 0$$
$$x \approx 100 \text{ bushels per day}$$

When $x = 100$, $p = 1.45 + 0.00014(100)^2 = \$2.85$ per bushel.

56. $A = \frac{1}{2}bh$

$1 = \frac{1}{2}a^2$

$a^2 = 2$

$a = \sqrt{2}$

The dimensions are $\sqrt{2} \times \sqrt{2} \times 2$.

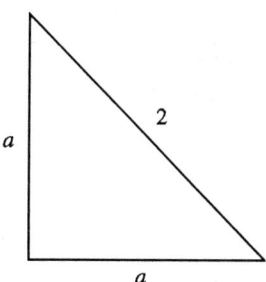

58. (a) $y = 2^x$ and $y = x^2$ intersect at $(-0.77, 0.59)$, $(2, 4)$, and $(4, 16)$.

(b) $y = 10^x$ and $y = x^{10}$ intersect at $(-0.83, -0.15)$, $(1.37, 23.51)$, and $(10, 10^{10})$.

9.3 Systems of Linear Equations in Two Variables

2.
$$\begin{aligned} x + 3y &= 2 \\ -x + 2y &= 3 \\ \hline 5y &= 5 \\ y &= 1 \\ x &= -1 \end{aligned}$$

Solution: $(-1, 1)$

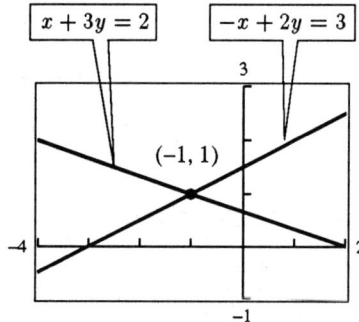

4. $\begin{aligned} 2x - y &= 2 \Rightarrow 6x - 3y = 6 \\ 4x + 3y &= 24 \Rightarrow \underline{4x + 3y = 24} \\ & \qquad\qquad\quad 10x = 30 \\ & \qquad\qquad\quad\; x = 3 \\ & \qquad\qquad\quad\; y = 4 \end{aligned}$

Solution: $(3, 4)$

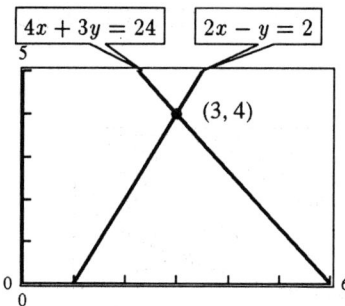

6. $3x + 2y = 2 \Rightarrow -6x - 4y = -4$
   $6x + 4y = 14 \Rightarrow \underline{6x + 4y = 14}$
   $0 = 10$

   Inconsistent; no solution

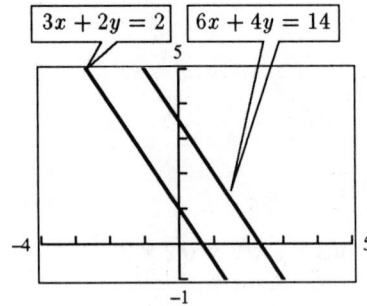

8. $x - 2y = 5$
   $\underline{6x + 2y = 7}$
   $7x = 12$
   $x = \frac{12}{7}$
   $y = -\frac{23}{14}$

   Solution: $\left(\frac{12}{7}, -\frac{23}{14}\right)$

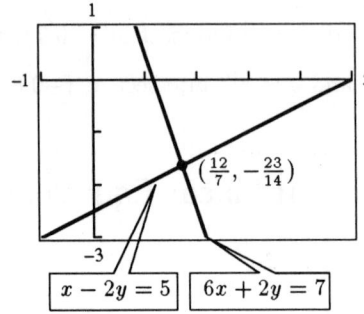

10. $5x + 3y = 18 \Rightarrow 35x + 21y = 126$
    $2x - 7y = -1 \Rightarrow \underline{6x - 21y = -3}$
    $41x = 123$
    $x = 3$
    $y = 1$

    Solution: (3, 1)

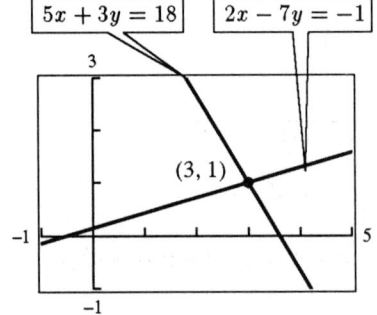

12. $3x - 5y = 2$
    $\underline{2x + 5y = 13}$
    $5x = 15$
    $x = 3$
    $y = \frac{7}{5}$

    Solution: $\left(3, \frac{7}{5}\right)$

14. $x + 7y = 12 \Rightarrow -3x - 21y = -36$
    $3x - 5y = 10 \Rightarrow \underline{3x - 5y = 10}$
    $-26y = -26$
    $y = 1$
    $x = 5$

    Solution: (5, 1)

16. $\begin{aligned} 8r + 16s &= 20 \Rightarrow -16r - 32s = -40 \\ 16r + 50s &= 55 \Rightarrow \underline{16r + 50s = 55} \\ &18s = 15 \\ &s = \tfrac{5}{6} \\ &r = \tfrac{5}{6} \end{aligned}$

Solution: $\left(\tfrac{5}{6}, \tfrac{5}{6}\right)$

18. $\begin{aligned} 5u + 6v &= 24 \Rightarrow 15u + 18v = 72 \\ 3u + 5v &= 18 \Rightarrow \underline{-15u - 25v = -90} \\ &-7v = -18 \\ &v = \tfrac{18}{7} \\ &u = \tfrac{12}{7} \end{aligned}$

Solution: $\left(\tfrac{12}{7}, \tfrac{18}{7}\right)$

20. $\begin{aligned} 1.8x + 1.2y &= 4 \Rightarrow 18x + 12y = 40 \\ 9x + 6y &= 3 \Rightarrow \underline{-18x - 12y = -6} \\ &0 = 34 \end{aligned}$

Inconsistent; no solution

22. $\begin{aligned} \tfrac{2}{3}x + \tfrac{1}{6}y &= \tfrac{2}{3} \Rightarrow 4x + y = 4 \\ 4x + y &= 4 \Rightarrow \underline{-4x - y = -4} \\ &0 = 0 \end{aligned}$

Solution: All points (x, y) lying on the line $4x + y = 4$

24. $\begin{aligned} \tfrac{x-1}{2} + \tfrac{y+2}{3} &= 4 \Rightarrow 3(x-1) + 2(y+2) = 24 \Rightarrow 3x + 2y = 23 \\ x - 2y &= 5 \Rightarrow \underline{x - 2y = 5} \\ &4x = 28 \\ &x = 7 \\ &y = 1 \end{aligned}$

Solution: $(7, 1)$

26. $\begin{aligned} 0.02x - 0.05y &= -0.19 \Rightarrow 2x - 5y = -19 \Rightarrow -6x + 15y = 57 \\ 0.03x + 0.04y &= 0.52 \Rightarrow 3x + 4y = 52 \Rightarrow \underline{6x + 8y = 104} \\ &23y = 161 \\ &y = 7 \\ &x = 8 \end{aligned}$

Solution: $(8, 7)$

28. $\begin{aligned} 0.2x - 0.5y &= -27.8 \Rightarrow 2x - 5y = -278 \Rightarrow 8x - 20y = -1112 \\ 0.3x + 0.4y &= 68.7 \Rightarrow 3x + 4y = 687 \Rightarrow \underline{15x + 20y = 3435} \\ &23x = 2323 \\ &x = 101 \\ &y = 96 \end{aligned}$

Solution: $(101, 96)$

30. $3b + 3m = 7 \Rightarrow -3b - 3m = -7$
$3b + 5m = 3 \Rightarrow \underline{3b + 5m = 3}$
$2m = -4$
$m = -2$
$b = \frac{13}{3}$

Solution: $\left(\frac{13}{3}, -2\right)$

32. $25x - 24y = 0 \Rightarrow 25x - 24y = 0$
$13x - 12y = 120 \Rightarrow \underline{-26x + 24y = -240}$
$-x = -240$
$x = 240$
$y = 250$

Solution: (240, 250)

It is necessary to change the scale on the axis to see the point of intersection of the lines.

34. $2x + \frac{3}{2}y = 2000 \Rightarrow 4x + 3y = 4000$
$\phantom{2x + \frac{3}{2}}y - x = 50 \Rightarrow \underline{-4x + 4y = 200}$
$\phantom{2x + \frac{3}{2}y - x = 2000 \Rightarrow}7y = 4200$
$\phantom{2x + \frac{3}{2}y - x = 2000 \Rightarrow}y = 600$
$\phantom{2x + \frac{3}{2}y - x = 2000 \Rightarrow}x = 550$

Solution:
The speed of the first plane is 550 mph.
The speed of the second plane is 600 mph.

36. Let $x = $ amount of 87 octane
$y = $ amount of 92 octane
$x + y = 500$
$87x + 92y = 500(89)$
$87x + 92(500 - x) = 500(89) \Rightarrow$
$x = 300, y = 200$

38. $x + y = 32{,}000 \Rightarrow -575x - 575y = -18{,}400{,}000$
$0.0575x + 0.0625y = \phantom{32{,}00}1930 \Rightarrow \underline{575x + 625y = 19{,}300{,}000}$
$50y = 900{,}000$
$y = \phantom{-00{,}}18{,}000$
$x = \phantom{-00{,}}14{,}000$

Solution: \$14,000 is invested in 5.75% bond and \$18,000 is invested in 6.25% bond.

40. $x + y = \phantom{17{,}6}240 \Rightarrow -6695x - 6695y = -1{,}606{,}800$
$66.95x + 84.95y = 17{,}652 \Rightarrow \underline{6695x + 8495y = 1{,}765{,}200}$
$\phantom{66.95x + 84.95y = 17{,}652 \Rightarrow -6695x + }1800y = 158{,}400$
$\phantom{66.95x + 84.95y = 17{,}652 \Rightarrow -6695x + 180}y = \phantom{-1{,}60}88$
$\phantom{66.95x + 84.95y = 17{,}652 \Rightarrow -6695x + 180}x = \phantom{-1{,}60}152$

Solution: 152 pairs of \$66.95 shoes and 88 pairs of \$84.95 shoes

42. Supply = Demand

$10 + \frac{7}{3}x = 60 - x$

$\frac{10}{3}x = 50$

$x = 15$

$p = 45$

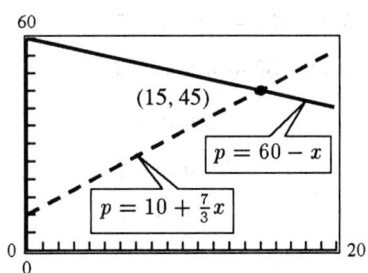

Equilibrium point: (15, 45)

44. Supply = Demand

$25 + 0.1x = 100 - 0.05x$

$0.15x = 75$

$x = 500$

$p = 75$

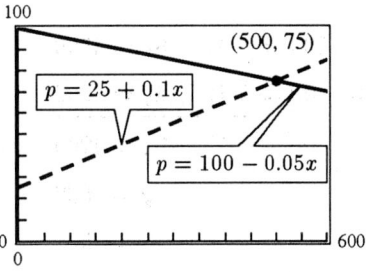

Equilibrium point: (500, 75)

46. Supply = Demand

$225 + 0.0005x = 400 - 0.0002x$

$0.0007x = 175$

$x = 250{,}000$

$p = 350$

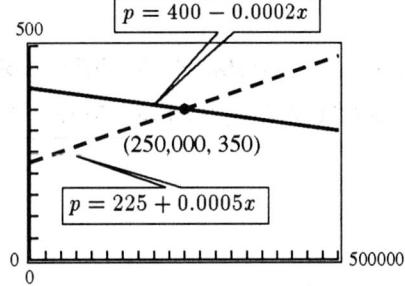

Equilibrium point: (250,000, 350)

48. $x + y = 1600 \Rightarrow -x - y = -1600$

$x = 4y \Rightarrow \underline{x - 4y = 0}$

$-5y = -1600$

$y = 320$

$x = 1280$

Solution: One company hauled 320 tons and the other company hauled 1280 tons.

50. $\quad 5b + 10a = 11.7 \Rightarrow -10b - 20a = -23.4$

$\qquad 10b + 30a = 25.6 \Rightarrow \underline{10b + 30a = 25.6}$

$$\begin{aligned}10a &= 2.2 \\ a &= 0.22 \\ b &= 1.90\end{aligned}$$

$y = ax + b$

$y = 0.22x + 1.90$

52. $\quad 6b + 15a = 23.6 \Rightarrow -30b - 75a = -118$

$\qquad 15b + 55a = 48.8 \Rightarrow \underline{30b + 110a = 97.6}$

$$\begin{aligned}35a &= -20.4 \\ a &= -\tfrac{20.4}{35} \\ &\approx -0.583 \\ b &= \tfrac{566}{105} \\ &\approx 5.390\end{aligned}$$

$y = ax + b$

$y = -0.583x + 5.390$

54. $n = 4, \quad \sum_{i=1}^{4} x_i = 0, \quad \sum_{i=1}^{4} y_i = 4,$

$\quad \sum_{i=1}^{4} x_i^2 = 20, \quad \sum_{i=1}^{4} x_i y_i = 6$

$4b + 0 = 4$

$4b = 4$

$b = 1$

$0 + 20a = 6$

$a = \tfrac{6}{20}$

$a = \tfrac{3}{10}$

$y = ax + b$

$y = \tfrac{3}{10}x + 1$

56. $n = 8, \quad \sum_{i=1}^{8} x_i = 28, \quad \sum_{i=1}^{8} y_i = 8,$

$\quad \sum_{i=1}^{8} x_i^2 = 116, \quad \sum_{i=1}^{8} x_i y_i = 37$

$8b + 28a = 8 \Rightarrow -56b - 196a = -56$

$28b + 116a = 37 \Rightarrow \underline{56b + 232a = 74}$

$$\begin{aligned}36a &= 18 \\ a &= \tfrac{1}{2} \\ b &= -\tfrac{3}{4}\end{aligned}$$

$y = ax + b$

$y = \tfrac{1}{2}x - \tfrac{3}{4}$

58. $(1.0, 32), (1.5, 41), (2.0, 48), (2.5, 53)$

$$n = 4, \quad \sum_{i=1}^{4} x_i = 7, \quad \sum_{i=1}^{4} y_i = 174,$$

$$\sum_{i=1}^{4} x_i^2 = 13.5, \quad \sum_{i=1}^{4} x_i y_i = 322$$

$$\begin{aligned} 4b + 7a &= 174 \Rightarrow 28b + 49a = 1218 \\ 7b + 13.5a &= 322 \Rightarrow -28b - 54a = -1288 \\ \hline & -5a = {-70} \\ & a = 14 \\ & b = 19 \end{aligned}$$

$y = ax + b$

$y = 14x + 19$

When $x = 1.6$, $y = 14(1.6) + 19 = 41.4$ bushels per acre.

60. Since $x = 8$ and $y = -2$, one possible system of linear equations is

$$\begin{aligned} 2x - y &= 18 \\ -3x + 4y &= -32. \end{aligned}$$

9.4 Systems of Linear Equations in More Than Two Variables

2. $x + y + z = 2$
    $-x + 3y + 2z = 8$
    $4x + y = 4$

    $x + y + z = 2$
    $4y + 3z = 10$
    $-3y - 4z = -4$

    $x + y + z = 2$
    $12y + 9z = 30$
    $-12y - 16z = -16$

    $x + y + z = 2$
    $12y + 9z = 30$
    $-7z = 14$

    $-7z = 14 \Rightarrow z = -2$
    $12y + 9(-2) = 30 \Rightarrow y = 4$
    $x + 4 - 2 = 2 \Rightarrow x = 0$

    Solution: $(0, 4, -2)$

4. $2x + 2z = 2$
    $5x + 3y = 4$
    $3y - 4z = 4$

    $x + 3y - 4z = 0$
    $2x + 2z = 2$
    $3y - 4z = 4$

    $x + 3y - 4z = 0$
    $-6y + 10z = 2$
    $3y - 4z = 4$

    $x + 3y - 4z = 0$
    $-6y + 10z = 2$
    $z = 5$

    $z = 5$
    $-6y + 10(5) = 2 \Rightarrow y = 8$
    $x + 3(8) - 4(5) = 0 \Rightarrow x = -4$

    Solution: $(-4, 8, 5)$

6. $2x + 4y + z = -4$
    $2x - 4y + 6z = 13$
    $4x - 2y + z = 6$

    $2x + 4y + z = -4$
    $-8y + 5z = 17$
    $-10y - z = 14$

    $2x + 4y + z = -4$
    $-40y + 25z = 85$
    $-40y - 4z = 56$

    $2x + 4y + z = -4$
    $-40y + 25z = 85$
    $-29z = -29$

    $-29z = -29 \Rightarrow z = 1$
    $-40y + 25(1) = 85 \Rightarrow y = -\frac{3}{2}$
    $2x + 4\left(-\frac{3}{2}\right) + 1 = -4 \Rightarrow x = \frac{1}{2}$

    Solution: $\left(\frac{1}{2}, -\frac{3}{2}, 1\right)$

8. $x - 11y + 4z = 3$
    $5x - 3y + 2z = 3$
    $2x + 4y - z = 7$

    $x - 11y + 4z = 3$
    $52y - 18z = -12$
    $26y - 9z = 1$

    $x - 11y + 4z = 3$
    $52y - 18z = -12$
    $0 = 7$

    Inconsistent; no solution

10. $2x + y + 3z = 1$
$2x + 6y + 8z = 3$
$6x + 8y + 18z = 5$

$2x + y + 3z = 1$
$5y + 5z = 2$
$5y + 9z = 2$

$2x + y + 3z = 1$
$5y + 5z = 2$
$4z = 0$

$4z = 0 \Rightarrow z = 0$
$5y + 5(0) = 2 \Rightarrow y = \frac{2}{5}$
$2x + \frac{2}{5} + 3(0) = 1 \Rightarrow x = \frac{3}{10}$

Solution: $\left(\frac{3}{10}, \frac{2}{5}, 0\right)$

12. $2x + y - 3z = 4$
$4x + 2z = 10$
$-2x + 3y - 13z = -8$

$2x + y - 3z = 4$
$-2y + 8z = 2$
$4y - 16z = -4$

$2x + y - 3z = 4$
$y - 4z = -1$
$2x + z = 5$
$y - 4z = -1$

$z = a$
$y = 4a - 1$
$x = -\frac{1}{2}a + \frac{5}{2}$

Solution: $\left(-\frac{1}{2}a + \frac{5}{2}, 4a - 1, a\right)$

14. $x + 2y - z = 5$
$4x - y + 5z = 11$
$5x - 8y + 13z = 7$

$x + 2y - z = 5$
$-9y + 9z = -9$
$-18y + 18z = -18$

$x + 2y - z = 5$
$y - z = 1$
$x + z = 3$
$y - z = 1$

$z = a$
$y = a + 1$
$x = -a + 3$

Solution: $(-a + 3, a + 1, a)$

16. $x - 3y + 2z = 18$
$5x - 13y + 12z = 80$

$x - 3y + 2z = 18$
$2y + 2z = -10$

$x - 3y + 2z = 18$
$y + z = -5$
$x + 5z = 3$
$y + z = -5$

$z = a$
$y = -a - 5$
$x = -5a + 3$

Solution: $(-5a + 3, -a - 5, a)$

18.
$2x + 3y + 3z = 7$
$4x + 18y + 15z = 44$

$2x + 3y + 3z = 7$
$12y + 9z = 30$

$8x + 12y + 12z = 28$
$12y + 9z = 30$

$8x + 3z = -2$
$4y + 3z = 10$

$z = a$
$y = -\tfrac{3}{4}a + \tfrac{5}{2}$
$x = -\tfrac{3}{8}a - \tfrac{1}{4}$

Solution: $\left(-\tfrac{3}{8}a - \tfrac{1}{4},\ -\tfrac{3}{4}a + \tfrac{5}{2},\ a\right)$

20.
$x + y + z + w = 6$
$2x + 3y - w = 0$
$-3x + 4y + z + 2w = 4$
$x + 2y - z + w = 0$

$x + y + z + w = 6$
$y - 2z - 3w = -12$
$7y + 4z + 5w = 22$
$y - 2z = -6$

$x + y + z + w = 6$
$y - 2z - 3w = -12$
$18z + 26w = 106$
$3w = 6$

$3w = 6 \Rightarrow w = 2$
$18z + 26(2) = 106 \Rightarrow z = 3$
$y - 2(3) - 3(2) = -12 \Rightarrow y = 0$
$x + 0 + 3 + 2 = 6 \Rightarrow x = 1$

Solution: $(1, 0, 3, 2)$

22.
$x - y - 5z = -3$
$3x - 2y - 6z = -4$
$-3x + 2y + 6z = 1$

$x - y - 5z = -3$
$y + 9z = 5$
$-y - 9z = -8$

$x - y - 5z = -3$
$y + 9z = 5$
$0 = -3$

Inconsistent; no solution

24.
$2x + 3y = 0$
$4x + 3y - z = 0$
$8x + 3y + 3z = 0$

$2x + 3y = 0$
$-3y - z = 0$
$-9y + 3z = 0$

$2x + 3y = 0$
$-3y - z = 0$
$6z = 0$

$6z = 0 \Rightarrow z = 0$
$-3y - 0 = 0 \Rightarrow y = 0$
$2x + 3(0) = 0 \Rightarrow x = 0$

Solution: $(0, 0, 0)$

26.
$$12x + 5y + z = 0$$
$$12x + 4y - z = 0$$

$$12x + 5y + z = 0$$
$$ - y - 2z = 0$$

$$12x - 9z = 0$$
$$ - y - 2z = 0$$

$$z = a$$
$$y = -2a$$
$$x = \tfrac{3}{4}a$$

Solution: $\left(\tfrac{3}{4}a,\ -2a,\ a\right)$

28. $y = ax^2 + bx + c$

Passing through $(0, 5)$, $(1, 6)$, and $(2, 5)$

$5 = c$ Equation 1
$6 = a + b + c$ Equation 2
$5 = 4a + 2b + c$ Equation 3

Solution: $a = -1,\ b = 2,\ c = 5$
The equation of the parabola is $y = -x^2 + 2x + 5$.

30. $y = ax^2 + bx + c$

Passing through $(1, 2)$, $(2, 1)$, and $(3, -4)$

$2 = a + b + c$ Equation 1
$1 = 4a + 2b + c$ Equation 2
$-4 = 9a + 3b + c$ Equation 3

Solution: $a = -2,\ b = 5,\ c = -1$
The equation of the parabola is
$y = -2x^2 + 5x - 1$.

32. $x^2 + y^2 + Dx + Ey + F = 0$

Passing through $(0, 0)$, $(0, 6)$, and $(-3, 3)$

$ F = 0$ Equation 1
$36 + 6E + F = 0$ Equation 2
$18 - 3D + 3E + F = 0$ Equation 3

Solution: $D = 0,\ E = -6,\ F = 0$
The equation is $x^2 + y^2 - 6y = 0$.

34. $x^2 + y^2 + Dx + Ey + F = 0$

Passing through $(0, 0)$, $(0, 2)$, and $(3, 0)$

$ F = 0$ Equation 1
$4 + 2E + F = 0$ Equation 2
$9 + 3D + F = 0$ Equation 3

Solution: $D = -3,\ E = -2,\ F = 0$
The equation is $x^2 + y^2 - 3x - 2y = 0$.

36. $s = \tfrac{1}{2}at^2 + v_0 t + s_0$

$(t, s) = (1, 48),\ (2, 64),\ (3, 48)$

$48 = \tfrac{1}{2}a + v_0 + s_0$ Equation 1
$64 = 2a + 2v_0 + s_0$ Equation 2
$48 = \tfrac{9}{2}a + 3v_0 + s_0$ Equation 3

$s = \tfrac{1}{2}(-32)t^2 + 64t + 0$
$s = -16t^2 + 64t$

38. $s = \frac{1}{2}at^2 + v_0 t + s_0$

$(t, s) = (2, 132), (3, 100), (4, 36)$

$132 = 2a + 2v_0 + s_0$ Equation 1

$100 = \frac{9}{2}a + 3v_0 + s_0$ Equation 2

$36 = 8a + 4v_0 + s_0$ Equation 3

$s = \frac{1}{2}(-32)t^2 + 48t + 100$

$s = -16t^2 + 48t + 100$

40. $0.05x + 0.07y + 0.08z = 1520$

$$x = \frac{y}{2}$$

$$y = z - 1500$$

$$0.05\left(\frac{y}{2}\right) + 0.07y + 0.08(y + 1500) = 1520$$

$$0.175y = 1400$$

$$y = 8000$$

$$x = \frac{y}{2} = 4000, \quad z = y + 1500 = 9500$$

Solution: $x = \$4000$ at 5%

$y = \$8000$ at 7%

$z = \$9500$ at 8%

42. $\quad x + y + z = 800{,}000$

$0.08x + 0.09y + 0.10z = 67{,}000$

$x = 5z$

$y + 6z = 800{,}000 \quad \Rightarrow \quad 5y + 30z = 4{,}000{,}000$

$0.09y + 0.50z = 67{,}000 \quad \Rightarrow \quad \underline{-5.4y - 30z = -4{,}020{,}000}$

$\phantom{0.09y + 0.50z = 67{,}000 \quad \Rightarrow \quad } -0.4y = {-20{,}000}$

$\phantom{0.09y + 0.50z = 67{,}000 \quad \Rightarrow \quad -0.4y = }y = 50{,}000$

$z = \dfrac{800{,}000 - 50{,}000}{6} = 125{,}000, \quad x = 800{,}000 - 50{,}000 - 125{,}000 = 625{,}000$

Solution: $x = \$625{,}000$ at 8%

$y = \$50{,}000$ at 9%

$z = \$125{,}000$ at 10%

44.
$$C + M + B + G = 500{,}000$$
$$0.09C + 0.05M + 0.12B + 0.14G = 0.10(500{,}000)$$
$$B + G = \tfrac{1}{4}(500{,}000)$$

This system has infinitely many solutions.

Let $G = s$, then $B = 125{,}000 - s$

$$M = \tfrac{1}{2}s - 31{,}250$$
$$C = 406{,}250 - \tfrac{1}{2}s$$

Solution: $406{,}250 - \tfrac{1}{2}s$ in certificates of deposit

$\tfrac{1}{2}s - 31{,}250$ in municipal bonds

$125{,}000 - x$ in blue-chip stocks

s in growth stocks

46. (a) To use as little of the 50% solution as possible, the chemist should use no 10% solution.
$$x(0.20) + (10 - x)(0.50) = 10(0.25)$$
$$0.20x + 5 - 0.50x = 2.5$$
$$-0.30x = -2.5$$
$$x = 8\tfrac{1}{3} \text{ liters of 20\% solution}$$
$$10 - x = 1\tfrac{2}{3} \text{ liters of 50\% solution}$$

(b) To use as much 50% solution as possible, the chemist should use no 20% solution.
$$x(0.10) + (10 - x)0.50 = 10(0.25)$$
$$0.10x + 5 - 0.50x = 2.5$$
$$-0.40x = -2.5$$
$$x = 6\tfrac{1}{4} \text{ liters of 10\% solution}$$
$$10 - x = 3\tfrac{3}{4} \text{ liters of 50\% solution}$$

(c) To use 2 liters of 50% solution we let $x =$ the number of liters at 10% and $y =$ the number of liters at 20%.
$$0.10x + 0.20y + 2(0.50) = 10(0.25) \quad \text{Equation 1}$$
$$x + y = 8 \quad \text{Equation 2}$$

Solution: $y = 7$ liters of 20% solution

$x = 1$ liter of 10% solution

48.
$$I_1 - I_2 + I_3 = 0$$
$$3I_1 + 2I_2 = 7$$
$$ 2I_2 + 4I_3 = 8$$

$$I_1 - I_2 + I_3 = 0$$
$$ 5I_2 - 3I_3 = 7$$
$$ 2I_2 + 4I_3 = 8$$

$$I_1 - I_2 + I_3 = 0$$
$$ 10I_2 - 6I_3 = 14$$
$$ 10I_2 + 20I_3 = 40$$

$$I_1 - I_2 + I_3 = 0$$
$$ 10I_2 - 6I_3 = 14$$
$$ 26I_3 = 26$$

$$26I_3 = 26 \Rightarrow I_3 = 1$$
$$10I_2 - 6(1) = 14 \Rightarrow I_2 = 2$$
$$I_1 - 2 + 1 = 0 \Rightarrow I_1 = 1$$

Solution: $I_1 = 1$ ampere
$I_2 = 2$ amperes
$I_3 = 1$ ampere

50.
$$t_1 - 2t_2 = 0$$
$$t_1 - 2a = 128$$
$$ t_2 + 2a = 64$$

$$t_1 - 2t_2 = 0$$
$$ 2t_2 - 2a = 128$$
$$ t_2 + 2a = 64$$

$$t_1 - 2t_2 = 0$$
$$ 2t_2 - 2a = 128$$
$$ 3a = 0$$

$$3a = 0 \Rightarrow a = 0$$
$$2t_2 - 2(0) = 128 \Rightarrow t_2 = 64$$
$$t_1 - 2(64) = 0 \Rightarrow t_1 = 128$$

Solution: $a = 0$ ft/sec^2
$t_1 = 128$ lb
$t_2 = 64$ lb

52. $\dfrac{3}{x^2 + x - 2} = \dfrac{3}{(x+2)(x-1)} = \dfrac{A}{x-1} + \dfrac{B}{x+2}$

$3 = A(x+2) + B(x-1)$

$3 = Ax + 2A + Bx - B$

$3 = (A+B)x + (2A - B)$

$A + B = 0$ Equation 1
$2A - B = 3$ Equation 2

Solution: $A = 1$, $B = -1$

$$\frac{3}{x^2 + x - 2} = \frac{1}{x-1} - \frac{1}{x+2}$$

SECTION 9.4 Systems of Linear Equations in More Than Two Variables

54. $\dfrac{12}{x(x-2)(x+3)} = \dfrac{A}{x} + \dfrac{B}{x-2} + \dfrac{C}{x+3}$

$12 = A(x-2)(x+3) + B(x)(x+3) + C(x)(x-2)$

$12 = A(x^2 + x - 6) + B(x^2 + 3x) + C(x^2 - 2x)$

$12 = Ax^2 + Ax - 6A + Bx^2 + 3Bx + Cx^2 - 2Cx$

$12 = (A + B + C)x^2 + (A + 3B - 2C)x - 6A$

$A + B + C = 0$ Equation 1

$A + 3B - 2C = 0$ Equation 2

$-6A = 12$ Equation 3

Solution: $A = -2$, $B = \dfrac{6}{5}$, $C = \dfrac{4}{5}$

$\dfrac{12}{x(x-2)(x+3)} = -\dfrac{2}{x} + \dfrac{6}{5(x-2)} + \dfrac{4}{5(x+3)}$

56.
$5c + 10a = 8$
$10b = 12$
$10c + 34a = 22$

$5c + 10a = 8$
$10b = 12$
$14a = 6$

$14a = 8 \Rightarrow a = \dfrac{3}{7}$

$10b = 12 \Rightarrow b = \dfrac{6}{5}$

$5c + 10\left(\dfrac{3}{7}\right) = 8 \Rightarrow \dfrac{26}{35}$

$y = ax^2 + bx + c$

$y = \dfrac{3}{7}x^2 + \dfrac{6}{5}x + \dfrac{26}{35}$

58.
$4c + 6b + 14a = 25$
$6c + 14b + 36a = 21$
$14c + 36b + 98a = 33$

$84c + 126b + 294a = 525$
$84c + 196b + 504a = 294$
$84c + 216b + 588a = 198$

$84c + 126b + 294a = 525$
$70b + 210a = -231$
$90b + 294a = -327$

$84c + 126b + 294a = 525$
$10b + 30a = -33$
$30b + 98a = -109$

$84c + 126b + 294a = 525$
$10b + 30a = -33$
$8a = -10$

$8a = -10 \Rightarrow a = -\dfrac{5}{4}$

$10b + 30\left(-\dfrac{5}{4}\right) = -33 \Rightarrow b = \dfrac{9}{20}$

$84c + 126\left(\dfrac{9}{20}\right) + 294\left(-\dfrac{5}{4}\right) \Rightarrow c = \dfrac{199}{20}$

$y = ax^2 + bx + c$

$y = -\dfrac{5}{4}x^2 + \dfrac{9}{20}x + \dfrac{199}{20}$

60. (a) and (b)

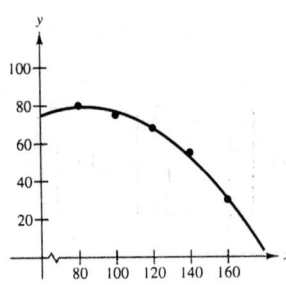

(b) (80, 80), (100, 75), (120, 68), (140, 55), (160, 30)

$n = 5$

$$\sum_{i=1}^{5} x_i = 600 \qquad \sum_{i=1}^{5} y_i = 308$$

$$\sum_{i=1}^{5} x_i^2 = 76{,}000 \qquad \sum_{i=1}^{5} x_i y_i = 34{,}560$$

$$\sum_{i=1}^{5} x_i^3 = 10{,}080{,}000 \qquad \sum_{i=1}^{5} x_i^2 y_i = 4{,}087{,}200$$

$$\sum_{i=1}^{5} x_i^4 = 1{,}387{,}840{,}000$$

$$5c + 600b + 76{,}000a = 308$$
$$600c + 76{,}000b + 10{,}080{,}000a = 34{,}560$$
$$76{,}000c + 10{,}080{,}000b + 1{,}387{,}840{,}000a = 4{,}087{,}200$$

Solving this system, we get $a \approx -0.008$, $b \approx 1.371$, and $c \approx 21.886$.

$y = ax^2 + bx + c$

$y = -0.008x^2 + 1.371x + 21.886$

62. Since $x = -\frac{3}{2}$, $y = 4$, and $z = -7$, one possible system of linear equations is

$$2x + 3y - 4z = 37$$
$$4x - y + z = -17$$
$$-2x + 3y + 2z = 1.$$

9.5 Matrices and Systems of Linear Equations

2. 1×4 **4.** 5×5 **6.** 1×1

8. Row-echelon form   **10.** Reduced row-echelon form

12. $\begin{bmatrix} 3 & 6 & 8 \\ 4 & -3 & 6 \end{bmatrix} \quad \frac{1}{3}R_1 \to \begin{bmatrix} 1 & 2 & \frac{8}{3} \\ 4 & -3 & 6 \end{bmatrix}$

14. $\begin{bmatrix} 2 & 4 & 8 & 3 \\ 1 & -1 & -3 & 2 \\ 2 & 6 & 4 & 9 \end{bmatrix} \quad \frac{1}{2}R_1 \to \begin{bmatrix} 1 & 2 & 4 & \frac{3}{2} \\ 1 & -1 & -3 & 2 \\ 2 & 6 & 4 & 9 \end{bmatrix}$

$\begin{matrix} -R_1 + R_2 \to \\ -2R_1 + R_3 \to \end{matrix} \begin{bmatrix} 1 & 2 & 4 & \frac{3}{2} \\ 0 & -3 & -7 & \frac{1}{2} \\ 0 & 2 & -4 & 6 \end{bmatrix}$

SECTION 9.5 Matrices and Systems of Linear Equations

16. $\begin{bmatrix} 7 & 1 \\ 0 & 2 \\ -3 & 4 \\ 4 & 1 \end{bmatrix}$

(a) $\begin{bmatrix} 7 & 1 \\ 0 & 2 \\ -3 & 4 \\ 1 & 5 \end{bmatrix}$ (b) $\begin{bmatrix} 1 & 5 \\ 0 & 2 \\ -3 & 4 \\ 7 & 1 \end{bmatrix}$ (c) $\begin{bmatrix} 1 & 5 \\ 0 & 2 \\ 0 & 19 \\ 7 & 1 \end{bmatrix}$ (d) $\begin{bmatrix} 1 & 5 \\ 0 & 2 \\ 0 & 19 \\ 0 & -34 \end{bmatrix}$ (e) $\begin{bmatrix} 1 & 5 \\ 0 & 1 \\ 0 & 19 \\ 0 & -34 \end{bmatrix}$ (f) $\begin{bmatrix} 1 & 0 \\ 0 & 1 \\ 0 & 0 \\ 0 & 0 \end{bmatrix}$

18. $\begin{bmatrix} 1 & 2 & -1 & 3 \\ 3 & 7 & -5 & 14 \\ -2 & -1 & -3 & 8 \end{bmatrix} \Rightarrow \begin{bmatrix} 1 & 2 & -1 & 3 \\ 0 & 1 & -2 & 5 \\ 0 & 3 & -5 & 14 \end{bmatrix}$

$\Rightarrow \begin{bmatrix} 1 & 2 & -1 & 3 \\ 0 & 1 & -2 & 5 \\ 0 & 0 & 1 & -1 \end{bmatrix}$

20. $\begin{bmatrix} 1 & -3 & 0 & -7 \\ -3 & 10 & 1 & 23 \\ 4 & -10 & 2 & -24 \end{bmatrix} \Rightarrow \begin{bmatrix} 1 & -3 & 0 & -7 \\ 0 & 1 & 1 & 2 \\ 0 & 2 & 2 & 4 \end{bmatrix}$

$\Rightarrow \begin{bmatrix} 1 & -3 & 0 & -7 \\ 0 & 1 & 1 & 2 \\ 0 & 0 & 0 & 0 \end{bmatrix}$

22. $\begin{bmatrix} 1 & 3 & 2 \\ 5 & 15 & 9 \\ 2 & 6 & 10 \end{bmatrix} \Rightarrow \begin{bmatrix} 1 & 3 & 2 \\ 0 & 0 & -1 \\ 0 & 0 & 6 \end{bmatrix} \Rightarrow \begin{bmatrix} 1 & 3 & 0 \\ 0 & 0 & -1 \\ 0 & 0 & 0 \end{bmatrix} \Rightarrow \begin{bmatrix} 1 & 3 & 0 \\ 0 & 0 & 1 \\ 0 & 0 & 0 \end{bmatrix}$

24. $\begin{bmatrix} 1 & -3 \\ -1 & 8 \\ 0 & 4 \\ -2 & 10 \end{bmatrix} \Rightarrow \begin{bmatrix} 1 & -3 \\ 0 & 5 \\ 0 & 4 \\ 0 & 4 \end{bmatrix} \Rightarrow \begin{bmatrix} 1 & -3 \\ 0 & 1 \\ 0 & 4 \\ 0 & 4 \end{bmatrix} \Rightarrow \begin{bmatrix} 1 & 0 \\ 0 & 1 \\ 0 & 0 \\ 0 & 0 \end{bmatrix}$

26. $9x - 4y = 0$
    $6x + y = -4$

28. $5x + 8y + 2z = -1$
    $-2x + 15y + 5z + w = 9$
    $x + 6y - 7z = -3$

30. $x + 5y = 0$
    $y = -1$
    $x = -5y = -5(-1) = 5$

    $(5, -1)$

32. $x + 2y - 2z = -1$
    $y + z = 9$
    $z = -3$
    $y = 9 - z = 9 - (-3) = 12$
    $x = -1 - 2y + 2z$
    $ = -1 - 2(12) + 2(-3) = -31$

    $(-31, 12, -3)$

34. Row 1: $x = -2$
Row 2: $y = 4$
$(-2, 4)$

36. Row 1: $x = 3$
Row 2: $y = -1$
Row 3: $z = 0$
$(3, -1, 0)$

38. $2x + 6y = 16$
$2x + 3y = 7$

$$\begin{bmatrix} 2 & 6 & \vdots & 16 \\ 2 & 3 & \vdots & 7 \end{bmatrix} \Rightarrow \begin{bmatrix} 2 & 6 & \vdots & 16 \\ 0 & -3 & \vdots & -9 \end{bmatrix}$$

$$\Rightarrow \begin{bmatrix} 1 & 3 & \vdots & 8 \\ 0 & 1 & \vdots & 3 \end{bmatrix}$$

$y = 3$
$x + 3(3) = 8 \Rightarrow x = -1$

Solution: $(-1, 3)$

40. $x + 2y = 0$
$x + y = 6$
$3x - 2y = 8$

$$\begin{bmatrix} 1 & 2 & \vdots & 0 \\ 1 & 1 & \vdots & 6 \\ 3 & -2 & \vdots & 8 \end{bmatrix} \Rightarrow \begin{bmatrix} 1 & 2 & \vdots & 0 \\ 0 & -1 & \vdots & 6 \\ 0 & -8 & \vdots & 8 \end{bmatrix}$$

$$\Rightarrow \begin{bmatrix} 1 & 2 & \vdots & 0 \\ 0 & 1 & \vdots & 6 \\ 0 & 0 & \vdots & -40 \end{bmatrix}$$

The system is inconsistent and there is no solution.

42. $2x - y = -0.1$
$3x + 2y = 1.6$

$$\begin{bmatrix} 2 & -1 & \vdots & -0.1 \\ 3 & 2 & \vdots & 1.6 \end{bmatrix} \Rightarrow \begin{bmatrix} -1 & -3 & \vdots & -1.7 \\ 3 & 2 & \vdots & 1.6 \end{bmatrix}$$

$$\Rightarrow \begin{bmatrix} -1 & -3 & \vdots & -1.7 \\ 0 & -7 & \vdots & -3.5 \end{bmatrix}$$

$$\Rightarrow \begin{bmatrix} 1 & 3 & \vdots & 1.7 \\ 0 & 1 & \vdots & 0.5 \end{bmatrix}$$

$y = 0.5$
$x + 3(0.5) = 1.7 \Rightarrow x = 0.2$

Solution: $(0.2, 0.5)$

44. $x - 3y = 5$
$-2x + 6y = -10$

$$\begin{bmatrix} 1 & -3 & \vdots & 5 \\ -2 & 6 & \vdots & -10 \end{bmatrix} \Rightarrow \begin{bmatrix} 1 & -3 & \vdots & 5 \\ 0 & 0 & \vdots & 0 \end{bmatrix}$$

$y = a$
$x = 3a + 5$

Solution: $(3a + 5, a)$

46. $2x - y + 3z = 24$

$2y - z = 14$

$7x - 5y = 6$

$\begin{bmatrix} 2 & -1 & 3 & \vdots & 24 \\ 0 & 2 & -1 & \vdots & 14 \\ 7 & -5 & 0 & \vdots & 6 \end{bmatrix} \Rightarrow \begin{bmatrix} 1 & -2 & -9 & \vdots & -66 \\ 0 & 2 & -1 & \vdots & 14 \\ 7 & -5 & 0 & \vdots & 6 \end{bmatrix} \Rightarrow \begin{bmatrix} 1 & -2 & -9 & \vdots & -66 \\ 0 & 2 & -1 & \vdots & 14 \\ 0 & 9 & 63 & \vdots & 468 \end{bmatrix}$

$\Rightarrow \begin{bmatrix} 1 & -2 & -9 & \vdots & -66 \\ 0 & 8 & -4 & \vdots & 56 \\ 0 & 9 & 63 & \vdots & 468 \end{bmatrix} \Rightarrow \begin{bmatrix} 1 & -2 & -9 & \vdots & -66 \\ 0 & -1 & -67 & \vdots & -412 \\ 0 & 9 & 63 & \vdots & 468 \end{bmatrix}$

$\Rightarrow \begin{bmatrix} 1 & -2 & -9 & \vdots & -66 \\ 0 & -1 & -67 & \vdots & -412 \\ 0 & 0 & -540 & \vdots & -3240 \end{bmatrix} \Rightarrow \begin{bmatrix} 1 & -2 & -9 & \vdots & -66 \\ 0 & 1 & 67 & \vdots & 412 \\ 0 & 0 & 1 & \vdots & 6 \end{bmatrix}$

$z = 6$

$y + 67(6) = 412 \quad \Rightarrow \quad y = 10$

$x - 2(10) - 9(6) = -66 \quad \Rightarrow \quad x = 8$

Solution: $(8, 10, 6)$

48. $2x + 3z = 3$

$4x - 3y + 7z = 5$

$8x - 9y + 15z = 9$

$\begin{bmatrix} 2 & 0 & 3 & \vdots & 3 \\ 4 & -3 & 7 & \vdots & 5 \\ 8 & -9 & 15 & \vdots & 9 \end{bmatrix} \Rightarrow \begin{bmatrix} 2 & 0 & 3 & \vdots & 3 \\ 0 & -3 & 1 & \vdots & -1 \\ 0 & -9 & 3 & \vdots & -3 \end{bmatrix}$

$\Rightarrow \begin{bmatrix} 2 & 0 & 3 & \vdots & 3 \\ 0 & -3 & 1 & \vdots & -1 \\ 0 & 0 & 0 & \vdots & 0 \end{bmatrix}$

$\Rightarrow \begin{bmatrix} 1 & 0 & \frac{3}{2} & \vdots & \frac{3}{2} \\ 0 & 1 & -\frac{1}{3} & \vdots & \frac{1}{3} \\ 0 & 0 & 0 & \vdots & 0 \end{bmatrix}$

$z = a$

$y = \frac{1}{3}a + \frac{1}{3}$

$x = -\frac{3}{2}a + \frac{3}{2}$

Solution: $\left(-\frac{3}{2}a + \frac{3}{2},\ \frac{1}{3}a + \frac{1}{3},\ a\right)$

50. $4x + 12y - 7z - 20w = 22$
$3x + 9y - 5z - 28w = 30$

$$\begin{bmatrix} 4 & 12 & -7 & -20 & \vdots & 22 \\ 3 & 9 & -5 & -28 & \vdots & 30 \end{bmatrix} \Rightarrow \begin{bmatrix} 1 & 3 & -2 & 8 & \vdots & -8 \\ 3 & 9 & -5 & -28 & \vdots & 30 \end{bmatrix}$$

$$\Rightarrow \begin{bmatrix} 1 & 3 & -2 & 8 & \vdots & -8 \\ 0 & 0 & 1 & -52 & \vdots & 54 \end{bmatrix}$$

$$\Rightarrow \begin{bmatrix} 1 & 3 & 0 & -96 & \vdots & 100 \\ 0 & 0 & 1 & -52 & \vdots & 54 \end{bmatrix}$$

$w = a$

$z = 52a + 54$

$y = b$

$x = -3b + 96a + 100$

Solution: $(-3b + 96a + 100,\ b,\ 52a + 54,\ a)$

52. $2x + 10y + 2z = 6$
$\quad x + 5y + 2z = 6$
$\quad x + 5y + z = 3$
$-3x - 15y - 3z = -9$

$$\begin{bmatrix} 2 & 10 & 2 & \vdots & 6 \\ 1 & 5 & 2 & \vdots & 6 \\ 1 & 5 & 1 & \vdots & 3 \\ -3 & -15 & -3 & \vdots & -9 \end{bmatrix} \Rightarrow \begin{bmatrix} 1 & 5 & 1 & \vdots & 3 \\ 1 & 5 & 2 & \vdots & 6 \\ 1 & 5 & 1 & \vdots & 3 \\ -3 & -15 & -3 & \vdots & -9 \end{bmatrix}$$

$$\Rightarrow \begin{bmatrix} 1 & 5 & 1 & \vdots & 3 \\ 0 & 0 & 1 & \vdots & 3 \\ 0 & 0 & 0 & \vdots & 0 \\ 0 & 0 & 0 & \vdots & 0 \end{bmatrix} \Rightarrow \begin{bmatrix} 1 & 5 & 0 & \vdots & 0 \\ 0 & 0 & 1 & \vdots & 3 \\ 0 & 0 & 0 & \vdots & 0 \\ 0 & 0 & 0 & \vdots & 0 \end{bmatrix}$$

$z = 3$

$y = a$

$x = -5a$

Solution: $(-5a,\ a,\ 3)$

54. $x + 2y + 2z + 4w = 11$

$3x + 6y + 5z + 12w = 30$

$\begin{bmatrix} 1 & 2 & 2 & 4 & \vdots & 11 \\ 3 & 6 & 5 & 12 & \vdots & 30 \end{bmatrix} \Rightarrow \begin{bmatrix} 1 & 2 & 2 & 4 & \vdots & 11 \\ 0 & 0 & -1 & 0 & \vdots & -3 \end{bmatrix} \Rightarrow \begin{bmatrix} 1 & 2 & 0 & 4 & \vdots & 5 \\ 0 & 0 & 1 & 0 & \vdots & 3 \end{bmatrix}$

$w = a$

$z = 3$

$y = b$

$x = -2b - 4a + 5$

Solution: $(-2b - 4a + 5,\ b,\ 3,\ a)$

56. $x + 2y = 0$

$2x + 4y = 0$

$\begin{bmatrix} 1 & 2 & \vdots & 0 \\ 2 & 4 & \vdots & 0 \end{bmatrix} \Rightarrow \begin{bmatrix} 1 & 2 & \vdots & 0 \\ 0 & 0 & \vdots & 0 \end{bmatrix}$

$y = a$

$x = -2a$

Solution: $(-2a,\ a)$

58. $x + 2y + z + 3w = 0$

$x - y\phantom{{}+z} + w = 0$

$\phantom{x +{}}y - z + 2w = 0$

$\begin{bmatrix} 1 & 2 & 1 & 3 & \vdots & 0 \\ 1 & -1 & 0 & 1 & \vdots & 0 \\ 0 & 1 & -1 & 2 & \vdots & 0 \end{bmatrix} \Rightarrow \begin{bmatrix} 1 & 2 & 1 & 3 & \vdots & 0 \\ 0 & -3 & -1 & -2 & \vdots & 0 \\ 0 & 1 & -1 & 2 & \vdots & 0 \end{bmatrix} \Rightarrow \begin{bmatrix} 1 & 2 & 1 & 3 & \vdots & 0 \\ 0 & 1 & -5 & 6 & \vdots & 0 \\ 0 & 1 & -1 & 2 & \vdots & 0 \end{bmatrix}$

$\Rightarrow \begin{bmatrix} 1 & 0 & 11 & -9 & \vdots & 0 \\ 0 & 1 & -5 & 6 & \vdots & 0 \\ 0 & 0 & 4 & -4 & \vdots & 0 \end{bmatrix} \Rightarrow \begin{bmatrix} 1 & 0 & 11 & -9 & \vdots & 0 \\ 0 & 1 & -5 & 6 & \vdots & 0 \\ 0 & 0 & 1 & -1 & \vdots & 0 \end{bmatrix}$

$\Rightarrow \begin{bmatrix} 1 & 0 & 0 & 2 & \vdots & 0 \\ 0 & 1 & 0 & 1 & \vdots & 0 \\ 0 & 0 & 1 & -1 & \vdots & 0 \end{bmatrix}$

$w = a$

$z = a$

$y = -a$

$x = -2a$

Solution: $(-2a,\ -a,\ a,\ a)$

60. $x =$ amount at 9%
$y =$ amount at 10%
$z =$ amount at 12%

$x + y + z = 500{,}000$
$0.09x + 0.010y + 0.12z = 52{,}000$
$2.5x - y = 0$

$$\begin{bmatrix} 1 & 1 & 1 & \vdots & 500{,}000 \\ 0.09 & 0.10 & 0.12 & \vdots & 52{,}000 \\ 2.5 & -1 & 0 & \vdots & 0 \end{bmatrix} \Rightarrow \begin{bmatrix} 1 & 1 & 1 & \vdots & 500{,}000 \\ 0 & 0.01 & 0.03 & \vdots & 7{,}000 \\ 0 & -3.5 & -2.5 & \vdots & -1{,}250{,}000 \end{bmatrix}$$

$$\Rightarrow \begin{bmatrix} 1 & 1 & 1 & \vdots & 500{,}000 \\ 0 & 1 & 3 & \vdots & 700{,}000 \\ 0 & -7 & -5 & \vdots & -2{,}500{,}000 \end{bmatrix}$$

$$\Rightarrow \begin{bmatrix} 1 & 0 & -2 & \vdots & -200{,}000 \\ 0 & 1 & 3 & \vdots & 700{,}000 \\ 0 & 0 & 16 & \vdots & 2{,}400{,}000 \end{bmatrix}$$

$$\Rightarrow \begin{bmatrix} 1 & 0 & -2 & \vdots & -200{,}000 \\ 0 & 1 & 3 & \vdots & 700{,}000 \\ 0 & 0 & 1 & \vdots & 150{,}000 \end{bmatrix}$$

$z = 150{,}000$, $y = 250{,}000$, $x = 100{,}000$

Solution: \$100,000 at 9%, \$250,000 at 10% \$150,000 at 12%

62. $I_1 - I_2 + I_3 = 0$
$2I_1 + 2I_2 = 7$
$2I_2 + 4I_3 = 8$

$$\begin{bmatrix} 1 & -1 & 1 & 0 \\ 2 & 2 & 0 & 7 \\ 0 & 2 & 4 & 8 \end{bmatrix} \Rightarrow \begin{bmatrix} 1 & -1 & 1 & 0 \\ 0 & 4 & -2 & 7 \\ 0 & 1 & 2 & 2 \end{bmatrix} \Rightarrow \begin{bmatrix} 1 & -1 & 1 & 0 \\ 0 & 1 & 2 & 4 \\ 0 & 0 & -10 & -9 \end{bmatrix}$$

Hence, $I_3 = \frac{9}{10}$, $I_2 = 4 - 2\left(\frac{9}{10}\right) = \frac{22}{10}$ and $I_1 = \frac{22}{10} - \frac{9}{10} = \frac{13}{10}$.

64. At $(1, 11)$: $11 = a(1)^2 + b(1) + c \Rightarrow a + b + c = 11$
At $(2, 10)$: $10 = a(2)^2 + b(2) + c \Rightarrow 4a + 2b + c = 10$
At $(3, 7)$: $7 = a(3)^2 + b(3) + c \Rightarrow 9a + 3b + c = 7$

$$\begin{bmatrix} 1 & 1 & 1 & \vdots & 11 \\ 4 & 2 & 1 & \vdots & 10 \\ 9 & 3 & 1 & \vdots & 7 \end{bmatrix} \Rightarrow \begin{bmatrix} 1 & 1 & 1 & \vdots & 11 \\ 0 & -2 & -3 & \vdots & -34 \\ 0 & -6 & -8 & \vdots & -92 \end{bmatrix} \Rightarrow \begin{bmatrix} 1 & 1 & 1 & \vdots & 11 \\ 0 & 1 & \frac{3}{2} & \vdots & 17 \\ 0 & 0 & 1 & \vdots & 10 \end{bmatrix}$$

$c = 10$, $b + \frac{3}{2}(10) = 17 \Rightarrow b = 2$
$a + 2 + 10 = 11 \Rightarrow a = -1$

Solution: $y = -x^2 + 2x + 10$

66. At $(-2, 2)$: $2 = a(-2)^3 + b(-2)^2 + c(-2) + d \Rightarrow -8a + 4b - 2c + d = 2$

At $(-1, 17)$: $17 = a(-1)^3 + b(-1)^2 + c(-1) + d \Rightarrow -a + b - c + d = 17$

At $(0, 20)$: $20 = a(0)^3 + b(0)^2 + c(0) + d \Rightarrow d = 20$

At $(1, 23)$: $23 = a(1)^3 + b(1)^2 + c(1) + d \Rightarrow a + b + c + d = 23$

$$\begin{bmatrix} -8 & 4 & -2 & 1 & \vdots & 2 \\ -1 & 1 & -1 & 1 & \vdots & 17 \\ 0 & 0 & 0 & 1 & \vdots & 20 \\ 1 & 1 & 1 & 1 & \vdots & 23 \end{bmatrix} \Rightarrow \begin{bmatrix} 1 & 1 & 1 & 1 & \vdots & 23 \\ -1 & 1 & -1 & 1 & \vdots & 17 \\ -8 & 4 & -2 & 1 & \vdots & 2 \\ 0 & 0 & 0 & 1 & \vdots & 20 \end{bmatrix}$$

$$\Rightarrow \begin{bmatrix} 1 & 1 & 1 & 1 & \vdots & 23 \\ 0 & 2 & 0 & 2 & \vdots & 40 \\ 0 & 12 & 6 & 9 & \vdots & 186 \\ 0 & 0 & 0 & 1 & \vdots & 20 \end{bmatrix} \Rightarrow \begin{bmatrix} 1 & 1 & 1 & 1 & \vdots & 23 \\ 0 & 1 & 0 & 1 & \vdots & 20 \\ 0 & 0 & 6 & -3 & \vdots & -54 \\ 0 & 0 & 0 & 1 & \vdots & 20 \end{bmatrix}$$

$$\Rightarrow \begin{bmatrix} 1 & 1 & 1 & 1 & \vdots & 23 \\ 0 & 1 & 0 & 1 & \vdots & 20 \\ 0 & 0 & 1 & -\frac{1}{2} & \vdots & -9 \\ 0 & 0 & 0 & 1 & \vdots & 20 \end{bmatrix}$$

$d = 20$

$c - \frac{1}{2}(20) = -9 \Rightarrow c = 1$

$b + 20 = 20 \Rightarrow b = 0$

$a + 0 + 1 + 20 = 23 \Rightarrow a = 2$

Solution: $y = 2x^3 + x + 20$

9.6 Operations with Matrices

2. $x = 13$, $y = 12$

4. $\left.\begin{matrix} x + 2 = 2x + 6 \\ 2x = -8 \end{matrix}\right\} \Rightarrow x = -4$

$\left.\begin{matrix} 2y = 18 \\ y + 2 = 11 \end{matrix}\right\} \Rightarrow y = 9$

$x = -4$, $y = 9$

6. (a) $A + B = \begin{bmatrix} 1 & 2 \\ 2 & 1 \end{bmatrix} + \begin{bmatrix} -3 & -2 \\ 4 & 2 \end{bmatrix} = \begin{bmatrix} 1-3 & 2-2 \\ 2+4 & 1+2 \end{bmatrix} = \begin{bmatrix} -2 & 0 \\ 6 & 3 \end{bmatrix}$

(b) $A - B = \begin{bmatrix} 1 & 2 \\ 2 & 1 \end{bmatrix} - \begin{bmatrix} -3 & -2 \\ 4 & 2 \end{bmatrix} = \begin{bmatrix} 1+3 & 2+2 \\ 2-4 & 1-2 \end{bmatrix} = \begin{bmatrix} 4 & 4 \\ -2 & -1 \end{bmatrix}$

(c) $3A = 3\begin{bmatrix} 1 & 2 \\ 2 & 1 \end{bmatrix} = \begin{bmatrix} 3(1) & 3(2) \\ 3(2) & 3(1) \end{bmatrix} = \begin{bmatrix} 3 & 6 \\ 6 & 3 \end{bmatrix}$

(d) $3A - 2B = \begin{bmatrix} 3 & 6 \\ 6 & 3 \end{bmatrix} - 2\begin{bmatrix} -3 & -2 \\ 4 & 2 \end{bmatrix} = \begin{bmatrix} 3+6 & 6+4 \\ 6-8 & 3-4 \end{bmatrix} = \begin{bmatrix} 9 & 10 \\ -2 & -1 \end{bmatrix}$

8. (a) $A + B = \begin{bmatrix} 2 & 1 & 1 \\ -1 & -1 & 4 \end{bmatrix} + \begin{bmatrix} 2 & -3 & 4 \\ -3 & 1 & -2 \end{bmatrix} = \begin{bmatrix} 2+2 & 1-3 & 1+4 \\ -1-3 & -1+1 & 4-2 \end{bmatrix} = \begin{bmatrix} 4 & -2 & 5 \\ -4 & 0 & 2 \end{bmatrix}$

(b) $A - B = \begin{bmatrix} 2 & 1 & 1 \\ -1 & -1 & 4 \end{bmatrix} - \begin{bmatrix} 2 & -3 & 4 \\ -3 & 1 & -2 \end{bmatrix}$

$= \begin{bmatrix} 2-2 & 1-(-3) & 1-4 \\ -1-(-3) & -1-1 & 4-(-2) \end{bmatrix} = \begin{bmatrix} 0 & 4 & -3 \\ 2 & -2 & 6 \end{bmatrix}$

(c) $3A = 3 \begin{bmatrix} 2 & 1 & 1 \\ -1 & -1 & 4 \end{bmatrix} = \begin{bmatrix} 3(2) & 3(1) & 3(1) \\ 3(-1) & 3(-1) & 3(4) \end{bmatrix} = \begin{bmatrix} 6 & 3 & 3 \\ -3 & -3 & 12 \end{bmatrix}$

(d) $3A - 2B = \begin{bmatrix} 6 & 3 & 3 \\ -3 & -3 & 12 \end{bmatrix} - 2 \begin{bmatrix} 2 & -3 & 4 \\ -3 & 1 & -2 \end{bmatrix} = \begin{bmatrix} 6 & 3 & 3 \\ -3 & -3 & 12 \end{bmatrix} + \begin{bmatrix} -4 & 6 & -8 \\ 6 & -2 & 4 \end{bmatrix}$

$= \begin{bmatrix} 2 & 9 & -5 \\ 3 & -5 & 16 \end{bmatrix}$

10. (a) $A + B = \begin{bmatrix} 3 \\ 2 \\ -1 \end{bmatrix} + \begin{bmatrix} -4 \\ 6 \\ 2 \end{bmatrix} = \begin{bmatrix} 3-4 \\ 2+6 \\ -1+2 \end{bmatrix} = \begin{bmatrix} -1 \\ 8 \\ 1 \end{bmatrix}$

(b) $A - B = \begin{bmatrix} 3 \\ 2 \\ -1 \end{bmatrix} - \begin{bmatrix} -4 \\ 6 \\ 2 \end{bmatrix} = \begin{bmatrix} 3+4 \\ 2-6 \\ -1-2 \end{bmatrix} = \begin{bmatrix} 7 \\ -4 \\ -3 \end{bmatrix}$

(c) $3A = 3 \begin{bmatrix} 3 \\ 2 \\ -1 \end{bmatrix} = \begin{bmatrix} 3(3) \\ 3(2) \\ 3(-1) \end{bmatrix} = \begin{bmatrix} 9 \\ 6 \\ -3 \end{bmatrix}$

(d) $3A - 2B = \begin{bmatrix} 9 \\ 6 \\ -3 \end{bmatrix} - 2 \begin{bmatrix} -4 \\ 6 \\ 2 \end{bmatrix} = \begin{bmatrix} 9 \\ 6 \\ -3 \end{bmatrix} + \begin{bmatrix} 8 \\ -12 \\ -4 \end{bmatrix} = \begin{bmatrix} 17 \\ -6 \\ -7 \end{bmatrix}$

12. (a) $AB = \begin{bmatrix} 2 & -1 \\ 1 & 4 \end{bmatrix} \begin{bmatrix} 0 & 0 \\ 3 & -3 \end{bmatrix} = \begin{bmatrix} 2(0)+(-1)3 & 2(0)+(-1)(-3) \\ 1(0)+4(3) & 1(0)+4(-3) \end{bmatrix} = \begin{bmatrix} -3 & 3 \\ 12 & -12 \end{bmatrix}$

(b) $BA = \begin{bmatrix} 0 & 0 \\ 3 & -3 \end{bmatrix} \begin{bmatrix} 2 & -1 \\ 1 & 4 \end{bmatrix} = \begin{bmatrix} 0(2)+0(1) & 0(-1)+0(4) \\ 3(2)+(-3)(1) & 3(-1)+(-3)4 \end{bmatrix} = \begin{bmatrix} 0 & 0 \\ 3 & -15 \end{bmatrix}$

(c) $A^2 = \begin{bmatrix} 2 & -1 \\ 1 & 4 \end{bmatrix} \begin{bmatrix} 2 & -1 \\ 1 & 4 \end{bmatrix} = \begin{bmatrix} 2(2)+(-1)(1) & 2(-1)+(-1)4 \\ 1(2)+4(1) & 1(-1)+4(4) \end{bmatrix} = \begin{bmatrix} 3 & -6 \\ 6 & 15 \end{bmatrix}$

14. (a) $AB = \begin{bmatrix} 1 & -1 \\ 1 & 1 \end{bmatrix} \begin{bmatrix} 1 & 3 \\ -3 & 1 \end{bmatrix} = \begin{bmatrix} 1(1)+(-1)(-3) & 1(3)+(-1)(1) \\ 1(1)+1(-3) & 1(3)+1(1) \end{bmatrix} = \begin{bmatrix} 4 & 2 \\ -2 & 4 \end{bmatrix}$

(b) $BA = \begin{bmatrix} 1 & 3 \\ -3 & 1 \end{bmatrix} \begin{bmatrix} 1 & -1 \\ 1 & 1 \end{bmatrix} = \begin{bmatrix} 1(1)+3(1) & 1(-1)+3(1) \\ -3(1)+1(1) & -3(-1)+1(1) \end{bmatrix} = \begin{bmatrix} 4 & 2 \\ -2 & 4 \end{bmatrix}$

(c) $A^2 = \begin{bmatrix} 1 & -1 \\ 1 & -1 \end{bmatrix} \begin{bmatrix} 1 & 1 \\ 1 & 1 \end{bmatrix} = \begin{bmatrix} 1(1)+(-1)(1) & 1(-1)+(-1)(1) \\ 1(1)+(1)(1) & 1(-1)+1(1) \end{bmatrix} = \begin{bmatrix} 0 & -2 \\ 2 & 0 \end{bmatrix}$

16. (a) $AB = \begin{bmatrix} 3 & 2 & 1 \end{bmatrix} \begin{bmatrix} 2 \\ 3 \\ 0 \end{bmatrix} = [3(2) + 2(3) + 1(0)] = [12]$

(b) $BA = \begin{bmatrix} 2 \\ 3 \\ 0 \end{bmatrix} \begin{bmatrix} 3 & 2 & 1 \end{bmatrix} = \begin{bmatrix} 2(3) & 2(2) & 2(1) \\ 3(3) & 3(2) & 3(1) \\ 0(3) & 0(2) & 0(1) \end{bmatrix} = \begin{bmatrix} 6 & 4 & 2 \\ 9 & 6 & 3 \\ 0 & 0 & 0 \end{bmatrix}$

(c) The number of columns of A does not equal the number of rows of A; the multiplication is not possible.

18. A is 3×3 and B is 3×2 $\Rightarrow$ AB is 3×2.

$AB = \begin{bmatrix} 0 & -1 & 0 \\ 4 & 0 & 2 \\ 8 & -1 & 7 \end{bmatrix} \begin{bmatrix} 2 & 1 \\ -3 & 4 \\ 1 & 6 \end{bmatrix} = \begin{bmatrix} 4 & -4 \\ 10 & 16 \\ 29 & 46 \end{bmatrix}$

20. A is 3×3 and B is 3×3 $\Rightarrow$ AB is 3×3.

$AB = \begin{bmatrix} 1 & 0 & 0 \\ 0 & 4 & 0 \\ 0 & 0 & -2 \end{bmatrix} \begin{bmatrix} 3 & 0 & 0 \\ 0 & -1 & 0 \\ 0 & 0 & 5 \end{bmatrix} = \begin{bmatrix} 3 & 0 & 0 \\ 0 & -4 & 0 \\ 0 & 0 & -10 \end{bmatrix}$

22. A is 3×3 and B is 3×3 $\Rightarrow$ AB is 3×3.

$AB = \begin{bmatrix} 0 & 0 & 5 \\ 0 & 0 & -3 \\ 0 & 0 & 4 \end{bmatrix} \begin{bmatrix} 6 & -11 & 4 \\ 8 & 16 & 4 \\ 0 & 0 & 0 \end{bmatrix} = \begin{bmatrix} 0 & 0 & 0 \\ 0 & 0 & 0 \\ 0 & 0 & 0 \end{bmatrix}$

24. A is 2×5 and B is 2×2. Since the number of columns of A does not equal the number of rows of B, the multiplication is not possible.

26. $X = A - \tfrac{1}{2}B = \begin{bmatrix} -2 & -1 \\ 1 & 0 \\ 3 & -4 \end{bmatrix} - \tfrac{1}{2}\begin{bmatrix} 0 & 3 \\ 2 & 0 \\ -4 & -1 \end{bmatrix} = \begin{bmatrix} -2 & -1 \\ 1 & 0 \\ 3 & -4 \end{bmatrix} - \begin{bmatrix} 0 & \tfrac{3}{2} \\ 1 & 0 \\ -2 & -\tfrac{1}{2} \end{bmatrix} = \begin{bmatrix} -2 & -\tfrac{5}{2} \\ 0 & 0 \\ 5 & -\tfrac{7}{2} \end{bmatrix}$

28. $X = -A - 2B = -1\begin{bmatrix} -2 & -1 \\ 1 & 0 \\ 3 & -4 \end{bmatrix} - 2\begin{bmatrix} 0 & 3 \\ 2 & 0 \\ -4 & -1 \end{bmatrix} = \begin{bmatrix} 2 & 1 \\ -1 & 0 \\ -3 & 4 \end{bmatrix} + \begin{bmatrix} 0 & -6 \\ -4 & 0 \\ 8 & 2 \end{bmatrix} = \begin{bmatrix} 2 & -5 \\ -5 & 0 \\ 5 & -6 \end{bmatrix}$

30. $A = \begin{bmatrix} 2 & 3 \\ 1 & 4 \end{bmatrix}, X = \begin{bmatrix} x \\ y \end{bmatrix}, B = \begin{bmatrix} 5 \\ 10 \end{bmatrix}$

$\begin{bmatrix} 2 & 3 & \vdots & 5 \\ 1 & 4 & \vdots & 10 \end{bmatrix} \Rightarrow \begin{bmatrix} 1 & 4 & \vdots & 10 \\ 2 & 3 & \vdots & 5 \end{bmatrix} \Rightarrow \begin{bmatrix} 1 & 4 & \vdots & 10 \\ 0 & -5 & \vdots & -15 \end{bmatrix} \Rightarrow \begin{bmatrix} 1 & 0 & \vdots & -2 \\ 0 & 1 & \vdots & 3 \end{bmatrix}$

$x = -2, y = 3$

32. $A = \begin{bmatrix} 1 & 1 & -3 \\ -1 & 2 & 0 \\ 0 & -1 & 1 \end{bmatrix}$, $X = \begin{bmatrix} x \\ y \\ z \end{bmatrix}$, $B = \begin{bmatrix} -1 \\ 1 \\ 0 \end{bmatrix}$

$$\begin{bmatrix} 1 & 1 & -3 & \vdots & -1 \\ -1 & 2 & 0 & \vdots & 1 \\ 0 & -1 & 1 & \vdots & 0 \end{bmatrix} \Rightarrow \begin{bmatrix} 1 & 1 & -3 & \vdots & -1 \\ 0 & 3 & -3 & \vdots & 0 \\ 0 & -1 & 1 & \vdots & 0 \end{bmatrix}$$

$$\Rightarrow \begin{bmatrix} 1 & 1 & -3 & \vdots & -1 \\ 0 & 1 & -1 & \vdots & 0 \\ 0 & 0 & 0 & \vdots & 0 \end{bmatrix}$$

$$\Rightarrow \begin{bmatrix} 1 & 0 & -2 & \vdots & -1 \\ 0 & 1 & -1 & \vdots & 0 \\ 0 & 0 & 0 & \vdots & 0 \end{bmatrix}$$

Let $z = a$, then $y = a$, $x = 2a - 1$.

34. $AB = \begin{bmatrix} 3 & 3 \\ 4 & 4 \end{bmatrix} \begin{bmatrix} 1 & -1 \\ -1 & 1 \end{bmatrix}$

$= \begin{bmatrix} 3-3 & -3+3 \\ 4-4 & -4+4 \end{bmatrix} = \begin{bmatrix} 0 & 0 \\ 0 & 0 \end{bmatrix}$

Thus, $AB = 0$ and neither A nor B is 0.

36. $1.10 \begin{bmatrix} 100 & 90 & 70 & 30 \\ 40 & 20 & 60 & 60 \end{bmatrix} = \begin{bmatrix} 110 & 99 & 77 & 33 \\ 44 & 22 & 66 & 66 \end{bmatrix}$

38. $BA = \begin{bmatrix} 20.50 & 26.50 & 29.50 \end{bmatrix} \begin{bmatrix} 5000 & 4000 \\ 6000 & 10{,}000 \\ 8000 & 5000 \end{bmatrix}$

$= \begin{bmatrix} \$497{,}500 & \$494{,}500 \end{bmatrix}$

The entries in the last matrix represent the cost of the product at each of the two warehouses.

40. (a) $1.6(10) + 1(8) + 0.2(5) = \$25.00$ per hour

(b) $2.5(12) + 2(9) + 0.4(6) = \$50.40$ per hour

(c) $ST = \begin{bmatrix} 1.0 & 0.5 & 0.2 \\ 1.6 & 1.0 & 0.2 \\ 2.5 & 2.0 & 0.4 \end{bmatrix} \begin{bmatrix} 12 & 10 \\ 9 & 8 \\ 6 & 5 \end{bmatrix}$

$= \begin{bmatrix} \$17.70 & \$15.00 \\ \$29.40 & \$25.00 \\ \$50.40 & \$43.00 \end{bmatrix}$

This represents the labor cost for each boat size at each plant.

42. $P^3 = \begin{bmatrix} 0.3 & 0.175 & 0.175 \\ 0.308 & 0.433 & 0.217 \\ 0.392 & 0.392 & 0.608 \end{bmatrix}$ $\qquad P^6 \approx \begin{bmatrix} 0.2125 & 0.1969 & 0.1969 \\ 0.3108 & 0.3265 & 0.2798 \\ 0.4767 & 0.4767 & 0.5233 \end{bmatrix}$

$P^4 = \begin{bmatrix} 0.25 & 0.1875 & 0.1875 \\ 0.3148 & 0.3773 & 0.2477 \\ 0.4352 & 0.4352 & 0.5648 \end{bmatrix}$ $\qquad P^7 \approx \begin{bmatrix} 0.2063 & 0.1984 & 0.1984 \\ 0.3077 & 0.3156 & 0.2876 \\ 0.4860 & 0.4860 & 0.5140 \end{bmatrix}$

$P^5 \approx \begin{bmatrix} 0.225 & 0.1938 & 0.1938 \\ 0.3139 & 0.3451 & 0.2674 \\ 0.4611 & 0.4611 & 0.5389 \end{bmatrix}$ $\qquad P^8 \approx \begin{bmatrix} 0.2031 & 0.1992 & 0.1992 \\ 0.3053 & 0.3092 & 0.2924 \\ 0.4916 & 0.4916 & 0.5084 \end{bmatrix}$

As P is raised to higher and higher powers, it approaches
$$\begin{bmatrix} 0.2 & 0.2 & 0.2 \\ 0.3 & 0.3 & 0.3 \\ 0.5 & 0.5 & 0.5 \end{bmatrix}$$
Notice that the columns are the same, and add up to 1.

9.7 Inverse Matrices and Systems of Linear Equations

2. $AB = \begin{bmatrix} 1 & -1 \\ -1 & 2 \end{bmatrix} \begin{bmatrix} 2 & 1 \\ 1 & 1 \end{bmatrix} = \begin{bmatrix} 2-1 & 1-1 \\ -2+2 & -1+2 \end{bmatrix} = \begin{bmatrix} 1 & 0 \\ 0 & 1 \end{bmatrix}$

$BA = \begin{bmatrix} 2 & 1 \\ 1 & 1 \end{bmatrix} \begin{bmatrix} 1 & -1 \\ -1 & 2 \end{bmatrix} = \begin{bmatrix} 2-1 & -2+2 \\ 1-1 & -1+2 \end{bmatrix} = \begin{bmatrix} 1 & 0 \\ 0 & 1 \end{bmatrix}$

4. $AB = \begin{bmatrix} 1 & -1 \\ 2 & 3 \end{bmatrix} \begin{bmatrix} \frac{3}{5} & \frac{1}{5} \\ -\frac{2}{5} & \frac{1}{5} \end{bmatrix} = \begin{bmatrix} \frac{3}{5}+\frac{2}{5} & \frac{1}{5}-\frac{1}{5} \\ \frac{6}{5}-\frac{6}{5} & \frac{2}{5}+\frac{3}{5} \end{bmatrix} = \begin{bmatrix} 1 & 0 \\ 0 & 1 \end{bmatrix}$

$BA = \begin{bmatrix} \frac{3}{5} & \frac{1}{5} \\ -\frac{2}{5} & \frac{1}{5} \end{bmatrix} \begin{bmatrix} 1 & -1 \\ 2 & 3 \end{bmatrix} = \begin{bmatrix} \frac{3}{5}+\frac{2}{5} & -\frac{3}{5}+\frac{3}{5} \\ -\frac{2}{5}+\frac{2}{5} & \frac{2}{5}+\frac{3}{5} \end{bmatrix} = \begin{bmatrix} 1 & 0 \\ 0 & 1 \end{bmatrix}$

6. $AB = \begin{bmatrix} 2 & -17 & 11 \\ -1 & 11 & -7 \\ 0 & 3 & -2 \end{bmatrix} \begin{bmatrix} 1 & 1 & 2 \\ 2 & 4 & -3 \\ 3 & 6 & -5 \end{bmatrix}$

$= \begin{bmatrix} 2-34+33 & 2-68+66 & 4+51-55 \\ -1+22-21 & -1+44-42 & -2-33+35 \\ 6-6 & 12-12 & -9+10 \end{bmatrix} = \begin{bmatrix} 1 & 0 & 0 \\ 0 & 1 & 0 \\ 0 & 0 & 1 \end{bmatrix}$

$BA = \begin{bmatrix} 1 & 1 & 2 \\ 2 & 4 & -3 \\ 3 & 6 & -5 \end{bmatrix} \begin{bmatrix} 2 & -17 & 11 \\ -1 & 11 & -7 \\ 0 & 3 & -2 \end{bmatrix} = \begin{bmatrix} 2-1 & -17+11+6 & 11-7-4 \\ 4-4 & -34+44-9 & 22-28+6 \\ 6-6 & -51+66-15 & 33-42+10 \end{bmatrix} = I_3$

8. $AB = \frac{1}{3}\begin{bmatrix} -1 & 1 & 0 & -1 \\ 1 & -1 & 1 & 0 \\ -1 & 1 & 2 & 0 \\ 0 & -1 & 1 & 1 \end{bmatrix}\begin{bmatrix} -3 & 1 & 1 & -3 \\ -3 & -1 & 2 & -3 \\ 0 & 1 & 1 & 0 \\ -3 & -2 & 1 & 0 \end{bmatrix}$

$= \frac{1}{3}\begin{bmatrix} 3-3+0+3 & -1-1+0+2 & -1+2+0-1 & 3-3+0+0 \\ -3+3+0+0 & 1+1+1+0 & 1-2+1+0 & -3+3+0+0 \\ 3-3+0+0 & -1-1+2+0 & -1+2+2+0 & 3-3+0+0 \\ 0+3+0-3 & 0+1+1-2 & 0-2+1+1 & 0+3+0+0 \end{bmatrix}$

$= \frac{1}{3}\begin{bmatrix} 3 & 0 & 0 & 0 \\ 0 & 3 & 0 & 0 \\ 0 & 0 & 3 & 0 \\ 0 & 0 & 0 & 3 \end{bmatrix} = I_4$

$BA = \frac{1}{3}\begin{bmatrix} -3 & 1 & 1 & -3 \\ -3 & -1 & 2 & -3 \\ 0 & 1 & 1 & 0 \\ -3 & -2 & 1 & 0 \end{bmatrix}\begin{bmatrix} -1 & 1 & 0 & -1 \\ 1 & -1 & 1 & 0 \\ -1 & 1 & 2 & 0 \\ 0 & -1 & 1 & 1 \end{bmatrix}$

$= \frac{1}{3}\begin{bmatrix} 3+1-1+0 & -3-1+1+3 & 0+1+2-3 & 3+0+0-3 \\ 3-1-2+0 & -3+1+2+3 & 0-1+4-3 & 3+0+0-3 \\ 0+1-1+0 & 0-1+1+0 & 0+1+2+0 & 0+0+0+0 \\ 3-2-1+0 & -3+2+1+0 & 0-2+2+0 & 3+0+0+0 \end{bmatrix} = \frac{1}{3}\begin{bmatrix} 3 & 0 & 0 & 0 \\ 0 & 3 & 0 & 0 \\ 0 & 0 & 3 & 0 \\ 0 & 0 & 0 & 3 \end{bmatrix} = I_4$

10. $A^{-1} = \frac{1}{ad-bc}\begin{bmatrix} d & -b \\ -c & a \end{bmatrix} = \frac{1}{7-6}\begin{bmatrix} 7 & -2 \\ -3 & 1 \end{bmatrix} = \begin{bmatrix} 7 & -2 \\ -3 & 1 \end{bmatrix}$

12. $A^{-1} = \frac{1}{ad-bc}\begin{bmatrix} d & -b \\ -c & a \end{bmatrix} = \frac{1}{133-132}\begin{bmatrix} -19 & -33 \\ -4 & -7 \end{bmatrix} = \begin{bmatrix} -19 & -33 \\ -4 & -7 \end{bmatrix}$

14. $A^{-1} = \frac{1}{ad-bc}\begin{bmatrix} d & -b \\ -c & a \end{bmatrix} = \frac{1}{0+1}\begin{bmatrix} 0 & -1 \\ 1 & 11 \end{bmatrix} = \begin{bmatrix} 0 & -1 \\ 1 & 11 \end{bmatrix}$

16. $A^{-1} = \frac{1}{ad-bc}\begin{bmatrix} d & -b \\ -c & a \end{bmatrix} = \frac{1}{8-3}\begin{bmatrix} 4 & -3 \\ -1 & 2 \end{bmatrix} = \frac{1}{5}\begin{bmatrix} 4 & -3 \\ -1 & 2 \end{bmatrix}$

18. $A = \begin{bmatrix} -2 & 5 \\ 6 & -15 \\ 0 & 1 \end{bmatrix}$

    A has no inverse because it is not square.

20. Using a graphing utility,

    $A^{-1} = \begin{bmatrix} -13 & 6 & 4 \\ 12 & -5 & -3 \\ -5 & 2 & 1 \end{bmatrix}$.

22. Using a graphing utility,

    $A^{-1} = \begin{bmatrix} -10 & -4 & 27 \\ 2 & 1 & -5 \\ -13 & -5 & 35 \end{bmatrix}$.

24. Using a graphing utility,

    $A^{-1} = \frac{1}{2}\begin{bmatrix} 2 & -2 & 0 \\ 14 & -17 & 2 \\ -16 & 20 & -2 \end{bmatrix}$.

26. Using a graphing utility,

$$A^{-1} = \tfrac{1}{30} \begin{bmatrix} 15 & 0 & 0 \\ 0 & 10 & 0 \\ 0 & 0 & 6 \end{bmatrix}.$$

28. Using a graphing utility, we see that the inverse of A does not exist.

30. Using a graphing utility,

$$A^{-1} = \begin{bmatrix} 1 & 0 & 1 & 0 \\ 0 & 1 & 0 & 1 \\ 2 & 0 & 1 & 0 \\ 0 & 1 & 0 & 2 \end{bmatrix}.$$

32. Using a graphing utility,

$$A^{-1} = \tfrac{1}{10} \begin{bmatrix} 10 & -15 & -40 & 26 \\ 0 & 5 & 10 & -8 \\ 0 & 0 & -5 & 1 \\ 0 & 0 & 0 & 2 \end{bmatrix}.$$

34. Using a graphing utility,

$$A^{-1} = \begin{bmatrix} 27 & -10 & 4 & -29 \\ -16 & 5 & -2 & 18 \\ -17 & 4 & -2 & 20 \\ -7 & 2 & -1 & 8 \end{bmatrix}.$$

36. Using a graphing utility, the solution is $\left(\tfrac{1}{2}, \tfrac{1}{3}\right)$.

38. Using a graphing utility, we see that the system is inconsistent.

40. Using a graphing utility, the solution is $(-0.0769, 0.6154) = \left(-\tfrac{1}{13}, \tfrac{8}{13}\right)$.

42. Using a graphing utility, the solution is $(5, 8, -2)$.

44. Using a graphing utility, we see that the coefficient matrix is not invertible. However, using row reduction we find there are an infinite number of solutions: $(-1 + 2a, 2 - 3a, a)$.

46. Using a graphing utility, the solution is $(7, -1, -3, 2)$.

For Exercises 48 and 50 we have:

$$A = \begin{bmatrix} 1 & 1 & 1 \\ 0.065 & 0.07 & 0.09 \\ 0 & 2 & -1 \end{bmatrix}$$

Using a graphing utility, we obtain

$$A^{-1} = \tfrac{1}{11} \begin{bmatrix} 50 & -600 & -4 \\ -13 & 200 & 5 \\ -26 & 400 & -1 \end{bmatrix}.$$

48. $B = \begin{bmatrix} 45{,}000 \\ 3{,}750 \\ 0 \end{bmatrix}$

$$X = A^{-1}B = \tfrac{1}{11} \begin{bmatrix} 50 & -600 & -4 \\ -13 & 200 & 5 \\ -26 & 400 & -1 \end{bmatrix} \begin{bmatrix} 45{,}000 \\ 3{,}750 \\ 0 \end{bmatrix} = \begin{bmatrix} 0 \\ 15{,}000 \\ 30{,}000 \end{bmatrix}$$

Answer: 0 in AAA-rated bonds, $15,000 in A-rated bonds, $30,000 in B-rated bonds

50. $B = \begin{bmatrix} 500{,}000 \\ 38{,}000 \\ 0 \end{bmatrix}$

$X = A^{-1}B = \begin{bmatrix} 50 & -600 & -4 \\ -13 & 200 & 5 \\ -26 & 400 & -1 \end{bmatrix} \begin{bmatrix} 500{,}000 \\ 38{,}000 \\ 0 \end{bmatrix} = \begin{bmatrix} 200{,}000 \\ 100{,}000 \\ 200{,}000 \end{bmatrix}$

Answer: $200,000 in AAA-rated bonds, $100,000 in A-rated bonds, $200,000 in B-rated bonds

For Exercise 52 we have:

$A = \begin{bmatrix} 2 & 0 & 4 \\ 0 & 1 & 4 \\ 1 & 1 & -1 \end{bmatrix}$

Using a graphing utility, we obtain

$A^{-1} = \frac{1}{14} \begin{bmatrix} 5 & -4 & 4 \\ -4 & 6 & 8 \\ 1 & 2 & -2 \end{bmatrix}$.

52. $B = \begin{bmatrix} 10 \\ 10 \\ 0 \end{bmatrix}$

$X = A^{-1}B = \frac{1}{14} \begin{bmatrix} 5 & -4 & 4 \\ -4 & 6 & 8 \\ 1 & 2 & -2 \end{bmatrix} \begin{bmatrix} 10 \\ 10 \\ 0 \end{bmatrix} = \begin{bmatrix} \frac{5}{7} \\ \frac{10}{7} \\ \frac{15}{7} \end{bmatrix}$

Answer:
$I_1 = \frac{5}{7}$ amps, $I_2 = \frac{10}{7}$ amps, $I_3 = \frac{15}{7}$ amps

9.8 Systems of Inequalities

2. The graph of $y \leq 2$ is the half-plane below the line $y = 2$ together with the line $y = 2$. Graph (h)

4. The graph of $2x - y \geq -2$ is the half-plane below the line $2x - y = -2$ together with the line. Graph (c)

6. The graph of $(x - 2)^2 + (y - 3)^2 > 4$ is the exterior of the circle centered at (2, 3) with radius 2. Graph (g)

8. The graph of $y \leq 4 - x^2$ is the interior region of a parabola with vertex (0, 4) and opening downward together with the graph of $y = 4 - x^2$. Graph (d)

10. $x \leq 4$

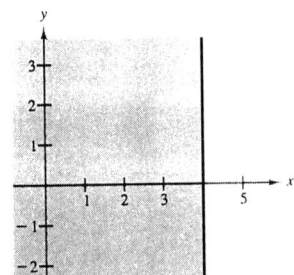

12. $y \leq 3$

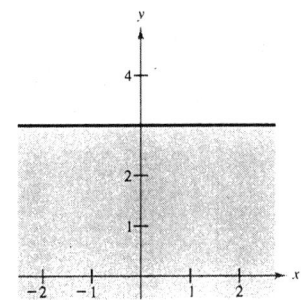

14. $y > 2x - 4$

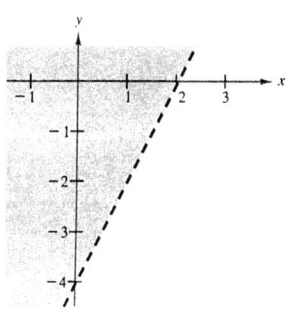

16. $5x + 3y \geq -15$

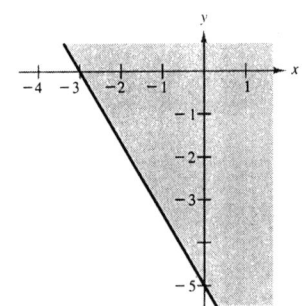

18. $y^2 - x < 0$

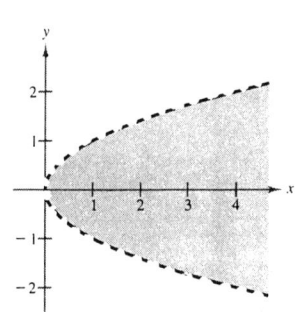

20. $y < \ln x$

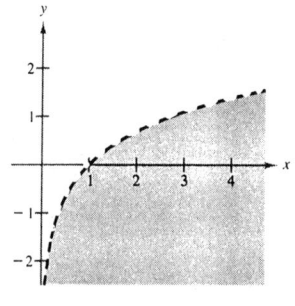

22. $3x + 2y < 6$
    $x > 0$
    $y > 0$

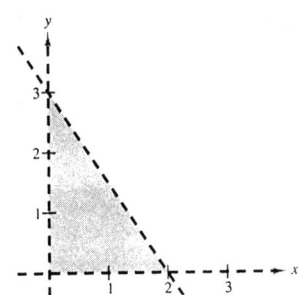

24. $2x + y \geq 2$
    $x \leq 2$
    $y \leq 1$

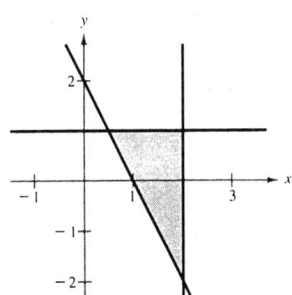

26. $x - 7y > -36$
    $5x + 2y > 5$
    $6x - 5y > 6$

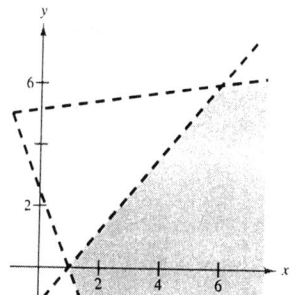

376 CHAPTER 9 Linear Models and Systems of Equations

28. $x - 2y < -6$
$5x - 3y > -9$

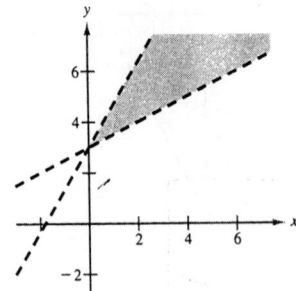

30. $x - y^2 > 0$
$x - y < 2$

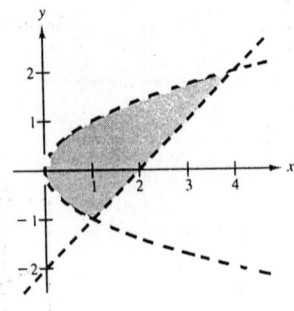

32. $x^2 + y^2 \leq 25$
$4x - 3y \leq 0$

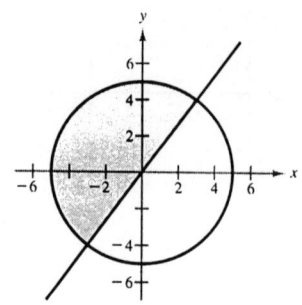

34. $x < 2y - y^2$
$0 < x + y$

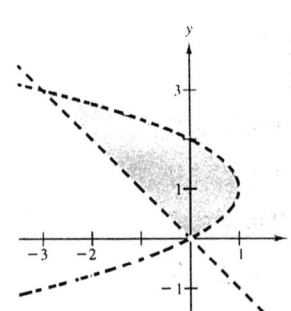

36. $y < -x^2 + 2x + 3$
$y > x^2 - 4x + 3$

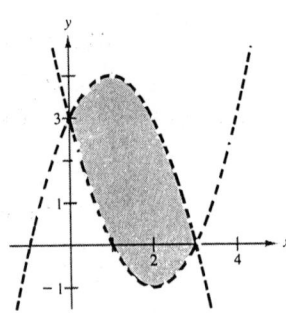

38. $y \geq x^4 - 2x^2 + 1$
$y \leq 1 - x^2$

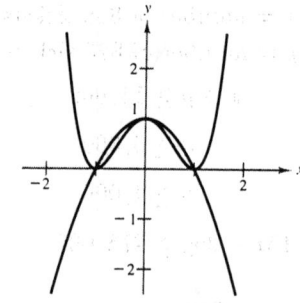

40. $y \leq e^{-x^2/2}$
$y \geq 0$
$-2 \leq x \leq 2$

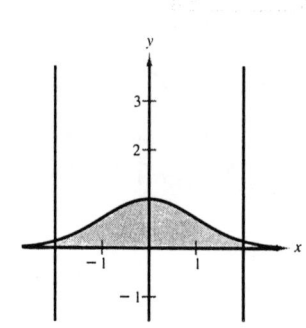

42. $0 \leq y \leq 4$
$4x - y \geq 0$
$4x - y \leq 16$

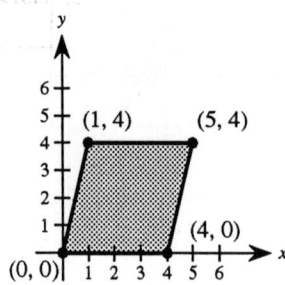

44. $y \geq 0$
$y \leq x + 1$
$y \leq -x + 1$

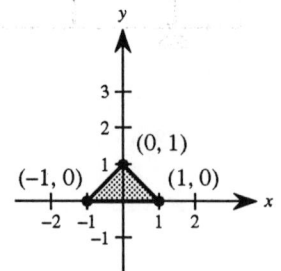

46. $x^2 + y^2 \leq 16$

    $x \geq 0$

    $y \geq x$

48. $x =$ number of model A

    $y =$ number of model B

    $x \geq 2y$

    $8x + 12y \leq 200$

    $x \geq 4$

    $y \geq 2$

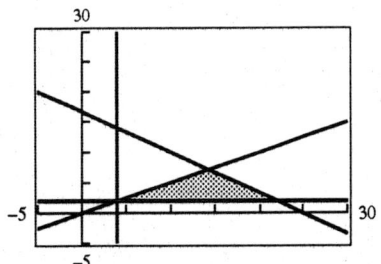

50. $x =$ number of $15 tickets

    $y =$ number of $25 tickets

    $x + y \geq 15,000$

    $x \geq 8,000$

    $y \geq 4,000$

    $15x + 25y \geq 275,000$

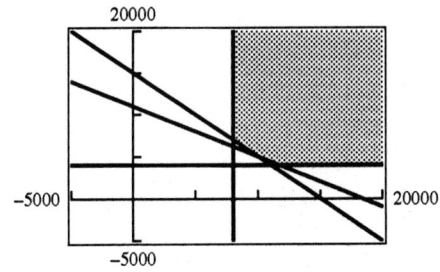

52. $x =$ ounces of food X

    $y =$ ounces of food Y

    Calcium: $20x + 10y \geq 300$

    Iron: $15x + 10y \geq 150$

    Vitamin B: $10x + 20y \geq 200$

    $x \geq 0$

    $y \geq 0$

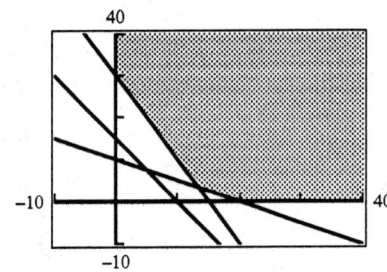

54. Demand = Supply

$$60 - x = 10 + \tfrac{7}{3}x$$
$$50 = \tfrac{10}{3}x$$
$$15 = x$$
$$45 = p$$

Point of equilibrium: (15, 45)

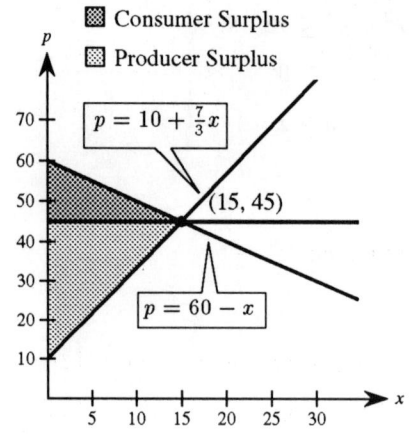

The consumer surplus is the area of the triangle bounded by

$p \leq 60 - x$

$p \geq 45$

$x \geq 0.$

$$\begin{aligned}\text{Consumer surplus} &= \tfrac{1}{2}(\text{base})(\text{height}) \\ &= \tfrac{1}{2}(15)(15) \\ &= \tfrac{225}{2}\end{aligned}$$

The producer surplus is the area of the triangle bounded by

$p \geq 10 + \tfrac{7}{3}x$

$p \leq 45$

$x \geq 0.$

$$\begin{aligned}\text{Producer surplus} &= \tfrac{1}{2}(\text{base})(\text{height}) \\ &= \tfrac{1}{2}(15)(35) \\ &= \tfrac{525}{2}\end{aligned}$$

56.   Demand = Supply

$$100 - 0.05x = 25 + 0.1x$$
$$75 = 0.15x$$
$$500 = x$$
$$75 = p$$

Point of equilibrium: (500, 75)

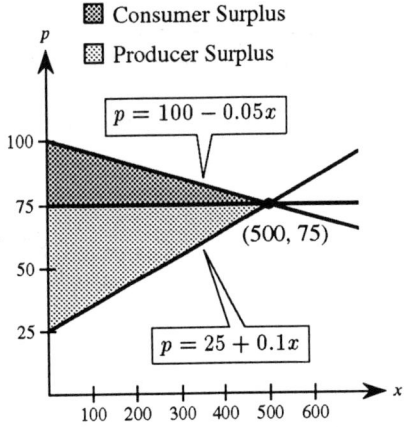

The consumer surplus is the area of the triangle bounded by

$p \leq 100 - 0.05x$

$p \geq 75$

$x \geq 0$.

$$\begin{aligned}\text{Consumer surplus} &= \frac{1}{2}\,(\text{base})(\text{height}) \\ &= \frac{1}{2}(500)(25) \\ &= 6250\end{aligned}$$

The producer surplus is the area of the triangle bounded by

$p \geq 25 + 0.1x$

$p \leq 75$

$x \geq 0$.

$$\begin{aligned}\text{Producer surplus} &= \frac{1}{2}\,(\text{base})(\text{height}) \\ &= \frac{1}{2}(500)(50) \\ &= 12{,}500\end{aligned}$$

58.

Demand = Supply

$400 - 0.0002x = 225 + 0.0005x$

$175 = 0.0007x$

$250{,}000 = x$

$350 = p$

Point of equilibrium: $(250{,}000,\ 350)$

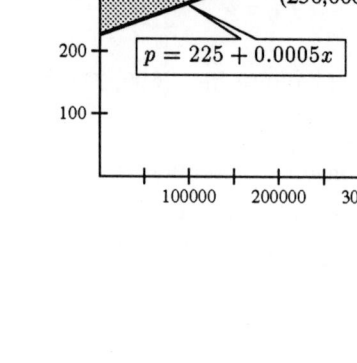

The consumer surplus is the area of the triangle bounded by

$p \leq 400 - 0.0002x$

$p \geq 350$

$x \geq 0.$

Consumer surplus = $\frac{1}{2}$(base)(height) = $\frac{1}{2}(250{,}000)(50) = 6{,}250{,}000$

The producer surplus is the area of the triangle bounded by

$p \geq 225 + 0.0005x$

$p \leq 350$

$x \geq 0.$

Producer surplus = $\frac{1}{2}$(base)(height) = $\frac{1}{2}(250{,}000)(125) = 15{,}625{,}000$

Review Exercises for Chapter 9

2. $2x = 3(y-1)$ Equation 1

$y = x$ Equation 2

Substitute y for x in Equation 1:

$2y = 3y - 3 \Rightarrow y = 3$

Backsubstitute $y = 3$: $x = y \Rightarrow x = 3$

Solution: $(3, 3)$

4. $x^2 + y^2 = 169$ Equation 1

$3x + 2y = 39$ Equation 2

Solve for x in Equation 2: $x = 13 - \frac{2}{3}y$

Substitute for x in Equation 1:

$\left(13 - \frac{2}{3}y\right)^2 + y^2 = 169$

$169 - 4\left(\frac{13}{3}y\right) + \frac{4}{9}y^2 + y^2 = 169$

$\frac{13}{3}y\left(\frac{1}{3}y - 4\right) = 0 \Rightarrow y = 0,\ 12$

Backsubstitute $y = 0$: $x = 13 - \frac{2}{3}(0) = 13$

Backsubstitute $y = 12$: $x = 13 - \frac{24}{3} = 5$

Solutions: $(13, 0),\ (5, 12)$

6. $x = y + 3$ Equation 1

$x = y^2 + 1$ Equation 2

Substitute for x in Equation 1:

$y^2 + 1 = y + 3 \Rightarrow y^2 - y - 2 = 0$

$y = 2, -1$

Backsubstitute $y = 2$: $x = 2^2 + 1 = 5$
Backsubstitute $y = -1$: $x = (-1)^2 + 1 = 2$
Solutions: $(5, 2), (2, -1)$

8. $40x + 30y = 24 \Rightarrow 40x + 30y = 24$

$20x - 50y = -14 \Rightarrow \underline{-40x + 100y = 28}$

$130y = 52$

$y = \frac{2}{5}$

$x = \frac{3}{10}$

Solution: $\left(\frac{3}{10}, \frac{2}{5}\right)$

10. $7x + 12y = 63 \Rightarrow -7x - 12y = -63$

$2x + 3y = 15 \Rightarrow \underline{8x + 12y = 60}$

$x = -3$

$y = 7$

Solution: $(-3, 7)$

12. $1.5x + 2.5y = 8.5 \Rightarrow 3x + 5y = 17$

$6x + 10y = 24 \Rightarrow \underline{-3x - 5y = -12}$

$0 = 5$

Inconsistent; no solution

14. $y = 2x^2 - 4x + 1$

$y = x^2 - 4x + 3$

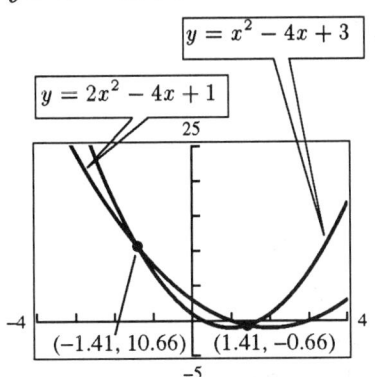

We see that there are two solutions, $(1.41, -0.66)$ and $(-1.41, 10.66)$.

16. $y = \ln(x - 1) - 3$

$y = 4 - \frac{1}{2}x$

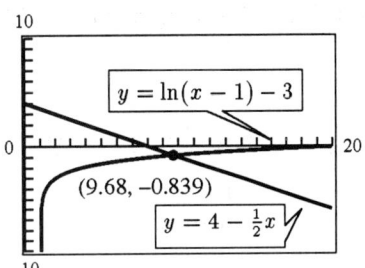

The unique solution is $(x, y) = (9.68, -0.839)$.

18. $22{,}500 + 0.015x = 20{,}000 + 0.02x$

$\phantom{22{,}500 + 0.0}2500 = 0.005x$

$\phantom{22{,}500 + 0.015}x = 500{,}000$

You would have to sell over \$500,000 to make the second offer better.

20. $x = $ number of \$9.95 cassette tapes

$y = $ number of \$14.95 cassette tapes

$x + y = 650 \Rightarrow y = 650 - x$

$9.95x + 14.95y = 7717.50$

$9.95x + 14.95(650 - x) = 7717.50$

$-5x = -2000$

$x = 400$

$y = 250$

Solution: 400 at \$9.95 and 250 at \$14.95

22. $2l + 2w = 480$

$l = 1.50w$

$2(1.50w) + 2w = 480$

$5w = 480$

$w = 96$

$l = 144$

The dimensions are 96×144 meters.

24. Supply = Demand

$45 + 0.0002x = 120 - 0.0001x$

$0.0003x = 75$

$x = 250{,}000$ units

$p = \$95.00$

Point of equilibrium: $(250{,}000,\ 95)$

26.
$\begin{aligned} x + 3y - z &= 13 \\ 2x - 5z &= 23 \\ 4x - y - 2z &= 14 \end{aligned}$

$\begin{aligned} x + 3y - z &= 13 \\ -6y - 3z &= -3 \\ -13y + 2z &= -38 \end{aligned}$

$\begin{aligned} x + 3y - z &= 13 \\ -6y - 3z &= -3 \\ \tfrac{17}{2}z &= -\tfrac{63}{2} \end{aligned}$

$\tfrac{17}{2}z = -\tfrac{63}{2} \Rightarrow z = -\tfrac{63}{17}$

$-6y - 3\left(-\tfrac{63}{17}\right) = -3 \Rightarrow y = \tfrac{40}{17}$

$x + 3\left(\tfrac{40}{17}\right) - \left(-\tfrac{63}{17}\right) = 13 \Rightarrow x = \tfrac{38}{17}$

Solution: $\left(\tfrac{38}{17},\ \tfrac{40}{17},\ -\tfrac{63}{17}\right)$

28.
$\begin{aligned} 2x + 6z &= -9 \\ 3x - 2y + 11z &= -16 \\ 3x - y + 7z &= -11 \end{aligned}$

$\begin{aligned} -x + 2y - 5z &= 7 \\ 3x - 2y + 11z &= -16 \\ 3x - y + 7z &= -11 \end{aligned}$

$\begin{aligned} -x + 2y - 5z &= 7 \\ 4y - 4z &= 5 \\ 5y - 8z &= 10 \end{aligned}$

$\begin{aligned} -x + 2y - 5z &= 7 \\ 4y - 4z &= 5 \\ -3y &= 0 \end{aligned}$

$-3y = 0 \Rightarrow y = 0$

$4(0) - 4z = 5 \Rightarrow z = -\tfrac{5}{4}$

$-x + 2(0) - 5\left(-\tfrac{5}{4}\right) = 7 \Rightarrow x = -\tfrac{3}{4}$

Solution: $\left(-\tfrac{3}{4},\ 0,\ -\tfrac{5}{4}\right)$

30.
$$-x + 3y + 2z + 2w = 1$$
$$2x + y + z + 2w = -1$$
$$5x - 2y + z - 3w = 0$$
$$3x + 2y + 3z - 5w = 12$$

$$-x + 3y + 2z + 2w = 1$$
$$7y + 5z + 6w = 1$$
$$13y + 11z + 7w = 5$$
$$11y + 9z + w = 15$$

$$-x + 3y + 2z + 2w = 1$$
$$-y + z - 5w = 3$$
$$7y + 5z + 6w = 1$$
$$11y + 9z + w = 15$$

$$-x + 3y + 2z + 2w = 1$$
$$-y + z - 5w = 3$$
$$12z - 29w = 22$$
$$20z - 54w = 48$$

$$-x + 3y + 2z + 2w = 1$$
$$-y + z - 5w = 3$$
$$60z - 145w = 110$$
$$60z - 162w = 144$$

$$-x + 3y + 2z + 2w = 1$$
$$-y + z - 5w = 3$$
$$60z - 145w = 110$$
$$-17w = 34$$

$-17w = 34 \Rightarrow w = -2$

$60z - 145(-2) = 110 \Rightarrow z = -3$

$-y - 3 - 5(-2) = 3 \Rightarrow y = 4$

$-x + 3(4) + 2(-3) + 2(-2) = 1 \Rightarrow x = 1$

Solution: $(1, 4, -3, -2)$

32. $\begin{bmatrix} 2 & 3 & 1 & \vdots & 10 \\ 2 & -3 & -3 & \vdots & 22 \\ 4 & -2 & 3 & \vdots & -2 \end{bmatrix} \Rightarrow \begin{bmatrix} 4 & -2 & 3 & \vdots & -2 \\ 2 & -3 & -3 & \vdots & 22 \\ 2 & 3 & 1 & \vdots & 10 \end{bmatrix}$

$\Rightarrow \begin{bmatrix} 4 & -2 & 3 & \vdots & -2 \\ 0 & 4 & 9 & \vdots & -46 \\ 0 & -8 & 1 & \vdots & -22 \end{bmatrix}$

$\Rightarrow \begin{bmatrix} 4 & -2 & 3 & \vdots & -2 \\ 0 & 4 & 9 & \vdots & -46 \\ 0 & 0 & 19 & \vdots & -114 \end{bmatrix}$

$19z = -114 \Rightarrow z = -6$

$4y + 9(-6) = -46 \Rightarrow y = 2$

$4x - 2(2) + 3(-6) = -2 \Rightarrow x = 5$

Answer: $(5, 2, -6)$

34. $\begin{bmatrix} 1 & 2 & 6 & \vdots & 1 \\ 2 & 5 & 15 & \vdots & 4 \\ 3 & 1 & 3 & \vdots & -6 \end{bmatrix} \Rightarrow \begin{bmatrix} 1 & 2 & 6 & \vdots & 1 \\ 0 & 1 & 3 & \vdots & 2 \\ 0 & -5 & -15 & \vdots & -9 \end{bmatrix} \Rightarrow \begin{bmatrix} 1 & 0 & 0 & \vdots & -3 \\ 0 & 1 & 3 & \vdots & 2 \\ 0 & 0 & 0 & \vdots & 1 \end{bmatrix}$

$x = -3$

$y + 3x = 2$

$0 = 1$

36. $y = ax^2 + bx + c$

At $(-5, 0)$: $\quad 0 \;= 25a - 5b + c$

At $(1, -6)$: $\quad -6 = a + b + c$

At $(2, 14)$: $\quad 14 = 4a + 2b + c$

$\quad a + \quad b + \quad c = \quad -6$

$\;4a + \quad 2b + \quad c = \quad 14$

$25a - \quad 5b + \quad c = \quad 0$

$\quad a + \quad b + \quad c = \quad -6$

$\quad\quad\quad -2b - 3c = \quad 38$

$\quad\quad\quad -30b - 24c = \quad 150$

$\quad a + \quad b + \quad c = \quad -6$

$\quad\quad\quad -2b - 3c = \quad 38$

$\quad\quad\quad\quad\quad 21c = -420$

$\quad\quad\quad\quad 21c = -420 \quad \Rightarrow \quad c = -20$

$-2b - 3(-20) = 38 \quad \Rightarrow \quad b = 11$

$a + 11 - 20 = -6 \quad \Rightarrow \quad a = 3$

Solution: $y = 3x^2 + 11x - 20$

38. $x^2 + y^2 + Dx + Ey + F = 0$

At (4, 2): $16 + 4 + 4D + 2E + F = 0 \Rightarrow 4D + 2E + F = -20$

At (1, 3): $1 + 9 + D + 3E + F = 0 \Rightarrow D + 3E + F = -10$

At (−2, −6): $4 + 36 - 2D - 6E + F = 0 \Rightarrow -2D - 6E + F = -40$

$D + 3E + F = -10$
$4D + 2E + F = -20$
$-2D - 6E + F = -40$

$D + 3E + F = -10$
$-10E - 3F = 20$
$3F = -60$

$3F = -60 \Rightarrow F = -20$

$-10E - 3(-20) = 20 \Rightarrow E = 4$

$D + 3(4) - 20 = -10 \Rightarrow D = -2$

Solution: $y = x^2 + y^2 - 2x + 4y - 20 = 0$

40. x = amount invested at 7%

y = amount invested at 9%

z = amount invested at 11%

$x + y + z = 20{,}000$
$0.07x + 0.09y + 0.11z = 1780$
$x - y = 3000$
$x - z = 1000$

Solution: $x = \$8000$, $y = \$5000$, $z = \$7000$

42. $5c + 10a = 9.1$
   $10b = 8.0$
   $10c + 34a = 19.8$

   $-10c - 20a = -18.2$
   $10b = 8.0$
   $10c + 34a = 19.8$

   $-10c - 20a = -18.2$
   $10b = 8.0$
   $14a = 1.6$

$14a = 1.6 \Rightarrow a \approx 0.114$

$10b = 8.0 \Rightarrow b = 0.8$

$-10c - 20(0.114) = -18.2 \Rightarrow c \approx 1.591$

Least squares regression parabola:
$y = 0.114x^2 + 0.8x + 1.591$

44. $-2\begin{bmatrix} 1 & 2 \\ 5 & -4 \\ 6 & 0 \end{bmatrix} + 8\begin{bmatrix} 7 & 1 \\ 1 & 2 \\ 1 & 4 \end{bmatrix} = \begin{bmatrix} -2 & -4 \\ -10 & 8 \\ -12 & 0 \end{bmatrix} + \begin{bmatrix} 56 & 8 \\ 8 & 16 \\ 8 & 32 \end{bmatrix} = \begin{bmatrix} 54 & 4 \\ -2 & 24 \\ -4 & 32 \end{bmatrix}$

46. $\begin{bmatrix} 1 & 5 & 6 \\ 2 & -4 & 0 \end{bmatrix} \begin{bmatrix} 6 & -2 & 8 \\ 4 & 0 & 0 \end{bmatrix}$ is undefined.

48. $\begin{bmatrix} 4 \\ 6 \end{bmatrix} \begin{bmatrix} 6 & -2 \end{bmatrix} = \begin{bmatrix} 24 & -8 \\ 36 & -12 \end{bmatrix}$

50. $\begin{bmatrix} 2 & 1 \\ 6 & 0 \end{bmatrix} \left(\begin{bmatrix} 4 & 2 \\ -3 & 1 \end{bmatrix} + \begin{bmatrix} -2 & 4 \\ 0 & 4 \end{bmatrix} \right) = \begin{bmatrix} 2 & 1 \\ 6 & 0 \end{bmatrix} \begin{bmatrix} 2 & 6 \\ -3 & 5 \end{bmatrix} = \begin{bmatrix} 1 & 17 \\ 12 & 36 \end{bmatrix}$

52. $A = \begin{bmatrix} 3 & -10 \\ 4 & 2 \end{bmatrix}$

    Using a graphing utility, we find that
    $$A^{-1} = \begin{bmatrix} 0.043 & 0.217 \\ -0.087 & 0.065 \end{bmatrix}.$$

    $\begin{bmatrix} 3 & -10 & \vdots & 1 & 0 \\ 4 & 2 & \vdots & 0 & 1 \end{bmatrix} \Rightarrow \begin{bmatrix} 1 & 12 & \vdots & -1 & 1 \\ 4 & 2 & \vdots & 0 & 1 \end{bmatrix} \Rightarrow \begin{bmatrix} 1 & 12 & \vdots & -1 & 1 \\ 0 & -46 & \vdots & 4 & -3 \end{bmatrix}$

    $\Rightarrow \begin{bmatrix} 1 & 12 & \vdots & -1 & 1 \\ 0 & 1 & \vdots & -\frac{2}{23} & \frac{3}{46} \end{bmatrix} \Rightarrow \begin{bmatrix} 1 & 0 & \vdots & \frac{1}{23} & \frac{5}{23} \\ 0 & 1 & \vdots & -\frac{2}{23} & \frac{3}{46} \end{bmatrix}$

54. $A = \begin{bmatrix} 1 & 4 & 6 \\ 2 & -3 & 1 \\ -1 & 18 & 16 \end{bmatrix}$

    The inverse of A does not exist.

56. $\begin{bmatrix} x \\ y \end{bmatrix} = A^{-1}B = \begin{bmatrix} \frac{1}{10} & -\frac{3}{20} \\ \frac{3}{10} & \frac{1}{20} \end{bmatrix} \begin{bmatrix} 23 \\ -18 \end{bmatrix} = \begin{bmatrix} 5 \\ 6 \end{bmatrix}$

    Answer: $(5, 6)$

58. $\begin{bmatrix} x \\ y \\ z \end{bmatrix} = \begin{bmatrix} -18 & -7 & 5 \\ -3 & -1 & 1 \\ -5 & -2 & 1 \end{bmatrix} \begin{bmatrix} 8 \\ -19 \\ 3 \end{bmatrix} = \begin{bmatrix} 4 \\ -2 \\ 1 \end{bmatrix}$

    Answer: $(4, -2, 1)$

60. $\begin{bmatrix} x \\ y \\ z \end{bmatrix} = \begin{bmatrix} \frac{5}{2} & -2 & -2 \\ -1 & 1 & 1 \\ \frac{7}{4} & -\frac{3}{2} & -1 \end{bmatrix} \begin{bmatrix} -12 \\ -14 \\ -6 \end{bmatrix} = \begin{bmatrix} 10 \\ -8 \\ 6 \end{bmatrix}$

    Answer: $(10, -8, 6)$

62. A has no inverse. The system is inconsistent.

64. Let $x =$ the number of units produced, and $y =$ the number of units sold. Then,
    $$x - y = 0$$
    $$-3.75 + 5.25y = 25{,}000.$$

    Using a graphing utility, we have
    $$x = y = 16{,}667.$$

    Approximately 16,667 units must be sold before the business breaks even.

66. $2x + 3y \leq 24$
$2x + y \leq 16$
$x \geq 0$
$y \geq 0$

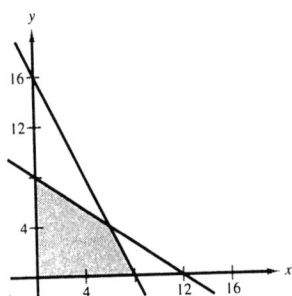

68. $2x + y \geq 16$
$x + 3y \geq 18$
$0 \leq x \leq 25$
$0 \leq y \leq 25$

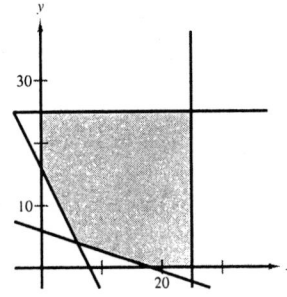

70. $y \leq 6 - 2x - x^2$
$y \geq x + 6$

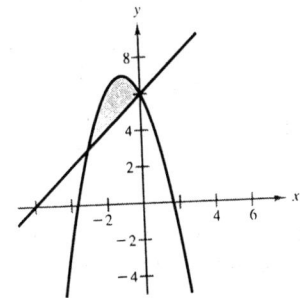

72. $x^2 + y^2 \leq 9$
$(x - 3)^2 + y^2 \leq 9$

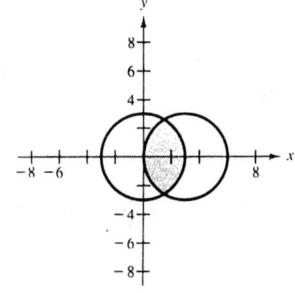

74. $-x + y \leq 1$

$3x + y \leq 25$

$x + 7y \geq 15$

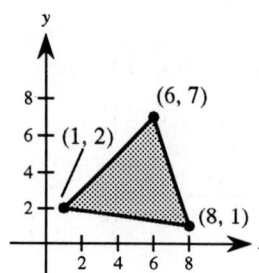

76. $x =$ number of units of Product I

$y =$ number of units of Product II

$20x + 30y \leq 24{,}000$

$12x + 8y \leq 12{,}400$

$x \geq 0$

$y \geq 0$

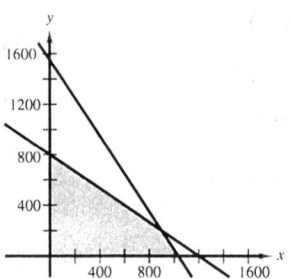

78.   Demand = Supply

$130 - 0.0002x = 30 + 0.0003x$

$100 = 0.0005x$

$x = 200{,}000$ units

$p = \$90$

Point of equilibrium: $(200{,}000,\ 90)$

Consumer surplus: $\frac{1}{2}(200{,}000)(40) = \$4{,}000{,}000$

Producer surplus: $\frac{1}{2}(200{,}000)(60) = \$6{,}000{,}000$

CHAPTER TEN
Sequences, Mathematical Induction, and Probability

10.1 Sequences and Summation Notation

2. $a_n = 4n - 3$
$a_1 = 4(1) - 3 = 1$
$a_2 = 4(2) - 3 = 5$
$a_3 = 4(3) - 3 = 9$
$a_4 = 4(4) - 3 = 13$
$a_5 = 4(5) - 3 = 17$

4. $a_n = \left(\frac{1}{2}\right)^n$
$a_1 = \left(\frac{1}{2}\right)^1 = \frac{1}{2}$
$a_2 = \left(\frac{1}{2}\right)^2 = \frac{1}{4}$
$a_3 = \left(\frac{1}{2}\right)^3 = \frac{1}{8}$
$a_4 = \left(\frac{1}{2}\right)^4 = \frac{1}{16}$
$a_5 = \left(\frac{1}{2}\right)^5 = \frac{1}{32}$

6. $a_n = \left(-\frac{1}{2}\right)^n$
$a_1 = \left(-\frac{1}{2}\right)^1 = -\frac{1}{2}$
$a_2 = \left(-\frac{1}{2}\right)^2 = \frac{1}{4}$
$a_3 = \left(-\frac{1}{2}\right)^3 = -\frac{1}{8}$
$a_4 = \left(-\frac{1}{2}\right)^4 = \frac{1}{16}$
$a_5 = \left(-\frac{1}{2}\right)^5 = -\frac{1}{32}$

8. $a_n = \dfrac{n}{n+1}$
$a_1 = \dfrac{1}{1+1} = \dfrac{1}{2}$
$a_2 = \dfrac{2}{2+1} = \dfrac{2}{3}$
$a_3 = \dfrac{3}{3+1} = \dfrac{3}{4}$
$a_4 = \dfrac{4}{4+1} = \dfrac{4}{5}$
$a_5 = \dfrac{5}{5+1} = \dfrac{5}{6}$

10. $a_n = \dfrac{3^n}{4^n}$
$a_1 = \dfrac{3^1}{4^1} = \dfrac{3}{4}$
$a_2 = \dfrac{3^2}{4^2} = \dfrac{9}{16}$
$a_3 = \dfrac{3^3}{4^3} = \dfrac{27}{64}$
$a_4 = \dfrac{3^4}{4^4} = \dfrac{81}{256}$
$a_5 = \dfrac{3^5}{4^5} = \dfrac{243}{1024}$

12. $a_n = \dfrac{3n^2 - n + 4}{2n^2 + 1}$
$a_1 = \dfrac{3(1)^2 - 1 + 4}{2(1)^2 + 1} = 2$
$a_2 = \dfrac{3(2)^2 - 2 + 4}{2(2)^2 + 1} = \dfrac{14}{9}$
$a_3 = \dfrac{3(3)^2 - 3 + 4}{2(3)^2 + 1} = \dfrac{28}{19}$
$a_4 = \dfrac{3(4)^2 - 4 + 4}{2(4)^2 + 1} = \dfrac{16}{11}$
$a_5 = \dfrac{3(5)^2 - 5 + 4}{2(5)^2 + 1} = \dfrac{74}{51}$

14. $a_n = \dfrac{n!}{n}$
$a_1 = \dfrac{1!}{1} = 1$
$a_2 = \dfrac{2!}{2} = 1$
$a_3 = \dfrac{3!}{3} = 2$
$a_4 = \dfrac{4!}{4} = 6$
$a_5 = \dfrac{5!}{5} = 24$

16. $a_n = (-1)^n \left(\dfrac{n}{n+1}\right)$
$a_1 = (-1)^1 \dfrac{1}{1+1} = -\dfrac{1}{2}$
$a_2 = (-1)^2 \dfrac{2}{2+1} = \dfrac{2}{3}$
$a_3 = (-1)^3 \dfrac{3}{3+1} = -\dfrac{3}{4}$
$a_4 = (-1)^4 \dfrac{4}{4+1} = \dfrac{4}{5}$
$a_5 = (-1)^5 \dfrac{5}{5+1} = -\dfrac{5}{6}$

18. $a_1 = 4$ and $a_{k+1} = \left(\dfrac{k+1}{2}\right) a_k$
$a_1 = 4$
$a_2 = \left(\dfrac{1+1}{2}\right) 4 = 4$
$a_3 = \left(\dfrac{2+1}{2}\right) 4 = 6$
$a_4 = \left(\dfrac{3+1}{2}\right) 6 = 12$
$a_5 = \left(\dfrac{4+1}{2}\right) 12 = 30$

20. $\dfrac{25!}{23!} = \dfrac{25 \cdot 24 \cdot 23!}{23!} = 600$

22. $\dfrac{(n+2)!}{n!} = \dfrac{(n+2)(n+1)n!}{n!} = (n+2)(n+1)$

24. $\dfrac{(2n+2)!}{(2n)!} = \dfrac{(2n+2)(2n+1)(2n)!}{(2n!)}$
$= (2n+2)(2n+1)$

26. $a_1 = 3 = 4(1) - 1$
$a_2 = 7 = 4(2) - 1$
$a_3 = 11 = 4(3) - 1$
$a_4 = 15 = 4(4) - 1$
$a_5 = 19 = 4(5) - 1$
$a_n = 4n - 1$

28. $a_1 = 1 = \dfrac{1}{1^2}$
$a_2 = \dfrac{1}{4} = \dfrac{1}{2^2}$
$a_3 = \dfrac{1}{9} = \dfrac{1}{3^2}$
$a_4 = \dfrac{1}{16} = \dfrac{1}{4^2}$
$a_5 = \dfrac{1}{25} = \dfrac{1}{5^2}$
$a_n = \dfrac{1}{n^2}$

30. $a_1 = \dfrac{1}{3} = \dfrac{2^{1-1}}{3^1}$
$a_2 = \dfrac{2}{9} = \dfrac{2^{2-1}}{3^2}$
$a_3 = \dfrac{4}{27} = \dfrac{2^{3-1}}{3^3}$
$a_4 = \dfrac{8}{81} = \dfrac{2^{4-1}}{3^4}$
$a_n = \dfrac{2^{n-1}}{3^n}$

32. $a_1 = 1 + \dfrac{1}{2} = 1 + \dfrac{2^1 - 1}{2^1}$
$a_2 = 1 + \dfrac{3}{4} = 1 + \dfrac{2^2 - 1}{2^2}$
$a_3 = 1 + \dfrac{7}{8} = 1 + \dfrac{2^3 - 1}{2^2}$
$a_4 = 1 + \dfrac{15}{16} = 1 + \dfrac{2^4 - 1}{2^4}$
$a_5 = 1 + \dfrac{31}{32} = 1 + \dfrac{2^5 - 1}{2^5}$
$a_n = 1 + \dfrac{2^n - 1}{2^n}$

34. $a_1 = 2 = (-1)^{1+1} 2(1)$
$a_2 = -4 = (-1)^{2+1} 2(2)$
$a_3 = 6 = (-1)^{3+1} 2(3)$
$a_4 = -8 = (-1)^{4+1} 2(4)$
$a_5 = 10 = (-1)^{5+1} 2(5)$
$a_n = (-1)^{n+1} 2n$

36. $a_1 = 1 = \dfrac{2^{1-1}}{(1-1)!}$
$a_2 = 2 = \dfrac{2^{2-1}}{(2-1)!}$
$a_3 = \dfrac{2^2}{2} = \dfrac{2^{3-1}}{(3-1)!}$
$a_4 = \dfrac{2^3}{6} = \dfrac{2^{4-1}}{(4-1)!}$
$a_5 = \dfrac{2^4}{24} = \dfrac{2^{5-1}}{(5-1)!}$
$a_6 = \dfrac{2^5}{120} = \dfrac{2^{6-1}}{(6-1)!}$
$a_n = \dfrac{2^{n-1}}{(n-1)!}$

38. $\displaystyle\sum_{i=1}^{6}(3i - 1) = (3 \cdot 1 - 1) + (3 \cdot 2 - 1) + (3 \cdot 3 - 1) + (3 \cdot 4 - 1) + (3 \cdot 5 - 1) + (3 \cdot 6 - 1) = 57$

40. $\sum_{k=1}^{5} 6 = 6+6+6+6+6 = 30$

42. $\sum_{i=0}^{5} 3i^2 = 3\sum_{i=0}^{5} i^2 = 3(0^2+1^2+2^2+3^2+4^2+5^2) = 165$

44. $\sum_{j=3}^{5} \frac{1}{j} = \frac{1}{3}+\frac{1}{4}+\frac{1}{5} = \frac{47}{60}$

46. $\sum_{k=2}^{5} (k+1)(k-3) = (2+1)(2-3)+(3+1)(3-3)+(4+1)(4-3)+(5+1)(5-3) = 14$

48. $\sum_{j=0}^{4} (-2)^j = (-2)^0+(-2)^1+(-2)^2+(-2)^3+(-2)^4 = 11$

50. $\sum_{k=0}^{4} \frac{(-1)^k}{k!} = \frac{(-1)^0}{0!}+\frac{(-1)^1}{1!}+\frac{(-1)^2}{2!}+\frac{(-1)^3}{3!}+\frac{(-1)^4}{4!} = \frac{3}{8}$

52. $\frac{5}{1+1}+\frac{5}{1+2}+\frac{5}{1+3}+\cdots+\frac{5}{1+15} = \sum_{i=1}^{15} \frac{5}{1+i}$

54. $\left[1-\left(\frac{1}{6}\right)^2\right]+\left[1-\left(\frac{2}{6}\right)^2\right]+\cdots+\left[1-\left(\frac{6}{6}\right)^2\right] = \sum_{k=1}^{6} \left[1-\left(\frac{k}{6}\right)^2\right]$

56. $1-\frac{1}{2}+\frac{1}{4}-\frac{1}{8}+\cdots-\frac{1}{128} = \frac{1}{2^0}-\frac{1}{2^1}+\frac{1}{2^2}-\frac{1}{2^3}+\cdots-\frac{1}{2^7} = \sum_{n=0}^{7} \left(-\frac{1}{2}\right)^n$

58. $\frac{1}{1\cdot 3}+\frac{1}{2\cdot 4}+\frac{1}{3\cdot 5}+\cdots+\frac{1}{10\cdot 12} = \sum_{k=1}^{10} \frac{1}{k(k+2)}$

60. $\frac{1}{2}+\frac{2}{4}+\frac{6}{8}+\frac{24}{16}+\frac{120}{32}+\frac{720}{64} = \sum_{k=1}^{6} \frac{k!}{2^k}$

62. (a) $A_1 = 100(101)[(1.01)^1 - 1] = \$101.00$

$A_2 = 100(101)[(1.01)^2 - 1] = \$203.01$

$A_3 = 100(101)[(1.01)^3 - 1] \approx \$306.04$

$A_4 = 100(101)[(1.01)^4 - 1] \approx \$410.10$

$A_5 = 100(101)[(1.01)^5 - 1] \approx \$515.20$

$A_6 = 100(101)[(1.01)^6 - 1] \approx \$621.35$

(b) $A_{60} = 100(101)[(1.01)^{60} - 1] \approx \$8248.64$

(c) $A_{240} = 100(101)[(1.01)^{240} - 1] \approx \$99{,}914.79$

64. $a_0 = 0.1\sqrt{82 + 9 \cdot 0^2} \approx 0.91$

$a_1 = 0.1\sqrt{82 + 9 \cdot 1^2} \approx 0.95$

$a_2 = 0.1\sqrt{82 + 9 \cdot 2^2} \approx 1.09$

$a_3 = 0.1\sqrt{82 + 9 \cdot 3^2} \approx 1.28$

$a_4 = 0.1\sqrt{82 + 9 \cdot 4^2} \approx 1.50$

$a_5 = 0.1\sqrt{82 + 9 \cdot 5^2} \approx 1.75$

$a_6 = 0.1\sqrt{82 + 9 \cdot 6^2} \approx 2.01$

$a_7 = 0.1\sqrt{82 + 9 \cdot 7^2} \approx 2.29$

$a_8 = 0.1\sqrt{82 + 9 \cdot 8^2} \approx 2.57$

$a_9 = 0.1\sqrt{82 + 9 \cdot 9^2} \approx 2.85$

$a_{10} = 0.1\sqrt{82 + 9 \cdot 10^2} \approx 3.13$

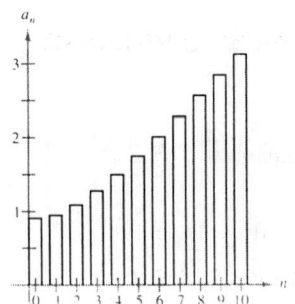

66. $\sum_{n=0}^{9}(48.217n^2 + 228.1n + 311.28) = 48.71\sum_{n=0}^{9} n^2 + 228.1\sum_{n=0}^{9} n + 311.28\sum_{n=0}^{9} 1$

$= 48.217(0^2 + 1^2 + 2^2 + 3^2 + 4^2 + 5^2 + 6^2 + 7^2 + 8^2 + 9^2)$

$+ 228.1(0 + 1 + 2 + 3 + 4 + 5 + 6 + 7 + 8 + 9)$

$+ 311.28(1 + 1 + 1 + 1 + 1 + 1 + 1 + 1 + 1 + 1)$

$\approx 27{,}119.1$ million

68. $\sum_{i=1}^{n}(x_i - \overline{x})^2 = \sum_{i=1}^{n}(x_i^2 - 2x_i\overline{x} + \overline{x}^2) = \sum_{i=1}^{n} x_i^2 - 2\overline{x}\sum_{i=1}^{n} x_i + n\overline{x}^2$

$= \sum_{i=1}^{n} x_i^2 - 2 \cdot \frac{1}{n}\sum_{i=1}^{n} x_i \sum_{i=1}^{n} x_i + n \cdot \frac{1}{n}\sum_{i=1}^{n} x_i \cdot \frac{1}{n}\sum_{i=1}^{n} x_i$

$= \sum_{i=1}^{n} x_i^2 + \sum_{i=1}^{n} x_i \sum_{i=1}^{n} x_i \left(-\frac{2}{n} + \frac{1}{n}\right) = \sum_{i=1}^{n} x_i^2 - \frac{1}{n}\left(\sum_{i=1}^{n} x_i\right)^2$

10.2 Arithmetic Sequences

2. 10, 8, 6, 4, 2, ...
Arithmetic sequence, $d = -2$

4. 3, $\frac{5}{2}$, 2, $\frac{3}{2}$, 1, ...
Arithmetic sequence, $d = -\frac{1}{2}$

6. $-12, -8, -4, 0, 4, \ldots$
Arithmetic sequence, $d = 4$

8. $\ln 1, \ln 2, \ln 3, \ln 4, \ln 5, \ldots$
Not an arithmetic sequence

10. $1^2, 2^2, 3^2, 4^2, 5^2, \ldots$
Not an arithmetic sequence

12. $a_n = (2^n)n$
2, 8, 24, 64, 160
Not an arithmetic sequence

14. $a_n = 1 + (n-1)4$
1, 5, 9, 13, 17
Arithmetic sequence, $d = 4$

16. $a_n = 2^{n-1}$
1, 2, 4, 8, 16
Not an arithmetic sequence

18. $a_n = (-1)^n$
$-1, 1, -1, 1, -1$
Not an arithmetic sequence

20. $a_1 = 15$, $d = 4$
$a_n = dn + c$
$a_1 = 15 = 4(1) + c \Rightarrow c = 11$
$a_n = 4n + 11$

22. $a_1 = 0$, $d = -\frac{2}{3}$
$a_n = dn + c$
$a_1 = 0 = -\frac{2}{3}(1) + c \Rightarrow c = \frac{2}{3}$
$a_2 = -\frac{2}{3}n + \frac{2}{3}$

24. $a_1 = -y$, $d = 5y$
$a_n = dn + c$
$a_1 = -y = 5y(1) + c \Rightarrow c = -6y$
$a_n = 5yn - 6y$

26. $10, 5, 0, -5, -10, \ldots \Rightarrow d = -5$
$a_n = dn + c$
$a_1 = 10 = -5(1) + c \Rightarrow c = 15$
$a_n = -5n + 15$

28. $a_1 = -4$, $a_5 = 16$
$a_n = dn + c$
$a_1 = -4 = d(1) + c, \quad a_5 = 16 = d(5) + c$
$d + c = -4$
$5d + c = 16$

Solving this system of equations yields $d = 5$ and $c = -9$.
$a_n = 5n - 9$

30. $a_5 = 190$, $a_{10} = 115$
$a_n = dn + c$
$a_5 = 190 = d(5) + c$, $a_{10} = 115 = d(10) + c$
$5d + c = 190$
$10d + c = 115$

Solving this system of equalities yields $d = -15$ and $c = 265$.
$a_n = -15n + 265$

32. $a_1 = 5$, $d = -\frac{3}{4}$
$a_1 = 5$
$a_2 = 5 - \frac{3}{4} = \frac{17}{4}$
$a_3 = \frac{17}{4} - \frac{3}{4} = \frac{7}{2}$
$a_4 = \frac{7}{2} - \frac{3}{4} = \frac{11}{4}$
$a_5 = \frac{11}{4} - \frac{3}{4} = 2$

34. $a_1 = 16.5$, $d = 0.25$
$a_1 = 16.5$
$a_2 = 16.5 + 0.25 = 16.75$
$a_3 = 16.75 + 0.25 = 17.00$
$a_4 = 17.00 + 0.25 = 17.25$
$a_5 = 17.25 + 0.25 = 17.50$

36. $a_1 = 6$, $a_{k+1} = a_k + 12 \Rightarrow d = 12$
$a_1 = 6$
$a_2 = 6 + 12 = 18$
$a_3 = 18 + 12 = 30$
$a_4 = 30 + 12 = 42$
$a_5 = 42 + 12 = 54$

38. $a_4 = 16$, $a_{10} = 46$
$a_4 = 16 = d(4) + c$, $a_{10} = 46 = d(10) + c$

$4d + c = 16$
$10d + c = 46$

Solving this system yields $d = 5$ and $c = -4$.
$a_n = 5n - 4$
$a_1 = 1$
$a_2 = 6$
$a_3 = 11$
$a_4 = 16$
$a_5 = 21$

40. $a_3 = 19$, $a_{15} = -1.7$
$a_3 = 19 = d(3) + c$, $a_{15} = -1.7 = d(15) + c$

$3d + c = 19$
$15d + c = -1.7$

Solving this system yields $d = -1.725$ and $c = 24.175$.
$a_n = -1.725n + 24.175$
$a_1 = 22.45$
$a_2 = 20.725$
$a_3 = 19$
$a_4 = 17.275$
$a_5 = 15.55$

42. 2, 8, 14, 20, ..., $n = 25$
$a_n = 6n - 4$
$a_1 = 2$ and $a_{25} = 146$
$S_{25} = \frac{25}{2}(2 + 146) = 1850$

44. 0.5, 0.9, 1.3, 1.7, ..., $n = 10$
$a_n = 0.4n + 0.1$
$a_1 = 0.5$ and $a_{10} = 4.1$
$S_{10} = \frac{10}{2}(0.5 + 4.1) = 23$

46. 1.50, 1.45, 1.40, 1.35, ..., $n = 20$
$a_n = -0.05n + 1.55$
$a_1 = 1.50$ and $a_{20} = 0.55$
$S_{20} = \frac{20}{2}(1.50 + 0.55) = 20.5$

48. $a_1 = 15$, $a_{100} = 307$, $n = 100$
$S_{100} = \frac{100}{2}(15 + 307) = 16{,}100$

50. $a_n = 2n$
$a_1 = 2$, $a_{100} = 200$
$S_{100} = \frac{100}{2}(2 + 200) = 10{,}100$

52. $a_n = 7n$
$a_{51} = 357$, $a_{100} = 700$
$S = \frac{50}{2}(357 + 700) = 26{,}425$

54. $\sum\limits_{n=51}^{100} n - \sum\limits_{n=1}^{50} n = \frac{50}{2}(51 + 100) - \frac{50}{2}(1 + 50) = 3775 - 1275 = 2500$

56. $a_n = 1000 - n$
$a_1 = 999$, $a_{250} = 750$
$S_{250} = \frac{250}{2}(999 + 750) = 218{,}625$

58. $a_n = \dfrac{n + 4}{2}$
$a_1 = \dfrac{5}{2}$, $a_{100} = 52$
$S_{100} = \dfrac{100}{2}\left(\dfrac{5}{2} + 52\right) = 2725$

60. $\sum\limits_{n=0}^{100} \dfrac{8 - 3n}{16} = \dfrac{1}{2} + \sum\limits_{n=1}^{100} \dfrac{8 - 3n}{16} = \dfrac{1}{2} + \dfrac{100}{2}\left(\dfrac{5}{16} - \dfrac{292}{16}\right) = -896.375$

62. 24, m_1, m_2, m_3, 56
$a_5 = 56 = 24 + 4d$
$d = 8$
$m_1 = 24 + 8 = 32$
$m_2 = 32 + 8 = 40$
$m_3 = 40 + 8 = 48$

64. 2, m_1, m_2, m_3, m_4, 5
$a_6 = 5 = 2 + 5d$
$d = \frac{3}{5}$
$m_1 = 2 + \frac{3}{5} = \frac{13}{5}$
$m_2 = \frac{13}{5} + \frac{3}{5} = \frac{16}{5}$
$m_3 = \frac{16}{5} + \frac{3}{5} = \frac{19}{5}$
$m_4 = \frac{19}{5} + \frac{3}{5} = \frac{22}{5}$

66. $a_1 = -10$, $a_{61} = 50$, $n = 61$
$S_{61} = \frac{61}{2}(-10 + 50) = 1220$

68. (a) $a_n = a_1 + (n - 1)d$
$\qquad\quad = 32{,}800 + (n - 1)1750$
$\qquad\quad = 1750n + 31{,}050$
$\quad a_6 = 1750(6) + 31{,}050 = \$41{,}550$

(b) $S_6 = \frac{6}{2}(32{,}800 + 41{,}550) = \$223{,}050$

70. $a_n = 12 + 3n$
$a_1 = 15, \ a_{36} = 120$
$S_{36} = \frac{36}{2}(15 + 120)$
$= 2430$ seats

72. $a_1 = 4.9, \ a_2 = 14.7,$
$a_3 = 24.5, \ a_4 = 34.3 \Rightarrow d = 9.8$
$a_1 = 4.9 = 9.8(1) + c \Rightarrow c = -4.9$
$a_n = 9.8n - 4.9$
$a_{10} = 9.8(10) - 4.9 = 93.1$

$S_{10} = \frac{10}{2}(4.9 + 93.1) = 490$ meters

10.3 Geometric Sequences

2. $3, 12, 48, 192, \ldots$
Geometric sequence, $r = 4$

4. $1, -2, 4, -8, \ldots$
Geometric sequence, $r = -2$

6. $5, 1, 0.2, 0.04, \ldots$
Geometric sequence, $r = 0.2$

8. $9, -6, 4, -\frac{8}{3}, \ldots$
Geometric sequence, $r = -\frac{2}{3}$

10. $\frac{1}{5}, \frac{2}{3}, \frac{3}{9}, \frac{4}{11}, \ldots$
Not a geometric sequence

12. $a_1 = 6, \ r = 2$
$a_1 = 6$
$a_2 = 6(2)^1 = 12$
$a_3 = 6(2)^2 = 24$
$a_4 = 6(2)^3 = 48$
$a_5 = 6(2)^4 = 96$

14. $a_1 = 1, \ r = \frac{1}{3}$
$a_1 = 1$
$a_2 = 1\left(\frac{1}{3}\right)^1 = \frac{1}{3}$
$a_3 = 1\left(\frac{1}{3}\right)^2 = \frac{1}{9}$
$a_4 = 1\left(\frac{1}{3}\right)^3 = \frac{1}{27}$
$a_5 = 1\left(\frac{1}{3}\right)^4 = \frac{1}{81}$

16. $a_1 = 6, \ r = -\frac{1}{4}$
$a_1 = 6$
$a_2 = 6\left(-\frac{1}{4}\right)^1 = -\frac{3}{2}$
$a_3 = 6\left(-\frac{1}{4}\right)^2 = \frac{3}{8}$
$a_4 = 6\left(-\frac{1}{4}\right)^3 = -\frac{3}{32}$
$a_5 = 6\left(-\frac{1}{4}\right)^4 = \frac{3}{128}$

18. $a_1 = 2, \ r = \sqrt{3}$
$a_1 = 2$
$a_2 = 2(\sqrt{3})^1 = 2\sqrt{3}$
$a_3 = 2(\sqrt{3})^2 = 6$
$a_4 = 2(\sqrt{3})^3 = 6\sqrt{3}$
$a_5 = 2(\sqrt{3})^4 = 18$

20. $a_1 = 5, \ r = 2x$
$a_1 = 5$
$a_2 = 5(2x)^1 = 10x$
$a_3 = 5(2x)^2 = 20x^2$
$a_4 = 5(2x)^3 = 40x^3$
$a_5 = 5(2x)^4 = 80x^4$

22. $a_1 = 5, \ r = \frac{3}{2}, \ n = 8$
$a_8 = 5\left(\frac{3}{2}\right)^7 = \frac{10{,}935}{128}$

24. $a_1 = 8, \ r = \sqrt{5}, \ n = 9$
$a_9 = 8(\sqrt{5})^8 = 5000$

26. $a_1 = 1, \ r = -\frac{x}{3}, \ n = 7$
$a_7 = 1\left(-\frac{x}{3}\right)^6 = \frac{x^6}{729}$

28. $a_1 = 1000, \ r = 1.005, \ n = 60$
$a_6 = 1000(1.005)^{59}$

30. $a_2 = 3$, $a_5 = \dfrac{3}{64}$, $n = 1$

$a_2 r^3 = a_5$

$3r^3 = \dfrac{3}{64}$

$r^3 = \dfrac{1}{64}$

$r = \dfrac{1}{4}$

$a_2 = a_1 r$

$3 = a_1 \dfrac{1}{4}$

$a_1 = 12$

32. $a_3 = \dfrac{16}{3}$, $a_5 = \dfrac{64}{27}$, $n = 7$

$a_3 r^2 = a_5$

$\dfrac{16}{3} r^2 = \dfrac{64}{27}$

$r^2 = \dfrac{4}{9}$

$r = \pm \dfrac{2}{3}$

$a_7 = a_5 r^2 = \dfrac{64}{27}\left(\pm\dfrac{2}{3}\right)^2 = \dfrac{256}{243}$

34. $A = P\left(1 + \dfrac{r}{n}\right)^{nt} = 2500\left(1 + \dfrac{0.12}{n}\right)^{n(20)}$

(a) $n = 1$, $\quad A = 2500(1 + 0.12)^{20} \quad \approx \$24{,}115.73$

(b) $n = 2$, $\quad A = 2500\left(1 + \dfrac{0.12}{2}\right)^{2(20)} \quad \approx \$25{,}714.29$

(c) $n = 4$, $\quad A = 2500\left(1 + \dfrac{0.12}{4}\right)^{4(20)} \quad \approx \$26{,}602.23$

(d) $n = 12$, $\quad A = 2500\left(1 + \dfrac{0.12}{12}\right)^{12(20)} \quad \approx \$27{,}231.38$

(e) $n = 365$, $\quad A = 2500\left(1 + \dfrac{0.12}{365}\right)^{365(20)} \quad \approx \$27{,}547.07$

36. $P = $ population after n years

$P_0 = $ initial population $= 250{,}000$

$r = $ rate of increase $= 1.3\%$

$n = $ number of years $= 30$

$P = P_0(1+r)^n = 250{,}000(1.013)^{30} \approx 368{,}318$

38. $\displaystyle\sum_{n=1}^{9}(-2)^{n-1} = \dfrac{1(1-(-2)^9)}{1-(-2)} = 171$

40. $\displaystyle\sum_{i=1}^{6} 32\left(\dfrac{1}{4}\right)^{i-1} = \dfrac{32\left(1-\left(\frac{1}{4}\right)^6\right)}{1-\frac{1}{4}} = \dfrac{1365}{32}$

42. $\displaystyle\sum_{i=1}^{10} 5\left(-\dfrac{1}{3}\right)^{i-1} = \dfrac{5\left(1-\left(-\frac{1}{3}\right)^{10}\right)}{1-\left(-\frac{1}{3}\right)}$

$= \dfrac{15\left(1-\left(-\frac{1}{3}\right)^{10}\right)}{4} \approx 3.75$

44. $\displaystyle\sum_{n=0}^{15} 2\left(\frac{4}{3}\right)^n = \frac{2\left(1-\left(\frac{4}{3}\right)^{16}\right)}{1-\frac{4}{3}}$

$= -6\left(1-\left(\frac{4}{3}\right)^{16}\right) \approx 592.65$

46. $\displaystyle\sum_{n=0}^{6} 500(1.04)^n = \frac{500(1-1.04^7)}{1-1.04} \approx 3949.15$

48. $a = \displaystyle\sum_{n=1}^{60} 50\left(1+\frac{0.12}{12}\right)^n = 50(1.01) \cdot \frac{(1-(1.01)^{60})}{(1-1.01)} \approx \$4124.32$

50. Let $N = 12t$ be the total number of deposits.

$A = Pe^{r/12} + Pe^{2r/12} + \cdots + Pe^{Nr/12}$

$= \displaystyle\sum_{n=1}^{N} Pe^{(r/12)\cdot n} = Pe^{r/12}\frac{\left(1-\left(e^{r/12}\right)^N\right)}{\left(1-e^{r/12}\right)}$

$= Pe^{r/12}\frac{\left(1-\left(e^{r/12}\right)^{12t}\right)}{1-e^{r/12}} = \frac{Pe^{r/12}(e^{rt}-1)}{(e^{r/12}-1)}$

52. (a) $A = 75\left[\left(1+\frac{0.09}{12}\right)^{12(25)}-1\right]\left(1+\frac{12}{0.09}\right) \approx \$84{,}714.78$

(b) $A = \dfrac{75e^{0.09/12}(e^{0.09(25)}-1)}{e^{0.09/12}-1} \approx \$85{,}196.05$

54. (a) $A = 20\left[\left(1+\frac{0.06}{12}\right)^{12(50)}-1\right]\left(1+\frac{12}{0.06}\right) \approx \$76{,}122.54$

(b) $A = \dfrac{20e^{0.06/12}(e^{0.06(50)}-1)}{e^{0.06/12}-1} \approx \$76{,}533.16$

56. $P = W\left(\dfrac{12}{r}\right)\left[1-\left(1+\dfrac{r}{12}\right)^{-12t}\right] = 2000\left(\dfrac{12}{0.09}\right)\left[1-\left(1+\dfrac{0.09}{12}\right)^{-12(20)}\right] = 222{,}289.91$

58. (a) $\displaystyle\sum_{n=1}^{29} 0.01(2)^{n-1} = 0.01\frac{(1-2)^{29}}{(1-2)} = \$5{,}368{,}709.11$

(b) $\displaystyle\sum_{n=1}^{30} 0.01(2)^{n-1} = 0.01\frac{(1-2^{30})}{(1-2)} = \$10{,}737{,}418.23$

(c) $\displaystyle\sum_{n=1}^{31} 0.01(2)^{n-1} = 0.01\frac{(1-2^{31})}{(1-2)} = \$21{,}474{,}836.47$

60. $A = \displaystyle\sum_{n=1}^{6} 16^2\left(\frac{1}{9}\right)\left(\frac{8}{9}\right)^{n-1} = \frac{16^2}{9}\frac{\left(1-\left(\frac{8}{9}\right)^6\right)}{\left(1-\frac{8}{9}\right)} \approx 129.72$ square inches

62. $\sum_{n=0}^{\infty} 2\left(\frac{2}{3}\right)^n = 2 + \frac{4}{3} + \frac{8}{9} + \frac{16}{27} + \cdots = \frac{1}{1-\frac{2}{3}} = 6$

64. $\sum_{n=0}^{\infty} 2\left(-\frac{2}{3}\right)^n = 2 - \frac{4}{3} + \frac{8}{9} - \frac{16}{27} + \cdots = \frac{2}{1-\left(-\frac{2}{3}\right)} = \frac{6}{5}$

66. $\sum_{n=0}^{\infty} \left(\frac{1}{10}\right)^n = 1 + 0.1 + 0.01 + 0.001 + \cdots = \frac{1}{1-\frac{1}{10}} = \frac{10}{9}$

68. $3 - 1 + \frac{1}{3} - \frac{1}{9} + \cdots = \sum_{n=0}^{\infty} 3\left(-\frac{1}{3}\right)^n = \frac{3}{1-\left(-\frac{1}{3}\right)} = \frac{9}{4}$

70. $2 + \sqrt{2} + 1 + \frac{1}{\sqrt{2}} + \cdots \sum_{n=0}^{\infty} 2\left(\frac{1}{\sqrt{2}}\right)^n = \frac{2}{1-\frac{1}{\sqrt{2}}} = 4 + 2\sqrt{2}$

72. The horizontal asymptote is the sum of the series.

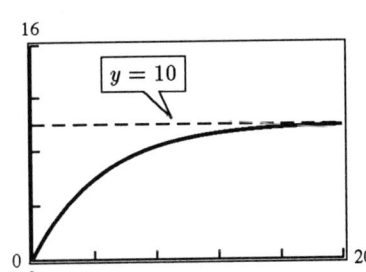

74. $t = 1 + 2\sum_{n=1}^{\infty} (0.9)^n$

$= 1 + 2\left(\frac{0.9}{1-0.9}\right)$

$= 19$ seconds

10.4 Mathematical Induction

2. $P_{k+1} = \frac{1}{[(k+1)+1][(k+1)+3]}$

$= \frac{1}{(k+2)(k+4)}$

4. $P_{k+1} = \frac{k+1}{2}[3(k+1) - 1] = \frac{k+1}{2}(3k+2)$

6. 1. When $n = 1$, $S_1 = 3 = 1(2 \cdot 1 + 1)$.

2. Assume that
$$S_k = 3 + 7 + 11 + 15 + \cdots + (4k - 1) = k(2k + 1).$$
Then,
$$\begin{aligned}
S_{k+1} &= 3 + 7 + 11 + 15 + \cdots + (4k - 1) + [4(k + 1) - 1] \\
&= S_k + [4(k + 1) - 1] \\
&= k(2k + 1) + (4k + 3) \\
&= 2k^2 + 5k + 3 \\
&= (k + 1)(2k + 3) \\
&= (k + 1)[2(k + 1) + 1].
\end{aligned}$$

We conclude by mathematical induction that the formula is valid for all positive integer values of n.

8. 1. When $n = 1$,
$$S_1 = 1 = \frac{1}{2}(3 \cdot 1 - 1).$$

2. Assume that
$$S_k = 1 + 4 + 7 + 10 + \cdots + (3k - 2) = \frac{k}{2}(3k - 1).$$
Then,
$$\begin{aligned}
S_{k+1} &= 1 + 4 + 7 + 10 + \cdots + (3k - 2) + (3(k + 1) - 2) \\
&= S_k + (3(k + 1) - 2) \\
&= \frac{k}{2}(3k - 1) + (3k + 1) \\
&= \frac{3k^2 - k + 6k + 2}{2} \\
&= \frac{3k^2 + 5k + 2}{2} \\
&= \frac{(k + 1)(3k + 2)}{2} \\
&= \frac{k + 1}{2}[3(k + 1) - 1].
\end{aligned}$$

Therefore, we conclude that this formula holds for all positive integer values of n.

10. 1. When $n = 1$, $S_1 = 2 = 3^1 - 1$.

2. Assume that
$$S_k = 2(1 + 3 + 3^2 + 3^3 + \cdots + 3^{k+1}) = 3^k - 1.$$

Then,
$$S_{k+1} = 2(1 + 3 + 3^2 + 3^3 + \cdots + 3^{k-1}) + 2 \cdot 3^{k+1-1}$$
$$= S_k + 2 \cdot 3^k$$
$$= 3^k - 1 + 2 \cdot 3^k$$
$$= 3 \cdot 3^k - 1$$
$$= 3^{k+1} - 1.$$

Therefore, we conclude that this formula holds for all positive integer values of n.

12. 1. When $n = 1$,
$$S_1 = 1 = \frac{1(1+1)(2 \cdot 1 + 1)}{6}.$$

2. Assume that
$$S_k = 1^2 + 2^2 + 3^2 + 4^2 + \cdots + k^2 = \frac{k(k+1)(2k+1)}{6}.$$

Then,
$$S_{k+1} = 1^2 + 2^2 + 3^2 + 4^2 + \cdots + k^2 + (k+1)^2$$
$$= S_k + (k+1)^2$$
$$= \frac{k(k+1)(2k+1)}{6} + (k+1)^2$$
$$= \frac{k(k+1)(2k+1) + 6(k+1)^2}{6}$$
$$= \frac{(k+1)[2k^2 + k + 6k + 6]}{6}$$
$$= \frac{(k+1)(k+2)(2k+3)}{6}.$$

Therefore, we conclude that this formula holds for all positive integer values of n.

14. 1. When $n = 1$, $S_1 = 2 = 1 + 1$.

2. Assume that
$$S_k = \left(1 + \frac{1}{1}\right)\left(1 + \frac{1}{2}\right)\left(1 + \frac{1}{3}\right) \cdots \left(1 + \frac{1}{k}\right) = k + 1$$

Then,
$$S_{k+1} = \left(1 + \frac{1}{1}\right)\left(1 + \frac{1}{2}\right)\left(1 + \frac{1}{3}\right) \cdots \left(1 + \frac{1}{k}\right)\left(1 + \frac{1}{k+1}\right)$$
$$= (S_k)\left(1 + \frac{1}{k+1}\right)$$
$$= (k + 1)\left(1 + \frac{1}{k+1}\right)$$
$$= k + 1 + 1$$
$$= k + 2.$$

Therefore, we conclude that this formula holds for all positive integer values of n.

16. 1. When $n = 1$,
$$S_1 = 1^4 = \frac{1(1+1)(2 \cdot 1 + 1)(3 \cdot 1^2 + 3 \cdot 1 - 1)}{30}.$$

2. Assume that
$$S_k = \sum_{i=1}^{k} i^4 = \frac{k(k+1)(2k+1)(3k^2 + 3k - 1)}{30}.$$

Then,
$$S_{k+1} = S_k + (k+1)^4$$
$$= \frac{k(k+1)(2k+1)(3k^2 + 3k - 1)}{30} + (k+1)^4$$
$$= \frac{k(k+1)(2k+1)(3k^2 + 3k - 1) + 30(k+1)^4}{30}$$
$$= \frac{(k+1)[k(2k+1)(3k^2 + 3k - 1) + 30(k+1)^3]}{30}$$
$$= \frac{(k+1)(6k^4 + 39k^3 + 91k^2 + 89k + 30)}{30}$$
$$= \frac{(k+1)(k+2)(2k+3)(3k^2 + 9k + 5)}{30}$$
$$= \frac{(k+1)(k+2)(2(k+1)+1)(3(k+1)^2 + 3(k+1) - 1)}{30}.$$

Therefore, we conclude that this formula holds for all positive integer values of n.

18. 1. When $n = 1$,
$$S_1 = \frac{1}{2} = \frac{1}{2 \cdot 1 + 1}.$$

2. Assume that
$$S_k = \sum_{i=0}^{k} \frac{1}{(2i-1)(2i+1)} = \frac{k}{2k+1}.$$

Then,
$$S_{k+1} = S_k + \frac{1}{(2(k+1)-1)(2(k+1)+1)}$$
$$= \frac{k}{2k+1} + \frac{1}{(2k+1)(2k+3)}$$
$$= \frac{k(2k+3)+1}{(2k+1)(2k+3)}$$
$$= \frac{2k^2+3k+1}{(2k+1)(2k+3)}$$
$$= \frac{(2k+1)(k+1)}{(2k+1)(2k+3)}$$
$$= \frac{k+1}{2(k+1)+1}.$$

Therefore, we conclude that this formula holds for all positive integer values of n.

20. $\sum_{n=1}^{50} = \frac{50(50+1)}{2} = 1275$

22. $\sum_{n=1}^{10} n^2 = \frac{10(10+1)(2 \cdot 10 + 1)}{6} = 385$

24. $\sum_{n=1}^{8} n^3 = \frac{8^2(8+1)^2}{4} = 1296$

26. $\sum_{n=1}^{4} n^5 = \frac{4^2(4+1)^2(2 \cdot 4^2 + 2 \cdot 4 - 1)}{12} = 1300$

28. $\sum_{n=1}^{10}(n^3 - n^2) = \sum_{n=1}^{10} n^3 - \sum_{n=1}^{10} n^2 = \frac{10^2(10+1)^2}{4} - \frac{10(10+1)(2 \cdot 10 + 1)}{6} = 3025 - 385 = 2640$

30. 25, 22, 19, 16, ... is an arithmetic sequence with $a_1 = 25$, common difference $d = -3$, and $a_n = a_1 + (n-1)d = 25 + (n-1)(-3) = 28 - 3n$. Hence, the sum of the first n terms is
$$S = \frac{n}{2}(a_1 + a_n) = \frac{n}{2}(25 + (28 - 3n)) = \frac{n}{2}(53 - 3n).$$

32. $3, -\frac{9}{2}, \frac{27}{4}, -\frac{81}{8}, \ldots$ is a geometric sequence with $a_1 = 3$ and common ratio $r = -\left(\frac{3}{2}\right)$. Hence, the sum of the first n terms is
$$S = a_1\left(\frac{1-r^n}{1-r}\right) = 3\left(\frac{1-(-3/2)^n}{1-(-3/2)}\right) = \frac{6}{5}\left(1 - \left(\frac{-3}{2}\right)^n\right).$$

34. $\dfrac{1}{2 \cdot 3}, \dfrac{1}{3 \cdot 4}, \dfrac{1}{4 \cdot 5}, \ldots, \dfrac{1}{(n+1)(n+2)}, \ldots$. The sum of the first n terms is

$$\sum_{i=1}^{n} \dfrac{1}{(i+1)(i+2)} = \sum_{i=1}^{n} \left(\dfrac{1}{i+1} - \dfrac{1}{i+2} \right) = \left(\dfrac{1}{2} - \dfrac{1}{3} \right) + \left(\dfrac{1}{3} - \dfrac{1}{4} \right) + \cdots + \left(\dfrac{1}{n+1} - \dfrac{1}{n+2} \right)$$

$$= \dfrac{1}{2} - \dfrac{1}{n+2}$$

$$= \dfrac{n}{2(n+2)}.$$

36. 1. When $n = 2$,

$$\dfrac{1}{\sqrt{1}} + \dfrac{1}{\sqrt{2}} = \dfrac{\sqrt{2}+1}{\sqrt{2}} \cdot \dfrac{\sqrt{2}}{\sqrt{2}} = \left(\dfrac{\sqrt{2}+1}{2} \right) \sqrt{2} > \sqrt{2}.$$

2. Assume that

$$\dfrac{1}{\sqrt{1}} + \dfrac{1}{\sqrt{2}} + \dfrac{1}{\sqrt{3}} + \cdots + \dfrac{1}{\sqrt{k}} > \sqrt{k}, \; k > 2.$$

Then,

$$\dfrac{1}{\sqrt{1}} + \dfrac{1}{\sqrt{2}} + \dfrac{1}{\sqrt{3}} + \cdots + \dfrac{1}{\sqrt{k}} + \dfrac{1}{\sqrt{k+1}} > \sqrt{k} + \dfrac{1}{\sqrt{k+1}} = \left(\sqrt{k} + \dfrac{1}{\sqrt{k+1}} \right) \left(\dfrac{\sqrt{k+1}}{\sqrt{k+1}} \right)$$

$$= \left(\dfrac{\sqrt{k^2+k}+1}{k+1} \right) \sqrt{k+1} > \sqrt{k+1}.$$

Therefore,

$$\dfrac{1}{\sqrt{1}} + \dfrac{1}{\sqrt{2}} + \dfrac{1}{\sqrt{3}} + \cdots \dfrac{1}{\sqrt{n}} > \sqrt{n}, \; n \geq 2.$$

38. 1. When $n = 1$,

$$\left(\dfrac{x}{y} \right)^2 < \left(\dfrac{x}{y} \right) \text{ and } (0 < x < y).$$

2. Assume that

$$\left(\dfrac{x}{y} \right)^{k+1} < \left(\dfrac{x}{y} \right)^{k}$$

$$\left(\dfrac{x}{y} \right)^{k+1} < \left(\dfrac{x}{y} \right)^{k} \Rightarrow \left(\dfrac{x}{y} \right) \left(\dfrac{x}{y} \right)^{k+1} < \left(\dfrac{x}{y} \right) \left(\dfrac{x}{y} \right)^{k} \Rightarrow \left(\dfrac{x}{y} \right)^{k+2} < \left(\dfrac{x}{y} \right)^{k+1}$$

Therefore,

$$\left(\dfrac{x}{y} \right)^{n+1} < \left(\dfrac{x}{y} \right)^{n} \text{ for all integers } n \geq 1.$$

40. 1. When $n=1$, $\left(\dfrac{a}{b}\right)^1 = \dfrac{a^1}{b^1}$.

2. Assume that $\left(\dfrac{a}{b}\right)^k = \dfrac{a^k}{b^k}$.

Then, $\left(\dfrac{a}{b}\right)^{k+1} = \left(\dfrac{a}{b}\right)^k \left(\dfrac{a}{b}\right) = \dfrac{a^k}{b^k} \cdot \dfrac{a}{b} = \dfrac{a^{k+1}}{b^{k+1}}$.

Thus, $\left(\dfrac{a}{b}\right)^n = \dfrac{a^n}{b^n}$.

42. 1. When $n=1$, $\ln x_1 = \ln x_1$.

2. Assume that
$$\ln(x_1 x_2 x_3 \ldots x_k) = \ln x_1 + \ln x_2 + \ln x_3 + \cdots + \ln x_k.$$
Then, $\ln(x_1 x_2 x_3 \ldots x_k x_{k+1}) = \ln[(x_1 x_2 x_3 \ldots x_k) x_{k+1}]$
$$= \ln(x_1 x_2 x_3 \ldots x_k) + \ln x_{k+1}$$
$$= \ln x_1 + \ln x_2 + \ln x_3 + \cdots + \ln x_k + \ln x_{k+1}.$$

Thus, $\ln(x_1 x_2 x_3 \ldots x_n) = \ln x_1 + \ln x_2 + \ln x_3 + \cdots + \ln x_n$.

44. 1. When $n=1$, $a+bi$ and $a-bi$ are complex conjugates by definition.

2. Assume that $(a+bi)^k$ and $(a-bi)^k$ are complex conjugates.
That is, if $(a+bi)^k = c+di$, then $(a-bi)^k = c-di$.
Then, $(a+bi)^{k+1} = (a+bi)^k(a+bi) = (c+di)(a+bi)$
$$= (ac-bd) + i(bc+ad)$$
and $(a-bi)^{k+1} = (a-bi)^k(a-bi) = (c-di)(a-bi)$
$$= (ac-bd) - i(bc+ad).$$

This implies that $(a+bi)^{k+1}$ and $(a-bi)^{k+1}$ are complex conjugates.
Therefore, $(a+bi)^n$ and $(a-bi)^n$ are complex conjugates for $n \geq 1$.

46. 1. When $n=1$, $\left(2^{2(1)-1} + 3^{2(1)-1}\right) = 2+3 = 5$ and 5 is a factor.

2. Assume that 5 is a factor of $\left(2^{2k-1} + 3^{2k-1}\right)$.
Then, $\left(2^{2(k+1)-1} + 3^{2(k+1)-1}\right) = \left(2^{2k+2-1} + 3^{2k+2-1}\right)$
$$= \left(2^{2k-1} 2^2 + 3^{2k-1} 3^2\right)$$
$$= \left(4 \cdot 2^{2k-1} + 9 \cdot 3^{2k-1}\right)$$
$$= \left(2^{2k-1} + 3^{2k-1}\right) + \left(2^{2k-1} + 3^{2k-1}\right)$$
$$+ \left(2^{2k-1} + 3^{2k-1}\right) + \left(2^{2k-1} + 3^{2k-1}\right) + 5 \cdot 3^{2k-1}.$$

Since 5 is a factor of each set of parenthesis and 5 is a factor of $5 \cdot 3^{2k-1}$, then 5 is a factor of the whole sum. Thus, 5 is a factor of $\left(2^{2n-1} + 3^{2n-1}\right)$ for every positive integer n.

48. $a_1 = 10$, $a_n = 4a_{n-1}$

$a_2 = 4a_1 = 4(10) = 40$

$a_3 = 4a_2 = 4(40) = 160$

$a_4 = 4a_3 = 4(160) = 640$

$a_5 = 4a_4 = 4(640) = 2560$

50. $a_0 = 0$, $a_1 = 2$, $a_n = a_{n-1} + 2a_{n-2}$

$a_2 = a_1 + 2a_0 = 2 + 2(0) = 2$

$a_3 = a_2 + 2a_1 = 2 + 2(2) = 6$

$a_4 = a_3 + 2a_2 = 6 + 2(2) = 10$

52. $f(1) = 2$, $a_n = n - a_{n-1}$

$$\begin{array}{ccccccccc}
2 & & 0 & & 3 & & 1 & & 4 \\
& -2 & & 3 & & -2 & & 3 & \\
& & 5 & & -5 & & 5 & &
\end{array}$$

Neither linear nor quadratic

54. $f(2) = -3$, $a_n = -2a_{n-1}$

$$\begin{array}{ccccccccc}
-3 & & 6 & & -12 & & 24 & & -48 \\
& 9 & & -18 & & 36 & & -72 & \\
& & -27 & & 54 & & -108 & &
\end{array}$$

Neither linear nor quadratic

56. $a_0 = 2$, $a_n = [a_{n-1}]^2$

$$\begin{array}{ccccccccc}
2 & & 4 & & 16 & & 256 & & 65{,}536 \\
& 2 & & 12 & & 240 & & 65{,}280 & \\
& & 10 & & 228 & & 65{,}040 & &
\end{array}$$

Neither linear nor quadratic

58. $f(1) = 0$, $a_n = a_{n-1} + 2n$

$$\begin{array}{ccccccccc}
0 & & 4 & & 10 & & 18 & & 28 \\
& 4 & & 6 & & 8 & & 10 & \\
& & 2 & & 2 & & 2 & &
\end{array}$$

Quadratic

60. $a_0 = 0$, $a_n = a_{n-1} - 1$

$$\begin{array}{ccccccccc}
0 & & -1 & & -2 & & -3 & & -4 \\
& -1 & & -1 & & -1 & & -1 & \\
& & 0 & & 0 & & 0 & &
\end{array}$$

Linear

62. $a_0 = 7$, $a_1 = 6$, $a_3 = 10$

$f(n) = an^2 + bn + c$

$f(0) = a(0)^2 + b(0) + c = 7$

$f(1) = a(1)^2 + b(1) + c = 6$

$f(3) = a(3)^2 + b(3) + c = 10$

The system of three equations is

$$c = 7$$
$$a + b + c = 6$$
$$9a + 3b + c = 10.$$

The solution is

$a = 1$, $b = -2$, $c = 7$

$\Rightarrow f(n) = n^2 - 2n + 7$.

64. $a_0 = 3$, $a_2 = 0$, $a_6 = 36$

$f(n) = an^2 + bn + c$

$f(0) = a(0)^2 + b(0) + c = 3$

$f(2) = a(2)^2 + b(2) + c = 0$

$f(6) = a(6)^2 + b(6) + c = 36$

The system of three equations is

$$c = 3$$
$$4a + 2b + c = 0$$
$$36a + 6b + c = 36.$$

The solution is

$a = \frac{7}{4}$, $b = -5$, $c = 3$

$\Rightarrow f(n) = \frac{7}{4}n^2 - 5n + 3$.

10.5 The Binomial Theorem

2. $_8C_6 = \dfrac{8!}{6!2!} = \dfrac{8 \cdot 7}{2 \cdot 1} = 28$

4. $_{20}C_{20} = \dfrac{20!}{20!0!} = 1$

6. $_{12}C_5 = \dfrac{12!}{5!7!} = \dfrac{12 \cdot 11 \cdot 10 \cdot 9 \cdot 8}{5 \cdot 4 \cdot 3 \cdot 2 \cdot 1} = 792$

8. $_{10}C_4 = \dfrac{10!}{6!4!} = \dfrac{10 \cdot 9 \cdot 8 \cdot 7}{4 \cdot 3 \cdot 2 \cdot 1} = 210$

10. $_{10}C_6 = \dfrac{10!}{6!4!} = 210$

12. $(x+1)^6 = {_6C_0}x^6 + {_6C_1}x^5(1) + {_6C_2}x^4(1)^2 + {_6C_3}x^3(1)^3 + {_6C_4}x^2(1)^4 + {_6C_5}x(1)^5 + {_6C_6}(1)^6$

$= x^6 + 6x^5 + 15x^4 + 20x^3 + 15x^2 + 6x + 1$

14. $(a+3)^4 = {_4C_0}a^4 + {_4C_1}a^3(3) + {_4C_2}a^2(3)^2 + {_4C_3}a(3)^3 + {_4C_4}(3)^4$

$= a^4 + 12a^3 + 54a^2 + 108a + 81$

16. $(y-2)^5 = {_5C_0}y^5 - {_5C_1}y^4(2) + {_5C_2}y^3(2)^2 - {_5C_3}y^2(2)^3 + {_5C_4}y(2)^4 - {_5C_5}(2)^5$

$= y^5 - 10y^4 + 40y^3 - 80y^2 + 80y - 32$

18. $(x+y)^6 = {_6C_0}x^6 + {_6C_1}x^5y + {_6C_2}x^4y^2 + {_6C_3}x^3y^3 + {_6C_4}x^2y^4 + {_6C_5}xy^5 + {_6C_6}y^6$

$= x^6 + 6x^5y + 15x^4y^2 + 20x^3y^3 + 15x^2y^4 + 6xy^5 + y^6$

20. $(x+2y)^4 = {}_4C_0 x^4 + {}_4C_1 x^3(2y) + {}_4C_2 x^2(2y)^2 + {}_4C_3 x(2y)^3 + {}_4C_4(2y)^4$

$ = x^4 + 4x^3(2y) + 6x^2(4y^2) + 4x(8y^3) + 16y^4$

$ = x^4 + 8x^3 y + 24x^2 y^2 + 32xy^3 + 16y^4$

22. $(2x-y)^5 = {}_5C_0(2x)^5 - {}_5C_1(2x)^4 y + {}_5C_2(2x)^3 y^2 - {}_5C_3(2x)^2 y^3 + {}_5C_4(2x)y^4 - {}_5C_5 y^5$

$ = 32x^5 - 5(16x^4)y + 10(8x^3)y^2 - 10(4x^2)y^3 + 5(2x)y^4 - y^5$

$ = 32x^5 - 80x^4 y + 80x^3 y^2 - 40x^2 y^3 + 10xy^4 - y^5$

24. $(5-3y)^3 = 5^3 - 3(5)^2 3y + 3(5)(3y)^2 - (3y)^3$

$ = 125 - 225y + 135y^2 - 27y^3$

26. $(x^2+y^2)^6 = {}_6C_0(x^2)^6 + {}_6C_1(x^2)^5(y^2) + {}_6C_2(x^2)^4(y^2)^2 + {}_6C_3(x^2)^3(y^2)^3 + {}_6C_4(x^2)^2(y^2)^4$

$ + {}_6C_5(x^2)(y^2)^5 + {}_6C_6(y^2)^6$

$ = x^{12} + 6x^{10}y^2 + 15x^8 y^4 + 20x^6 y^6 + 15x^4 y^8 + 6x^2 y^{10} + y^{12}$

28. $\left(\dfrac{1}{x}+2y\right)^6 = {}_6C_0\left(\dfrac{1}{x}\right)^6 + {}_6C_1\left(\dfrac{1}{x}\right)^5(2y) + {}_6C_2\left(\dfrac{1}{x}\right)^4(2y)^2 + {}_6C_3\left(\dfrac{1}{x}\right)^3(2y)^3$

$\phantom{\left(\dfrac{1}{x}+2y\right)^6 =} + {}_6C_4\left(\dfrac{1}{x}\right)^2(2y)^4 + {}_6C_5\left(\dfrac{1}{x}\right)(2y)^5 + {}_6C_6(2y)^6$

$\phantom{\left(\dfrac{1}{x}+2y\right)^6} = 1\left(\dfrac{1}{x}\right)^6 + 6(2)\left(\dfrac{1}{x}\right)^5 y + 15(4)\left(\dfrac{1}{x}\right)^4 y^2 + 20(8)\left(\dfrac{1}{x}\right)^3 y^3 + 15(16)\left(\dfrac{1}{x}\right)^2 y^4$

$\phantom{\left(\dfrac{1}{x}+2y\right)^6 =} + 6(32)\left(\dfrac{1}{x}\right)y^5 + 1(64)y^6$

$\phantom{\left(\dfrac{1}{x}+2y\right)^6} = \dfrac{1}{x^6} + \dfrac{12y}{x^5} + \dfrac{60y^2}{x^4} + \dfrac{160y^3}{x^3} + \dfrac{240y^4}{x^2} + \dfrac{192y^5}{x} + 64y^6$

30. $3(x+1)^5 - 4(x+1)^3 = 3[{}_5C_0 x^5 + {}_5C_1 x^4(1) + {}_5C_2 x^3(1)^2 + {}_5C_3 x^2(1)^3 + {}_5C_4 x(1)^4 + {}_5C_5(1)^5]$

$ - 4[{}_3C_0 x^3 + {}_3C_1 x^2(1) + {}_3C_2 x(1)^2 + {}_3C_3(1)^3]$

$ = 3[(1)x^5 + 5x^4 + 10x^3 + 10x^2 + 5x + 1] - 4[(1)x^3 + 3x^2 + 3x + 1]$

$ = 3x^5 + 15x^4 + 26x^3 + 18x^2 + 3x - 1$

32. $(2-i)^5 = {}_5C_0 2^5 - {}_5C_1 2^4 i + {}_5C_2 2^3 i^2 - {}_5C_3 2^2 i^3 + {}_5C_4 2 i^4 - {}_5C_5 i^5$

$ = 32 - 80i - 80 + 40i + 10 - i$

$ = -38 - 41i$

34. $(5 + \sqrt{-9})^3 = (5 + 3i)^3$
$= 5^3 + 3 \cdot 5^2(3i) + 3 \cdot 5(3i)^2 + (3i)^3$
$= 125 + 225i - 135 - 27i$
$= -10 + 198i$

36. $(5 - \sqrt{3}\,i)^4 = 5^4 - 4 \cdot 5^3(\sqrt{3}\,i) + 6 \cdot 5^2(\sqrt{3}\,i)^2 - 4 \cdot 5(\sqrt{3}\,i)^3 + (\sqrt{3}\,i)^4$
$= 625 - 500\sqrt{3}\,i - 450 + 60\sqrt{3}\,i + 9$
$= 184 - 440\sqrt{3}\,i$

38. 5th row of Pascal's Triangle: 1 5 10 10 5 1
$(x + 2y)^5 = (1)x^5 + 5x^4 2y + 10x^3(2y)^2 + 10x^2(2y)^3 + 5x(2y)^4 + (2y)^5$
$= x^5 + 10x^4 y + 40x^3 y^2 + 80x^2 y^3 + 80xy^4 + 32y^5$

40. 5th Row of Pascal's Triangle: 1 5 10 10 5 1
$(3y + 2)^5 = (3y)^5 + 5(3y)^4(2) + 10(3y)^3(2)^2 + 10(3y)^2(2)^3 + 5(3y)(2)^4 + (2)^5$
$= 243y^5 + 810y^4 + 1080y^3 + 720y^2 + 240y + 32$

42. $_{12}C_8 (x^2)^4 (3)^8 = \dfrac{12!}{(12-8)!8!} \cdot 3^8 x^8 = 3{,}247{,}695 x^8$
$a = 3{,}247{,}695$

44. $_{10}C_8 (4x)^2 (-y)^8 = \dfrac{10!}{(10-8)!8!} \cdot 16x^2 y^8 = 720 x^2 y^8$
$a = 720$

46. $_8C_2 (2x)^6 (-3y)^2 = \dfrac{8!}{(8-6)!2!} (64x^6)(9y^2) = 16{,}128 x^6 y^2$
$a = 16{,}128$

48. $_{12}C_9 (z^2)^3 (-1)^9 = \dfrac{12}{(12-9)!9!} z^6 (-1) = -220 z^6$
$a = -220$

50. $_{10}C_3 \left(\dfrac{1}{4}\right)^3 \left(\dfrac{3}{4}\right)^7 = \dfrac{10 \cdot 9 \cdot 8}{3 \cdot 2} \cdot \dfrac{3^7}{4^{10}} \approx 0.250$

52. $_8C_4 \left(\dfrac{1}{2}\right)^4 \left(\dfrac{1}{2}\right)^4 = \dfrac{8 \cdot 7 \cdot 6 \cdot 5}{4 \cdot 3 \cdot 2} \left(\dfrac{1}{2}\right)^8 \approx 0.273$

54. $(2.005)^{10} = (2 + 0.005)^{10} = 2^{10} + 10(2)^9(0.005) + 45(2)^8(0.005)^2 + 120(2)^7(0.005)^3 + 210(2)^6(0.005)^4$
$\qquad\qquad + 252(2)^5(0.005)^5 + 210(2)^4(0.005)^6 + 120(2)^3(0.005)^7 + 45(2)^8(0.005)^2$
$\qquad\qquad + 10(2)(0.005)^9 + (0.005)^{10}$
$\qquad = 1024 + 25.6 + 0.288 + 0.00192 + 0.0000084 + \ldots$
$\qquad \approx 1049.890$

56. $(1.98)^9 = (2 - 0.02)^9 = 2^9 - 9(2)^8(0.02) + 36(2)^7(0.02)^2 - 84(2)^6(0.02)^3 + 126(2)^5(0.02)^4$
$\qquad\qquad - 126(2)^4(0.02)^5 + 84(2)^3(0.02)^6 - 36(2)^2(0.02)^7 + 9(2)(0.02)^8 - (0.02)^9$
$\qquad = 512 - 46.08 + 1.8432 - 0.043008 + 0.00064512$
$\qquad \approx 467{,}721$

58. $f(x) = 2x^2 - 4x + 1$
$\quad g(x) = f(x + 3)$
$\qquad = 2(x + 3)^2 - 4(x + 3) + 1$
$\qquad = 2(x^2 + 6x + 9) - 4x - 12 + 1$
$\qquad = 2x^2 + 8x + 7$

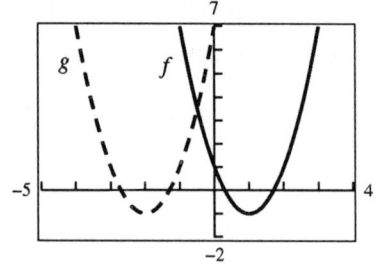

g is f shifted 3 units to the left.

60. $f(x) = -x^4 + 4x^2 - 1$
$\quad g(x) = f(x - 3)$
$\qquad = -(x - 3)^4 + 4(x - 3)^2 - 1$
$\qquad = -(x^4 - 12x^3 + 54x^2 - 108x + 81) + 4(x^2 - 6x + 9) - 1$
$\qquad = -x^4 + 12x^3 - 50x^2 + 84x - 46$

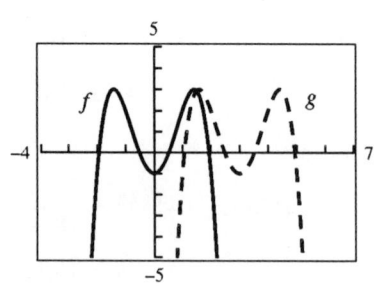

g is f shifted 3 units to the right.

62. $f(t) = 215t^2 - 470t + 6700$
$\quad g(t) = f(t + 4)$
$\qquad = 215(t + 4)^2 - 470(t + 4) + 6700$
$\qquad = 215(t^2 + 8t + 16) - 470t - 1880 + 6700$
$\qquad = 215t^2 + 1250t + 8260$

64. $0 = (1-1)^n = {}_nC_0 - {}_nC_1 + {}_nC_2 - {}_nC_3 + \cdots + (\pm {}_nC_n) = 0$

66. We use the fact that $(1+x)^{2n} = (1+x)^n(1+x)^n$. The coefficient of x^n on the left-hand side is ${}_{2n}C_n$. We then want to find the coefficient of the x^n term on the right-hand side.

$$(1+x)^n(1+x)^n = \left(\sum_{j=0}^{n} {}_nC_j x^j\right)\left(\sum_{j=0}^{n} {}_nC_j x^j\right)$$

The contributions to the coefficient of the x^n term are of the form

$${}_nC_k\, x^k\, {}_nC_{n-k}\, x^{n-k} = {}_nC_k\, {}_nC_{n-k}\, x^n, \quad k = 0, 1, 2, 3, \ldots, n$$

So the coefficient of the x^n term is

$$\sum_{k=0}^{n} {}_nC_k\, {}_nC_{n-k}.$$

But ${}_nC_{n-k} = {}_nC_k$. Therefore, the coefficient is

$$\sum_{k=0}^{n} ({}_nC_k)^2.$$

That gives us ${}_{2n}C_n = ({}_nC_0)^2 + ({}_nC_1)^2 + \cdots + ({}_nC_n)^2$.

68. f and p are identical by the binomial expansion:
$$(1-x)^3 = 1 - 3x + 3x^2 - x^3$$

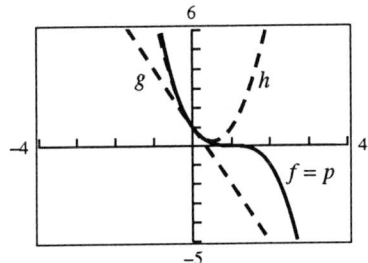

10.6 Counting Principles, Permutations, Combinations

2.

First Number	Second Number
1	7
2	6
3	5
5	3
6	2
7	1

A total of eight may be obtained 6 different ways.

4. $3 \cdot 2 \cdot 4 = 24$ ways to choose a system

6. $2 \cdot 3 \cdot 5 = 30$ possible schedules

8. $24 \cdot 24 \cdot 10 \cdot 10 \cdot 10 \cdot 10 = 5{,}760{,}000$ distinct license plate numbers

10. $4^{10} = 1{,}048{,}576$ different ways

12. (a) $9 \cdot 10 \cdot 10 \cdot 10 = 9000$ ways
    (b) $9 \cdot 9 \cdot 8 \cdot 7 = 4536$ ways
    (c) $4 \cdot 10 \cdot 10 \cdot 10 = 4000$ ways (The first digit must be greater than 0 and less than 5.)
    (d) $9 \cdot 10 \cdot 10 \cdot 5 = 4500$ ways (The last digit must be 0, 2, 4, 6, or 8.)

14. $50 \cdot 50 \cdot 50 = 125{,}000$ different lock combinations

16. (a) $5! = 5 \cdot 4 \cdot 3 \cdot 2 \cdot 1 = 120$ different ways
    (b) $2!3! = 2 \cdot 1 \cdot 3 \cdot 2 \cdot 1 = 12$ different ways
    (c) $3!2! = 3 \cdot 2 \cdot 1 \cdot 2 \cdot 1 = 12$ different ways

18. $_5P_5 = \dfrac{5!}{(5-5)!} = \dfrac{5!}{0!} = 120$

20. $_{20}P_2 = \dfrac{20!}{(20-2)!} = \dfrac{20!}{18!} = 380$

22. $_{100}P_1 = \dfrac{100!}{(100-1)!} = \dfrac{100!}{99!} = 100$

24. $_{10}P_2 = \dfrac{10!}{(10-2)!} = \dfrac{10!}{8!} = 90$

26. $_7P_4 = \dfrac{7!}{(7-4)!} = \dfrac{7!}{3!} = 840$

28. ABCD   ACBD   DBCA   DCBA

30. $6! = 720$ ways

32. $4! = 24$ different orders

34. $\dfrac{8!}{3!5!} = 56$

36. $\dfrac{9!}{2!3!2!2!} = 7560$

38. $\dfrac{11!}{1!4!4!2!} = 34{,}650$

40. ABC, ABD, ABE, ABF, ACD, ACE, ACF, ADE, ADF, AEF, BCD, BCE, BCF, BDE, BDF, BEF, CDE, CDF, CEF, DEF

42. $_{12}C_{10} = \dfrac{12!}{(12-10)!10!} = \dfrac{12!}{2!10!} = 66$

44. $_{50}C_6 = \dfrac{50!}{(50-6)!6!} = \dfrac{50!}{44!6!} = 15{,}890{,}700$

46. $_{80}C_5 = \dfrac{80!}{(80-5)!5!} = \dfrac{80!}{75!5!} = 24{,}040{,}016$

48. There are 9 good units and 3 defective units.
    (a) $_9C_4 = \dfrac{9!}{(9-4)!4!} = \dfrac{9!}{5!4!} = 126$
    (b) $_9C_2 \,_3C_2 = \dfrac{9!}{(9-2)!2!} \cdot \dfrac{3!}{(3-2)!2!} = 108$
    (c) $_9C_2 \,_3C_2 + {_9C_3}\,_3C_1 + {_9C_4}\,_3C_0 = \dfrac{9!}{(9-2)!2!} \cdot \dfrac{3!}{(3-2)!2!} + \dfrac{9!}{(9-3)!3!} \cdot \dfrac{3!}{(3-1)!1!}$
    $+ \dfrac{9!}{(9-4)!4!} \cdot \dfrac{3!}{(3-0)!0!}$
    $= \dfrac{9!3!}{7!2!2!} + \dfrac{9!3!}{6!3!2!} + \dfrac{9!3!}{5!4!3!} = 486$

50. Select type of card for three-of-a-kind: $_{13}C_1$
Select 3 of 4 cards for three-of-a-kind: $_4C_3$
Select type of card for pair: $_{12}C_1$
Select 2 of 4 cards for pair: $_4C_2$

$$_{13}C_1 \,_4C_3 \,_{12}C_1 \,_4C_2 = \frac{13!}{(13-1)!1!} \cdot \frac{4!}{(4-3)!3!} \cdot \frac{12!}{(12-1)!1!} \cdot \frac{4!}{(4-2)!2!}$$

$$= \frac{13!}{12!} \cdot \frac{4!}{3!} \cdot \frac{12!}{11!} \cdot \frac{4!}{2!2!} = 3744$$

52. (a) $_3C_2 = \dfrac{3!}{(3-2)!2!} = 3$

(b) $_8C_2 = \dfrac{8!}{(8-2)!2!} = 28$

(c) $_{12}C_2 = \dfrac{12!}{(12-2)!2!} = 66$

(d) $_{20}C_2 = \dfrac{20!}{(20-2)!2!} = 190$

54. $_6C_2 - 6 = \dfrac{6!}{(6-2)!2!} - 6 = 15 - 6 = 9$

56. $_{10}C_2 - 10 = \dfrac{10!}{(10-2)!2!} - 10 = 45 - 10 = 35$

58. $_nP_5 = 18 \,_{n-2}P_4$

$$n(n-1)(n-2)(n-3)(n-4) = 18(n-2)(n-3)(n-4)(n-5)$$
$$n(n-1)(n-2)(n-3)(n-4) - 18(n-2)(n-3)(n-4)(n-5) = 0$$
$$(n-2)(n-3)(n-4)[n(n-1) - 18(n-5)] = 0$$
$$(n-2)(n-3)(n-4)[n^2 - n - 18n + 90] = 0$$
$$(n-2)(n-3)(n-4)(n^2 - 19n + 90) = 0$$
$$(n-2)(n-3)(n-4)(n-9)(n-10) = 0$$

Since $n \geq 6$, $n = 9$ or $n = 10$.

60. $_nP_1 = n = \dfrac{n(n-1)(n-2)\cdots 3 \cdot 2 \cdot 1}{(n-1)(n-2)\cdots 3 \cdot 2 \cdot 1} = \dfrac{n!}{(n-1)!1!} = \,_nC_1$

62. $_nC_n = \dfrac{n!}{(n-n)!n!} = \dfrac{n!}{0!n!} = \dfrac{n}{(n-0)!0!} = \,_nC_0$

10.7 Probability

2. $\{2, 3, 4, 5, 6, 7, 8, 9, 10, 11, 12\}$

4. $\{(\text{red, red}), (\text{red, blue}), (\text{red, black}),$
$(\text{blue, blue}), (\text{blue, black})\}$

6. $\{SSS, SSF, SFS, SFF, FSS, FSF, FFS, FFF\}$

8. $n(E) = \{HHH, HHT, HTH, HTT\}$
$P(E) = \dfrac{n(E)}{n(S)} = \dfrac{4}{8} = \dfrac{1}{2}$

10. $n(E) = \{HHH, HHT, HTH, THH\}$
$P(E) = \dfrac{n(E)}{n(S)} = \dfrac{4}{8} = \dfrac{1}{2}$

12. The probability of not getting a face card is the complement of getting a face card. From Exercise 11, the probability of getting a face card is $P(E) = \frac{12}{52} = \frac{3}{13}$. Hence,
$P(E') = 1 - P(E) = 1 - \frac{3}{13} = \frac{10}{13}$.

14. There are six possible cards (A, 2, 3, 4, 5, 6) in each of four suits.
$P(E) = \frac{24}{52} = \frac{6}{13}$

16. $n(S) = 6 \cdot 6 = 36$
$E' = \{(5, 6), (6, 6), (6, 5)\}$
$n(E) = n(S) - n(E') = 36 - 3 = 33$
$P(E) = \frac{33}{36} = \frac{11}{12}$

18. $n(S) = 6 \cdot 6 = 36$
$E = \{(1, 1), (1, 2), (2, 1), (6, 6)\}$
$P(E) = \frac{4}{36} = \frac{1}{9}$

20. $n(S) = 6 \cdot 6 = 36$
$E = \{(1, 1), (1, 2), (1, 4), (1, 6), (2, 1), (2, 3), (2, 5), (3, 2), (3, 4), (3, 6),$
$(4, 1), (4, 3), (4, 5), (5, 2), (5, 4), (5, 6), (6, 1), (6, 3), (6, 5)\}$

$P(E) = \frac{19}{36}$

22. $n(S) = {}_6C_2 = 15$
$n(E) = {}_2C_2 = 1$
$P(E) = \frac{1}{15}$

24. $n(S) = {}_6C_2 = 15$
$n(E) = {}_1C_1 \, {}_2C_1 + {}_1C_1 \, {}_3C_1 + {}_2C_1 \, {}_3C_1$
$ = 2 + 3 + 6 = 11$
$P(E) = \frac{11}{15}$

26. $1 - p = 1 - 0.36 = 0.64$

28. $1 - p = 1 - 0.84 = 0.16$

30. $n(S) = 72$

(a) $n(E) = 18 + 12 = 30$

$P(E) = \frac{30}{72} = \frac{5}{12}$

(b) $n(E) = 72 - 30 = 42$

$P(E) = \frac{42}{72} = \frac{7}{12}$

(c) $n(E) = 28 - 18 = 10$

$P(E) = \frac{10}{72} = \frac{5}{36}$

32. $1 - (0.37 + 0.44) = 0.19$

34. $n(S) = {_8}C_5 = 56$

(a) $n(E) = {_6}C_5 = 6$

$P(E) = \frac{6}{56} = \frac{3}{28}$

(b) $n(E) = {_6}C_4 \, {_2}C_1 = 30$

$P(E) = \frac{30}{56} = \frac{15}{28}$

(c) $n(E) = {_6}C_4 \, {_2}C_1 + {_6}C_5$

$= 30 + 6 = 36$

$P(E) = \frac{36}{56} = \frac{9}{14}$

36. $n(S) = 5! = 120$

5 correct: 1 way
4 correct: not possible
3 correct: 10
2 correct: 20
1 correct: 45
0 correct: 44

(a) $\frac{45}{120} = \frac{3}{8}$

(b) $\frac{1 + 10 + 20 + 45}{120} = \frac{76}{120} = \frac{19}{30}$

38. (a) $n(S) = 4! = 24$

$n(E) = 1$

$P(E) = \frac{1}{24}$

(b) $n(S) = 3! = 6$

$n(E) = 1$

$p(E) = \frac{1}{6}$

40. $n(S) = {_{52}}C_5 = 2{,}598{,}960$

$n(E) = {_{13}}C_1 \, {_4}C_3 \, {_{12}}C_1 \, {_4}C_2 = 3744$

$p(E) = \frac{3744}{2{,}598{,}960} = \frac{6}{4165}$

42. $n(S) = {_{20}}C_5 = 15{,}504$

(a) $n(E) = {_{16}}C_5 = 4368$

$P(E) = \frac{4368}{15{,}504} = \frac{91}{323} \approx 0.282$

(b) $n(E) = {_{16}}C_4 \, {_4}C_1 = 7280$

$P(E) = \frac{7280}{15{,}504} = \frac{455}{969} \approx 0.470$

(c) $n(E) = {_{16}}C_4 \, {_4}C_1 + {_{16}}C_3 \, {_4}C_2 + {_{16}}C_2 \, {_4}C_3 + {_{16}}C_1 \, {_4}C_4 = 11{,}136$

$P(E) = \frac{11{,}136}{15{,}504} = \frac{232}{323} \approx 0.718$

44. (a) $P(EE) = \frac{20}{40} \cdot \frac{20}{40} = \frac{1}{4}$

(b) $P(EO \text{ or } OE) = 2\left(\frac{20}{40}\right)\left(\frac{20}{40}\right) = \frac{1}{2}$

(c) $P(N_1 \leq 30, N_2 \leq 30) = \left(\frac{30}{40}\right)\left(\frac{30}{40}\right) = \frac{9}{16}$

(d) $P(N_1 N_1) = \frac{40}{40} \cdot \frac{1}{40} = \frac{1}{40}$

46. (a) $P(AA) = (0.9)^2 = 0.81$

(b) $P(NN) = (0.1)^2 = 0.01$

(c) $P(A) = 1 - P(NN) = 1 - 0.01 = 0.99$

48. (a) $P(SSSS) = \left(\frac{1}{3}\right)^4 = \frac{1}{81}$

(b) $P(NNNN) = \left(\frac{2}{3}\right)^4 = \frac{16}{81}$

(c) $P(\text{at least one contract}) = 1 - P(NNNN) = 1 - \frac{16}{81} = \frac{65}{81}$

50. (a) $P(GGGGGG) = \left(\frac{1}{2}\right)\left(\frac{1}{2}\right)\left(\frac{1}{2}\right)\left(\frac{1}{2}\right)\left(\frac{1}{2}\right)\left(\frac{1}{2}\right) = \frac{1}{64}$

(b) $P(BBBBBB) + P(GGGGGG) = \frac{1}{64} + \frac{1}{64} = \frac{1}{32}$

(c) $1 - P(BBBBBB) = 1 - \frac{1}{64} = \frac{63}{64}$

52. $P(FFF) = (0.78)(0.78)(0.78) = 0.474552$

Review Exercises for Chapter 10

2. $2(1^2) + 2(2^2) + 2(3^2) + \cdots + 2(9)^2 = \sum_{k=1}^{9} 2k^2$

4. $1 - \frac{1}{3} + \frac{1}{9} - \frac{1}{27} + \cdots = \sum_{k=0}^{\infty} \left(-\frac{1}{3}\right)^k$

6. $\sum_{k=2}^{5} 4k = 4(2 + 3 + 4 + 5) = 4(14) = 56$

8. Arithmetic, $a_1 = 17$, $a_8 = -4$, $n = 8$

$\sum_{j=1}^{8} (20 - 3j) = \frac{8}{2}(17 + (-4)) = 52$

10. Geometric, $a_0 = 1$, $r = 3$, $n = 5$

$\sum_{i=0}^{4} 3^i = 1\left(\frac{1 - 3^5}{1 - 3}\right) = 121$

12. $\sum_{i=0}^{\infty} \left(\frac{1}{3}\right)^i = \frac{1}{1 - r} = \frac{1}{1 - (1/3)} = \frac{3}{2}$

(sum of infinite geometric sequence)

14. Geometric, $a_0 = 1.3$, $r = \frac{1}{10}$

$\sum_{k=0}^{\infty} 1.3\left(\frac{1}{10}\right)^k = \frac{1.3}{1 - (1/10)} = \frac{13}{9}$

16. Arithmetic, $a_1 = 1$, $a_{25} = 19$, $n = 25$

$\sum_{k=1}^{25} \left(\frac{3k+1}{4}\right) = \frac{25}{2}(1 + 19) = 250$

18. $\sum_{n=1}^{100} = \left(\frac{1}{1} - \frac{1}{2}\right) + \left(\frac{1}{2} - \frac{1}{3}\right) + \left(\frac{1}{3} - \frac{1}{4}\right) + \cdots + \left(\frac{1}{100} - \frac{1}{101}\right) = \frac{1}{1} - \frac{1}{101} = \frac{100}{101}$

20. $a_1 = 8$

$a_2 = 8 + (-2) = 6$

$a_3 = 6 + (-2) = 4$

$a_4 = 4 + (-2) = 2$

$a_5 = 2 + (-2) = 0$

22. $a_2 = 14 = d(2) + c$

$a_6 = 22 = d(6) + c$

$2d + c = 14$

$6d + c = 22$

Solving this system yields $d = 2$ and $c = 10$.

Thus, $a_n = 2n + 10$

$a_1 = 12$

$a_2 = 14$

$a_3 = 16$

$a_4 = 18$

$a_5 = 20.$

24. $a_1 = 10 = d(1) + c$

$a_3 = 28 = d(3) + c$

$d + c = 10$

$3d + c = 28$

Solving this system of equations yields $d = 9$ and $c = 1$.

Thus, $a_n = 9n + 1$

$a_{20} = 181, n = 20.$

$$\sum_{n=1}^{20} (9n + 1) = \frac{20}{2}(10 + 181) = 1910$$

26. $\sum_{i=20}^{80} i = \frac{61}{2}(20 + 80)$

$= 3050$

28. $a_1 = 2$

$a_2 = 2 \cdot 2 = 4$

$a_3 = 4 \cdot 2 = 8$

$a_4 = 8 \cdot 2 = 16$

$a_5 = 16 \cdot 2 = 32$

30. $a_3 = 12 = 2r^2$

$r^2 = 6$

$r = \pm\sqrt{6}$

$a_1 = 2$	or	$a_1 = 2$
$a_2 = 2\sqrt{6}$		$a_2 = 2(-\sqrt{6}) = -2\sqrt{6}$
$a_3 = 2(\sqrt{6})^2 = 12$		$a_3 = 2(-\sqrt{6})^2 = 12$
$a_4 = 2(\sqrt{6})^3 = 12\sqrt{6}$		$a_4 = 2(-\sqrt{6})^3 = -12\sqrt{6}$
$a_5 = 2(\sqrt{6})^4 = 72$		$a_5 = 2(-\sqrt{6})^4 = 72$

32. $a_n = 100(1.05)^{n-1}$

$$\sum_{n=1}^{20} 100(1.05)^{n-1} = 100\left(\frac{1 - 1.05^{20}}{1 - 1.05}\right)$$

$$\approx 3306.595$$

34. $\displaystyle\sum_{n=1}^{40} 32{,}000(1.055)^{n-1} = 32{,}000\left(\frac{1 - 1.055^{40}}{1 - 1.055}\right)$

$$\approx \$4{,}371{,}379.65$$

36. $\displaystyle A = \sum_{i=1}^{120} 100\left(1 + \frac{0.065}{12}\right)^i = \sum_{i=1}^{120} 100\left(\frac{12.065}{12}\right)^i$

$$= 100\left(\frac{12.065}{12}\right)\left[\frac{1 - \left(\frac{12.065}{12}\right)^{120}}{1 - \left(\frac{12.065}{12}\right)}\right]$$

$$\approx \$16{,}931.53$$

38. 1. When $n = 1$,
$$1 = \frac{1}{4}(1+3) = 1.$$
2. Assume that
$$1 + \frac{3}{2} + 2 + \frac{5}{2} + \cdots + \frac{1}{2}(k+1) = \frac{k}{4}(k+3).$$
Then,
$$1 + \frac{3}{2} + 2 + \frac{5}{2} + \cdots + \frac{1}{2}(k+1) + \frac{1}{2}(k+2) = \frac{k}{4}(k+3) + \frac{1}{2}(k+2)$$
$$= \frac{k(k+3) + 2(k+2)}{4}$$
$$= \frac{k^2 + 5k + 4}{4}$$
$$= \frac{(k+1)(k+4)}{4}$$
$$= \frac{k+1}{4}[(k+1) + 3].$$

Thus, the formula holds for all positive integers n.

40. 1. When $n = 1$,
$$a + 0 \cdot d = a = \frac{1}{2}[2a + (1-1)d] = a.$$
2. Assume that
$$\sum_{k=0}^{i-1} (a + kd) = \frac{i}{2}[2a + (i-1)d].$$
Then,
$$\sum_{k=0}^{i+1-1} (a + kd) = \frac{i}{2}[2a + (i-1)d] + [a + id]$$
$$= \frac{2ia + i(i-1)d + 2a + 2id}{2}$$
$$= \frac{2a(i+1) + id(i+1)}{2}$$
$$= \left(\frac{i+1}{2}\right)[2a + id].$$

Thus, the formula holds for all positive integers n.

42. $_{10}C_7 = \dfrac{10!}{(10-7)!7!} = 120$ **44.** $_{12}C_3 = \dfrac{12 \cdot 11 \cdot 10}{3 \cdot 2 \cdot 1} = 220$

46. $(a - 3b)^5 = a^5 - 5a^4(3b) + 10a^3(3b)^2 - 10a^2(3b)^3 + 5a(3b)^4 - (3b)^5$
$\qquad = a - 15a^4b + 90a^3b^2 - 270a^2b^3 + 405ab^4 - 243b^5$

48. $(3x + y^2)^7$

$= (3x)^7 + 7(3x)^6 y^2 + 21(3x)^5(y^2)^2 + 35(3x)^4(y^2)^3 + 35(3x)^3(y^2)^4$
$\quad + 21(3x)^2(y^2)^5 + 7(3x)(y^2)^6 + (y^2)^7$

$= 2187x^7 + 5103x^6 y^2 + 5103x^5 y^4 + 2835x^4 y^6 + 945x^3 y^8 + 189x^2 y^{10} + 21xy^{12} + y^{14}$

50. $(4 - 5i)^3 = 4^3 - 3(4)^2(5i) + 3(4)(5i)^2 - (5i)^3$

$\qquad = 64 - 240i - 300 + 125i$

$\qquad = -236 - 115i$

52. $2 \cdot 2 \cdot 2 = 8$

54. (a) $_5C_2 = 10$
(b) $_{10}C_2 = 45$

56. $n(S) = 5! = 120$

$n(E) = 1$

$P(E) = \frac{1}{120}$

58. $\left(\frac{6}{6}\right)\left(\frac{5}{6}\right)\left(\frac{4}{6}\right)\left(\frac{3}{6}\right)\left(\frac{2}{6}\right)\left(\frac{1}{6}\right) = \frac{5}{324}$

60. $P(NNN) = (0.8)(0.8)(0.8)$

$\qquad = 0.512$

62. (a) With 10 people, the probability that no two have the same birthday is

$$\frac{365 \cdot 364 \cdot 363 \cdot \cdots \cdot 356}{(365)^{10}} \approx 0.883$$

So, the probability that two will have the same birthday is

$1 - 0.883 = 0.117.$

(b) When the group is 23 or larger, the probability is at least 50% since

$$1 - \frac{365 \cdot 364 \cdot 363 \cdots 343}{(365)^{23}} \approx 0.507.$$

CHAPTER ELEVEN
Parametric Equations and Polar Coordinates

11.1 Plane Curves and Parametric Equations

2. $x = t$, $y = \dfrac{1}{2}t$

$y = \dfrac{1}{2}x$

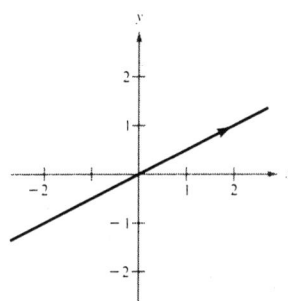

4. $x = 3 - 2t$, $y = 2 + 3t$

$y = 2 + 3\left(\dfrac{3-x}{2}\right)$

$3x + 2y = 13$

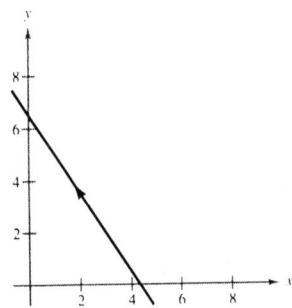

6. $x = t$, $y = t^3$

$y = x^3$

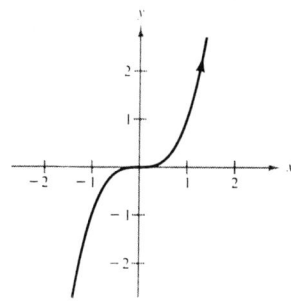

8. $x = \sqrt{t}$

$y = 1 - t$

$y = 1 - x^2$, $x \geq 0$

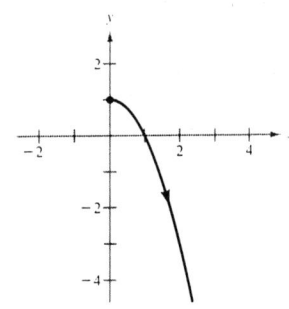

10. $x = t - 1$, $y = \dfrac{t}{t-1}$

$y = \dfrac{x+1}{x+1-1}$

$y = \dfrac{x+1}{x}$

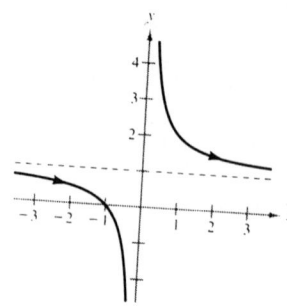

12. $x = 4\sin 2\theta \Rightarrow \left(\dfrac{x}{4}\right)^2 = \sin^2 2\theta$

$y = 2\cos 2\theta \Rightarrow \left(\dfrac{y}{2}\right)^2 = \cos^2 2\theta$

$\left(\dfrac{x}{4}\right)^2 + \left(\dfrac{y}{2}\right)^2 = 1$

$\dfrac{x^2}{16} + \dfrac{y^2}{4} = 1$

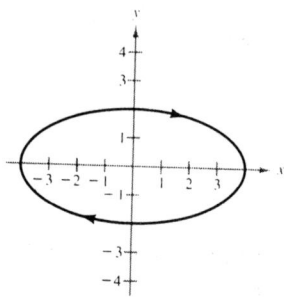

14. $x = \sec\theta$

$y = \cos\theta$

$xy = 1$

$y = \dfrac{1}{x}, \quad -1 \leq y \leq 1$

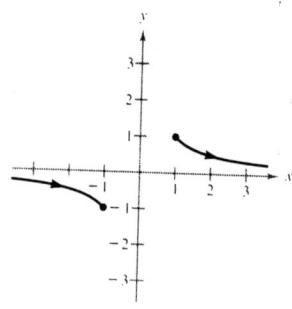

16. $x = 4\sec\theta \Rightarrow \left(\dfrac{x}{4}\right)^2 = \sec^2\theta$

$y = 3\tan\theta \Rightarrow \left(\dfrac{y}{3}\right)^2 = \tan^2\theta$

$1 + \left(\dfrac{y}{3}\right)^2 = \left(\dfrac{x}{4}\right)^2$

$\dfrac{x^2}{16} - \dfrac{y^2}{9} = 1$

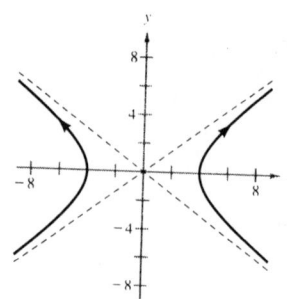

18. $x = e^{2t}$

$y = e^t \Rightarrow y^2 = e^{2t}$

$y^2 = x, \quad y > 0$

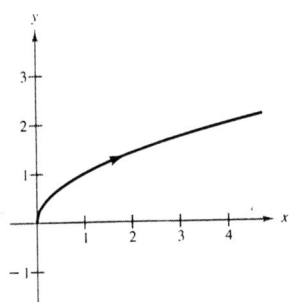

20. $x = \ln t \Rightarrow e^x = t$

$y = t^2$

$y = (e^x)^2$

$y = e^{2x}$

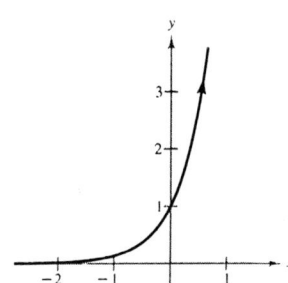

22. By eliminating the parameters in (a)-(d), we get $y = x^2 - 1$. They differ from each other in restricted domain and in orientation.

(a) Domain: $-\infty < x < \infty$
Orientation: Left to right

(b) Domain: $0 \leq x < \infty$
Orientation: Left to right

(c) Domain: $-1 \leq x \leq 1$
Orientation: Oscillates

(d) Domain: $0 < x < \infty$
Orientation: Left to right

24. $x = h + r\cos\theta, \quad y = k + r\sin\theta$

$\cos\theta = \dfrac{x-h}{r}, \quad \sin\theta = \dfrac{y-k}{r}$

$\cos^2\theta + \sin^2\theta = \dfrac{(x-h)^2}{r^2} + \dfrac{(y-k)^2}{r^2} = 1$

$(x-h)^2 + (y-k)^2 = r^2$

26. $x = h + a\sec\theta, \quad y = k + b\tan\theta$

$\dfrac{x-h}{a} = \sec\theta, \quad \dfrac{y-k}{b} = \tan\theta$

$\dfrac{(x-h)^2}{a^2} - \dfrac{(y-k)^2}{b^2} = 1$

28. From Exercise 23:

$x = 1 + 4t$

$y = 4 - 6t$

Solution not unique

30. From Exercise 24:

$x = -3 + 3\cos\theta$

$y = 1 + 3\sin\theta$

Solution not unique

32. From Exercise 25:
$$x = 4 + 5\cos\theta$$
$$y = 2 + 4\sin\theta$$
$$b = 4$$

Center: (4, 2)
Solution not unique

34. From Exercise 26:
$$x = 2\sqrt{6}\tan\theta$$
$$y = \sec\theta$$
$$b = 2\sqrt{6}$$

Center: (0, 0)
Solution not unique. The transverse axis is vertical, therefore, x and y are interchanged.

36. $y = x^2$

<u>Examples</u>
$$x = t, \quad y = t^2$$
$$x = t^2, \quad y = t^4$$
$$x = \sin t, \quad y = \sin^2 t$$

38. $x = \theta + \sin\theta$, $y = 1 - \cos\theta$

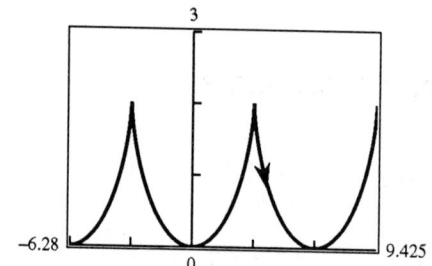

40. $x = 2\theta - \sin\theta$, $y = 2 - \cos\theta$

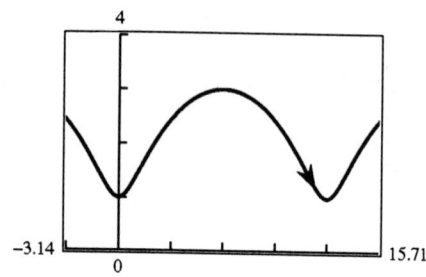

42. $x = \dfrac{3t}{1+t^3}$, $y = \dfrac{3t^2}{1+t^3}$, undefined when $t = -1$.

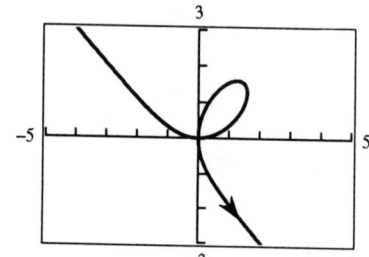

44. $x = \cos^3\theta$, $y = 2\sin^3\theta$

θ	0	$\pi/2$	π	$3\pi/2$	2π
x	1	0	-1	0	1
y	0	2	0	-2	0

Matches graph (c).

46. $x = \cot\theta$, $y = 4\sin\theta\cos\theta$, undefined when $\theta = 0$.

θ	$\pi/6$	$\pi/4$	$\pi/3$	$2\pi/3$	$3\pi/4$	$5\pi/6$
x	1.73	1	0.58	-0.58	-1	-1.73
y	1.73	2	1.73	-1.73	-2	-1.73

Matches graph (a).

48. $2\theta = \text{arc}TS = \text{arc}TP = \phi$

$y = \overline{OA} - \overline{OC}$

$\overline{OA} = 3\sin\theta$

$\overline{OC} = \sin(180° - \theta - \phi)$

$\quad = \sin(180° - 3\theta)$

$\quad = \sin 180° \cos 3\theta - \sin 3\theta \cos 180°$

$\quad = \sin 3\theta$

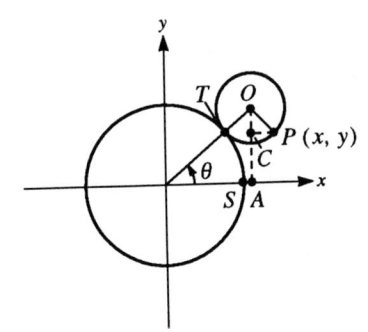

Therefore, $y = 3\sin\theta - \sin 3\theta$.
Similarly, $x = 3\cos\theta - \cos 3\theta$.

11.2 Polar Coordinates

2. Polar coordinates: $\left(4, \dfrac{3\pi}{2}\right)$

$x = 4\cos\left(\dfrac{3\pi}{2}\right) = 0, \quad y = 4\sin\left(\dfrac{3\pi}{2}\right) = -4$

Rectangular coordinates: $(0, -4)$

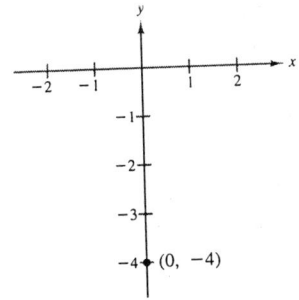

4. Polar coordinates: $(0, -\pi)$

$x = 0\cos(-\pi) = 0, \quad y = 0\sin(-\pi) = 0$

Rectangular coordinates: $(0, 0)$

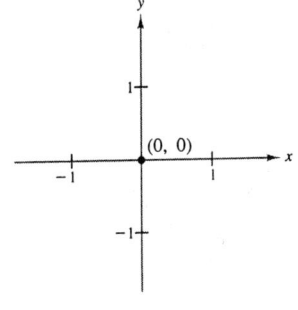

6. Polar coordinates: $\left(-1, \dfrac{-3\pi}{4}\right)$

$x = -1\cos\left(\dfrac{-3\pi}{4}\right) = \dfrac{\sqrt{2}}{2}$,

$y = -1\sin\left(\dfrac{-3\pi}{4}\right) = \dfrac{\sqrt{2}}{2}$

Rectangular coordinates: $\left(\dfrac{\sqrt{2}}{2}, \dfrac{\sqrt{2}}{2}\right)$

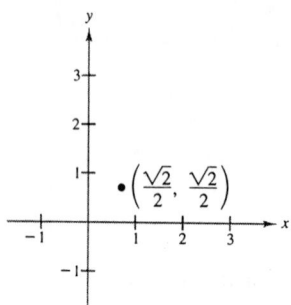

8. Polar coordinates: $\left(\dfrac{3}{2}, \dfrac{5\pi}{2}\right)$

$x = \dfrac{3}{2}\cos\left(\dfrac{5\pi}{2}\right) = 0$, $y = \dfrac{3}{2}\sin\left(\dfrac{5\pi}{2}\right) = \dfrac{3}{2}$

Rectangular coordinates: $\left(0, \dfrac{3}{2}\right)$

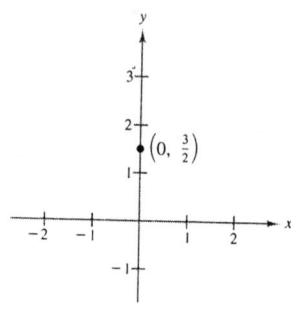

10. Polar coordinates: $(-3, -1.57)$

$x = -3\cos(-1.57) \approx -0.0024$

$y = -3\sin(-1.57) \approx 3.000$

Rectangular coordinates: $(-0.0024, 3)$

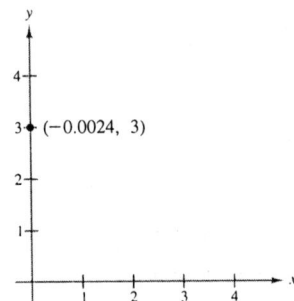

12. Rectangular coordinates: $(0, -5)$

$r = 5$, $\tan\theta$ undefined, $\theta = \dfrac{\pi}{2}$

Polar coordinates: $\left(5, \dfrac{3\pi}{2}\right)$, $\left(-5, \dfrac{\pi}{2}\right)$

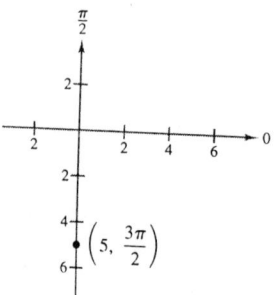

14. Rectangular coordinates: $(-3, -3)$

$r = 3\sqrt{2}$, $\tan \theta = 1$, $\theta = \dfrac{\pi}{4}$

Polar coordinates:

$\left(3\sqrt{2}, \dfrac{5\pi}{4}\right)$, $\left(-3\sqrt{2}, \dfrac{\pi}{4}\right)$

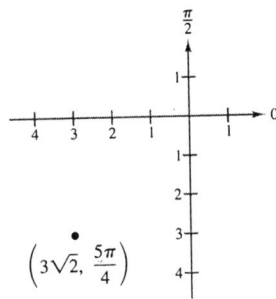

16. Rectangular coordinates: $(3, -1)$

$r = \sqrt{9+1} = \sqrt{10}$, $\tan \theta = -\dfrac{1}{3}$, $\theta \approx -0.322$

Polar coordinates: $(-\sqrt{10}, 2.820)$, $(\sqrt{10}, 5.961)$

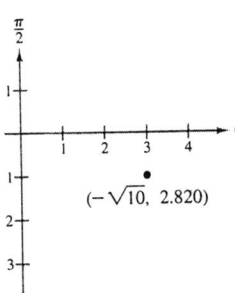

18. Rectangular coordinates: $(-2, 0)$

$r = 2$, $\tan \theta = 0$, $\theta = 0$

Polar coordinates: $(2, \pi)$, $(-2, 0)$

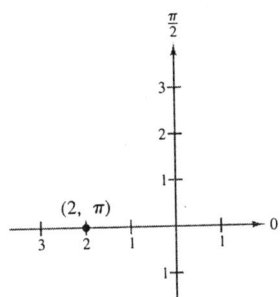

20. Rectangular coordinates: $(5, 12)$

$r = \sqrt{25+144} = 13$, $\tan \theta = \dfrac{12}{5}$, $\theta \approx 1.176$

Polar coordinates: $(13, 1.176)$, $(-13, 4.318)$

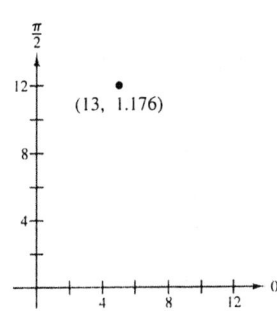

22. $x^2 + y^2 = a^2$

$r = a$

24. $x^2 + y^2 - 2ay = 0$

$r^2 - 2ar \sin \theta = 0$

$r(r - 2a \sin \theta) = 0$

$r = 2a \sin \theta$

26. $y = b$

$r \sin \theta = b$

$r = b \csc \theta$

28. $x = a$

$r \cos \theta = a$

$r = a \sec \theta$

30. $4x + 7y - 2 = 0$

$4r \cos \theta + 7r \sin \theta - 2 = 0$

$r(4 \cos \theta + 7 \sin \theta) = 2$

$r = \dfrac{2}{4 \cos \theta + 7 \sin \theta}$

32.
$$y = x$$
$$r\cos\theta = r\sin\theta$$
$$1 = \tan\theta$$
$$\theta = \frac{\pi}{4}$$

34.
$$y^2 - 8x - 16 = 0$$
$$r^2\sin^2\theta - 8r\cos\theta = 16$$
$$r^2 - r^2\cos^2\theta - 8r\cos\theta - 16 = 0$$
$$r^2\cos^2\theta + 8r\cos\theta + 16 = r^2$$
$$(r\cos\theta + 4)^2 = r^2$$
$$r = \pm(r\cos\theta + 4)$$
$$r = \frac{4}{1 - \cos\theta}$$
$$\text{or } r = \frac{-4}{1 + \cos\theta}$$

36.
$$r = 4\cos\theta$$
$$r^2 = 4r\cos\theta$$
$$x^2 + y^2 = 4x$$
$$x^2 + y^2 - 4x = 0$$

38.
$$r = 4$$
$$r^2 = 16$$
$$x^2 + y^2 = 16$$

40.
$$r^2 = \sin 2\theta$$
$$= 2\sin\theta\cos\theta$$
$$r^2 = 2\left(\frac{y}{r}\right)\left(\frac{x}{r}\right)$$
$$= \frac{2xy}{r^2}$$
$$r^4 = 2xy$$
$$(x^2 + y^2)^2 = 2xy$$

42.
$$r = \frac{1}{1 - \cos\theta}$$
$$r - r\cos\theta = 1$$
$$\sqrt{x^2 + y^2} - x = 1$$
$$x^2 + y^2 = 1 + 2x + x^2$$
$$y^2 = 2x + 1$$

44.
$$r = \frac{6}{2\cos\theta - 3\sin\theta}$$
$$r = \frac{6}{2(x/r) - 3(y/r)}$$
$$r = \frac{6r}{2x - 3y}$$
$$1 = \frac{6}{2x - 3y}$$
$$2x - 3y = 6$$

46.
$r = 8$
$r^2 = 64$
$x^2 + y^2 = 64$

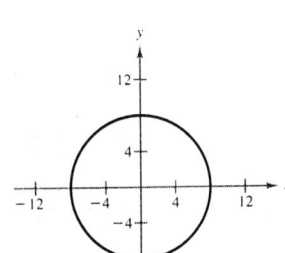

48.
$\theta = \dfrac{5\pi}{6}$
$\tan\theta = \tan\dfrac{5\pi}{6}$
$\dfrac{y}{x} = -\dfrac{1}{\sqrt{3}}$
$\sqrt{3}\,y = -x$
$x + \sqrt{3}\,y = 0$

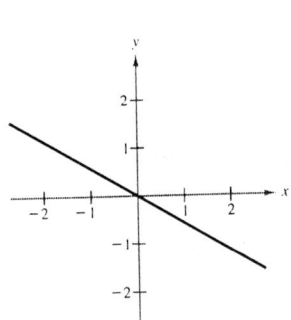

50.
$r = 2\csc\theta$
$r\sin\theta = 2$
$y = 2$
$y - 2 = 0$

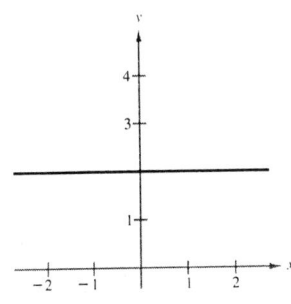

52. Let $(1, \pi/2)$ and $(-2, \pi)$ be two points in the polar coordinate system. From Exercise 51, the distance between them is

$$\sqrt{r_1^2 + r_2^2 - 2r_1 r_2 \cos(\theta_1 - \theta_2)} = \sqrt{1 + 4 - 2(1)(-2)\cos[(\pi/2) - \pi]}$$
$$= \sqrt{5 + 4\cos(-\pi/2)}$$
$$= \sqrt{5}\,.$$

Now let $(-1, 3\pi/2)$ and $(2, 0)$ be different polar coordinate representations of the same two points. The distance formula from Exercise 51 gives

$$\sqrt{r_1^2 + r_2^2 - 2r_1 r_2 \cos(\theta_1 - \theta_2)} = \sqrt{1 + 4 - (-1)(2)\cos[(3\pi/2) - 0]}$$
$$= \sqrt{5 + 2\cos(3\pi/2)}$$
$$= \sqrt{5}\,.$$

Even though the polar representations are different, the distance formula gives the same result.

54. $r = \cos\theta + 3\sin\theta = 2(\frac{1}{2}\cos\theta + \frac{3}{2}\sin\theta)$

Using Exercise 53, we see that this is the equation of a circle of radius

$$\sqrt{h^2 + k^2} = \sqrt{\left(\frac{1}{2}\right)^2 + \left(\frac{3}{2}\right)^2} = \sqrt{\frac{1}{4} + \frac{9}{4}} = \frac{1}{2}\sqrt{10}$$

and center

$$(h, k) = \left(\frac{1}{2}, \frac{3}{2}\right):$$

$$\left(x - \frac{1}{2}\right)^2 + \left(y - \frac{3}{2}\right)^2 = \frac{10}{4}.$$

11.3 Graphs of Polar Equations

2. $r = 16\cos 3\theta$

$\theta = \frac{\pi}{2}$: $\quad -r = 16\cos(3(-\theta))$

$\quad -r = 16\cos(-3\theta)$

$\quad -r = 16\cos 3\theta$

Not an equivalent equation

Polar axis: $\quad r = 16\cos(3(-\theta))$

$\quad r = 16\cos(-3\theta)$

$\quad r = 16\cos 3\theta$

Equivalent equation

Pole: $\quad -r = 16\cos 3\theta$

Not an equivalent equation

Answer: Symmetric with respect to polar axis

4. $r = 6\sin\theta$

$\theta = \frac{\pi}{2}$: $\quad -r = 6\sin(-\theta)$

$\quad -r = -6\sin\theta$

$\quad r = 6\sin\theta$

Equivalent equation

Polar axis: $\quad r = 6\sin(-\theta)$

$\quad r = -6\sin\theta$

Not an equivalent equation

Pole: $\quad -r = 6\sin\theta$

Not an equivalent equation

Answer: Symmetric with respect to $\theta = \pi/2$

6. $r^2 = 25 \sin 2\theta$

   $\theta = \dfrac{\pi}{2}$: $(-r)^2 = 25 \sin(2(-\theta))$

   $\qquad\qquad r^2 = -25 \sin 2\theta$

   Not an equivalent equation

   Polar axis: $\quad r^2 = 25 \sin(2(-\theta))$

   $\qquad\qquad r^2 = -25 \sin 2\theta$

   Not an equivalent equation

   Pole: $\quad (-r)^2 = 25 \sin 2\theta$

   $\qquad\qquad r^2 = 25 \sin 2\theta$

   Equivalent equation

   Answer: Symmetric with respect to pole

8. $|r| = |-2\cos\theta| = 2|\cos\theta| \leq 2$

   $|\cos\theta| = 1$

   $\cos\theta = \pm 1$

   $\theta = 0, \pi$

   Maximum: $|r| = 2$ when $\theta = 0, \pi$

10. $|r| = |6 + 12\cos\theta| \leq |6| + |12\cos\theta|$

    $\quad = 6 + 12|\cos\theta| \leq 18$

    $\cos\theta = 1$

    $\theta = 0$

    Maximum: $|r| = 18$ when $\theta = 0$

12. Circle: $r = 2$

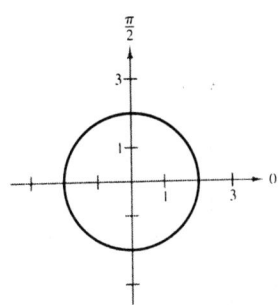

14. $\theta = -\dfrac{\pi}{4}$

    $\tan\theta = \tan\left(-\dfrac{\pi}{4}\right)$

    $\dfrac{y}{x} = -1$

    $y = -x \Rightarrow$ Line

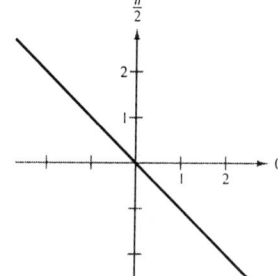

16. $r = 3 - 3\cos\theta$

    Symmetric with respect to polar axis

    $\dfrac{a}{b} = \dfrac{3}{3} = 1 \Rightarrow$ Cardioid

    $|r| = 6$ when $\theta = \pi$.

    $r = 0$ when $\theta = 0$.

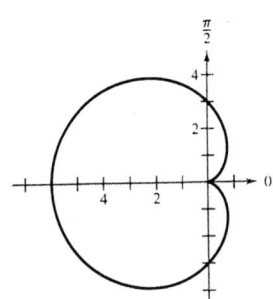

18. $r = 3 - 2\cos\theta$

Symmetric with respect to polar axis

$\dfrac{a}{b} = \dfrac{3}{2} > 1 \Rightarrow$ Dimpled limaçon

$|r| = 5$ when $\theta = \pi$.

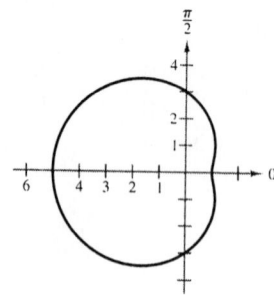

20. $r = 2 + 4\sin\theta$

Symmetric with respect to $\theta = \dfrac{\pi}{2}$

$\dfrac{a}{b} = \dfrac{2}{4} < 1 \Rightarrow$ Limaçon with inner loop

$|r| = 6$ when $\theta = \dfrac{\pi}{2}$.

$r = 0$ when $\theta = \dfrac{7\pi}{6},\ \dfrac{11\pi}{6}$.

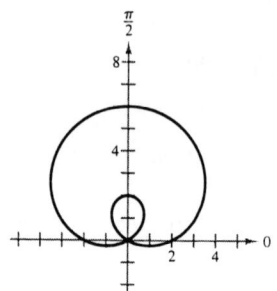

22. $r = 2\cos 3\theta$

Symmetric with respect to polar axis

Rose curve ($n = 3$) with 3 petals

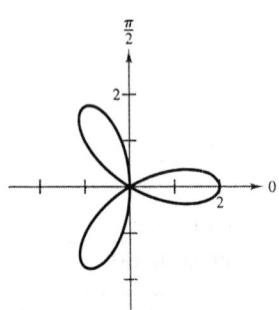

24. $r = 2\sec\theta$

$r = \dfrac{2}{\cos\theta}$

$r\cos\theta = 2$

$x = 2 \Rightarrow$ Line

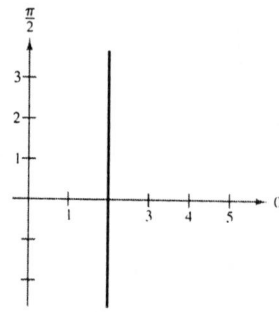

26. $$r = \frac{6}{2\sin\theta - 3\cos\theta}$$
$$r(2\sin\theta - 3\cos\theta) = 6$$
$$2y - 3x = 6$$
$$y = \frac{3}{2}x + 3 \Rightarrow \text{Line}$$

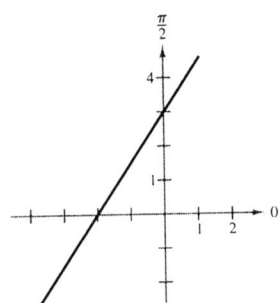

28. $r^2 = 4\sin\theta$

Symmetric with respect to the pole

Lemniscate

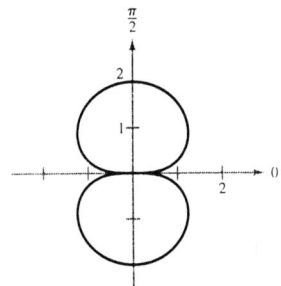

30. $r = \theta$

Symmetric with respect to $\theta = \dfrac{\pi}{2}$

Spiral

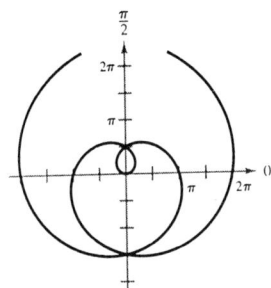

32. $$r = 2 + \csc\theta = 2 + \frac{1}{\sin\theta}$$
$$r\sin\theta = 2\sin\theta + 1$$
$$r(r\sin\theta) = 2r\sin\theta + r$$
$$(\pm\sqrt{x^2 + y^2})(y) = 2y + (\pm\sqrt{x^2 + y^2})$$
$$(\pm\sqrt{x^2 + y^2})(y - 1) = 2y$$
$$(\pm\sqrt{x^2 + y^2}) = \frac{2y}{y - 1}$$
$$x^2 + y^2 = \frac{4y^2}{(y - 1)^2}$$
$$x^2 = \frac{y^2(3 + 2y - y^2)}{(y - 1)^2}$$
$$x = \pm\sqrt{\frac{y^2(3 + 2y - y^2)}{(y - 1)^2}}$$
$$= \pm\left|\frac{y}{y - 1}\right|\sqrt{3 + 2y - y^2}$$

The graph has an asymptote at $y = 1$.

34. Use the result of Exercise 33.
   (a) Rotation: $\phi = \dfrac{\pi}{2}$
   Original graph: $r = f(\sin\theta)$
   Rotated graph: $r = f\left(\sin\left(\theta - \dfrac{\pi}{2}\right)\right) = f(-\cos\theta)$

   (b) Rotation: $\phi = \pi$
   Original graph: $r = f(\sin\theta)$
   Rotated graph: $r = f(\sin(\theta - \pi)) = f(-\sin\theta)$

   (c) Rotation: $\phi = \dfrac{3\pi}{2}$
   Original graph: $r = f(\sin\theta)$
   Rotated graph: $r = f\left(\sin\left(\theta - \dfrac{3\pi}{2}\right)\right) = f(\cos\theta)$

36. (a) $r = 2\sin\left[2\left(\theta - \dfrac{\pi}{6}\right)\right]$
$= 2\sin\left(2\theta - \dfrac{\pi}{3}\right)$
$= \sin 2\theta - \sqrt{3}\cos 2\theta$

(b) $r = 2\sin\left[2\left(\theta - \dfrac{\pi}{2}\right)\right]$
$= 2\sin(2\theta - \pi)$
$= -2\sin 2\theta$

(c) $r = 2\sin\left[2\left(\theta - \dfrac{2\pi}{3}\right)\right]$
$= 2\sin\left(2\theta - \dfrac{4\pi}{3}\right)$
$= \sqrt{3}\cos 2\theta - \sin 2\theta$

(d) $r = 2\sin[2(\theta - \pi)]$
$= 2\sin(2\theta - 2\pi)$
$= 2\sin 2\theta$

38. (a) $r = 3\sec\theta$

(b) $r = 3\sec\left(\theta - \dfrac{\pi}{4}\right)$

(c) $r = 3\sec\left(\theta + \dfrac{\pi}{3}\right)$

(d) $r = 3\sec\left(\theta - \dfrac{\pi}{2}\right)$

11.4 Polar Equations of Conics

2. $r = \dfrac{2}{2 - \cos\theta} = \dfrac{1}{1 - (1/2)\cos\theta} \Rightarrow e = \dfrac{1}{2}$

Ellipse with horizontal major axis and vertices $(2, 0)$ and $(2/3, \pi)$

Matches graph (f)

4. $r = \dfrac{2}{1 + \sin\theta} \Rightarrow e = 1$

Parabola with vertical axis and vertex $(1, \pi/2)$

Matches graph (e)

6. $r = \dfrac{2}{2 + 3\cos\theta} \Rightarrow e = \dfrac{3}{2}$

Hyperbola with horizontal transverse axis and vertices $(2/5, 0)$ and $(-2, \pi)$

Matches graph (d)

8. $r = \dfrac{4}{1 + \sin\theta}$

$e = 1$ so the graph is a parabola.

Vertex: $(2, \pi/2)$

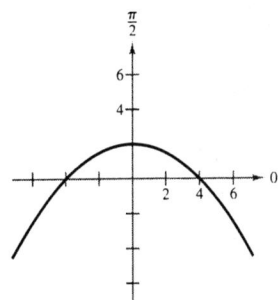

10. $r = \dfrac{6}{1 + \cos\theta}$

$e = 1$, the graph is a parabola.

Vertex: $(3, 0)$

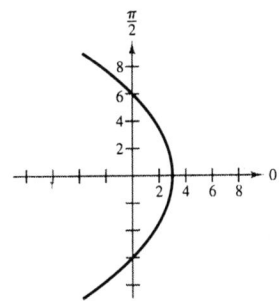

12. $r = \dfrac{3}{3 + \sin\theta} = \dfrac{1}{1 + \frac{1}{3}\sin\theta}$

$e = \frac{1}{3} < 1$, the graph is an ellipse.

Vertices: $\left(\dfrac{3}{4}, \dfrac{\pi}{2}\right)$, $\left(\dfrac{3}{2}, \dfrac{3\pi}{2}\right)$

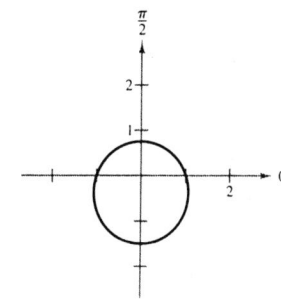

14. $r = \dfrac{6}{3 - 2\cos\theta} = \dfrac{2}{1 - \frac{2}{3}\cos\theta}$

$e = \frac{2}{3} < 1$, the graph is an ellipse.

Vertices: $(6, 0)$, $\left(\frac{6}{5}, \pi\right)$

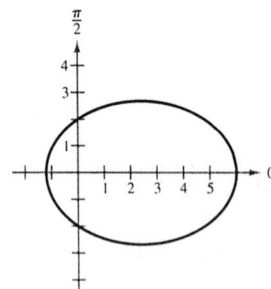

16. $r = \dfrac{5}{-1 + 2\cos\theta} = \dfrac{-5}{1 - 2\cos\theta}$

$e = 2 > 1$, the graph is a hyperbola.

Vertices: $(5, 0)$, $\left(-\frac{5}{3}, \pi\right)$

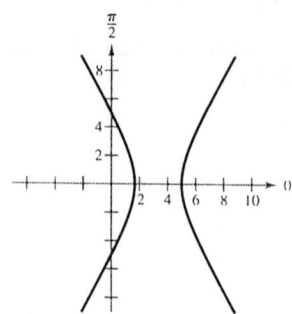

18. $r = \dfrac{3}{2 + 6\sin\theta} = \dfrac{\frac{3}{2}}{1 + 3\sin\theta}$

$e = 3 > 1$, the graph is a hyperbola.

Vertices: $\left(\frac{3}{8}, \frac{\pi}{2}\right)$, $\left(-\frac{3}{4}, \frac{3\pi}{2}\right)$

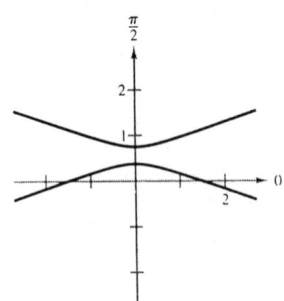

20. $e = 1$, $y = -2$, $p = 2$

Horizontal directrix below the pole

$r = \dfrac{1(2)}{1 - 1\sin\theta} = \dfrac{2}{1 - \sin\theta}$

22. $e = \frac{3}{4}$, $y = -2$, $p = 2$

Horizontal directrix below the pole

$r = \dfrac{\frac{3}{4}(2)}{1 - \frac{3}{4}\sin\theta} = \dfrac{6}{4 - 3\sin\theta}$

24. $e = \frac{3}{2}$, $x = -1$, $p = 1$

Vertical directrix to the left of the pole

$r = \dfrac{\frac{3}{2}(1)}{1 - \frac{3}{2}\cos\theta} = \dfrac{3}{2 - 3\cos\theta}$

26. Vertex: $(4, 0) \Rightarrow e = 1$, $p = 8$

Vertical directrix to the right of the pole

$r = \dfrac{1(8)}{1 + 1\cos\theta} = \dfrac{8}{1 + \cos\theta}$

28. Vertex: $\left(10, \dfrac{\pi}{2}\right) \Rightarrow e = 1$, $p = 20$

Horizontal directrix above the pole

$r = \dfrac{1(20)}{1 + 1\sin\theta} = \dfrac{20}{1 + \sin\theta}$

30. Center: $\left(1, \dfrac{3\pi}{2}\right)$; $c = 1$, $a = 3$, $e = \dfrac{1}{3}$

Horizontal directrix above the axis

$$r = \dfrac{\frac{1}{3}p}{1 + \frac{1}{3}\sin\theta} = \dfrac{p}{3 + \sin\theta}$$

$$2 = \dfrac{p}{3 + \sin(\pi/2)}$$

$$p = 8$$

$$r = \dfrac{8}{3 + \sin\theta}$$

32. Center: $(6, 0)$; $c = 6$, $a = 4$, $e = \dfrac{3}{2}$

Vertical directrix to the right of the pole

$$r = \dfrac{\frac{3}{2}p}{1 + \frac{3}{2}\cos\theta} = \dfrac{3p}{2 + 3\cos\theta}$$

$$2 = \dfrac{3p}{2 + 3\cos 0}$$

$$p = \dfrac{10}{3}$$

$$r = \dfrac{3\left(\frac{10}{3}\right)}{2 + 3\cos\theta} = \dfrac{10}{2 + 3\cos\theta}$$

34. Center: $\left(\dfrac{5}{2}, \dfrac{\pi}{2}\right)$; $c = \dfrac{5}{2}$, $a = \dfrac{3}{2}$, $e = \dfrac{5}{3}$

Horizontal directrix above the pole

$$r = \dfrac{\frac{5}{3}p}{1 + \frac{5}{3}\sin\theta} = \dfrac{5p}{3 + 5\sin\theta}$$

$$1 = \dfrac{5p}{3 + 5\sin(-3\pi/2)}$$

$$p = \dfrac{8}{5}$$

$$r = \dfrac{5\left(\frac{8}{5}\right)}{3 + 5\sin\theta} = \dfrac{8}{3 + 5\sin\theta}$$

36.

$$\dfrac{x^2}{a^2} - \dfrac{y^2}{b^2} = 1$$

$$\dfrac{r^2\cos^2\theta}{a^2} - \dfrac{r^2\sin^2\theta}{b^2} = 1$$

$$\dfrac{r^2\cos^2\theta}{a^2} - \dfrac{r^2(1 - \cos^2\theta)}{b^2} = 1$$

$$r^2 b^2 \cos^2\theta - r^2 a^2 + r^2 a^2 \cos^2\theta = a^2 b^2$$

$$r^2(b^2 + a^2)\cos^2\theta - r^2 a^2 = a^2 b^2$$

$$a^2 + b^2 = c^2$$

$$r^2 c^2 \cos^2\theta - r^2 a^2 = a^2 b^2$$

$$r^2\left(\dfrac{c}{a}\right)^2 \cos^2\theta - r^2 = b^2, \quad e = \dfrac{c}{a}$$

$$r^2 e^2 \cos^2\theta - r^2 = b^2$$

$$r^2(e^2 \cos^2\theta - 1) = b^2$$

$$r^2 = \dfrac{b^2}{e^2 \cos^2\theta - 1}$$

$$= \dfrac{-b^2}{1 - e^2 \cos^2\theta}$$

38. $\dfrac{x^2}{25} + \dfrac{y^2}{16} = 1$

$a = 5$, $b = 4$, $c = 3$, $e = \dfrac{3}{5}$

$$r^2 = \dfrac{400}{25 - 9\cos^2\theta}$$

40. $\dfrac{x^2}{36} - \dfrac{y^2}{4} = 1$

$a = 6$, $b = 2$, $c = 2\sqrt{10}$, $e = \dfrac{\sqrt{10}}{3}$

$$r^2 = \dfrac{-4}{1 - (10/9)\cos^2\theta} = \dfrac{-36}{9 - 10\cos^2\theta}$$

42. Ellipse

One focus: $(4, 0)$

Vertices: $(5, 0)$, $(5, \pi)$

$a = 5$, $c = 4$, $b = 3$, $e = \dfrac{4}{5}$

$r^2 = \dfrac{9}{1 - (16/25)\cos^2\theta} = \dfrac{225}{25 - 16\cos^2\theta}$

44. $r = \dfrac{4}{1 + \sin[\theta - (\pi/3)]}$

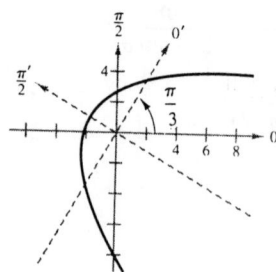

46. Minimum distance occurs when $\theta = \pi$.

$r = \dfrac{(1 - e^2)a}{1 - e\cos\pi} = \dfrac{(1-e)(1+e)a}{1+e} = a(1-e)$

Maximum distance occurs when $\theta = 0$.

$r = \dfrac{(1 - e^2)a}{1 - e\cos 0} = \dfrac{(1-e)(1+e)a}{1-e} = a(1+e)$

48. $r = \dfrac{[1 - (0.2481)^2](3.666 \times 10^9)}{1 - 0.2481\cos\theta}$

$\approx \dfrac{3.4403 \times 10^9}{1 - 0.2481\cos\theta}$

Perihelion distance:

$r = 3.666 \times 10^9(1 - 0.2481) \approx 2.7565 \times 10^9$

Aphelion distance:

$r = 3.666 \times 10^9(1 + 0.2481) \approx 4.5755 \times 10^9$

50. Assume the earth's radius is 4000 miles.

$e = \dfrac{c}{a} = \dfrac{126{,}000 - 4119}{126{,}000 + 4119} \approx 0.937$

$r = \dfrac{ep}{1 - e\cos\theta}$

$(4119, \pi): 4119 = \dfrac{0.937}{1 - 0.937(-1)} \Rightarrow p \approx 8516$

$r \approx \dfrac{7977.2}{1 - 0.937\cos\theta}$

When $\theta = 60°$: $r = \dfrac{7977.2}{1 - 0.937(1/2)} \approx 15{,}009.$

Distance: $15{,}000 - 4000 = 11{,}008$ miles

Review Exercises for Chapter 11

2. $x = t^2$, $y = \sqrt{t}$

$t = y^2$

$x = (y^2)^2 = y^4$, $y \geq 0$

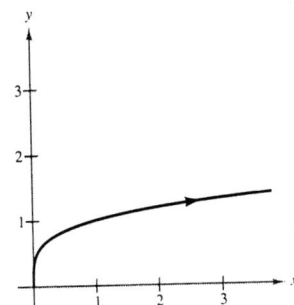

4. $x = t + 4$, $y = t^2$

$t = x - 4$

$y = (x-4)^2$

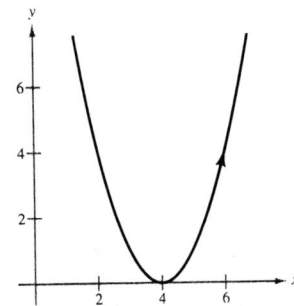

6. $x = \dfrac{1}{t}$, $y = 2t + 3$

$t = \dfrac{1}{x}$

$y = \dfrac{2}{x} + 3$

$y = \dfrac{2 + 3x}{x}$

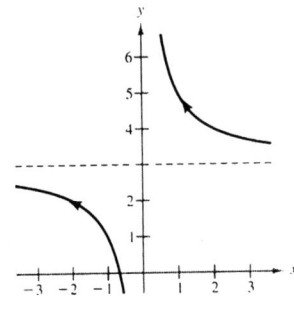

8. $x = 3 + 3\cos\theta$, $y = 2 + 5\sin\theta$

$\cos\theta = \dfrac{x-3}{3}$, $\sin\theta = \dfrac{y-2}{5}$

$\dfrac{(x-3)^2}{9} + \dfrac{(y-2)^2}{25} = 1$

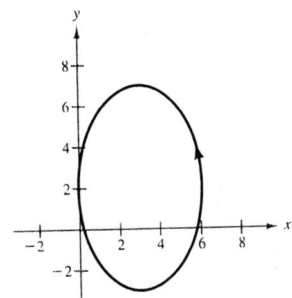

10. $x = \sec\theta,\ y = \tan\theta$

$y^2 + 1 = x^2$

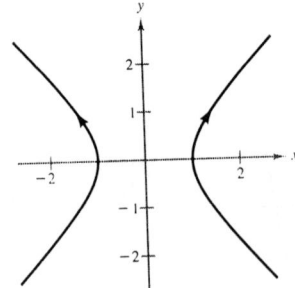

12. $x = 2\theta - \sin\theta,\ y = 2 - \cos\theta$

$\cos\theta = 2 - y$

$x = 2\arccos(2-y) - \sqrt{1 - (2-y)^2}$

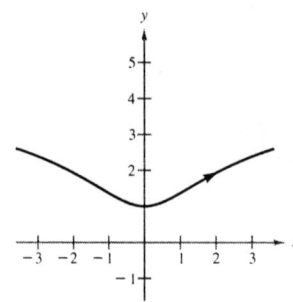

14. $\theta = \dfrac{\pi}{12}$

Line

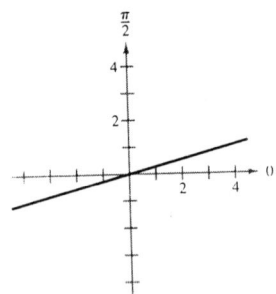

16. $r = 2\theta$

Symmetric with respect to $\theta = \pi/2$

Spiral

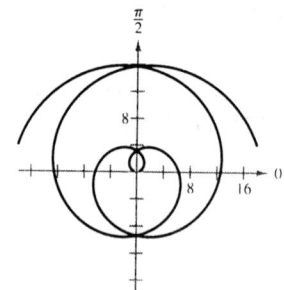

18. $r = 3 - 4\cos\theta$

Symmetric with respect to polar axis

$\dfrac{a}{b} = \dfrac{3}{4} < 0 \Rightarrow$ Limaçon with inner loop

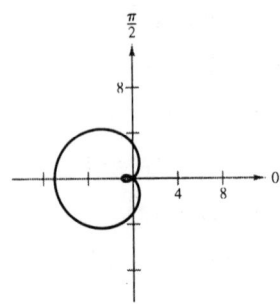

20. $r = \cos 5\theta$

Symmetric with respect to polar axis

Rose curve ($n = 5$) with 5 petals

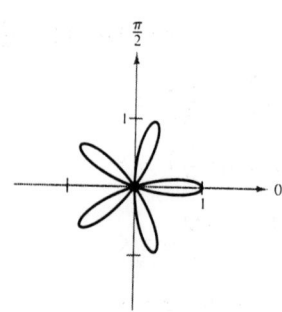

22. $r^2 = \cos 2\theta$

Symmetric with respect to polar axis

Lemniscate

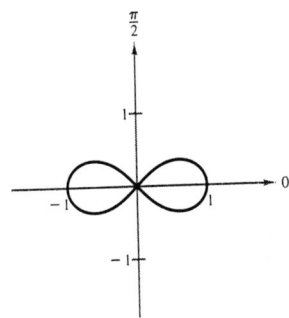

24. $r = 3\csc\theta$

$r\sin\theta = 3$

$y = 3$

Line

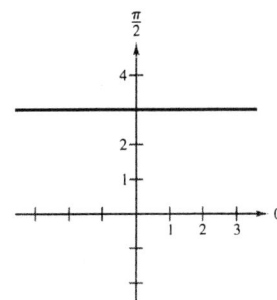

26. $r = \dfrac{4}{5 - 3\cos\theta}$

$r = \dfrac{4/5}{1 - (3/5)\cos\theta}, \quad e = \dfrac{3}{5}$

Ellipse symmetric with polar axis and having vertices at $(2, 0)$ and $(1/2, \pi)$

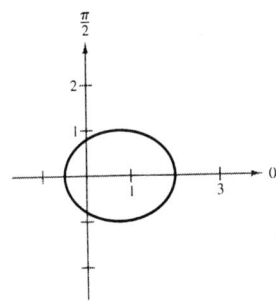

28. $r = \dfrac{1}{1 + 2\sin\theta}, \quad e = 2$

Hyperbola symmetric with $\theta = \pi/2$ and having vertices at $(1/3, \pi/2)$ and $(-1, 3\pi/2)$

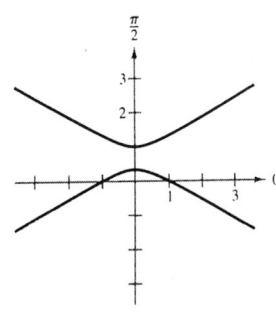

30. $r = 4\sec\left(\theta - \dfrac{\pi}{3}\right)$

$r\cos\left(\theta - \dfrac{\pi}{3}\right) = 4$

$r\left(\cos\theta\cos\dfrac{\pi}{3} + \sin\theta\sin\dfrac{\pi}{3}\right) = 4$

$\dfrac{1}{2}x + \dfrac{\sqrt{3}}{2}y = 4$

$x + \sqrt{3}\,y = 8$

32. $r = \dfrac{1}{2 - \cos\theta}$

$2r - r\cos\theta = 1$

$2r = 1 + r\cos\theta$

$4r^2 = (1 + r\cos\theta)^2$

$4(x^2 + y^2) = (1 + x)^2$

$4x^2 + 4y^2 = 1 + 2x + x^2$

$3x^2 + 4y^2 - 2x - 1 = 0$

34.
$$r = 10$$
$$r^2 = 100$$
$$x^2 + y^2 = 100$$

36. $x^2 + y^2 - 4x = 0$
$$r^2 - 4r\cos\theta = 0$$
$$r = 4\cos\theta$$

38.
$$m = \sqrt{3}$$
$$\tan\theta = \sqrt{3}$$
$$\theta = \frac{\pi}{3}$$

40. Parabola: $r = \dfrac{ep}{1 + e\sin\theta}$, $e = 1$

Vertex: $\left(2, \dfrac{\pi}{2}\right)$

Focus: $(0, 0) \Rightarrow p = 4$

$$r = \frac{4}{1 + \sin\theta}$$

42. Hyperbola: $r = \dfrac{ep}{1 + e\cos\theta}$

Vertices: $(1, 0), (7, 0) \Rightarrow a = 3$

One focus: $(0, 0) \Rightarrow c = 4$

$e = \dfrac{c}{a} = \dfrac{4}{3}, \quad p = \dfrac{7}{4}$

$$r = \frac{(4/3)(7/4)}{1 + (4/3)\cos\theta} = \frac{7/3}{1 + (4/3)\cos\theta} = \frac{7}{3 + 4\cos\theta}$$

44. $\dfrac{y^2}{16} - \dfrac{x^2}{9} = 1$

$x = 3\tan\theta$

$y = 4\sec\theta$

This solution is not unique.

46. $y = \overline{QB} - \overline{QA}$

$\overline{QP} = \text{arc}\,QC = r\theta$

$\overline{QA} = r\theta\sin(90° - \theta)$

$\quad\quad = r\theta\cos\theta$

$\overline{QB} = r\sin\theta$

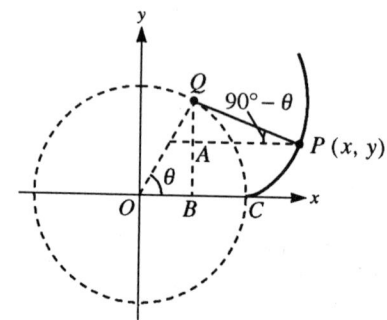

Therefore,

$$y = r\sin\theta - r\theta\cos\theta$$
$$= r(\sin\theta - \theta\cos\theta).$$

Similarly, $x = \overline{OB} + \overline{AP}$.
Therefore,

$$x = r\cos\theta + r\theta\sin\theta$$
$$= r(\cos\theta + \theta\sin\theta).$$

Cumulative Test, Chapters 9—11

1. $N = 3250 + 80t$ ($t = 0$ corresponds to 1990.)
$N(10) = 3250 + 80(10) = 4050$ students

2.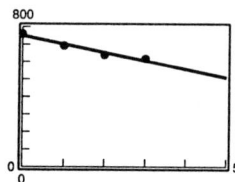

The line $y = 750 - 48t$ approximates the data well.

3. $y = 3 - x^2$

$2(y - 2) = x - 1 \Rightarrow 2(3 - x^2 - 2) = x - 1$

$2 - 2x^2 = x - 1$

$0 = 2x^2 + x - 3$

$0 = (2x + 3)(x - 1)$

$x = 1, -\frac{3}{2}$

The solutions are $(1, 2)$ and $(-\frac{3}{2}, \frac{3}{4})$.

4. $x + 3y = -1$

$2x + 4y = 0$

Using a graphing utility, we find that the solution is $(2, -1)$.

5. $x + 3y - 2z = -7$

$-2x + y - z = -5$

$4x + y + z = 3$

$\begin{bmatrix} 1 & 3 & -2 & \vdots & -7 \\ -2 & 1 & -1 & \vdots & -5 \\ 4 & 1 & 1 & \vdots & 3 \end{bmatrix}$

$\begin{bmatrix} 1 & 3 & -2 & \vdots & -7 \\ 0 & 7 & -5 & \vdots & -19 \\ 0 & -11 & 9 & \vdots & 31 \end{bmatrix}$

$\begin{bmatrix} 1 & 3 & -2 & \vdots & -7 \\ 0 & 1 & -\frac{5}{7} & \vdots & -\frac{19}{7} \\ 0 & 0 & \frac{8}{7} & \vdots & \frac{8}{7} \end{bmatrix}$

$\begin{bmatrix} 1 & 0 & 0 & \vdots & 1 \\ 0 & 1 & 0 & \vdots & -2 \\ 0 & 0 & 1 & \vdots & 1 \end{bmatrix}$

Solution: $(1, -2, 1)$

6. $ax - 8y = 9$

$3x + 4y = 0$

Two times Equation 2 added to Equation 1 gives

$6x + ax = 9$

$(6 + a)x = 9$

$x = \dfrac{9}{6+a}.$

Hence, $a = -6$ would render the system inconsistent.

7. $2\begin{bmatrix} 6 & -1 \\ 2 & 4 \\ -3 & 5 \end{bmatrix} - \begin{bmatrix} 1 & 4 \\ -1 & 5 \\ 1 & 10 \end{bmatrix}$

$= \begin{bmatrix} 11 & -6 \\ 5 & 3 \\ -7 & 0 \end{bmatrix}$

8. $AB = \begin{bmatrix} 4 & -3 \\ 2 & 1 \\ 5 & 0 \end{bmatrix} \begin{bmatrix} 3 & -2 \\ 1 & -3 \end{bmatrix}$

$= \begin{bmatrix} 9 & 1 \\ 7 & -7 \\ 15 & -10 \end{bmatrix}.$

9. Using a graphing utility, the inverse of A is

$A^{-1} = \begin{bmatrix} -175 & 37 & -13 \\ 95 & -20 & 7 \\ 14 & -3 & 1 \end{bmatrix}.$

10. $3x + 4y \geq 16$

$3x - 4y \leq 8$

$y \leq 4$

The vertices are found by solving pairs of equalities:

$\left.\begin{array}{r} 3x + 4y = 16 \\ 3x - 4y = 8 \end{array}\right\} \quad 6x = 24 \ \Rightarrow \ x = 4 \quad (4, 1)$

$\left.\begin{array}{r} 3x + 4y = 16 \\ y = 4 \end{array}\right\} \quad (0, 4)$

$\left.\begin{array}{r} 3x - 4y = 8 \\ y = 4 \end{array}\right\} \quad 3x - 16 = 8 \ \Rightarrow \ x = 8 \quad (8, 4)$

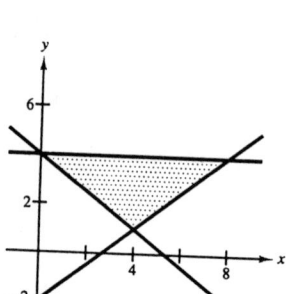

11. 8, 12, 16, 20, ...

$a_1 = 8$, $d = 4$, $c = a_1 - d = 8 - 4 = 4$ and $a_{20} = dn + c = 4(20) + 4 = 84$.

Thus, the sum of the first 20 terms is

$S = \dfrac{n}{2}(a_1 + a_n)$

$= \dfrac{20}{2}(8 + 84)$

$= 920.$

12. $a_1 = 54$ and $r = -\frac{1}{3}$ $\Rightarrow$ $a_2 = -\frac{1}{3}(54) = -18$

$$a_3 = -\frac{1}{3}(-18) = 6$$
$$a_4 = -\frac{1}{3}(6) = -2$$
$$a_5 = -\frac{1}{3}(-2) = \frac{2}{3}$$

13. $3 + 7 + 11 + 15 + \cdots + (4n - 1) = n(2n + 1)$

When $n = 1$, the formula is valid because $3 = 1(2 + 1)$.
Assuming that $3 + 7 + \cdots + (4k - 1) = k(2k + 1)$, we have

$$3 + 7 + \cdots + (4k - 1) + (4(k + 1) - 1) = k(2k + 1) + 4k + 3$$
$$= 2k^2 + 5k + 3$$
$$= (k + 1)(2k + 3)$$
$$= (k + 1)(2(k + 1) + 1).$$

14. $(z - 3)^4 = z^4 + 4(z^3)(-3) + 6(z^2)(-3)^2 + 4(z)(-3)^3 + (-3)^4$
$\qquad\quad = z^4 - 12z^3 + 54z^2 - 108z + 81$

15. $p = 84 - \frac{1}{3}x$, $p = \frac{1}{4}x$ $\Rightarrow$ $84 - \frac{1}{3}x = \frac{1}{4}x$

$$84 = \frac{7}{12}x$$
$$x = 144, \ p = 36$$

16. $x^2 + y^2 + Dx + Ey + F = 0$

$\qquad\qquad\qquad\qquad F = 0 \qquad (0, 0)$

$\qquad 16 \qquad\quad + 4E + F = 0 \qquad (0, 4)$

$\qquad 9 + 16 + 3D - 4E + F = 0 \qquad (3, -4)$

Hence, $F = 0$, $E = -4$ and $3D = 4(-4) - 25 = -41$ or $D = -\frac{41}{3}$.

17. Total $= 32{,}000 + (1.05)(32{,}000) + (1.05)^2(32{,}000) + \cdots + (1.05)^9(32{,}000)$

$$= 32{,}000 \left(\frac{1 - (1.05)^{10}}{1 - 1.05} \right)$$
$$= 402{,}492.56$$

18. The slope of the line joining (2, −3) and (6, 4) is $\frac{7}{4}$. Hence, the line has the equation

$$y + 3 = \frac{7}{4}(x - 2).$$

If we write this as

$$\frac{y+3}{7} = \frac{x-2}{4} = t,$$

we have $x = 4t + 2$ and $y = 7t - 3$ as one possible set of parametric equations.

19. $x = 3 + 3\cos\theta$
$y = 2 + 2\sin\theta$

(a)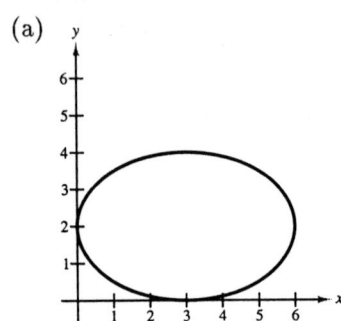

(b) $\dfrac{x-3}{3} = \cos\theta$, $\dfrac{y-2}{2} = \sin\theta$

and

$\cos^2\theta + \sin^2\theta = 1 \Rightarrow \dfrac{(x-3)^2}{9} + \dfrac{(y-2)^2}{4} = 1.$

20. $r = 6\cos\theta$
$r^2 = 6r\cos\theta$
$x^2 + y^2 = 6x$

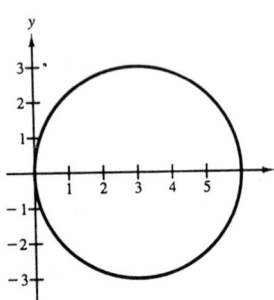

21. $r = 2\cos 2\theta \cdot \sec\theta$

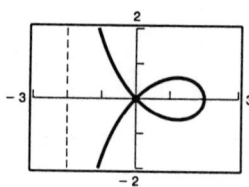

Vertical asymptote: $x = -2$

22. Focus (0, 0), vertex (1, π). Parabola
$e = 1$, $p = 2$

$$r = \frac{ep}{1 - e\cos\theta} = \frac{2}{1 - \cos\theta}$$

Answers to Discussion Problems

Section 6.2
The student evaluated $\cos 30°$ with the calculator in radian mode instead of degree mode.

Section 6.3
Answers vary.

Section 6.5
Answers vary.

Section 6.6
Answers vary.

Section 6.7
1. h   **2.** c   **3.** f   **4.** b   **5.** g   **6.** a   **7.** e   **8.** d

Section 6.8
Answers vary.

Section 7.1
$1 + \tan^2 u = \sec^2 u$

Section 7.2
1. Right. $\dfrac{1}{2 \csc x} = \dfrac{1}{2} \cdot \dfrac{1}{1/\sin x} = \dfrac{1}{2} \sin x$

2. Right. $(1 - \cos x)(1 + \cos x) = 1 - \cos^2 x = 1 - (1 - \sin^2 x) = \sin^2 x$

3. Right. $\dfrac{\sin^2 x}{1 - \cos x} = \dfrac{(1 - \cos x)(1 + \cos x)}{1 - \cos x} = 1 + \cos x$

4. Right. $\cot^2 x + 2 = (\csc^2 x - 1) + 2 = \csc^2 x + 1$

5. Right. $(\sec x - \tan x)(\sec x + \tan x) = \sec^2 x - \tan^2 x = 1$

The student needs a stronger grasp of trigonometric identities.

Section 7.3
Equations 1 and 2. Either $-2 \leq \sqrt{b^2 - 4c} + b \leq 2$ or $-2 \leq \sqrt{b^2 - 4c} - b \leq 2$ must be true.

Section 7.4
$$\begin{aligned}
\sin(u + v) &= \cos\left(\frac{\pi}{2} - (u + v)\right) \\
&= \cos\left(\frac{\pi}{2} - u - v\right) \\
&= \cos\left(\left(\frac{\pi}{2} - u\right) - v\right) \\
&= \cos\left(\frac{\pi}{2} - u\right)\cos v + \sin\left(\frac{\pi}{2} - u\right)\sin v \\
&= \sin u \cos v + \cos u \sin v
\end{aligned}$$

Section 7.5

$$\begin{aligned}
\cos 3x &= \cos(2x + x) \\
&= \cos 2x \cos x - \sin 2x \sin x \\
&= (2\cos^2 x - 1)\cos x - (2\sin x \cos x)\sin x \\
&= 2\cos^3 x - \cos x - 2\sin^2 x \cos x \\
&= 2\cos^3 x - \cos x - 2(1 - \cos^2 x)\cos x \\
&= 2\cos^3 x - \cos x - 2(\cos x - \cos^3 x) \\
&= 2\cos^3 x - \cos x - 2\cos x + 2\cos^3 x \\
&= 4\cos^3 x - 3\cos x
\end{aligned}$$

Section 8.1
Yes. It is probably easier to use the right-triangle definitions of sine, cosine, or tangent to solve the triangle.

Section 8.2
Triangle with given 50° angle: Area $= \frac{1}{2}(2)(4)\sin 50° \approx 3.064$ ft²

Triangle with sides 2 ft, 3 ft, and 4 ft: Area $= \sqrt{\frac{9}{2}\left(\frac{9}{2} - 2\right)\left(\frac{9}{2} - 3\right)\left(\frac{9}{2} - 4\right)} \approx 2.905$ ft²

Triangle with height of 2 ft and side 4 ft: Area $= \frac{1}{2}(4)(2) = 4$ ft²

Section 8.3
The speed s is the magnitude of the velocity **v**. Statement 2.

Section 8.4
$(1 + 2i) + (3 + i) = 4 + 3i$, as can be shown graphically by the parallelogram law for addition.

Section 8.5
$e^{a+bi} = e^a(\cos b + i \sin b)$

Let $a = 0$ and $b = \pi$

$$\begin{aligned}
e^{0+\pi i} &= e^0(\cos \pi + i \sin \pi) \\
e^{\pi i} &= -1 \\
e^{\pi i} + 1 &= 0
\end{aligned}$$

Section 11.1
$x = \sin t$ and $y = \cos t$ (other answers possible)

Section 11.2
Examples vary.

Section 11.3
(a) cardioid ($a = b = 3$)

(b) dimpled limaçon $\left(1 < \frac{a}{b} = \frac{4}{3} < 2\right)$

(c) inner loop $\left(\frac{a}{b} = \frac{2}{3} < 1\right)$

(d) convex $\left(\frac{a}{b} = \frac{3}{1} \geq 2\right)$

Section 11.4
Answers vary.